Einführung in die bruchmechanische Schadensbeurteilung

Karl-Otto Edel

Einführung in die bruchmechanische Schadensbeurteilung

Springer Vieweg

Prof. Dr.-Ing. habil. Karl-Otto Edel
Brandenburg an der Havel
Deutschland

ISBN 978-3-662-44263-0 ISBN 978-3-662-44264-7 (eBook)
DOI 10.1007/978-3-662-44264-7

Die Deutsche Nationalbibliothek verzeichnet diese Publikation in der Deutschen Nationalbibliografie; detaillierte bibliografische Daten sind im Internet über http://dnb.d-nb.de abrufbar.

Springer Vieweg

Gedruckt auf säurefreiem und chlorfrei gebleichtem Papier

Springer Vieweg ist eine Marke von Springer DE. Springer DE ist Teil der Fachverlagsgruppe Springer Science+Business Media
www.springer-vieweg.de

für Marianne

Vorwort

Bei der Dimensionierung von Bauteilen bzw. beim Nachweis ihrer Haltbarkeit auf der Grundlage der Gesetzmäßigkeiten der Festigkeitslehre wird das Vorhandensein rißartiger Schädigungen direkt nicht berücksichtigt. Die Praxis zeigt jedoch, daß infolge der Entstehung, des Vorhandenseins und der Ausbreitung von Rissen oftmals die Nutzungs- und die Lebensdauer von Bauteilen begrenzt ist.

Während die ersten wissenschaftlichen Untersuchungen zu den Auswirkungen rißartiger Defekte in elastischem Material in den ersten beiden Jahrzehnten des 20. Jahrhunderts erfolgten, hat sich die Bruchmechanik als eigenständiger Zweig der Ingenieurwissenschaften – angesiedelt im Bereich zwischen der Werkstoffphysik, der Werkstoffwissenschaft und der technischen Mechanik – erst zu Beginn bis Mitte der zweiten Hälfte des 20. Jahrhunderts etabliert. Seitdem ist eine Vielzahl bruchmechanischer Werkstoff-Prüfstandards entstanden. Eine große Zahl idealisierter Rißkonfigurationen wurde hinsichtlich ihrer Beanspruchung analysiert. In die Vorschriften und Empfehlungen zum Haltbarkeitsnachweis von Konstruktionen der unterschiedlichsten Anwendungsbereiche hat die Bruchmechanik ebenfalls Eingang gefunden. Während die Werkstoffkunde und die technische Mechanik, insbesondere die Werkstoffprüfung und die Festigkeitslehre seit langer Zeit zum Standardrepertoire der Ingenieurausbildung gehören, trifft dieses für die Bruchmechanik gegenwärtig noch nicht generell zu.

Angesichts der praktischen Bedeutung der Bruchmechanik erscheint es dem Autor jedoch nicht überflüssig, auf der Grundlage der in mehreren Jahrzehnten gesammelten eigenen Erfahrungen, die vorwiegend aus dem Bereich des Eisenbahnwesens stammen, der existierenden Bruchmechanik-Literatur ein weiteres Werk hinzuzufügen. Die Begrenzung auf die linear-elastische Bruchmechanik einerseits und die Wiedergabe gleicher Erfahrungen an mehreren passenden Stellen andererseits ist gewollt. Dieses Buch ist gedacht sowohl als eine praxisorientierte Einführung für Studenten oder in ihrem Beruf tätige Ingenieure, als auch als Nachschlagewerk in kompakter Form.

Inhaltsverzeichnis

Abkürzungsverzeichnis

AFCEN	Association française pur les règles de conception et de construction des matériaux des chaudières électro-nucléaires
ASME	American Society of Mechanical Engineers
ASTM	American Society for Testing and Materials
BSI	British Standards Institution
cpm	cycles per minute, Zyklen pro Minute
CTOD	crack tip opening displacement
DIN	Deutsches Institut für Normung
DNV	Det Norske Veritas
DR	Deutsche Reichsbahn
DT	Technisches Dokument des ORE
DVS	Deutscher Verband für Schweißtechnik
ECCS	European Convention for Constructional Steelworks, Europäische Konvention für Stahlbau
EDZ	ebener Deformationszustand
EN	Europäische Norm
ERRI	European Rail Research Institute, Europäisches Schienenforschungsinstitut
ESZ	ebener Spannungszustand
FEM	Finite-Element-Methode
FKM	Forschungskuratorium Maschinenbau
ICE	Intercity Express
KfK	Kernforschungszentrum Karlsruhe
KTA	Kerntechnischer Ausschuß
LEBM	linear-elastische Bruchmechanik
LVT	Leichtbau-Verbrennungsmotor-Triebwagen
FBM	Fließbruchmechanik
ORE	Office de Recherche et d'Essai
OSShD	Organisation für die Zusammenarbeit der Eisenbahnen
PD 6493	Publiziertes Dokument 6493
PKP	Polnische Staatsbahn

rms	root mean square
RP	Report, Bericht
SI	System International, Internationales Einheitensystem
SIF	Spannungsintensitätsfaktor
SVA	Sachverständigen-Ausschuß des ORE bzw. ERRI
SŽD	Sowjetische Staatsbahn
TGL	Technische Norm, Gütevorschriften, Lieferbedingungen
UIC	Internationaler Eisenbahnverband
WES	(Japan) Welding Engineering Society

1 Einleitung

1.1 Die Problematik der Schädigung und ihrer Beherrschung

Betriebssicherheit und ***Verfügbarkeit*** technischer Anlagen und Bauteile sind Eigenschaften, die deren wirtschaftliche Nutzung wesentlich beeinflussen und für den Zeitraum der gesamten Nutzungsdauer gewährleistet sein müssen. An diese beiden Teileigenschaften der Zuverlässigkeit werden im Zuge der technischen und der volkswirtschaftlichen Entwicklung ständig steigende Anforderungen gestellt.

Das ***Versagen*** technischer Konstruktionen wird üblicherweise durch die Art und Weise der Bemessung ausgeschlossen. Durch den Festigkeitsnachweis für die mechanisch beanspruchten Konstruktionen wird deren Haltbarkeit dokumentiert. Vorausgesetzt wird in der ***Festigkeitslehre*** ein idealer, der sogenannte Hookesche Werkstoff mit den folgenden Eigenschaften:

- lineare Werkstoffkennlinie,
- elastisches Werkstoffverhalten,
- homogene Zusammensetzung und Eigenschaften,
- isotrope, d. h. von der Richtung unabhängige Werkstoffeigenschaften,
- kontinuierliche Werkstoffverteilung, das heißt, Freiheit von Hohlräumen, Defekten und Rissen.

Bedingt durch Abweichungen von diesen Voraussetzungen und Unzulänglichkeiten hinsichtlich der Betriebserfahrungen, der Bemessungsgrundlagen, der konstruktiven Gestaltung und der Fertigung lassen sich Schädigungs- und Versagensvorgänge in der betrieblichen Praxis jedoch nicht vollkommen ausschließen. Konfrontiert werden mit derartigen Problemen einerseits die Hersteller, andererseits aber vor allem die Betreiber und Nutzer rißgeschädigter Konstruktionen.

K.-O. Edel, *Einführung in die bruchmechanische Schadensbeurteilung*,
DOI 10.1007/978-3-662-44264-7_1

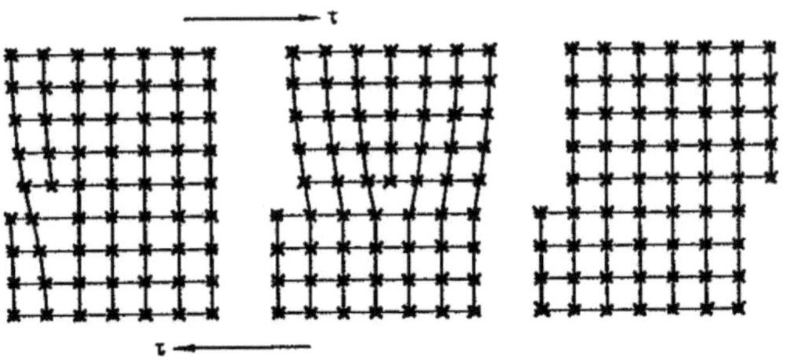

Abb. 1.1 Die Bewegung von Versetzungen unter der Wirkung von Schubkräften [1]

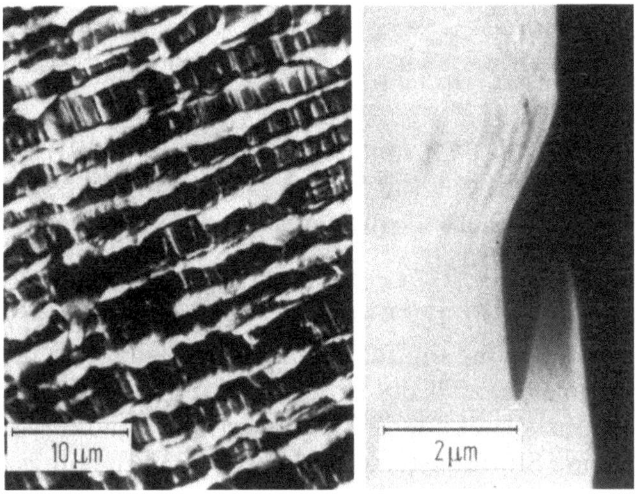

Abb. 1.2 Extrusionen und Intrusionen bewirken eine Aufrauhung und Schädigung der Oberfläche zyklisch beanspruchter Bauteile [2]

Aus der ***Werkstoffkunde*** ist bekannt, daß sich mechanisch einwirkende Beanspruchungen im Gefüge durch unterschiedliche Schädigungen infolge der vorhandenen Gitterbaufehler auswirken. Einer der für die Schädigung charakteristischen Gitterdefekte ist die Versetzung, die unter der Einwirkung mechanischer Beanspruchungen wandern kann, so daß sich an der Oberfläche des Bauteils schließlich durch Ex- und Intrusionen, d. h. Verschiebungen der Gitterebenen, eine aufgerauhte Oberfläche bildet, wodurch sich weitergehende Schädigungen im mechanisch beanspruchten Bauteil akkumulieren und schließlich Risse entstehen (Abb. 1.1 und 1.2).

Reichen die Schädigungen mechanisch beanspruchter Bauteile von den Gitterbaufehlern bis zu Rissen, die sich durch das gesamte Bauteil erstrecken, so muß schließlich eine Abgrenzung dahingehend vorgenommen werden, die doch sehr unterschiedlichen Schädigungen bestimmten Wissensbereichen der Ingenieurwissenschaften zuzuordnen. Eine universelle Wissenschaft, die sich mit Schädigungen befaßt, gibt es gegenwärtig nicht. Eine schematische Unterteilung der verschiedenartigen Schädigungen, mit denen sich die technischen Wissenschaften auseinanderzusetzen haben, ist in der folgenden Übersicht, Abb. 1.3, dargestellt.

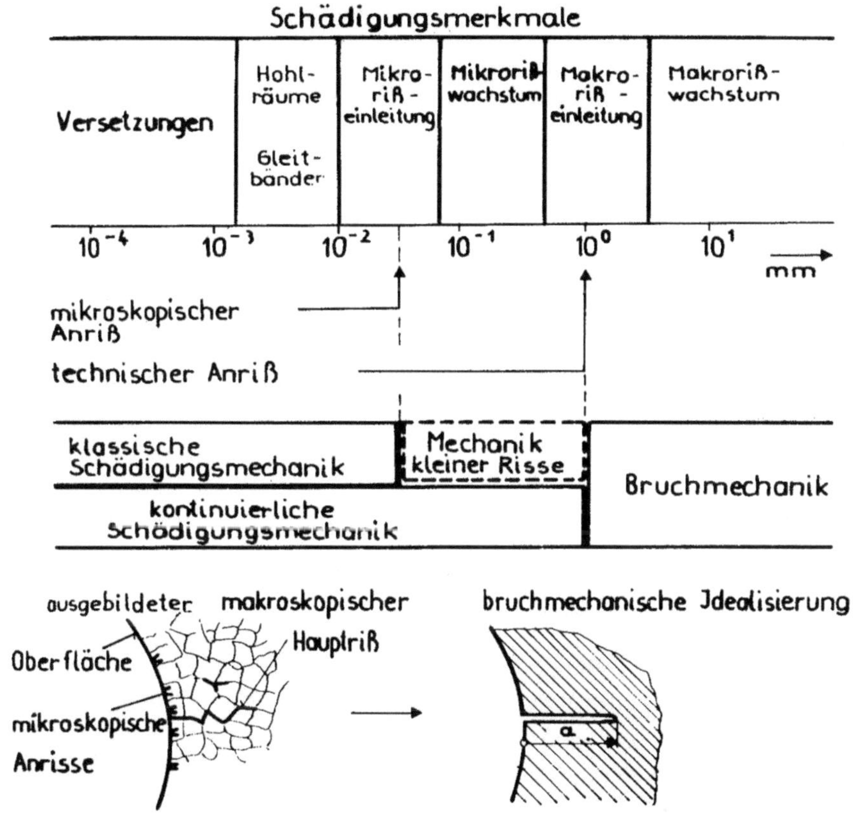

Abb. 1.3 Schema der Unterteilung der Schädigungen mechanisch beanspruchter Konstruktionen nach der Größe der Defekte und den sie behandelnden Wissenschaftsgebieten [3]

Neben Verschleiß und Korrosion sind die Bildung von Rissen, das Rißwachstum und der Bruch die bedeutsamsten Versagensformen mechanisch beanspruchter Konstruktionen. Die Auswirkungen rißartiger Fehler in Bauteilen lassen sich mit den Methoden der Bruchmechanik analysieren. In den sechziger Jahren des 20. Jahrhunderts hatte sich die *Bruchmechanik* als eigenständiger Bereich der technischen Wissenschaften zwischen der technischen Mechanik und der Werkstofftechnik etabliert. Als Mittel zur Analyse des Ausbreitungsverhaltens von Rissen in mechanisch, thermisch und korrosiv beanspruchten Bauteilen ist die Bruchmechanik mittlerweile unverzichtbar geworden. Zu den gegenwärtig von der Bruchmechanik behandelten Problemen gehören:

- die Dauerfestigkeit rißbehafteter Konstruktionen,
- das stabile Rißwachstum durch Schwingbeanspruchung, Spannungsrißkorrosion und Kriechen,
- die Auslösung der instabilen Rißausbreitung, d. h. des Bruchs,

- die Analyse der Phase der instabilen Rißausbreitung einschließlich der Verzweigung schnell laufender Risse,
- die Arretierung schnell laufender Risse.

Die Methoden der linear-elastischen Bruchmechanik lassen sich bei Beachtung der durch die Plastifizierung des Rißspitzenbereiches gegebenen Grenzen auf alle oben angeführten Probleme anwenden, wie die nachfolgenden Ausführungen zeigen. Das bevorzugte Anwendungsgebiet der Fließbruchmechanik ist gegenwärtig die Analyse des Eintritts der instabilen Rißausbreitung, d. h. des Bruchs rißgeschädigter Konstruktionen.

Schwierigkeiten bereitet gegenwärtig die Anwendung der Bruchmechanik aus verschiedenen Gründen:

- Einer der wesentlichsten Gründe ist wohl die immer noch unzureichende Verbreitung der Kenntnis der Versuchs- und Berechnungsmethoden der Bruchmechanik, sowie der Möglichkeiten für bruchmechanische Analysen, insbesondere auch für die Bewertung der Analysenresultate.
- Die Konzepte der Bruchmechanik bedürfen häufig noch einer Abklärung, so daß praktische Anwendungen oftmals Untersuchungen der Grundlagenforschung tangieren.
- Bruchmechanische Eigenschaften von Konstruktionswerkstoffen werden z. Z. nur in wenigen Ausnahmefällen gewährleistet, so daß sie demzufolge stets vom Anwender in ihrer praktisch bedeutsamen Breite zu analysieren sind.
- Bruchmechanische Versuchseinrichtungen werden zwar von vielen Herstellern angeboten, doch gehören sie noch längst nicht zur Grundausstattung von Werkstoffprüflaboren.
- Die bruchmechanischen Kennwerte zeigen eine nicht zu vernachlässigende, z. T. starke Streuung, so daß die Anwendung der Bruchmechanik wegen der sehr unterschiedlichen möglichen Aussagen oftmals als problematisch angesehen wird.
- Im Interesse der Zuverlässigkeit der Ermittlung der bruchmechanischen Eigenschaften ist der Umfang der experimentellen Untersuchungen größer als bei der Ermittlung der konventionellen Werkstoff-, insbesondere auch der Festigkeitskennwerte.
- Der Kostenaufwand der experimentellen Untersuchungen ist für die bruchmechanischen Kennwerte im allgemeinen merklich höher als bei konventionellen Untersuchungen wegen der erforderlichen Ermüdungsrißerzeugung, jedoch lassen sich mit Hilfe geeigneter Prüftechniken oftmals wesentliche Rationalisierungseffekte erzielen.
- Beanspruchungsanalysen für bruchmechanische Berechnungen lassen sich zwar stärker gezielt durchführen als Beanspruchungsanalysen für konventionelle Haltbarkeitsnachweise, doch gehen die Untersuchungen im Rahmen der Bruchmechanik über die konventionellen Untersuchungen hinaus und erfordern somit einen nicht unbeträchtlichen Versuchsaufwand.
- Bruchmechanische Berechnungsmethoden und Sicherheitsnachweise sind in der Entwicklung und Anwendung begriffen, für wenige Anwendungsbereiche festgelegt, jedoch noch nicht in ihrer Gesamtheit genormt. Aus diesem Grund ist es in jedem einzelnen

Anwendungsfall erforderlich, optimale Methoden zu suchen und stets einen Konsens mit den Vorstellungen der Zulassungsbehörden bzw. des Auftraggebers anzustreben.

Während die Ermittlung der Zuverlässigkeits- und Sicherheitsaussagen das jeweilige Ziel der bruchmechanischen Anwendungen ist, muß es das Fernziel sein, die oben angeführten Schwierigkeiten im Interesse der Erhöhung der Zuverlässigkeit und der Wirtschaftlichkeit zu überwinden und die Bruchmechanik zu einem handhabbaren, ingenieurtechnischen Hilfsmittel zu gestalten, ähnlich wie den in der Technik üblichen Dauerfestigkeitsnachweis für schwingbeanspruchte Konstruktionen. Voraussetzung für die Praxiswirksamkeit der Bruchmechanik zur Schadensverhütung ist oftmals oder meistens die Ermittlung vorhandener Risse mit Hilfe der zerstörungsfreien Bauteilprüfung.

1.2 Versagenszustände rißgeschädigter Konstruktionen

Damit die bei der zerstörungsfreien Prüfung der Bauteile verwendeten Grenzwerte der Rißgrößen als zulässige Rißgrößen die Betriebssicherheit entsprechend dem „safe life"-Konzept auch tatsächlich gewährleisten, müssen die auszuschließenden, unzulässigen Betriebszustände eindeutig festgelegt sein. Die aus unzulässigen Schädigungsstadien resultierenden Versagensformen sind:

- die partielle oder totale Zerstörung des Bauteils durch Nichtarretierung sich instabil ausbreitender Risse,
- die Auslösung der instabilen Rißausbreitung, d. h. der Bruch des Bauteils,
- die stabile Rißausbreitung oberhalb einer zulässigen Rißgröße,
- jegliche stabile Rißausbreitung.

Beachtet werden muß bei praktischen Anwendungen, daß unterschiedliche Betriebszustände bzw. -beanspruchungen zu qualitativ unterschiedlichen Schädigungen führen können. Auch bei normalerweise dauerfesten Konstruktionen ist infolge außergewöhnlicher Beanspruchungen der Bruch als Versagensform nicht generell auszuschließen.

Bei Beachtung der auszuschließenden Betriebszustände bzw. Schädigungsstadien ergeben sich jeweils spezifische, einzuhaltende Grenzmaße für die Risse:

- das Arrestgrenzmaß $a_{A\,zul}$, das beim Vorhandensein von Rissen nicht überschritten werden darf, um die totale Zerstörung des Bauteils auszuschließen,
- das Betriebsgrenzmaß $a_{zul\,\max}$ als die Rißgröße, die unter Betriebsbedingungen unabhängig von der Periodizität der zerstörungsfreien Prüfung bzw. bei theoretisch ständiger zerstörungsfreier Prüfung zu keinem Zeitpunkt überschritten werden darf, da sonst mit dem Auftreten des Bruchs, der instabilen Rißausbreitung, zu rechnen ist,

Tab. 1.1 Versagenszustände rißgeschädigter Bauteile

Unzulässiger Betriebszustand	Zulässiges Rißgrenzmaß	
totale Zerstörung	Arrestgrenzmaß	$a_{A\,zul}$
instabile Rißausbreitung (Bruch)	Betriebsgrenzmaß	$a_{zul\,\max}$
Rißwachstum über zulässige Grenze	Kontrollgrenzmaß	a_{zul}
Beginn der stabilen Rißausbreitung	Dauerfestigkeitsgrenzmaß	$a_{D\,zul}$

- das Kontrollgrenzmaß a_{zul} für das betrieblich genutzte Bauteil als die eigentliche zulässige Rißgröße bei der periodisch durchgeführten zerstörungsfreien Prüfung, durch deren Einhaltung gewährleistet wird, daß ein wachsender Riß bis zur nächsten zerstörungsfreien Prüfung das Betriebsgrenzmaß nicht überschreitet,
- das Dauerfestigkeitsgrenzmaß $a_{D\,zul}$, dessen Einhaltung gewährleistet, daß ein vorhandener Riß oder ein rißartiger Fehler seine Größe unter der Einwirkung der betrieblichen Beanspruchung nicht ändert, so daß keine weiteren zerstörungsfreien Prüfungen notwendig sind.

Zusammengestellt sind die unzulässigen Betriebszustände und die zu ihrer Vermeidung zu beachtenden, spezifischen Rißgrenzmaße in der vorstehenden Tabelle (Tab. 1.1).

Bei annähernd gleichen Beanspruchungsbedingungen ist die Größenrelation zwischen diesen unterschiedlichen Grenzmaßen gegeben durch

$$a_{A\,zul} > a_{zul\,\max} > a_{zul} > a_{D\,zul} \tag{1.1}$$

Für Betriebs- und Kontrollgrenzmaß gilt weiterhin der Zusammenhang

$$a_{zul\,\max} = \lim_{\text{Prüfzyklus}\to 0} a_{zul} \quad . \tag{1.2}$$

Zulässige Spannungen für rißbehaftete bzw. -geschädigte Bauteile abzuleiten, ist mit Hilfe der Bruchmechanik zwar ohne weiteres auch möglich, aber nur bedingt sinnvoll. Beachtet werden muß bei einer derartigen Festlegung, daß sich Risse unter der ständigen oder wiederholten Lasteinwirkung in ihrer Größe oder Ausbreitungsrichtung zeitlich ändern oder ändern können. Dementsprechend kann eine zulässige Spannung für ein rißgeschädigtes Bauteil nur für einen bestimmten Zeitpunkt bzw. für eine bestimmte Rißgröße und -konfiguration gelten. Günstiger sind die Verhältnisse dagegen, wenn unter der zyklisch oder ständig einwirkenden Betriebsbeanspruchung die vorhandenen Risse nicht wachstumsfähig sind. Beim Vorhandensein dauerfester Defekte lassen sich dann mit Hilfe der Bruchmechanik dauernd ertragbare Spannungen bestimmen und zeitlich unabhängige, zulässige Spannungen $\sigma_{D\,zul}$ – ähnlich wie bei Dauerschwingfestigkeitsanalysen für anfangs schädigungs- bzw. rißfreie Bauteile – bestimmen.

1.3 Grundbegriffe der Bruchmechanik

Die ***Bruchmechanik*** ist ein interdisziplinäres Teilgebiet der technischen Wissenschaften, das mit den Methoden der technischen Mechanik, der Werkstoffwissenschaften und der Festkörperphysik die Rißausbreitung in mechanisch, thermisch und korrosiv beanspruchten Bauteilen untersucht.

In der Bruchmechanik werden die Phasen der ***stabilen*** und der ***instabilen Rißausbreitung*** unterschieden. Bei der stabilen Rißausbreitung infolge zügiger, schwingender, korrosiver oder Kriechbeanspruchung kommt es zwar zu einer differentiellen Vergrößerung des Risses, jedoch wird dadurch keine qualitative Änderung des Bauteilzustandes bewirkt. Bei der plötzlich einsetzenden, instabilen Rißausbreitung tritt dagegen mit dem Bruch die teilweise oder vollständige Zerstörung des Bauteils ein.

Die ***linear-elastische Bruchmechanik (LEBM)*** setzt bei ihren Untersuchungen linear-elastisches Werkstoffverhalten voraus. Wird das in einem realen Körper auftretende Fließen des Werkstoffs in der Umgebung der Rißspitze berücksichtigt, so dürfen die Fließbereiche verglichen mit den Bauteil- und den Rißabmessungen nur eine geringe Größe haben (vgl. Abb. 1.4). Die Auswirkungen des in Abhängigkeit von der Temperatur unterschiedlich starken Fließens des Werkstoffs in einer rißbehafteten Probe sind in Abb. 1.5 veranschaulicht.

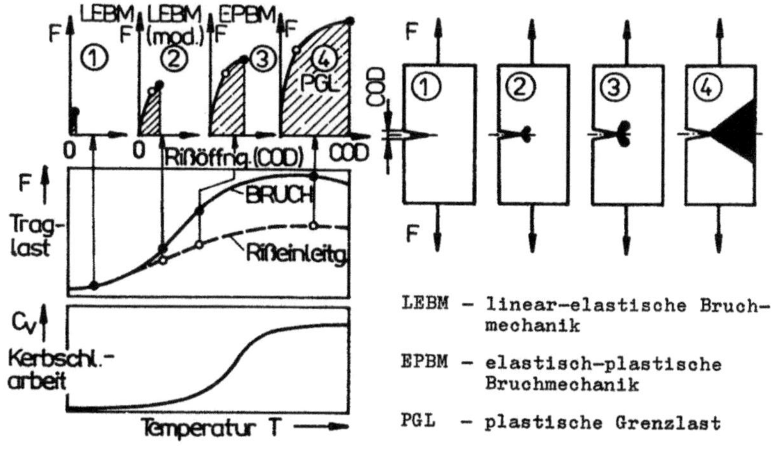

Abb. 1.4 Die Abgrenzung der Anwendbarkeit der unterschiedlichen Versagenskonzepte nach dem Grad der Plastifizierung des Bauteils im Bereich um die Rißspitze [4]

Bei starker Vergrößerung der Bruchflächen in rißgeschädigten Bauteilen, die mittels der linear-elastischen Bruchmechanik analysiert werden können, lassen sich je nach Mechanismus einerseits Spaltflächen erkennen oder andererseits Rastlinien (siehe Abb. 1.6 und 1.7).

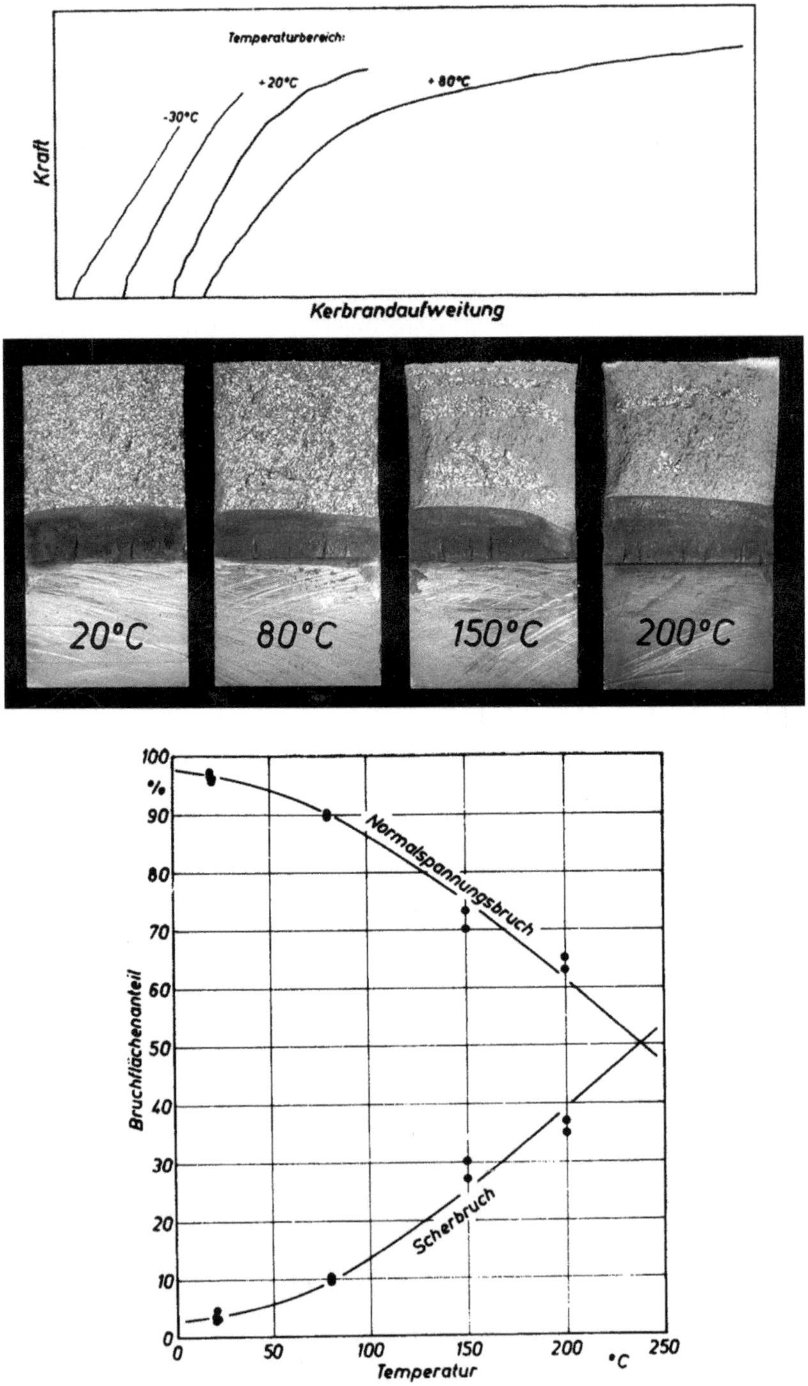

Abb. 1.5 Versuchsergebnisse der Bruchprüfung angerissener Drei-Punkt-Biegeproben aus Vollradstahl von Eisenbahnrädern bei unterschiedlichen Prüftemperaturen [5]

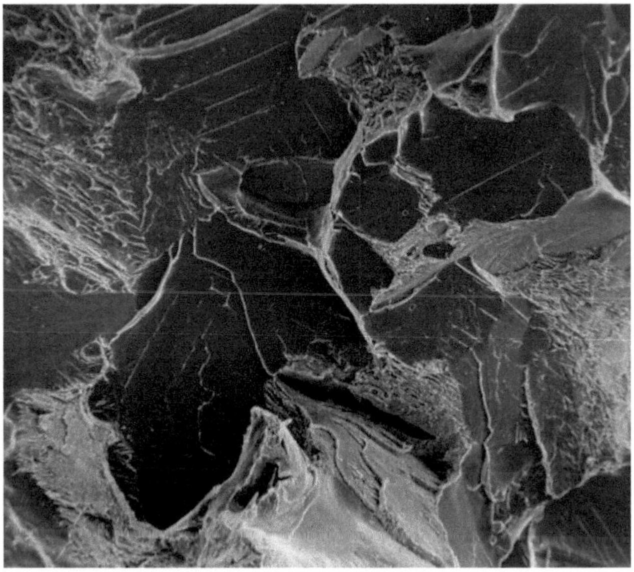

Abb. 1.6 Rasterelektronenmikroskopische Aufnahme der Bruchfläche eines spröden Werkstoffs mit Spaltflächen

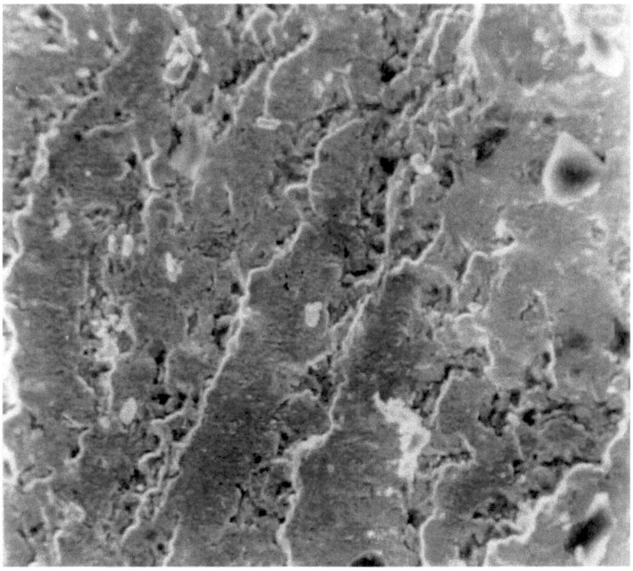

Abb. 1.7 Rasterelektronenmikroskopische Aufnahme der Ermüdungsrißfläche mit Rastlinien

Die ***Fließbruchmechanik*** (Zähbruchmechanik, elastisch-plastische Bruchmechanik) berücksichtigt das Auftreten des Fließens des Werkstoffs in Bereichen vor der Rißspitze, die im Vergleich zu den Abmessungen des Bauteils bzw. des Risses nicht mehr klein sind. Der Bereich des Ligamentes, d. h. des Materials vor der Rißspitze, ist merklich plastisch verformt (vgl. Abb. 1.4). Bei starker Vergrößerung der Bruchflächen von Versagensvorgängen, die mittels der Fließbruchmechanik behandelt werden, lassen sich wabenförmige Deformationen erkennen (siehe Abb. 1.8).

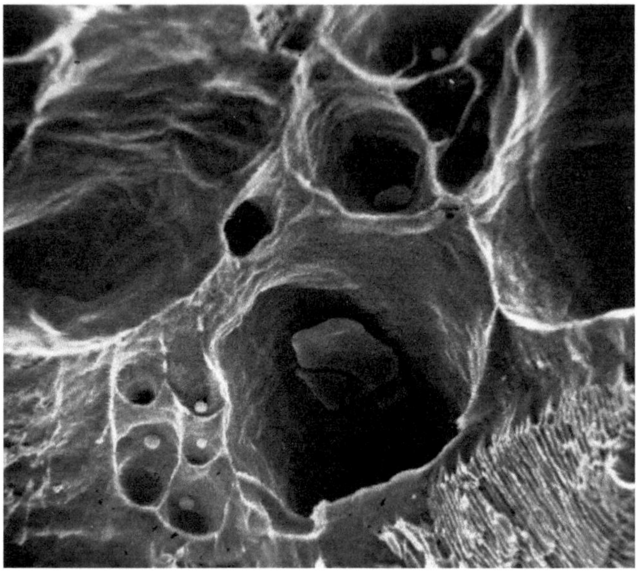

Abb. 1.8 Rasterelektronenmikroskopische Aufnahme der Bruchfläche eines zähen Werkstoffs mit wabenförmigen Verformungen

Der ***Sprödbruch*** ist ein Bruch, bei dem auf den Bruchflächen keine bzw. keine wesentlichen Anteile von makroskopisch feststellbaren plastischen Verformungen vorhanden sind. Mikroskopisch ist er charakterisiert durch das Vorhandensein von Spaltbruchflächen. Das Auftreten des Sprödbruchs wird durch die LEBM untersucht.

Der ***Zähbruch*** ist ein Bruch mit wesentlichen Anteilen makroskopisch feststellbarer plastischer Verformungen der Bruchfläche und ihrer Umgebung und wabenförmigen Deformationen bei mikroskopischer Untersuchung. Das Auftreten des Zähbruchs wird durch die Fließbruchmechanik untersucht.

Der ***Spannungsintensitätsfaktor*** charakterisiert die Stärke der Singularität der Spannungen an der theoretisch ideal scharfen Rißspitze bei rein elastischem Werkstoffverhalten. Er ist somit ein Maß für die Größe der Beanspruchung des Werkstoffs in der Rißspitzenumgebung.

Die ***Rißöffnungsart*** (Modus) ist das Unterscheidungsmerkmal für die Werkstoffbeanspruchung an der Rißspitze je nach der Richtung der gegenseitigen Verschiebung der beiden Rißflächen zueinander. Zwischen den unterschiedlichen Rißöffnungsarten der Bruchmechanik (Rißöffnungsarten I, II und III, siehe Kap. 3) und den Normalspannungen σ und den Schubspannungen τ der Festigkeitslehre bzw. der Elastizitätstheorie besteht ein enger Zusammenhang, insbesondere auch im Hinblick auf die Vorzeichendefinition.

Der Werkstoffbereich vor der Rißspitze, der noch nicht gerissen ist, aber durch die einwirkende Beanspruchung in unterschiedlichem Maße plastisch verformt und somit geschädigt wurde, wird in der Bruchmechanik als ***Ligament*** bezeichnet.

Als ***Energiefreisetzungsrate*** wird der Quotient aus der mit der Rißflächenvergrößerung freiwerdende Deformationsenergie und der Änderung der Rißflächengröße bezeichnet.

Abhängig ist sie von der Richtung, in der sich der Riß ausbreitet. Die bei der Rißöffnungsart I und gradliniger Rißausbreitung wirkende Energiefreisetzungsrate wird wegen ihrer Dimension *Kraft/Länge* auch als Rißvergrößerungskraft bezeichnet; sie ist jedoch keine vektorielle, sondern eine skalare Größe. Unter den Bedingungen der LEBM ist das in der Fließbruchmechanik verwendete J-Integral nach RICE identisch mit der Energiefreisetzungsrate.

In Formeln wird die Energiefreisetzungsrate zu Ehren des englischen Wissenschaftlers Alan Arnold Griffith mit dem Anfangsbuchstaben seines Familiennamens dargestellt. Im deutschsprachigen Schrifttum ergibt sich dadurch aber eine Schwierigkeit, da der Gleit-, Schub- oder Schermodul – anders als im Englischen – ebenfalls mit dem Buchstaben G gekennzeichnet wird. Um eine Unterscheidung in Formeln zu ermöglichen, wird hier für die Energiefreisetzungsrate der Buchstabe $\mathfrak{G}$ in einer anderen Schriftart verwendet.

Die Begriffe des ***ebenen Spannungs- bzw. Deformationszustandes*** beziehen sich im Zusammenhang mit der Bruchmechanik stets auf die nähere Umgebung der Rißspitze. Wesentlich für die Unterscheidung beider Zustände ist dabei der Einfluß der Materialdicke. Während der ebene Spannungszustand in den unmittelbar an der unbelasteten Oberfläche gelegenen Werkstoffbereichen und daneben in sehr dünnen Körpern auftritt, herrscht im Inneren des rißbehafteten Körpers, sofern er eine gewisse Mindestdicke besitzt, ein ebener Dehnungszustand. Beachtet werden muß, daß auch in (rißfreien) dünn- oder dickwandigen Bauteilen, in denen nach den Betrachtungen der Festigkeitslehre ein ebener Spannungszustand vorliegt, die Anwesenheit eines Risses zu einer stark inhomogenen Spannungsverteilung in der näheren Umgebung der Rißspitze führt sowie zu Querdeformationen, die sich nur an der Oberfläche frei einstellen können, im Inneren dicker Körper aber vollständig unterdrückt werden können.

Mit dem Begriff der ***Rißeinleitung*** oder ***Rißinitiierung*** wird der Sachverhalt erfaßt, daß es bei statischer, zügiger oder dynamischer Beanspruchung eines rißgeschädigten Werkstoffbereiches zu einer Bewegung des Risses in Form einer Rißgrößenerweiterung kommt. Im Rahmen der Bruchmechanik, die stets das Vorhandensein eines Risses voraussetzt, wird mit der Rißeinleitung oder Rißinitiierung üblicherweise nicht die Bildung von Rissen betrachtet!

Während im Sinn der Festigkeitslehre eine dynamische Beanspruchung sowohl eine zeitlich schnell veränderliche zunehmende oder auch schwingende Beanspruchung sein kann, ist im Rahmen der Bruchmechanik als ***dynamische Beanspruchung*** stets eine ***schlagartige Beanspruchung*** zu verstehen. Eine Schwingbeanspruchung führt im Rahmen der Bruchmechanik zu den Phänomenen der stabilen Rißausbreitung oder im Grenzfall der Dauerfestigkeit.

Als ***Rißfortschritts- oder Rißwachstumsrate*** wird bei zyklischer Ermüdungsbeanspruchung die Rißgrößenzunahme pro Schwingspiel bezeichnet. Aus der Größe der Rißwachstumsrate lassen sich die Lebensdauer für vorgegebene Rißgrößen und insbesondere auch die praktisch interessierende Restlebensdauer ermitteln.

1.4 Voraussetzungen für die Anwendung der Bruchmechanik

Um die Bruchmechanik anwenden zu können, müssen ***Kenntnisse*** vorhanden sein über die folgenden Bereiche:

- den Ort der Schädigung des Bauteils,
- die Art der zu erwartenden oder zu vermeidenden Rißausbreitung,
- die Art der vorhandenen oder auch angenommenen Anfangsschädigung, die für die Bruchmechanik eine Rißgröße von etwa einem Millimeter voraussetzt. (Sind die Anfangsschädigungen von geringerer Größe, so muß die Mechanik kleiner Risse herangezogen werden. Die sogenannten kleinen Risse unterliegen Gesetzmäßigkeiten, die nicht mittels der linear-elastischen Bruchmechanik zuverlässig bzw. konservativ eingeschätzt werden können.)
- die Rißform, die sich im Laufe der betrieblichen Beanspruchung ändern kann,
- die Betriebsbeanspruchung, die Lastkollektive und die unter Umständen maßgebenden Eigenspannungen,
- die Beanspruchungsbedingungen, d. h. die kritischen und/oder langzeitig einwirkenden Bedingungen für die Temperatur, die Beanspruchungsgeschwindigkeit, die Beanspruchungsfrequenz, das Spannungsverhältnis und die Form des zeitlichen Beanspruchungsverlaufs,
- die für das zu analysierende Rißausbreitungsphänomen relevanten bruchmechanischen Werkstoffeigenschaften, die mit den Eigenschaften des Bauteils im Neuzustand nicht unbedingt übereinstimmen müssen,
- die Art und Weise der Durchführung der bruchmechanischen Analyse (als deterministische Berechnung oder als probabilistische Analyse, letztere insbesondere als Monte-Carlo-Simulation),
- die letztlich durchzuführende Sicherheitsbewertung (bei Kenntnis der Definition und Größe der relevanten Sicherheitsbeiwerte) in eigener Verantwortung oder im Konsens mit dem Betreiber bzw. der zuständigen Aufsichtsbehörde.

Bei der Betrachtung von Versagensfällen wird man gelegentlich mit der Auffassung konfrontiert, daß man sich bei fehlendem konventionellen Haltbarkeitsnachweis gleich auf die bruchmechanische Analyse konzentrieren und auf den konventionellen Festigkeitsnachweis verzichten sollte. Übersehen wird hierbei, daß eine bruchmechanische Analyse einen fehlenden konventionellen Haltbarkeitsnachweis nicht ersetzen, sondern ihn nur erweitern und in spezieller Weise ergänzen kann.

Literatur

1. R. Laska, Ch. Felsch: Werkstoffkunde für Ingenieure. Friedrich Vieweg & Sohn, Braunschweig/Wiesbaden, 3. verbesserte Auflage, 1992, Seite 17.
2. B. Ilschner: Werkstoffwissenschaften – Eigenschaften, Vorgänge, Technologien. Springer-Verlag, Berlin, Heidelberg,. . . , 2. verbesserte Auflage, 1990, Seite 123.
3. H. Göldner: Technik – so sicher wie möglich? Spectrum **18** (1987) 3, Seite 1–3.
4. H. Theilig, J. Nickel, K.-O. Edel, M. Hentrich: Spannungsintensitätsfaktoren. VEB Fachbuchverlag, Leipzig, 1. Auflage, 1987.
5. K.-O. Edel: Untersuchung der Bedingungen beim Bruch von Eisenbahnrädern. Wissenschaftliche Zeitschrift der Universität Rostock, naturwissenschaftliche Reihe, **33** (1984) N9, Seite 72–81.

2 Rißartige Schäden in der ingenieurtechnischen Praxis

2.1 Typische Beispiele für rißartige Schäden

Um zu dokumentieren, welche Folgen das Versagen von Konstruktionen durch Rißbildung, Rißausbreitung und den abschließenden Bruch haben kann, seien einige Schadensfälle vorgestellt, die seit dem Ende des 19. Jahrhunderts aufgetreten sind und mitunter nicht nur die Fachwelt beschäftigt haben.

2.1.1 Schäden an Stahlbrücken

Auf der Strecke Edinburgh – Dundee stürzte am Sonntag, dem 28. Dezember 1879 die Eisenbahnbrücke über den Firth of Tay, die erst am 30. Mai 1878 für den Eisenbahnverkehr freigegeben worden war, bei orkanartigem Sturm während der Überfahrt eines Zuges ein. Ausgelöst wurde der Brückeneinsturz durch Rohrflanschrisse, Material mit unzureichenden Eigenschaften und die Nichtberücksichtigung der Windlasten bei der Bemessung der Konstruktion. Dieses Unglück, das 200 Menschenleben forderte, war das folgenschwerste Versagen einer Brückenkonstruktion (Abb. 2.1).

Zu einem Schadensfall, der zwar keine Menschenleben forderte, aber doch in der Fachpresse einen starken Widerhall fand, war das Auffinden von Rissen in der Brücke über die Hardenbergstraße am Berliner Bahnhof Zoo in der Zeit vor den bevorstehenden olympischen Spielen 1936. Ähnliche Brückenschäden traten einige Jahre später auf: In der Nacht vom 2. zum 3. Januar 1938 brachen unter rein statischen Bedingungen beim Absinken der Temperatur von − 3 auf − 13 °C mit lautem Knall die Untergurte zweier Hauptträger der als Schweißkonstruktion errichteten Autobahnbrücke über das Mühlenfließ bei Rüdersdorf, dem ersten Bauwerk, bei dem der in den 1930er Jahren für den Brückenbau entwickelte

K.-O. Edel, *Einführung in die bruchmechanische Schadensbeurteilung*,
DOI 10.1007/978-3-662-44264-7_2

Abb. 2.1 Ansicht der zerstörten Eisenbahnbrücke über den Firth of Tay [1]

Abb. 2.2 Der 1938 gebrochene Hauptträger der Mühlenfließbrücke [2]

höherfeste Stahl St52 eingesetzt worden war. Beide Schadensfälle sind bedingt durch die unzureichenden Erfahrungen mit dem Schweißen stählerner Brücken. Bemerkenswert ist der Schaden an der Mühlenfließbrücke aber auch deshalb, weil es sich hier zeigte, daß unter günstigen Umständen die sich schlagartig ausbreitenden Risse – wie hier im Steg der 2,80 m hohen Hauptträger – aufgefangen werden können (Abb. 2.2).

Die Mühlenfließbrücke als ein in der Fachwelt bekanntes, 1938 noch während der Bauphase geschädigtes Bauwerk bereitete aber auch noch später gewisse Probleme (vgl. Abb. 2.3). Nach der teilweisen Zerstörung im Zweiten Weltkrieg und dem Wiederaufbau der zerstörten Bereiche war sie viele Jahre im Betrieb bis bei einer Brückenkontrolle ein großer

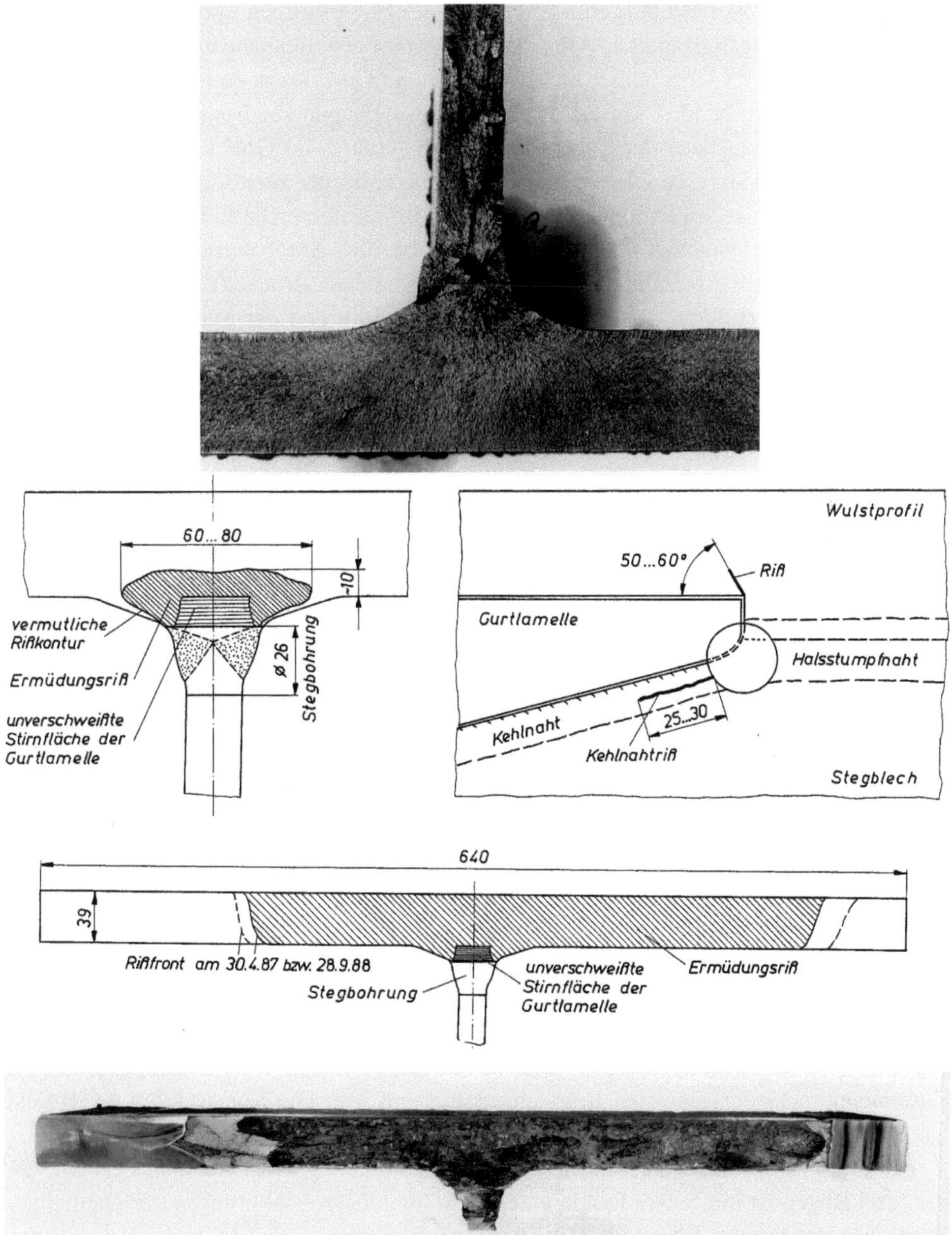

Abb. 2.3 Rißartige Schäden am Hauptträger der Mühlenfließbrücke mit dem bruchauslösenden Schweißfehler im Untergurt von 1938 (Darstellung oben [3]), des 1987/1988 zerstörungsfrei bestimmten Ermüdungsrisses im Obergurt (mittlere Darstellungen [4, 5]) sowie des aufgebrochenen Obergurtes [6]

Querriß in einem Obergurt aufgefunden wurde, der zur sofortigen Sperrung des Bauwerkes führte. Der Ausgangspunkt des Querrisses war eine herstellungsbedingt unverschweißte Stelle im Bereich des Überganges zwischen Steg und Gurt. Da in den Hauptträgern viele derartige Stellen vorhanden waren, wurden Untersuchungen zur Bewertung der Defekte und zur Restnutzungsdauer der Konstruktion durchgeführt. Auf Grund des bruchmechanischen Gutachten wäre eine weitere Nutzung bei periodischer zerstörungsfreier Kontrolle und Reparatur der nachweislich rißgeschädigten Brückenbereiche möglich gewesen. Da jedoch inzwischen festgelegt worden war, daß der Berliner Autobahnring sechsspurig auszubauen ist, dieser Ausbau unter Nutzung der vorhandenen Brückenkonstruktionen nicht realisierbar war, erfolgten der Abbau der Betonfahrbahn und der Stahlträger und deren Ersatz durch eine neue Stahlkonstruktion.

Der Bau der den Ohio in Ost-West-Richtung zwischen Point Pleasant (West Virginia) und Kanauga (Ohio) überspannenden „Silver Bridge“ [7], Abb. 2.4, wurde 1926 begonnen und 1928 abgeschlossen. Nach nahezu 40 jähriger Nutzung brach am 15. Dezember 1967 gegen 17 Uhr die Brücke ohne vorherige Warnung zusammen. 46 Menschen kamen dabei ums Leben; 37 Fahrzeuge gingen verloren. Die drei Brückensektionen mit den Spannweiten von 213,4 m im mittleren Teil und 115,8 m in den seitlichen Teilen wurden innerhalb von 60 Sekunden zerstört. Diesem Zusammenbruch unmittelbar voraus gingen „reißende“ Geräusche auf der Ohio-Seite der Brückenkonstruktion. Nach Augenzeugenaussagen begann die Brücke verzögert einzustürzen und brach dann mit einem „donnernden“ Geräusch, das während des gesamten Zusammenbruchs anhielt, vollständig zusammen.

Die nachfolgenden Untersuchungen zeigten, daß die nominellen statischen Spannungen in allen Augenstabelementen zum Zeitpunkt des Schadensfalles die Spannungen, die beim ursprünglichen Entwurf vorausgesetzt worden waren, nicht überschritten. Als Hauptursache für den Zusammenbruch wurde der von zwei kleinen Korrosionsrissen an der Bohrung eines der vier Augenstäbe der oberen Verspannung am Knoten C13 N ausgelöste Sprödbruch nachgewiesen. Der verwendete Werkstoff neigte unter den atmosphärischen Bedingungen zur Spannungsrißkorrosion, wobei die korrosionsinduzierten Risse im Laufe der Zeit wachsen konnten. Der konstruktive Entwurf der Kettenbrücke war insofern einmalig, als nur zwei Augenstäbe in jedem Kettensegment verwendet wurden, und diese Kette einen Teil der oberen Verspannung bildete. Durch Modelluntersuchungen wurde nachgewiesen, daß das Versagen eines Zugstabes der oberen Verspannung der Ausgangspunkt des Zusammenbruchs der gesamten Brückenkonstruktion war. Die Konstruktion der Brücke war nicht schadenstolerant („fail-safe“) (Abb. 2.5).

Die Eisenbahnbrücke über den Strelasund als Verbindung zwischen dem Festland und der Insel Rügen ist mit 540 m Länge eine der größten Eisenbahnbrücken der ehemaligen Deutschen Reichsbahn. Sie wurde Mitte der dreißiger Jahre als eine der ersten Brücken dieser Größe vollkommen geschweißt. Bedingt durch die Auffindung von mehreren großen, d. h. bis 470 mm langen Rissen in den Quer- und Hauptträgern sowie einer sehr großen Anzahl weiterer kleinerer Risse, vgl. Abb. 2.6, führten zu drastischen Verkehrseinschränkungen mit zulässigen Geschwindigkeiten von 30 km/h für normale Züge bzw. von 10 km/h für Güterzüge, an deren Rädern Flachstellen vorhanden waren, die die Gleise und die

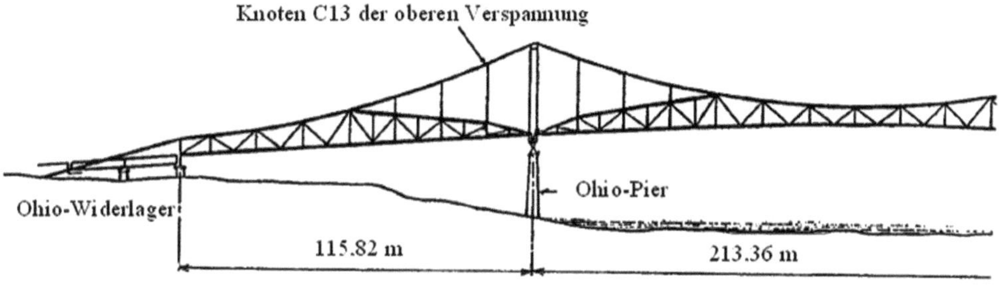

Abb. 2.4 Seitenansicht der Silver-Bridge über den Ohio zwischen Point Pleasant (West Virginia) und Kanauga (Ohio) (nach [7])

Abb. 2.5 Die Silver Bridge über den Ohio [7]

Brückenkonstruktion höher als normal beanspruchen. Ohne daß von den aufgefundenen Rissen und gegebenenfalls sanierten Bereichen gravierende Versagensfälle ausgelöst wurden, ist diese Brücke im Mai 1990 durch einen Neubau ersetzt worden.

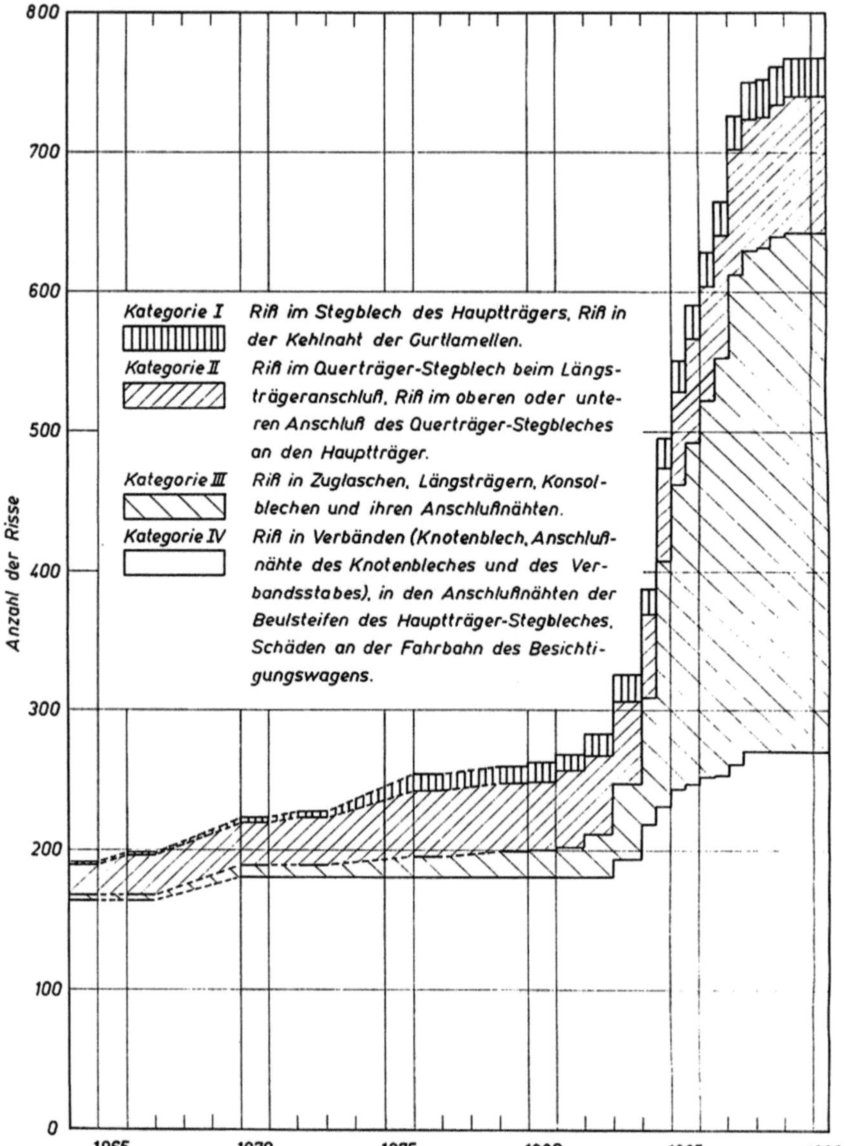

Abb. 2.6 Rißauffindung in der Strelasundbrücke, 1964–1990 [8]

In Brückenkonstruktionen können neben den typischen wachstumsfähigen Ermüdungsrissen auch Risse vorhanden sein, die durch außergewöhnliche Beanspruchungen z. B. Projektileinwirkung, Abb. 2.7, entstanden sind, unter normalen Betriebsbedingungen aber nicht ausbreitungsfähig sind.

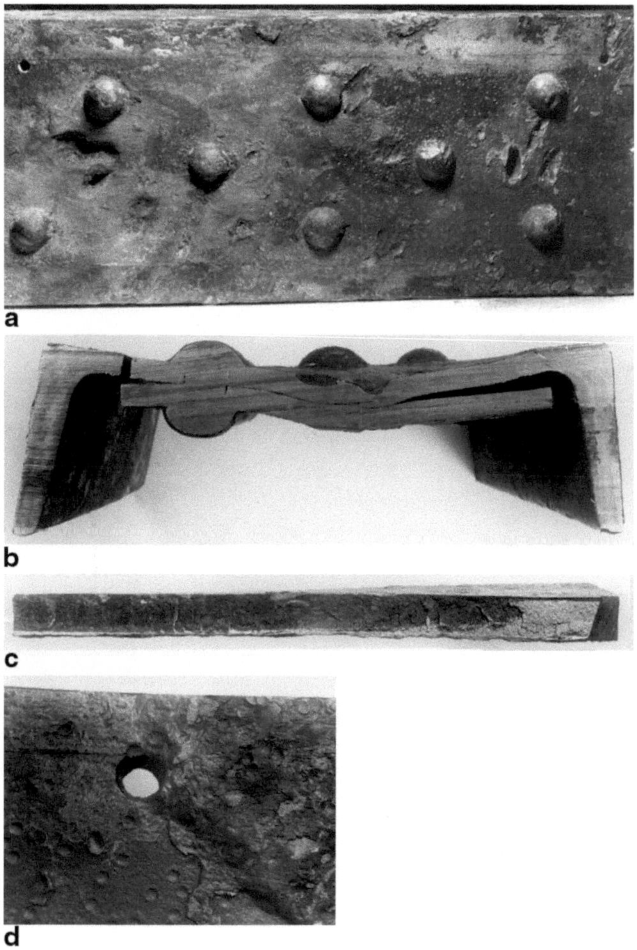

Abb. 2.7 Längsrisse in einem Träger der im Jahre 1909 errichteten Eisenbahnbrücke über die Elbe bei Wittenberge, die unter kriegsbedingter Projektileinwirkung aus Werkstoff-Fehlern entstanden sind. **a** Ansicht der Oberfläche des Stegbereiches, **b** Ansicht des durch zwei Risse geschädigten Profilquerschnitts, **c** aufgebrochener Längsriß im Trägersteg, **d** leicht exzentrische Abbohrung am Ende des einen Längsrisses

2.1.2 Risse und Brüche an Schiffen

Das Problem des Sprödbruchs, d. h. eines an der Bruchfläche weitgehend verformungslosen Bruchs, der von kleinen, ohne technische Hilfsmittel zum Teil kaum nachweisbaren Anrissen ausgelöst wird, rückte mit umfassender Praxiseinführung der Schweißtechnik in das Blickfeld der Fachleute sowie der Öffentlichkeit. Bei Schiffkonstruktionen wurden schon im Jahre 1927 bei einem teilweise geschweißten Schiffskörper Risse beträchtlichen Ausmaßes festgestellt (siehe Abb. 2.8).

Die wohl spektakulärsten Fälle des Sprödbruchs im Bereich des Schiffbaus ereigneten sich an den im Zweiten Weltkrieg gebauten Liberty-Frachtern und T2-Tankern. Von rund 5000 während des Krieges gebauten Handelsschiffen hatten bis zum April 1946 mehr als 1000 von ihnen Risse. 10 Tanker und 3 Frachter brachen in der Mitte durch. Bei 25 anderen Schiffen wurden entweder die Decks oder die Böden der Schiffe vollständig

Abb. 2.8 Risse in einem teilweise geschweißten Schiffskörper aus den 20er Jahren des 20. Jahrhunderts [2]

Abb. 2.9 Der nach der Probefahrt am Kai gebrochene Tanker „Schenectady" [9]

Abb. 2.10 Bei schwerem Sturm brach Ende November 1954 in der Irischen See der liberianische Tanker „World Concord“ auseinander [6] (Foto: ADN-ZB/Keystone)

zerstört. Andere Schiffe zeigten bereits Anrisse, bevor sie in Dienst gestellt wurden. Am 16. Januar 1943 brach bei ruhiger See der am Ausrüstungskai der Schiffswerft liegende Tanker „Schenectady“, der die Probefahrt bereits absolviert hatte, auseinander, Abb. 2.9. Ein ähnliches Schicksal erlitt der Tanker „Esso Manhattan“ bei einer Fahrtgeschwindigkeit von 14 kn, leichter See und Windstärke 2.

Da Schiffe Konstruktionen sind, die über Jahrzehnte genutzt werden, ist es nicht verwunderlich, daß an den im Zweiten Weltkrieg gebauten Schiffen auch noch Jahrzehnte später beträchtliche Schäden auftraten (Abb. 2.10).

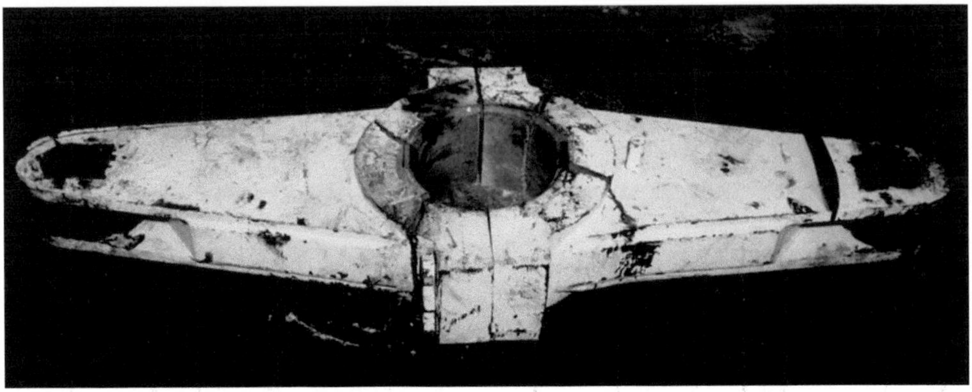

Abb. 2.11 Die gebrochene Ruderpinne des Fährschiffs „Rostock" [10]

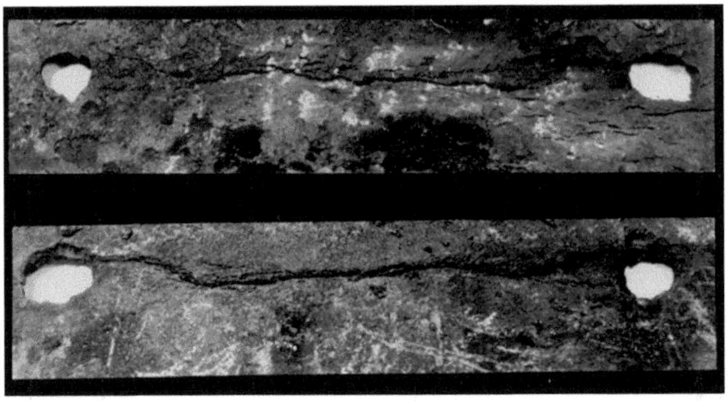

Abb. 2.12 Außenseite (oberes Teilbild) und Innenseite (unteres Teilbild) der bei der Reparatur herausgebrannten, 10 mm dicken Außenhaut des Fährschiffs "Warnemünde"der Deutschen Reichsbahn mit einem etwa 300 mm langen, provisorisch abgebohrten und zwischenzeitlich abgedichteten Riß aus dem Bereich des Doppelbodens [10] (Foto: ZME, Ziemer)

Gegenwärtig sind solche katastrophalen Ereignisse, wie auch die Sprödbrüche insgesamt stark zurückgegangen, doch darf nicht übersehen werden, daß sie – bedingt durch die Verwendung hochfester Werkstoffe – in unterschiedlichem Maß immer noch vorkommen oder vorkommen können, Abb. 2.11 und 2.12. Ein Beispiel für das Auftreten des Sprödbruchs an Schiffskonstruktionen ist der Bruch der Backbord-Ruderpinne des Fährschiffs „Rostock" der Deutschen Reichsbahn am 20. März 1979 vor Saßnitz. Grund des Versagens der Konstruktion war die sehr geringe Zähigkeit des verwendeten Materials im Zusammenhang mit schlagartiger Beanspruchung der Ruderpinne bei relativ kalter Witterung.

2.1.3 Schäden an Offshore-Konstruktionen [11]

Die 10 105 t schwere Fünfeck-Plattform „Alexander L. Kielland" wurde 1976 in Dunkerque als Bohrplattform gebaut, in den norwegischen Nordsee-Ölfeldern jedoch als Mannschaftsunterkunft genutzt, Abb. 2.13. Die 103 × 99 m große Plattform, von deren Typ im Zeitraum 1969–1977 insgesamt 11 Stück gebaut wurden, ruhte auf 5 Säulen von 8,50 m und Pontons von 22 m Durchmesser. Durch Fluten oder Entleeren der Pontons und Säulen ließ sich die Tauchtiefe der Plattform regulieren. Das Rohrfachwerk zwischen den Säulen bestand aus Horizontalstäben von 2,60 m und Diagonalstäben von 2,20 m Durchmesser mit jeweils 25 mm Wandstärke. Während die oberen Horizontal- und die Diagonalstreben wasserdicht gestaltet waren, hatten die unteren Horizontalstreben Flutöffnungen der Größe 800 × 300 mm. In drei der unteren Horizontalstreben befanden sich rohrstutzenartige Halterungen für Hydrophone, Abb. 2.14, mit deren Hilfe die vom Meeresboden ausgesandten Ultraschallsignale aufgefangen wurden, um die Plattform exakt positionieren zu können. Im Gegensatz zu den Randversteifungen der Flutöffnungen wurden die Hydrophonhalterungen als nicht tragende Teile angesehen und dementsprechend – wie die späteren Schadensfalluntersuchungen zeigten – aus einem Material mit ungünstigen mechanischen Eigenschaften in Dickenrichtung, ausgeprägter Walzstruktur und einem hohen Gehalt an nichtmetallischen Einschlüssen gefertigt. Nicht beachtet wurde die Möglichkeit, daß durch die als untergeordnet angesehenen Bauteile Risse verursacht werden können, die für die gesamte Konstruktion katastrophale Schäden auslösen können, wie beispielsweise es auch bei Montagehilfen, Geländern, Transportösen und dergleichen geschehen kann und geschieht.

Abb. 2.13 Die Bohrplattform „Alexander L. Kielland" (rechts im Bild) vor dem Unglück [6] (Foto: ADN-ZB/AP-Tele)

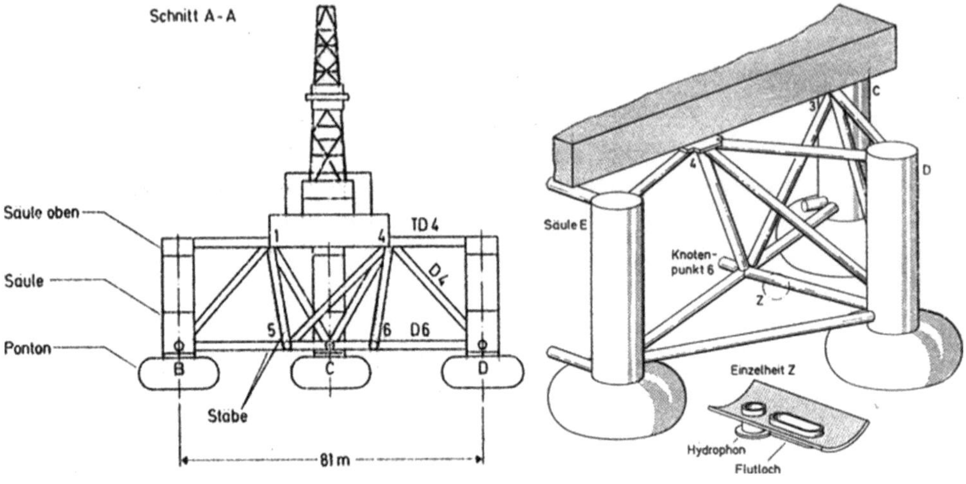

Abb. 2.14 Konstruktive Details der Bohrplattform „Alexander L. Kielland" [11]

Abb. 2.15 Die verbliebenden vier tragenden Pontons der gekenterten Offshore-Plattform „Alexander L. Kielland" nach dem Unfall am 27. März 1980 [6] (Foto: ADN-ZB/dpa-Tele)

Am Morgen des 27. März 1980 brach bei orkanartigem Sturm die untere Horizontalstrebe D6. Die Säule D wurde seitlich weggedrückt, so daß sich die Plattform um 30 bis 35° neigte. Infolge offensichtlich nicht geschlossener Luken führte die Krängung zu einem Wassereinbruch in den Säulen C und E, sowie im Deck. Die Generatoren fielen aus, die Möglichkeit zum Lenzen war nicht mehr gegeben. Nach 20 min. kenterte die Plattform, Abb. 2.15, und schloß die Mannschaft ein. Von den an Bord befindlichen 212 Personen konnten nur 89 gerettet werden, 123 verloren bei der Katastrophe ihr Leben.

Die Untersuchung der nach Stavanger geschleppten Säule D und der Reste der Plattform konnte den Rißausgang an den Kehlnahtschweißungen zur Befestigung des Hydrophonhalters in der Horizontalstrebe D6 ohne Schwierigkeiten nachweisen. Drei Viertel des Umfangs der Kehlnahtschweißung waren gerissen. In den Rissen fanden sich auf mindestens 70 mm Länge Farbreste, die dokumentieren, daß die Lamellenrisse schon während

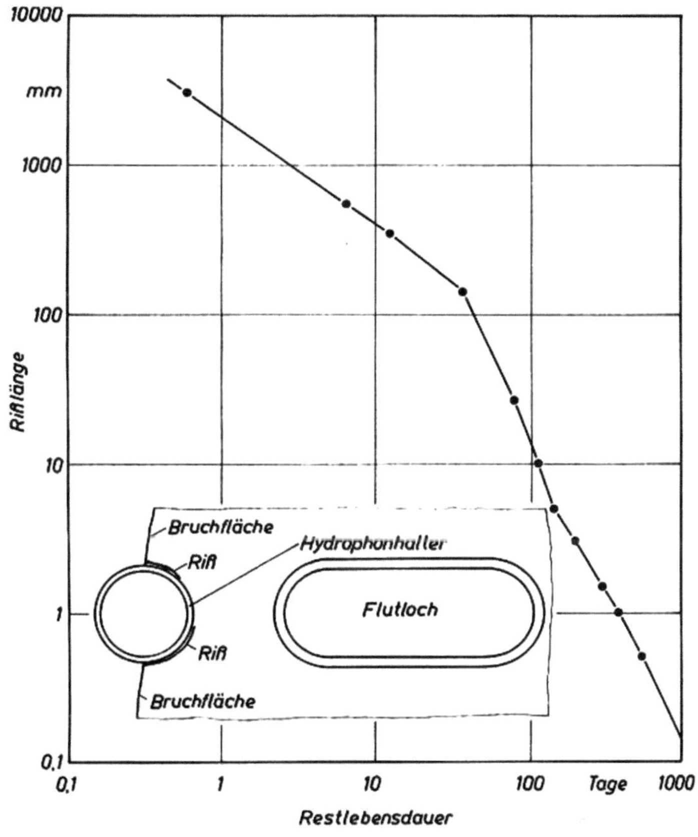

Abb. 2.16 Die bruchmechanisch rekonstruierte Restlebensdauer der Bohrplattform „Alexander L. Kielland" in Abhängigkeit von der Größe des vom Hydrophonhalter ausgegangenen Ermüdungsrisses in der Horizontalstrebe D6 (nach Angaben in [11])

der Fertigung aufgetreten, jedoch nicht entdeckt worden waren. Die Risse in der Hydrophonstutzenhalterung führten zur Bildung von querverlaufenden Ermüdungsrissen in der Horizontalstrebe. 500 bis 600 mm von den Rißausgängen sind erste Anzeichen von Scherlippen auf der Bruchfläche erkennbar. Die letzten Rastlinien zeigten sich, nachdem zwei Drittel des Rohrumfangs getrennt waren.

Die Werte der mittleren Lebensdauer, die in der Größe von einem halben bis 3 Jahren liegen und im ungünstigsten Fall auf ein Drittel reduziert werden müssen, zeigen, daß der schwächste Punkt der Konstruktion in der Kehlnahtschweißung des Hydrophonhalterstutzens liegt.

Bruchmechanische Berechnungen des Rißwachstums (Abb. 2.16) zeigen, daß im ungünstigen Fall ein 10 mm langer Riß innerhalb einer geringen Nutzungsdauer zum Bruch der Konstruktion führen kann, und daß eine Inspektion innerhalb einer sicheren Lebensdauer („safe life") aus betrieblichen Gründen nicht realisierbar ist. Vorgegeben waren Inspektionen im Abstand von einem Jahr für den Oberwasserbereich der Plattform und von 4 Jahren für den Unterwasserbereich. Der Schadensfall ereignete sich kurze Zeit vor der ersten Inspektion, bei der auch der unter der Wasseroberfläche befindliche Teil einzubeziehen gewesen wäre.

2.1.4 Schäden an Rädern von Schienenfahrzeugen

Die aus einem Stück gewalzten Eisenbahnvollräder zeigen beim Betriebseinsatz gegenüber bandagierten Eisenbahnrädern eine wesentlich geminderte Schadenshäufigkeit, da ein seitliches Verschieben des Radreifens nicht mehr auftreten konnte. Entgegen den ursprünglichen Erwartungen traten jedoch, wenn auch nur in relativ geringem Umfang, auch bei Vollrädern gravierende Schäden in Form von Brüchen auf. Bedingt durch die hohe Temperaturbeanspruchung des Radwerkstoffs beim Einwirken der Klotzbremse können sich rißartige Schäden an der Lauffläche bilden (Abb. 2.17), aus denen wachstumsfähige Risse entstehen können.

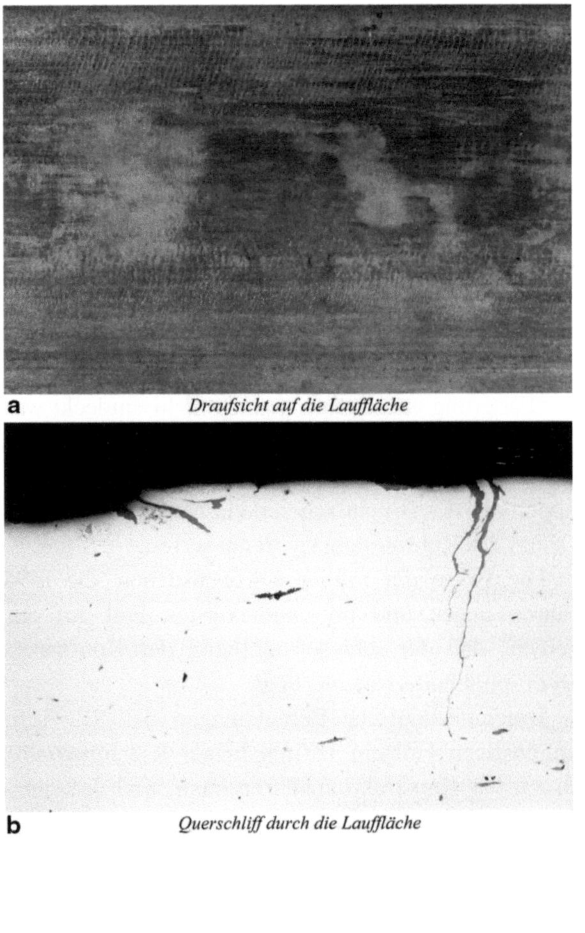

a *Draufsicht auf die Lauffläche*

b *Querschliff durch die Lauffläche*

Abb. 2.17 Rißartige Schädigungen an der Lauffläche klotzgebremster Vollräder. **a** Draufsicht auf die Lauffläche, **b** Querschliff durch die Lauffläche [12]

Abb. 2.18 Seitlich verschobene und außen an der Fase des Randkranzes überschleifende Bremsklötze [12]

Abb. 2.19 Ansicht der Unfallstelle des Eisenbahnbetriebsunfalls am 29. Mai 1988 bei Pratau infolge des Bruchs eines Vollrades an einem Eisenbahngüterwagen [12] (Foto: ADN-ZB/Lehmann)

Abb. 2.20 Der den Eisenbahnbetriebsunfalles am 29. Mai 1988 bei Pratau verursachende Radsatz [12]

Abb. 2.21 Der die Überbremsung des gebrochenen Vollrades, Abb. 2.20, verursachende, überschleifende Bremsklotz [12]

Die Erfahrungen der Eisenbahnen zeigen, daß die unter Betriebsbedingungen gebrochenen laufflächengebremsten Eisenbahnvollräder zuvor durch Überbremsen geschädigt worden sind: Beim Anpressen der Bremsklötze auf die Lauffläche bewirkt die inhomogene Erwärmung des Rades an der Lauffläche Temperaturdruckspannungen. Bei Dauerbremsungen, d. h. langanhaltenden Gefällefahrten bzw. bei Bremsstörungen, wie z. B. seitlich verschobenen und mit zunehmendem Verschleiß somit an der Radkranzaußenseite ständig überschleifenden Bremssohlen (siehe Abb. 2.18), überschreiten die Temperaturspannungen die Warmquetschgrenze des Vollradstahls und verursachen plastische Verformungen und nach dem Abkühlen des Rades im Radkranz zurückbleibende Zugeigenspannungen.

Maßgebend für die Beanspruchungsbedingungen im kritischen Fall ist neben dem Vorhandensein von rißartigen Dauerschäden die zeitliche Änderung der radkraftbedingten Spannungen. Nach Erfahrungen der Eisenbahnen treten Vollradbrüche nicht nur bei bewegten Fahrzeugen, vgl. Abb. 2.19 bis 2.21, sondern auch bei stehenden Fahrzeugen auf. Maßgebend für den Bruch unter statischen Bedingungen ist neben dem Vorhandensein von ausreichend großen Ermüdungsrissen die durch die Abkühlung des Rades bedingte Zunahme der sich wieder aufbauenden Zugeigenspannungen und die ebenfalls damit einhergehende Minderung der statischen Zähigkeitseigenschaften.

Entsprechend dieser Erkenntnis wurde bei der Deutschen Reichsbahn wie auch bei anderen Bahnverwaltungen die Ausmusterung der überbremsten Vollräder verfügt. Im Interesse der Betriebssicherheit wurden bei der Deutschen Reichsbahn durch die Verschrottung dieser Räder volkswirtschaftliche Verluste in Millionenhöhe in Kauf genommen. Weiterhin wurden bei der Deutschen Reichsbahn Anstrengungen unternommen, Risse in geschädigten Rädern durch zerstörungsfreie Prüfungen aufzufinden und die Risse hinsichtlich der Betriebsgefährdung mit den Mitteln und Methoden der Bruchmechanik zu bewerten.

Ein besonderes Problem eines Radbruchs, genauer eines Radreifenbruchs mit gravierenden Folgen trat am 3. Juni 1998 auf. Die Räder des ICE-1 wurden – im Gegensatz zu den zuvor verwendeten konventionellen Eisenbahnrädern – nicht mehr zum Bremsen genutzt, so daß der Laufflächenverschleiß stark reduziert war, die Räder aber zum Unrundwerden neigten, wodurch der Fahrkomfort teilweise sehr stark beeinträchtigt wurde. Um dieses Problem abzustellen, wurden gummigelagerte Radreifen verwendet, die bei Straßenbahnen und Nahverkehrszügen üblich sind, die jedoch anders und merklich höher als die bisher verwendeten Räder bzw. die auf den Radkörper aufgeschrumpften Radreifen beansprucht wurden. Waren für die nicht auf der Lauffläche gebremsten Eisenbahnvollräder neben den im Laufe der Nutzung veränderlichen Eigenspannungen und den geschwindigkeitsabhängigen

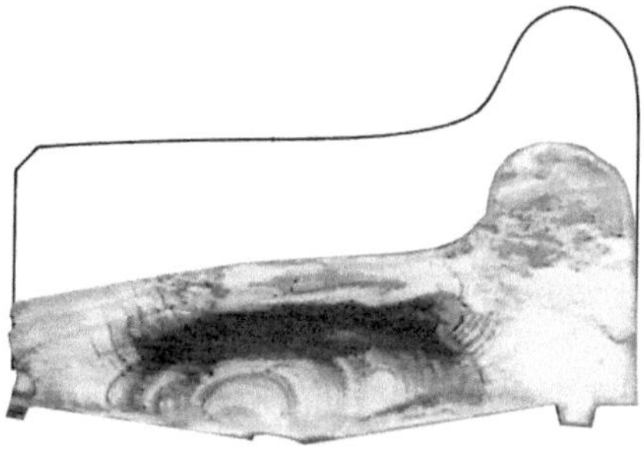

Abb. 2.22 Der Querschnitt des gummigelagerten Radreifens des ICE-1 „Wilhelm Conrad Röntgen" im Neuzustand und im gebrochenen Zustand

Fliehkraftspannungen die zyklisch auf die Lauffläche einwirkenden Kontaktspannungen maßgebend, so traten bei den gummigelagerten Radreifen nunmehr noch neben den Montagespannungen zyklisch veränderliche radkraftabhängige Biegespannungen hinzu. Auf der Innenseite des gebrochenen Radreifens hatte sich im Kontaktbereich zwischen dem Radreifen und dem Gummi ein wachstumsfähiger Querriß gebildet (Abb. 2.22) infolge der zyklischen Biegebeanspruchung des gummigelagerten Radreifens, Abb. 2.23.

Infolge der hohen Laufleistung konnte sich innerhalb einer relativ kurzen Zeit der vorhandene Radreifenquerriß bis zu seiner kritischen Größe, zum Bruch entwickeln. Der Radreifenbruch erfolgte vor einer Weichendurchfahrt. Infolge der nicht mehr vorhandenen Führung entgleiste der mit rund 200 km/h fahrende Zug und prallte gegen den Pfeiler einer Brücke, die dadurch einstürzte. Der Unfall forderte das Leben von 101 Menschen.

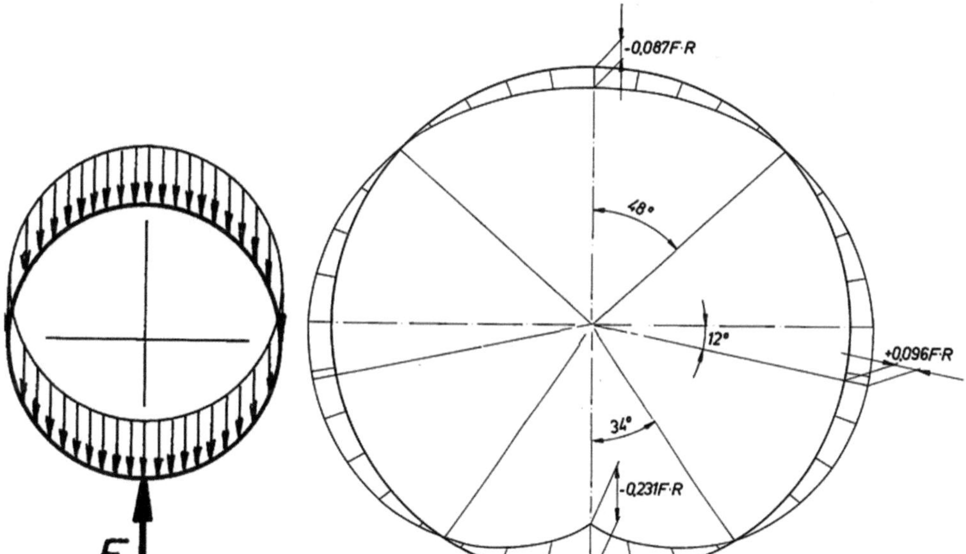

Abb. 2.23 Modellierung der Beanspruchung eines kreisringförmigen Radreifens infolge der als gleichförmig idealisierten Streckenlast aus der vertikalen Radreifenbelastung und der konzentriert angreifenden Radaufstandskraft F sowie des daraus resultierenden Biegemomentenverlaufs

2.1.5 Schäden an Eisenbahnachsen

Die Achsen von Schienenfahrzeugen sind die klassischen Objekte von Dauerfestigkeitsuntersuchungen. Mitte des 19. Jahrhunderts führte AUGUST WÖHLER seine grundlegenden Versuche an derartigen Achsen durch [13–15]. Achswellen werden heute als dauerfeste Konstruktionen ausgelegt. Trotz dauerfester Auslegung kommt es gelegentlich vor, daß unter Betriebsbedingungen Achsbrüche auftreten. Früher handelte es sich dabei meistens um Achsschenkelbrüche durch heißgelaufene Achslager, Abb. 2.24b. Der Anteil der reinen Ermüdungsbrüche, Abb. 2.24a und 2.26, lag bei der Deutschen Reichsbahn bei etwa 13 % der aufgetretenen Achsbrüche. Bedingt sind die Ermüdungsbrüche oftmals durch Kantenpressung auf der Oberfläche der Achse, insbesondere durch Fertigungsmängel, d. h. durch fehlende Entlastungsmulden im Bereich der Innenringe der Rollenachslager. Derartige, von der Oberfläche ausgehende Risse und Brüche verlaufen quer zur Drehachse (Abb. 2.24a). Von Werkstoffinhomogenitäten oder von Schmiedefehlern im Inneren ausgehende Risse sind vor allem aus früherer Zeit bekannt [16, 17], gegenwärtig aber sehr selten. Treten derartige Rißbildungen im Bereich des Achsschenkels auf, so machen sie sich durch Rißflächen bemerkbar, die – bedingt durch die Schubspannungen aus der Querkraft – zur Drehachse unter einer Neigung von etwa 45° etwa schraubenförmig verlaufen (Abb. 2.25).

Unabhängig von der Ursache führen Achsbrüche, Rad- oder Schienenbrüche zu Entgleisungen mit im allgemeinen gravierenden Folgen (Abb. 2.27). Zur Gewährleistung der Betriebssicherheit werden die Fahrzeugachsen sowohl nach der Herstellung als auch während der betrieblichen Nutzung in Abhängigkeit vom Einsatzbereich und der damit zusammenhängenden Laufleistung in regelmäßigen Abständen zerstörungsfrei mittels Ul-

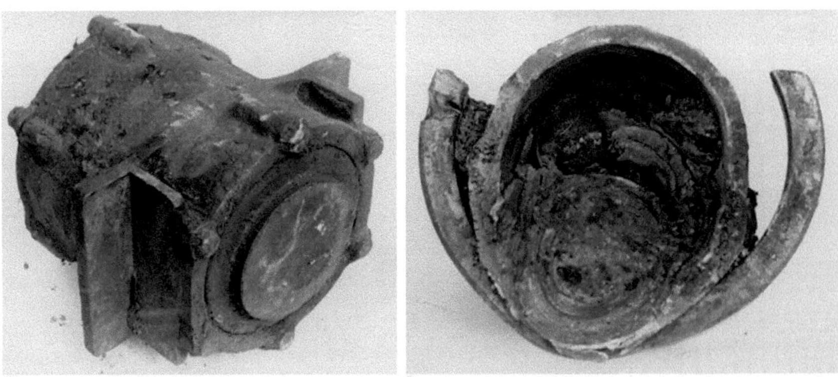

a b

Abb. 2.24 Achsschenkelbrüche der Achsen von Eisenbahnwagen. **a** Ermüdungsbruch mit außen beginnender Rißbildung, **b** Bruch durch Heißlaufen des Rollenachslagers [18]

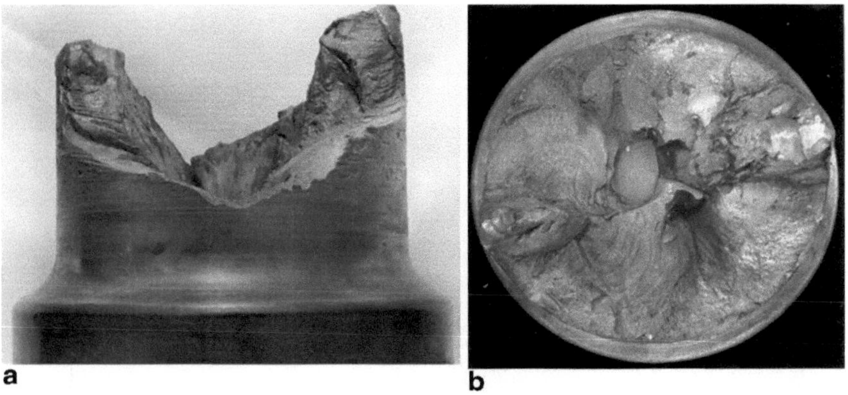

Abb. 2.25 Bruchfläche im Achsschenkelbereich mit im Inneren beginnender Ermüdungsrißbildung. **a** Seitenansicht auf den Achsschenkel, **b** Draufsicht auf die Bruchfläche [18]

Abb. 2.26 Durch Kantenpressung an der Bremsscheibenhalterung gebrochene Eisenbahnachse eines Triebwagens der Deutschen Reichsbahn [18]

traschall geprüft. Achsen, bei denen Defekte festgestellt wurden, werden ausgemustert und verschrottet. Bei der Deutschen Reichsbahn waren Risse oder rißartige Fehler in Achswellen nicht zugelassen.

Abb. 2.27 Bahnbetriebsunfall am 28. Juni 1987 auf dem Bahnhof Dannenwalde infolge eines Achsschenkelbruchs [18] (Foto: ADN-ZB)

2.1.6 Schäden an Eisenbahnschienen

Eisenbahnschienen sind hochbeanspruchte Bauteile, deren Versagen für die Sicherheit des Eisenbahnverkehr verheerende Folgen haben kann. Da die Eisenbahnen seit ihren Anfängen mit der Problematik der Schienenfehler, insbesondere der Brüche konfrontiert sind, wurden vielfältige Anstrengungen unternommen, die Schienen bruchsicher zu machen. Trotz aller Anstrengungen und Erfolge auf diesem Gebiet kommt es auch gegenwärtig noch zu Brüchen von Eisenbahnschienen. Wenn auch die Mehrzahl der Schienenfehler, insbesondere der Brüche mit quer verlaufender Bruchfläche meistens keine gravierenden Folgen haben, kommt es mit großer Wahrscheinlichkeit zur Entgleisung der Züge, wenn längere Schienenstücke ausbrechen (siehe Abb. 2.28).

Ein besonderes Problem der Eisenbahnen ist das Versagen der Schienen von Weichen. Bezogen auf die Länge der Schienen in Strecken- und in Weichengleisen zeigen die Schienenbruchstatistiken eine wesentlich höhere Bruchhäufigkeit der Schienen der Weichengleise gegenüber den Schienen der normalen Streckengleise, was durch die höheren Beanspruchung und die kompliziertere Geometrie der Weichenschienen bedingt ist. Eine Schwachstelle der Weichengleise ist die sogenannte Federstelle der Zungenschienen,

Abb. 2.28 Mehrfach infolge eines horizontalen Steglängsrisses gebrochene Schiene [19]

Abb. 2.29 Seitenansicht einer durch Head Checks mehrfach gebrochenen Eisenbahnschiene [20]

bei der zur leichteren Verstellbarkeit der Zungenschienen der Schienenfuß auf die Breite des Schienenkopfes abgearbeitet ist, woraus neben den geringeren Verstellkräften für die Zungenschienen eine erhöhte Beanspruchung des Bereichs der Federstelle resultiert.

Eine ähnliche Wirkung wie längsverlaufende und an den Enden abknickende Risse haben Schienenfehler, die innerhalb kürzerer Abstände mehrfach auftreten. Infolge eines einzelnen Querbruchs sind die Schienenbereiche um die Bruchstelle beim Überfahren von Zügen dann wesentlich höher als normal beansprucht, so daß es beim Vorhandensein weiterer Risse zu Folgebrüchen und somit zum Ausbrechen größerer Schienenbereiche kommen kann. Ein für die gegenwärtige Situation typischer Versagensfall dieser Art ist der Schienenbruch durch sogenannte Head Checks, d. h. rißartige Defekte an der Fahrkante (siehe Abb. 2.29).

Die als Head Checks bezeichneten Risse wurden lange Zeit hinsichtlich des ihnen innewohnenden Unfallrisikos allgemein unterschätzt, obwohl in der Fachliteratur auf die Folgen derartiger Schienenfehler schon vor etlichen Jahrzehnten hingewiesen wurde [21]. Einen gravierenden Versagensfall aus neuerer Zeit zeigt die folgende Abb. 2.30.

Ein „normaler“, durch Laschen gesicherter Schienenquerbruch, der auch ohne Verlaschung nicht zwangsläufig zu Entgleisungen führt, es sei denn, es haben sich noch weitere Querrisse in seiner Umgebung gebildet, ist in Abb. 2.31 wiedergegeben.

Abb. 2.30 Zur Entgleisung eines Hochgeschwindigkeitszuges der britischen Eisenbahngesellschaft GNER kam es in Hatfield bei London am 17. Oktober 2000, als durch Head-Checks ein 35 m langes bogenäußeres Schienenstück in mehr als 200 Stücke zerbrach. Das Unglück forderte vier Menschenleben [22]

Abb. 2.31 Ansicht eines durch Laschen gesicherten Querbruchs einer Eisenbahnschiene [23]

2.1.7 Schäden an Flugzeugen

Die Konstruktionen von Flugzeugen sind gekennzeichnet durch extremen Leichtbau. Die Folge der weitgehenden Ausnutzung der Materialfestigkeiten ist dabei, daß die Bauteile unter Umständen nicht mehr dauerfest, sondern nur noch zeitfest sind; d. h. die vorgegebene Lebensdauer der Flugzeugbauteile ist begrenzt. Bedingt durch das Alter betrieblich genutzter Konstruktionen, durch wesentlich geänderte Einsatzbedingungen, aber auch durch nicht ordnungsgemäße Wartung oder Reparatur kann es zu Versagensfällen mit gravierenden Folgen kommen. Beispielsweise stürzte 1985 ein Großraumflugzeug mit mehr als 500 Passagieren in Japan ab. Zu dem Unglücksfall kam es infolge der nicht sachgemäß durchgeführten Reparatur eines Schotts, aber auch durch den Einsatz des für den Langstreckeneinsatz gebauten Flugzeuges im Kurzstreckenverkehr mit einer dadurch wesentlich erhöhten Zahl von Starts und Landungen (Abb. 2.32). In den nachfolgenden Jahren erregten weitere Unfälle mit Flugzeugen die Aufmerksamkeit der Medien. Am 28. April 1988 verlor

Abb. 2.32 Beim Absturz der Boeing 747 der JAL am 12. August 1985 bei einem Inlandflug in Japan kamen rund 500 Menschen ums Leben [6] (Foto: ADN-ZB)

Abb. 2.33 Die auf der Insel Maui bei Hawaii am 28.4.1988 gelandete Boeing 737 am Tag nach dem Unglück [24]

Abb. 2.34 ADN-Pressemeldung vom Februar 1989 über ein Flugzeugunglück bei Hawaii

Materialermüdung gilt als Ursache

Washington (ADN) Materialermüdung ist nach ersten Expertenuntersuchungen die Ursache für das Loch, das am Freitag in eine 18 Jahre alte Boeing 747 der USA-Fluggesellschaft United Airlines kurz nach dem Start in Hawaii gerissen worden ist. Auch Wartungsmängel werden nicht ausgeschlossen. Bei dem Unglück, das sich in rund 7000 Meter Höhe ereignete, waren neun der 336 Passagiere aus der Maschine geschleudert worden.

ein Flugzeug des Typs Boeing 737 einen Teil des Rumpfes, konnte aber anschließend noch landen, Abb. 2.33. Die Ursache des Versagens waren Rißbildungen im Flugzeugrumpf. Der Unfall führte zu verschärften Sicherheitsbestimmungen und zu strengeren Überprüfungen älterer Flugzeuge.

Trotz der Schlußfolgerungen aus dem Unfall im Jahre 1988 kam es im Folgejahr 1989 zu einem weiteren Schaden ähnlichen Ausmaßes. In 7000 m Höhe wurde in der Verkleidung eines Flugzeugs des Typs Boeing 747 ein Loch gerissen, durch das 9 Personen herausgerissen wurde. Auch in diesem Versagensfall, bei dem das Flugzeug ebenfalls noch landen konnte, wurde als Ursache zuerst Materialermüdung vermutet. Um solche gravierenden Fälle auszuschließen, werden Flugzeugkonstruktionen üblicherweise als schadenstolerante „fail safe"-Konstruktionen ausgelegt, bei denen das Auftreten eines Risses im allgemeinen nicht zum Eintritt des generellen Versagens führt; zusätzlich werden aber Flugzeuge auch regelmäßig nach Defekten inspiziert, da die schadenstolerante Konstruktion allein nicht die Gewähr für einen sicheren Betrieb über beliebige Zeiten gewährleisten kann. Ausgelöst wurde dieser Unglücksfall aber – entgegen anfänglichen Vermutungen, Abb. 2.34 – durch das Versagen des Verschlussmechanismus der Luke des Frachtraums.

2.1.8 Schäden an Rohrleitungen

Unter ungünstigen Umständen, d. h. beim Vorliegen rißartig wirkender Defekte und extremer Kälte, können Gasdruckleitungen in ihrer gesamten Länge aufreißen, Abb. 2.35. Ist in der Rohrleitung durch den Bruch eine „Öffnung" entstanden, aus der das Gas entweichen kann, sinkt der Druck in der Rohrleitung ab. Der Druckabbau in Längsrichtung der Rohrleitung kann nur entsprechend der Schallgeschwindigkeit in dem Gas vor sich gehen. Die Rißausbreitung erfolgt jedoch in der Größenordnung unterhalb der Schallgeschwindigkeit in Stahl bedeutend schneller, so daß letztlich der Druckabfall in der Rohrleitung die Rißausbreitung nicht von sich aus zum Stoppen bringt. Da sich Rohrleitungen über große Entfernungen hinziehen, sind die Schäden an den gerissenen Rohrleitungen auch entsprechend groß. Verhindern läßt sich das kilometerlange Aufreißen der Rohre nur durch das Vermeiden der bruchauslösenden Defekte sowie durch den Einbau von Rißstop-Bereichen aus extrem zähem Stahl.

Abb. 2.35 Ansicht einer längs aufgerissenen Rohrleitung [25]

Abb. 2.36 Der Ort des Explosionsunglücks im Ural am 4. Juni 1989 [26] (Foto: ADN-ZB/TASS-Tele)

Abb. 2.37 Durch die Explosion zerstörte und ausgebrannte Eisenbahnwagen [26] (Foto: ADN-ZB/TASS-Tele)

Wenn auch das Aufreißen einer mehrere Kilometer langen Gasdruckleitung einen riesigen Verlust darstellt, sofern Menschenleben nicht auch noch zu beklagen sind, sind doch weniger gravierende Schäden an derartigen Leitungen ebenfalls nicht ungefährlich. Erinnert sei in diesem Zusammenhang an ein Eisenbahnunglück im Ural. In der Nacht zum Sonntag, dem 4. Juni 1989, ereignete sich auf der transsibirischen Eisenbahnstrecke im Ural im Abschnitt Ascha – Ufa ein schweres Explosionsunglück. Die Katastrophe auf der parallel zu der Flüssiggasleitung von Tscheljabinsk nach Ufa verlaufenden Eisenbahntrasse trat ein, als zwei Reisezüge die Unfallstelle passierten (Abb. 2.36 und 2.37).

Die 1850 km lange Flüssiggasleitung hatte in der davor liegenden Zeit mehrfach Probleme bereitet. Statt mit den ursprünglich vorgesehenen 8 Pumpstationen war die Leitung nur mit vier Pumpstationen ausgerüstet worden. Zum Austritt von Gas aus der Leitung war es schon vor dem Unglück in den Jahren 1985, 1986 und 1987 infolge undichter Leitungen bzw. von Fehlern in Schweißnähten gekommen. Am Sonnabend gegen 20 Uhr Moskauer Zeit vor dem Unglücksfall wurde ein Druckabfall in der Flüssiggasleitung festgestellt. Statt der Ursache nachzugehen und den Gasaustritt zu beheben, wurde versucht, den verringerten Gasdurchsatz mit einem erhöhten Pumpendruck zu kompensieren. Einwohner der umliegenden Ortschaften hatten schon längere Zeit vor dem Unglück Gasgeruch bis in eine Entfernung von 8 km wahrgenommen und gegen 21 Uhr entsprechende Informationen weitergegeben. Die Katastrophe trat ein, als das ausgetretene Gas durch Funkenbildung, ausgelöst durch die Eisenbahnen, explodierte. Durch die Explosion bildete sich eine rund 2 km breite Feuerfront; durch die Detonation entgleisten 14 Eisenbahnwagen, die Oberleitungen und die Gleise wurden auf einer Länge von mehreren hundert Metern zerstört. Von den etwa 1200 Fahrgästen überlebten 743. Von den schwerverletzten Fahrgästen, die in umliegende Krankenhäuser eingeliefert wurden, starben 35.

2.1.9 Schäden an Anlagen der Fördertechnik

Spielen sich die Schäden durch die Ausbreitung von Rissen oftmals in geographisch weit entfernten Gebieten ab, so können sie sich natürlich auch in unmittelbaren Umgebung ereignen. Die wohl größten heimischen Konstruktionen sind zweifellos die Abraumbagger der Braunkohlentagebaue (Abb. 2.38). Bricht hierbei ein tragendes Element, so sind die wirtschaftlichen Schäden sehr groß. Möglich sind Schäden durch langzeitig einwirkende Korrosion, durch örtliche Überbeanspruchung und durch eventuell nicht optimal ausgewählten Werkstoff wie im Fall der in Abb. 2.39 wiedergegebenen großen Hohlachse eines Schaufelrades.

Abb. 2.38 Das Schaufelrad eines Abraumbaggers eines Braunkohlentagebaues [27]

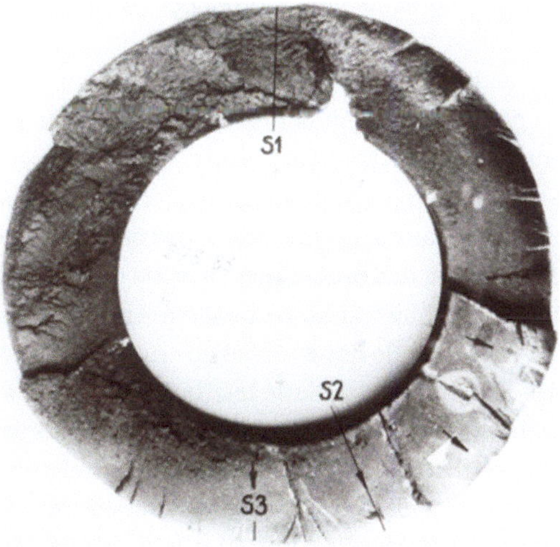

Abb. 2.39 Bruchfläche einer Hohlachse großer Abmessungen [28] mit 105 mm Wandstärke

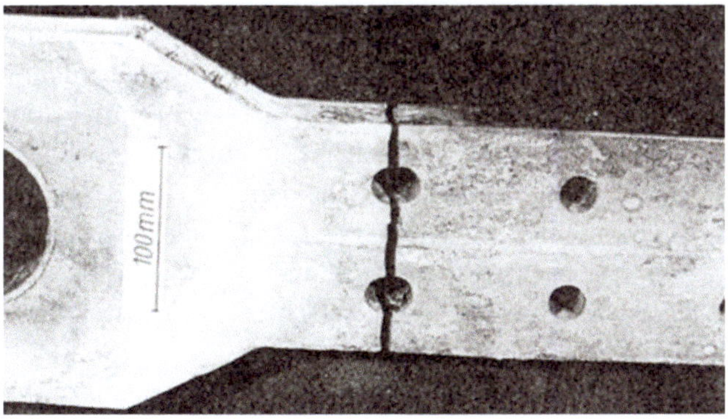

Abb. 2.40 Gebrochene Aufhängung des Gegengewichtes eines Förderkorbes [29]

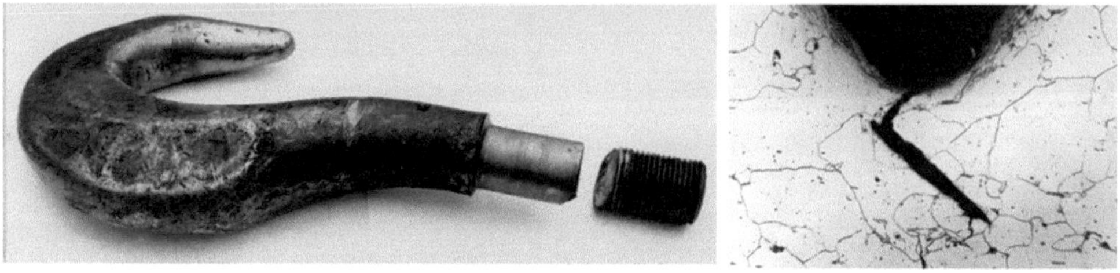

Abb. 2.41 Im ersten Gewindegang gebrochener Kranhaken aus gealtertem Stahl (*links*) [30] sowie die im Gefüge nachweisbare Rißbildung im Gewindegrund (*rechts*)

Ebenfalls im Bergbaubereich ereignete sich nach langjähriger Nutzung der Bruch der Aufhängung des Gegengewichtes eines Förderkorbes, Abb. 2.40. Wesentlich waren hierbei Beanspruchungen, die bei der Auslegung nicht berücksichtigt worden waren, und die fehlenden Möglichkeiten zur zerstörungsfreien Prüfung der Konstruktion während des laufenden Betriebes.

Ein Problem, mit dem jeder in einem Werk praktisch tätige Ingenieur konfrontiert werden kann, ist der Bruch eines Kranhakens, wie er sich in einem Reparaturbetrieb für Schienenfahrzeuge ereignete (Abb. 2.41). Weder die Umgebungstemperaturen, noch die Betriebsbeanspruchung waren extrem. Entsprechend nachfolgenden Untersuchungen war die Ursache des Bruchs die Alterung des Materials. In den Gewindegängen war eine größere Anzahl feiner Risse vorhanden. Anzunehmen ist, daß das Seil beim Anheben der Last an die tiefste Stelle des Kranhakens rutschte, so daß es zu einer schlagartigen Beanspruchung des Kranhakens kam, die letztlich den Bruch am Ende des Gewindes auslöste.

Das Reißen eines Tragseiles beim Transport eines S-Bahn-Wagens mittels einer Traverse (Abb. 2.42) verursachte eine zusätzliche dynamische Belastung des nicht gerissenen zweiten Seiles an der anderen Traversenseite, so daß dort der Stehbolzen, an dem die Umlenkrolle für das Seil befestigt war, brach. Da in den einschlägigen Vorschriften für den Betrieb von Krananlagen regelmäßige Kontrollen für die Seile und die Höchstzahl der gebrochenen Seildrähte festgelegt sind, letztere offensichtlich nicht beachtet wurde, ist ein derartiger Fall technischen Versagens im Grunde genommen auf Nichtbeachten der Vorschriften und somit auf menschliches Versagen zurückzuführen. Nicht ganz so gravierende Schäden an Seillitzen und -drähten sind in dem folgenden Bild dargestellt (Abb. 2.43).

Ein weiteres Schadensbild aus dem Bereich der Fördertechnik ist in Abb. 2.44 wiedergegeben. Infolge der verglichen mit Eisenbahnschienen merklich geringeren Festigkeit der Kranbahnschienen neigen diese zu stärkeren plastischen Deformationen als Eisenbahnschienen, zu stärkerem Verschleiß und – wie Abb. 2.44 zeigt – auch zu starker Rißbildung.

Bei der Analyse von aufgetretenen Schäden sind, wie die dargelegten Schadensfälle zeigen, nicht nur die Gesetzmäßigkeiten der Technischen Mechanik, sondern auch die der Konstruktion, der Werkstofftechnik, der Fertigungstechnik, der Schweißtechnik und anderer Fachgebiete sowie die Bedingungen des praktischen Betriebseinsatzes zu berücksichtigen, da Schäden oftmals erst durch ein Zusammentreffen vieler ungünstiger Umstände verursacht werden.

Abb. 2.42 Durch den Bruch eines Seiles verursachter Betriebsunfall

Abb. 2.43 Drehungsarme Drahtseilkonstruktion von 28 mm Durchmesser mit gebrochener Außenlitze und diversen Drahtbrüchen [31]

Abb. 2.44 Verschlissene, deformierte, rißgeschädigte und an den Anschweißstellen (am Schienenfuß *links* und *rechts*) abgerissene Kranbahnschiene

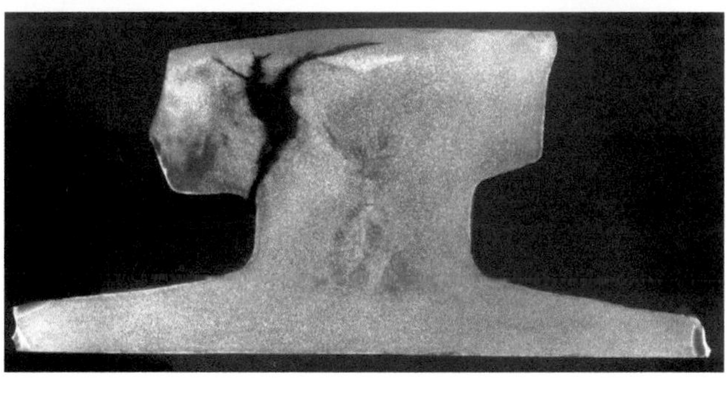

2.1.10 Rißartige „Bagatellschäden"

In der technischen Praxis gibt es neben den vorstehend dargestellten gravierenden Schadensfällen auch solche, die für den Nutzer ebenso wie für den Hersteller nicht nur ärgerlich sind, sondern auch einen gewissen finanziellen Aufwand zu seiner Beseitigung mit sich bringen, die aber nicht geeignet sind, die Methoden der Bruchmechanik zur Analyse des Rißverhaltens anzuwenden, da der Aufwand für die bruchmechanische Analyse in einem krassen Mißverhältnis zum Preis des Produktes steht, das eigentlich dauerfest sein soll (Abb. 2.45 und 2.46).

Ähnlich wie im Schadensfall des Wandschlauchträgers war in der Leitung zur Wasserversorgung einer Kleingartenanlage die Überwurfmutter der Rohrverschraubung auf etwa drei Viertel des Umfangs gerissen (Abb. 2.47), wodurch eine beträchtliche Wassermenge unkontrolliert austreten konnte. Bei augenscheinlicher Betrachtung des defekten Teils war die Ursache nicht zu erkennen.

Abb. 2.45 Durch den inneren Wasserdruck undicht gewordene Tragachse eines Wandschlauchträgers

Abb. 2.46 Rißbildung an der Tragachse eines Wandschlauchträgers an einer konstruktiv bedingten Kerbe

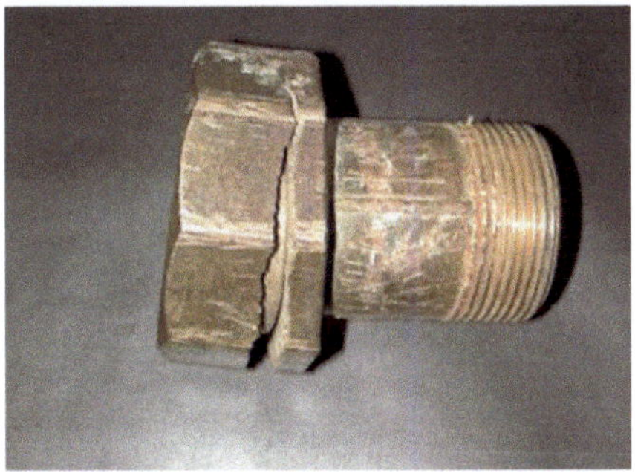

Abb. 2.47 Übersichtsaufnahmen der gebrochenen Verschraubung der Wasserrorleitung

Abb. 2.48 Übersichtsaufnahmen der geöffneten Bruchflächen

Abb. 2.49 Detailvergrößerungen aus dem Bereich der Fehlstelle

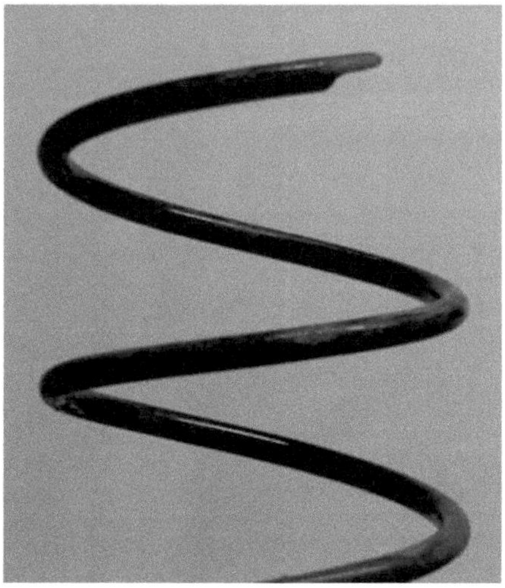

Abb. 2.50 Gebrochene PKW-Tragfeder

Nach dem Aufbrechen des Risses und der Betrachtung der Bruchflächen in den Abb. 2.48 und 2.49 ist zu erkennen, daß in dem mechanisch bearbeiteten Innenbereich der Überwurfmutter zwischen der Stirnfläche und dem Gewinde eine Fehlstelle vorhanden ist. Sie befindet sich an der Stelle der stärksten Aufweitung des Risses. Unter der Einwirkung der Verschraubungskräften zwischen Gewinde und Stirnfläche hat die Fehlstelle als spannungserhöhende Kerbe gewirkt und letztlich den Bruch der Überwurfmutter herbeigeführt. Anhand der Bruchflächen läßt sich feststellen, daß die Ursache für das Versagen der Verschraubung der Wasserleitung ein Materialfehler ist.

Die Tragfedern von Schienen- und Kraftfahrzeugen sollen eigentlich dauerfeste Tragelemente sein. Durch oberflächliche Defekte in nicht (mehr) korrosionsgeschützten Oberflächenbereichen kann die Bildung von Ermüdungsrissen ausgelöst werden, so daß nach längerer Nutzungsdauer der abschließende Bruch der Feder eintreten kann. Auch bei derartigen Bauelementen ist die Bruchmechanik nicht sinnvoll anwendbar.

2.2 Ingenieurtechnische Schlußfolgerungen aus Schadensfällen

Das Auftreten technischer Versagensfälle wird je nach Betroffenheit recht unterschiedlich bewertet: Dem ***Betreiber*** der Anlage, die versagt hat, ist der Vorfall zumindest unangenehm. Da derartige Ereignisse rufschädigend sind, wird er versuchen, die Informationen nicht unbedingt in die breite Öffentlichkeit zu bringen. Je nach den Folgen können Schadensfälle für den Betreiber (und dessen Versicherung) teuer werden. Der Betreiber, seine Versicherung und eventuell auch der Hersteller haben aus diesem Grund ein großes Interesse daran, daß künftig gleichartige Schäden vermieden werden. Für die ***Presse*** kann beim Fehlen anderer schlagzeilenträchtiger Ereignisse die Berichterstattung über Schadensfälle als Mittel zur Umsatzsteigerung verwendet werden. Die von dem jeweiligen Ereignis unmittelbar ***Betroffenen*** können mit dem Schrecken davonkommen, aber auch mit ihrem Leben bezahlen. Dem mit Schadensfällen konfrontierten ***Ingenieur*** zeigen entsprechend dem Sprichwort „***Aus Schaden wird man klug!***" Schadensfälle nicht nur die Grenzen seines Könnens, sondern sie eröffnen ihm auch bei intensiver Beschäftigung mit den Versagensfällen Wege zu ihrer Vermeidung.

Schadensfälle können durch den Ingenieur in vielfältiger Hinsicht zur Erweiterung des Wissens, zur Weiterentwicklung der Technik und zur Erhöhung der Betriebssicherheit genutzt werden. Möglichkeiten hierzu ergeben sich für die folgenden Problemkreise:

- Detaillierte Analyse und Charakterisierung der Schadensfälle
- Systematisierung der Schäden
- Analyse der Beanspruchung sowie der Beanspruchbarkeit des Bauteils
- statistische Analyse der Schäden und der Bedingungen ihres Auftretens
- Durchsetzen konstruktiver Verbesserungen
- Festlegungen zur Optimierung des Werkstoffeinsatzes
- Verbesserung der Herstellungs- und insbesondere der Schweißtechnologie
- Verbesserung der Instandhaltung
- Durchführung zerstörungsfreier Prüfungen
- Festlegung zulässiger Lasten, Rißgrößen und Prüfzyklen
- Festlegung von Kriterien für Reparatur, Ausmusterung und Ersatz
- Erarbeitung verbindlicher Maßnahmenkataloge.

Zu berücksichtigen ist, daß bei der Behandlung bzw. Lösung praktischer Probleme eine schematische Trennung nach den oben angegebenen Gesichtspunkten sicherlich nicht immer möglich und sinnvoll ist.

Hinsichtlich der detaillierten Analyse und Charakterisierung von Schadensfällen sei auf die eingangs geschilderten Schadensfälle verwiesen. Bei den übrigen Punkten werden sich in der praktischen Umsetzung Überschneidungen nicht generell vermeiden lassen; die Problematik der Rißausbreitung, -bewertung und -vermeidung ist oftmals ein äußerst vielschichtiges Problem.

2.2.1 Systematisierung und statistische Analyse der Schäden

Der erste Schritt bei der Feststellung des Auftretens von Rissen in größerem Umfang ist es, die Schäden zu erfassen und zu systematisieren. Typisch für diesen Schritt ist z. B. die Systematisierung der rißartigen Schäden der Strelasundbrücke (Abb. 2.51). Die dabei verwendete Numerierung ist im wesentlichen durch die zeitliche Reihenfolge des Auffindens der verschiedenartigen Risse bedingt.

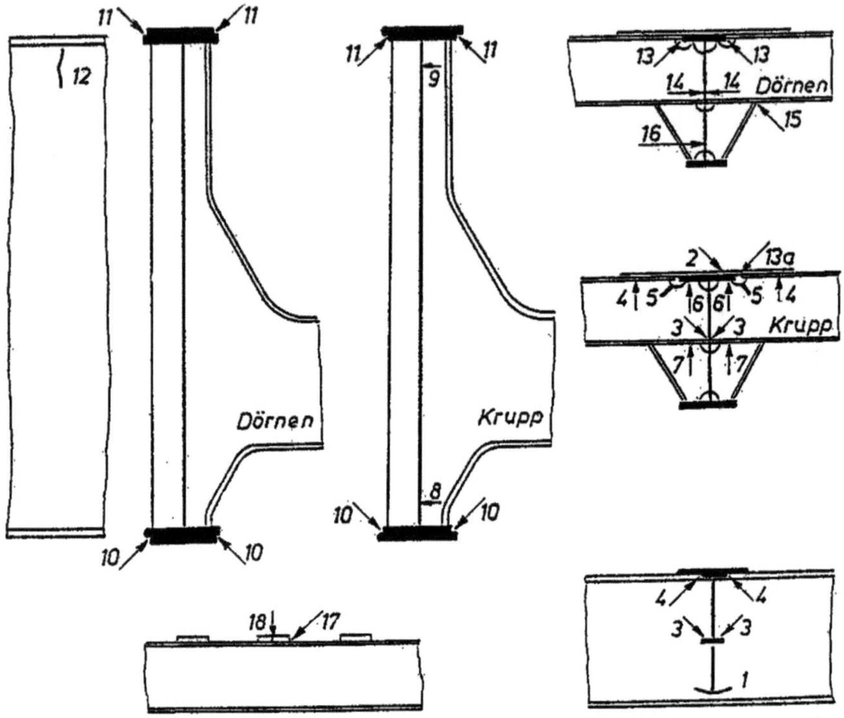

Abb. 2.51 Ort und Typ der rißartigen Schäden der geschweißten Träger der 1935/1936 errichteten Strelasundbrücke [32]

Wesentlich systematischer als bei den genannten Brückenschäden wurden die Risse und Brüche, die an Eisenbahnschienen auftreten, klassifiziert. Bei der Deutschen Reichsbahn wurden in den dreißiger Jahren des 20. Jahrhunderts in dem „Merkblatt zur Unterscheidung der Schienenbrüche" [33] die verschiedenen Bruchformen durch insgesamt 11 verschiedene Buchstaben bzw. Buchstabengruppen kodiert. Mitte des vergangenen Jahrhunderts waren international zwei unterschiedliche Schienenfehlerklassifikationen üblich, die erstmalig 1959 von der UIC [34] und die 1961 von der OSShD [35] herausgegeben wurden. Die Möglichkeiten der elektronischen Datenverarbeitung nutzend wurden die Schienenfehler durch 4 bzw. 3 Ziffern kodiert, so daß eine recht detaillierte Erfassung der Fehler möglich wurde. Nachteilig bei den beiden zuletzt erwähnten Klassifikationen ist, daß beim UIC-Katalog die erste und somit eigentlich wesentlichste Ziffer den Ort angibt, an dem der Fehler vorhanden ist, d. h. ob der Fehler in der Mitte der Schiene, im gelaschten Bereich oder an einer Schweißung auftritt. Da die Schienen seit etlichen Jahrzehnten generell miteinander verschweißt werden, erscheint diese Art der Kodierung heute nicht mehr angemessen. Nachteilig bei der ursprünglichen OSShD-Klassifikation war, daß an erster und wichtigster Stelle die vermutliche (!) Ursache des Schienenfehlers stand. Da das in der Praxis tätige Bahnpersonal die Ursachen der Fehler wohl kaum feststellen kann, wurde Anfang der 80er

Tab. 2.1 Schema der Klassifikation und Kodierung der Schienenfehler nach dem OSShD-Merkblatt R 733 von 1985 in der Fassung der Deutschen Reichsbahn [38]

<table>
<tr><th>1. Ziffer:
Qualität des Fehlers</th><th>2. Ziffer:
Lage des Fehlers bzw. Ausgangspunkt</th><th>3. Ziffer:
Art des Fehlers</th><th>4. Ziffer:
Lage des Fehlers in der Schienenlänge</th></tr>
<tr><td>1. Schaden</td><td rowspan="2">0. im ganzen Querschnitt
1. Fahrfläche oder Fahrkante
2. Schienenkopf
3. Schienensteg
4. Schienenfuß</td><td>0. nicht genannter Schaden
1. Herstellungs-, Bearbeitungs-, Behandlungsfehler
2. bleibende Verformung
3. Korrosion
4. Oberflächenfehler
5. Abblätterung, Ausbröckelung
6. Verquetschung
7. örtlich begrenzte Abnutzung
8. Riffel, wellenförmige Abnutzung
9. Schleuderstelle</td><td rowspan="2">0. die ganze Länge der Schiene betreffend oder an beliebiger Stelle der Schiene
1. im Bereich des Laschenstoßes (begrenzt durch die Länge der Laschen)
2. in der Schienenmitte (außerhalb von Laschen- und Schweißbereichen)
3. im Bereich der Widerstandsabbrenn-stumpfschweißung (± 200 mm von Schweißnahtmitte)
4. im Bereich der aluminothermischen Schweißung (± 25 mm von Schweißnahtmitte)
5. im Bereich von Auftrags- bzw. sonstigen Schweißungen
6. im Bereich des Herzstücks
7. im Bereich der Zungenvorrichtung
8. im Bereich des Isolierstoßes</td></tr>
<tr><td>2. Riß
3. Bruch</td><td>0. nicht genannter Riß oder Bruch
1. Querrichtung
2. Längsrichtung, vertikal
3. Längsrichtung, horizontal
4. schräg
5. Stegbohrungsriß, schräg
6. Stegbohrungsriß, horizontal
7. ausgehend von Anschweißungen
8. in den Laschen</td></tr>
</table>

Jahre im Auftrag der OSShD schließlich von der Deutschen Reichsbahn eine Überarbeitung der Schienenfehlerklassifikation vorgenommen [36]; nunmehr wurde die Schwere des Defektes an die erste Stelle der Kodierung gestellt [37], so daß eindeutig klargestellt ist, ob es sich bei dem aufgefundenen bzw. beseitigten Fehler um einen Schienenbruch, einen Riß oder eine sonstige Beschädigung handelt (Tab. 2.1, Abb. 2.52). Auch von der UIC wurden später derartige Überlegungen zur Überarbeitung der Schienenfehlerklassifikation für erforderlich gehalten.

Liegt über einen ausreichend großen Zeitraum statistisches Datenmaterial über registrierte Risse und Brüche vor, so lassen sich statistische Auswertungen mit unterschiedlichen Zielstellungen durchführen. Das Minimalziel derartiger statistischer Auswertungen ist der

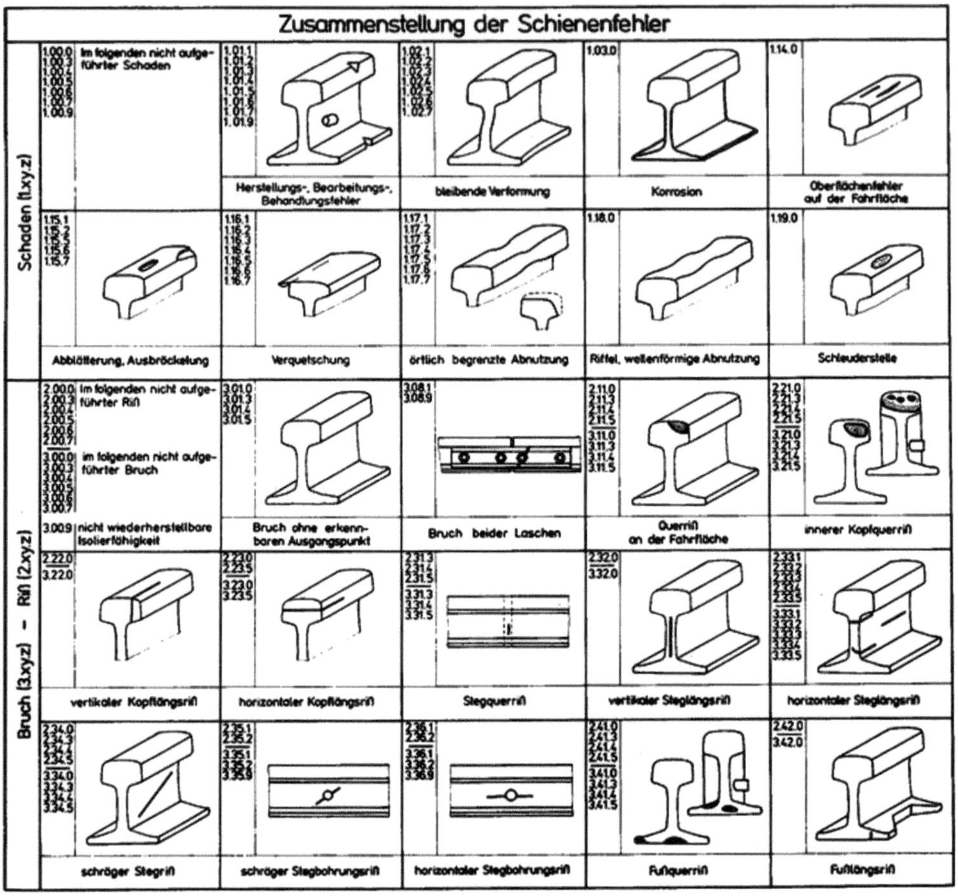

Abb. 2.52 Zusammenstellung der verschiedenartigen Schienenfehler nach der neuen, bei der Deutschen Reichsbahn erarbeiteten Klassifikation [38]

Nachweis der Wirksamkeit durchgeführter Maßnahmen zur Schadensbegrenzung. Die bei der Deutschen Reichsbahn in den 50er Jahren auftretende Belastung der Gleise führte zu einer steigenden Zahl der Schienenbrüche. Nach den Kriterien US-amerikanischer Eisenbahnen waren mit dem Überschreiten des Grenzwertes von 1,25 Schienenbrüchen pro Meile Gleis und Jahr (entsprechend 78 Brüchen pro 100 km Gleis und Jahr) die Gleise der Deutschen Reichsbahn als überlastet anzusehen, so daß zur Vermeidung der dominierenden Laschenkammerbrüche mit Beginn der 60er Jahre in großem Umfang die Schienen lückenlos miteinander verschweißt wurden. Der Erfolg dieser Maßnahme zeigt sich in einer starken Abnahme der Schienenbrüche beginnend im Jahr 1963 (siehe Abb. 2.53).

Statistische Analysen können aber auch zur Klärung der Bedingungen für die Schädigung und das Versagen von Bauteilen führen. Die mit statistischen Daten gestützten Äußerungen über den Einfluß der Temperatur auf das gehäufte Auftreten von Schienenbrü-

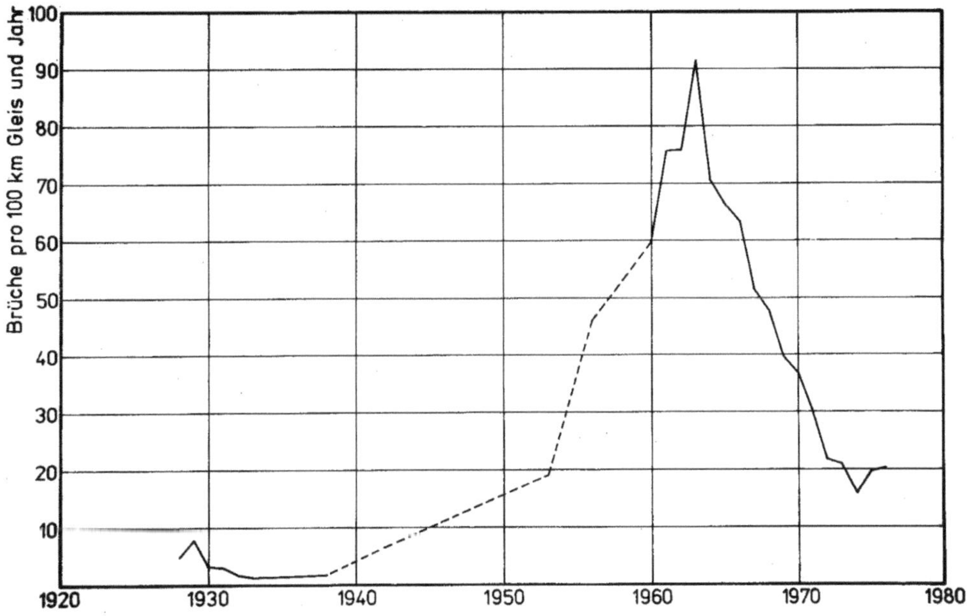

Abb. 2.53 Die bei der DR registrierten Schienenbrüche pro 100 km Gleis und Jahr im Zeitraum 1928/1976 [39]

chen sind in der Literatur lange Zeit nicht widerspruchsfrei dargestellt worden. Während die im Winter gehäuft auftretenden Schienenbrüche anfangs stets als Kältebrüche bezeichnet wurden, fand seit dem ungewöhnlich langen und kalten Winter 1928/1929 zunehmend eine Hypothese Verbreitung, die besagt, daß Schienenbrüche bevorzugt um 0 °C auftreten, insbesondere beim Übergang von Frost zu Tauwetter. Gestützt wurde diese Aussage über die vermeindliche Gefährlichkeit des 0 °C-Temperaturbereiches durch Angaben aus Schienenbruchstatistiken, denen zufolge wirklich die meisten Brüche bei diesen Temperaturen auftraten (vgl. Abb. 2.54). Bei dieser, physikalischen Gesetzmäßigkeiten widersprechenden Hypothese wurde aber eine Vielzahl von Brüche einer großen Bruchhäufigkeit gleichgesetzt. Eine Übereinstimmung der statistischen Daten mit den Gesetzmäßigkeiten der Physik, der Mechanik und der Werkstofftechnik ergibt sich, wenn nicht pauschal die Anzahl der Brüche eines Jahres nach der Temperatur geordnet wird, sondern wenn die Anzahl der Brüche pro Tag der jeweiligen Tagesmitteltemperatur gegenübergestellt wird (Abb. 2.55). Dann ist die Realität mit der statistischen Aussage wieder im Einklang. Die kritische Temperatur als eine der wesentlichsten Schädigungsbedingungen kann innerhalb der Aussagefähigkeit statistischer Aufschreibungen als weitgehend bekannt angesehen werden.

Entsprechend statistischen Untersuchungen läßt sich bei Vollradbrüchen ein Einfluß der Jahreszeit anders als bei Schienenbrüchen nicht nachweisen (Abb. 2.56). Bei der bruchmechanischen Analyse der kritischen Rißgröße ist demnach nicht die Annahme extremer Umgebungstemperaturen erforderlich. Nach Angaben aus Radbruchstatistiken und

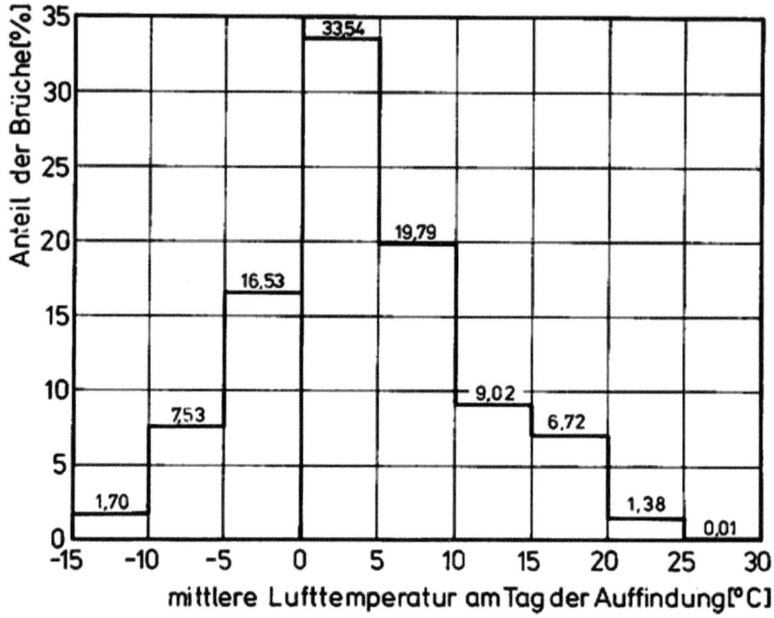

Abb. 2.54 Die Verteilung der Schienenbrüche bei der Deutschen Reichsbahn 1972/1976 nach der Lufttemperatur am Tag der Auffindung [40]

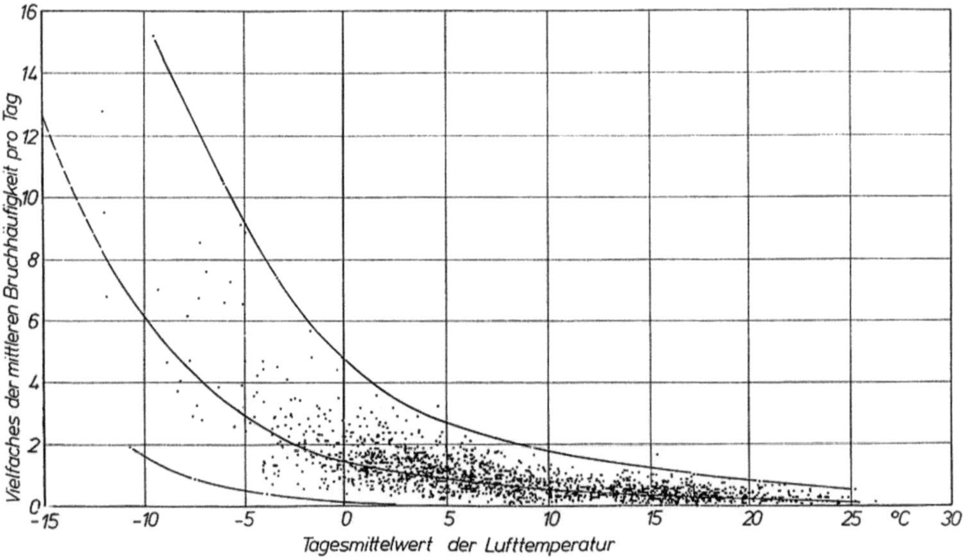

Abb. 2.55 Die Anzahl der Schienenbrüche pro Tag in Abhängigkeit von der mittleren Lufttemperatur am Tag der Auffindung [40]

Abb. 2.56 Die jahreszeitliche Verteilung des Auftretens von Brüchen an klotzgebremsten Vollrädern [41–43]

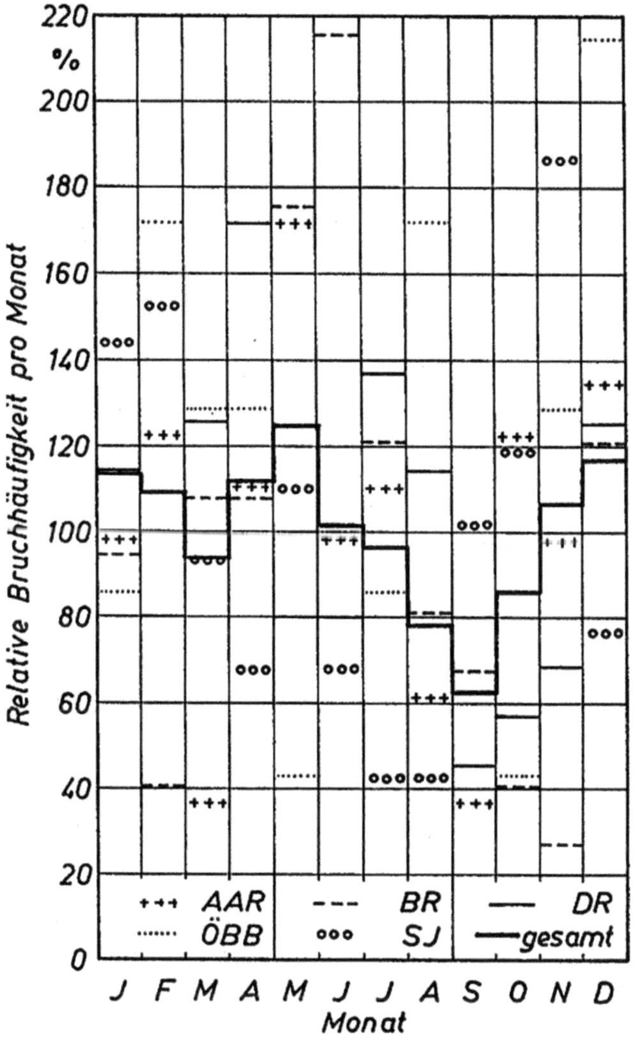

Schadensfallanalysen ist auch keine bestimmte Altersgruppe der Räder besonders bruchgefährdet (Abb. 2.57); die Tatsache, daß Räder jedoch noch im Jahr der Herstellung, 6 Monate nach dem Datum der Herstellung bzw. 6 Monate nach der letzten zerstörungsfreien Prüfung im Werk zu Bruch gegangen sind, belegt, daß bei vorliegender Schädigung die Restnutzungsdauer relativ gering ist, und daß der Prüfzyklus klotzgebremster Eisenbahnvollräder geringer als 6 Monate sein sollte, um mit Sicherheit alle Brüche vermeiden zu können.

Erfahrungswerte über das Bruchverhalten vergleichbarer Bauteile liegen aus dem Bereich des Eisenbahnwesens in solch einem Umfang vor, daß eine statistische Aufbereitung der Daten vorgenommen werden konnte. Die Summenhäufigkeitsverteilung der Größe kritischer Risse an der Fase des Radkranzes (siehe Tab. 2.2) führt zu einem repräsentativen

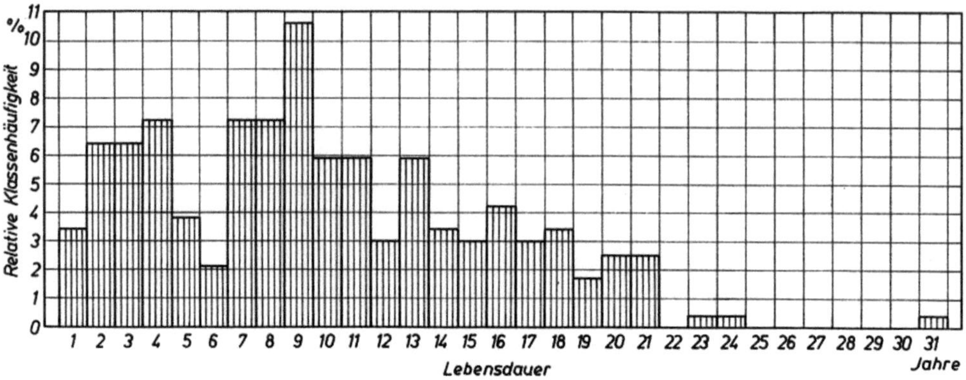

Abb. 2.57 Die Lebensdauer von 236 gebrochenen, klotzgebremsten Eisenbahnvollrädern [41–43]

Tab. 2.2 Aus Betriebserfahrungen mit Vollradbrüchen ermittelte Summenhäufigkeitsverteilung der horizontalen Abmessung a_c der kritischen Größe näherungsweise viertel-elliptischer Risse an der Fase im Radkranz von Eisenbahnvollrädern [41–43]

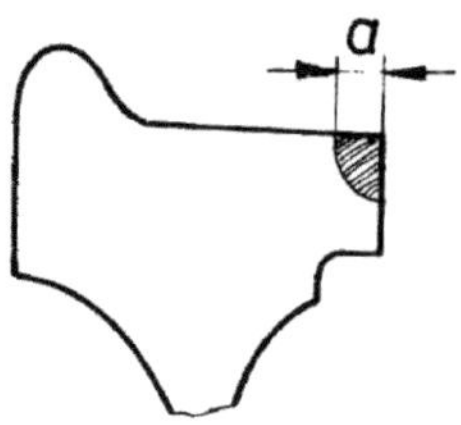

P	a_c	P	a_c	P	a_c
1,9 %	8,3 mm	34,6 %	18,5 mm	69,2 %	36,6 mm
5,8 %	9,5 mm	36,5 %	19,0 mm	73,1 %	38,5 mm
7,7 %	10,0 mm	38,5 %	19,5 mm	75,0 %	41,6 mm
9,6 %	11,0 mm	48,1 %	20,0 mm	76,9 %	43,0 mm
13,5 %	12,0 mm	50,0 %	22,0 mm	78,8 %	50,0 mm
19,2 %	13,0 mm	51,9 %	23,0 mm	80,8 %	52,8 mm
21,2 %	13,5 mm	53,8 %	25,4 mm	84,6 %	57,5 mm
23,1 %	14,0 mm	55,8 %	27,0 mm	86,5 %	75,0 mm
28,8 %	15,0 mm	65,4 %	30,0 mm	88,5 %	80,0 mm
32,7 %	16,0 mm	67,3 %	34,0 mm	> 89 %: andere Rißform	

Minimalwert von $a_c(P_{Ü} = 90\,\%) = 11{,}1$ mm und letztlich zu einem Sicherheitsbeiwert, definiert als das Verhältnis des repräsentativen Minimalwertes der Rißgröße zum real bekannten Minimalwert selbst, von $S_{ac} = 1{,}4$. Die Summenhäufigkeitsverteilungen der kritischen Größen von Rissen in Eisenbahnschienen (Tab. 2.3) führen zu Sicherheitsbeiwerten zwischen 0,99 und 1,24 (bzw. < 1,49). Werden die aus statistischen Daten ermittelten streuenden Ergebnisse für S_{ac} als logarithmisch-normalverteilt angenommen, so ist dem Wert $S_{ac} = 1{,}4$ eine Wahrscheinlichkeit von etwa 99,9 % zuzuschreiben. Dementsprechend kann auf der Grundlage der Erfahrungen gebrochener Eisenbahnbauteile der Wert 1,4 als brauchbarer Wert der Mindestgröße des Sicherheitsbeiwertes zum Ausschluß des Bruchs verwendet werden. (Vgl. Kap. 7 „Der bruchmechanische Sicherheitsnachweis".)

Tab. 2.3 Kritische Rißgrößen im Kopf und Fuß von Eisenbahnschienen [43]

Querriß	Bezugsgröße	Meß- werte	Rißgrößenparameter				
			Mittelwert	Standard- abweichung	Minimal- wert	10%- Quantilwert	S_{ac}
im Kopf	A_c/A_{Kopf}	36	80,2 %	8,3 %	64 %	69,27 %	1,04
im Kopf	halbe Rißhöhe a_c	41	22,4 mm	1,7 mm	18,5 mm	20,14 mm	1,09
im Kopf	halbe Rißhöhe a_c	75	16,3 mm	3,7 mm	12,0 mm	11,92 mm	0,99
im Kopf	halbe Rißhöhe a_c	28	19,0 mm	2,9 mm	15,0 mm	15,20 mm	1,01
im Kopf	Rißtiefe a_c	25	31,0 mm	6,3 mm	17,8 mm	22,00 mm	1,24
im Fuß	Rißtiefe a_c	20	11,2 mm	4,4 mm	$> 4,0$ mm	5,97 mm	$< 1,49$

2.2.2 Analyse der Beanspruchung

Der Nachweis der Haltbarkeit mechanisch beanspruchter Konstruktionen wird zwar üblicherweise mit Hilfe der Berechnungsmethoden der Festigkeitslehre geführt, doch sind damit nicht generell alle Versagensfälle ausgeschlossen. Sind von Rissen ausgehende Versagensfälle aufgetreten, so wird es eine der naheliegenden Schlußfolgerungen sein, die der Dimensionierung der Konstruktion zugrunde gelegten Lastannahmen zu überprüfen. Bauteile, insbesondere solche, die in großen Serien hergestellt werden oder deren Versagen große Sicherheitsrisiken in sich bergen, werden nach der Dimensionierung und dem Bau eines oder mehrerer Versuchsmuster experimentellen Prüfungen auf einem Prüfstand unter idealisierten oder möglichst praxisnahen Bedingungen oder einem überwachten praktischen Betriebseinsatz unterworfen.

Der erste wesentliche Schritt beim Nachweis der Haltbarkeit mechanisch beanspruchter Konstruktionen nach der Belastungsmessung unter den Bedingungen des praktischen Betriebseinsatzes ist die Festlegung bzw. die Wahl der repräsentativen Belastungen, die auf die Konstruktion einwirken und dem Haltbarkeitsnachweis zugrunde gelegt werden. Unterschieden werden müssen die einwirkenden Lasten hinsichtlich ihrer Größe und ihrer zeitlichen Abfolge, bei Lastkombinationen auch noch, ob die verschiedenen Lasten sich proportional oder nichtproportional zueinander verändern.

Bei statischer Beanspruchung und gegebenen Bedingungen sind die Kräfte statisch berechenbar wie z. B. für das Tauchboot „Trieste“ von August Piccard [44]. Durch die Vorgabe der maximalen Tauchtiefe, durch die Erdbeschleunigung und die Dichte des Meerwassers ist der in diesem Fall maßgebende äußere Überdruck vollständig beschrieben.

Ist die Konstruktion zügig oder quasi-statisch, im Extrem auch schlagartig beansprucht wie z. B. bei Lastaufnahmemitteln oder bei Konstruktionen mit vorgegebener Tragfähigkeit, so muß damit gerechnet werden, daß die einwirkenden Kräfte einerseits bestimmten

Schwankungen unterworfen sind. Andererseits muß beachtet werden, daß die dynamischen Kraftwirkungen nicht identisch sind mit den statischen Kraftwirkungen. Die Größtwerte der dynamischen Kräfte sind größer als die statischen Kräfte, oftmals betragen die dynamischen Kräfte ein Vielfaches der statischen Kräfte. Auch wenn in der Festigkeitslehre so gerechnet wird, als ob die Kräfte und die aus ihnen abgeleiteten Spannungen statisch wirken, sind als Ausgangsdaten für die Belastungen die repräsentativen Größtwerte der dynamischen Kräfte zu verwenden.

Noch offensichtlicher als bei quasi-statischer Beanspruchung der Konstruktionen wird der Unterschied zwischen statischen und dynamischen Kräften bei zyklisch einwirkender Beanspruchung der Bauteile. Allgemeingültige Relationen für die Größe der dynamischen Kräfte angeben zu wollen, ist nicht möglich, da die praktischen Erfahrungen oftmals auf bestimmte Problemstellungen zugeschnitten sind und nicht von einem auf ein anderes Problem vorbehaltlos übertragen werden können. Auch spielen die als wesentlich erkannten und berücksichtigten Einflußgrößen eine bedeutsame Rolle. Bei der Lösung praktischer Probleme ist stets auf die einschlägigen Vorschriften des Anwendungsbereiches zurückzugreifen, sofern solche vorhanden sind.

Wie unterschiedlich die repräsentativen Belastungen und die Häufigkeit ihres Auftretens sind, ist für Automobilbauteile in Abb. 2.58 anhand der Lastspektren für die normale Nutzung, für Versuchsfahrten und für Testrennen dokumentiert. Für jeden Anwendungsbereich gibt es Erfahrungen unterschiedlicher Art, die in unterschiedlicher Art und Weise aufbereitet wurden, um Grundlagen für Festigkeitsnachweise und für die Dimensionierung von Bauteilen zu haben.

Den Ausgangspunkt oberbautechnischer Spannungsberechnungen für Eisenbahnschienen beispielsweise bildet die statische, vertikal wirkende Radkraft. Durch die dynamischen Wirkungen zwischen dem bewegten Fahrzeug und der Schiene treten sowohl systematische, als auch stochastische Änderungen gegenüber der statischen Radkraft auf. Die in vertikaler Richtung erhöhte Kraftwirkung zwischen Rad und Schiene beträgt bei Bogenfahrt zusammen mit den Auswirkungen einer ungleichmäßigen Beladung bis zu 30 % der statischen Radkraft. Die zufälligen Radkraftänderungen, die sich mit zunehmender Geschwindigkeit vergrößern, werden durch die folgende Beziehung für die vertikale Komponente der dynamischen Radkraft erfaßt

$$F_{dyn} = K_V \cdot F_{stat} \tag{2.1}$$

Der dimensionslose Geschwindigkeitsbeiwert K_V wurde entsprechend den Festlegungen der Oberbauvorschriften der Deutschen Reichsbahn [46] wie folgt bestimmt:

$$K_V = \begin{cases} 1 + V^2/30.000 & (V \leq 100\,\mathrm{km/h}), \\ 0{,}2382 + 1{,}53 \cdot 10^{-2} \cdot V - 4{,}4 \cdot 10^{-5} \cdot V^2 + 5{,}1 \cdot 10^{-9} & (100\,\mathrm{km/h} < V < 180\,\mathrm{km/h}), \\ 1{,}6 & (V \geq 180\,\mathrm{km/h}). \end{cases} \tag{2.2}$$

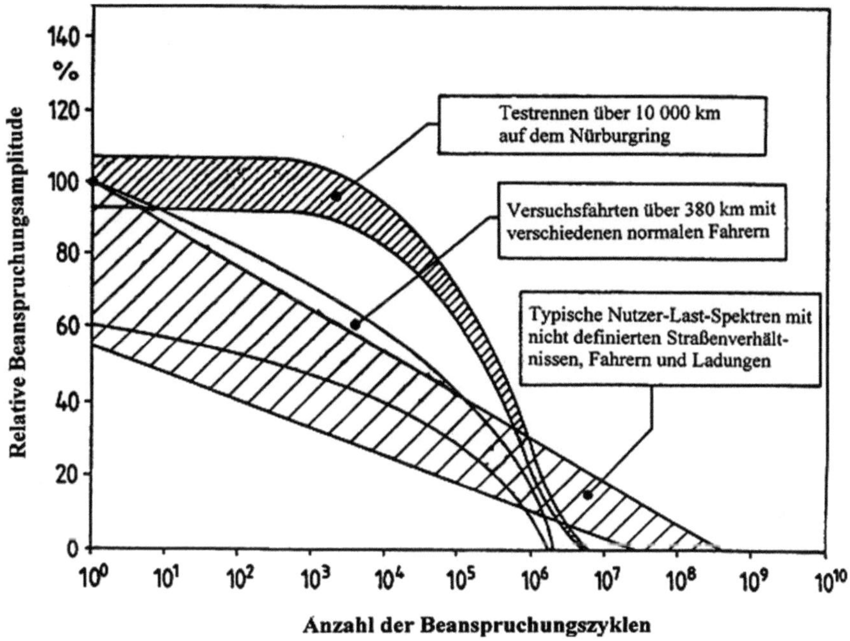

Abb. 2.58 10–90 %-Beanspruchungsspektren für Automobilbauteile [45]

Die Festlegungen der bis 1992 gültigen Oberbauvorschriften der Deutschen Bundesbahn [47] gingen von der Annahme aus, daß die dynamischen Radkräfte um den statischen Wert normalverteilt sind. In Abhängigkeit von dem Geschwindigkeitseinflußfaktor

$$\varphi = \begin{cases} 1 & V \leq 60\,\mathrm{km/h} \\ 1 + \dfrac{V-60}{140} & 60\,\mathrm{km/h} < V \leq 200\,\mathrm{km/h} \end{cases} \tag{2.3}$$

ergibt sich die auf den Mittelwert bezogene Standardabweichung dieser Verteilung zu

$$s_F = \begin{cases} 0{,}1 \cdot \varphi \cdot F_{stat} & \text{für sehr guten Oberbauzustand,} \\ 0{,}2 \cdot \varphi \cdot F_{stat} & \text{für guten Oberbauzustand,} \\ 0{,}3 \cdot \varphi \cdot F_{stat} & \text{für schlechten Oberbauzustand.} \end{cases} \tag{2.4}$$

Unter der Annahme, daß für den Festigkeitsnachweis 99,97 % aller Radkräfte berücksichtigt werden, beträgt die Differenz zwischen der größten erfaßten dynamischen Radkraft und

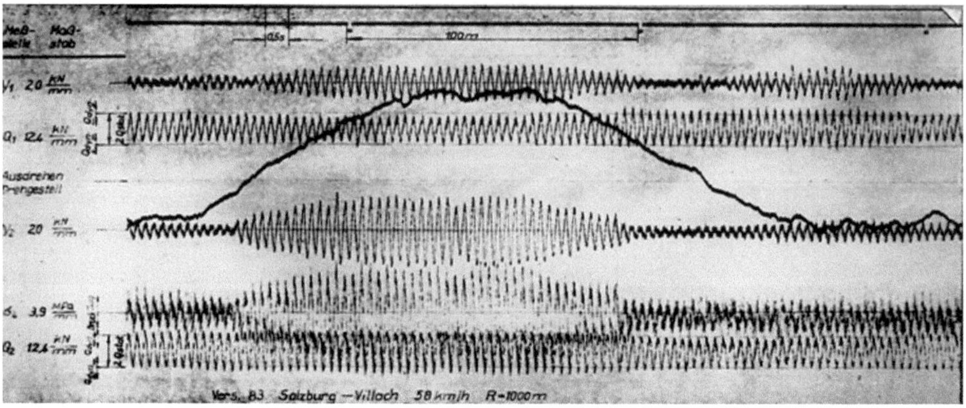

Abb. 2.59 Meßschrieb der Kräfte, Spannungen und Auslenkungen am Drehgestell eines Güterwagens [49]

dem Mittelwert das Dreifache der Standardabweichung. Für den Geschwindigkeitsbeiwert gilt dann

$$K_V = 1 + 3 \cdot (0{,}1 \text{bis } 0{,}3) \cdot \varphi \tag{2.5}$$

Die ab 1992 gültigen Oberbauvorschriften [48] berücksichtigen die Einflüsse auf die Radkräfte bei höheren Geschwindigkeiten genauer als bis dahin üblich.

Lastannahmen für die Räder und Achsen von Eisenbahnfahrzeugen sind vom Grundsatz her bekannt. Unterschieden werden hierbei die Radaufstandskraft und die Führungskraft. Durch geänderte Bedingungen müssen gegebenenfalls aber doch die Beanspruchungen neu ermittelt, ausgewertet und aufbereitet werden. Diesbezügliche Meßschriebe und Auswertungen sind in Abb. 2.59 und in Tab. 2.4 wiedergegeben.

Bei den Belastungen, die Schiffe im Verlauf ihrer Lebensdauer infolge der Wellenbeanspruchung ausgesetzt sind, werden einerseits die Lastfälle „Schiff auf Wellenberg“ und „Schiff im Wellental“ und andererseits Langzeitspektren der Beanspruchung sowie für die Beanspruchung rißgeschädigter Schiffskonstruktionen Kurzzeitspektren unterschieden (siehe Abb. 2.60).

Während die Wellenbeanspruchung grundsätzlich als Schwingbeanspruchung anzusehen ist, muß im Extremfall die Beanspruchung auch als statisch wirkend betrachtet werden. Letztlich muß der Schiffskörper beiden unterschiedlichen Beanspruchungsarten standhalten.

Lassen sich aus experimentellen Untersuchungen wesentliche Schlüsse auf die betriebliche Beanspruchung ziehen, so muß von Fall zu Fall beachtet werden, daß die Extremwerte der normalen (Dauer-)Beanspruchung nicht unbedingt identisch sein müssen mit den kritischen bruchauslösenden Beanspruchungen, wie es bei den im Anfang dieses Kapitels betrachteten Brüchen an der Ruderpinne eines Fährschiffs (Abschn. 2.1.2.) und bei den

Tab. 2.4 Absolute Häufigkeitsverteilungen der gleichzeitig auftretenden Führungs- und Radaufstandskräfte an den Rädern eines Güterwagens mit 22,5 t Achsfahrmasse [50]

		Radaufstandskraft F_Q in kN																	
		10	20	30	40	50	60	70	80	90	100	110	120	130	140	150	160	170	180
Führungskraft F_Y in kN	– 24	0	0	0	0	0	0	0	0	0	2	8	3	2	0	0	1	1	0
	– 20	0	0	0	0	0	0	2	13	62	91	65	35	13	6	3	0	0	1
	– 16	0	0	0	0	0	0	10	49	208	491	590	310	87	23	6	2	1	1
	– 12	0	0	0	0	0	2	6	81	659	2650	4995	3250	927	144	23	8	0	0
	– 8	0	0	0	0	1	3	18	216	1229	6725	16230	12758	4075	488	48	8	0	0
	– 4	0	1	0	1	1	4	71	447	2176	8999	21660	21017	8569	1114	117	13	0	0
	0	1	2	1	2	1	10	107	857	4235	13044	26468	24514	11774	1926	190	18	2	0
	4	0	0	0	0	1	7	109	903	4629	13675	23470	19585	8503	2067	220	13	2	0
	8	0	0	0	0	8	18	126	800	8476	9676	15492	11930	5799	1486	227	26	2	0
	12	0	0	1	2	18	28	124	407	1406	8731	5967	5124	2871	988	244	38	1	0
	16	0	0	1	2	10	19	52	145	411	1022	1775	1763	1342	585	187	43	4	0
	20	0	0	1	1	4	8	10	47	439	815	1062	1118	545	171	41	7	0	0
	24	0	0	0	1	0	9	25	65	231	420	781	785	453	159	43	0	0	0
	28	0	0	0	0	1	5	14	45	105	287	468	608	455	153	24	2	1	0
	32	0	0	0	0	0	4	8	22	81	186	317	418	330	114	28	1	0	0

Tab. 2.4 (Fortsetzung)

		Radaufstandskraft F_Q in kN																	
		10	20	30	40	50	60	70	80	90	100	110	120	130	140	150	160	170	180
	36	0	0	0	0	0	0	4	11	90	86	159	258	249	110	20	3	1	0
	40	0	0	0	0	0	0	1	4	16	43	68	138	118	58	17	2	0	0
	44	0	0	0	0	0	0	0	1	5	25	51	157	63	37	10	2	0	0
	48	0	0	0	0	0	0	0	1	4	16	20	32	37	28	7	2	0	0
	56	0	0	0	0	0	0	0	0	4	5	16	18	17	10	5	1	0	0
	60	0	0	0	0	0	0	0	0	1	0	1	0	1	2	2	0	0	0
	62	0	0	0	0	0	0	0	0	0	0	1	1	3	1	1	0	0	0
	64	0	0	0	0	0	0	0	0	4	4	6	9	6	13	3	1	0	0
	68	0	0	0	0	0	0	0	1	0	1	0	0	1	1	1	0	0	0
	72	0	0	0	0	0	0	0	0	0	0	0	0	0	0	1	1	0	0

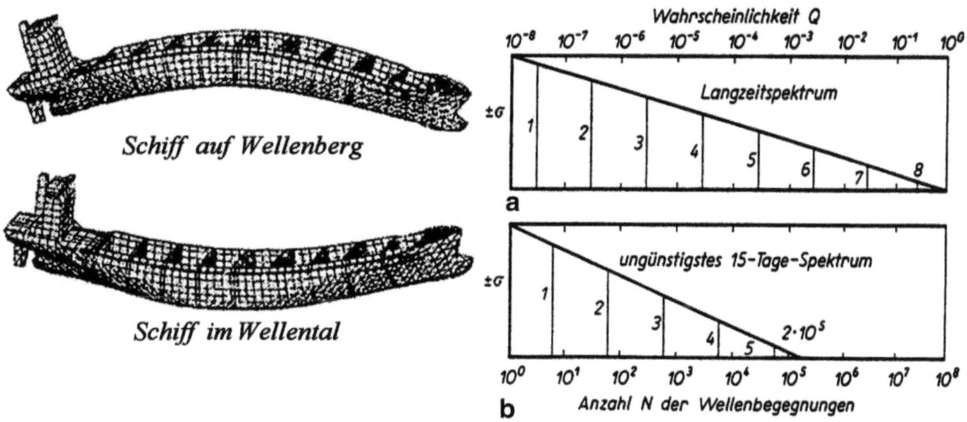

Abb. 2.60 Die übertrieben dargestellte Deformation von Schiffen im Seegang [51] und die unterschiedlichen Beanspruchungsspektren für ungeschädigte sowie rißgeschädigte Schiffskonstruktionen [52]

unter Betriebsbedingungen gebrochenen, klotzgebremsten Eisenbahnvollrädern (Abschn. 2.1.4.) war.

Die für das Versagen maßgebende Beanspruchung kann sowohl als Belastung in Form von Kräften oder Momenten bzw. Kombinationen von ihnen, als auch insbesondere in Form von Spannungen bei der Berücksichtigung von Eigenspannungen ausgedrückt werden.

Anhand der angeführten Beispiele ist klar zu erkennen, daß die Analyse der Beanspruchung in Form von Kräften bzw. Momenten und der daraus resultierenden Spannungen sowohl einerseits bei der Dimensionierung bzw. dem Haltbarkeitsnachweis neuer, ungeschädigter Konstruktionen als auch andererseits bei der Analyse des Versagens durch rißartige Schädigungen unbedingt erforderlich ist.

2.2.3 Konventionelle Analysen der Beanspruchbarkeit

Kann man beim Auftreten von Brüchen gegenwärtig davon ausgehen, daß die Festigkeitseigenschaften des Materials des betreffenden Bauteils bei seiner Konstruktion und Fertigung in Form der Resultate des konventionellen Zugversuchs (als Abnahmeprüfung) bekannt waren, so zeigt die Praxis, daß diese Eigenschaften mitunter allein nicht ausreichen, um die Haltbarkeit im praktischen Betriebseinsatz zu gewährleisten.

Mit abnehmender Temperatur sowie mit zunehmender Beanspruchungsgeschwindigkeit steigen die Festigkeitseigenschaften der Stähle, wie Abb. 2.61 und 2.62 zeigen. Die Folge beider Effekte ist, daß sich der Werkstoff Stahl unter diesen Einflüssen elastischer verhält als beim konventionellen Zugversuch als Abnahmeprüfung bei Raumtemperatur, wodurch die Neigung zum Sprödbruch gegebenenfalls begünstigt wird.

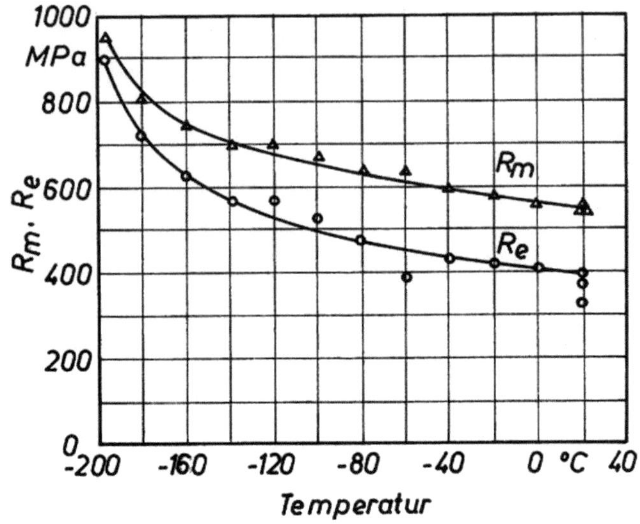

Abb. 2.61 Streckgrenze und Zugfestigkeit eines höherfesten Baustahls in Abhängigkeit von der Prüftemperatur [53]

Wirken auf ein Bauteil oder auf eine Probe zyklisch veränderliche Spannungen ein, so ist auch bei Nichtüberschreiten der Streckgrenze des Werkstoffs nicht damit zu rechnen, daß der Werkstoff der einwirkenden Beanspruchung dauernd standhält. Aus der Werkstoffkunde ist bekannt, daß einwirkende Schubbeanspruchungen im Werkstoff vorhandene Versetzungen verschieben können. Durch die zyklisch einwirkenden Spannungen gelangen die Versetzungen an die – ehemals ebene – Oberfläche und bewirken dort Extrusionen und Intrusionen, d. h. Veränderungen der Oberfläche und somit in unterschiedlichem

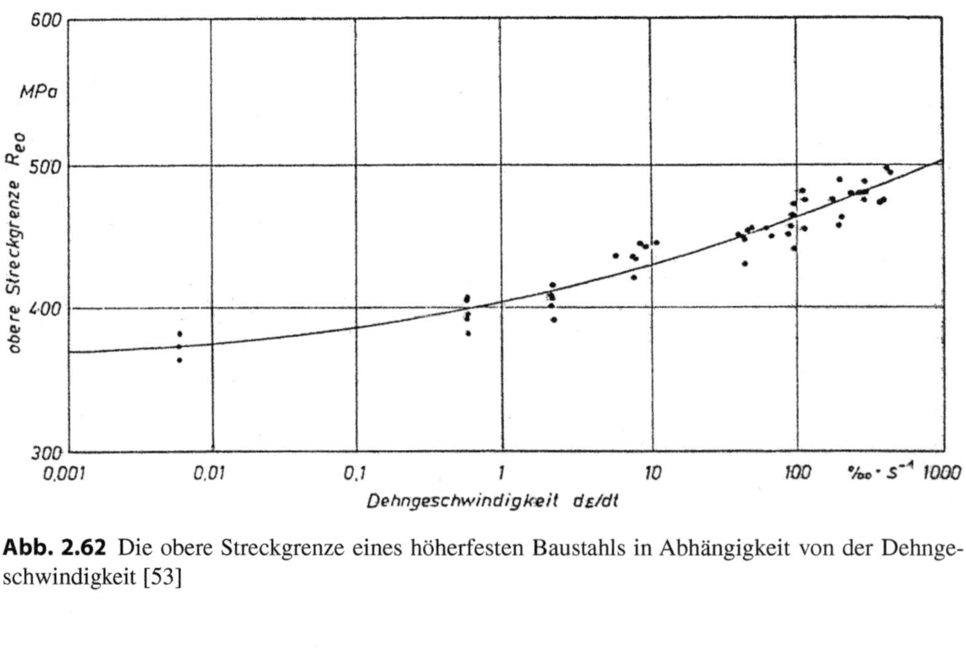

Abb. 2.62 Die obere Streckgrenze eines höherfesten Baustahls in Abhängigkeit von der Dehngeschwindigkeit [53]

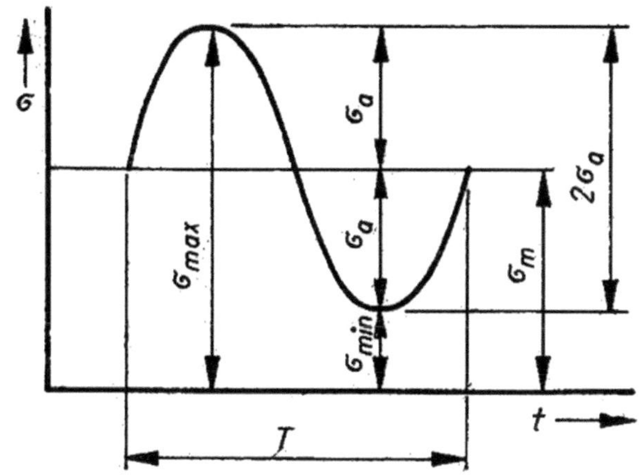

Abb. 2.63 Die Darstellung des zyklisch veränderlichen Spannungsverlaufs bei Einstufenbeanspruchung [54]

Maß Rauhigkeiten und Kerben, an denen sich nach längerer Schwingbeanspruchung Dauer- oder Ermüdungsrisse bilden können. Die ersten technisch relevanten Schwingfestigkeitsuntersuchungen wurden in der Mitte des 19. Jahrhunderts von August Wöhler an Eisenbahnachsen durchgeführt. Neben Proben zur Untersuchung der Werkstoffeigenschaften werden auch Bauteile und Baugruppen hinsichtlich ihrer Dauerfestigkeit untersucht. Die Dauerfestigkeitsprüfung erfolgt gemäß DIN 50 100. Erforderlich sind Prüfmaschinen, bei denen die vorgegebenen Prüfkräfte realisiert werden können (mit einer eventuell ebenfalls vorgegebenen Frequenz). Verwendet werden sogenannte Pulsatoren, servohydraulische Prüfmaschinen oder Resonanzpulsatoren.

Die zyklisch veränderliche, meist sinusförmig angenommene Einstufenbeanspruchung, Abb. 2.63, läßt sich durch die folgenden Größen beschreiben:

- die maximalen Spannung (Oberspannung),
- die minimale Spannung (Unterspannung),
- die mittlere Spannung und
- die Spannungsamplitude bzw.
- die Schwingweite der Spannung sowie
- durch die Frequenz.

Das Ergebnis der Prüfung der Proben ist neben den Prüfbedingungen, d. h. der Beschreibung der Einstufenbeanspruchung, nur der Wert der *Bruchlastspielzahl*. Ein einzelner Versuch ist – anders als beim Zugversuch – für das Schwingfestigkeitsverhalten nicht aussagekräftig; erforderlich ist zur Ermittlung der Schwingfestigkeitseigenschaften eine Vielzahl von Versuchen unter gleichen sowie unter systematisch veränderten Beanspruchungen. Die Versuche zeigen, daß es ein unteres Beanspruchungsniveau gibt, bei dessen Einhaltung die Proben nicht zu Bruch gehen. Bei Untersuchungen an Stahlproben wird erfahrungsgemäß davon ausgegangen, daß dieses Dauerfestigkeitsniveau erreicht ist, wenn die Probe

Tab. 2.5 Anhaltswerte für die Relationen der Werkstoffkennwerte bei zyklischer Beanspruchung [55]

Relation für	Werkstoffart					
	Walzstahl	Einsatzstahl	GS	GGG	GT	GGL
σ_{Wzd}/R_m	0,45	0,40	0,34	0,34	0,28	0,26
τ_W/σ_{Wzd}	0,58	0,58	0,58	0,65	0,75	0,85

$2 \cdot 10^6$ Lastwechsel ohne Versagen überstanden hat. Die Auswertung des Streufeldes der Schwingfestigkeitsversuche wird unter Nutzung der Methoden der mathematischen Statistik vorgenommen. Durch die streuenden Wertepaare $\sigma - N_B$ wird eine Regressionskurve, die Wöhler-Kurve, gelegt, die die mittlere Abhängigkeit der Zeitfestigkeit, d. h. der Lebensdauer der Proben vom Beanspruchungsniveau wiedergibt. Würde die Wöhler-Kurve als Grundlage für die Bauteilbemessung verwendet, so muß damit gerechnet werden, daß die Hälfte der Proben bzw. der Bauteile ausgefallen ist, bevor die prognostizierte Lebensdauer erreicht ist. Da ein 50%iger Ausfall der Bauteile nicht vertretbar ist, wird der Dimensionierung eine zur Regressionsfunktion parallel verlaufende Funktion zugrunde gelegt, die nach früherer Definition eine Überlebenswahrscheinlichkeit von 90 % gewährleistet. Der Spannungswert des Schnittpunktes der Kurve der 90 %-Überlebenswahrscheinlichkeit mit der Grenzlastspielzahl von $2 \cdot 10^6$ Lastspielen wurde schließlich als Dauerfestigkeit σ_D definiert, der – zumindest früher – eine Überlebenswahrscheinlichkeit von 90 % und eine Ausfallwahrscheinlichkeit von 10 % zugeschrieben wurde.

Die im sogenannten Einstufenversuch bei wiederholter Einwirkung des gleichen Spannungs-Schwingspiels ermittelte Dauerfestigkeit wird charakterisiert durch die Mittelspannung mit der zugehörigen Spannungsamplitude oder durch die Oberspannung und die zugehörige Unterspannung. Die Dauerfestigkeitskennwerte hängen ab von der Beanspruchungsart (Zug-Druck, Biegung, Torsion), von dem Verhältnis der Unterspannung zur Oberspannung, der Prüftemperatur (als normal wird der Bereich von -40 bis $+100\,°C$ für Walzstahl und von -25 bis $+100\,°C$ bei Gußeisenwerkstoffen angesehen), von der Prüffrequenz (als normal wird der Bereich von 1 bis 100 Hz angesehen, wird dieser unterschritten ist mit einer Verringerung der Dauerfestigkeit zu rechnen), von der Bauteil- bzw. Probengröße, von der Oberflächenbeschaffenheit, einer möglicherweise vorhandenen Anisotropie der Werkstoffeigenschaften, der Wirkung vorhandener Kerben, der Mehrachsigkeit des Spannungszustandes und dem Umstand, ob die unterschiedlichen Spannungen in Phase oder nicht in Phase liegen.

Sind detaillierte Angaben über die Dauerfestigkeit nicht bekannt, so lassen sich Anhaltswerte für die Dauerfestigkeitseigenschaften verschiedener Eisenwerkstoffe aus deren Zugfestigkeit gemäß den Relationen der vorstehenden Tab. 2.5 gewinnen.

Anzumerken ist, daß das Verhältnis σ_{Wzd}/R_m mit zunehmender Zugfestigkeit sinkt.

Aus der Art, wie sich die Bruchfläche schwingbeanspruchter Proben und Konstruktionen darstellt, lassen sich unter Umständen Rückschlüsse auf die Ursache und die Höhe der Beanspruchung ziehen (siehe Abb. 2.64).

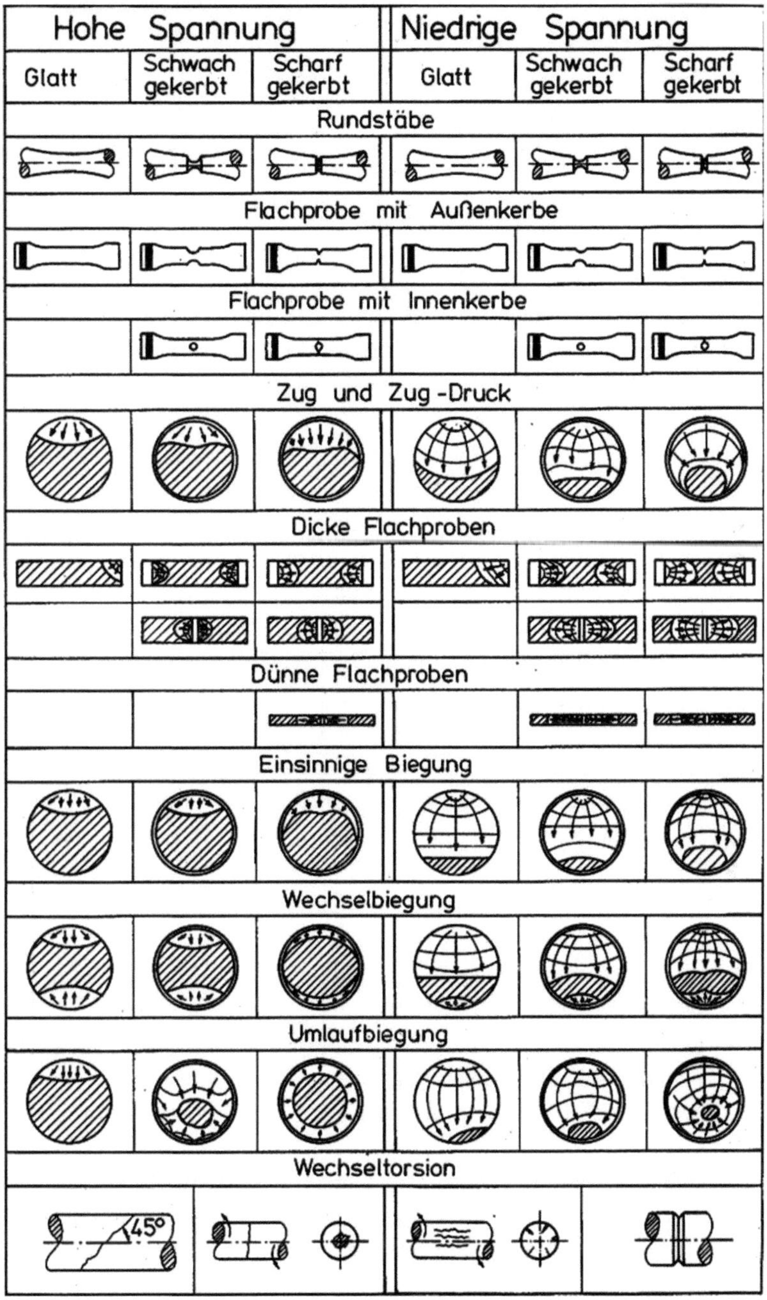

Abb. 2.64 Erscheinungsformen der Rißbildung und des Bruchflächenaussehens an schwingbeanspruchten Proben und Bauteilen, die Rückschlüsse auf die Beanspruchung zulassen [56]

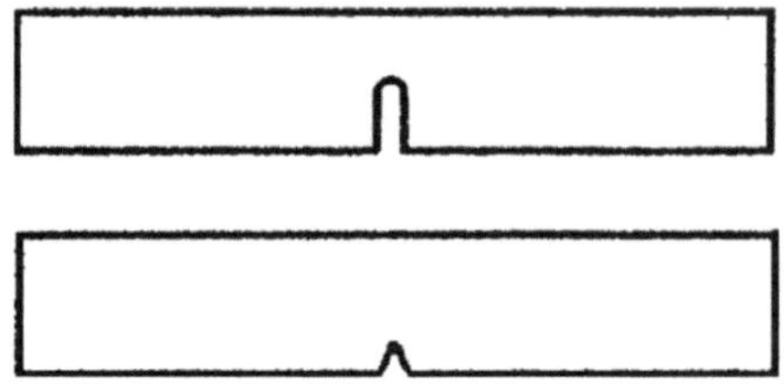

Abb. 2.65 Die Formen der Kerbschlagbiegeproben nach DIN EN 10 045 (*oben*: Rundkerbprobe, *unten*: Spitzkerbprobe)

Da die Wirkung von Kerben in Schwingfestigkeitsuntersuchungen gegebenenfalls von großem Interesse ist, sind derartige Untersuchungen durchgeführt worden. Festgestellt wurde, daß die Dauerfestigkeit gekerbter Proben gegenüber glatten Proben gemindert ist. Das Verhältnis der Dauerfestigkeit der glatten Probe zu der der gekerbten Probe wird als *Kerbwirkungszahl* definiert.

Zu beachten ist bei zyklischer Schwingbeanspruchung, daß bei Proben die bis zum Bruch einwirkende Lastwechselzahl recht eindeutig ist. Bei Bauteilen spielen dagegen die beiden zu unterscheidenden Phasen der Rißbildung und des Rißwachstums eine größere Rolle als bei Proben. Gegebenenfalls muß durch eine Definition festgelegt werden, was als Bruch oder Versagen eines Bauteils anzusehen ist.

Werden Bauteile dynamisch im Sinn von schlagartig beansprucht, so spielen weniger die Festigkeitseigenschaften, als vielmehr die Zähigkeitseigenschaften die wesentliche Rolle. Die konventionelle Prüfung der Zähigkeit eines Werkstoffs geschieht mit Hilfe des Kerbschlagbiegeversuchs. Als Zähigkeit läßt sich der Widerstand des Werkstoffs gegenüber dem Bruch bezeichnen. Da das Bruchverhalten nicht nur durch die Größe der erforderlichen Kraft, sondern in wesentlichem Maße auch durch das plastische Verformungsverhalten charakterisiert wird, wird die konventionelle Zähigkeit als *Brucharbeit* der Kerbschlagbiegeproben angegeben. Das Zähigkeitsverhalten ist abhängig von den folgenden Einflußgrößen:

- dem Werkstoff und seinem Behandlungszustand (Kaltumformung, Wärmebehandlung, Alterung, Lage der Probe zur Walzrichtung),
- der Temperatur,
- der Beanspruchungsgeschwindigkeit und
- der Bauteildicke und dem ein- oder mehrachsigen Spannungszustand.

Der Kerbschlagbiegeversuch ist genormt im Standard DIN EN 10 045. Er dient zur Beurteilung der Trennbruchneigung des Werkstoffs und zur Güteüberwachung. Die in der Norm DIN EN 10 045 berücksichtigten quaderförmigen Proben haben die Abmessungen 55 × 10 × 10 mm. In der Mitte der langen Seite sind die Proben gekerbt. Verwendet werden Rundkerbproben mit einer Kerbtiefe von 5 mm und einem Kerbradius von 1 mm sowie Spitzkerbproben mit einer Kerbtiefe von 2 mm, einem Kerbradius von 0,25 mm und einer Flankenneigung von 45°, Abb. 2.65. In der Norm DIN 50 115 sind weitere Probenformen angegeben. Die vom Probenmaterial und von der Prüftemperatur abhängigen Ergebnisse des Kerbschlagbiegeversuchs sind:

- die für den Probenbruch verbrauchte Kerbschlagenergie,
- das unterschiedliche Aussehen der Probenbruchflächen,
- die laterale Breitung, d. h. die bleibende seitliche Verformung des ursprünglich rechteckigen Probenquerschnitts,
- die Größe des sogenannten kristallinen Flecks.

Da die Kerbschlagarbeit unvermeidlicherweise eine gewisse Streuung zeigt, die im Vergleich mit den Ergebnissen des Zugversuchs relativ größer ist, ist in den Werkstoff-Lieferstandards üblicherweise festgelegt, daß drei Kerbschlagbiegeprobe aus dem zu untersuchenden Bauteil zu entnehmen und zu prüfen sind. Gefordert werden dann die Einhaltung eines bestimmten Mittelwertes und daneben auch ein Mindestwert für das schlechteste Versuchsergebnis.

Werden die Ergebnisse des Kerbschlagbiegeversuchs über der Versuchstemperatur aufgetragen, so zeigen sich bei der Kerbschlagarbeit charakteristische Unterschiede in Form einer Tieflage der Kerbschlagarbeit bei niedrigen Temperaturen, einer Hochlage bei hohen Temperaturen und dazwischen ein meist stärker streuender Steilabfall, vgl. Abb. 2.66.

Anhand der Mittelwertskurve der Kerbschlagarbeit läßt sich eine eindeutigere Zuordnung von Kerbschlagarbeit und Temperatur vornehmen, als es mit Hilfe einzelner Versuchsergebnisse möglich ist. Die bestimmten Energiewerten (beispielsweise 40 oder 68 J) zugeordneten Temperaturen werden als Übergangstemperaturen bezeichnet. Aus der Veränderung der Übergangstemperaturen zeigen sich dann positive oder negative Einflüsse auf die Werkstoffzähigkeit. Neben der Bruchenergie wird auch das Bruchaussehen gemäß Abb. 2.67 zur qualitativen Charakterisierung der Zähigkeitseigenschaften verwendet. Unterschieden werden dabei der bei tiefen Temperaturen auftretende Trennbruch (Sprödbruch), der bei hohen Temperaturen auftretende Verformungsbruch (Zähbruch) und im mittleren Temperaturbereich der sogenannte Mischbruch.

Ähnlich wie die Kerbschlagarbeit zeigt die laterale Breitung eine Temperaturabhängigkeit mit niedrigen Werten bei tiefen Temperaturen und hohen Werten bei hohen Temperaturen. Auch bei der lateralen Breitung lassen sich Übergangstemperaturen definieren z. B. für eine laterale Breitung von 0,9 mm.

Während der Zugversuch, die Dauerfestigkeitsprüfung und der Kerbschlagbiegeversuch zu den konventionellen Prüfungen der Beanspruchbarkeit der Werkstoffe zählen, muß die an dieser Stelle noch zu betrachtenden Ermittlung der NDT-Temperatur zu den weniger konventionellen Werkstoffprüfverfahren gerechnet werden.

Um die Bedingungen, die zum Auslösen eines Sprödbruchs in Baustählen führen, kennzeichnen zu können, wurde angesichts der negativen Erfahrungen mit den T2-Tankern und den Liberty-Frachtern 1952 im Naval Research Laboratory (NRL) der USA der Fallgewichtsversuch (siehe Abb. 2.68 und 2.69) entwickelt und in großem Umfang angewendet [57–59]. Die diesem Versuch zugrunde liegenden Vorstellungen gehen davon aus, daß

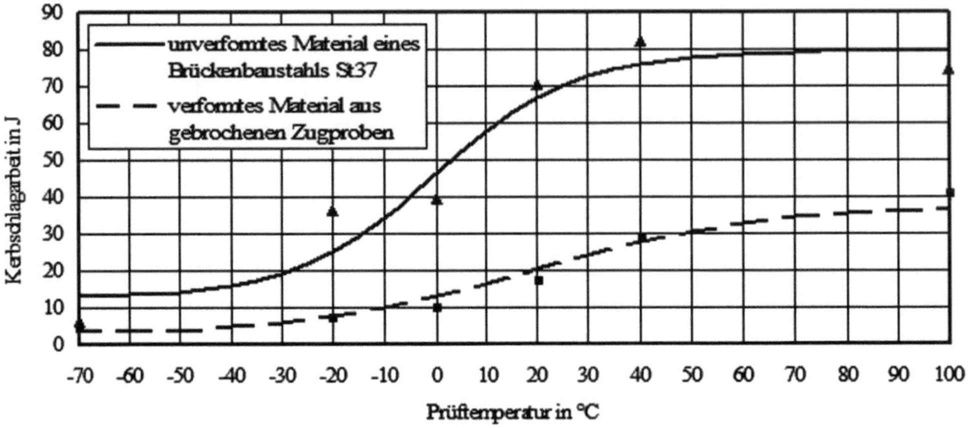

Abb. 2.66 Resultat des Kerbschlagbiegeversuchs an Proben aus dem Baustahl St37 der in den 1930er Jahren errichteten Strelasundbrücke zur Veranschaulichung des Zähigkeitsabfalls durch Kaltverformen des Werkstoffs [53]

Abb. 2.67 Charakterisierung des Bruchaussehens nach Trennbruch (*links*) und Verformungsbruch (*rechts*) [53]

die Reißfestigkeit von Werkstoffen von der Temperatur und von der Größe vorhandener Risse abhängig ist. Diejenige Temperatur, bei der die Reißfestigkeit eines Werkstoffs mit kleinem Anriß in Höhe der Streckgrenze des Werkstoffs liegt, wird als „nil-ductility transition temperature" oder üblicherweise als NDT-Temperatur bezeichnet. Beim Konzept der NDT-Temperatur wird zwar ebenso wie auch bei anderen Sprödbruchprüfungen eine Übergangstemperatur bestimmt, doch ist die NDT-Temperatur, die mit Hilfe von Proben bestimmt wird, auf die Bauteile oder Konstruktionen aus dem gleichen Werkstoff übertragbar. Von den Interessenten und Anwendern des NDT-Temperatur-Konzeptes – neben den Stahlherstellern zählen vor allem der Schiffbau sowie der Kernkraftwerksbau und -betrieb dazu – werden die experimentellen Untersuchungen nach dem US-Standard ASTM-Designation E 208-69 [59] durchgeführt; einen vergleichbaren anderen Standard gibt es nicht.

Die plattenförmigen Probekörper werden an den Schmalseiten gelagert und durch das Fallgewicht entlang der Mittellinie zwischen den Lagern schlagartig belastet. Damit die

Abb. 2.68 Ansicht eines Fallwerkes

Abb. 2.69 Seitenansicht des auswechselbaren Durchbiegungsbegrenzers und der Lager mit der darauf liegenden Probe

Proben nur einer begrenzten Beanspruchung ausgesetzt werden, befindet sich in der Mitte ein Durchbiegungsbegrenzer (Abb. 2.69), der dafür sorgen soll, daß die Randfaserspannung in den Proben etwa in Höhe der Streckgrenze liegt. Auf Grund der Größe der zulässigen Durchbiegung ergibt sich im allgemeinen, daß die Spannungen größer als die Streckgrenze sein werden. Um den für die Versuchsdurchführung geforderten „kleinen" spröden Anriß im Probenmaterial zu erzeugen, wird auf die unbearbeitete Probenoberfläche eine Raupe aus sprödem Schweißgut aufgetragen, die zusätzlich noch gekerbt wird und im Fallgewichtsversuch dann durch Biegezugspannungen beansprucht wird, und beim Durchreißen der Schweißraupe einen kleinen Anriß im zu prüfenden Material verursacht.

Entsprechend dem Standard ASTM E 208 werden drei unterschiedliche Probenformen verwendet mit den Abmessungen:

P-1 360 mm × 90 mm × 25 mm,
P-2 130 mm × 50 mm × 19 mm,
P-3 130 mm × 50 mm × 16 mm.

Neben diesen drei Probenformen gibt es noch eine weitere Probe, die vor allem bei Schiffbaublechen geringerer Dicke angewendet wird:

NRL 130 mm × 50 mm × 13 mm.

Bei der NDT-Temperatur-Bestimmung wird nun die höchste Temperatur ermittelt, bei der sich der Anriß noch bis zum seitlichen Probenrand (auf mindestens einer Seite) fortpflanzt (Abb. 2.70). Falls bei einer um 5 K höheren Temperatur bei zwei Proben der spröde Anriß vom Probenmaterial aufgefangen wird (Abb. 2.71), so wird die höchste Temperatur, bei der ein Bruch eintrat, als NDT-Temperatur definiert.

Beachtet werden muß bei der Auswahl des Probentyps, daß die NRL-Probe wegen ihrer geringeren Dicke im allgemeinen um 5 K zu günstige NDT-Temperaturen ergibt [60].

Auf Grund der im NRL durchgeführten Analysen und Korrelationsuntersuchungen wurde ein Schema zur Aufstellung eines Bruch-Analyse-Diagramms ausgearbeitet. Ausgehend von der tiefsten Betriebs- und der NDT-Temperatur kann dann ermittelt werden, bei welcher Kombination von Beanspruchung, Temperatur und Rißlänge sprödes Versagen zu erwarten ist. Ist neben den Temperaturen die Rißlänge bekannt, so kann die kritische Beanspruchung angegeben werden. Ist dagegen die Beanspruchung bekannt, so kann die kritische Rißlänge geschätzt werden.

Sind neben der NDT-Temperatur die Werte für die Streckgrenze und die Zugfestigkeit bekannt, so kann entsprechend den Verallgemeinerungen von Pellini und Puzak das Bruch-Analyse-Diagramm wie folgt konstruiert werden (Abb. 2.72):

- Die Kurve kleiner kritischer Anrisse verläuft durch die Punkte, die einerseits durch die NDT-Temperatur und die Streckgrenze und andererseits durch die Zugfestigkeit und die

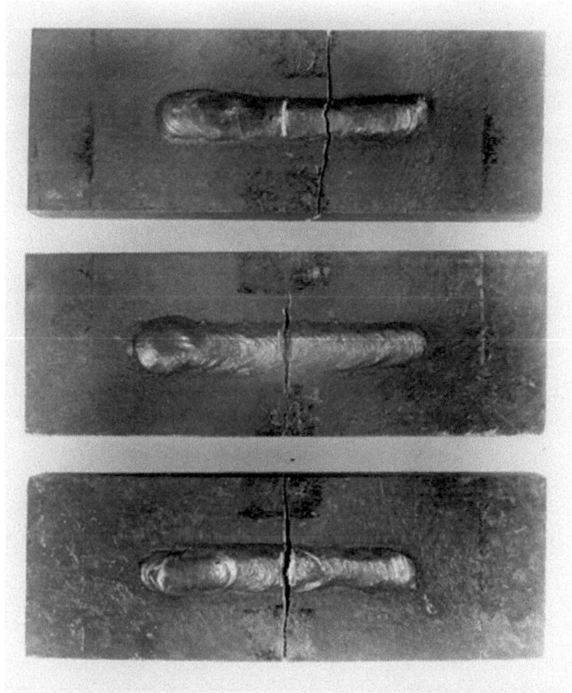

Abb. 2.70 Im Fallgewichtsversuch gebrochene Proben

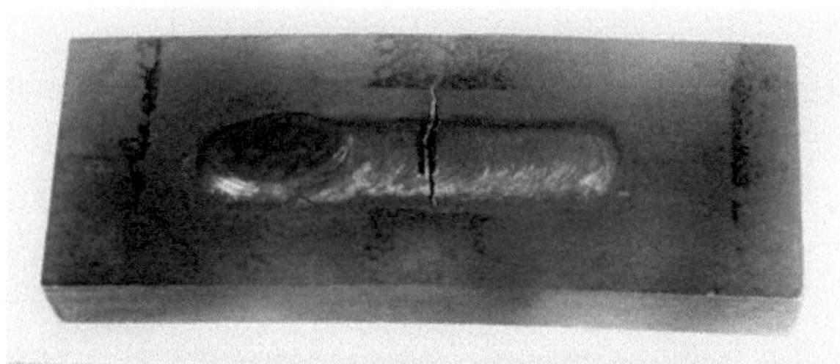

Abb. 2.71 Im Fallgewichtsversuch nicht gebrochene Probe

Temperatur NDT + 60 ... 70 K festgelegt sind. Der zuletzt erwähnte Punkt wird als FTP bezeichnet.

- Die Kurven größerer kritischer Risse verlaufen ebenfalls durch den Punkt FTP, in Abhängigkeit von der Beanspruchungshöhe aber durch unterschiedliche Punkte bei der NDT-Temperatur. Bei der NDT-Temperatur sind einander zugeordnet:
  $\sigma = 0{,}75 \cdot R_e \rightarrow$ kritische Rißlänge = 200 mm,
  $\sigma = 0{,}50 \cdot R_e \rightarrow$ kritische Rißlänge = 300 mm,
  $\sigma = 0{,}25 \cdot R_e \rightarrow$ kritische Rißlänge = 600 mm.
- Die Rißauffangkurve ist festgelegt durch das Spannungsniveau von 35 bis 55 MPa unterhalb und bei der NDT-Temperatur, durch die Fließgrenze bei der Temperatur NDT + 30 ... 35 K (Punkt FTE) und durch den Punkt FTP.

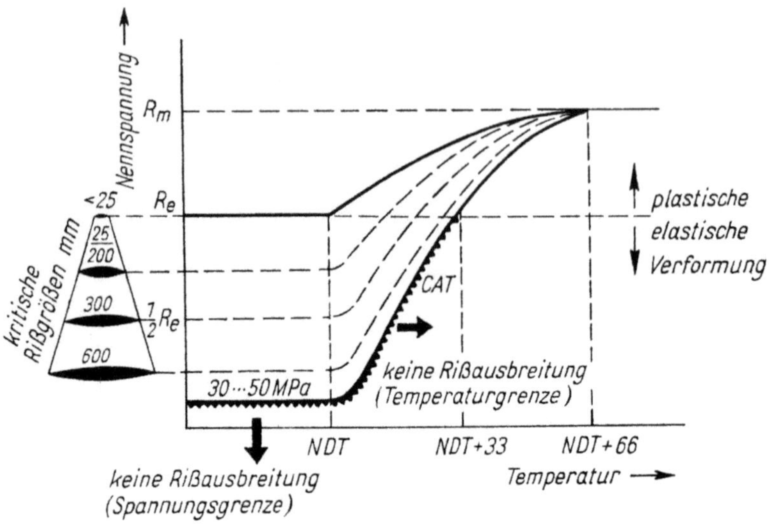

Abb. 2.72 Schema des Bruch-Analyse-Diagramms von Pellini [61]

Angemerkt werden muß zum Bruch-Analyse-Diagramm, daß die Kurven für die unterschiedlichen kritischen Anrißlängen unterhalb der NDT-Temperatur nicht horizontal verlaufen (vgl. Blumenauer und Pusch [61], Seite 35, und Tetelman und McEvily [62], Seite 87), wie es aus unterschiedlichen Darstellungen geschlossen werden könnte.

In Abhängigkeit von der NDT-Temperatur, der minimalen Betriebstemperatur und der Beanspruchungshöhe lassen sich verschiedene Bereiche unterscheiden [61, 62]:

- Bei $T_{Betrieb} \leq T_{NDT}$ besteht Sicherheit gegen Sprödbruch nur bei sehr kleinen Beanspruchungen (kleiner als 35 bis 55 MPa). Kleine Fehler oder Anrisse können zum Sprödbruch führen. Für genauere Analysen ist die Bruchmechanik anzuwenden.
- Bei $T_{NDT} \leq T_{Betrieb} \leq T_{NDT} + 17\text{K}$ führen kleine Anrisse nur dann zum Bruch, wenn die Beanspruchungen die Streckgrenze überschreiten. Große Anrisse können jedoch noch zur Ausbildung sich instabil ausbreitender Risse führen.
- Bei $T_{NDT} + 17K \leq T_{Betrieb} \leq T_{NDT} + 33\text{K}$ ist die Gefahr des Sprödbruchs stark herabgesetzt. Liegt die Beanspruchung unter $0{,}5 \cdot R_e$, so wird der Riß arretiert.
- Bei $T_{NDT} + 33\text{K} \leq T_{Betrieb} \leq T_{NDT} + 66\,\text{K}$ setzt die Rißausbreitung erst dann ein, wenn das Bauteil durch Spannungen oberhalb der Streckgrenze plastisch beansprucht wurde.
- Bei $T_{NDT} + 66\text{K} \leq T_{Betrieb}$ setzt die Rißausbreitung nach plastischen Verformungen ein, wenn die Zugfestigkeit des Werkstoffs erreicht ist.

Das Bruch-Analyse-Diagramm kann zur Beurteilung von Schadensfällen, von vorhandenen Rissen und zur Werkstoffauswahl verwendet werden. Voraussetzung ist allerdings, daß die niedrigste Betriebstemperatur über der NDT-Temperatur liegt. Weiterhin kann die NDT-Temperatur bei der Abnahmeprüfung von Werkstoffen verwendet werden, indem vereinbart wird, daß eine bestimmte Probenzahl die Prüfung bei einer vereinbarten Temperatur ohne Bruch übersteht. Schließlich kann die NDT-Temperatur als Kriterium für die Anwendbarkeit der Bruchmechanik herangezogen werden. Obwohl die NDT-Temperatur auch nur eine relativ willkürlich festgelegte Übergangstemperatur ist, hat sie jedoch den wesentlichen Vorteil, auf reale Konstruktionen übertragbar zu sein, da sie einerseits einen engen Zusammenhang zur Streckgrenze hat, und da andererseits ein gesicherter Zusammenhang der NDT-Temperatur mit praktischen Fällen spröden Werkstoffversagens ermittelt und verallgemeinert wurde.

In den „Sicherheitstechnischen Regeln des Kerntechnischen Ausschusses für die Komponenten des Primärkreises von Leichtwasserreaktoren, Teil 2: Auslegung, Konstruktion und Berechnung" [63] ist im Hinblick auf die Sprödbruchanalyse festgelegt, daß die Druckprüfungen (Erstdruckprüfung und wiederkehrende Prüfungen) unter Beachtung des Konzeptes von Pellini durchzuführen ist. Die für die Prüfung und den Sprödbruchsicherheitsnachweis maßgebende Größe ist die Referenz-NDT-Temperatur, die wie folgt festgelegt ist:

$$RT_{NDT} = \textit{höchste Temperatur von} \begin{cases} T_1 = T_{NDT} \\ T_2 = T_{CV}(68J) - 33\mathrm{K} \\ T_3 = T_{CV}(0{,}9\,\mathrm{mm}\ \textit{laterale Breitung}) - 33\mathrm{K}. \end{cases} \tag{2.6}$$

Der Fallgewichtsversuch zur Ermittlung der NDT-Temperatur und die Anwendung des Bruch-Analyse-Diagramms nach Pellini stellen eine geeignete Möglichkeit zur Einschätzung des Sprödbruchverhaltens anrißbehafteter Konstruktionen dar. Das NDT-Temperatur-Konzept läßt sich vorteilhaft anwenden, wenn die Anrisse relativ groß sind und der Werkstoff eine gewisse Zähigkeit aufweist, so daß die Methoden der linear-elastischen Bruchmechanik nur mit Vorbehalt angewendet werden können.

2.2.4 Konstruktive Verbesserungen

Ein Beispiel für die konstruktive Verbesserung ermüdungsrißanfälliger Konstruktion von Lukenecken von Frachtschiffen ist in Abb. 2.73 wiedergegeben.

Entsprechend dem Konzept des „safe live" wird – ausgehend von dem größtmöglichen Riß, der bei einer Inspektion übersehen werden kann – durch bruchmechanische oder experimentelle Untersuchungen das Rißwachstum bis zum Versagensfall analysiert. Anhand des Rißwachstums wird der Inspektionszyklus für die Konstruktion festgelegt. Entsprechend dem Konzept des „fail safe" wird die Konstruktion so gestaltet, daß der rißbedingte Ausfall eines Details durch die Redundanz der Bauweise nicht zum sofortigen Versagen der gesamten Konstruktion führt. Im Flugzeugbau werden beiden Konzepte mit gutem Erfolg angewandt. Bei Offshore-Bauwerken werden ebenfalls beide Konzepte in Betracht gezogen, wobei in Großbritannien das „safe life"-Konzept bevorzugt wird, indem die tragenden

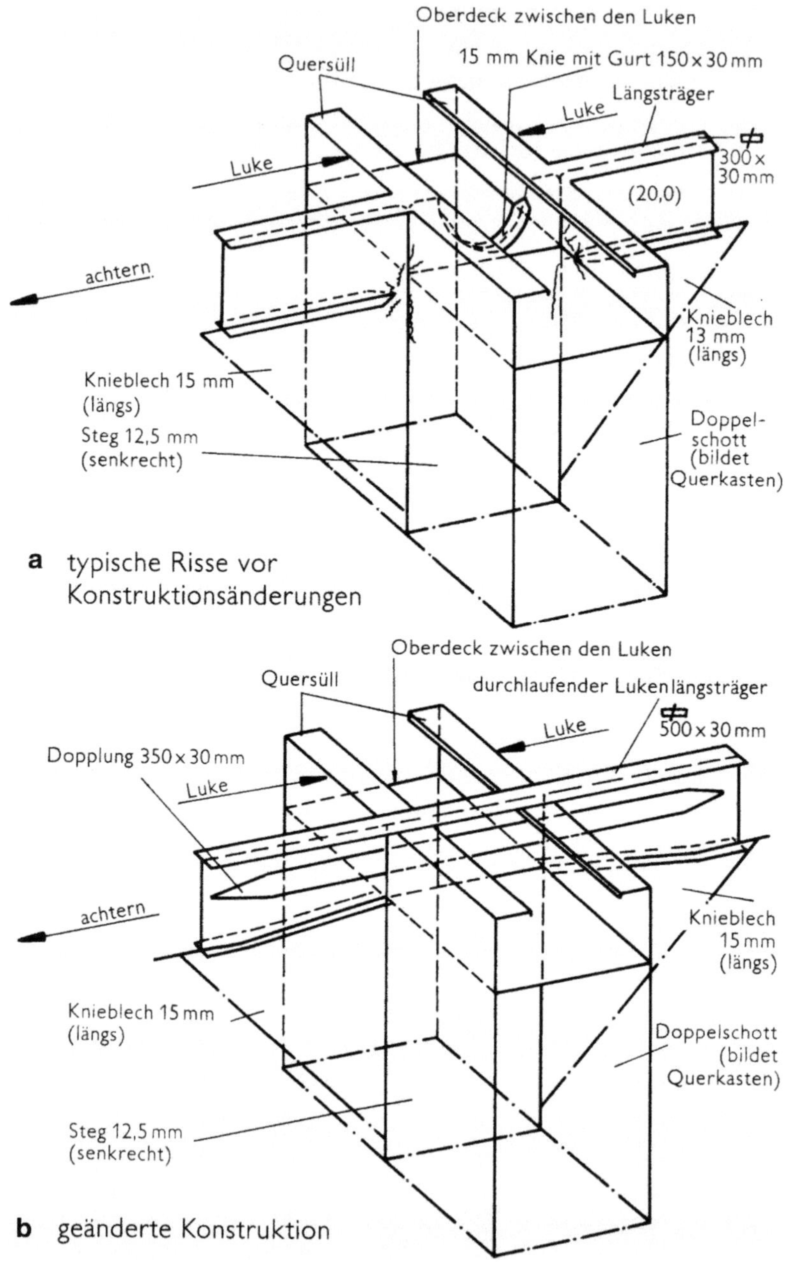

Abb. 2.73 Ursprüngliche, rißanfällige und verbesserte Konstruktion der Lukenecke eines Containerschiffes [64]

Teile wasserdicht und begehbar gestaltet werden, so daß ein Wassereinbruch auf der weiß gestrichenen Innenwandung durch Korrosion schnell feststellbar ist, während in Norwegen die „fail safe"-Bauweise realisiert werden soll.

Um das Versagen der geschweißten Liberty-Frachter zu verhindern, wurden nach dem Auftreten der spektakulären Versagensfälle umfangreiche Sanierungsarbeiten durchgeführt. Für etwa $ 100 000 pro Schiff wurden nachträglich die Schiffskörper mit zwei aufgenieteten Plattenreihen rund um den oberen Teil des Schiffskörpers versehen; anschließend wurde die geschweißte Verbindung zwischen Deck und Schiffsrumpf getrennt und unter Verwendung eines Stringerwinkels als genietete Konstruktion wiederhergestellt [65]. Im Grunde genommen waren die Sanierungsmaßnahmen an den Liberty-Frachtern der Rückgriff auf eine „fail safe"-Bauweise, die mit der Ablösung der Niettechnik durch Einführung der Schweißtechnik eigentlich überwunden werden sollte.

Den umgekehrten Weg von der Schraubkonstruktion zur geschweißten Konstruktion gingen die Eisenbahnen, als infolge der zunehmenden Betriebsbelastungen immer mehr Schienenbrüche im Bereich der Laschenkammer auftraten. Der Erfolg, der sich durch das Ersetzen der gelaschten, hochbeanspruchten Schienenverbindungen durch Schweißverbindungen einstellte, läßt sich anhand der Zahl der jährlich registrierten Schienenbrüche darstellen: die Anzahl der Schienenbrüche und damit der Betriebsstörungen und Unfallquellen ging bei der Deutschen Reichsbahn im Zeitraum von 1963 bis etwa 1974 kontinuierlich zurück (vgl. Abb. 2.53).

Als eine konstruktive Verbesserung zur Vermeidung der Rißbildung läßt sich hier auch anführen, daß bei Achswellen von Schienenfahrzeugen an den Rollenlager-Innenringen zur Vermeidung der Kantenpressung Minderungen des Wellendurchmessers im Bereich der Kanten der Innenringe, sogenannte Entlastungsmulden vorzusehen sind.

2.2.5 Festlegungen zum Werkstoffeinsatz

Da sich der Umfang der Bildung von Rissen unter Umständen nur mit extrem großem Aufwand gering halten läßt, muß mindestens das katastrophale Versagen der gesamten Konstruktion, z. B. eines Schiffskörpers oder einer Rohrleitung infolge von Sprödbruch verhindert werden. Um dieses Ziel zu erreichen, wird die unterschiedliche Zähigkeit der Stähle ausgenutzt (vgl. Abb. 2.74). Je nach ihrem unterschiedlichen Zähigkeitsverhalten und dem Rißauffangvermögen werden die im Schiffbau verwendeten Baustähle verschiedenen Stahlkategorien (A bis E mit zunehmenden Zähigkeitseigenschaften) zugeordnet. Da der Einsatz der hochwertigen, zäheren Stähle ein nicht unbeträchtliches Kostenproblem darstellt, und da die Rißwachstumseigenschaften der zähen und der weniger zähen Stähle keine gravierenden Unterschiede zeigen, ist es gerechtfertigt, die zähen Stähle dort einzusetzen, wo im Interesse der Vermeidung des katastrophalen Versagens der Riß unbedingt aufgefangen werden muß (Abb. 2.75). Nach derartigen Gesichtspunkten wird im modernen Schiffbau der Einsatz der verschiedenen Kategorien der zu verwendenden Schiffbaustähle festgelegt. Die genieteten Stringerwinkel zwischen Deck und Außenhaut, die vor Jahrzehn-

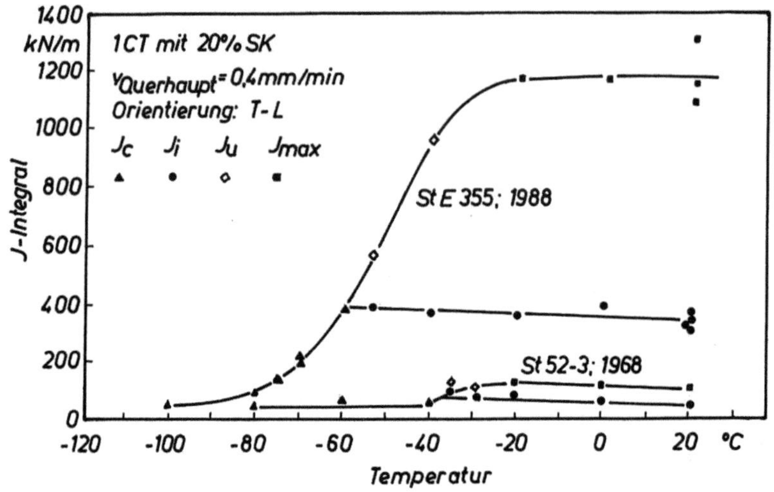

Abb. 2.74 Die Erhöhung der Zähigkeitseigenschaften des höherfesten schweißbaren Baustahls im Zeitraum von 1968 bis 1988 [66]

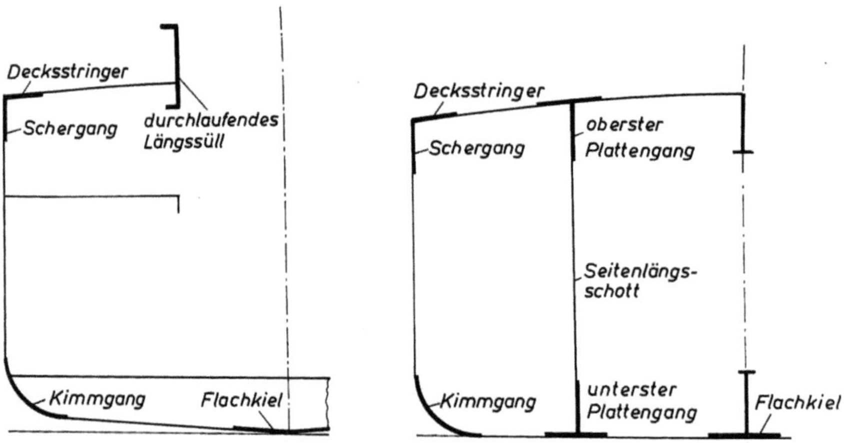

Abb. 2.75 Die Anordnung der „Rißfängergänge" beim Trockenfrachter und beim Tankschiff [67]

ten noch zum Stand der Technik gehörten, wurden somit überflüssig. In ähnlicher Weise wird auch beim Rohrleitungsbau verfahren.

Ein Problemkreis, der noch keine allzu weite Verbreitung gefunden hat, ist die Gewährleistung bruchmechanischer Eigenschaften der Werkstoffe durch Festlegungen in Standards. Eine derartige Festlegung ist gegenwärtig noch als Ausnahme anzusehen. Wird auf bestimmte bruchmechanische Eigenschaften besonderer Wert gelegt, so müssen entsprechende Vereinbarungen zwischen dem Stahlhersteller und dem Abnehmer getroffen werden. Im Rahmen der Arbeit des Internationalen Eisenbahnverbandes sind für Eisenbahn-Radstähle Grenzwerte für bruchmechanische Eigenschaften festgelegt worden [68]. Bei der Entwicklung der Euro-Normen sind entsprechende Festlegungen über die zu gewährleistenden bruchmechanischen Eigenschaften von Eisenbahnschienen realisiert worden [69, 70].

2.2.6 Verbesserung der Herstellungs- und der Schweißtechnologie

Während konstruktive Verbesserungen von grundlegender Art sein können, so daß das gesamte Konstruktionsprinzip geändert wird, ergeben sich aus nicht so gravierenden Änderungen der Herstellungs- oder auch der Schweißtechnologie unter Umständen ebenfalls bedeutsame Verbessungen sicherheitstechnischer und wirtschaftlicher Art. Die Überbeanspruchung der Eisenbahnschienen im Laschenkammerbereich mit einer großen Anzahl von Schienenbrüchen trat nicht nur bei der Deutschen Reichsbahn, sondern auch bei anderen Eisenbahnen auf. Bei mehreren Eisenbahnverwaltungen wurden Untersuchungen durchgeführt, die Dauerfestigkeit der Schienen im Bereich der Stegbohrungen zu gewährleisten bzw. zu erhöhen. Die angewendeten Mittel waren das Entgraten der Bohrungen einerseits und das plastische Aufweiten von Bohrungen zur Erzeugung von Druckeigenspannungen am Bohrungsrand andererseits. Beide Methoden führten zu einer experimentell nachweisbaren Verbesserung der Dauerfestigkeit der Laschenverbindung.

Bedingt durch Formsandeinschlüsse in der nicht abgearbeiteten Oberfläche kam es in der Vergangenheit zur Rißbildung und dem anschließenden Wachstum der Risse in Stahlgußrädern von Eisenbahntriebfahrzeugen. Um derartige Schäden künftig zu vermeiden, wurde festgelegt, an den betreffenden Rädern die Gußhaut durch mechanische Bearbeitung vollständig zu entfernen. Durch diese Maßnahme wurde die Dauerfestigkeit der dynamisch beanspruchten Konstruktionen wiederhergestellt.

Bei der Analyse der Ursachen der Schienenbrüche, die im strengen Winter 1928/1929 aufgetreten waren, wurden viele Brüche gefunden, die im wesentlichen der Art des Bruchs in Abb. 2.76a entsprachen. Teils waren die Schienen vollkommen durchgebrochen, teils aber auch nur im Bereich des Schienenfußes etwa halbmondförmig ausgebrochen. Der Ausgangspunkt der Brüche waren Walzfehler, Randblasen oder Schlackenzeilen an der Unterseite des Fußes (siehe Abb. 2.76b). Die Entwicklung der Oberflächenfehler an der Schienenfußunterseite ist bedingt durch das zyklische Einwirken von quer zur Schienenlängsrichtung wirkenden Zugspannungen. Das Auftreten derartiger Spannungen wird verursacht, wenn die Schiene im Bereich der Schienenlagerung nur an den Kanten des Profils aufliegt (Abb. 2.76c), sei es, daß die Fußunterseite konkav gewölbt ist, sei es, daß die Unterlagsplatte gewölbt ist.

Die aus den Längsdefekten sich entwickelnden Risse wachsen einerseits in die Tiefe des Fußes, andererseits in Schienenlängsrichtung, solange die Kantenauflage des Schienenprofils wirksam ist. Außerhalb des Bereichs der Schienenbefestigung fallen die Querspannungen fort. Die Risse ändern ihre Richtung, einerseits infolge der dann wirksam werdenden Temperaturlängsspannungen, andererseits durch die dann wirkenden Schubspannungen aus der Querkraft.

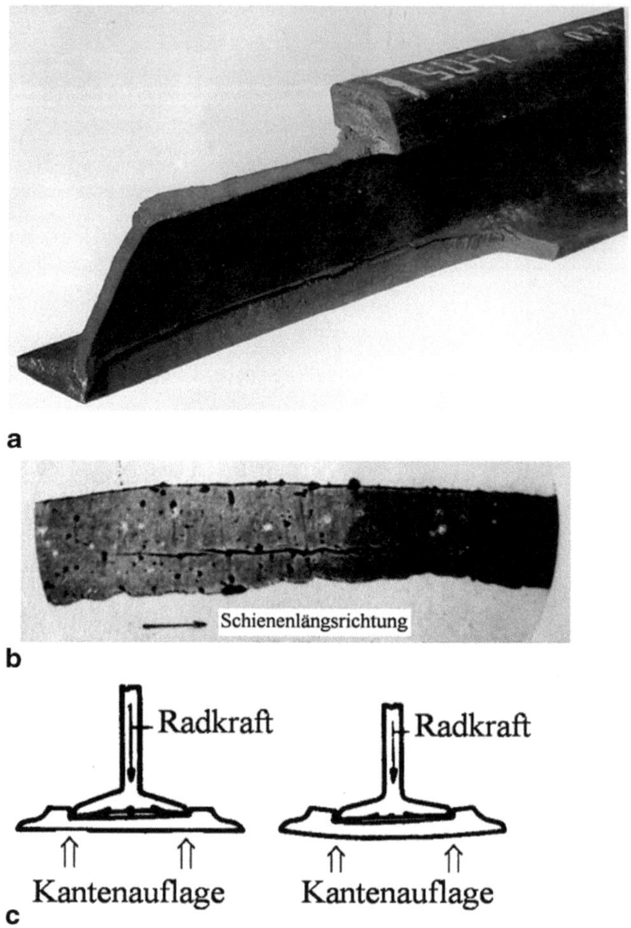

Abb. 2.76 Zur Entstehung von Schienenbrüchen aus Längsfehlern an der Unterseite des Schienenfußes. **a** Durch einen Fußlängsriß gebrochene Schiene [33], **b** Aus einer Schlackenzeile entstandener Fußlängsriß [71], **c** Zur Entstehung von quer zur Längsrichtung wirkenden Zugspannungen im Fuß von Eisenbahnschienen [71]

Das Rißwachstum in die Tiefe des Schienenfußes wird durch das Primärgefüge des Materials insofern unterstützt, als nach herkömmlicher Walzung die Transkristallisationszone an der Unterseite des Schienenfußes senkrecht zu ihr verläuft. Die Festigkeitseigenschaften in diesem Bereich sind in Richtung der Kristalle größer als senkrecht dazu, so daß das Tiefenwachstum durch die Gefügestruktur erleichtert wird. Durch F. Bartscherer wurde ein Gedanke für das Walzen umgesetzt, die Richtung der Transkristallisationszone während des Walzprozesses um etwa 90° zu drehen, so daß für das Rißtiefenwachstum die wesentlich besseren Festigkeitseigenschaften in Richtung senkrecht zur der Kristallisationszone maßgebend werden. Das von Bartscherer entwickelte Walzverfahren wurde 1934 patentiert (DRP Nr. 607 321). Schematisch dargestellt ist die Stichführung bei diesem Verfahren in Abb. 2.77. Die nach dem herkömmlichen und nach dem in den 30er Jahren des 20. Jahrhunderts entwickelten Walzverfahren erzielten Gefügestrukturen im Schienenfuß sind in den beiden Bildern 2.78 gegenübergestellt. Die verbesserten Festigkeitseigenschaften der nach

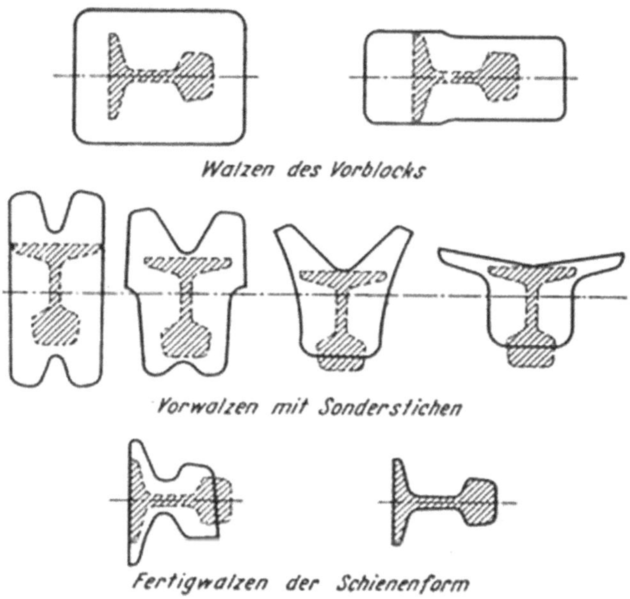

Abb. 2.77 Die Stichführung beim Walzen nach dem Bartscherer-Verfahren zur Verbesserung der Festigkeitseigenschaften an der Unterseite des Schienenfußes [72]

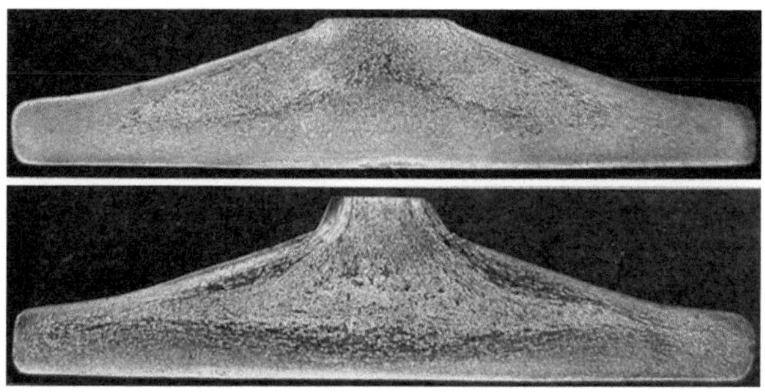

Abb. 2.78 Die Materialstruktur an der Schienenfußunterseite nach dem alten Walzverfahren (*oben*) mit der Transkristallisationszone senkrecht zur Fußunterfläche und nach dem Bartschererverfahren (*unten*) mit der umstrukturierten Transkristallisationszone parallel zur Fußunterseite [72]

dem Bartscherer-Verfahren gewalzten Schienen wurden im Experiment bestätigt [72, 73]. Die ursprünglich in der Nähe der Mitte des Schienenfußes auftretenden Längsrisse traten bei dem neuen Verfahren bei höheren Belastungen auf und wurden weiter nach außen verlagert.

Der Übergang vom gelaschten Gleis zum durchgehend geschweißten Gleis wurde mit Hilfe des seit Anfang des 20. Jahrhunderts bekannten aluminothermischen Schweißverfahrens durchgeführt. Bei diesem Schweißverfahren wird jede Schweißung gleichsam individuell auf der Strecke gefertigt. Die Qualität der Schweißverbindung hängt in wesentlichem Maße von den Fähigkeiten und der Sorgfalt des Schweißpersonals ab. Mittlerweile wurde das aluminothermische Schweißverfahren weitgehend durch die Widerstandsabbrennstumpfschweißung ersetzt. Als Vorteile ergeben sich dabei bessere mechanische Eigenschaften der Verbindung und eine mechanisierte Durchführung des Verfahrens überwiegend im Werk, aber auch mit Hilfe fahrbarer Abbrennstumpfschweißmaschinen auf der

Strecke. Bei dem statistischen Nachweis der verbesserten Schweißqualität und der verminderten Bruchhäufigkeit sind die Einflüsse sowohl des Alters und der Nutzungsdauer der Verbindungen als auch des Umfanges der ausgeführten Schweißungen zu berücksichtigen!

2.2.7 Verbesserte Instandhaltung

Das Auftreten rißartiger Schäden läßt sich unter Umständen durch eine wesentlich verbesserte Instandhaltung vermeiden. Ein anschauliches Beispiel hierfür aus dem Bereich des Eisenbahnwesens ist das Schleifen der Schienen (Abb. 2.79). Während vordergründig das Schienenschleifen den Komfort erhöht und die Lärmbelästigung mindert, wird auch die Beanspruchung der Schienen und des Oberbaumaterials wesentlich herabgesetzt. Die Auswirkungen der auf der Fahrfläche vorhandenen Riffeln machen sich in einer solch ho-

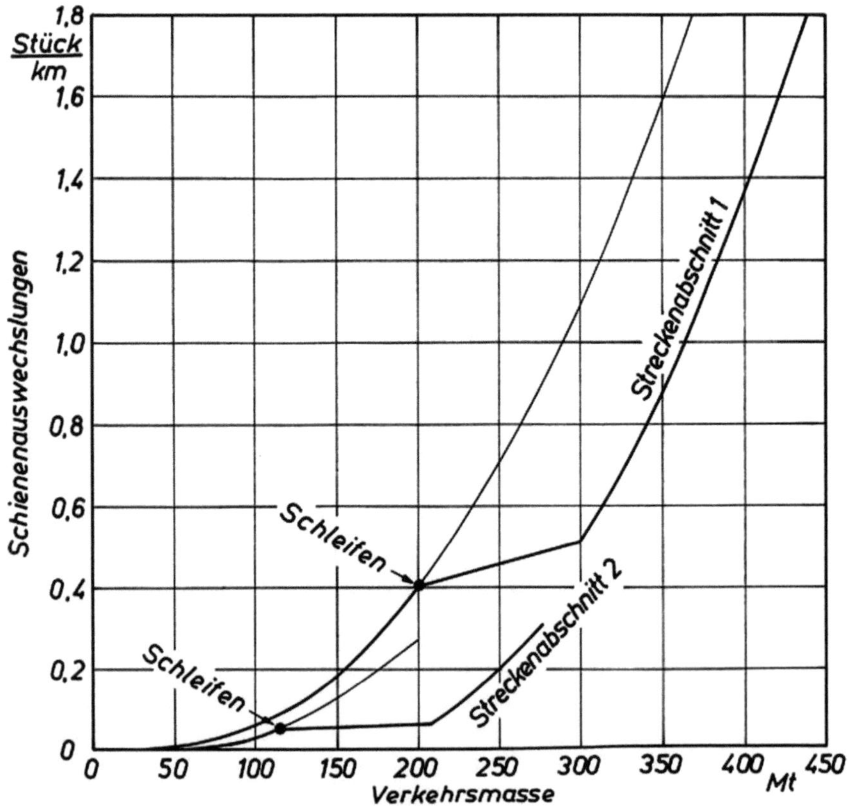

Abb. 2.79 Der Einfluß des Schleifens des Fahrfläche auf die Anzahl der Schienenauswechselungen bei den SZD [74]

Abb. 2.80 Gebrochene Schwellenschrauben an verriffelten Schienen [75]

hen Beanspruchung bemerkbar, daß die Verbindungen zwischen den Schienen und den Schwellen zerstört werden können (siehe Abb. 2.80). Eine weitere Auswirkung des Schienenschleifens ist die Beseitigung kleiner Anrisse, die im Laufe der Zeit zu Schienenbrüchen führen können. Entsprechend den Erfahrungen der ehemaligen Sowjetischen Eisenbahnen vermindert das Schienenschleifen die Bruchhäufigkeit der Schienen spürbar (Abb. 2.79).

2.2.8 Durchführung zerstörungsfreier Prüfungen

Hat die zerstörungsfreie Prüfung letztlich das Ziel, die Betriebssicherheit zu erhöhen und zu gewährleisten, so sind doch die Mittel und die Wege zur Erreichung dieses Zieles recht unterschiedlich. Die bei der Deutschen Reichsbahn nur stichprobenweise angewendete Gamma-Defektoskopie der aluminothermischen Schienenschweißungen nach ihrer Herstellung auf der Strecke, (Abb. 2.81), wirkte im wesentlichen psychologisch über das Schweißpersonal auf die Qualität der Schienenschweißungen. Die durch die Einführung der Prüfung erreichten Erfolge lassen sich anhand des starken Rückgangs der schlechten Bewertungsnoten dokumentieren. Die praktischen Auswirkungen der Verbesserung der Qualität der aluminothermischen Schienenschweißungen ließen sich jedoch noch lange Zeit danach anhand der Alterstruktur der gebrochenen Schienenschweißungen nachweisen (siehe Abb. 2.82). Die Anzahl der gebrochenen Schweißungen aus der Zeit nach Einführung der Prüfung betrug nur noch rund ein Viertel verglichen mit der aus der Zeit vor Einführung der Prüfung bei etwa gleichbleibendem Umfang der Schweißungen pro Jahr.

Im Interesse der Betriebssicherheit der Eisenbahnen werden in zunehmendem Maße die im Gleis verlegten und betrieblich genutzten Schienen mit Hilfe von Prüfgeräten oder schnellfahrenden Schienenprüfwagen (Abb. 2.83) zerstörungsfrei kontrolliert. Wie die Erfahrungen verschiedener Bahnverwaltungen zeigen (vgl. Abb. 2.84), lassen sich durch solche systematischen zerstörungsfreien Prüfungen wesentlich mehr Fehler erkennen, als zuvor Brüche auftraten.

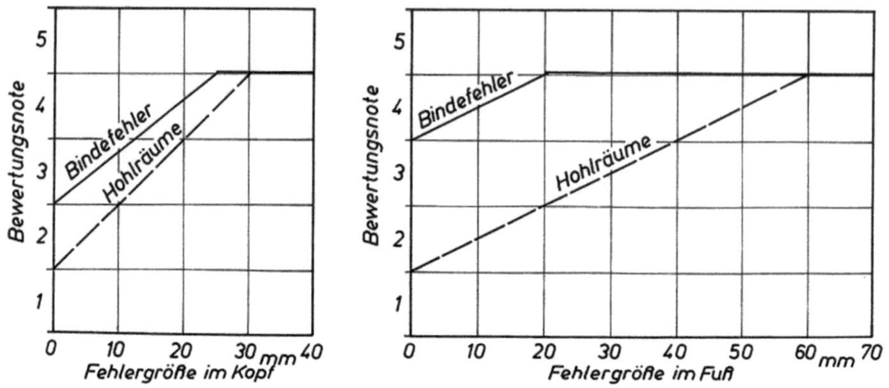

Abb. 2.81 Kriterien der DR für die Bewertung der bei der Gamma-Defektoskopie ermittelten Fehler an aluminothermischen Schienenschweißungen [76]

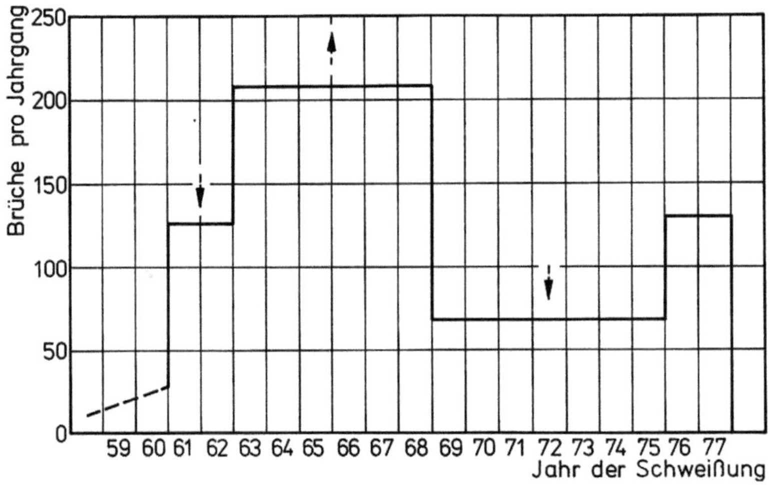

Abb. 2.82 Die idealisierte Altersstruktur der 1977 bei der DR gebrochenen Schweißungen zeigt einen deutlichen Rückgang der Brüche mit Einführung der Gamma-Prüfung Ende der 60er Jahre [39]

Damit die Beseitigung der aufgefundenen Fehler planmäßig und ohne wesentliche Beeinträchtigung des Eisenbahnbetriebes zu einem optimalen Zeitpunkt vorgenommen werden kann, muß eine Bewertung der Risse hinsichtlich ihrer Art und Größe erfolgen. Das heißt, es müssen die zulässigen Rißgrößen, aber auch die entsprechenden Prüfzyklen festgelegt werden. Werden die Schlußfolgerungen aus der zerstörungsfreien Prüfung hinsichtlich der Fehlerbeseitigung nicht generell vorgegeben, sondern jedem einzelnen Betroffenen überlassen bzw. aufgebürdet, und werden Sperrzeiten zur Fehlerbeseitigung nicht gewährt, so kann die Vielzahl der ermittelten Fehler zur Resignation des mit der Repara-

Abb. 2.83 Schienenprüfexpress der DB Netz AG [77]

Abb. 2.84 Entwicklungstendenzen der Auffindung von Schienendefekten bei verschiedenen Bahnverwaltungen, die 1960 systematisch mit der Ultraschall-Schienenprüfung begannen [76]

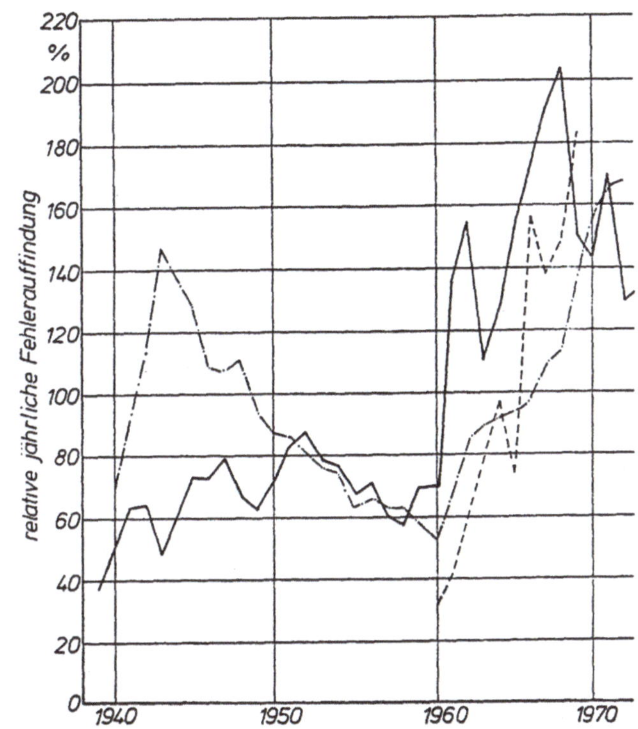

tur beauftragten Personals und letztlich zur Unwirksamkeit der zerstörungsfreien Prüfung führen.

Durch die zerstörungsfreie Prüfung der im Gleis liegenden Schienen lassen sich nicht nur unzulässig große Risse erkennen, sondern es kann auch das Rißwachstum einzelner Risse verfolgt werden. Diesbezügliche Untersuchungen wurden im Rahmen der Arbeiten des Forschungs- und Versuchsamtes des Internationalen Eisenbahnverbandes durchgeführt [78]. War es das naheliegende Ziel der Untersuchungen, die Gesetzmäßigkeit des Rißwachstums herauszufinden, so lassen sich die Untersuchungsergebnisse aber auch zur Analyse der Streubreite des Rißwachstums und letztlich zur Festlegung der bei der Rißwachstumsbewertung zu berücksichtigenden Sicherheitsbeiwerte nutzen (vgl. Kap. 7 „Der bruchmechanische Sicherheitsnachweis").

Da bei S-Bahnrädern andere Schädigungsmechanismen als bei Eisenbahnschienen wirksam sind, das Rißwachstum wesentlich langsamer verläuft und eine Vielzahl von Angaben der zerstörungsfreien Prüfung der Räder vorliegt, lassen sich letztere nutzen zur quantitativen Analyse des Rißwachstums [79]. Aus den Aufschreibungen der zerstörungsfreien Prüfung in vorgegebenen Prüfzyklen läßt sich das Streufeld der Rißwachstumsgeschwindigkeit im Mittel durch eine Regressionsbeziehung

$$\frac{\mathrm{d}a}{\mathrm{d}t} = c_0 + c_1 \cdot a + c_2 \cdot a^2 \tag{2.7}$$

mit a in mm und da/dt in mm/a, d. h mm pro Jahr, sowie den Regressionskoeffizienten für einseitige Risse

$$c_0 = 11{,}8389 \qquad c_1 = -0{,}2742 \qquad c_2 = 0{,}0034304$$

und für beidseitige Risse (bei Bezug auf den größeren der beiden Risse)

$$c_0 = 15{,}679 \qquad c_1 = -0{,}5696 \qquad c_2 = 0{,}0093.$$

charakterisieren. Die in Abb. 2.85 dargestellten Ergebnisse zeigen Unterschiede im Wachstum ein- und beidseitiger Risse ab einer Rißgröße von 30 mm in so eindeutiger Weise, wie sie sich mit Hilfe der Bruchmechanik bei der Unsicherheit der Belastungsannahmen nur schwerlich gewinnen lassen.

Die Standardabweichung der Meßwerte (der zerstörungsfreien Prüfung) von den Regressionspolynomen wurden durch eine lineare Regressionsfunktion dargestellt

$$\tilde{s}_{\mathrm{d}a/\mathrm{d}t} = c_{s0} + c_{s1} \cdot a \tag{2.8}$$

mit den Regressionskoeffizienten für einseitige Risse

$$c_{s0} = 7{,}84 \quad \textit{und} \quad c_{s1} = -0{,}0318$$

sowie für beidseitige Risse

$$c_{s0} = 1{,}962 \quad \textit{und} \quad c_{s1} = 0{,}269$$

Neuere Entwicklungen zeigen jedoch, daß die konventionellen zerstörungsfreien Prüfverfahren nicht ausreichend sind, um alle sicherheitsgefährdenden Defekte zuverlässig aufzufinden, so daß auch die Wirbelstromprüfung weiterentwickelt wurde, um beispielsweise die an der Fahrkante von Schienen auftretenden Head Checks aufzufinden [77].

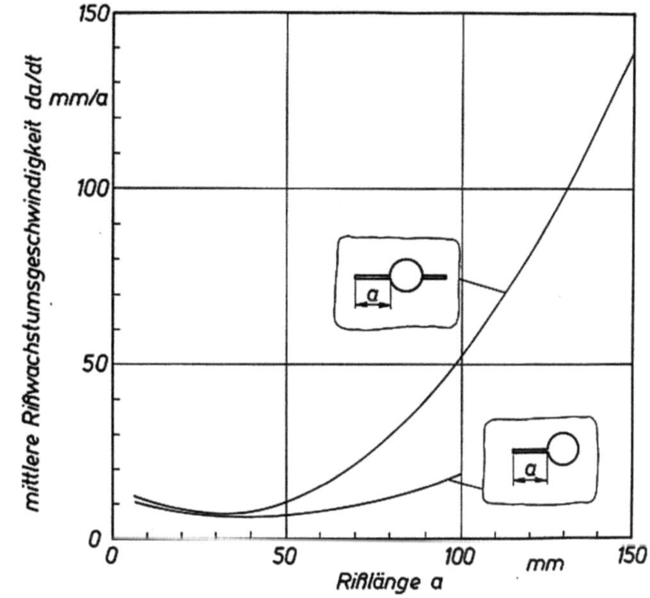

Abb. 2.85 Die mittlere Rißwachstumsgeschwindigkeit an Mitnehmerbohrungen in S-Bahn-Rädern [79]

2.2.9 Festlegung zulässiger Lasten, Rißgrößen und Prüfzyklen

Wird bei zerstörungsfreien Prüfungen oder durch besondere Ereignisse das Vorhandensein von Rissen festgestellt, so wird bei Einschätzung der weiterhin vorhandenen Nutzungsfähigkeit sicherlich in erster Konsequenz eine Reduzierung der Lasten, der Beanspruchungsgeschwindigkeit oder bei Brücken auch der Abstände der auf ihr befindlichen Fahrzeuge vorgenommen. Erst in einem späteren Schritt werden Maßnahmen der zerstörungsfreien Prüfung sowie erforderliche Festlegungen über zulässige Risse und Prüfzyklen getroffen werden.

Damit die bei der zerstörungsfreien Prüfung der Bauteile verwendeten Grenzwerte der Rißgrößen als zulässige Rißgrößen die Betriebssicherheit entsprechend dem „safe life"-Konzept auch tatsächlich gewährleisten, müssen die auszuschließenden, unzulässigen Betriebszustände eindeutig festgelegt sein. Die aus unzulässigen Schädigungsstadien resultierenden Versagenformen sind:

- die partielle oder totale Zerstörung des Bauteils durch Nichtarretierung sich instabil ausbreitender Risse,
- die Auslösung der instabilen Rißausbreitung, d. h. der Bruch des Bauteils,
- die stabile Rißausbreitung oberhalb einer zulässigen Rißgröße,
- jegliche stabile Rißausbreitung.

Die unterschiedlichen bruchmechanische Rißausbreitungsphänomene lassen sich sehr gut anhand des Auftretens von Schäden an Brückenkonstruktionen (vgl. Abschn. 2.1.1.), aber auch an Eisenbahnschienen veranschaulichen (vgl. Abschn. 2.1.6. und Abb. 2.86).

Beachtet werden muß bei praktischen Anwendungen, daß unterschiedliche Betriebszustände bzw. -beanspruchungen zu qualitativ unterschiedlichen Schädigungen führen können, so daß bei normalerweise dauerfesten Konstruktionen infolge außergewöhnlicher Beanspruchungen der plötzlich auftretende Sprödbruch als Versagensform nicht generell auszuschließen ist.

Bei Beachtung der auszuschließenden Betriebszustände bzw. Schädigungsstadien ergeben sich jeweils spezifische, einzuhaltende Grenzmaße für die Risse:

- das Arrestgrenzmaß a_{Azul}, das beim Auftreten des Bruchs nicht überschritten werden darf, um die totale Zerstörung des Bauteils auszuschließen,
- das Betriebsgrenzmaß $a_{zul\max}$ als die Rißgröße, die unter Betriebsbedingungen unabhängig von der Periodizität der zerstörungsfreien Prüfung bzw. bei theoretisch ständiger zerstörungsfreier Prüfung zu keinem Zeitpunkt überschritten werden darf, da sonst mit dem Auftreten des Bruchs zu rechnen ist,
- das Kontrollgrenzmaß a_{zul} für das betrieblich genutzte Bauteil als die eigentliche zulässige Rißgröße bei der periodisch durchgeführten zerstörungsfreien Prüfung, durch deren Einhaltung gewährleistet wird, daß ein wachsender Riß bis zur nächsten zerstörungsfreien Prüfung das Betriebsgrenzmaß nicht überschreitet,
- das Dauerfestigkeitsgrenzmaß a_{Dzul}, dessen Einhaltung gewährleistet, daß ein vorhandener Riß oder ein rißartiger Fehler seine Größe unter der Einwirkung der gleichbleibenden betrieblichen Beanspruchung nicht ändert, so daß keine weiteren zerstörungsfreien Prüfungen notwendig sind.

Die Festlegung zulässiger Rißgrößen ohne Einbeziehung der Bruchmechanik, nur unter Verwendung praktischer Erfahrungen wird nur bedingt möglich sein. Im wesentlichen lassen sich anhand praktischer Erfahrungen das Betriebsgrenzmaß und das Kontrollgrenzmaß festlegen. Um alle Möglichkeiten hinsichtlich der verschiedenen Rißausbreitungsphänomene auszuschöpfen, ist die Nutzung der Bruchmechanik unverzichtbar. Die Bruchmechanik ist unverzichtbar zur Prognose des Verhaltens von Rissen in mechanisch beanspruchten Konstruktionen, wenn Änderungen vorgenommen werden sollen, für deren Auswirkungen noch keine Erfahrungen vorliegen!

Zulässige Spannungen für rißbehaftete bzw. -geschädigte Bauteile abzuleiten, ist mit Hilfe der Bruchmechanik zwar ohne weiteres auch möglich, aber nur bedingt sinnvoll. Beachtet werden muß bei einer derartigen Festlegung, daß sich Risse unter der ständigen oder wiederholten Lasteinwirkung in ihrer Größe oder Ausbreitungsrichtung zeitlich ändern. Dementsprechend kann eine zulässige Spannung für ein rißgeschädigtes Bauteil nur für einen bestimmten Zeitpunkt bzw. für eine bestimmte Rißgröße und -konfiguration gelten. Günstiger sind die Verhältnisse dagegen, wenn unter der zyklisch oder ständig einwirkende Betriebsbeanspruchung die vorhandenen Risse nicht wachstumsfähig sind. Beim

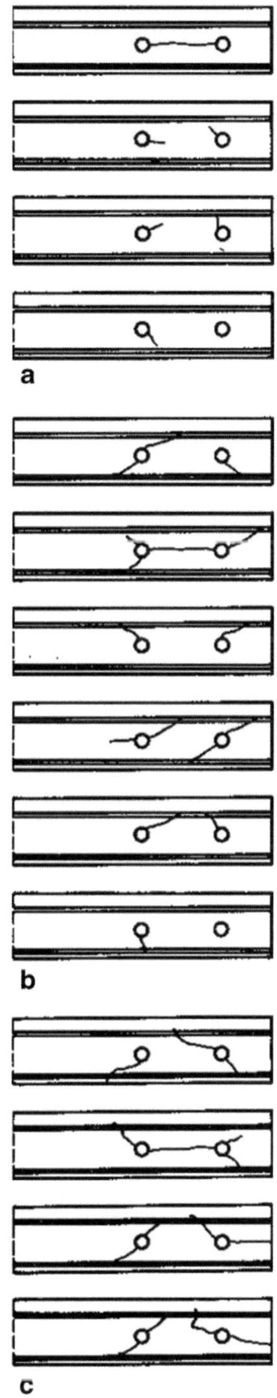

Abb. 2.86 Einteilung der Risse an Laschenkammerbohrungen, die erst nach längerer Zeit zum Bruch führen (**a**), die demnächst zum Bruch führen (**b**), die bereits Bruchcharakter haben (**c**) [80]

Vorhandensein dauerfester Defekte lassen sich dann mit Hilfe der Bruchmechanik dauernd ertragbare Spannungen bestimmen und zeitlich unabhängige, zulässige Spannungen σ_{Dzul} – ähnlich wie bei Dauerschwingfestigkeitsanalysen für anfangs schädigungs- bzw. rißfreie Bauteile – bestimmen.

2.2.10 Festlegung von Kriterien für Reparatur, Ausmusterung und Ersatz

Wann ein rißgeschädigtes Bauteil oder eine rißgeschädigte Konstruktion repariert, ausgemustert oder ersetzt wird, ist vielfach nicht nur von technischen Sicherheitskriterien, d. h. vom Erreichen oder Überschreiten der zulässigen Rißgrößen, sondern auch von den technischen, vor allem aber auch von den wirtschaftlichen Möglichkeiten zur Durchführung der vorgesehenen Maßnahmen abhängig. Einen oder einige Kranhaken auszumustern und durch neue zu ersetzen, wie es im geschilderten Schadensfall (siehe Abschn. 2.1.9.) geschah, wird im Interesse der Betriebssicherheit zweifellos leichter durchsetzbar sein, als das Risiko der Weiterverwendung der Kranhaken aus versprödetem und rißgeschädigtem Material bei möglicherweise weiteren Schadensfällen verantworten zu müssen.

Eisenbahnräder, die in großer Anzahl verwendet werden, wegen aufgetretener Schäden auszumustern, führt neben sicherheitstechnischen Fragestellungen generell auch zu wirtschaftlichen Problemen, für die keine pauschale Lösung vorgegeben werden kann. Bei bandagierten S-Bahn-Rädern, die teilweise aus den 30er Jahren stammen, treten an den Mitnehmerbohrungen ein- oder beidseitige Risse in Umfangsrichtung des Rades auf. Um das Wachstum dieser Risse unter Kontrolle zu halten und Schadensfälle zu vermeiden, werden die Räder in vorgegebenem Zyklus zerstörungsfrei geprüft. Diese Vorgehensweise hatte sich in der Praxis weitgehend bewährt (vgl. Abschn. 2.2.8.). Anders lag die Problematik bei den erwähnten Schäden an den Stahlgußrädern (siehe Abschn. 2.2.6.). Anläßlich einer Kontrolle wurde ein gerissenes Rad aufgefunden. Durch anschließende Kontrollen bei gleichartigen Fahrzeugen wurden Risse in weiteren Rädern aufgefunden. Diese waren teilweise von so geringer Größe, daß eine generelle Ausmusterung nicht gerechtfertigt war. Durch periodische Kontrollen einiger rißgeschädigter Räder, die als Versuchsobjekte weiterverwendet wurden, durch parallel dazu durchgeführte bruchmechanische Analysen, durch das Ausschleifen kleiner Risse und nicht zuletzt durch die Beseitigung der Ursachen der Rißbildung wurde die Schädigungsproblematik dieser Triebfahrzeugräder schließlich bereinigt. Durch Nichtbeachten der ursprüglichen Festlegungen für die periodische zerstörungsfreie Prüfung können jedoch auch künftig wieder derartige Defekte auftreten.

Anders als bei den Gußrädern liegt die Problematik des Bruchs der gewalzten Eisenbahn-Vollräder. Die negativen Erfahrungen der Deutschen Reichsbahn mit derartigen Brüchen führte letztlich dazu, daß alle als überbremst erkannten und somit potentiell bruchgefährdeten Vollräder aus dem Betrieb genommen und verschrottet wurden. Der wirtschaftlich beträchtliche Schaden infolge der Verschrottung der Vollräder von mehreren Tausenden

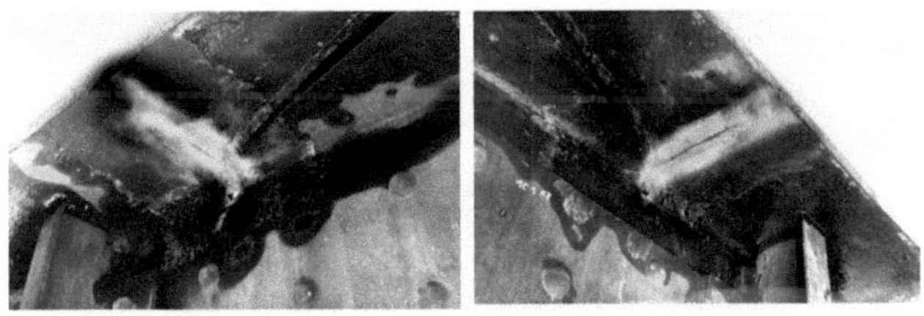

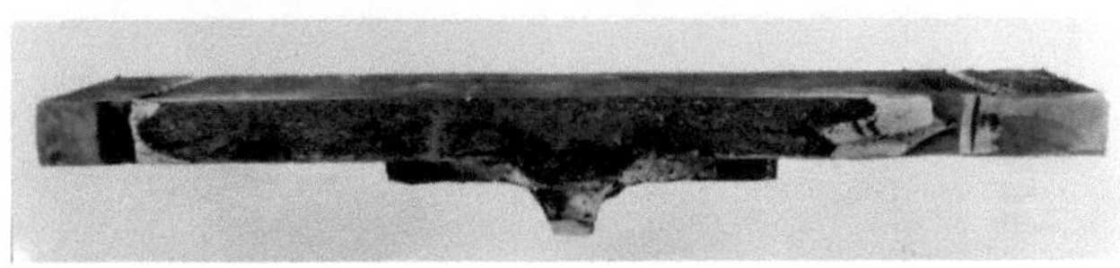

Abb. 2.87 Querriß im Obergurt des Hauptträgers der Autobahnbrücke über das Mühlenfließ. *Oben*: Innen und außen durch aufgenietete Platten gesicherter Bereich des Steges. Mitte *links* und *rechts*: Durch Farbeindringprüfung sichtbar gemachte Risse im Obergurt des Trägers (Fotos: E. Kühn). *Unten*: Aufgebrochener Riß im Obergurt (Gegenseite zu Abb. 2.3 *unten*) (Foto: E. Kühn)

von Radsätzen pro Jahr wurde im Interesse der Betriebssicherheit der Eisenbahn in Kauf genommen.

Bevor jedoch eine große Stahlbrücke durch einen Neubau ersetzt wird, müssen alle technischen Möglichkeiten zur Sanierung und Weiterverwendung ausgeschöpft werden, wie z. B. durch das Ausschleifen oder das Abbohren von Rissen und das Verschrauben der geschädigten Bereiche.

2.2.11 Erarbeitung verbindlicher Maßnahmenkataloge

Sind ausgehend von Schadensfällen viele Erfahrungen mit dem Auftreten der Schäden und den Maßnahmen zu ihrer Vermeidung gesammelt worden, (vgl. Abb. 2.87 bis 2.90), ist es empfehlenswert diese Erfahrungen schriftlich festzuhalten und in Vorschriften den zuständigen Fachleuten zugänglich zu machen, um auf diese Weise den erreichten Stand der Technik zu dokumentieren. Derart verfahren wurde ausgehend von Schäden an Brücken am 19. Au-

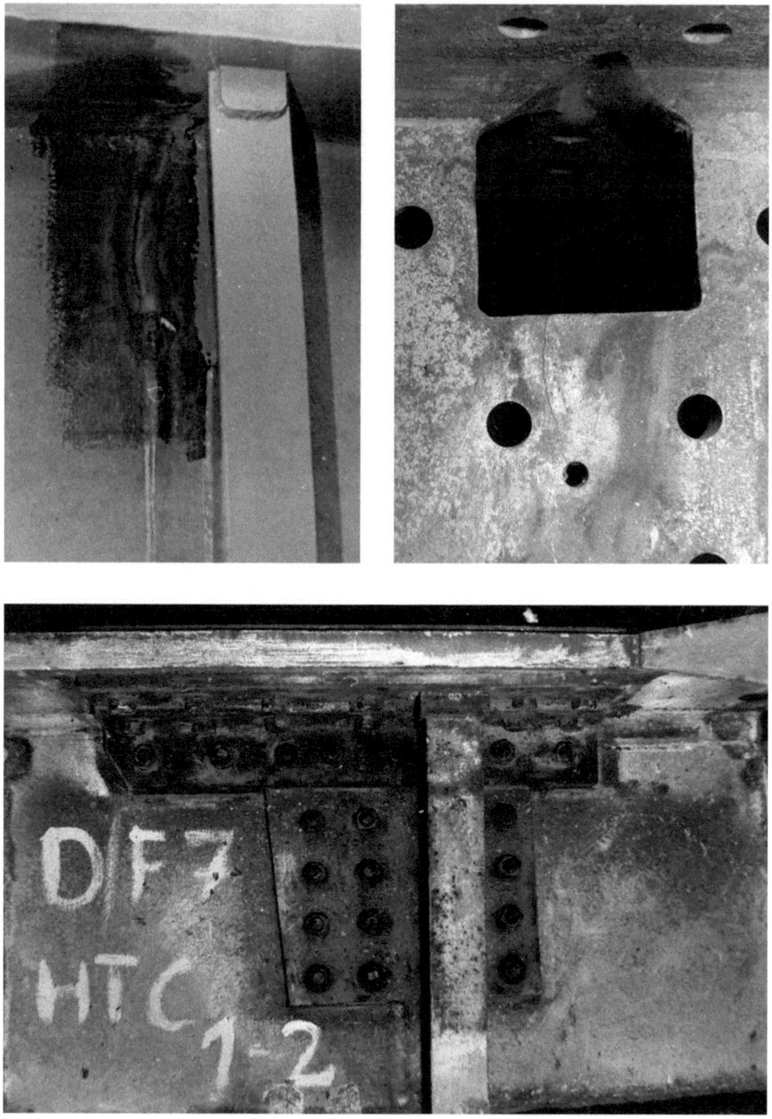

Abb. 2.88 Durchriß im Stegblech des Hauptträgers der Strelasundbrücke, Teil Dörnen, Rißtyp 12. *Links oben*: Ansicht des geschädigten Trägerbereiches [81]. *Rechts oben*: Im Übergang zum Gurt ausgearbeiteter Trägerbereich mit abgebohrter unterer Rißspitze (Foto: E. Kühn). *Unten*: Sanierter Bereich des Hauptträgers (Foto: E. Kühn)

gust 1892 in der Schweiz [82] mit der Inkraftsetzung der Normen für Brückenbauwerke, die die folgenden Problemkreise regelten:

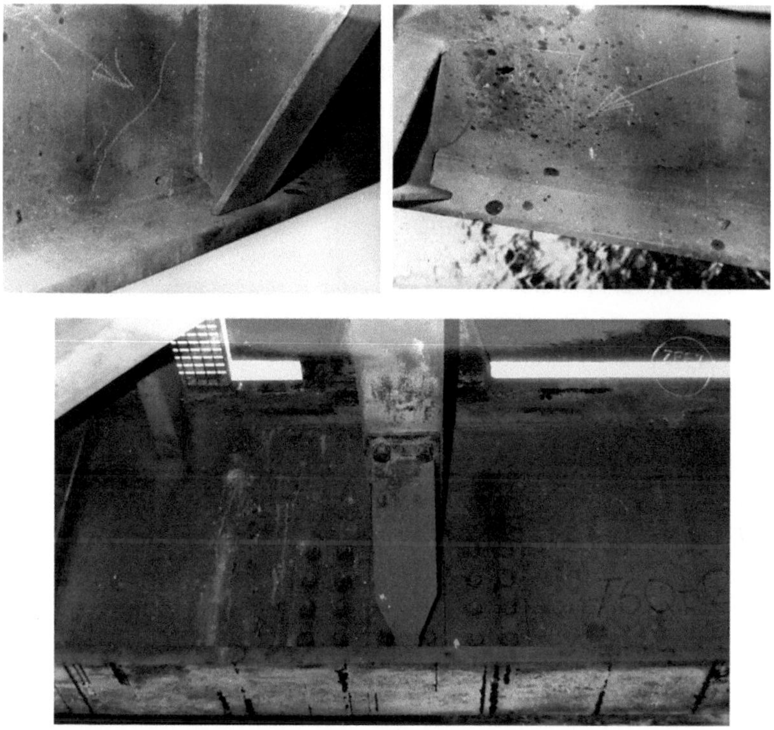

Abb. 2.89 Ermüdungsrisse im Querträger am Längsträgeranschluß der Strelasundbrücke. *Links oben*: „Horizontaler" Riß [81]. *Rechts oben*: Gekrümmter Teil des Risses [81]. *Unten*: Sanierter Bereich des Querträgers (Foto: E. Kühn)

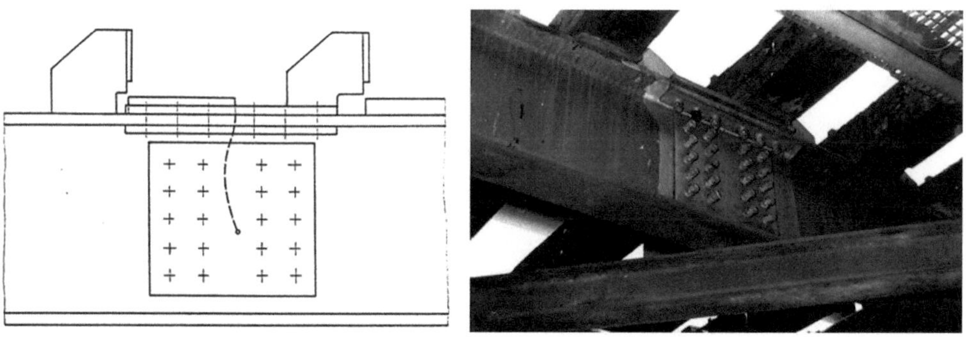

Abb. 2.90 Querriß im Längsträger der Strelasundbrücke. *Links*: Rißlage im Längsträger und vorgesehene Überdeckung. *Rechts*: Sanierter Rißbereich im Längsträger (Foto: E. Kühn)

1. Grundlagen der statischen Berechnung
2. Zulässige Materialbeanspruchung
3. Materialbeschaffenheit

4. Erstmalige Untersuchung von Eisenbahnbrücken
5. Periodische Untersuchung der Eisenbahnbrücken
6. Führen eines Brückenbuches
7. Untersuchung von Straßenbrücken
8. Behandlung bestehender Konstruktionen.

Gegenwärtig sind zur Vermeidung rißartiger Schäden in Brückenkonstruktionen verschiedene ingenieurtechnisache Vorschriften zu beachten, so zum Beispiel die Vorschriften der Eisenbahnen für den Bau und die Unterhaltung von Brücken, nationale und internationale Stahlbauvorschriften usw.

Während die ingenieurtechnischen Vorschriften, so z. B. auch die Stahlbauvorschriften für Brücken u. a. auch Belastungsannahmen und die theoretischen Annahmen für den Festigkeitsnachweis einschließen, müssen die Maßnahmenkataloge, die auch für nichtingenieurtechnisches Personal gedacht sind, diesem Verwendungszweck angepaßt sein. Ausführliche theoretische Darlegungen sind dann sicherlich nicht hilfreich, sondern weitgehend zu vermeiden. Ein Beispiel hierfür ist der Schienenfehlerkatalog der Eisenbahnen, der im wesentlichen nur die Schäden und die zu ergreifenden Maßnahmen beschreibt.

In den verschiedenen Schienenfehlerkatalogen, wie auch im Entwurf des Schienenfehlerkatalogs der Deutschen Reichsbahn von 1992 [19], sind nach der Darlegung der Systematik der Klassifizierung die einzelnen Fehler abgehandelt im Hinblick auf:

- Klassifizierung und Kodierung
- Merkmale und Aussehen
- Methoden zur Auffindung
- Maßnahmen in Abhängigkeit der erreichten Rißgröße im Vergleich mit der zulässigen Rißgröße
- Anmerkungen
- Bilder der Schäden.

Der Entwurf für die ehemalige Deutsche Reichsbahn geht insofern über die entsprechenden Kataloge der UIC [34] und der OSShD [35] bzw. [37] als auch die bekannten nationalen Kataloge hinaus, als er ganz konkrete Grenzwerte für die Risse in Eisenbahnschienen enthält. Derartige Festlegungen werden international vermieden; enthalten sind sie nur in spezifischen Festlegungen für die zerstörungsfreie Schienenprüfung.

Zur Veranschaulichung dieses Maßnahmenkataloges sind im folgenden drei Seiten für einen mittlerweile nicht mehr allzu bedeutsamen Schienenfehler aus dem Entwurf des Schienenfehlerkatalogs der Deutschen Reichsbahn von 1992 [19] wiedergegeben (Abb. 2.91).

6.18. Vertikaler Kopflängsriß

Klassifizierung und Kodierung

vertikaler Kopflängsriß	an beliebiger Stelle der Schiene	2.22.0	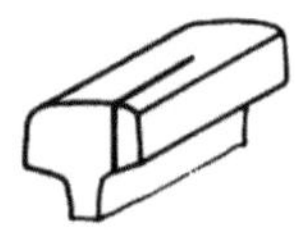
Bruch, ausgehend von einem vertikalen Kopflängsriß	an beliebiger Stelle der Schiene	3.22.0	

Merkmale und Aussehen

Vertikale Kopflängsrisse können verursacht durch eine fehlerhafte Herstellung der Schienen entstehen. Durch im Schienenstahl vorhandene Lunker, Seigerungen und eingewalzte Schlakken bilden sich unter der betrieblichen Beanspruchung im Inneren des Kopfes Risse, die auf der Fahrfläche und an der Unterseite des Schienenkopfes sichtbar werden können. Durch die betriebliche Beanspruchung und die Änderung der Rißausbreitungsrichtung kann es zum Ausbruch eines Teiles des Schienenkopfes, insbesondere der Fahrkante, und auch zum Bruch der Schiene kommen.

Methoden zur Auffindung

Sichtprüfung, zerstörungsfreie Prüfung.

Maßnahmen

Gebrochene Schienen und Schienen mit Ausbrüchen von mehr als 10 mm Tiefe und 50 mm Länge sind sofort, Schienen mit geringeren Ausbrüchen möglichst bald und gerissene Schienen in Abhängigkeit von der Länge des Risses (bei beliebiger Höhenausdehnung und Seitenlage des Risses) zu sichern bzw. aus dem Betriebsgleis zu beseitigen.

Lage des vertikalen Kopflängsrisses [1])	Grenzmaße für die Rißlängen nicht zulässiger [2]) vertikaler Kopflängsrisse	Grenzmaße für die Rißlängen bedingt zulässiger[3]) vertikaler Kopflängsrisse
in der Schienenmitte	50 mm	25 mm
am gelaschten Schienenende	10 mm	5 mm
an Verbindungsschweißungen	10 mm	5 mm

[1]) Weicht die Rißausbreitungsrichtung nachweislich von der Längsrichtung ab oder haben sich zusätzlich quer verlaufende Risse gebildet, so sind die Längsrisse unabhängig von ihrer jeweiligen Größe unzulässig.

[2]) Fehler mit Rißabmessungen größer oder gleich dem „Grenzmaß nicht zulässiger Risse" sind als Schienenbrüche zu behandeln!

[3]) Fehler mit Rißabmessungen größer oder gleich dem „Grenzmaß bedingt zulässiger Risse" sind im Rahmen geplanter Arbeiten zu entfernen. Fehler mit Rißabmessungen unterhalb dieses Grenzmaßes haben eine zulässige Restnutzungsdauer (bzw. einen erforderlichen Prüfzyklus) von rund 25 Mt Verkehrsmasse.

Beim Auftreten der von der Schienenherstellung herrührenden vertikalen Schienenkopflängsrisse sind neben der gesamten Länge der gebrochenen, gerissenen bzw. ausgebrochenen Schiene eventuell auch die im Gleis verlegten Schienen der gleichen Charge auf das Vorhandensein weiterer gleichartiger Fehler zu prüfen und gegebenenfalls zu sichern bzw. auszuwechseln.

K.-O. Edel: Katalog der Schienenfehler. 1999.

Abb. 2.91 Wiedergabe der Beschreibung vertikaler Kopflängsrisse aus dem Entwurf eines Schienenfehlerkataloges der Deutschen Reichsbahn [19]

Anmerkungen
Werden an der Schienenkopfunterseite rißartige Fehler festgestellt, so kann es sich auch um horizontale Steglängsrisse im Bereich des Überganges vom Kopf zum Steg handeln!

Bilder

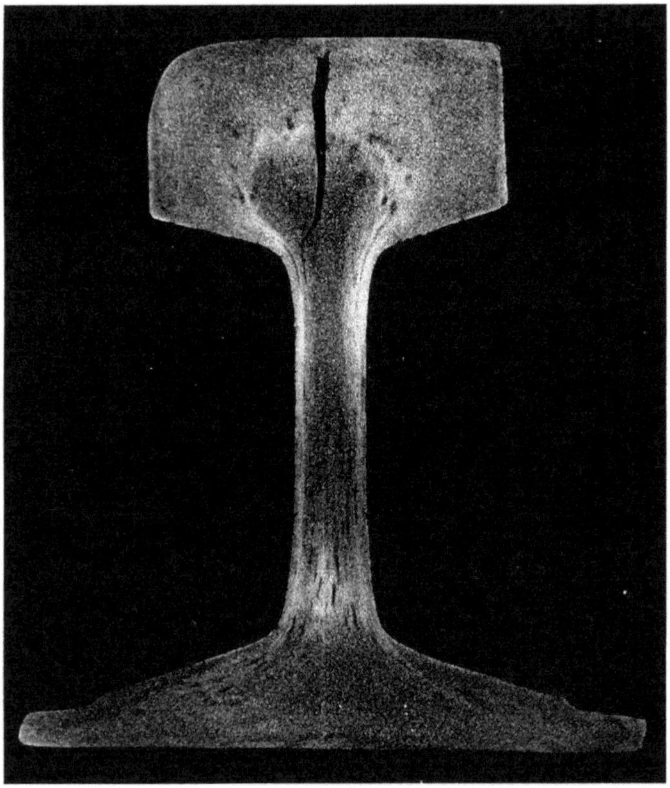

Bild 1: Querschliff durch eine Schiene mit vertikalem Kopflängsriß.

K.-O. Edel: Katalog der Schienenfehler. 1999.

Abb. 2.91 (Forsetzung)

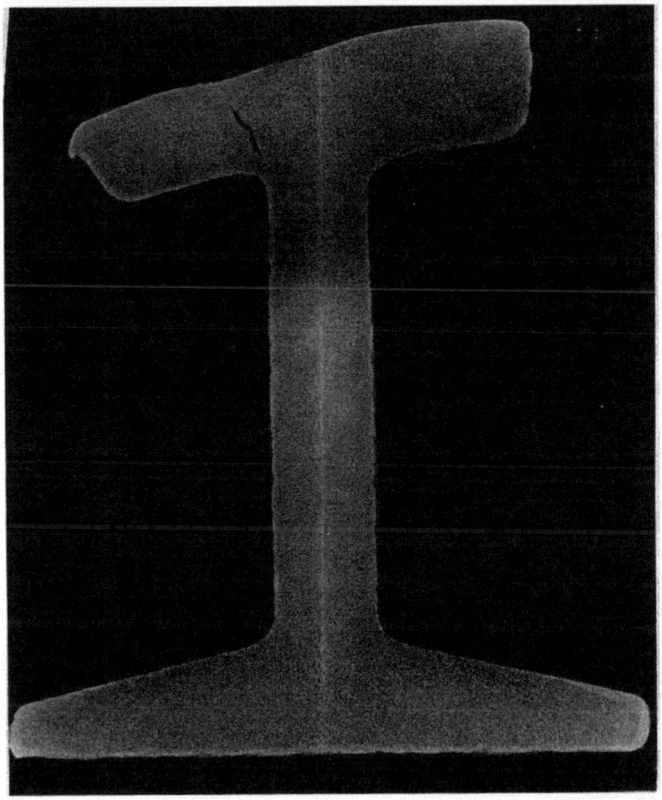

Bild 2: Vertikaler Kopflängsriß in einer stark verschlissenen und im Kopfbereich verbogenen Schiene.

Bild 3: Schienenkopfausbruch an der Fahrkante infolge eines vertikalen Kopflängsrisses.

K.-O. Edel: Katalog der Schienenfehler. 1999.

Abb. 2.91 (Forsetzung)

Literatur

1. G. Krankenhagen, H. Laube: Weges der Werkstoffprüfung – von Explosionen, Brüchen und Prüfungen. Deutsches Museum, München, 1979.
2. R. Malisius: Schrumpfungen, Spannungen und Risse beim Schweißen. Deutscher Verlag für Schweißtechnik, Düsseldorf, 1969.
3. Brandenburgisches Landeshauptarchiv, Potsdam: Bild 2.3 oben. Ebenso: O. Graf: Versuche und Feststellungen zur Entwicklung der geschweißten Brücken. Heft 11 der Berichte des Deutschen Ausschusses für Stahlbau, Ausgabe B. Verlag von Julius Springer, Berlin, 1940, Seite 1.
4. S. Butler: Bruchmechanisches Gutachten über die Risse in der Autobahnbrücke Rüdersdorf über das Mühlenfließ (A1/Bw13). Halle/Saale, 15. Dezember 1988.
5. A. Neumann, H. Hänsch: Gutachten über die Einschätzung des Tragzustandes in bezug auf das Sprödbruchverhalten der Schweißkonstruktion der Autobahnbrücke Rüdersdorf-Mühlenfließ Bauwerk A1-13. 10. November 1988.
6. K.-O. Edel: Mit Rissen leben? Zur Betriebssicherheit rißgeschädigter Bauteile. Hochschulreihe 1/93, Fachhochschule Brandenburg, Brandenburg an der Havel, 1994.
7. J. W. Fisher: Fatigue and Fracture of Steel Bridges – Case Studies. John Wiley & Sons, New York, 1984.
8. K.-O. Edel: Die Ermittlung der bruchmechanischen Eigenschaften rißgeschädigter Brückenteile. VDI-Verlag Düsseldorf, VDI-Berichte Nr. 902, 1991, Seite 313–342.
9. R. Labbens: Mécanique de la rupture – Utilisation pour la prévention des ruptures brutales. Annales des Mines (Fevrier/Mars 1975), Seite 121–132.
10. K.-O. Edel: Die Festlegung zulässiger Rißgrößen auf der Grundlage probabilistischer, bruchmechanischer Betriebssicherheitsanalysen. DSRK-Mitteilung Nr. 19, 1990, Seite 66–80.
11. A. Hobbacher: Schadensuntersuchungen zum Unglück des Halbtauchers „Alexander L. Kielland". Der Maschinenschaden **56** (1983) 2, Seite 42–48: Bild 18 (Mitte).
12. K.-O. Edel, M. Schaper: Dauerfestigkeitsanalyse der rißgeschädigten Lauffläche überbremster Eisenbahnvollräder. Schienen der Welt **23** (1992) 11, Seite 35–49.
13. A. Wöhler: Bericht über die Versuche, welche auf der Königl. Niederschlesisch-Märkischen Eisenbahn mit Apparaten zum Messen der Biegung und Verdrehung von Eisenbahnwagen-Achsen während der Fahrt angestellt wurden. Z. Bauwes. **8** (1858), Sp. 641–652.
14. A. Wöhler: Versuche zur Ermittelung der auf die Eisenbahnwagen-Achsen einwirkenden Kräfte und der Widerstandsfähigkeit der Wagen-Achsen. Z. Bauwes. **10** (1860), Sp. 583–616.
15. A. Wöhler: Über die Versuche zur Ermittelung der Festigkeit der Achsen, welche in den Werkstätten der Niederschlesisch-Märkischen Eisenbahn zu Frankfurt a. d. O. angestellt sind. Z. Bauwes. **13** (1863), Sp. 231–258.
16. R. Kühnel: Achsbrüche von Eisenbahnfahrzeugen und ihre Ursachen. Glasers Annalen **110** (1932), 4, Seite 29–37, und **110** (1932) 5, Seite 41–52.
17. R. Kühnel: Grenzen der Werkstoffleistung – Dauerbrüche und ihre Ursachen. Glasers Annalen **115** (1934) 5, Seite 33–37, und **115** (1934) 6, Seite 41–48.
18. K.-O. Edel, M. Korn: Einschätzung des Rißwachstums in einer gebrochenen Fahrzeugachse. IfL-Mitteilungen **30** (1991) 1, Seite 5–12.
19. K.-O. Edel: Katalog der Schienenfehler – Überarbeitete Fassung des Entwurfs von 1992 für die Deutsche Reichsbahn. Fachhochschule Brandenburg, März 1999.
20. K.-O. Edel: Der Einfluß der Verspannungstemperatur auf die Rißausbreitung in Eisenbahnschienen. Schienen der Welt 32 (2001) 10, Seite 31–42.
21. L. A. Chellani: Rail Defects. Indian Railway Technical Bulletin **35** (1978), No. 209, Seite 61–73.
22. S. L. Grassie: Rolling contact fatigue on the British railway system: treatment. Wear **258** (2005), Seite 1310–1318.

23. U. Zerbst, R. Lundén, K.-O. Edel, R. A. Smith: Introduction to the damage tolerance behaviour of railway rails – a review. Engineering Fracture Mechanics **76** (2009), Seite 2563–2601.
24. „100 Jahre". Phaidon Press Limited, London, deutsche Erstausgabe, 2000.
25. H. Blumenauer, G. Pusch: Technische Bruchmechanik. Deutscher Verlag für Grundstoffindustrie, Leipzig/Stuttgart, 1993: Bild 22.
26. H. Reischock: Katastrophe in UdSSR forderte Hunderte Opfer. „Junge Welt", 6. Juni 1989, Seite 1 und 4.
27. H.-J. Bertrams, J. Witzel: Nebenprozesse und Infrastruktur in den Braunkohletagebauen des Rheinischen Reviers. In: R. D. Stoll u. a. (Hrsg.): Der Braunkohlentagebau. Springer-Verlag, Berlin, Heidelberg, 2009, Seite 292, Abb. 3.3–3.
28. R. Ortmann, G. Steinbach: Probleme bei der bruchmechanischen Bewertung der Versagenssicherheit und Lebensdauer einer großen Hohlwelle aus Stahlguß. Technische Universität Dresden, Sektion Grundlagen des Maschinenwesens, Weiterbildungszentrum Festkörpermechanik, Konstruktion und rationeller Werkstoffeinsatz. Studientexte „Bruchmechanik III", Heft 1/86, Seite 34–41.
29. G. Steinbach, W. Lieder, D. Poppe: Beispiel zur bruchmechanischen Bewertung eines Schadensfalls. Neue Hütte **36** (1991) 10, Seite 376–381.
30. K.-O. Edel, E. Thiel: Versagen eines Lasthakens durch Sprödbruch. Schienenfahrzeuge **23** (1979) 6, Seite 298.
31. G. Steinbach: Berechnung der Betriebsdauer von Drahtseilen in Seiltrieben. TÜ **45** (2004) 4, Seite 27–31.
32. K.-O. Edel: Bruchmechanische Untersuchungen an der 55 Jahre alten Strelasundbrücke. Deutsche Reichsbahn, Zentralstelle Umweltschutz und Materialprüfung, Brandenburg-Kirchmöser, vorläufiger Bericht, 31. März 1992.
33. Deutsche Reichsbahn, Drucksache 89 941 „Merkblatt für die Unterscheidung der Schienenbrüche". Reichsbahn-Zentralamt Berlin, 1939.
34. Internationaler Eisenbahnverband (UIC): Katalog der Schienenfehler. Ausgabe vom 1. Januar 1979.
35. Organisation für die Zusammenarbeit der Eisenbahnen (OSShD): „Empfehlungen über die Festlegung der einheitlichen Klassifikation der Fehler und Beschädigungen an Schienen", OSShD-Merkblatt R 733, 1. Ausgabe, 1961.
36. K.-O. Edel: Überarbeitung des OSShD-Merkblattes R 733 (1. Ausgabe 1961) „Empfehlungen über die Festlegung der einheitlichen Klassifikation der Fehler und Beschädigungen an Schienen". Zentrales Forschungsinstitut des Verkehrswesens, Zentrum für Material- und Energieökonomie, Brandenburg-Kirchmöser, Bericht, 29. Oktober 1982.
37. Organisation für die Zusammenarbeit der Eisenbahnen (OSShD): Merkblatt R 733 „Empfehlungen über die Klassifikation der Schienenfehler", 2. Ausgabe, 1985.
38. K.-O. Edel: Klassifikation der Schienenfehler bei der DR. Signal und Schiene **34** (1990) 2, Seite 46–48.
39. K.-O. Edel: Die Häufung von Schienenbrüchen bei niedrigen Temperaturen. Zentrale Prüf- und Entwicklungsstelle des Verkehrswesens, Brandenburg-Kirchmöser, Bericht, 29. September 1978.
40. K.-O. Edel: Temperaturabhängigkeit des Auftretens von Schienenbrüchen. Signal und Schiene **23** (1979) 6, Seite 266–272.
41. K.-O. Edel: Untersuchung der Bedingungen beim Bruch von Eisenbahnrädern. Wissenschaftliche Zeitschrift der Universität Rostock, naturwissenschaftliche Reihe, **33** (1984) N9, Seite 72–81.
42. K.-O. Edel: Querrisse im Radkranz klotzgebremster Güterwagenvollräder. Fachhochschule Brandenburg, Innovationen – Berichte aus angewandter Forschung & Entwicklung, 1995.

43. K.-O. Edel: Untersuchung des Bruchverhaltens von Eisenbahnschienen und -vollrädern. Technische Hochschule Otto von Guericke Magdeburg, Dissertation B, Januar 1987.
44. E. Tilgenkamp: Reisen in ungewöhnliche Räume, B and II Tiefseeforschungen. Verlag Neues Leben, Berlin, 1958.
45. W. Schütz, J. W. Bergmann: Fatigue Design and ist Economic Implications. Industrieanlagen-Betriebsgesellschaft, Ottobrunn, etwa 1995, Fig. 18 im Vortragsmanuskript „M:BERG\VERÖFF\FATEC.DOC".
46. G. Führer: Oberbauberechnung. Transpress – VEB Verlag für Verkehrswesen, Berlin, 1979.
47. J. Eisenmann: Die Schiene als Träger und Fahrbahn – theoretische Grundlaen und praktische Beispiele. In: Fritz Fastenrath (Hrsg.): Die Eisenbahnschine. Verlag von Wilhelm Ernst & Sohn, Berlin, München, Düsseldorf, 1977, Seite 9–78.
48. Deutsche Bundesbahn, Bundesbahn-Zentralamt München: Oberbauberechnung. Ausgabe 1992.
49. ...: Unterlagen von Kraftmessungen an Güterwagenachsen. Deutsche Reichsbahn, Versuchs- und Entwicklungsstelle der Wagenwirtschaft, Delitzsch, ohne Jahr.
50. Junggebauer u. a.: Meßfahrten zur Ermittlung von Beanspruchungs- und Belastungskollektiven an neuen Güterwagenrädern des Typs RAFIL. Deutsche Bahn AG, Versuchszentrum 2, ZTV 243, Bericht 110 433, Anlage 4.
51. Germanischer Lloyd: Tätigkeitsbericht 1992. Hamburg, 1992, Seite 11.
52. K.-O. Edel: Bruchmechanische Analyse des Rißwachstums in Schiffskonstruktionen. Schiffbauforschung **27** (1988) 3, Seite 180–187.
53. K.-O. Edel: Werkstoffkunde. Fachhochschule Brandenburg, Vorlesungsskript, 2007.
54. Leichtbau-Handbuch, Band 4/2: Festigkeitsberechnung. Institut für Leichtbau und ökonomische Verwendung von Werkstoffen, Dresden, 1986, Seite 14.
55. B. Hänel, G. Wirtgen (Bearbeiter): Festigkeitsnachweis „Rechnerischer Festigkeitsnachweis für Maschinenbauteile". Abschlußbericht zum Vorhaben AIF-Nr. 156 D, FKM-Nr. 69 15 41. IMA Materialforschun und Anwendungstechnik GmbH, Dresden, 1993, Ri Teil III B, Seite 3.
56. G. Jacoby: Review of fractographic analysis methods for fatigue fracture surfaces. Report No. 37 (1966), Columbia University, New York, Institute for the study of fatigue and reliability. Zitiert nach: K.-H. Schwalbe: Bruchmechanik metallischer Werkstoffe. Carl Hanser Verlag, München/ Wien, 1980, Seite 348.
57. W. S. Pellini, P. P. Puzak: Practical Considerations in Applying Laboratory Fracture Test Criteria to the Fracture-Safe Design of Pressure Vessels. Trans. ASME (Series A) **86** (1964) 4, Seite 429.
58. W. S. Pellini, P. P. Puzak: Fracture Analysis Diagram Procedures for the Fracture-Safe Engineering Design of Steel Structures. Welding Research Council Bull. 1963, 88.
59. ASTM-Designation E 208-69^{e}: Standard Method for Conducting Drop-Weight Test to Determine Nil-Ductility Transition Temperature of Ferritic Steels.
60. H. Heimbach: Einflußgrößen auf die Ergebnisse beim Drop-Weight-Test. Rheinstahl-Technik (1969), Seite 117–124.
61. H. Blumenauer, G. Pusch: Bruchmechanik. VEB Deutscher Verlag für Grundstoffindustrie, Leipzig, 1973.
62. A. S. Tetelman, A. J. McEvily jr.: Bruchverhalten technischer Werkstoffe. Verlag Stahleisen mbH, Düsseldorf, 1971.
63. ...: Komponenten des Primärkreises von Leichtwasserreaktoren, Teil 2: Auslegung, Konstruktion und Berechnung. Kerntechnischer Ausschuß, Sicherheitstechnische Regel des KTA 3201.2, März 1984.
64. H. Petershagen: Schwingfestigkeitsuntersuchungen im Schiffbau. In: G. Jakoby (Herausgeber): Werkstoff- und Bauteilprüfung sowie Betriebslastensimulation. Werkstofftechnische Verlagsgesellschaft mbH, Karlsruhe, 1981, Seite 211–220.

65. . . . : Canadian Shipbuilding Activity – Welded Liberty ships. Shipbuilding and Shipping Record, vol. LXIV, No. 10, 7. September 1944. Seite 227.
66. W. Dahl: Bedeutung der Bruchmechanik für die Werkstoffentwicklung. Der Maschinenschaden **64** (1991) 3, Seite 101–104: Bild 37.
67. W. Fichelmann: Bewertung der Spannungen, Versagensformen, Schadensfälle und Schadensursachen. Universität Rostock, Weiterbildungsseminar „Schiffsfestigkeit" Teil 2, Seite 165–195.
68. Internationaler Eisenbahnverband (UIC): Technische Lieferbedingungen für Vollräder aus gewalztem, unlegiertem Stahl für Triebfahrzeuge und Wagen. UIC-Kodex 812-3, 5. Ausgabe vom 1. Januar 1984.
69. Deutsche Norm: Bahnanwendungen – Oberbau – Schienen – Teil 1: Symmetrische Breitfußschienen ab 46 kg/m. Deutsche Fassung prEN 13674-1:1999.
70. Deutsche Norm: Bahnanwendungen – Oberbau – Schienen – Teil 1: Vignolschienen ab 46 kg/m. Deutsche Fassung EN 13674-1:2011.
71. H. Berchtenbreiter, F. Doll: Beitrag zur Klärung der Ursache von Schienenbrüchen. Organ für die Fortschritte des Eisenbahnwesens **85** (1930) 14, Seite 325–329.
72. W. Lückerath: Die Verbesserung von Stahlschienen durch Umgestaltung des Primärgefüges im Schienenfuß beim Walzen. Stahl und Eisen **57** (1937) 7, Seite 172–179.
73. W. Janiche: Einfluß der Gieß- und Walzbedingungen auf die Fußrißanfälligkeit von Schienen S49. Stahl und Eisen **66/67** (1947), Seite 284–290.
74. С. А. Линев: Нужны специальные зегменты. Путь и путевое хояйство **24** (1980) 5, Seite 34–35. S. A. Linev: Erforderlich sind spezielle Segmente. Put' i putevoje chozjajstvo **24** (1980) 5, Seite 34–35.
75. L. Fendrich, V. Klein: Beobachtungen an Schienen. Der Eisenbahningenieur **35** (1984) 3, Seite 113–126.
76. K.-O. Edel, H. Klappenbach: Die Beurteilung von Anrissen in Schienen und Schienenschweißungen mit Hilfe der linear-elastischen Bruchmechanik. Zeitschrift der OSShD **27** (1984) 2, Seite 11–16.
77. R. Krull, H. Hintze, H.-M. Thomas: Moderne Methoden der zerstörungsfreien Werkstoffprüfung im Oberbau. Internationales Symposium „Schienenfehler", Fachhochschule Brandenburg, 16./17. November 2000, Tagungsbericht.
78. ORE-Frage D 88 „Untersuchung der Schienenfehler im Gleis". RP 2: Untersuchung der Dynamik der Schienenfehler. Forschungs- und Versuchsamt des Internationalen Eisenbahnverbandes, Utrecht, Oktober 1965.
79. B. Dobrindt: Statistische Auswertung und experimentelle Bestimmung des Rißwachstumsverhaltens von S-Bahn-Rädern. Technische Hochschule Otto von Guericke Magdeburg und Zentrales Forschungsinstitut des Verkehrswesens, Zentrum für Material- und Energieökonomie, Brandenburg-Kirchmöser, Praktikumsbericht, 25. Februar 1985.
80. Deutsche Reichsbahn: Oberbauvorschriften (Obv). Drucksachenverlag der Deutschen Reichsbahn, Berlin, 1977. DV 820, gültig ab 1. September 1977.
81. Deutsche Reichsbahn, Abteilung Brücken der Reichsbahndirektion Greifswald, Arbeitsmaterialien.
82. C. Stamm: Brückeneinstürze und ihre Lehren. Mitteilungen aus dem Institut für Baustatik an der Eidgenössischen Technischen Hochschule in Zürich, Herausgegeben von Prof. Dr. F. Stüssi und Prof. Dr. P. Lardy. Verlag Lehmann, Zürich, 1952.

Die Beanspruchung des Werkstoffs rißgeschädigter Bauteile

3

3.1 Analyse und Idealisierung des nominellen Spannungszustandes

Die Analyse der Spannungen in rißgeschädigten Konstruktionen in allgemeingültiger Weise angeben zu wollen, ist auf Grund der Unterschiedlichkeit der Konstruktionen, ihrer Nutzung und ihres Versagens nicht möglich. Um aus bruchmechanischen Analysen quantitative Schlußfolgerungen auf die Belastbarkeit und die Restnutzungsdauer ziehen zu können, müssen alle wesentlichen Spannungen, d. h. die dynamischen, zeitlich veränderlichen Spannungen, die quasi-statischen, lang- oder mittelfristig veränderlichen Spannungen, sowie die statischen Spannungen berücksichtigt werden. Wesentlich sind hierbei auch die Wirkungen der Eigenspannungen, da sie das Rißausbreitungs- und Bruchverhalten in bedeutsamer Weise beeinflussen können.

Entsprechend dem zu analysierenden Versagensfall sind die lang- oder kurzzeitig einwirkenden Spannungen zu berücksichtigen, die sich u. U. aus den normalen Betriebsbeanspruchungen durch die Verwendung von Erhöhungsfaktoren (wie z. B. bei Analysen für Reaktordruckbehälter) oder durch die Eingrenzung der Langzeitbeanspruchung auf das ungünstigste Kurzzeitspektrum (wie z. B. bei Analysen für Flüssiggastanks nach den Vorschriften von DET NORSKE VERITAS) gewinnen lassen.

Betont werden muß jedoch nachdrücklich, daß die bruchmechanischen Analysen keinen Ersatz für eingehende konventionelle Beanspruchungsanalysen darstellen. Vielmehr ist es eine unbedingte Voraussetzung für bruchmechanische Berechnungen, daß eine eingehende Analyse der in dem betrachteten Bauteil vorliegenden Spannungen – möglicherweise eingegrenzt auf den Bereich, in dem die rißartigen Schädigungen auftreten, – durchgeführt wurde.

Ist der Gradient der nominellen Spannungen im angerissenen Bereich des Bauteils nicht konstant, so lassen sich bekannte idealisierende Lösungen für Spannungsintensi-

K.-O. Edel, *Einführung in die bruchmechanische Schadensbeurteilung*,
DOI 10.1007/978-3-662-44264-7_3

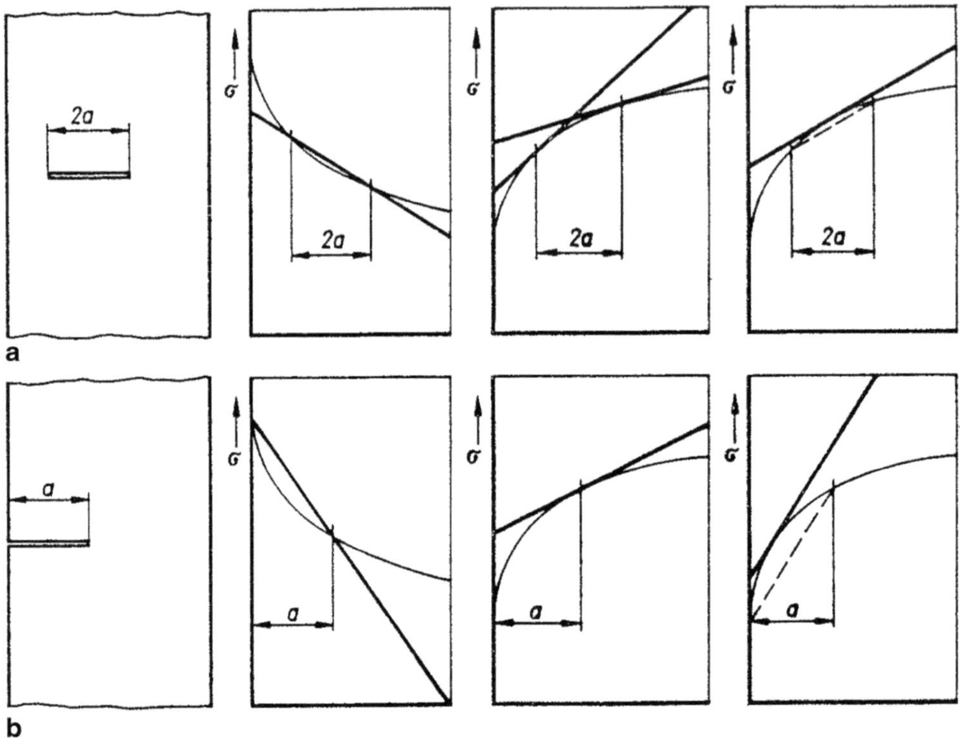

Abb. 3.1 Idealisierung des nominellen Spannungsverlaufs in der Umgebung von Innenrissen (**a**) und Oberflächenrissen (**b**) durch Sekanten bzw. Tangenten an den nominellen Spannungsverlauf im Bereich des Risses

tätsfaktoren, die in ihrer Mehrzahl homogene oder linear veränderliche Nominalspannungen voraussetzen, meist nicht ohne Idealisierung des vorliegenden Spannungszustandes anwenden.

Üblich ist es bei gekrümmtem Nominalspannungsverlauf entlang des Risses (vgl. Abb. 3.1), den Spannungsverlauf zu idealisieren, indem die Sekante zum Spannungsverlauf gebildet wird, die die Spannungskurve in Höhe der gegenüberliegenden Rißfronten bzw. an der Oberfläche des Bauteils und an der Rißfront schneidet, oder die Tangente an die Spannungsfunktion im betrachteten Punkt der Rißfront gelegt wird. Hat der Riß zwei hinsichtlich ihrer Beanspruchung zu analysierende Rißfrontpunkte, so kann bei nicht allzu großem Spannungsgradienten auch die Tangente, eventuell parallel zur vorgenannten Sekanten als linearisierter Spannungsverlauf verwendet werden.

Nach den Empfehlungen des Dokumentes PD 6493 [1] von British Standards Institution ist für bruchmechanische Analysen jeder linearisierte Nominalspannungsverlauf akzeptabel, der gewährleistet, daß die Nominalspannungen des linearisierten Verlaufs über den Nominalspannungen des realen Verlaufs liegen.

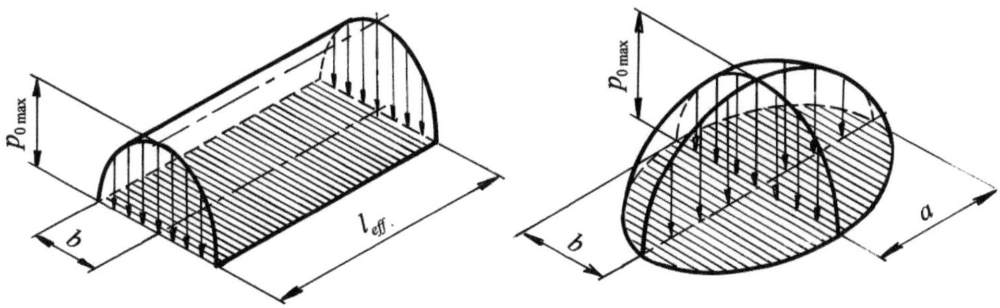

Abb. 3.2 Verteilung der Hertzschen Flächenpressung bei Linien- und bei Punktberührung

Die dargelegten Idealisierungen des nominellen Spannungsverlaufs sind brauchbar, solange zwischen dem Riß und den nominellen Spannungen keine Rückwirkung auftritt. Wirken die nominellen Spannungen nicht in größerer Entfernung von dem rißgeschädigten Bauteilbereich, sondern in seiner unmittelbaren Umgebung, so muß die Änderung der nominellen Beanspruchungen durch die Anwesenheit des Risses berücksichtigt werden. Dieses Problem tritt zum Beispiel bei der Kontaktbeanspruchung eines Oberflächenrisses auf.

Ganz offensichtlich weicht die Verteilung der Kontaktspannungen von der idealen Kontaktspannungsverteilung nach HERTZ (siehe Abb. 3.2) ab, nicht nur infolge der unterschiedlichen Krümmung der Kontaktflächen von Rad und Schiene, sondern vor allem auch infolge der Existenz des Oberflächenquerrisses selbst (Abb. 3.3).

3.2 Spannungen an Kerben

Die an Kerben aller Art (Oberflächenkerben, Löcher, Oberflächenvertiefungen, schroffe Querschnittsübergänge, Hohlräume usw.) wirkenden Spannungen lassen sich mit den Formeln der elementaren Balkentheorie nicht erfassen. Im allgemeinen sind die Spannungen an solchen Diskontinuitäten in komplizierter Weise von allen drei Richtungskoordinaten abhängig. Berechnet werden sie mit den Methoden der ebenen oder der räumlichen Elastizitätstheorie, eventuell mit Finite-Element-Methoden, oder sie lassen sich mit experimentellen Methoden ermitteln.

Da einerseits bei Kerbproblemen die real auftretenden Größtwerte der Spannungen von Interesse sind, andererseits eine Vielzahl von Kerbspannungsproblemen als bekannt zu betrachten ist, wird im Interesse der einfachen Handhabung der bekannten Kerbspannungsprobleme die real auftretende größte Kerbspannung mit Hilfe der auf der Grundlage der elementaren Festigkeitslehre berechenbaren, nominellen Spannungen unter Verwendung von Formzahlen (Spannungskonzentrationsfaktoren, Kerbfaktoren) α_K normiert:

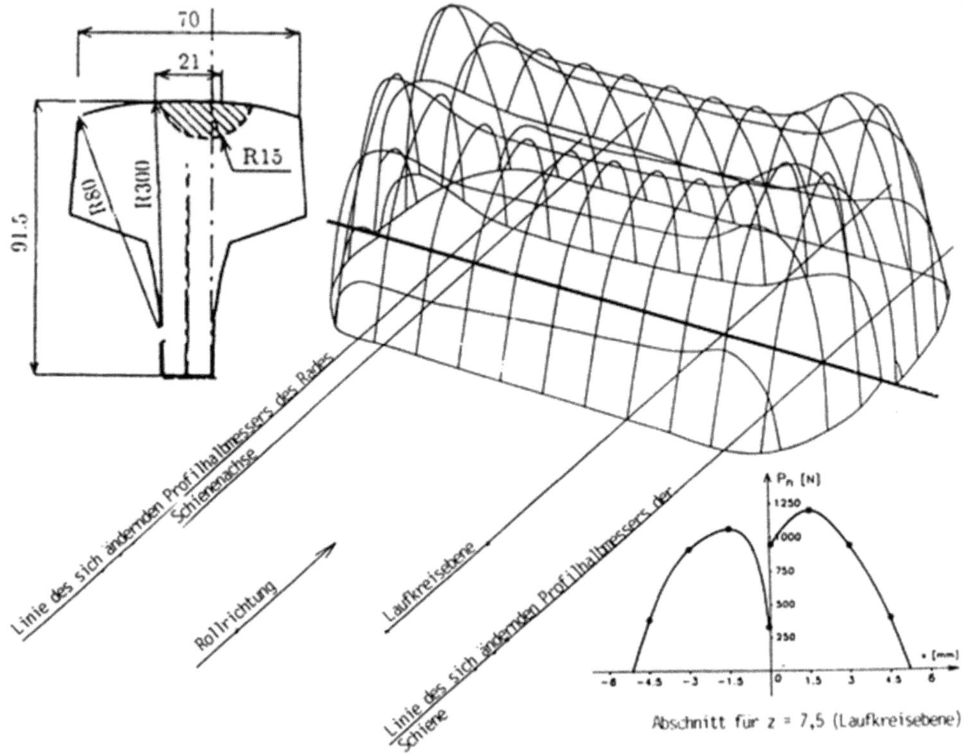

Abb. 3.3 Grundlegende Änderung der Kontaktspannungen zwischen einem Eisenbahnrad und der Schiene durch einen halb-elliptischen Oberflächenquerriß auf der Fahrfläche der Schiene [2]

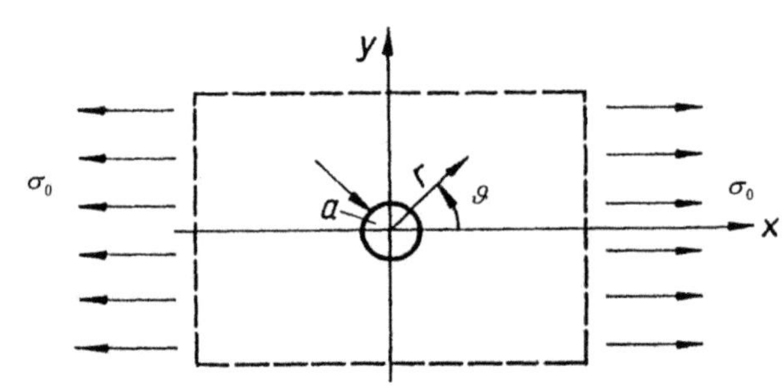

Abb. 3.4 Kreisförmig gelochte, unendlich große Scheibe unter einachsiger Zugbeanspruchung

$$\sigma_{Kerb,\max} = \alpha_K \cdot \sigma_{nom.} \cdot \tag{3.1}$$

Bei den berechneten nominellen Spannungen werden entweder die Querschnittskennwerte des ungeschwächten oder des durch die Kerbe geschwächten Trägers berücksichtigt. Dementsprechend spricht man auch von Brutto- oder Nettospannungen.

Eine der wesentlichsten und ältesten Lösung für ein Kerbspannungsproblem betrifft die Spannungsverteilung um einen Kreisausschnitt in einer unendlich großen, zugbeanspruchten Scheibe, die von KIRSCH [3] 1898 publiziert wurde, Abb. 3.4. Die Spannungskomponenten für die sich anbietenden Polarkoordinaten sind:

$$\left.\begin{aligned} \sigma_r &= \frac{\sigma_0}{2} \cdot \left(1 - \frac{a^2}{r^2}\right) \cdot \left[1 + \left(1 - \frac{3a^2}{r^2}\right) \cdot \cos 2\vartheta\right] \\ \sigma_\vartheta &= \frac{\sigma_0}{2} \cdot \left[\left(1 + \frac{a^2}{r^2}\right) - \left(1 + \frac{3a^2}{r^2}\right) \cdot \cos 2\vartheta\right] \\ \tau_{r\vartheta} &= -\frac{\sigma_0}{2} \cdot \left(1 - \frac{a^2}{r^2}\right) \cdot \left(1 + \frac{3a^2}{r^2}\right) \cdot \sin 2\vartheta \end{aligned}\right\} \tag{3.2}$$

Bemerkenswert an der Wirkung eines Kreisausschnitts ist die Spannungserhöhung am Rande des Kreisausschnitts auf das Dreifache des Wertes, der im ungestörten Bereich auftritt. Diese Spannungserhöhung tritt in dem Randpunkt auf, in welchem die Tangente parallel zur Beanspruchungsrichtung liegt. In dem dazu um 90° versetzten Randpunkt tritt dagegen eine Randspannung auf, die betragsmäßig mit der nominellen Spannung übereinstimmt, jedoch vorzeichenmäßig umgekehrt ist.

Eine weitere interessante Lösung eines Kerbspannungsproblems betrifft die Randspannungen an einem elliptischen Ausschnitt im einachsigen Zugspannungsfeld, Abb. 3.5. Während wie bei dem Kreisausschnitt in dem Ausschnittsrandpunkt, in dem die Tangente senkrecht zur nominellen Beanspruchungsrichtung verläuft, die Randspannung dem negativen Wert der nominellen Spannung in großer Entfernung von dem Ausschnitt entspricht, ist der Maximalwert der Randspannung in dem Punkt, dessen Tangente mit der Beanspruchungsrichtung übereinstimmt, gegeben durch

$$\sigma_{t\,\max} = \left(1 + 2 \cdot \frac{a}{b}\right) \cdot \sigma_{nom} = \left(1 + 2 \cdot \sqrt{\frac{a}{\rho}}\right) \cdot \sigma_{nom}. \tag{3.3}$$

Mit Verkleinerung der Halbachse b in Beanspruchungsrichtung bzw. mit Verkleinerung des Krümmungsradius ρ des elliptischen Ausschnitts am Ende der großen Halbachse steigt die Randspannung beträchtlich an, so daß der Maximalwert der Spannung am Ort der starken Krümmung dann mit ausreichender Genauigkeit allein durch den Ausdruck

$$\sigma_{t\,\max} = 2 \cdot \sqrt{\frac{a}{\rho}} \cdot \sigma_{nom} \tag{3.4}$$

beschrieben werden kann. Wenn auch elliptische Ausschnitte in der praktischen Anwendung verglichen mit kreisförmigen Ausschnitten selten sind, ist die Lösung für den elliptischen Ausschnitt insofern von grundsätzlicher Bedeutung, als mit Hilfe dieser Lösung der Grenzübergang $\rho \to 0$ zu einer rißartigen Kerbe, einem Riß, der üblicherweise als Griffith-Riß bezeichnet wird, vorgenommen werden kann, Abb. 3.6. Die Spannungen im unmittelbaren Bereich an der Rißspitze werden bei linear-elastischem Werkstoffverhalten unendlich groß.

Abb. 3.5 Zugbeanspruchte Scheibe mit elliptischem Ausschnitt

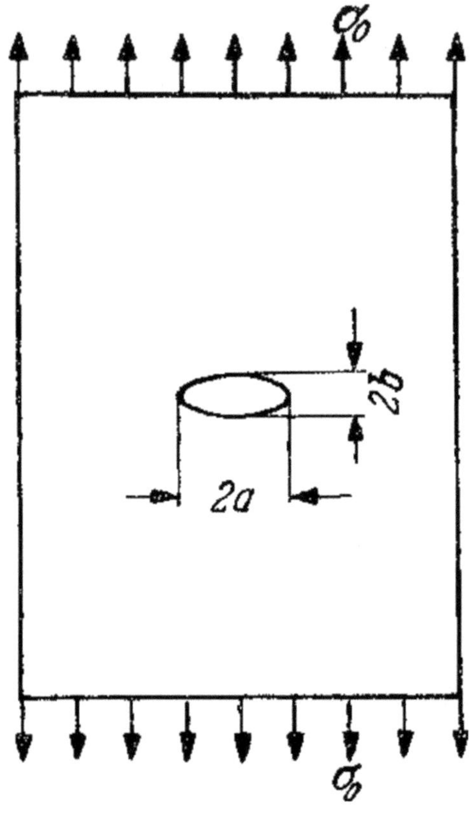

Beschreiben lassen sich die rißspitzennahen Normalspannungen bei Verwendung von Polarkoordinaten, die ihren Ursprung in der Rißspitze haben, durch die elastizitätstheoretische Lösung (siehe Abb. 3.8).

$$\sigma_\vartheta(r,\vartheta) = \frac{\sigma_{nom} \cdot \sqrt{\pi \cdot a}}{\sqrt{2 \cdot \pi \cdot r}} \cdot \cos^3 \frac{\vartheta}{2} \tag{3.5}$$

Die formale Zusammenfassung derjenigen Bestandteile, die nicht vom Ort der Beanspruchung, d. h. von den Polarkoordinaten r und ϑ abhängen, führt zu der Beziehung

$$\sigma_\vartheta(r,\vartheta) = \frac{K_I}{\sqrt{2 \cdot \pi \cdot r}} \cdot \cos^3 \frac{\vartheta}{2} \quad \text{mit } K_I = \sigma_{nom} \cdot \sqrt{\pi \cdot a}. \tag{3.6}$$

Die Spannungen unmittelbar an der Rißspitze werden unendlich groß, sie klingen jedoch mit zunehmender Entfernung von der Rißspitze ab. Praktische Erfahrungen zeigen, daß trotz der unendlich großen Spannung σ_ϑ im Punkt der höchsten Beanspruchung Risse unterhalb einer gewissen Größe durchaus nicht generell zum Versagen der Tragfähigkeit des rißbehafteten Bauteils führen müssen. Die für die Bauteilbeanspruchung üblicherweise

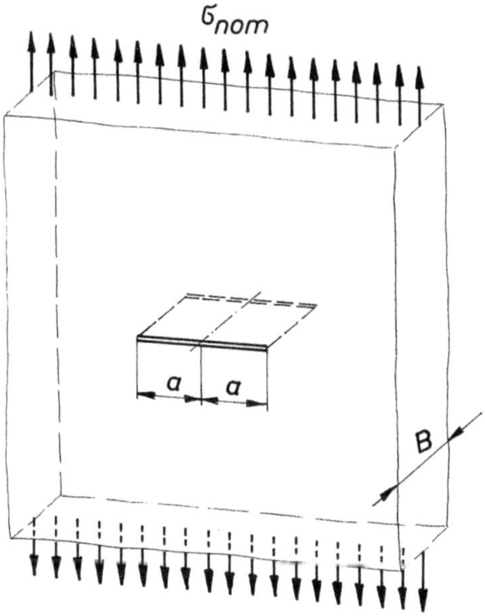

Abb. 3.6 „Griffith-Riß“ in einer unendlich großen zugbeanspruchte Scheibe

verwendeten Spannungen sind zur Charakterisierung der Beanspruchung und der Beanspruchbarkeit rißbehafteter Bauteile somit nicht mehr sinnvoll nutzbar, da sie theoretisch unendlich groß werden bzw. bei realen Werkstoffen die Fließgrenze erreichen und auch überschreiten und trotzdem nicht zum sofortigen und generellen Versagen führen. In der *Bruchmechanik*, die sich mit der Auswirkung rißartiger Schädigungen in Bauteilen und Werkstoffen befaßt, werden dementsprechend zur Charakterisierung der Beanspruchung und der Beanspruchbarkeit andere Kenngrößen als die Spannungen verwendet. In der linear-elastischen Bruchmechanik ist es die als Spannungsintensitätsfaktor K_I bezeichnete Größe in Gl. (3.6).

3.3 Die Beanspruchung des Werkstoffs in der Umgebung ideal scharfer Rißspitzen

Die ersten Ansätze zur Behandlung der Werkstoffbeanspruchung an Rissen wurden schon 1907 publiziert. Angesichts der unendlich großen Spannungen im Punkt der Rißspitze bei linear-elastischem Werkstoffverhalten lenkte KARL WIEGHARDT (1874–1924) [4] das Interesse auf die Verteilung der Spannungen in der Nähe der Rißspitze. Aus ihr leitete er ab, daß sich ein Riß bei sprödem Werkstoffverhalten gemäß der Normalspannungshypothese in seiner bisherigen Richtung weiter ausbreitet, wobei der Bruch des Materials im Punkt der Rißspitze einsetzt. Da jedoch die Spannungen bei noch so geringer äußerer Belastung an der Rißspitze unendlich groß werden, gelang es ihm nicht, eine Aussage darüber zu gewinnen,

Karl Wieghardt *Alan A. Griffith* *George R. Irwin*

Abb. 3.7 Die Wegbereiter der Bruchmechanik

bei welcher äußeren Belastung der Bruch einsetzt. WIEGHARDT vertrat die Auffassung, daß für das Einsetzen des Bruchs nicht die Größe der Spannungen in einem Punkt, sondern die resultierenden Spannungen über eine kurze Strecke im Bereich der Rißspitze als maßgebend für das Versagen anzusehen seien. Zur Charakterisierung der Werkstoffbeanspruchung an Rissen in Glas verwendete ALAN ARNOLD GRIFFITH (1893–1963) [5] neben der Deformationsenergie des elastischen Körpers die von Flüssigkeiten her bekannte Oberflächenenergie. Ausgehend von der Energiebilanz in Abhängigkeit von der Rißvergrößerung gelingt ihm die Bestimmung der bruchauslösenden Beanspruchung. GEORGE RANKINE IRWIN (1907–1998) prägte basierend auf Energiebetrachtungen den Begriff der Energiefreisetzungsrate, die vereinfachend auch als „Rißvergrößerungskraft" bezeichnet wird.

Zur Charakterisierung der Größe der Beanspruchung werden in der linear-elastischen Bruchmechanik üblicherweise die ebenfalls von Irwin [6] eingeführten Spannungsintensitätsfaktoren verwendet, die sich aus dem Produkt einer nominellen Spannung mit einem von der Rißgröße abhängigen Ausdruck ergeben gemäß

$$K_I = \sigma_{nom} \cdot \sqrt{\pi \cdot a} \cdot f \quad \text{bzw.} \quad K_I = \sigma_{nom} \cdot \sqrt{\pi \cdot a} \cdot Y, \tag{3.7}$$

wobei mit Hilfe des Faktors f oder Y die Einflüsse der Bauteil- und der Rißgeometrie sowie die geometrische Verteilung der nominellen Spannungen in größerer Entfernung vom Riß berücksichtigt werden. Mit dem Buchstaben a wird die für den jeweils betrachteten Fall charakteristische Rißabmessung bezeichnet.

Mit Einführung dieses neuen Maßes für die Größe der Werkstoffbeanspruchung lassen sich viele ingenieurtechnischen Erfahrungen, die auf der Grundlage des bewährten Beanspruchungsmaßes „Spannung" gesammelt wurden, auch auf rißbehaftete Bauteile übertragen. Voraussetzung für die Anwendbarkeit der Bruchmechanik ist stets die reale oder angenommene Existenz rißartiger Fehler.

3.3.1 Die Spannungen in der Umgebung der Rißspitze

In der Bruchmechanik werden die Beanspruchungszustände in den rißbehafteten Körpern nach der Art der gegenseitigen Verschiebung der Rißufer eingeteilt. Es werden die folgenden Rißöffnungsarten oder Modi unterschieden (siehe Abb. 3.8)

- Rißöffnungsart I (Die Rißufer werden senkrecht zu ihrer Ebene auseinander gezogen.)
- Rißöffnungsart II (Die Rißufer werden parallel zueinander und senkrecht zur Rißfront verschoben. Diese Beanspruchungsart wird auch als ebener Schub bezeichnet.)
- Rißöffnungsart III (Die Rißufer werden parallel zueinander und parallel zur Rißfront verschoben. Diese Beanspruchungsart wird auch als nichtebener Schub bezeichnet.)

In der unmittelbaren Umgebung der idealen Rißspitze lassen sich die Spannungen – normiert nach den kartesischen Koordinaten x und y – bei Vorliegen der Rißöffnungsart I durch die folgenden Beziehungen erfassen

$$\left.\begin{aligned}
\sigma_x &= \frac{K_I}{\sqrt{2\cdot\pi\cdot r}}\cdot\left(1-\sin\frac{\vartheta}{2}\cdot\sin\frac{3\vartheta}{2}\right)\cdot\cos\frac{\vartheta}{2}\\
\sigma_y &= \frac{K_I}{\sqrt{2\cdot\pi\cdot r}}\cdot\left(1+\sin\frac{\vartheta}{2}\cdot\sin\frac{3\vartheta}{2}\right)\cdot\cos\frac{\vartheta}{2}\\
\tau_{xy} &= \frac{K_I}{\sqrt{2\cdot\pi\cdot r}}\cdot\sin\frac{\vartheta}{2}\cdot\cos\frac{3\vartheta}{2}\cdot\cos\frac{\vartheta}{2}
\end{aligned}\right\} \tag{3.8}$$

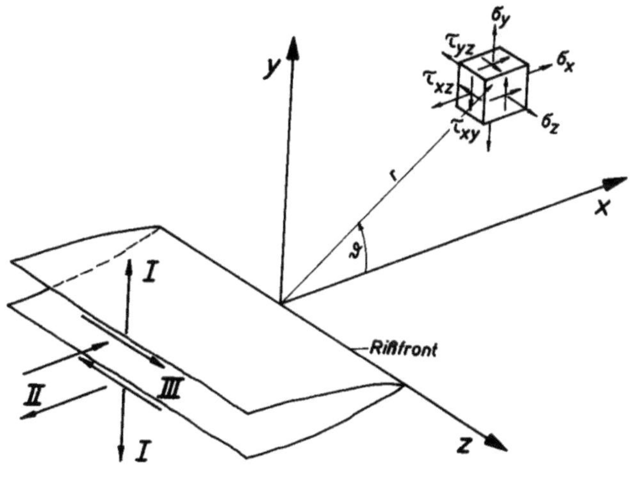

Abb. 3.8 Spannungen am Werkstoffelement in der Umgebung der Rißspitze bei Wirkung der Rißöffnungsarten I, II und III

bzw. normiert nach den ebenen Polarkoordinaten r und ϑ

$$\left.\begin{aligned}
\sigma_r &= \frac{K_I}{\sqrt{2\cdot\pi\cdot r}}\cdot\left(1+\sin^2\frac{\vartheta}{2}\right)\cdot\cos\frac{\vartheta}{2} = \frac{K_I}{\sqrt{2\cdot\pi\cdot r}}\cdot\frac{1}{4}\cdot\left(5\cdot\cos\frac{\vartheta}{2}-\cos\frac{3\vartheta}{2}\right)\\
\sigma_\vartheta &= \frac{K_I}{\sqrt{2\cdot\pi\cdot r}}\cdot\cos^3\frac{\vartheta}{2} = \frac{K_I}{\sqrt{2\cdot\pi\cdot r}}\cdot\frac{1}{4}\cdot\left(3\cdot\cos\frac{\vartheta}{2}+\cos\frac{3\vartheta}{2}\right)\\
\tau_{r\vartheta} &= \frac{K_I}{\sqrt{2\cdot\pi\cdot r}}\cdot\sin\frac{\vartheta}{2}\cdot\cos^2\frac{\vartheta}{2} = \frac{K_I}{\sqrt{2\cdot\pi\cdot r}}\cdot\frac{1}{4}\cdot\left(\sin\frac{\vartheta}{2}+\sin\frac{3\vartheta}{2}\right).
\end{aligned}\right\} \tag{3.9}$$

In diesen IRWIN-WILLIAMS- oder SNEDDON-Gleichungen kommt die Singularität der Spannungen an der Rißspitze durch die Größe $r^{-1/2}$ zum Ausdruck.

Herrscht in dem rißbehafteten Körper an der Rißspitze ein ebener Spannungszustand, wie z. B. an der unbelasteten Körperoberfläche oder auch im Inneren sehr dünner Körper, so wirken nur die in den obigen Gleichungen angegebenen Spannungen; alle übrigen Spannungen sind nicht vorhanden. Die Inhomogenität des ebenen Spannungszustandes in der Umgebung der Rißspitze bewirkt eine ebensolche Inhomogenität der Querkontraktion und der Querverschiebungen. Mit zunehmendem Abstand von der freien Körperoberfläche wird die Inhomogenität der Querdeformation im Inneren des Körpers jedoch zunehmend vermindert. Von einer bestimmten Bauteildicke an werden im Inneren die Deformationen in Querrichtung vernachlässigbar klein. Liegt im Inneren dicker Körper an der Rißspitze ein ebener Deformationszustand vor, so wirkt zusätzlich zu den oben angegebenen Spannungen noch in Dickenrichtung die Spannung

$$\sigma_z = \nu\cdot(\sigma_x+\sigma_y) = \nu\cdot(\sigma_r+\sigma_\vartheta) = \frac{K_I}{\sqrt{2\cdot\pi\cdot r}}\cdot 2\cdot\nu\cdot\cos\frac{\vartheta}{2}. \tag{3.10}$$

Die Hauptnormalspannungen in der x-y-Ebene sind in den Richtungen $\pm\pi/4+3\vartheta/4$

$$\sigma_{1/2} = \frac{K_I}{\sqrt{2\cdot\pi\cdot r}}\cdot\left(1\pm\sin\frac{\vartheta}{2}\right)\cdot\cos\frac{\vartheta}{2}. \tag{3.11}$$

Die in z-Richtung wirkende dritte Hauptnormalspannung ist

$$\sigma_3 = \frac{K_I}{\sqrt{2\cdot\pi\cdot r}}\cdot 2\nu\cdot\cos\frac{\vartheta}{2} \quad \text{für EDZ} \tag{3.12}$$

bzw.

$$\sigma_3 = 0 \quad \text{für ESZ.} \tag{3.13}$$

In den obigen Gleichungen sind Spannungen, die konstant sind und parallel zum Riß wirken oder von der Radialkoordinate durch andere Potenzfunktionen als $r^{-1/2}$ abhängen, gegenüber der $r^{-1/2}$–Singularität vernachlässigt. In der unmittelbaren Umgebung der Rißspitze, bei kleinen Werten der Radialkoordinate r, charakterisieren die angegebenen Spannungsanteile den gesamten Spannungszustand hinreichend genau.

Ist die Rißfront nicht wie in Abb. 3.8 gezeigt gerade, sondern gekrümmt, so wird der Ursprung des verwendeten Koordinatensystems üblicherweise in den interessierenden Punkt auf der Rißfront gelegt, wobei die z-Achse die Rißfront tangiert und die y-Achse senkrecht zur Rißfläche steht. Mit Hilfe dieser quasi-ebenen Darstellung sind dann die angegebenen Formeln weiterhin verwendbar, ausgenommen in Knickpunkten der Rißfront und im Durchstoßungspunkt der Rißfront mit der Oberfläche.

Die angegebenen Beziehungen für die Spannungen in der Umgebung der Rißspitze gelten nur für Bauteile mit Rissen zeitlich gleichbleibender Größe unter statischer Belastung. In der technischen Realität treten aber auch dynamische Rißprobleme in der Art auf, daß Risse zeitlich veränderlichen, dynamischen Spannungen ausgesetzt sind, unter deren Wirkung sich die Risse mit sehr großer Geschwindigkeit ausbreiten.

Ändert beispielsweise der Riß seine Größe mit einer Rißspitzengeschwindigkeit, die etwa 40 % der Transversalwellengeschwindigkeit

$$c_2 = \sqrt{\frac{G}{\rho}} \tag{3.14}$$

entspricht, so müssen die Winkelfunktionen in den vorstehend angeführten Gleichungen zur Bestimmung der Spannungen in der Umgebung der Rißspitze durch Beziehungen ersetzt werden, die außer von der Winkelkoordinate ϑ abhängen von der Rißausbreitungsgeschwindigkeit

$$\dot{a} = \frac{\mathrm{d}a}{\mathrm{d}t} \tag{3.15}$$

und von den physikalischen Eigenschaften des Werkstoffs (Elastizitätsmodul E, Querkontraktionszahl ν, Dichte ρ) bzw. von den Ausbreitungsgeschwindigkeiten c_1, c_2 und c_R der Dilatations-, der Transversal- und der RAYLEIGH-Wellen.

Bemerkenswert ist, daß bei schneller, dynamischer Rißausbreitung das Maximum der Spannungen σ_ϑ dann nicht mehr bei $\vartheta = 0$, d. h. genau vor der Rißspitze liegt, wie die Darstellungen der Abb. 3.9 veranschaulichen. Diese geschwindigkeitsabhängige Umverteilung der rißspitzennahen Spannungen ist die mögliche Ursache für die Verzweigung schnell laufender Risse oberhalb einer gewissen großen Rißausbreitungsgeschwindigkeit.

Bei der Rißöffnungsart II sind im Fall statischer Beanspruchung die Spannungen in der Nähe der ruhenden Rißspitze in kartesischen Koordinaten

$$\left.\begin{aligned} \sigma_x &= -\frac{K_{II}}{\sqrt{2\cdot\pi\cdot r}}\cdot\left(2+\cos\frac{\vartheta}{2}\cdot\cos\frac{3\vartheta}{2}\right)\cdot\sin\frac{\vartheta}{2} \\ \sigma_y &= \frac{K_{II}}{\sqrt{2\cdot\pi\cdot r}}\cdot\cos\frac{\vartheta}{2}\cdot\cos\frac{3\vartheta}{2}\cdot\sin\frac{\vartheta}{2} \\ \tau_{xy} &= \frac{K_{II}}{\sqrt{2\cdot\pi\cdot r}}\cdot\left(1-\sin\frac{\vartheta}{2}\cdot\sin\frac{3\vartheta}{2}\right)\cdot\cos\frac{\vartheta}{2} \end{aligned}\right\} \tag{3.16}$$

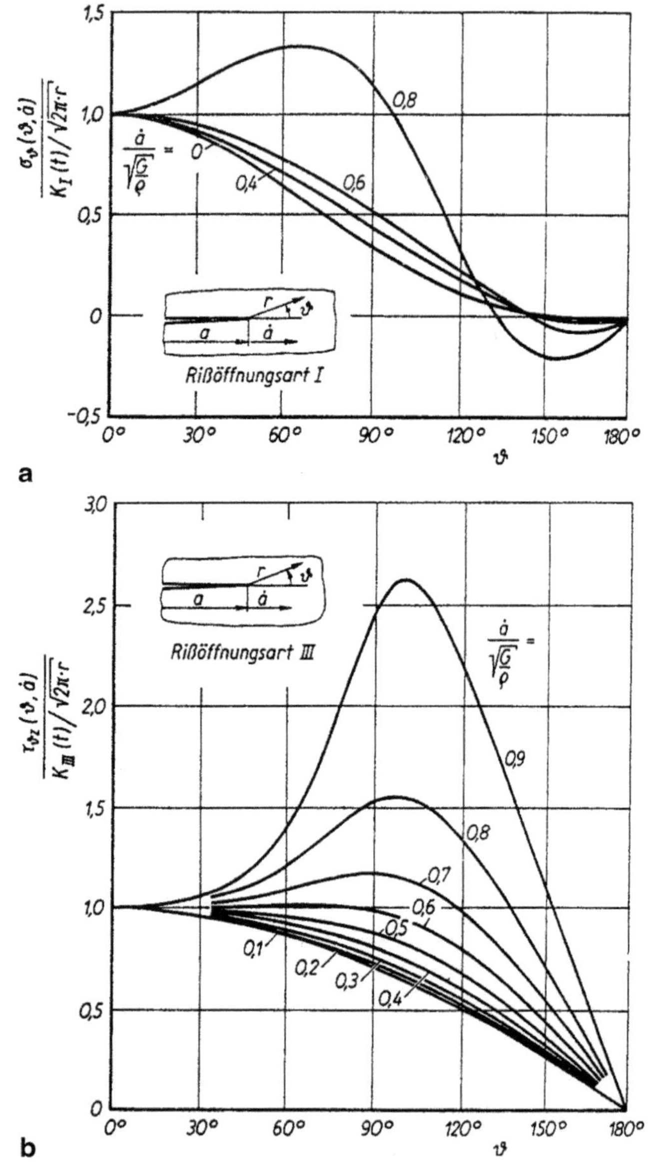

Abb. 3.9 Der Einfluß der Rißausbreitungsgeschwindigkeit auf die Verteilung der Spannungen an der Rißspitze bei der Wirkung der Rißöffnungsart I [7] und der Rißöffnungsart III [8]

bzw. in ebenen Polarkoordinaten

$$\left.\begin{aligned}
\sigma_r &= -\frac{K_{II}}{\sqrt{2\cdot\pi\cdot r}}\cdot\left(1-3\cdot\sin^2\frac{\vartheta}{2}\right)\cdot\sin\frac{\vartheta}{2} = \frac{K_{II}}{\sqrt{2\cdot\pi\cdot r}}\cdot\left(-\frac{5}{4}\cdot\sin\frac{\vartheta}{2}+\frac{3}{4}\cdot\sin\frac{3\vartheta}{2}\right)\\
\sigma_\vartheta &= -\frac{K_{II}}{\sqrt{2\cdot\pi\cdot r}}\cdot 3\cdot\cos^2\frac{\vartheta}{2}\cdot\sin\frac{\vartheta}{2} = -\frac{K_{II}}{\sqrt{2\cdot\pi\cdot r}}\cdot\frac{4}{3}\cdot\left(\sin\frac{\vartheta}{2}+\sin\frac{3\vartheta}{2}\right)\\
\tau_{r\vartheta} &= \frac{K_{II}}{\sqrt{2\cdot\pi\cdot r}}\cdot\left(1-3\cdot\sin^2\frac{\vartheta}{2}\right)\cdot\cos\frac{\vartheta}{2} = \frac{K_{II}}{\sqrt{2\cdot\pi\cdot r}}\cdot\left(\frac{1}{4}\cdot\cos\frac{\vartheta}{2}+\frac{3}{4}\cdot\cos\frac{3\vartheta}{2}\right)
\end{aligned}\right\}$$

(3.17)

Für den ebenen Deformationszustand ergeben sich zusätzlich

$$\sigma_z = \nu \cdot (\sigma_x + \sigma_y) = \nu \cdot (\sigma_r + \sigma_\vartheta) = \frac{K_I}{\sqrt{2 \cdot \pi \cdot r}} \cdot 2 \cdot \nu \cdot \sin \frac{\vartheta}{2}. \tag{3.18}$$

Die Spannungen in der Umgebung der Rißspitze sind bei Vorliegen der Rißöffnungsart III

$$\left.\begin{aligned} \tau_{xz} &= -\frac{K_{III}}{\sqrt{2 \cdot \pi \cdot r}} \cdot \sin \frac{\vartheta}{2} \\ \tau_{yz} &= \frac{K_{III}}{\sqrt{2 \cdot \pi \cdot r}} \cdot \cos \frac{\vartheta}{2} \end{aligned}\right\} \tag{3.19}$$

bzw.

$$\left.\begin{aligned} \tau_{rz} &= \frac{K_{III}}{\sqrt{2 \cdot \pi \cdot r}} \cdot \sin \frac{\vartheta}{2} \\ \tau_{\vartheta z} &= \frac{K_{III}}{\sqrt{2 \cdot \pi \cdot r}} \cdot \cos \frac{\vartheta}{2} \end{aligned}\right\} \tag{3.20}$$

Die Spannungsintensitätsfaktoren K hängen von der Rißöffnungsart, von der Art und der Größe der auf das Bauteil einwirkenden Kräfte und Momente bzw. Spannungen, der Größe, der Geometrie des belasteten Bauteils und der Größe, der Geometrie sowie der meistens vernachlässigten Ausbreitungsgeschwindigkeit des in ihm vorhandenen Risses ab. Üblicherweise werden die Spannungsintensitätsfaktoren in der folgenden Form angegeben

$$K = \sigma_{nom.} \cdot \sqrt{\pi \cdot a} \cdot f, \tag{3.21}$$

wobei der Korrekturfaktor f den Einfluß der Geometrie des Bauteils, der Geometrie des Risses, die nominellen Spannungsverteilung in der Umgebung des Risses und die gewählte Nominalspannung, die auch eine Schubspannung sein kann, berücksichtigt.

Definiert sind die Spannungsintensitätsfaktoren in Abhängigkeit der Spannungen an der Rißspitze durch die folgenden Beziehungen

$$\left.\begin{aligned} K_I &= \lim_{r \to 0} \left[\sigma_y(r, \vartheta = 0) \cdot \sqrt{2\pi \cdot r}\right] \\ K_{II} &= \lim_{r \to 0} \left[\tau_{xy}(r, \vartheta = 0) \cdot \sqrt{2\pi \cdot r}\right] \\ K_{III} &= \lim_{r \to 0} \left[\tau_{yz}(r, \vartheta = 0) \cdot \sqrt{2\pi \cdot r}\right]. \end{aligned}\right\} \tag{3.22}$$

Gemäß den Verschiebungsmöglichkeiten der Rißufer können die Spannungsintensitätsfaktoren K_I nur positive Werte entsprechend dem Auseinanderziehen der Rißflächen haben. Beim Zusammendrücken der Rißflächen gelten die angegebenen Beziehungen nicht, da dann die Singularität der Spannungen an der Rißspitze unwirksam ist und Spannungsintensitätsfaktoren K_I nicht definiert sind. Aus Teilbelastungen sich ergebende negative

Spannungsintensitätsfaktoren K_I sind allerdings möglich, wenn der resultierende Wert des Spannungsintensitätsfaktors K_I positiv ist.

Die Spannungsintensitätsfaktoren K_{II} und K_{III} können entsprechend der Verschiebung der Rißufer sowohl positive als auch negative Werte annehmen, wobei das Vorzeichen abhängig ist von dem verwendeten Koordinatensystem. Analog zur Festlegung der positiven Schubspannungen sind dabei als positiv die Spannungsintensitätsfaktoren K_{II} und K_{III} anzusehen, durch die die Rißufer mit der größeren y-Koordinate – in Abb. 3.8 also die obere Rißfläche – in Richtung der positiven Richtungen der gewählten Koordinatenachsen verschoben wird. Die Übereinstimmung der Vorzeichen von K_{II} bzw. K_{III} mit den Vorzeichen der entsprechenden Schubspannungen ist auch aus Gl. (3.22) zu entnehmen.

Da die Spannungsintensitätsfaktoren mit den rißspitzennahen Spannungen über definierte Beziehungen zusammenhängen und die Stärke der Singularität der Spannungen ausdrücken, selbst aber nicht nur für bestimmte Punkte im Einflußbereich der Rißspitze, sondern für den gesamten Rißspitzenbereich zutreffend sind, so daß das Problem, an dem WIEGHARDT nicht weiterkam, nicht mehr als Problem vorhanden ist, ist es naheliegend, bei linear-elastischem Werkstoffverhalten die Spannungsintensitätsfaktoren selbst als Maß für die Größe der Werkstoffbeanspruchung im Bereich der Rißspitze anzusehen. Entsprechend dem für Spannungen geltenden Superpositionsprinzip können Spannungsintensitätsfaktoren gleicher Rißöffnungsart zusammengefaßt werden

$$\left. K_I = \sum_i K_{I,i} \quad K_{II} = \sum_i K_{II,i} \quad K_{III} = \sum_i K_{III,i} \right\} \tag{3.23}$$

Eine Zusammenfassung von Spannungsintensitätsfaktoren unterschiedlicher Rißöffnungsart ist ähnlich wie bei Normal- und Schubspannungen direkt nicht möglich. Die Wirkungen überlagerter unterschiedlicher Rißöffnungsarten lassen sich nur über bestimmte Hypothesen mit Hilfe von Energieausdrücken (z. B. Energiefreisetzungsrate, Energiedichtefaktor) erfassen.

Die Größe der Spannungsintensitätsfaktoren ergibt sich bei Verwendung von SI-Einheiten in $N/m^{3/2}$. Üblich ist bei meist werkstofftechnisch orientierten Untersuchungen die Einheit $MPa \cdot \sqrt{m}$, während bei ingenieurtechnischen Anwendungen die Einheit $N/mm^{3/2}$ bevorzugt wird. Die Verwendung der Einheit $MPa \cdot \sqrt{m}$ wird oftmals auch mit der näherungsweisen Übereinstimmung mit der im amerikanischen Schrifttum verwendeten Einheit $ksi \cdot in^{1/2}$ begründet. Bestrebungen, die Einheit $MPa \cdot \sqrt{m}$ als „Griffith" zu bezeichnen [9], haben sich nicht durchgesetzt.

3.3.2 Die Verschiebung des Werkstoffs im Rißspitzenbereich

Die Verschiebungen, denen die einzelnen Werkstoffteilchen in der Umgebung eines Risses ausgesetzt sind, Abb. 3.10, lassen sich für den ebenen Spannungszustand (ESZ) und den ebenen Dehnungszustand (EDZ) durch die folgenden Formeln erfassen, wobei wiederum eine Unterscheidung nach der Rißöffnungsart vorgenommen wird.

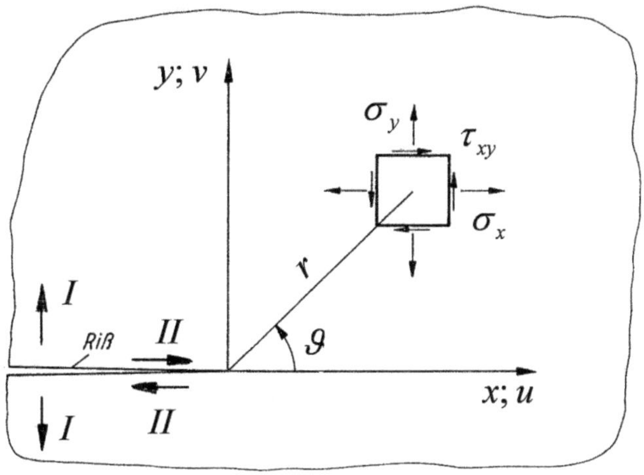

Abb. 3.10 Spannungen und Verschiebungen im Bereich der Rißspitze

Modus I:

$$\left.\begin{aligned} u &= \frac{K_I}{2\cdot G}\cdot\sqrt{\frac{r}{2\cdot\pi}}\cdot(\kappa-\cos\vartheta)\cdot\cos\frac{\vartheta}{2} = \\ &= \frac{K_I}{4\cdot G}\cdot\sqrt{\frac{r}{2\cdot\pi}}\cdot\left[(2\kappa-1)\cdot\cos\frac{\vartheta}{2}-\cos\frac{3\vartheta}{2}\right] \\ v &= \frac{K_I}{2\cdot G}\cdot\sqrt{\frac{r}{2\cdot\pi}}\cdot(\kappa-\cos\vartheta)\cdot\sin\frac{\vartheta}{2} = \\ &= \frac{K_I}{4\cdot G}\cdot\sqrt{\frac{r}{2\cdot\pi}}\cdot\left[(2\kappa-1)\cdot\sin\frac{\vartheta}{2}-\sin\frac{3\vartheta}{2}\right] \end{aligned}\right\} \tag{3.24}$$

Modus II:

$$\left.\begin{aligned} u &= \frac{K_{II}}{2\cdot G}\cdot\sqrt{\frac{r}{2\cdot\pi}}\cdot(\kappa+2+\cos\vartheta)\cdot\sin\frac{\vartheta}{2} = \frac{K_{II}}{4\cdot G}\cdot\sqrt{\frac{r}{2\cdot\pi}}\cdot\left[(2\kappa+3)\cdot\sin\frac{\vartheta}{2}+\sin\frac{3\vartheta}{2}\right] \\ v &= \frac{K_{II}}{2\cdot G}\cdot\sqrt{\frac{r}{2\cdot\pi}}\cdot(\kappa-2+\cos\vartheta)\cdot\cos\frac{\vartheta}{2} = \frac{K_{II}}{4\cdot G}\cdot\sqrt{\frac{r}{2\cdot\pi}}\cdot\left[(2\kappa-3)\cdot\cos\frac{\vartheta}{2}+\cos\frac{3\vartheta}{2}\right] \end{aligned}\right\} \tag{3.25}$$

mit

$$\text{EDZ:}\quad \kappa = 3-4\cdot\nu \quad \text{und} \quad \sigma_z = \nu\cdot(\sigma_x+\sigma_y) \tag{3.26}$$

$$\text{ESZ:}\quad \kappa = \frac{3-\nu}{1+\nu} \quad \text{und} \quad \sigma_z = 0. \tag{3.27}$$

3.3.3 Die Deformationsenergie im Material des Rißspitzenbereiches

Die Deformationsenergiedichte

Bei der Rißausbreitung spielen Energieumwandlungsprozesse eine wesentliche Rolle. Die Energie, die durch die Deformation in einem Volumenelement des Körpers gespeichert wird, ist

$$\frac{\mathrm{d}W}{\mathrm{d}V} = \frac{1}{2E} \cdot \left(\sigma_x^2 + \sigma_y^2 + \sigma_z^2\right) - \frac{\nu}{E} \cdot (\sigma_x \cdot \sigma_y + \sigma_y \cdot \sigma_z + \sigma_z \cdot \sigma_x) + \frac{1}{2G} \cdot \left(\tau_{xy}^2 + \tau_{yz}^2 + \tau_{zx}^2\right). \tag{3.28}$$

Werden die Spannungskomponenten für die Rißöffnungsarten I, II und III unter Berücksichtigung der im Inneren des Körpers verhinderten Querdehnung eingesetzt, so ergibt sich die Verteilungsfunktion für die Deformationsenergiedichte zu

$$\frac{\mathrm{d}W}{\mathrm{d}V} = \frac{S}{r} \tag{3.29}$$

mit

$$S = a_{11} \cdot K_I^2 + 2 \cdot a_{12} \cdot K_I \cdot K_{II} + a_{22} \cdot K_{II}^2 + a_{33} \cdot K_{III}^2. \tag{3.30}$$

Die Koeffizienten in dem Deformationsenergiedichtefaktor S sind

$$\left.\begin{aligned} a_{11} &= \frac{1}{16 \cdot \pi \cdot G} \cdot [(3 - 4 \cdot \nu - \cos\vartheta) \cdot (1 + \cos\vartheta)] \\ a_{12} &= \frac{1}{16 \cdot \pi \cdot G} \cdot [\cos\vartheta - (1 - 2 \cdot \nu)] \cdot 2 \cdot \sin\vartheta \\ a_{22} &= \frac{1}{16 \cdot \pi \cdot G} \cdot [4 \cdot (1 - \nu) \cdot (1 - \cos\vartheta) + (1 + \cos\vartheta) \cdot (3 \cdot \cos\vartheta - 1)] \\ a_{33} &= \frac{1}{4 \cdot \pi \cdot G} \end{aligned}\right\} \tag{3.31}$$

Entsprechend den vorstehenden Gleichungen ist der Deformationsenergiedichtefaktor S nur eine Funktion der Winkelkoordinate ϑ. Daneben ist er jedoch auch abhängig von dem zugehörigen Punkt auf der Rißfront.

Die Energiefreisetzungsrate

Die im rißbehafteten Körper gespeicherte Deformationsenergie mindert sich, wenn sich der Riß vergrößert, Abb. 3.11. Bei metallischen Werkstoffen wird die beim Rißfortschritt freiwerdende Energie infolge der lokalen plastischen Deformation an der Rißspitze in Wärme umgewandelt. Wächst der Riß in seiner bisherigen Richtung weiter, so läßt sich die Energie, die pro Rißflächenvergrößerung freigesetzt wird, nach der Beziehung berechnen

$$\mathfrak{G} = -\frac{\partial W}{\partial A} = \quad \ldots \quad = \lim_{\Delta a \to 0} \left[\frac{2}{\Delta a} \cdot \int_0^{\Delta a} \left(\frac{\sigma_y \cdot v}{2} + \frac{\tau_{yx} \cdot u}{2} + \frac{\tau_{yz} \cdot w}{2} \right) \cdot \mathrm{d}x \right]. \tag{3.32}$$

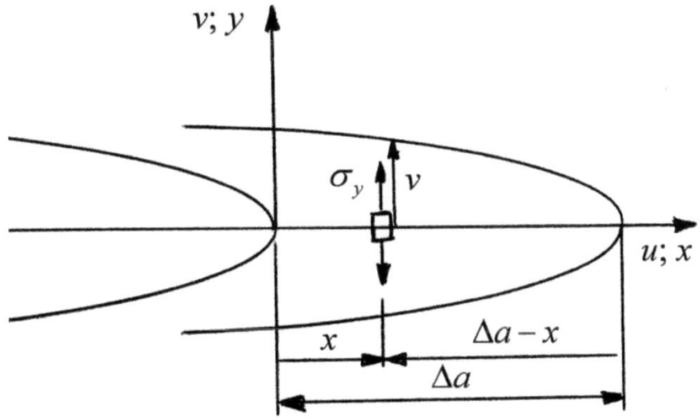

Abb. 3.11 Die Erweiterung des Risses der Länge a um einen differentielle Größe Δa

In der obigen Beziehung sind σ_y, τ_{yx} und τ_{yz} die Spannungen auf dem Ligament des a langen Risses. v, u und w sind die Rißuferverschiebungen des $(a + \Delta a)$ langen Risses in dem Bereich, der durch die Rißverlängerung um Δa entstanden ist. Die Spannungen und Verschiebungen ergeben sich aus den Beziehungen der Abschnitte 3.3.1. und 3.3.2. zu

$$\left.\begin{aligned}
\sigma_y(r, \vartheta = 0) &= \frac{K_I}{\sqrt{2\pi \cdot x}}, & v(\Delta a - r, \vartheta = \pi) &= \frac{K_I(a + \Delta a)}{2 \cdot G} \cdot \sqrt{\frac{\Delta a - x}{2\pi}} \cdot (\kappa + 1)\\
\tau_{yx}(r, \vartheta = 0) &= \frac{K_{II}}{\sqrt{2\pi \cdot x}}, & u(\Delta a - r, \vartheta = \pi) &= \frac{K_{II}(a + \Delta a)}{2 \cdot G} \cdot \sqrt{\frac{\Delta a - x}{2\pi}} \cdot (\kappa + 1)\\
\tau_{yz}(r, \vartheta = 0) &= \frac{K_{III}}{\sqrt{2\pi \cdot x}}, & w(\Delta a - r, \vartheta = \pi) &= \frac{K_{III}(a + \Delta a)}{2 \cdot G} \cdot \sqrt{\frac{\Delta a - x}{2\pi}} \cdot (\kappa + 1)
\end{aligned}\right\} \tag{3.33}$$

Werden die Spannung und die Verschiebung für die Rißöffnungsart I in die Beziehung für die Energiefreisetzungsrate eingesetzt, so liefern die Integration und die Grenzwertbildung

$$\begin{aligned}
\mathfrak{G}_I &= \lim_{\Delta a \to 0} \frac{1}{\Delta a} \cdot \int_0^{\Delta a} \frac{K_I(a)}{\sqrt{2\pi x}} \cdot \frac{K_I(a + \Delta a)}{2G} \cdot \sqrt{\frac{\Delta a - x}{2\pi}} (\kappa + 1) \cdot \mathrm{d}x\\
&= \lim_{\Delta a \to 0} \frac{K_I(a) \cdot K_I(a + \Delta a) \cdot (\kappa + 1)}{4\pi \cdot G \cdot \Delta a} \cdot \int_0^{\Delta a} \sqrt{\frac{\Delta a - x}{x}} \cdot \mathrm{d}x = \frac{\kappa + 1}{8 \cdot G} \cdot K_I^2
\end{aligned} \tag{3.34}$$

Werden die Spannungen und die entsprechenden Verschiebungen für die drei unterschiedlichen Rißöffnungsarten in die Gleichung für die Energiefreisetzungsrate eingesetzt, so liefern die Integration und die Grenzwertbildung

$$\mathfrak{G} = \mathfrak{G}_I + \mathfrak{G}_{II} + \mathfrak{G}_{III}. \tag{3.35}$$

Die Energiefreisetzungsraten der einzelnen Rißöffnungsarten sind für den betrachteten Fall der gradlinigen Rißausbreitung in der bisherigen Rißrichtung voneinander unabhängig. Sie ergeben sich zu

$$\mathfrak{G}_I = \frac{K_I^2}{E'}, \quad \mathfrak{G}_{II} = \frac{K_{II}^2}{E'}, \quad \mathfrak{G}_{III} = \frac{K_{III}^2}{2 \cdot G}. \tag{3.36}$$

Liegt an der Rißspitze ein ebener Deformationszustand vor, so gilt für die vorstehenden Beziehungen

$$E' = \frac{E}{1 - \nu^2}. \tag{3.37}$$

Liegt an der Rißspitze ein ebener Spannungszustand vor, so gilt

$$E' = E. \tag{3.38}$$

Die Energiefreisetzungsrate, insbesondere bei der Rißöffnungsart I, wird wegen ihrer Dimension „Kraft/Länge" oftmals auch als Rißausbreitungskraft bezeichnet, obwohl sie keine vektorielle, sondern eine skalare Größe ist.

Während die Energiefreisetzungsrate nach den oben angegebenen Gleichungen an die Bedingung gebunden ist, daß sich der Riß in seiner bisherigen Richtung gradlinig ausbreitet, ist der Fall, daß der Riß seine Richtung ändert und dann eventuell gradlinig weiterläuft, von großem praktischen Interesse. Die Energiefreisetzungsrate läßt sich für diesen Fall nicht mehr mit den oben angegebenen Beziehungen analysieren. Hussain, Pu und Underwood [10] bestimmten für den ebenen Fall der K_I- K_{II}-Beanspruchung die Energiefreisetzungsrate bei abgelenkter Rißausbreitungsrichtung, indem sie von einem abgelenkten Riß ausgingen, zu

$$\begin{aligned} \mathfrak{G} = \frac{4}{E} \cdot \left(\frac{1}{3 + \cos^2 \vartheta}\right)^2 \cdot \left(\frac{1 - \vartheta/\pi}{1 + \vartheta/\pi}\right)^{\vartheta/\pi} \cdot \\ \cdot \left[(1 + 3\cos^2\vartheta) \cdot K_I^2 + 8 \sin \vartheta \cdot \cos \vartheta \cdot K_I \cdot K_{II} + \left(9 - 5\cos^2 \vartheta\right) \cdot K_{II}^2\right]. \end{aligned} \tag{3.39}$$

Der Winkel ϑ in dieser Beziehung stellt die Richtungsänderung zur bisherigen Rißrichtung dar. Für den Sonderfall $\vartheta = 0$ folgt aus der angegebenen Beziehung die Energiefreisetzungsrate, die sich gemäß den früheren Ausführungen für einen sich weiter gradlinig ausbreitenden Riß unter den Bedingungen des ebenen Deformationszustandes ergibt. Bemerkenswert ist an dem Resultat der Ableitungen von HUSSAIN u. a., daß die Energiefreisetzungsrate bei allgemeiner, d. h. abgelenkter Rißausbreitungsrichtung, nicht durch lineare Superposition der Auswirkungen der Rißöffnungsarten I und II gewonnen werden kann, da auch ein gemischtes Glied in der Beziehung vorhanden ist.

3.3.4 Die Grenzen des linear-elastischen Werkstoffverhaltens

So gut und umfassend sich die Beanspruchung des Werkstoffs in der Umgebung der Rißspitze für rißgeschädigte Bauteile auch mit Hilfe der Spannungsintensitätsfaktoren

Abb. 3.12 Zugproben nach DIN 50 125 mit rundem Querschnitt

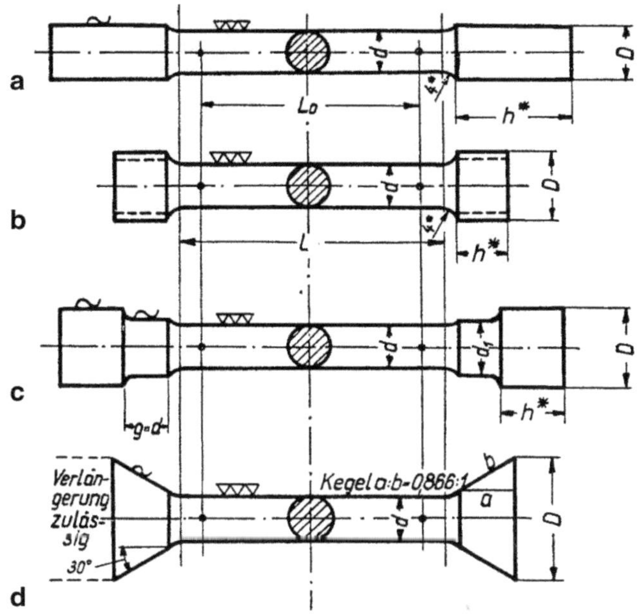

beschreiben läßt, muß doch beachtet werden, das dieses Werkstoffverhalten auf den Beanspruchungsbereich unterhalb der Streckgrenze begrenzt ist, die im Zugversuch ermittelt wird.

Der Zugversuch ist einer der wichtigsten Versuche der mechanischen Werkstoffprüfung. Das Ziel dieses Versuchs als Abnahmeprüfung nach den Bedingungen des Standards DIN EN 10 002 ist die Bestimmung der mechanischen Kenngrößen des Werkstoffs, u.a. der Streckgrenze R_e, unter vergleichbaren Bedingungen durch die bis zum Bruch durchgeführte Dehnung einer einachsig beanspruchten Zugprobe, Abb. 3.12, bei Raumtemperatur (10 . . . 35 °C bzw. 23 ± 5° C).

Bei der Durchführung des Zugversuches erfolgt die Lastaufbringung auf die Zugprobe stoßfrei, zügig und biegungsfrei mit vorgegebenen Grenzwerten für die Geschwindigkeit der Beanspruchungszunahme bzw. der Dehnungszunahme. Die Eingrenzung der Beanspruchungsgeschwindigkeit ist erforderlich, da einerseits die Resultate des Zugversuchs von ihr abhängen, und da andererseits die Kraftmeßsysteme älterer Zugprüfmaschinen mechanisch funktionieren und die bei erhöhten Prüfgeschwindigkeiten wirksamen Trägheitskräfte die Meßergebnisse wesentlich verfälschen können. Die Geschwindigkeit der Spannungszunahme soll 2 . . . 10 MPa/s bei Werkstoffen mit einem Elastizitätsmodul kleiner als 150 GPa und 6 . . . 30 MPa/s bei Werkstoffen mit einem Elastizitätsmodul von mindestens 150 GPa betragen.

Schematisch dargestellt ist der Meßschrieb des Zugversuchs für einen üblichen Baustahl in Abb. 3.13. Der Anfangsbereich des Meßschriebs ist charakterisiert durch die Proportionalität von Spannung $\sigma = F/S_0$ und Dehnung $\varepsilon = \Delta L/L_0$. Das Ende der Proportionalität

Abb. 3.13 Das technische Kraft-Verlängerungs-Diagramm des Zugversuchs an einem üblichen Baustahl

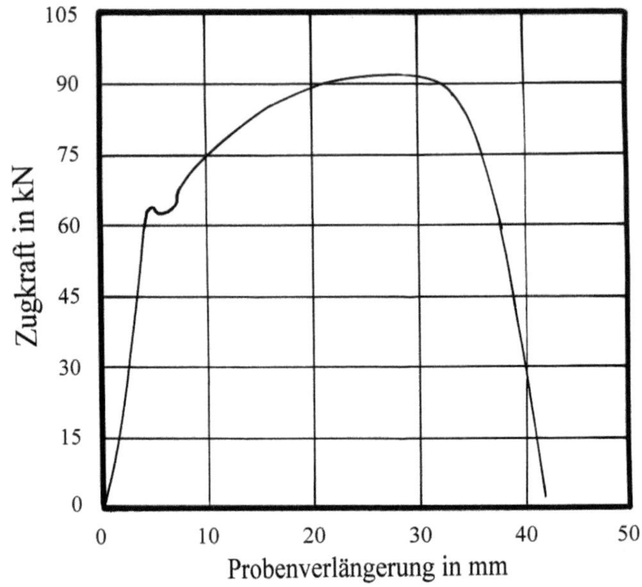

zwischen Spannung und Dehnung und somit des Bereiches der Hookeschen Geraden ist gegeben durch die Proportionalitätsgrenze σ_P. Etwas oberhalb der Proportionalitätsgrenze liegt die Elastizitätsgrenze σ_E, bis zu der das Be- und Entlastungsverhalten der Zugprobe vollkommen elastisch ist. Die beiden Kennwerte σ_P und σ_E sind nur mit beträchtlichem Aufwand genau zu bestimmen. Im technischen Zugversuch werden sie üblicherweise nicht ermittelt; dementsprechend sind sie in den Normen über die Durchführung des (technischen) Zugversuchs auch nicht aufgeführt.

Wird eine Zugprobe über die Proportionalitätsgrenze und über die Elastizitätsgrenze hinaus bis zum Probenbruch beansprucht, so ergibt sich das technische Spannungs-Dehnungs-Diagramm (Abb. 3.13). Die erste markante Abweichung von der Hookeschen Geraden im technischen Zugversuchs ist charakterisiert durch die Streckgrenze R_e. Da sich hier die Werkstoffeigenschaften stark ändern und eine zunehmende Dehnung bei gleichbleibender Kraft auftritt, wird das Prüfsystem zu Schwingungen angeregt. Unterschieden werden an der Streckgrenze dementsprechend die obere Streckgrenze R_{eH} als der Maximalwert des Spannungs-Dehnungsverlaufs und die untere Streckgrenze R_{eL}, die nicht unmittelbar nach dem Maximum, sondern erst nach Abklingen der Schwingungserscheinungen auftritt. Das durch den Einschwingvorgang bedingte Minimum der Spannungs-Dehnungs-Kurve kann sowohl unterhalb, als auch oberhalb der unteren Streckgrenze liegen.

Zeigt das Spannungs-Dehnungs-Diagramm anders als bei den üblichen Baustählen (siehe Abb. 3.13) keine ausgeprägte Streckgrenze (siehe Abb. 3.14), so wird statt der Streckgrenze eine Dehngrenze ermittelt, bei der eine bleibende Dehnung von 0,2 % auftritt. Die 0,2 %-Dehngrenze wird bei derartigen Werkstoffen anstelle der Streckgrenze bestimmt und

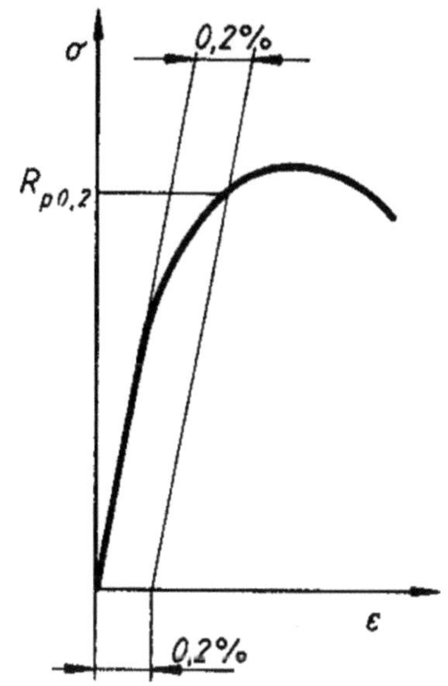

Abb. 3.14 Spannungs-Dehnungs-Diagramm bei stetigem Übergang vom elastischen in das plastische Verhalten mit dargestellter 0,2 %-Dehngrenze

verwendet. Die Dehngrenze wird mit dem Index p für plastische Verformung mit Angabe der prozentualen bleibenden Dehnung gekennzeichnet als $R_{p0,2}$.

Eine Beeinflussung der Zugfestigkeitskennwerte ist durch sowohl abweichende Versuchsbedingungen als auch durch die reale Beanspruchung der Bauteile möglich: Sowohl durch verminderte Prüftemperaturen, als auch durch erhöhte Beanspruchungsgeschwindigkeiten werden die Streckgrenze und die Zugfestigkeit erhöht. Diese Abhängigkeit der Resultate des Zugversuchs von der Temperatur und der Beanspruchungsgeschwindigkeit, auf die schon im Abschn. 2.2.3 hingewiesen wurde, ist jedoch auch für die Seite der Beanspruchung der Konstruktionen und somit auch für die Bruchmechanik von Bedeutung.

Nicht unbeachtet bleiben sollte, daß neben der Prüftemperatur und der Beanspruchungsgeschwindigkeit auch quer zur Beanspruchungsrichtung wirkende Spannungen (z. B. durch eine Kerbwirkung) die Festigkeitskennwerte erhöht. Zur Berücksichtigung der Auswirkungen der Mehrachsigkeit des Spannungszustandes in Bauteilen, wie er auch im Bereich um die Rißspitze vorliegt, wird aus dem im Extrem dreiachsigen Spannungszustand unter Nutzung von Hypothesen eine einachsige Vergleichsspannung abgeleitet, die dann der Streckgrenze aus dem Zugversuch gleichgesetzt wird (Abb. 3.15).

Die wesentlichsten Hypothesen, die zur Definition der Vergleichsspannung führen, werden im folgenden betrachtet:

Die Hauptnormalspannungshypothese

Als maßgebend für das Festigkeits- bzw. Bruchverhalten der Bauteile wird die größte im Bauteil auftretende Normalspannung, d. h. die Hauptnormalspannung σ_1, angesehen:

$$\sigma_V = \sigma_1. \tag{3.40}$$

	Bauteil	Zugprobe
Mohrscher Spannungskreis	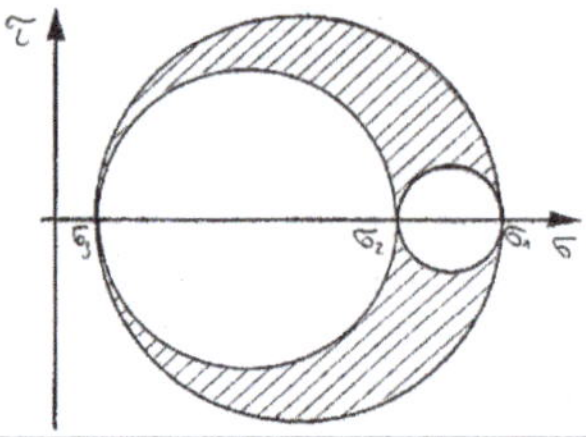	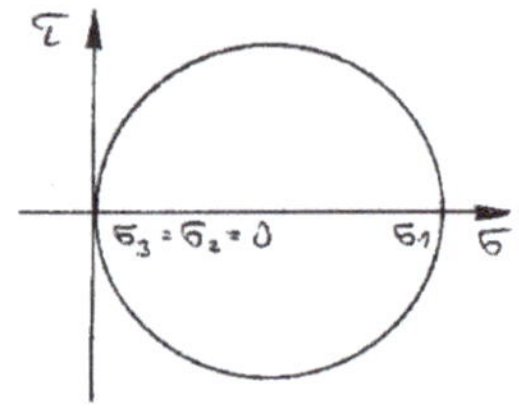
Spannungen	$\sigma_1,\ \sigma_2,\ \sigma_3;\ \tau_{max} = (\sigma_1 - \sigma_3)/2$	$\sigma_1;\ \sigma_2 = \sigma_3 = 0$ und $\tau_{max} = \sigma_1/2$
Vergleichswert	σ_V = nomineller Vergleichswert für das Bauteil $= f(\sigma_1, \sigma_2, \sigma_3, \tau_{max})$	$\sigma_1 = \sigma_V$ = Vergleichswert für die Zugprobe

Abb. 3.15 Vergleichende Gegenüberstellung der Spannungszustände im Bauteil und in einachsig beanspruchten Proben

Mit Experimenten übereinstimmende Resultate liefert die Hauptnormalspannungshypothese für Bauteile aus relativ spröden Materialien, wie z. B. aus Grauguß.

Die Hauptschubspannungshypothese

Die 1864 von TRESCA aufgestellte Hypothese, daß für das Festigkeitsverhalten die im Bauteil bzw. der Probe auftretende maximale Schubspannung maßgebend ist (vgl. Abb. 3.16), trifft zu für Werkstoffe, bei denen der Bruch eine Folgeerscheinung der Fließvorgänge ist.

Während die maximale Schubspannung in der einachsig beanspruchten Zugprobe

$$\tau_{max} = \sigma_1/2 \ \text{ bzw. } \ \sigma_v/2 \tag{3.41}$$

Abb. 3.16 Beim Druckversuch geborstener Sauerstoffbehälter mit der für das Schubversagen typischen Scherlippenbildung an der Bruchfläche

beträgt, ist die Hauptschubspannung im Bauteil gegeben durch

$$\tau_{\max} = \frac{\sigma_1 - \sigma_3}{2}. \tag{3.42}$$

Das Gleichsetzen beider Spannungswerte $\tau_{\max}$ liefert die Vergleichsspannung

$$\sigma_V = (\sigma_1 - \sigma_3). \tag{3.43}$$

Die Hypothese der maximalen Gestaltänderungsenergie

Bei der Dimensionierung von Bauteilen aus üblichen Werkstoffen hat es sich gezeigt, daß die Hauptnormalspannungshypothese oftmals zu kleine, die Hauptschubspannungshypothese oftmals zu große Vergleichsspannungen liefert. Außerdem ist bekannt, daß ein hydrostatischer (Druck-) Spannungszustand (mit $\sigma_1 = \sigma_2 = \sigma_3 = -p$) keine Zerstörung des Materials hervorruft. Wird beachtet, daß sich ein allgemeiner Deformationszustand aus einer Volumenänderung und aus einer Gestaltänderung zusammensetzt, und daß der Volumenänderung bzw. der dafür verantwortlichen Energie beim Bruch- bzw. Fließverhalten des Werkstoffs keine Bedeutung zukommt, so ist es einleuchtend, die Gestaltänderungsenergie eines allgemeinen dreiachsigen Spannungszustandes mit der entsprechenden Energie des einachsigen Zugspannungszustandes zu vergleichen. Es ergibt sich somit die Beziehung

$$\sigma_V = \sqrt{\frac{1}{2} \cdot \left[(\sigma_1 - \sigma_2)^2 + (\sigma_2 - \sigma_3)^2 + (\sigma_3 - \sigma_1)^2\right]} \tag{3.44}$$

bzw.

$$\sigma_V = \sqrt{\frac{1}{2} \cdot \left[(\sigma_x - \sigma_y)^2 + (\sigma_y - \sigma_z)^2 + (\sigma_z - \sigma_x)^2 + 6 \cdot (\tau_{xy}^2 + \tau_{yz}^2 + \tau_{zx}^2)\right]}. \tag{3.45}$$

Bei Berücksichtigung der Gestaltänderungsenergie haben alle drei Hauptnormalspannungen einen Einfluß auf die Größe der Vergleichsspannung. Da Experimente eine gute Übereinstimmung dieser Hypothese mit der Realität zeigen, kommt der Hypothese der Gestaltänderungsenergie in der Praxis die größte Bedeutung zu.

3.3.5 Die plastische Zone an der Rißspitze und ihre Auswirkungen

Die Anwendbarkeit der Versuchs- und Berechnungsmethoden der LEBM, d. h. die Zweckmäßigkeit der Beschreibung der Beanspruchung des rißgeschädigten Werkstoffs bzw. Bauteils durch die Spannungsintensitätsfaktoren oder durch Größen, die von ihnen abgeleitet sind, ist in wesentlichem Maß von der Größe der plastischen Zone an der Rißspitze abhängig.

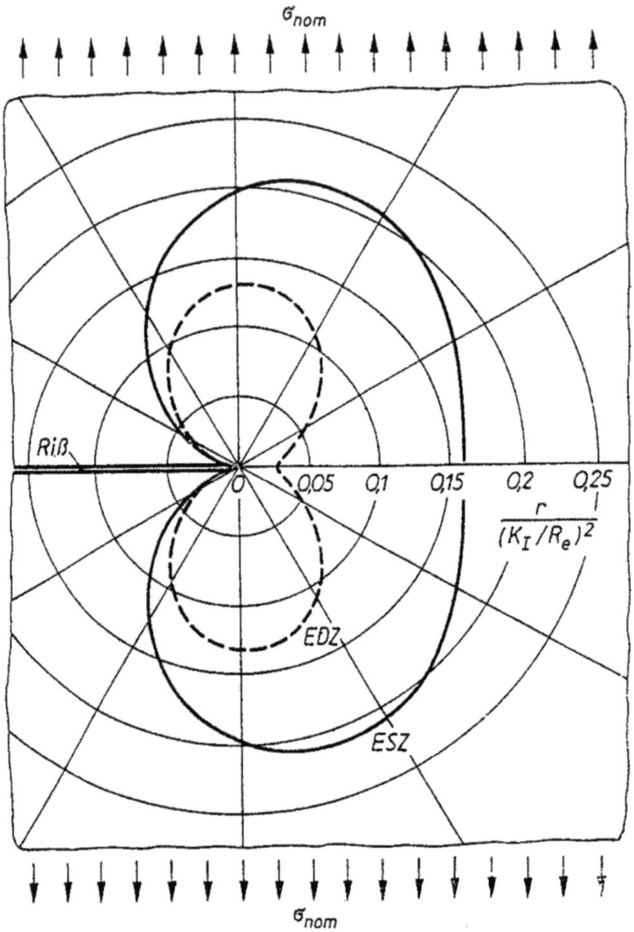

Abb. 3.17 Die Grenzkurven $\sigma_V = R_e$ des linear-elastischen Spannungszustandes im Rißspitzenbereich bei der Rißöffnungsart I

Eine Näherungslösung für die Größe und die Gestalt der plastischen Zone läßt sich unter Verwendung der in der Festigkeitslehre üblichen Fließhypothesen und der SNEDDON-Gleichungen gewinnen. Die Hypothese der maximalen Gestaltänderungsenergie führt für Belastungen gemäß der Rißöffnungsart I in Abhängigkeit vom Vorliegen eines ebenen Spannungszustandes (ESZ) bzw. eines ebenen Dehnungszustandes (EDZ) zu den in Abb. 3.17 dargestellten Grenzkurven. Beschreiben lassen sich diese Grenzkurven durch die folgenden Beziehungen:

$$r_{pl.} = \begin{cases} \dfrac{1}{2 \cdot \pi} \cdot \left(\dfrac{K_I}{R_e}\right)^2 \cdot \left(3 \cdot \sin^2\dfrac{\vartheta}{2} + (1 - 2 \cdot \nu)^2\right) \cdot \cos^2\dfrac{\vartheta}{2} & \text{bei EDZ} \\ \dfrac{1}{2 \cdot \pi} \cdot \left(\dfrac{K_I}{R_e}\right)^2 \cdot \left(3 \cdot \sin^2\dfrac{\vartheta}{2} + 1\right) \cdot \cos^2\dfrac{\vartheta}{2} & \text{bei ESZ.} \end{cases} \tag{3.46}$$

Abb. 3.18 Der Spannungsverlauf im Ligament, dem Bereich vor der Rißspitze, bei linear-elastischem und bei elastisch-plastischem Werkstoffverhalten

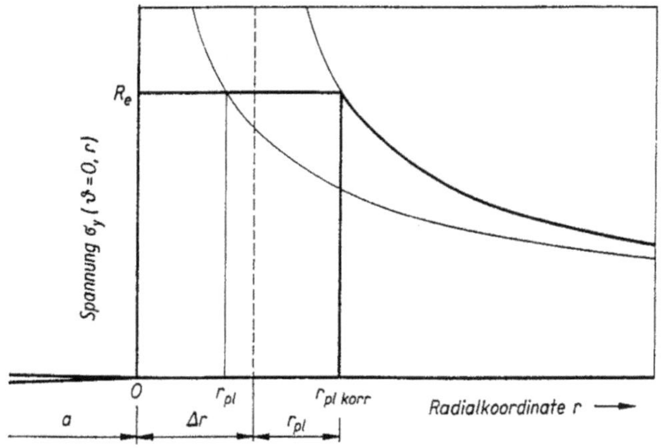

Diese Grenzkurven weisen für den ebenen Spannungszustand (auf der Oberfläche des Körpers im Rißspitzenbereich, ausgezogene Kurve) und für den ebenen Dehnungszustand (im Inneren dicker Körper im Rißspitzenbereich, gestrichelte Kurve) bedeutende Unterschiede auf.

Die Radialkoordinate $r_{pl.}$, bei der gemäß den SNEDDON-Gleichungen im Ligament, d. h. in Verlängerung des Risses (bei $\vartheta = 0°$), die Vergleichsspannung die Fließgrenze erreicht und innerhalb dessen statt des linear-elastischen Werkstoffverhalten eigentlich Fließen vor der Rißspitze auftritt, ist gegeben durch

$$r_{pl.} = \begin{cases} \frac{(1\text{-}2 \cdot \nu)^2}{2 \cdot \pi} \cdot \left(\frac{K_I}{R_e}\right)^2 & \text{bei EDZ} \\ \frac{1}{2 \cdot \pi} \cdot \left(\frac{K_I}{R_e}\right)^2 & \text{bei ESZ.} \end{cases} \tag{3.41}$$

Da auch im unmittelbaren Rißspitzenbereich bei der Ableitung der Beziehungen für die formale plastische Zone die SNEDDON-Gleichungen verwendet wurden, eigentlich jedoch nichtlineares Werkstoffverhalten, d. h. Fließen des Werkstoffs berücksichtigt werden muß, sind an den Berechnungsergebnissen noch Korrekturen anzubringen: Die Spannungen innerhalb der formalen plastischen Zone sind auf die Größe der Streckgrenze zu reduzieren (Abb. 3.18); die Resultierende aus den singulären Spannungen σ_y, die die Größe von R_e übersteigen, bewirkt eine Vergrößerung der plastischen Zone um die Größe Δr. Die Vergrößerung Δr der formalen plastischen Zone ergibt sich aus der Identität der Resultierenden von σ_y im Bereich der plastischen Zonen gemäß

$$\int_{r=0}^{r_{pl.}} (\sigma_y - R_e) \cdot \mathrm{d}r = \Delta r \cdot R_e \quad \text{mit} \quad \sigma_y = \frac{K_I}{\sqrt{2 \cdot \pi \cdot r}} \tag{3.47}$$

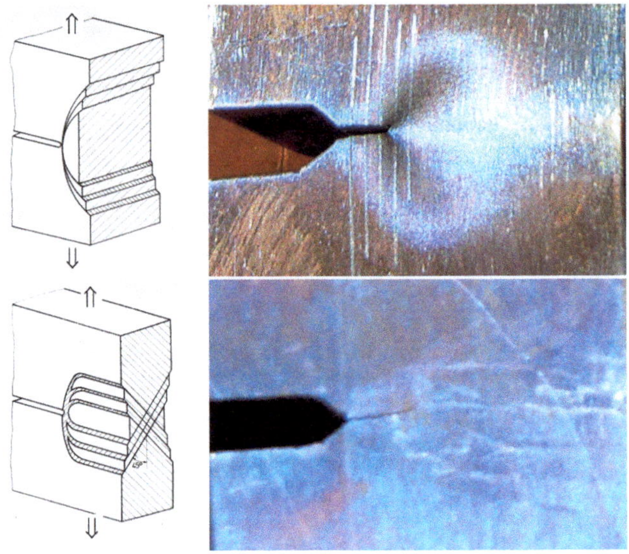

Abb. 3.19 Die Ausbildung der Fließbereiche vor der Rißspitze bei ebenem Deformationszustand (*oben*) bzw. ebenem Spannungszustand (*unten*) in schematischer Darstellung nach [11] und in realer Ausprägung

zu

$$\Delta r = r_{pl.} \quad \text{mit} \quad r_{pl.} = \frac{1}{2\pi} \cdot \left(\frac{K_I}{R_e}\right)^2 \tag{3.48}$$

für den ebenen Spannungszustand. Somit folgt für die näherungsweise korrigierte Größe der Ausdehnung der plastischen Zone auf dem Ligament für den ebenen Spannungszustand

$$D_{pl.} = 2 \cdot r_{pl.} = \frac{1}{\pi} \cdot \left(\frac{K_I}{R_e}\right)^2. \tag{3.49}$$

Das Abgleiten des Werkstoffs vor der Rißspitze im Bereich der plastischen Zone läßt sich nach den Vorstellungen von Hahn und Rosenfield [11] durch die schematisch sowie anhand von realen Bruchmechanikproben veranschaulichen (Abb. 3.19). Die Form und Größe der plastischen Zone mit rechnerischen Methoden genauer als vorstehend bestimmen zu wollen, stößt auf beträchtliche Schwierigkeiten, da einerseits die Streckgrenze neben der Streuung Abhängigkeiten von der Temperatur, von der Beanspruchungsgeschwindigkeit und von Vorbelastungen im plastischen Bereich aufweist, das Verfestigungsverhalten des Werkstoffs oberhalb der Streckgrenze berücksichtigt werden muß und die verschiedenen Vergleichs- bzw. Fließspannungshypothesen unterschiedliche Resultate liefern.

Aus den vorstehenden Betrachtungen lassen sich aber mehrere wesentliche Schlußfolgerungen ziehen:

Erste Konsequenz: Als maßgebender Parameter, von dem die Größe der plastischen Zone abhängt, ergibt sich das dimensionsbehaftete Verhältnis $(K_I/R_e)^2$. Die Anwendbarkeit der Berechnungsmethoden der linear-elastischen Bruchmechanik und die Gültigkeit der Versuchsergebnisse der bruchmechanischen Werkstoffuntersuchungen werden dementsprechend mit Hilfe dieses Verhältnisses bzw. eines Vielfachen davon kontrolliert.

Zweite Konsequenz: Infolge des Nichtüberschreitens der Fließgrenze R_e direkt vor der Rißspitze kann bei relativ geringer Größe der plastischen Zone der Spannungszustand auf dem Ligament außerhalb der formalen plastischen Zone mit Hilfe der SNEDDON-Gleichungen recht gut beschrieben werden, wenn das Koordinatensystem aus der Rißspitze um $\Delta r = r_{pl.}$ verschoben wird (siehe Abb. 3.18). Ist im Bereich der Rißspitze mit Fließen des Werkstoffs in nicht zu vernachlässigendem Maße zu erwarten, so kann für den Fall des sogenannten Kleinbereichsfließens (engl.: small scale yielding) bei Annahme der weiteren Gültigkeit der Gesetzmäßigkeiten der linear-elastischen Bruchmechanik die (geometrische) Rißlänge a durch eine effektive Rißlänge der Größe

$$\begin{aligned} a_{eff.} &= a_{geom.} + r_{pl.} = \\ &= a_{geom.} + \frac{1}{2\pi} \cdot \left(\frac{K_I}{R_e}\right)^2 \end{aligned} \qquad (3.50)$$

ersetzt werden (siehe Abb. 3.20).

Der zutreffende Spannungsintensitätsfaktor ist dann

$$K_{I\,eff.} = \sqrt{\frac{a + r_{pl.}}{a}} \cdot K_I. \qquad (3.51)$$

Als weitere bruchmechanische Beanspruchungsparameter lassen sich dann gemäß den früher angegebenen Beziehungen die Energiefreisetzungsrate bzw. das J-Integral bestimmen zu

$$\mathfrak{G}_{eff.} = J_{eff.} = \frac{K_{I\,eff.}^2}{E'}. \qquad (3.50)$$

Die Annahme der effektiven Rißgröße als Summe aus der geometrischen Rißgröße und dem Radius der plastischen Zone ist brauchbar, solange die Bedingung

$$K_I \leq R_e \cdot \sqrt{c} \qquad (3.53)$$

für die halbe Rißlänge c auf der Bauteiloberfläche erfüllt ist [12].

Dritte Konsequenz: Die Deformation der Rißufer, d. h. die Verschiebung der Rißflächen in Richtung der belastenden Spannungen bei der Rißöffnungsart I und linear-elastischem Werkstoffverhalten ergibt sich zu

$$v = \pm \frac{(1+\kappa) \cdot K_I}{2 \cdot G} \cdot \sqrt{\frac{r}{2 \cdot \pi}} \qquad (3.54)$$

Abb. 3.20 Gegenüberstellung der geometrischen und der effektiven Rißgröße

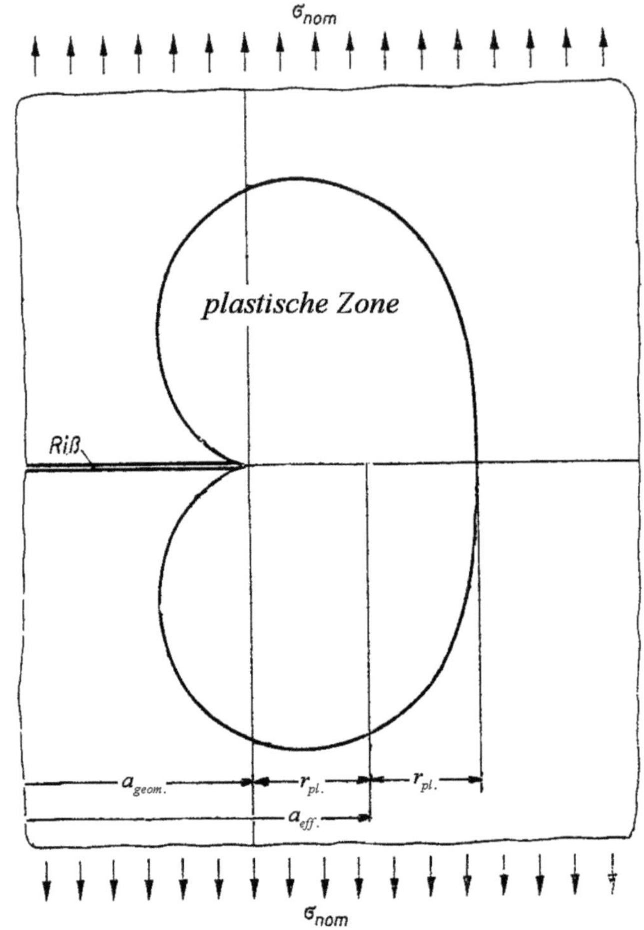

mit

$$\kappa = \begin{cases} 3 - 4 \cdot \nu & \text{bei} \quad \text{EDZ} \\ \dfrac{3 - \nu}{1 + \nu} & \text{bei} \quad \text{ESZ,} \end{cases} \tag{3.55}$$

wobei die obere Rißfläche nach oben, die untere Rißfläche nach unten verschoben wird. Die Rißaufweitung ergibt sich insgesamt als doppelter Wert der Rißuferverschiebung. Am Ort der Rißspitze im ideal linear-elastischen Material tritt jedoch keine Aufweitung auf (Abb. 3.21).

Wird berücksichtigt, daß sich um die reale Rißspitze eine plastische Zone ausbildet, und daß die fiktive Spitze des effektiven Risses um den Radius der plastischen Zone gegenüber der realen Rißspitze verschoben ist, so läßt sich die Aufweitung des Risses an der Stelle

Abb. 3.21 Die Aufweitung des Risses beim Wirken der Rißöffnungsart I und linear-elastischem Werkstoffverhalten

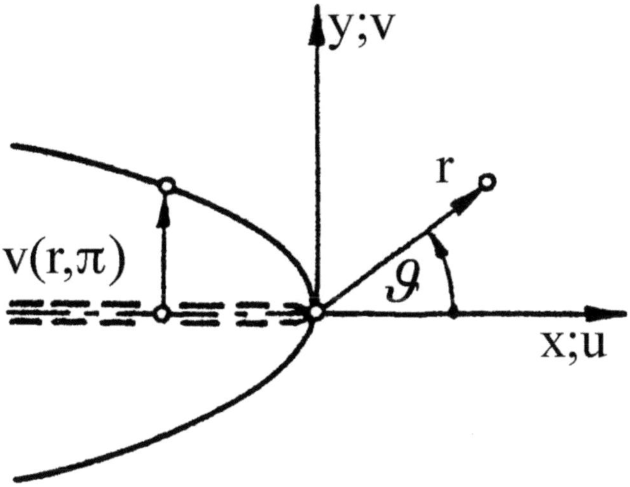

Abb. 3.22 Die Aufweitung des Risses bei Berücksichtigung der plastischen Zone an der Rißspitze zur Definition der Rißspitzenaufweitung δ

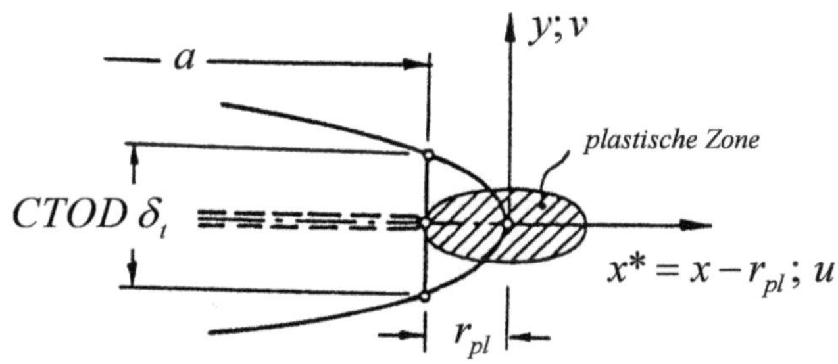

der realen Rißspitze (unter der Wirkung der in der plastischen Zone konstanten Fließspannung), die üblicherweise als *Rißspitzenaufweitung* oder CTOD (engl.: **C**rack **T**ip **O**pening **D**isplacement) bezeichnet wird, wie folgt angeben (Abb. 3.22).

$$\delta_t = 2 \cdot v(r_{pl.}) = \begin{cases} \dfrac{4 \cdot K_I^2}{E \cdot R_e} \cdot (1 - \nu^2) \cdot (1 - 2\nu) & \text{bei EDZ} \\ \dfrac{4 \cdot K_I^2}{E \cdot R_e} & \text{bei ESZ.} \end{cases} \tag{3.56}$$

Die Rißspitzenaufweitung ist in der Fließbruchmechanik neben dem J-Integral ein Parameter zur Beschreibung der Beanspruchung. Dem CTOD-Konzept liegt die Vorstellung zugrunde, daß beim Eintritt der Instabilität der Rißausbreitung, d. h. des Bruchs des rißgeschädigten Bauteils, für die Auslösung der Rißausbreitung eine kritische plastische Verformung des Materials an der Rißspitze maßgebend ist, die als bruchmechanische Werkstoffeigenschaft mit Hilfe von Proben bestimmt werden kann.

3.4 Analyse und Idealisierung der Bauteildefekte

Um bruchmechanische Berechnungen durchführen und Schlußfolgerungen hinsichtlich der weiteren Verwendung geschädigter Konstruktionen ziehen zu können, müssen konkrete Daten oder zumindest realistische Anhaltswerte über den Ort der Schädigung, die Form und die Größe der relevanten rißartigen Schädigung, d. h. der Anfangsdefekte, der wachsenden, der kritischen oder der arretierten Risse, ihren Abhängigkeiten von den Beanspruchungsbedingungen sowie ihrer Änderung im Verlauf der betrieblichen Nutzung bekannt sein.

Für bruchmechanische Berechnungen werden die in Bauteilen vorhandenen Materialdefekte als Risse, d. h. flächenhafte Materialtrennungen interpretiert. Da Risse nicht in jedem Fall eine vollkommen regelmäßige Gestalt haben, müssen sie idealisiert werden. Das Ziel der bruchmechanischen Idealisierung ist es, die Rißfront in ihrer Gesamtheit durch mathematisch einfache Kurven anzunähern, um die Bestimmung der Spannungsintensitätsfaktoren zu ermöglichen. In der Bruchmechanik gibt es unterschiedliche Praktiken, unregelmäßig gestaltete Anrisse oder Materialdefekte zu idealisieren:

- der Riß wird insgesamt durch einen idealisierten Anriß eingehüllt, wobei mitunter auch benachbarte Anrisse zusammengefaßt und die zwischen ihnen bzw. dem Riß und der freien Oberfläche befindlichen Materialbereiche dem Riß zugeschlagen werden,
- der Riß wird auf die Ebenen senkrecht zu den Hauptnormalspannungsrichtungen projiziert,
- der Riß oder Materialfehler wird durch einen in seiner Fläche oder in seinen Wirkungen gleichen, idealisierten Riß angenähert oder ersetzt.

Bei der vorstehend angeführten Idealisierung der Fehler durch ihre Projektion in bestimmte Beanspruchungsebenen ist Vorsicht geboten. Nicht in jedem Fall ist ein konservatives Resultat der Idealisierung zu erwarten [13]. Offensichtlich wird die Fragwürdigkeit dieser Art der Idealisierung bei der Betrachtung abgeknickter oder verzweigter Risse.

Zur mathematischen Beschreibung der idealisierten Rißkontur werden üblicherweise Geraden, Kreise, Ellipsen oder Teile davon verwendet. Mit Hilfe des stückweisen Ersatzes der Rißfront durch idealisierte Konturen läßt sich der reale Anriß zwar stückweise optimal annähern, doch ist dadurch nicht gewährleistet, daß die Genauigkeit der auf diese Art ermittelten Spannungsintensitätsfaktoren ebenfalls optimal ist, da im allgemeinen die Wechselwirkungen zwischen den einzelnen Rißfrontbereichen mit unterschiedlichen Geometrien, abgesehen von FEM-Berechnungen, nicht berücksichtigt werden (Abb. 3.23).

Von praktischem Interesse ist das Problem der Auswirkungen der Rißformidealisierung auf die Größe des Wertes des Spannungsintensitätsfaktors. Bei der Betrachtung der Maximal- und Minimalwerte der Spannungsintensitätsfaktoren für verschiedene Formen von Innenrissen, Abb. 3.24, unter der Wirkung homogener Nominalzugspannungen [15] ergibt die Approximation der vorliegenden Rißformen durch einen Innenkreis mit K_{in}, einen

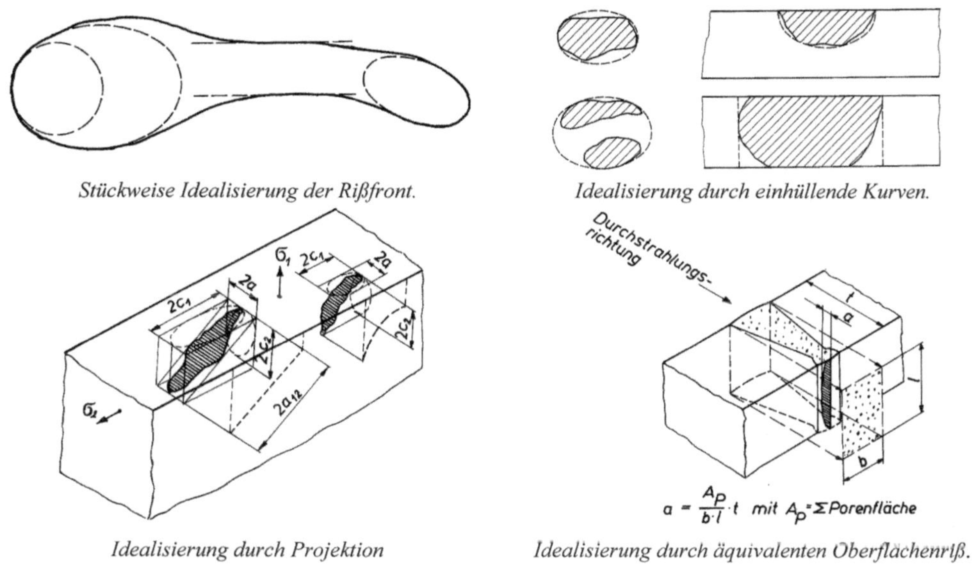

Abb. 3.23 Die Idealisierung rißartiger und nicht rißartiger Defekte für die Belange der Bruchmechanik in Anlehnung an den ASME-Code [14]

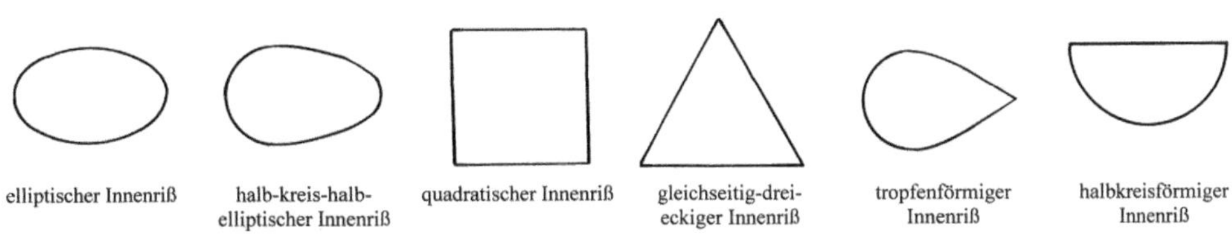

Abb. 3.24 Von ROSSMANITH mit dem kreisförmigen Riß im unendlich ausgedehnten Körper verglichene irreguläre Rißformen unter homogener Zugbeanspruchung [15]

Umkreis mit K_{um}, einen flächengleichen Kreis mit $K_{äqu.}$ und durch den Mittelwert aus K_I für den Umkreis und den flächengleichen Kreis geordnet nach der Größe die Reihenfolge

$$K_{\min} < K_{in} < K_{äqu.} < K_{\max} < \frac{K_{um} + K_{äqu.}}{2} < K_{um}. \tag{3.57}$$

Ersichtlich ist aus dieser Abschätzung, daß der flächengleiche Kreis als Approximation für irreguläre Rißformen keinen konservativen Wert für $K_{I\max}$ liefert, was jedoch bei der Approximation durch den Umkreis für die untersuchten Fälle jeweils zutrifft.

Risse senkrecht zur Oberfläche werden im allgemeinen als elliptische Innen- oder halbelliptische Oberflächenrisse idealisiert mit der großen Halbachse entsprechend der halben Fehlerlänge parallel zur Oberfläche und der kleinen Halbachse a entsprechend der halben Fehlerausdehnung in Dickenrichtung bei Innenrissen und der gesamten Fehlertiefe bei

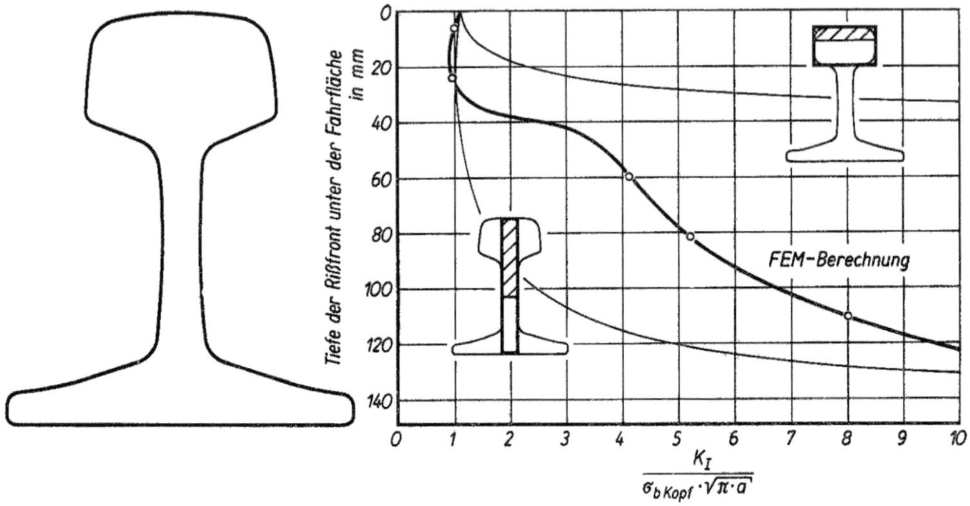

Abb. 3.25 Spannungsintensitätsfaktoren für einen Querriß an der Fahrfläche einer biegebeanspruchten Schiene nach idealisierten Rißkonfigurationen (Zug-Biege- bzw. Biegebeanspruchung eines Rechteckträgers sowie FEM-Berechnung von Kuna [16]) [17]

Oberflächenrissen. Ist die Fehlerausdehnung senkrecht zur Oberfläche größer als die parallel zur Oberfläche, so werden die Fehler als kreisförmige Innen- bzw. als halbkreisförmige Oberflächenrisse idealisiert.

Nach den Vorgaben des ASME-Codes [14] sind die folgenden Idealisierungen üblich:

- Innenrisse werden als Oberflächenrisse idealisiert, wenn der Abstand zwischen der oberflächennahen Rißfront und der Bauteiloberfläche geringer ist als die halbe Fehlerausdehnung senkrecht zur Oberfläche.
- Mehrere in einer Querschnittsfläche auftretende Risse werden zu einem Querriß zusammengefaßt, wenn der Abstand zwischen den Einzelrissen senkrecht oder parallel zur Oberfläche geringer ist als die Querabmessung des größeren der benachbarten Fehler.
- Querrisse in zueinander parallelen Ebenen werden zu einem idealisierten Riß zusammengefaßt, wenn der Abstand der beiden Ebenen geringer ist als ½ in $\approx$ 12 *mm*.
- Verschiedene, zur Bauteiloberfläche parallel verlaufende Lamellenrisse in unterschiedlichen Ebenen werden zu einem idealisierten Riß zusammengefaßt, wenn in der Projektion der Risse auf die Oberfläche der Abstand zwischen den einzelnen Rissen geringer als 1 *in* $\approx$ 25 *mm* ist.

Die u. U. gravierenden Auswirkungen der Bauteil- und Rißidealisierung stark profilierter Träger sind den Darstellungen der Abb. 3.25 zu entnehmen. Angesichts solch extremer Unterschiede für die verschiedenen Idealisierungen erscheint der Aufwand einer FEM-Berechnung des zu analysierenden Rißproblems vollauf gerechtfertigt. Ähnliche

Auswirkungen sind für den Fall zu erwarten, wenn ein Riß durch eine Schweißverbindung in Bereiche geänderter Plattendicke, in Aussteifungen oder in quer angeordnete flächenhafte Bauteile (z. B. Gurte) einläuft.

Nicht zuletzt ist die Art der Idealisierung realer Risse auch davon abhängig, welche brauchbaren Lösungen für die Spannungsintensitätsfaktoren bei Berücksichtigung der vorliegenden Riß- und Bauteilgeometrie sowie der Bauteilbelastung bekannt sind oder mit verfügbaren Mitteln bestimmt werden können.

3.5 (Normierte) Darstellung der Spannungsintensitätsfaktoren

Im Gegensatz zu den idealen Rißkonfigurationen tritt bei praktischen Anwendungen gegebenenfalls eine Vielzahl unterschiedlicher Einflußgrößen auf. Deren Auswirkungen auf die Größe des Spannungsintensitätsfaktors werden üblicherweise durch einen Produktansatz für den Korrekturfaktor in der Form

$$f = \prod_{i=1}^{n} f_i \tag{3.58}$$

erfaßt, wobei die Teilfaktoren f_i jeweils einen oder mehrere Einflüsse auf die Größe des Spannungsintensitätsfaktors berücksichtigen. Die Voraussetzung für Gl. (3.58) ist jedoch, daß für alle Teileinflüsse die gleiche nominelle Bezugsspannung verwendet wird!

Bei der Verwendung von Lösungen aus (älteren) publizierten Untersuchungen ist zu beachten, daß manchmal auch Spannungsintensitätsfaktoren verwendet werden, bei denen der Ausdruck $1/\sqrt{\pi}$ in den SNEDDON-Gleichungen in den Spannungsintensitätsfaktor einbezogen ist und die bei Beachtung der unterschiedlichen Rißöffnungsarten mit k_1, k_2 und k_3 bezeichnet werden. Dieses ist vorwiegend bei Vertretern der Schule um SIH der Fall. Gegebenenfalls müssen die Spannungsintensitätsfaktoren dann gemäß den Beziehungen

$$K_I = \sqrt{\pi} \cdot k_1, \quad K_{II} = \sqrt{\pi} \cdot k_2 \quad \text{und} \quad K_{III} = \sqrt{\pi} \cdot k_3 \tag{3.59}$$

umgerechnet werden.

Die Spannungsintensitätsfaktoren werden üblicherweise, so auch in den nachfolgend dargelegten Beispielen und den angeführten Katalogen, als statische Beanspruchungswerte für den ruhenden Riß angegeben. Wirken die äußeren Belastungen nicht statisch oder quasistatisch, sondern stoßartig, so sind abweichende Werte für die Spannungsintensitätsfaktoren zu erwarten. Beispielsweise ergeben sich bei stoßartig einwirkenden Zugspannungen Überhöhungen der Beanspruchung von 28 % beim ruhenden Querriß in der unendlichen Scheibe und von 19 % beim ruhenden Randeinriß in der halb-unendlichen Scheibe gegenüber dem statischen Fall [18]. Bei praktischen Anwendungen werden diese dynamischen Überhöhungen bei der Beanspruchungsanalyse der rißbehafteten Bauteile möglicherweise nicht in ausreichendem Maße berücksichtigt. Rechnung getragen wird in der Praxis dynamisch einwirkenden Beanspruchungen bei der Bruchanalyse durch die Verwendung der dynamischen Bruchzähigkeit K_{Id} als Kennwert der Beanspruchbarkeit und in unterschiedlichem Maße durch die Berücksichtigung von Sicherheitsbeiwerten.

3.6 Methoden zur Ermittlung von Spannungsintensitätsfaktoren

Zur Bestimmung der Spannungsintensitätsfaktoren ist eine Vielzahl rechnerischer und experimenteller Methoden geeignet. Eine Zusammenstellung ist in der folgenden Übersicht gegeben (Tab. 3.1)

Tab. 3.1 Methoden zur Ermittlung von Spannungsintensitätsfaktoren [19]

Rechnerische Verfahren	Experimentelle Verfahren
Westergaardsche Spannungsfunktion	Compliancemessung (Nachgiebigkeitsmessung)
Komplexe Spannungsfunktion	
Randwertkollokation	Spannungsoptik
Konforme Abbildung	Moirèverfahren
Greensche Funktionen	Hologramminterferometrie
Integraltransformationen	Rißwachstumsmessung
alternierende Methode	Schattenoptik
Kerbspannungsanalyse	
Finite-Element-Methode	
Randelementmethode	

Exakte analytische Lösungen sind nur für relativ einfache Fälle der Riß- und Bauteilgeometrie sowie der nominellen Belastung bekannt. Bei ebenen Rißkonfigurationen hat die Verwendung von Spannungsfunktionen unter Nutzung komplexer Variabler und funktionentheoretischer Methoden zur Ermittlung der Spannungsintensitätsfaktoren zu einer ganzen Reihe von Lösungen geführt.

Risse in der Nähe der Bauteilberandung (oder auch in der Nähe eines anderen Risses) lassen sich durch alternierende Berechnungsmethoden behandeln, wobei abwechselnd die von dem Riß an der Bauteilberandung hervorgerufenen Spannungen dort kompensiert werden durch zusätzliche Belastungen, die ihrerseits wiederum Spannungen an der Berandung des betrachteten Risses hervorrufen, die wiederum kompensiert werden müssen, solange, bis die hervorgerufenen Störspannungen vernachlässigbar gering geworden sind. Der Aufwand zur Ermittlung der Spannungsintensitätsfaktoren nach diesem Verfahren ist nicht

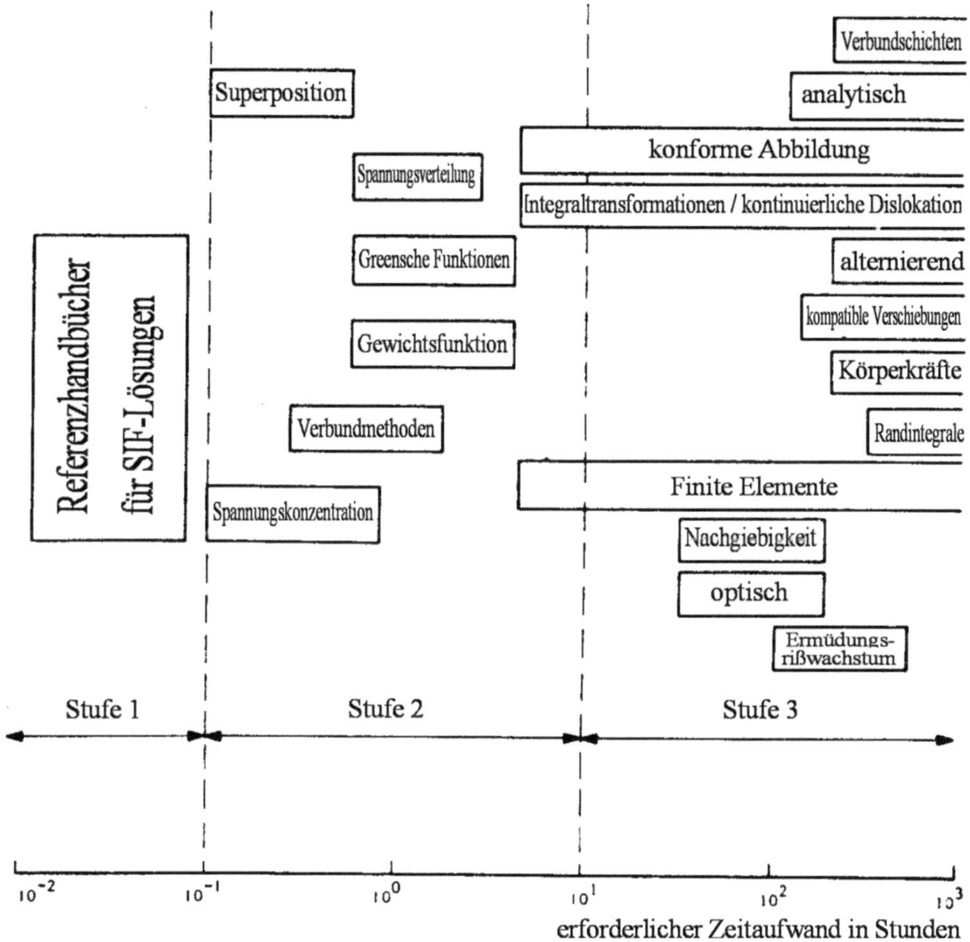

Abb. 3.26 Der Aufwand zur Ermittlung von Spannungsintensitätsfaktoren [20]

unbeträchtlich, wie die Übersicht in Abb. 3.26. zeigt. Bemerkenswert ist es, daß WIEGHARDT diese Methode mit Erfolg für die weltweit erste bruchmechanische Untersuchung genutzt hat [4, 21].

Die Nutzung von Handbüchern, in denen Spannungsintensitätsfaktoren zusammengestellt sind, bringt im allgemeinen den geringsten Zeitaufwand mit sich (vgl. Abb. 3.26). Vorausgesetzt werden muß aber, daß die zutreffenden Handbücher einerseits bekannt und andererseits auch zugänglich sind. Die wichtigsten Kataloge für Spannungsintensitätsfaktoren sind:

P. C. Paris, G. C. Sih: Stress Analysis of Cracks. American Society for testing and Materials, Philadelphia, ASTM Special Technical Publication No. 381 „Fracture Toughness Testing", 1965, Seite 30–83.
H. G. Hahn: Spannungsverteilung an Rissen in festen Körpern – Vergleichende Betrachtung der in der Bruchmechanik verwendeten Rißmodelle. VDI-Verlag, Düsseldorf, VDI-Forschungsheft 542, 1970.
G. C. Sih: Handbook of Stress Intensity Factors. Institute of Fracture and Solid Mechanics, Lehigh University, Bethlehem Pa. (USA), 1973.
H. Tada, P. C. Paris, G. R. Irwin: The Stress Analysis of Cracks – Handbook. Del Research Corporation, Hellertown Pa. (USA), 1973.
D. P. Rooke, D. J. Cartwright: Compendium of Stress Intensity Factors. Her Majestys State Office, London, 1976.
H. Theilig, J. Nickel, K.-O. Edel, M. Hentrich: Spannungsintensitätsfaktoren. VEB Fachbuchverlag, Leipzig, 1987.
Y. Murakami (editor): Stress Intensity Factors Handbook (2 vol.). Pergamon Press, Oxfort/New York, 1987.
М. П. Саврук: Механика разрушения и прочности материалов. Том 2: Коэффициенты интенсивности разрушений в телах с трещинами. К., Наукова думка, 1988. (M. P. Savruk: Bruchmechanik und Festigkeit von Materialien. Bd. 2: Spannungsintensitätsfaktoren für Körper mit Rissen. Naukova Dumka, Kiev, 1988.)
T. Fett, D. Munz: Stress Intensity Factors and Weight Functions. Computational Mechanics Publications, Southampton, 1997.
C. Berger u. a.: Bruchmechanischer Festigkeitsnachweis für Maschinenbauteile. VDMA Verlag, 3. Ausgabe, 2006.

Anzumerken ist, daß der Herausgeber MURAKAMI des wohl umfassendsten, mehrbändigen Spannungsintensitätsfaktoren-Kataloges im Interesse der Nutzer dieses Werkes in das Inhaltsverzeichnis Skizzen der behandelten Fälle integrierte, wodurch die Orientierung sehr wesentlich erleichtert wird.

3.6.1 Die Superpositionsmethode zur SIF-Bestimmung

Die Superpositionsmethode zur Gewinnung von Spannungsintensitätsfaktoren mit Hilfe bekannter Lösungen wird üblicherweise dann genutzt, wenn brauchbare Lösungen bei Berücksichtigung der Bauteil- und der Rißgeometrie vorliegen und die unterschiedlichen nominellen Spannungsverteilungen in der weiteren Umgebung des rißgeschädigten Bereiches zur Erzeugung der zu analysierenden Nominalspannungsverteilung überlagert werden (Abb. 3.27).

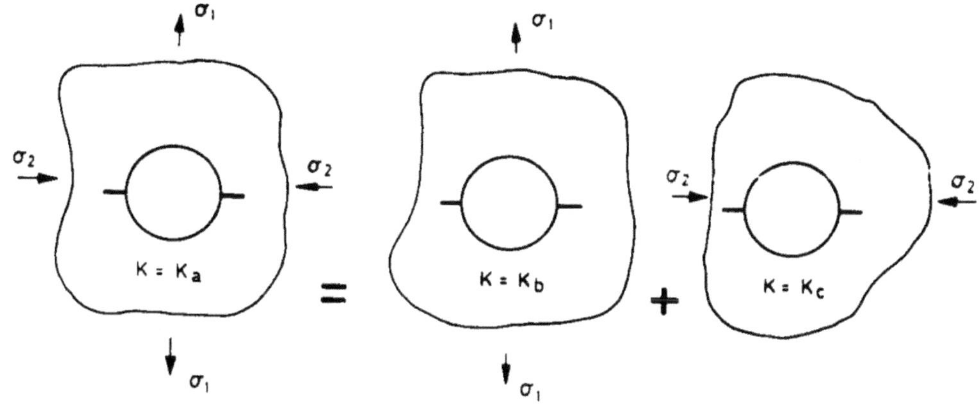

$$K_I(\sigma_1, \sigma_2) = K_I(\sigma_1) + K_I(\sigma_2)$$

Abb. 3.27 Anwendung der Superpositionsmethode zur Gewinnung von Spannungsintensitätsfaktoren für eine aus zwei Normalspannungen bestehende Belastung [20]

Ein Beispiel für die Anwendung des Superpositionsprinzips bei Ausnutzung von Symmetrieeigenschaften der Belastungen zeigt Abb. 3.28.

Während für die oben dargelegten Beispiele sowohl die Geometrie des Bauteils, als auch die Geometrie des Risses festliegt und nur die Lasten bzw. die nominellen Beanspruchungen in größerer Entfernung des rißgeschädigten Bereiches zu der zu analysierenden Nominalspannungsverteilung superponiert werden, liegt häufig der Fall vor, daß die Beanspruchung des Bauteils zwar analysiert, ein möglicher Riß dabei aber nicht in die Betrachtungen einbezogen wurde. Die Ergebnisse einer derartigen konventionellen Beanspruchungsanalyse (ohne Riß) lassen sich für bruchmechanische Beanspruchungsanalysen dann insofern nutzen, als die Zug- oder Schubspannungen auf den Flächen des zu realisierenden Risses in einem zweiten Modell als umgekehrt wirkende Druck- oder Schubspannungen aufgebracht werden. Durch die Überlagerung der Zugspannungen des konventionellen Modells mit den gleichartigen, aber umgekehrt wirkenden Rißflächenbelastungen erzeugt insgesamt die für die Rißflächen zutreffende Belastungsfreiheit. Das zweite Bauteilmodell mit Riß kann möglicherweise einfacher gestaltet werden, da die Wirkungen der im Gleichgewicht befindlichen Gruppe der Rißflächenbelastungen in größerer Entfernung vom Riß abgeklungen sind. Beispiele für die Überlagerung der Spannungen des rißfreien Modells mit den Spannungen des Modells mit den belasteten Rißflächen, mit deren Hilfe die zutreffenden Spannungsintensitätsfaktoren bestimmt werden, zeigen die beiden folgenden Bilder (Abb. 3.29 und 3.30).

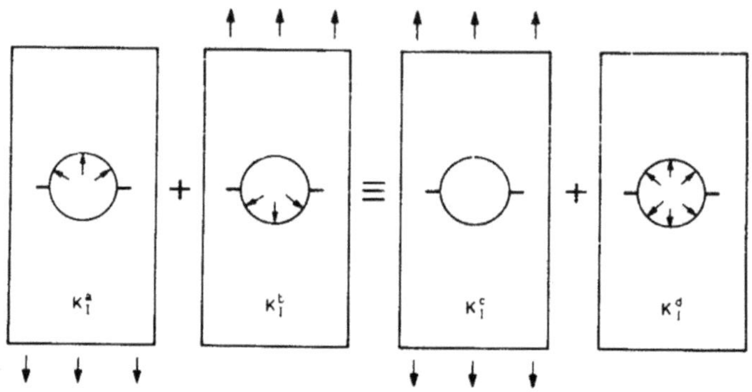

$$K_I(Fall\ a) = K_I(Fall\ b); \qquad K_I(Fall\ a) + K_I(Fall\ b) = K_I(Fall\ c) + K_I(Fall\ d);$$

$$\rightarrow \quad K_I(Fall\ a) = K_I(Fall\ b) = \frac{1}{2} \cdot \left[K_I(Fall\ c) + K_I(Fall\ d)\right]$$

Abb. 3.28 Anwendung der Superpositionsmethode zur Gewinnung von Spannungsintensitätsfaktoren aus zwei unterschiedlichen, kombinierten Lastfällen [20]

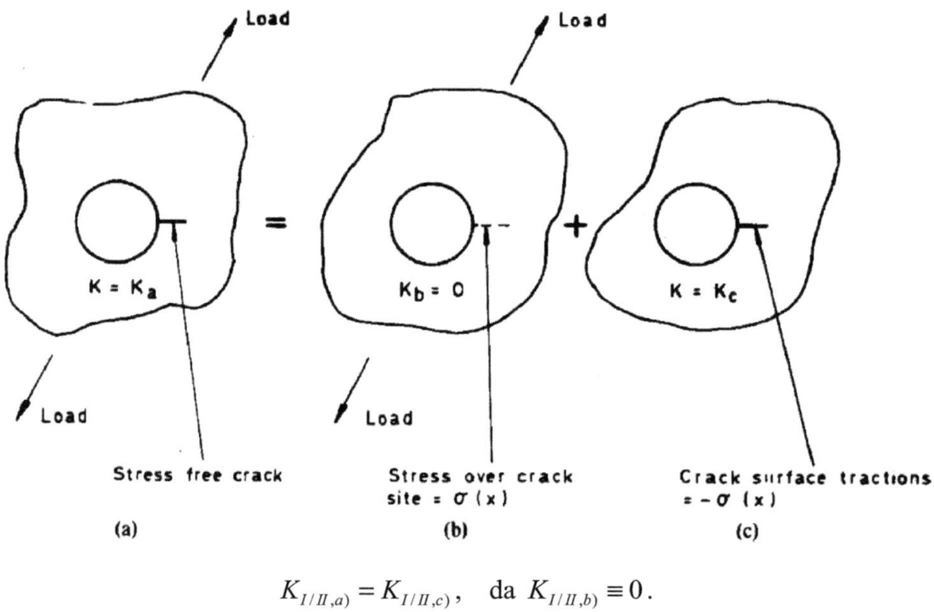

$$K_{I/II,a)} = K_{I/II,c)}, \quad \text{da } K_{I/II,b)} \equiv 0.$$

Abb. 3.29 Anwendung der Superpositionsmethode zur Gewinnung von Spannungsintensitätsfaktoren aus der Belastung.eines rißfreien Bauteils und der entgegengesetzt wirkenden Belastung auf den Rißflächen eines rißgeschädigten Bauteils [20]

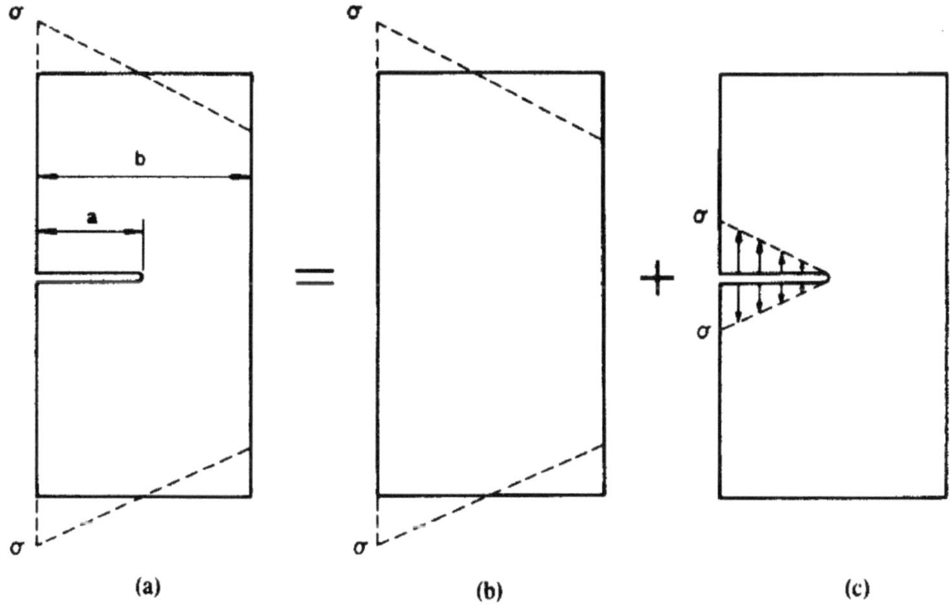

$$K_{I/II,a)} = K_{I/II,c)}, \quad \text{da } K_{I/II,b)} \equiv 0\,.$$

Abb. 3.30 Anwendung der Superpositionsmethode zur Gewinnung von Spannungsintensitätsfaktoren für einen Biegeträger mit Querriß aus der Rißflächenbelastung mit den biegebedingten Druckspannungen auf den Rißflächen (nach [20])

3.6.2 SIF-Ermittlung aus Kerbspannungen

Lassen sich mit Hilfe des Spannungsintensitätsfaktors und der SNEDDON-Gleichungen die Spannungen im rißspitzennahe Bereich angeben, so darf es nicht unerwähnt bleiben, daß sich mit Hilfe der Spannungsintensitätsfaktoren auch die Spannungen in der Nähe des Grundes von Kerben bestimmen lassen. Das kartesische Koordinatensystem muß dazu allerdings um den halben Kerbgrundradius vom Kerbgrund verschoben werden. Die Beziehungen zur Bestimmung der Spannungen sind [22], [23]:

Rißöffnungsart I:

$$\begin{aligned}
\sigma_x &= \frac{K_I}{\sqrt{2\cdot\pi\cdot r}}\cdot\left[\cos\frac{\vartheta}{2}\cdot\left(1-\sin\frac{\vartheta}{2}\cdot\sin\frac{3\vartheta}{2}\right)-\frac{\rho}{2\cdot r}\cdot\cos\frac{3\vartheta}{2}\right]\\
\sigma_y &= \frac{K_I}{\sqrt{2\cdot\pi\cdot r}}\cdot\left[\cos\frac{\vartheta}{2}\cdot\left(1+\sin\frac{\vartheta}{2}\cdot\sin\frac{3\vartheta}{2}\right)+\frac{\rho}{2\cdot r}\cdot\cos\frac{3\vartheta}{2}\right]
\end{aligned} \tag{3.60}$$

$$\tau_{xy} = \frac{K_I}{\sqrt{2\cdot\pi\cdot r}}\cdot\left[\sin\frac{\vartheta}{2}\cdot\cos\frac{\vartheta}{2}\cdot\sin\frac{3\vartheta}{2}-\frac{\rho}{2\cdot r}\cdot\sin\frac{3\vartheta}{2}\right]$$

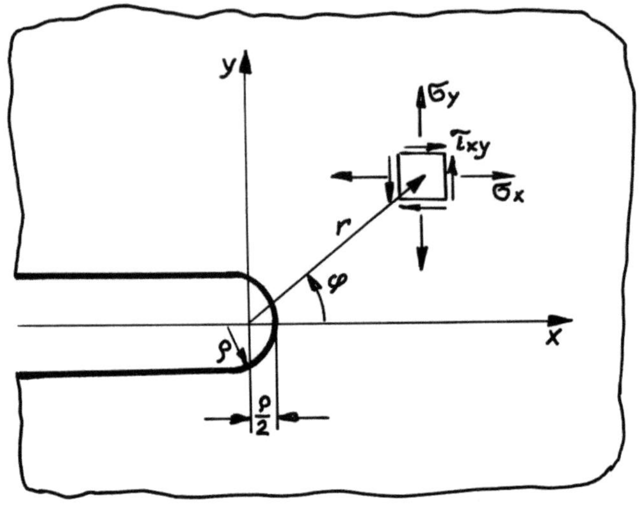

Abb. 3.31 Kerbgrund mit Radius und Koordinaten

Rißöffnungsart II:

$$\begin{aligned}
\sigma_x &= -\frac{K_{II}}{\sqrt{2\cdot\pi\cdot r}}\cdot\left[\sin\frac{\vartheta}{2}\cdot\left(2+\cos\frac{\vartheta}{2}\cdot\cos\frac{3\vartheta}{2}\right)-\frac{\rho}{2\cdot r}\cdot\sin\frac{3\vartheta}{2}\right]\\
\sigma_y &= \frac{K_{II}}{\sqrt{2\cdot\pi\cdot r}}\cdot\left[\sin\frac{\vartheta}{2}\cdot\cos\frac{\vartheta}{2}\cos\frac{3\vartheta}{2}-\frac{\rho}{2\cdot r}\cdot\sin\frac{3\vartheta}{2}\right]\\
\tau_{xy} &= \frac{K_{II}}{\sqrt{2\cdot\pi\cdot r}}\cdot\left[\cos\frac{\vartheta}{2}\cdot\left(1-\sin\frac{\vartheta}{2}\cdot\sin\frac{3\vartheta}{2}\right)-\frac{\rho}{2\cdot r}\cdot\cos\frac{3\vartheta}{2}\right]
\end{aligned} \tag{3.61}$$

Bedingt durch diese engen Beziehungen zwischen den Spannungszuständen an Rissen und an Kerben ist eine Möglichkeit gegeben, Spannungsintensitätsfaktoren aus den extremen Spannungen an Kerben abzuleiten. Sind beispielsweise aus spannungsoptischen Untersuchungen (vgl. Abb. 3.31) oder aus FEM-Berechnungen die maximalen Normalspannungen im Kerbgrund bekannt, so lassen sich bei Kenntnis der Werte für mindestens zwei Proben mit gleicher Kerbtiefe, aber unterschiedlichen Kerbradien, die Formzahlen

$$\alpha = \sigma_{\max}/\sigma_{nom} \tag{3.62}$$

über $\sqrt{a/r_{Kerb}}$ auftragen. Sind die Kerbradien r_{Kerb} gegenüber der Kerbtiefe a ausreichend klein, so besteht zwischen α und $\sqrt{a/r_{Kerb}}$ ein linearer Zusammenhang. Nach Untersuchungen von RICHARD trifft dieses zu für $1 \leq a/r_{Kerb} \leq 32$. Durch die Bestimmung der Regressionsgeraden für $\alpha = f(\sqrt{a/r_{Kerb}})$ läßt sich aus der durch 2 dividierten Steigung der Regressionsgeraden der Spannungsintensitätsfaktor für die Rißöffnungsart I entsprechend der Beziehung für a/d = konstant ermitteln: (Abb. 3.32) (Abb. 3.33).

$$\frac{K_I}{\sigma_{nom}\cdot\sqrt{\pi\cdot a}} = \frac{1}{2}\cdot\frac{\mathrm{d}\alpha}{\mathrm{d}\sqrt{a/r_{Kerb}}} \tag{3.63}$$

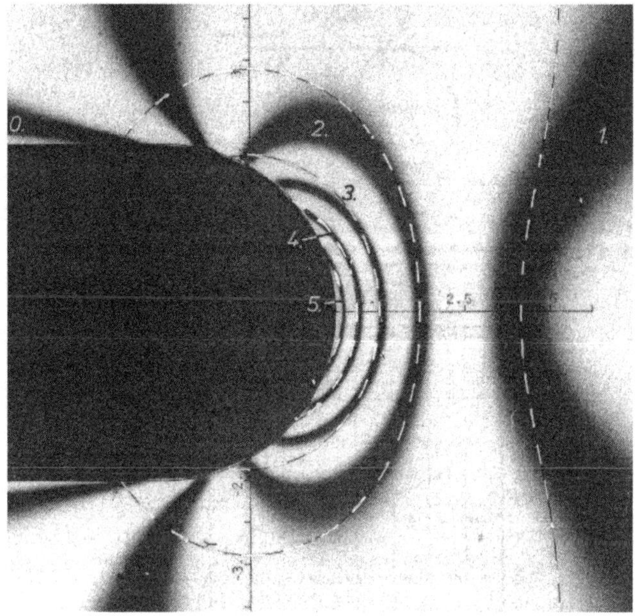

Abb. 3.32 Isochromatenbild im Kerbgrund bei Zugbeanspruchung [23]

Eine andere Möglichkeit, die Spannungsintensitätsfaktoren K_I aus den Kerbspannungen abzuleiten, ergibt sich, wenn die Größen $1/2 \cdot \sqrt{r_{Kerb}/a} \cdot \alpha$ über $\sqrt{r_{Kerb}/a}$ aufgetragen werden. Besteht zwischen diesen Größen ein linearer Zusammenhang, so kann auch hier eine Ausgleichsgerade bestimmt werden, deren Schnittpunkt mit der Abszisse den Wert des Spannungsintensitätsfaktors bestimmt gemäß (Abb. 3.34).

$$\frac{K_I}{\sigma_{nom} \cdot \sqrt{\pi \cdot a}} = \lim_{r_{Kerb} \to 0} \left(\frac{1}{2} \cdot \sqrt{r_{Kerb}/a} \cdot \alpha \right). \tag{3.64}$$

Die Genauigkeit der Ermittlung der Spannungsintensitätsfaktoren mit Hilfe spannungsoptisch ermittelter Kerbspannungen im Vergleich mit anderen bekannten Lösungen ist für die beiden dargelegten Beispiele in den Tab. 3.2 und Tab. 3.3 dokumentiert. Die Resultate zeigen Abweichungen von nur wenigen Prozenten und sind damit für praktische Belange als ausreichend genau anzusehen.

In ähnlicher Weise wie für die Rißöffnungsart I lassen sich auch für die Rißöffnungsart II die zutreffenden Spannungsintensitätsfaktoren mit Hilfe der Maximalwerte der Schubspannung auf der verlängerten Kerb- bzw. Rißachse und den entsprechenden Formzahlen

$$\alpha_\tau = \tau_{max}/\tau_{nom} \quad \text{oder} \quad \alpha_\tau = \tau_{max}/\sigma_{nom} \tag{3.65}$$

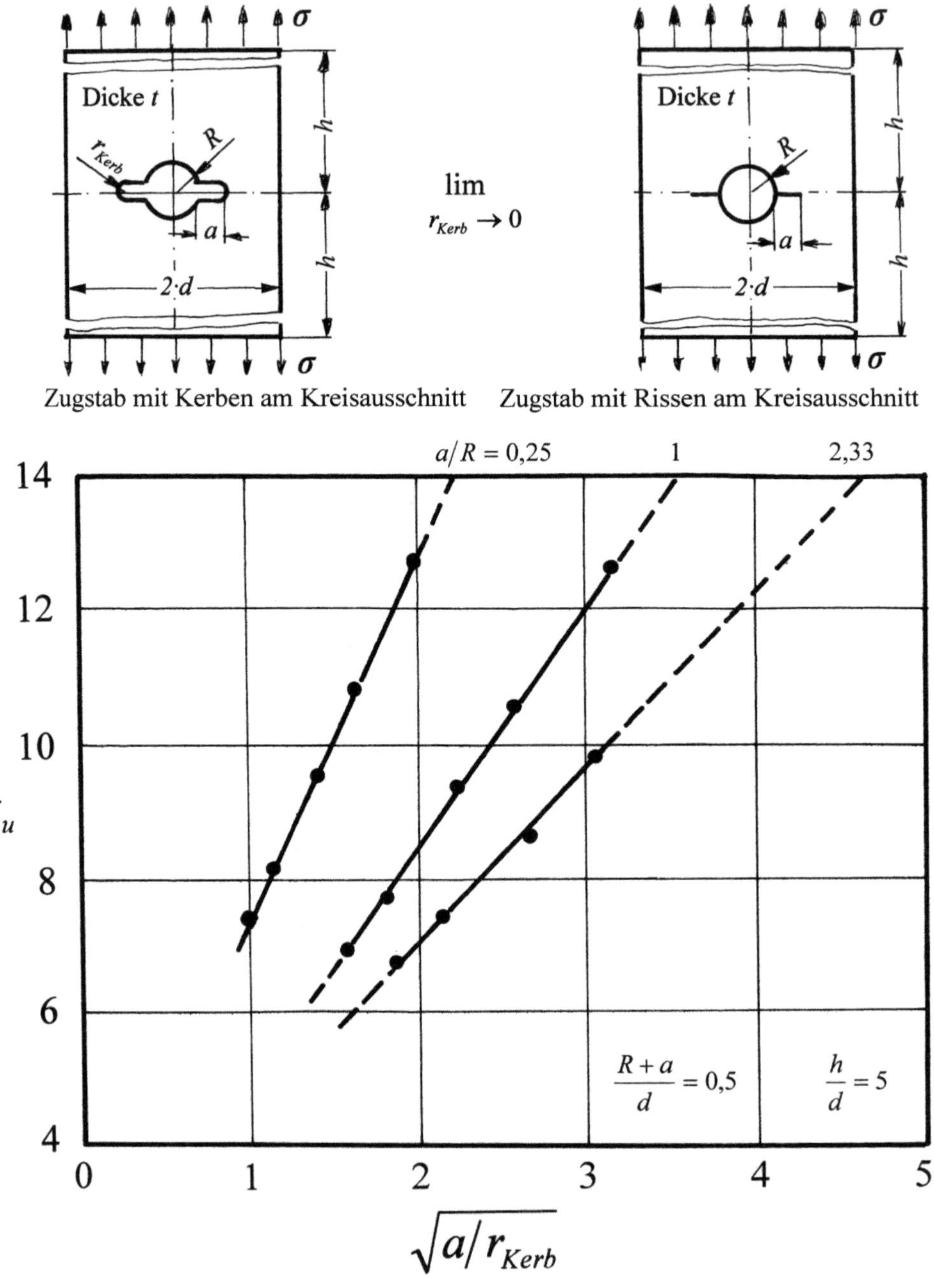

Abb. 3.33 Kerbfaktordiagramm für den Zugstab mit Kreisausschnitt und zwei vom Ausschnittsrand ausgehenden Kerben (o spannungsoptischer Meßwert, ——— Regressionsgerade) [23]

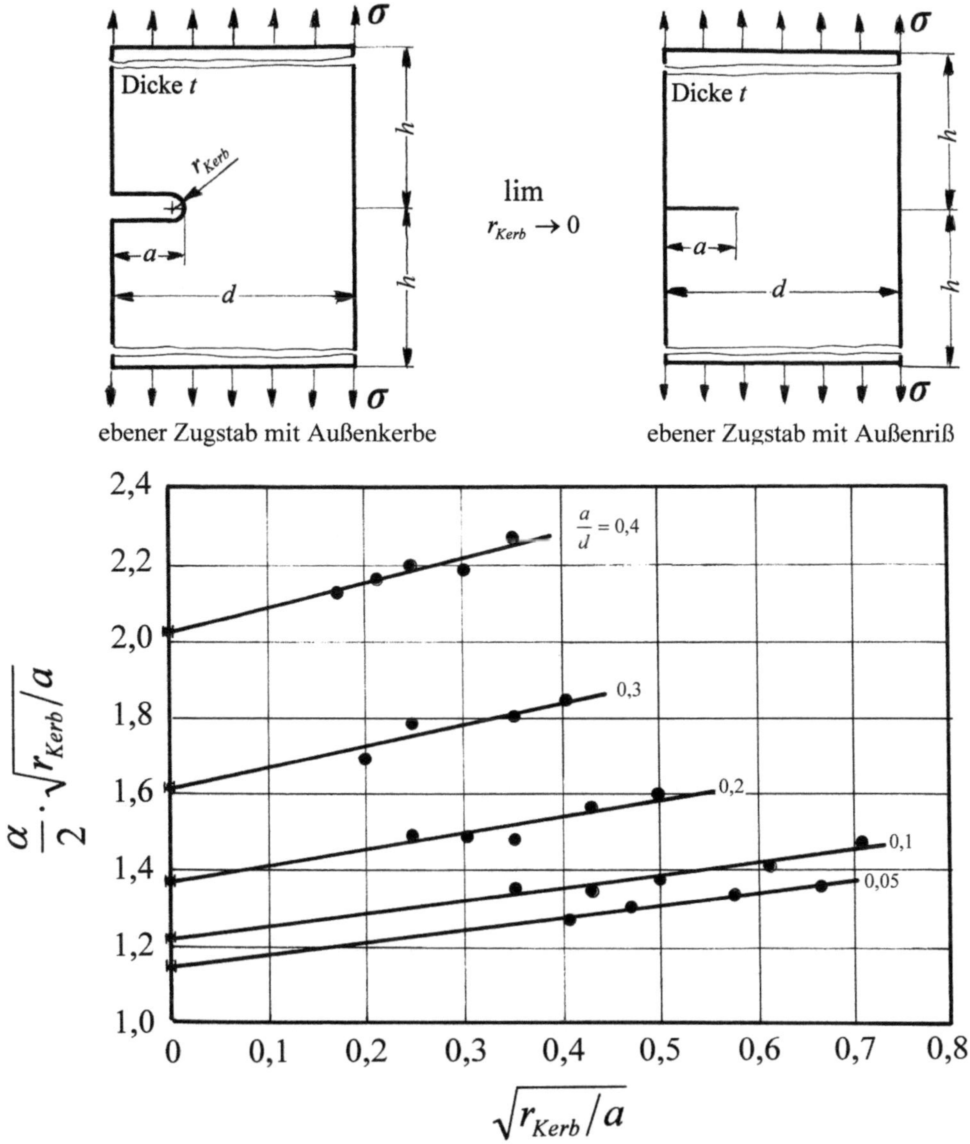

Abb. 3.34 Kerbfaktordiagramm für den ebenen Zugstab mit Außenkerbe bzw. Außenriß mit Extrapolation der Regressionsgeraden (o spannungsoptischer Meßwert, —— Regressionsgerade) [23]

gewinnen. (Die Maximalwerte der Schubspannungen treten nicht direkt im Kerbgrund auf, sondern in einiger Entfernung vom Kerbgrund! Vgl. Abb. 3.35). Aus der Steigung der Regressionsgeraden $\alpha_\tau = f(\sqrt{a/r_{Kerb}})$ ergibt sich die Beziehung (Abb. 3.36).

Tab. 3.2 Spannungsintensitätsfaktoren für den einzelnen Randriß im ebenen Zugstab [23]

a/D	$\frac{K_I}{\sigma\cdot\sqrt{\pi\cdot a}}$ nach [24]	Kerbfaktordiagramm		Extrapolation	
		$\frac{K_I}{\sigma\cdot\sqrt{\pi\cdot a}}$	Abweichung von [24]	$\frac{K_I}{\sigma\cdot\sqrt{\pi\cdot a}}$	Abweichung von [24]
0	1,12	–	–	–	–
0,05	1,15	1,14	−0,9 %	1,14	−0,9 %
0,1	1.20	1,20	0 %	1,22	+ 1,7 %
0,2	1,37	1,37	0 %	1,36	−0,7 %
0,3	1,66	1,62	−2,4 %	1,61	−3,0 %
0,4	2,11	2,01	−4,7 %	2,03	−3,8 %

Stabverhältnis: h/d = 2,5.

Tab. 3.3 Spannungsintensitätsfaktoren für den Zugstab mit Kreisloch und zwei vom Lochrand ausgehenden Rissen [23]

a/D	$\frac{K_I}{\sigma\cdot\sqrt{\pi\cdot a}}$	Kerbfaktordiagramm		Extrapolation	
		$\frac{K_I}{\sigma\cdot\sqrt{\pi\cdot a}}$	Abweichung von [23]	$\frac{K_I}{\sigma\cdot\sqrt{\pi\cdot a}}$	Abweichung von [23]
0,25	2,88 [25]	2,83	−1,7 %	2,80	−2,8 %
1,0	1,82 [26]	1,82	0 %	1,80	−1,1 %
2,33	–	1,36	–	1,38	–

Stabverhältnisse: (R+ a)/d= 0,5 und h/d= 5.

Abb. 3.35 Isochromatenbild im Kerbgrund bei Schubbeanspruchung [23]

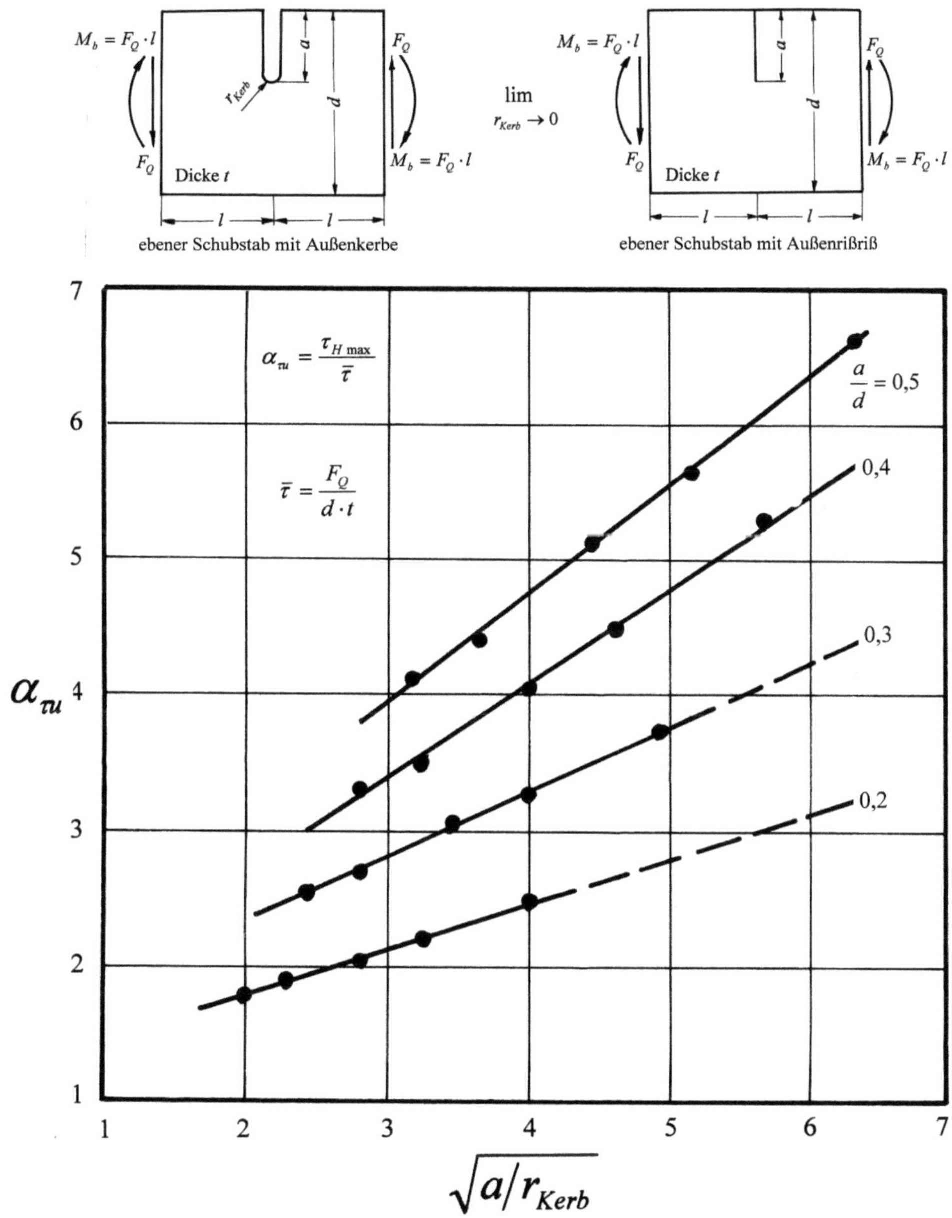

Abb. 3.36 Kerbfaktordiagramm für den ebenen Schubstab mit Außenkerbe bzw. Außenriß (o spannungsoptischer Meßwert, —— Regressionsgerade) [23]

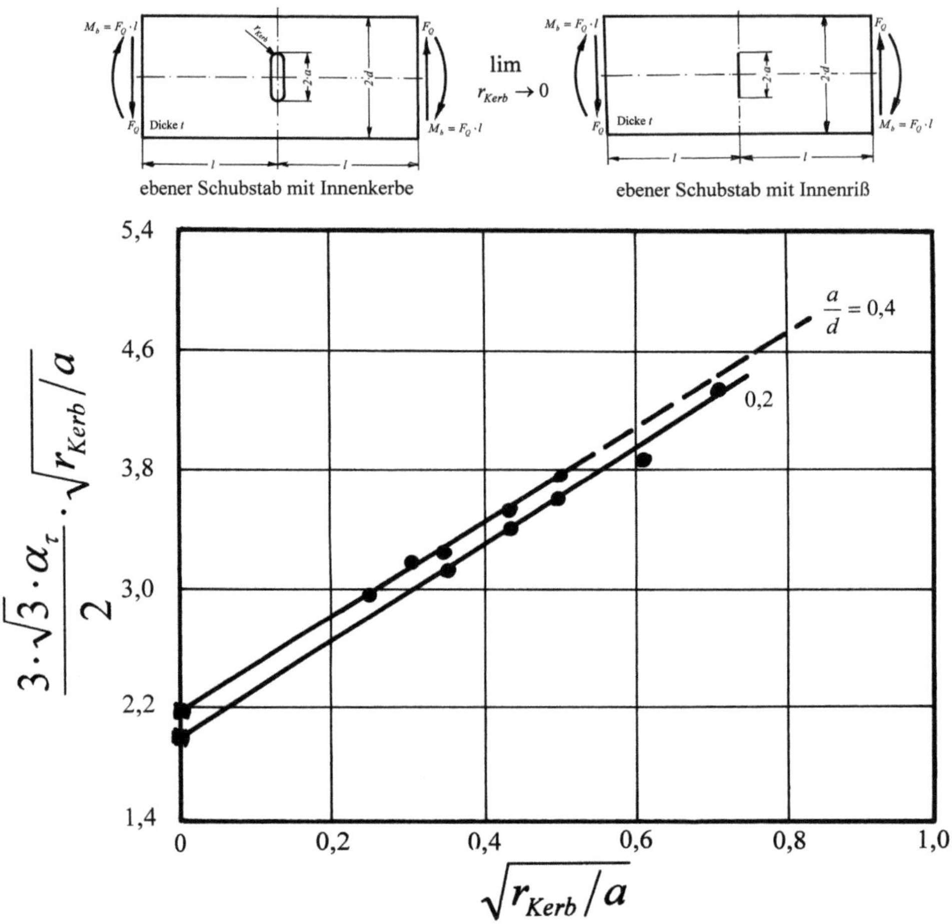

Abb. 3.37 Kerbfaktordiagramm für den ebenen Schubstab mit innerer Querkerbe bzw. innerem Querriß (o spannungsoptischer Meßwert, ——— Regressionsgerade) [23]

$$\frac{K_{II}}{\tau_{nom} \cdot \sqrt{\pi \cdot a}} = \frac{3 \cdot \sqrt{3}}{2} \cdot \frac{d\alpha_\tau}{d\sqrt{a/r_{Kerb}}}. \tag{3.66}$$

Durch Extrapolation mit Hilfe der Regressionsgeraden für die über $\sqrt{r_{Kerb}/a}$ aufgetragenen Werte ${}^{3\cdot\sqrt{3}}\!/_{2} \cdot \sqrt{r_{Kerb}/a} \cdot \alpha_\tau$ folgt die Beziehung (Abb. 3.37).

$$\frac{K_{II}}{\tau_{nom} \cdot \sqrt{\pi \cdot a}} = \lim_{r_{Kerb} \to 0} \left(\frac{3 \cdot \sqrt{3}}{2} \cdot \sqrt{r_{Kerb}/a} \cdot \alpha_\tau \right). \tag{3.67}$$

Sind die Kerben durch gemischte Beanspruchung charakterisiert, so lassen sich aus den Kerbgrundspannungen ebenfalls die zutreffenden Spannungsintensitätsfaktoren ermitteln (siehe [23]).

3.6.3 SIF-Ermittlung aus der Nachgiebigkeit

Wie aus den Betrachtungen zur Ableitung der Energiefreisetzungsrate zu entnehmen ist, stehen die Energiefreisetzungsrate und die Spannungsintensitätsfaktoren in einem engen Zusammenhang zueinander über die Deformationsenergie des rißbehafteten, elastisch beanspruchten Körpers. Andererseits ist die Deformationsenergie gleich der Arbeit der belastenden Kraft, wobei der Zusammenhang zur Ermittlung der Verschiebung des Kraftangriffspunktes gegeben ist durch die Größe der Federkonstanten. Diese Zusammenhänge lassen sich ausnutzen zur Bestimmung der Spannungsintensitätsfaktoren rißgeschädigter Bauteile.

Der Zusammenhang zwischen einer belastenden Kraft F_y und der Verschiebung des Kraftangriffspunktes ist gegeben durch die Federkonstante c entsprechend der Beziehung

$$F_y = c \cdot v_F. \tag{3.68}$$

Die Deformationsenergie des elastisch beanspruchten, rißbehafteten Körpers ergibt sich zu

$$W = \frac{1}{2} \cdot F_y \cdot v_F = \frac{F_y^2}{2 \cdot c}. \tag{3.69}$$

Wird – wie in der Bruchmechanik üblich – nicht die Federkonstante c, sondern der Kehrwert der Federkonstanten, die Nachgiebigkeit C (engl.: compliance), betrachtet, so ergeben sich

$$C = \frac{1}{c} = \frac{v_F}{F_y} \tag{3.70}$$

und

$$W = \frac{F_y^2 \cdot C}{2}. \tag{3.71}$$

Die Nachgiebigkeit der Probe oder des Bauteils hängt von der Größe a des vorhandenen Risses ab. Ändert der Riß seine Größe, so vermindert sich auch die Größe der Deformationsenergie. Es folgt bei gleichbleibender Kraft

$$\frac{\mathrm{d}W}{\mathrm{d}a} = -\frac{F_y^2}{2} \cdot \frac{\mathrm{d}C}{\mathrm{d}a}. \tag{3.72}$$

Wird in dieser Beziehung im Nenner nicht die differentielle Rißlängenänderung da, sondern durch Multiplikation mit der Proben- oder Bauteildicke die Rißflächenänderung d$A = \mathrm{d}a \cdot B$ betrachtet, so folgt

$$\mathfrak{G} = -\frac{\partial W}{\partial A} = \frac{F_y^2}{2 \cdot B} \cdot \frac{dC}{da}. \tag{3.73}$$

Bei Beschränkung auf die Rißöffnungsart I ergibt sich der Zusammenhang

$$\frac{K_I^2}{E'} = \frac{F_y^2}{2 \cdot B} \cdot \frac{dC}{da} \tag{3.74}$$

Abb. 3.38 Durch eine Kraft quer belasteter Längsriß an einem kompakten Bauteil

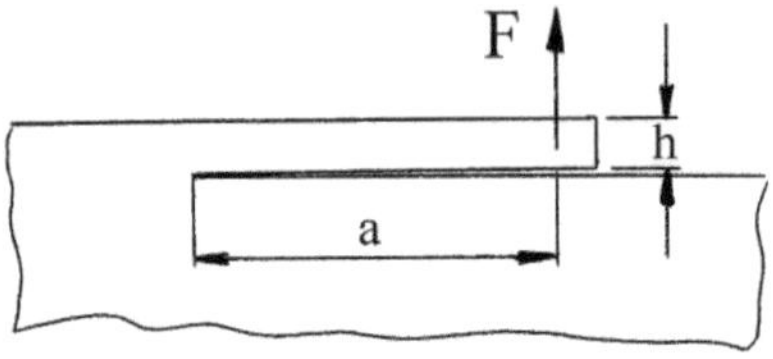

Der Spannungsintensitätsfaktor läßt sich nunmehr bestimmen durch

$$K_I = \sqrt{\frac{E' \cdot F_y^2}{2 \cdot B} \cdot \frac{dC}{da}}, \tag{3.75}$$

wobei wegen des unterschiedlichen Wertes der Größe E' sich für den ebenen Spannungszustand mit $E' = E$ und den ebenen Dehnungszustand mit $E' = E/(1 - \nu^2)$ unterschiedliche Werte ergeben. Wird die Änderung der Nachgiebigkeit nicht in Abhängigkeit von der Rißgröße a, sondern von der relativen Rißgröße a/W berücksichtigt, so folgt

$$K_I = \sqrt{\frac{E' \cdot F_y^2}{2 \cdot B \cdot W} \cdot \frac{dC}{d(a/W)}}. \tag{3.76}$$

Diese Beziehungen können sowohl zur rechnerischen, als auch zur experimentellen Bestimmung von Spannungsintensitätsfaktoren verwendet werden.

Wird als Beispiel das in Abb. 3.38 dargestellte System eines Trägers mit Längsriß unter der Wirkung einer quer zum Riß wirkenden Kraft betrachtet, und wird vorausgesetzt, daß die Biegedeformation des belasteten Teils sich ausreichend genau mit Hilfe der Balkentheorie bestimmen läßt, so folgt entsprechend den Gesetzen der Festigkeitslehre

$$v_F = w_{\max} = \frac{F_y \cdot a^3}{3 \cdot E \cdot I} \quad \text{mit} \quad I = \frac{B \cdot h^3}{12} \tag{3.77}$$

die Nachgiebigkeit zu

$$C = \frac{v_F}{F_y} = \frac{a^3}{3EI} = \frac{a^3 \cdot 12}{3 \cdot E \cdot B \cdot h^3}. \tag{3.78}$$

Die Änderung der Nachgiebigkeit C mit der Rißlänge a ist

$$\frac{dC}{da} = \frac{3a^2 \cdot 12}{3E \cdot B \cdot h^3} = \frac{12 \cdot a^2}{E \cdot B \cdot h^3}. \tag{3.79}$$

Der Spannungsintensitätsfaktor ergibt sich somit zu.

$$K_I = \sqrt{6} \cdot \sqrt{\frac{E'}{E}} \cdot \frac{F_y \cdot a}{B \cdot h^{3/2}}. \tag{3.80}$$

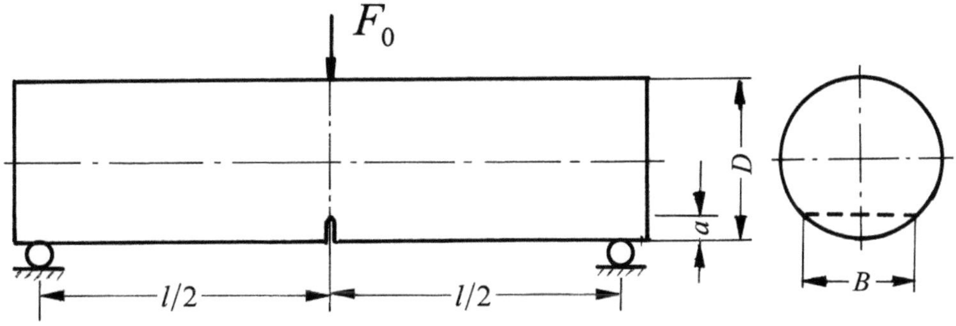

Abb. 3.39 Schematische Darstellung der Achse unter Drei-Punkt-Biegung [27]

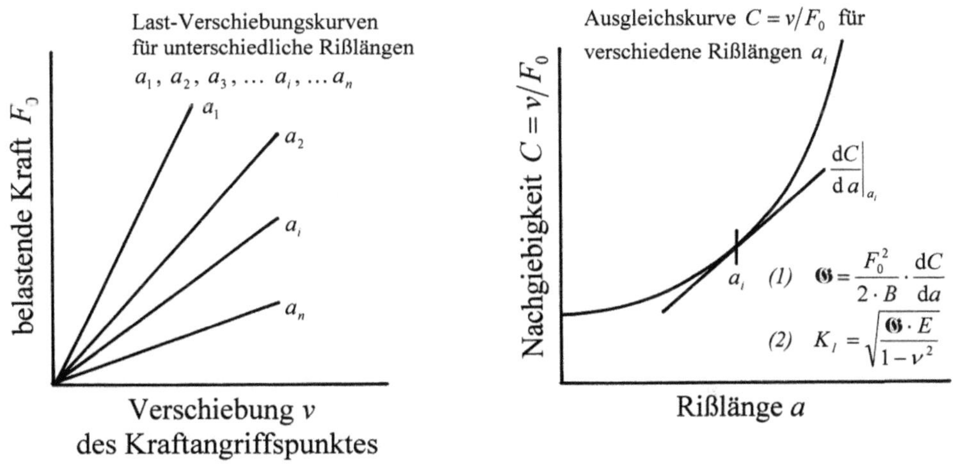

Abb. 3.40 Experimentell ermittelte Kraft-Verschiebungskurven und die daraus abgeleitete Nachgiebigkeit [27]

Soll die Bestimmung des Spannungsintensitätsfaktors auf experimenteller Grundlage erfolgen, so muß das entsprechende Bauteil mit einem Riß oder einer schmalen Kerbe versehen werden (siehe Abb. 3.39). Für die jeweilige Rißtiefe ist die Kraft über der Verschiebung des Kraftangriffspunktes experimentell zu ermitteln, wobei zu beachten ist, daß das Bauteil keine (makroskopisch feststellbaren) bleibende Deformation aufweisen darf! Die Kraft-Verschiebungs-Kurven sind für mehrere Rißgrößen (oder Kerbtiefen) zu ermitteln. Für jede absolute oder relative Rißtiefe ist die Nachgiebigkeit über der Rißgröße aufzutragen. Die Punkte sind durch eine Kurve darzustellen. Aus der Steigung dieser Kurven läßt sich schließlich die gesuchte Änderung der Nachgiebigkeit bestimmen (siehe Abb. 3.40).

Nachfolgend sind die Schritte zur experimentellen Ermittlung der Spannungsintensitätsfaktoren für sägeförmige Querrisse in Voll- und Hohlachsen mit vorgegebenen Verhältnissen

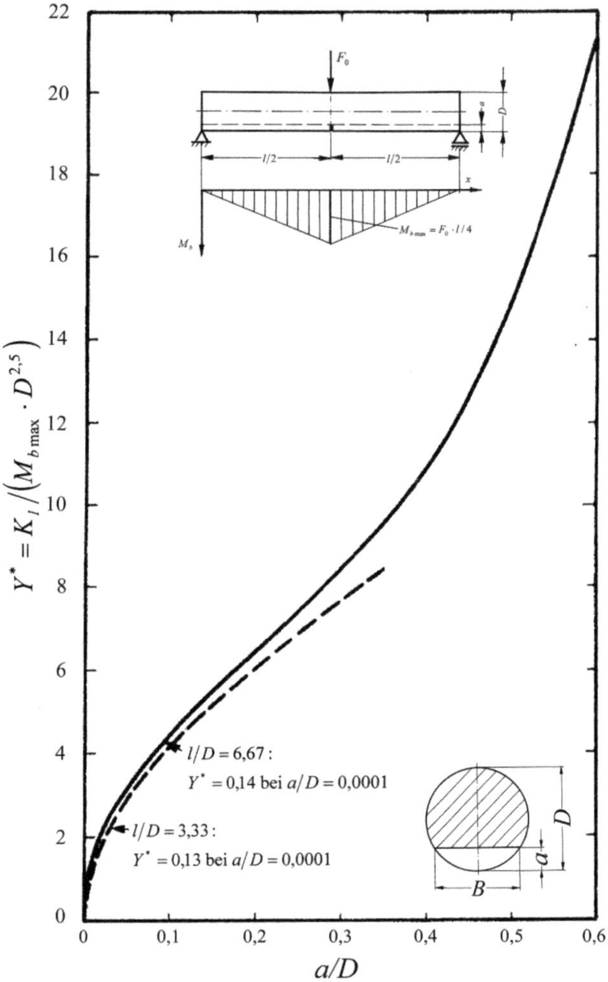

Abb. 3.41 Normierte Darstellung der Spannungsintensitätsfaktoren für sägeschnittförmige Querrisse in biegebeanspruchten Achsen mit Vollquerschnitt [27]

des Durchmessers zur Achsenlänge nach Untersuchungen von BUSH [27] wiedergegeben (Abb. 3.41 und 3.42).

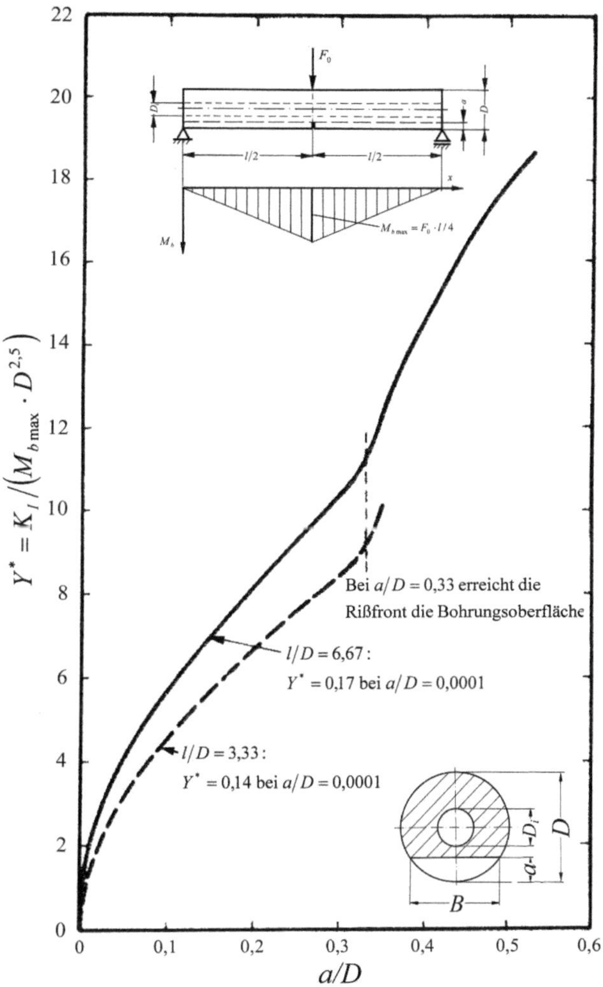

Abb. 3.42 Normierte Darstellung der Spannungsintensitätsfaktoren für sägeschnittförmige Querrisse in biegebeanspruchten Achsen mit Hohlquerschnitt [27]

3.6.4 FEM-Berechnung von Spannungsintensitätsfaktoren

Die Methode der finiten Elemente ist ein in der Strukturmechanik bewährtes Näherungsverfahren zur rechnerischen Ermittlung der Verschiebungen, der Verzerrungen (Dehnungen, Winkeländerungen) sowie der Spannungen in geometrisch meist kompliziert gestalteten und komplex belasteten Bauteilen.

Die Finite-Element-Methode ist dadurch charakterisiert, daß der im allgemeinen komplizierte Verschiebungszustand bereichsweise, d. h. innerhalb der finiten Elemente, durch einfache Näherungsansätze (mit anzupassenden Freiwerten) beschrieben wird. Aus den Verschiebungen lassen sich durch Differenzieren die zugehörigen Verzerrungen und aus diesen mit Hilfe des Werkstoffgesetzes die Spannungen bestimmen. Damit die finiten Elemente in ihrer Gesamtheit das Verhalten der Struktur auch zutreffend beschreiben, müssen die Verschiebungen der einzelnen Elemente an den sie verbindenden Stellen, d. h. an den Knoten, übereinstimmen. Die Forderung, daß sich die Struktur im Gleichgewichtszustand befindet und daß sich dementsprechend die potentielle Energie als Minimum einstellt, führt zu dem linearen Gleichungssystem in Matrixschreibweise

$$[K] \cdot \{u\} = \{F\} \tag{3.81}$$

mit $[K]$ als der Systemsteifigkeitsmatrix,
$\{u\}$ als der Matrix der Knotenpunktsverschiebungen und
$\{F\}$ als der Matrix der Knotenkräfte.

Die Systemsteifigkeitsmatrix ist bezüglich der von links oben nach rechts unten verlaufenden Hauptdiagonalen symmetrisch aufgebaut mit einer ausgeprägten Bandstruktur. Die Systemsteifigkeitsmatrix ergibt sich gemäß

$$[K] = \sum_{Elemente} [K]_{Elemente} \tag{3.82}$$

aus der Summation der Element-Steifigkeitsmatrizen.

Ist die Lösung des linearen Gleichungssystems, d. h. die Matrix der Knotenpunktsverschiebungen, bekannt, so lassen sich die interessierenden Größen, nämlich die Verzerrungen und die Spannungen, gemäß den zutreffenden Beziehungen bestimmen. Diese Vorgehensweise trifft sowohl für rißfreie, als auch für rißbehaftete Strukturen zu.

Da ein Bauteil mit Riß auch im Extrem nicht als eindimensionales Bauteil, sondern als ebene oder als räumliche Struktur aufzufassen ist, sind im einfachsten Fall rechteckige Scheibenelemente mit linearem Verschiebungsansatz zu verwenden. Derartige Elemente sind für die zu untersuchende Rißproblematik jedoch nicht optimal, da sich die Verschiebungsansätze im finiten Element und im Bereich der Rißspitze mit der Spannungssingularität doch wesentlich unterscheiden. Bei Verwendung derartiger Elemente wäre eine sehr feine Unterteilung im Bereich der Rißspitze erforderlich.

Eine übliche Verbesserung bei FEM-Berechnungen ergibt sich, wenn statt eines linearen Ansatzes für die Verschiebungen eine quadratische Ansatzfunktion verwendet wird. Infolge der nichtlinearen Ansatzfunktion ist der mathematische Aufwand dann zwar größer, doch kann die Vernetzung bei gleicher Genauigkeit dann grober gewählt werden. Die finiten Elemente mit quadratischem Verschiebungsansatz sind dadurch charakterisiert, daß sie Zwischenknoten besitzen, die üblicherweise in den Seitenmitten der Elemente angeordnet werden.

Da die Vernetzung mit Rechteckelementen nicht immer möglich ist, werden statt dessen verallgemeinerte schiefwinklige oder sogenannte isoparametrische Elemente verwendet, die sich aus Rechteckelementen durch geeignete Transformationen gewinnen lassen. Der Vorteil der isoparametrischen Elemente mit nichtlinearem Verschiebungsansatz ist, daß

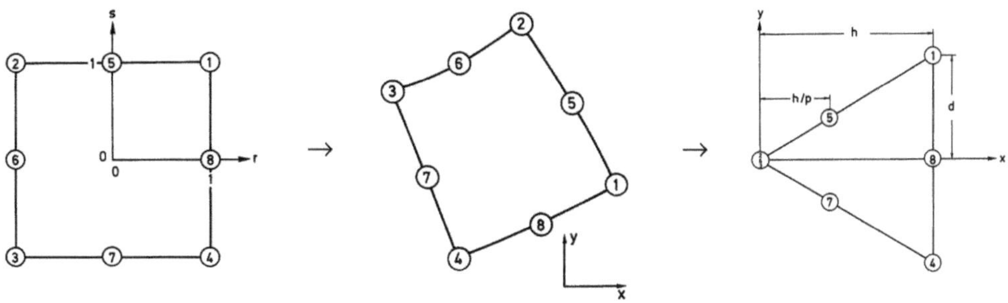

Abb. 3.43 Der Übergang vom 8-Knoten-Rechteckscheibenelement zum isoparametrischen 8-Knoten-Scheibenelement und zum degenerierten Rißspitzenelement (mit $p = 4$) [30]

Abb. 3.44 Zur FEM-Berechnung der Spannungsintensitätsfaktoren aus der Verschiebung der Knoten der Rißufer

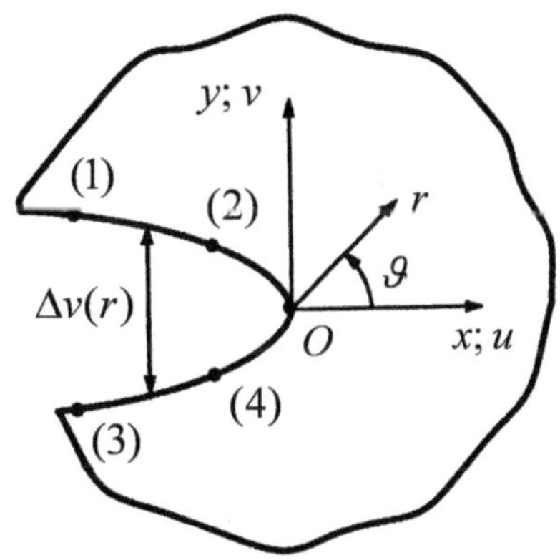

durch sie der Verschiebungszustand besser als durch einen linearen Ansatz beschrieben wird, und daß sich auch gekrümmte Element- oder Strukturberandungen berücksichtigen lassen.

Henshell und Shaw [28] sowie Barsoum [29] wiesen nach, daß sich aus 8-knotigen Scheibenelementen durch geeignete Wahl der Knotenpunktskoordinaten finite Elemente mit Singularitätseigenschaften gewinnen lassen. Wird angenommen, daß die Knoten einer Seite, beispielsweise die Knoten ②, ⑥ und ③ zu einem Punkt zusammenfallen, der dann identisch mit der Rißspitze ist, und daß die Knoten ⑤ und ⑦ nicht auf den Seitenmitten, sondern auf dem Viertelpunkt der jeweiligen Seite nahe der Rißspitze liegen, so haben diese entarteten Scheibenelemente (vgl. Abb. 3.43) die für den Zustand im Rißspitzenbereich charakteristische Spannungssingularität. Der Materialbereich um die Rißspitze wird nun mit den Rißspitzenelementen vernetzt, während für die weiter von der Rißspitze entfernten Bereiche andere Elementen verwendet werden.

Ist das lineare Gleichungssystem für die Knotenpunktverschiebungen gelöst, so eröffnen sich unterschiedliche Möglichkeiten zur Gewinnung der interessierenden Spannungsintensitätsfaktoren und zwar

- aus den Spannungen,
- aus den Verschiebungen und
- aus energetischen Ausdrücken.

Die Beziehungen zur Ermittlung der Spannungsintensitätsfaktoren sind im Abschn. 3.3.1 wie folgt angegeben

$$\left.\begin{aligned} K_I &= \lim_{r\to 0}\left[\sigma_y(r,\vartheta=0)\cdot\sqrt{2\pi\cdot r}\right]\\ K_{II} &= \lim_{r\to 0}\left[\tau_{xy}(r,\vartheta=0)\cdot\sqrt{2\pi\cdot r}\right]\\ K_{III} &= \lim_{r\to 0}\left[\tau_{yz}(r,\vartheta=0)\cdot\sqrt{2\pi\cdot r}\right]. \end{aligned}\right\} \tag{3.83}$$

Anzumerken ist jedoch, daß die mittels der FEM berechneten Spannungen mit relativ großen Ungenauigkeiten behaftete sind gegenüber den Verschiebungen, so daß es nicht optimal ist, die Spannungsintensitätsfaktoren aus den berechneten Spannungen abzuleiten.

Günstiger ist es, die Spannungsintensitätsfaktoren direkt aus den Verschiebungen in der Umgebung der Rißspitze zu bestimmen (Abb. 3.44). Der Spannungsintensitätsfaktor K_I läßt sich aus der Verschiebung v der Rißufer in y-Richtunggewinnen. Die maßgebende Verschiebungsdifferenz ist gegeben durch die Beziehungen

$$\begin{aligned} &v(r,\pi)-v(r,-\pi)=\\ &=\frac{K_I}{2G}\cdot\sqrt{\frac{r}{2\pi}}\cdot\left[(\kappa+1)\cdot\sin\frac{\pi}{2}-(\kappa-\cos\pi)\cdot\sin\frac{-\pi}{2}\right]=\\ &=\frac{K_I}{2G}\cdot\sqrt{\frac{r}{2\pi}}\cdot\left[(\kappa+1)+(\kappa+1)\right]=\frac{K_I\cdot(\kappa+1)}{G}\cdot\sqrt{\frac{r}{2\pi}} \end{aligned} \tag{3.84}$$

Hieraus folgt

$$K_I=\frac{[v(r,\pi)-v(r,-\pi)]\cdot G}{\kappa+1}\cdot\sqrt{\frac{2\pi}{r}}. \tag{3.85}$$

Der Spannungsintensitätsfaktor K_{II} läßt sich aus der Verschiebung u der Rißufer in x-Richtung bestimmen. Die maßgebende Verschiebungsdifferenz ist gegeben durch die Beziehungen

$$\begin{aligned} u(r,\pi)-u(r,-\pi)&=\frac{K_{II}}{2G}\cdot\sqrt{\frac{r}{2\pi}}\cdot\left[(\kappa+2+\cos\pi)\cdot\sin\frac{\pi}{2}-(\kappa+2+\cos(-\pi))\cdot\sin\frac{-\pi}{2}\right]=\\ &=\frac{K_{II}}{2G}\cdot\sqrt{\frac{r}{2\pi}}\cdot[(\kappa+2-1)+(\kappa+2-1)]=\frac{K_{II}\cdot(\kappa+1)}{G}\cdot\sqrt{\frac{r}{2\pi}} \end{aligned} \tag{3.86}$$

Hieraus folgt

$$K_{II}=\frac{[u(r,\pi)-u(r,-\pi)]\cdot G}{\kappa+1}\cdot\sqrt{\frac{2\pi}{r}}. \tag{3.87}$$

Bei reiner Modus-I- oder Modus-II-Beanspruchung genügt es, die Verschiebung eines auf der Rißfläche gelegenen Punktes zu betrachten (Abb. 3.44). Gegebenenfalls muß nun noch der Grenzübergang $r \to 0$ durchgeführt werden, was bei der Verwendung des isoparametrischen Rißspitzenelementes und der Knoten dieses Elementes nicht erforderlich ist:

$$K_I = \lim_{r \to 0} \frac{[v(r,\pi) - v(r,-\pi)] \cdot G}{\kappa + 1} \cdot \sqrt{\frac{2\pi}{r}} \tag{3.88}$$

$$K_{II} = \lim_{r \to 0} \frac{[u(r,\pi) - u(r,-\pi)] \cdot G}{\kappa + 1} \cdot \sqrt{\frac{2\pi}{r}}. \tag{3.89}$$

Üblicherweise werden die angegebenen Formeln zur Bestimmung der Spannungsintensitätsfaktoren unter der Annahme eines ebenen Dehnungszustandes mit

$$\kappa = 3 - 4 \cdot \nu \tag{3.90}$$

ausgewertet, auch wenn sich der betrachtete Rißfrontpunkt schon nahe der Bauteiloberfläche befindet.

Ein hinsichtlich der Genauigkeit von FEM-Berechnungen von Spannungsintensitätsfaktoren recht aufschlußreiches Beispiel gibt Kienzler [31] an. In der unendlich ausgedehnten Scheibe unter konstanter Zugbeanspruchung ergeben sich die Spannungsintensitätsfaktoren für einen geneigten Riß der Länge $2a$ gemäß den Beziehungen

$$K_I = \sigma_{nom.} \cdot \sqrt{\pi \cdot a} \cdot \sin^2\alpha \tag{3.91}$$

$$K_{II} = \sigma_{nom.} \cdot \sqrt{\pi \cdot a} \cdot \sin\alpha \cdot \cos\alpha. \tag{3.92}$$

Zur Gewinnung der FEM-Ergebnisse wurden die in Abb. 3.45 dargestellten Vernetzungen berücksichtigt. Als Zahlenwerte wurden für die Berechnungen berücksichtigt:

halbe Rißlänge	$a = 10\ mm$	Neigungswinkel	$\beta = 30°$
Elastizitätsmodul	$E = 100\ GPa$	Querkontraktionszahl	$\nu = 0{,}3$
nominelle Spannung	$\sigma_{nom} = 1\ MPa$		

Die berechneten Spannungsintensitätsfaktoren sind unter der Annahme eines ebenen Deformationszustandes (im Inneren einer dicken Scheibe) in der folgenden Übersicht zusammengestellt (Tab. 3.4).

Die Berechnungsergebnisse zeigen sehr klar, daß mit einer ausreichend feinen Vernetzung die Spannungsintensitätsfaktoren sehr genau bestimmt werden können.

Eine weitere Möglichkeit zur rationellen Bestimmung der Spannungsintensitätsfaktoren ergibt sich, wenn die Berechnung in zwei Schritten vorgenommen wird. Statt eines Modells, in dem der Bereich um die Rißfront im Interesse der Genauigkeit sehr fein vernetzt wird,

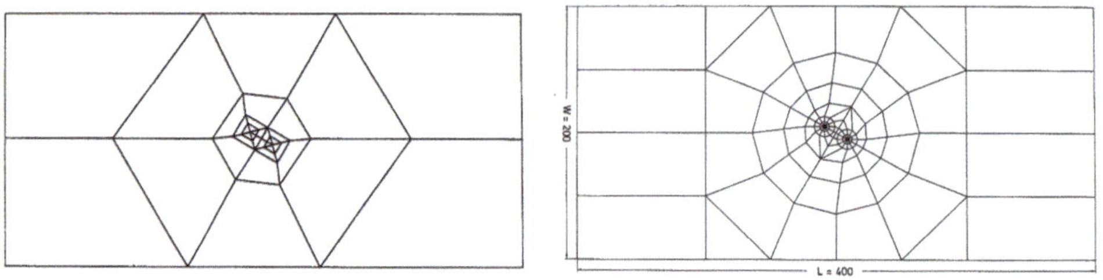

Grobe Vernetzung mit 36 Elementen und 232 Freiheitsgraden

Feine Vernetzung mit 144 Elementen und 862 Freiheitsgraden

Abb. 3.45 Vernetzung einer zugbeanspruchten Scheibe mit einer nominellen Spannung von 1 MPa an den Schmalseiten mit kleinem, unter 30° zur Horizontalen geneigten Riß in der Scheibenmitte [31]

Tab. 3.4 Angaben zur Genauigkeit der FEM-Berechnung von Spannungsintensitätsfaktoren [31]

Spannungsintensitätsfaktor	K_I in $N/mm^{3/2}$		K_{II} in $N/mm^{3/2}$	
Vernetzung	grob	fein	grob	fein
analytische Lösung	1,40		2,43	
aus Spannungen	1,60	1,42	1,83	2,46
aus Verschiebungen	1,33	1,42	2,57	2,46
aus Energiebetrachtungen	1,24	1,42	2,52	2,44

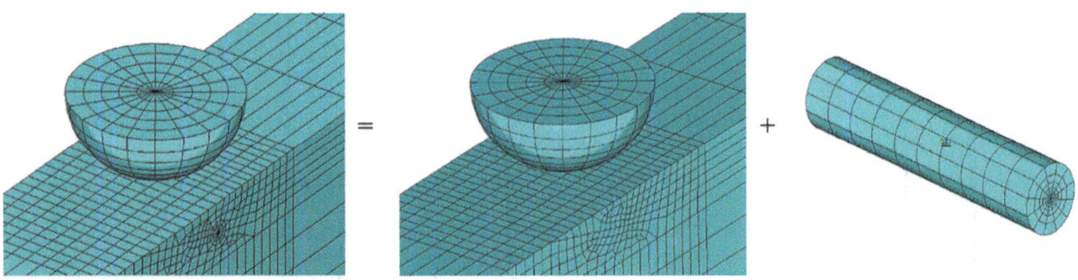

Abb. 3.46 Die Zerlegung eines Finite-Element-Modells mit Riß in ein Modell mit grobvernetzter Rißumgebung und ein Submodell mit feinvernetztem Riß, an dessen Oberflächenknoten die Verschiebungen des Grobmodells zur Bestimmung der Spannungsintensitätsfaktoren vorgegeben werden

wird ein Modell mit relativ großer Vernetzung der Rißumgebung verwendet. Die in größerer Entfernung von der Rißfront dabei ermittelten Knotenpunktsverschiebungen werden dann direkt oder durch Interpolation bestimmt und auf die äußeren Knoten eines Submodells übertragen, das wesentlich feiner als das ursprüngliche Modell vernetzt ist. Mit Hilfe dieses Submodells werden dann die Spannungsintensitätsfaktoren bestimmt (Abb. 3.46).

3.6.5 SIF-Berechnung mit Gewichtsfunktionen

Die in Handbüchern und speziellen Publikationen angeführten Spannungsintensitätsfaktoren berücksichtigen neben einer speziellen Geometrie des Bauteils und des Risses spezifische Beanspruchungen, häufig in Form einer homogenen Zugbeanspruchung oder einer linear-veränderlichen Biegebeanspruchung. Die von Bückner [32] und Rice [33] entwickelte Gewichtsmethode (siehe u. a. Mattheck [34]) ermöglicht eine relativ bequeme Berechnung der Spannungsintensitätsfaktoren für die in den Referenzfällen vorgegebene Geometrie von Bauteil und Riß infolge anderer nomineller Beanspruchungen.

Die Spannungsintensitätsfaktoren lassen sich allgemein nach der Beziehung bestimmen

$$K_I = \int\limits_{(Riß)} \sigma_y(x) \cdot h(x) \cdot \mathrm{d}x. \tag{3.93}$$

Dabei sind

- $\sigma_y(x)$ die Normalspannung am Ort des zu berücksichtigenden Risses in der rißfreien Konstruktion und
- h die Gewichtsfunktion, die von der Geometrie des Risses und der Konstruktion, aber nicht von der Beanspruchung der Konstruktion abhängt.

Die Gewichtsfunktion ist definiert durch

$$h(L,x) = \frac{8 \cdot G}{1+\kappa} \cdot \frac{1}{K_I} \cdot \frac{\partial v}{\partial L} \quad \text{mit} \quad \kappa = \begin{cases} 3 - 4 \cdot \nu & \text{für } EDZ \\ \dfrac{3-\nu}{1+\nu} & \text{für } ESZ \end{cases} \quad \text{und} \quad G = \frac{E}{2 \cdot (1+\nu)}. \tag{3.94}$$

Für den Fall eines geraden Risses der Länge L in einer unendlich großen Scheiben mit einer konstanten Normalbeanspruchung σ_0 der Rißflächen ist die Normalverschiebung der Rißufer gegeben durch die Funktion

$$v(L,x) = \frac{\sigma_0 \cdot (1+\kappa)}{4 \cdot G} \cdot \sqrt{x \cdot (L-x)}. \tag{3.95}$$

Der zutreffende Spannungsintensitätsfaktor ist

$$K_I = \sigma_0 \sqrt{\frac{\pi}{2} \cdot L}. \tag{3.96}$$

Somit folgt für die Gewichtsfunktion

$$h(L,x) = \sqrt{\frac{2}{\pi \cdot L}} \cdot \sqrt{\frac{x}{L-x}}. \tag{3.97}$$

Unter Verwendung der Gewichtsfunktion $h(L, x)$ ergibt sich der Spannungsintensitätsfaktor zu

$$K_I = \sqrt{\frac{2}{\pi \cdot L}} \cdot \int_{x=0}^{L} \sigma_0 \cdot \sqrt{\frac{x}{L-x}} \cdot \mathrm{d}x. \tag{3.98}$$

Wird anstelle der speziellen Gewichtsfunktion die allgemeine Definition in die Beziehung für den Spannungsintensitätsfaktor berücksichtigt, so folgt

$$K_I = \int_{(Ri\beta)} \sigma_y(x) \cdot h(x) \cdot \mathrm{d}x = \frac{8 \cdot G}{1+\kappa} \cdot \frac{1}{K_I} \cdot \int_{(Ri\beta)} \sigma_y(x) \cdot \frac{\partial v}{\partial L} \cdot \mathrm{d}x. \tag{3.99}$$

Anzumerken ist, daß die unter dem Integral zu berücksichtigende Normalverschiebung v und der im Nenner auf der rechten Seite der Gleichung vorhandene Spannungsintensitätsfaktor K_I zum identischen Beanspruchungsfall gehören. Die letzte Beziehung läßt sich somit auch darstellen als die Grundgleichung der Gewichtsfunktionsmethode für den ebenen Fall

$$K_{neu} = \frac{E'}{K_{ref.}} \cdot \int_{x=0}^{a} \sigma_{neu}(x) \cdot \frac{\partial v_{ref.}}{\partial a} \cdot \mathrm{d}x = \int_{x=0}^{a} \sigma_{neu}(x) \cdot h(x, a) \cdot \mathrm{d}x, \tag{3.100}$$

wobei der Ausdruck

$$h(x, a) = \frac{E'}{K_{ref.}} \cdot \frac{\partial v_{ref.}(x, a)}{\partial a} \quad \text{mit } E' = \begin{cases} E & \text{für } ESZ \\ \dfrac{E}{1+\nu^2} & \text{für } EDZ \end{cases} \tag{3.101}$$

als Gewichtsfunktion bezeichnet wird. Sind für einen vorgegebenen Riß mit bekannter Belastung sowohl der Spannungsintensitätsfaktor $K_{ref.}$, als auch die Verschiebung $v(a, x)$der Rißufer in Richtung der y-Achse bekannt, so kann für die identische Rißgeometrie der Spannungsintensitätsfaktor K_{neu} infolge einer neuen nominellen Spannungsverteilung entlang der zu realisierenden Rißfront bestimmt werden. Da jedoch üblicherweise für bestimmte Rißkonfigurationen nur die nominelle Spannungsverteilung und der zutreffende Spannungsintensitätsfaktor bekannt sind, jedoch nicht die Rißuferverschiebung, ergeben sich gewisse Schwierigkeiten bei der Anwendung der obigen Gleichung.

Von Petroski und Achenbach [35] wurde eine Näherungsbeziehung für die Rißuferverschiebung angegeben, mit deren Hilfe sich die angedeuteten Schwierigkeiten überwinden lassen. Diese Näherungsbeziehung lautet

$$v_{ref.}(a, x) = \frac{\sigma_{ref.}}{E' \cdot \sqrt{2}} \cdot \left\{ 4 \cdot f(a) \cdot \sqrt{a} \cdot \sqrt{a-x} + \frac{g(a) \cdot (a-x)^{3/2}}{\sqrt{a}} \right\} \tag{3.102}$$

für den Spannungsintensitätsfaktor

$$K_{ref.} = \sigma_{nom\,ref.} \cdot \sqrt{\pi \cdot a} \cdot f(a). \tag{3.103}$$

Die vorerst unbekannte Funktion $g(a)$, mit deren Hilfe das Nahfeld um die Rißspitze für die rißspitzenfernen Bereiche korrigiert wird, läßt sich bestimmen, da ja die oben angegebenen Grundgleichung nicht nur für neue Belastungsfälle, sondern auch für den Referenzfall selber zutreffend sein muß. Durch Einsetzen der Näherungsbeziehung in die Grundgleichung folgt

$$g(a) = \frac{\left[J_1(a) - 4 \cdot f(a) \cdot \sqrt{a} \cdot J_2(a)\right] \cdot \sqrt{a}}{J_3(a)} \tag{3.104}$$

$$\left.\begin{aligned} \text{mit} \quad J_1(a) &= \pi \cdot \sqrt{2} \cdot \sigma_{nom\,ref.} \cdot \int_0^a f^2(a) \cdot a \cdot da \\ J_2(a) &= \int_0^a \sigma_{ref.}(x) \cdot \sqrt{a-x} \cdot dx \\ J_3(a) &= \int_0^a \sigma_{ref.}(x) \cdot (a-x)^{3/2} \cdot dx. \end{aligned}\right\} \tag{3.105}$$

Die Methode der Gewichtsfunktionen wird in dem umfangreichen Werk von FETT und MUNZ [36] ausführlich behandelt.

3.6.6 SIF-Ermittlung aus Rißwachstumsmessungen

Eine Möglichkeit, auf experimentellem Wege Spannungsintensitätsfaktoren zu ermitteln, ist durch den Vergleich der Rißwachstumseigenschaften einer Standardprobe und des zu untersuchenden rißgeschädigten Bauteils aus identischem Material bei identischen Beanspruchungsbedingungen gegeben. Derartige experimentelle Untersuchungen führte u. a. Prokopenko [37] durch, um die Spannungsintensitätsfaktoren für Querrisse in einem kreiszylindrischen Bauteil bei Umlaufbiegung zu ermitteln.

Den Ausgangspunkt der Untersuchungen bildet die Analyse der Rißwachstumseigenschaften mit Hilfe einer prismatischen Probe mit quadratischem Querschnitt aus dem Stahl 10ГН2МФА (mit einer Streckgrenze $R_{p0,2} = 492\,MPa$, einer Zugfestigkeit $R_m = 626\,MPa$, einer Bruchdehnung $A = 24{,}9\%$, einer Brucheinschnürung $Z = 69{,}7\%$ sowie einer Biegewechselfestigkeit $\sigma_{-1} = 348\ MPa$). Unter Verwendung der prismatischen, einseitig eingespannten Probe (siehe Abb. 3.47) ergab sich unter der einwirkenden Biegewechselbeanspruchung von 50 Hz bei Raumtemperatur das ebenfalls in Abb. 3.47 wiedergegebene Streufeld der Rißwachstumsrate in Abhängigkeit des Maximalwertes des Spannungsintensitätsfaktors.

Die Darstellung der Ergebnisse der Rißwachstumsversuche erfolgt üblicherweise mit Hilfe des Rißwachstumsgesetzes von PARIS als Regressionsfunktion

$$\frac{\mathrm{d}a}{\mathrm{d}N} = C \cdot \Delta K^n \tag{3.106}$$

Abb. 3.47 Ansicht der Probe und der mit ihr ermittelten Rißwachstumseigenschaften bei wechselnder Biegung [37]

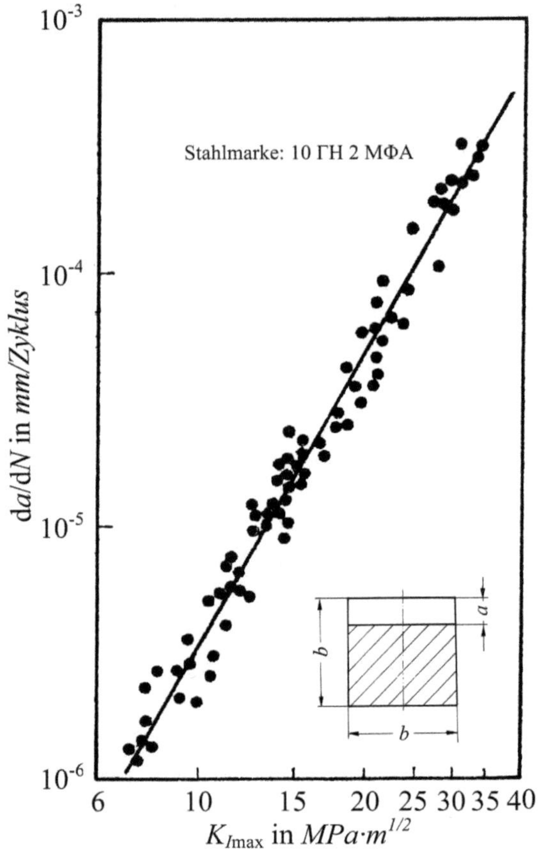

Berücksichtigt werden muß bei der vorliegenden Biegewechselbeanspruchung, daß die Schwingweite des Spannungsintensitätsfaktors gegeben ist zu

$$\Delta K = \begin{cases} K_{I\,\max} - K_{I\,\min} & \text{für } K_{I\,\min} \geq 0 \text{ bzw. } \sigma_{\min} \geq 0 \\ K_{I\,\max} & \text{für } \sigma_{\min} \leq 0. \end{cases} \tag{3.107}$$

Da Spannungsintensitätsfaktoren für zusammengedrückte Risse nicht definiert sind, ergibt sich somit gemäß

$$\frac{\mathrm{d}a}{\mathrm{d}N} = C \cdot K_{I\,\max}^{n}. \tag{3.108}$$

Bei gleichartigen Rißwachstumsuntersuchungen an Proben mit einem Riß, dessen Spannungsintensitätsfaktor bestimmt werden soll, kann auf der Oberfläche experimentell die

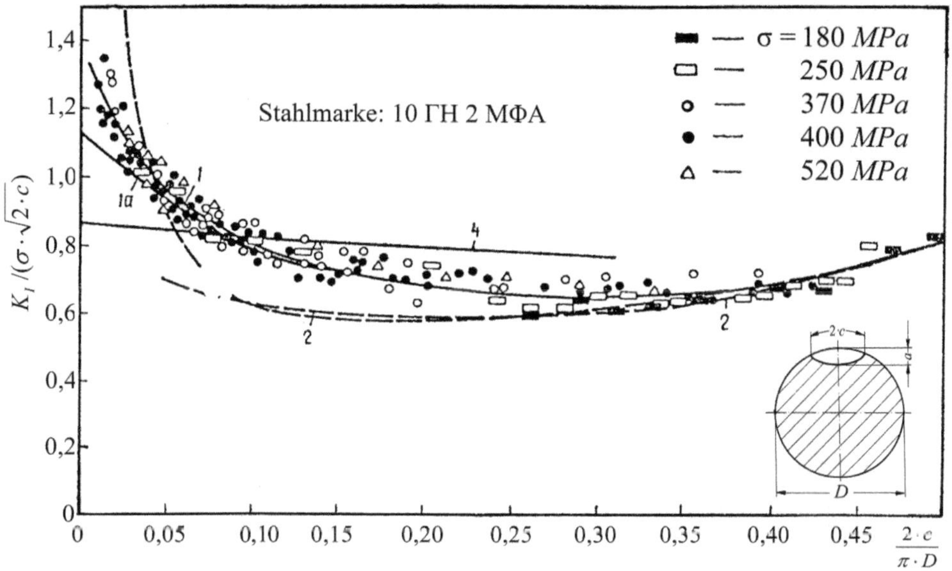

Abb. 3.48 Darstellung des Streufeldes der Spannungsintensitätsfaktoren für den Durchstoßungspunkt der Rißfront mit der Bauteiloberfläche bei Umlaufbiegung im Vergleich mit den Resultaten anderer Untersuchungen [37]

Rißwachstumsrate da/dN bestimmt werden. Vorausgesetzt werden muß eine Identität des Werkstoffs, des Beanspruchungsverhältnisses und der Frequenz (Abb. 3.48).

Um die Ergebnisse in eine anwendbare Form zu bringen, kann das Streufeld durch eine Regressionsfunktion charakterisiert werden. In Abhängigkeit von der gesamten Rißlänge $2c$ auf der Oberfläche, relativiert durch den Umfang der Achse, ergibt sich der Spannungsintensitätsfaktor nach [37] zu

$$\left.\begin{aligned} &K_{I\ Oberfläche} = \sigma_b \cdot \sqrt{2 \cdot c} \cdot Y \\ &\text{mit} \quad Y = 1{,}3178 - 8{,}7631 \cdot \alpha + 45{,}434 \cdot \alpha^2 - 105{,}89 \cdot \alpha^3 + 92{,}358 \cdot \alpha^4 \\ &\text{und} \quad \sigma_b = \frac{M_b}{W_b} \text{ sowie } \alpha = \frac{2 \cdot c}{\pi \cdot D} \end{aligned}\right\} \qquad (3.109)$$

3.6.7 SIF-Ermittlung mit Hilfe spannungsoptischer Versuche [38]

Die Spannungen vor der Rißspitze ergeben sich für die ebene Mixed-Mode-Beanspruchung für die Rißöffnungsarten I und II zu

$$\left.\begin{aligned}\sigma_x &= \frac{K_I}{\sqrt{2\cdot\pi\cdot r}}\cdot\left(1-\sin\frac{\vartheta}{2}\cdot\sin\frac{3\vartheta}{2}\right)\cdot\cos\frac{\vartheta}{2}-\frac{K_{II}}{\sqrt{2\cdot\pi\cdot r}}\cdot\left(2+\cos\frac{\vartheta}{2}\cdot\cos\frac{3\vartheta}{2}\right)\cdot\sin\frac{\vartheta}{2}\\ \sigma_y &= \frac{K_I}{\sqrt{2\cdot\pi\cdot r}}\cdot\left(1+\sin\frac{\vartheta}{2}\cdot\sin\frac{3\vartheta}{2}\right)\cdot\cos\frac{\vartheta}{2}+\frac{K_{II}}{\sqrt{2\cdot\pi\cdot r}}\cdot\cos\frac{\vartheta}{2}\cdot\cos\frac{3\vartheta}{2}\cdot\sin\frac{\vartheta}{2}\\ \tau_{xy} &= \frac{K_I}{\sqrt{2\cdot\pi\cdot r}}\cdot\sin\frac{\vartheta}{2}\cdot\cos\frac{3\vartheta}{2}\cdot\cos\frac{\vartheta}{2}+\frac{K_{II}}{\sqrt{2\cdot\pi\cdot r}}\cdot\left(1-\sin\frac{\vartheta}{2}\cdot\sin\frac{3\vartheta}{2}\right)\cdot\cos\frac{\vartheta}{2}\end{aligned}\right\} \tag{3.110}$$

Die Beziehungen beschreiben den Spannungszustand in der Umgebung der Rißspitze innerhalb des Gültigkeitsbereiches der Nahfeldlösung, der nach innen begrenzt ist durch die plastische Zone und nach außen durch die zunehmende Dominanz des nominellen Spannungszustandes. Wird aus diesen Spannungskomponenten für den betrachteten Ort mit den Polarkoordinaten r und ϑ die maximale Schubspannung entsprechend dem Radius des Mohrschen Spannungskreises bestimmt, so ergibt sich die Beziehung

$$\tau_{\max}^2 = \frac{K_I^2}{8\cdot\pi\cdot r}\cdot\sin^2\vartheta+\frac{K_I\cdot K_{II}}{4\cdot\pi\cdot r}\cdot\sin 2\vartheta+\frac{K_{II}^2}{2\cdot\pi\cdot r}\cdot\left(1-\frac{3}{4}\cdot\sin^2\vartheta\right). \tag{3.111}$$

Die Größe der Hauptschubspannung vor der Rißspitze läßt sich mit Hilfe spannungsoptischer Versuche relativ leicht bestimmen, da die Hauptschubspannung proportional der Isochromatenordnung ist. Um die obige Gleichung zur Bestimmung der Spannungsintensitätsfaktoren K_I und K_{II} nutzen zu können, müssen zwei Punkte im Rißspitzenbereich betrachtet werden.

Die Nutzung der dargelegten Beziehungen wurde von Cheng [38] veranschaulicht mit Hilfe spannungsoptischer Versuche eines 4,5“ breiten, 1,5“ dicken und 15“ langen Modells, in welchem die Zugspannungen infolge einer Belastung von 40 *lb* eingefroren worden waren. Aus diesem Modell wurden dünne Scheiben der Dicke von 0,044“ herausgearbeitet mit dem Riß von 0,985“ Länge und einer Neigung von 87,5° gegenüber der Richtung der äußeren Belastung. Im rechten Teil von Abb. 3.49 sind die 16 Punkte des Nahspannungsfeldes dargestellt, in denen die Isochromaten bzw. die Hauptschubspannungen bestimmt worden sind. Anzumerken ist, daß die Genauigkeit der Ermittlung der Isochromaten-Ordnung bei spannungsoptischen Untersuchungen etwa $\pm 0{,}02$ beträgt.

Mit den aus der Messung bekannten Isochromaten- bzw. Schubspannungswerte der einzelnen Meßstellen kann für vorgegebene Werte von K_I aus Gl. (3.111) der zutreffende Wert für K_{II} ermittelt werden.

Die Gleichung für die Hauptschubspannungen, Gl. (3.111), ergibt sich mathematisch als Ellipsengleichung. Die graphische Darstellung der unterschiedlichen Ellipsen anhand der durchgeführten Messungen ist in Abb. 3.50 wiedergegeben. Aus den beiden Schnittpunkten

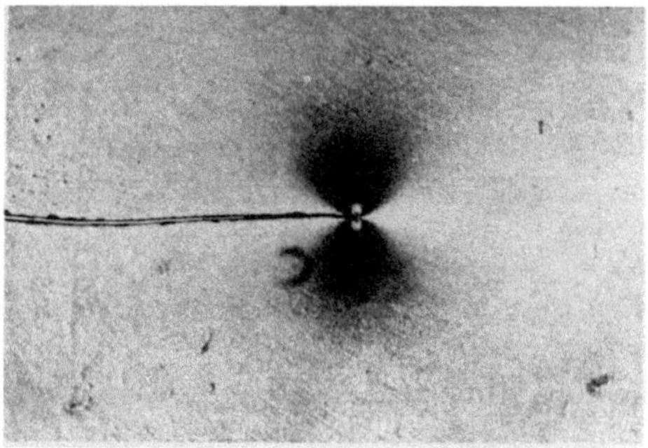

Isochromaten an der Rißspitze

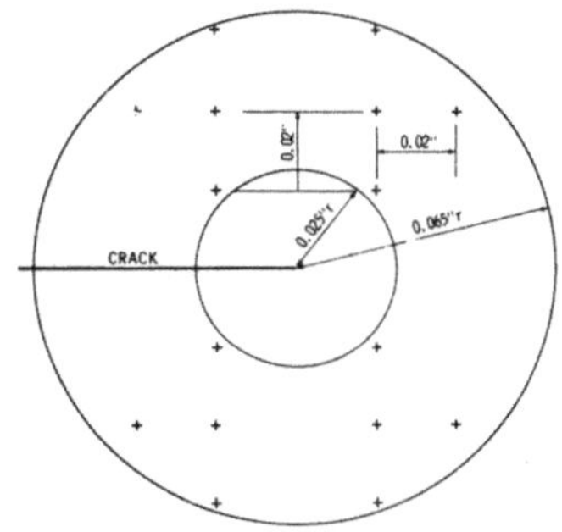

Meßpunkte im Nahspannungsfeld der Rißspitze

Abb. 3.49 Der Rißspitzenbereich bei der spannungsoptischen Ermittlung der Spannungsintensitätsfaktoren

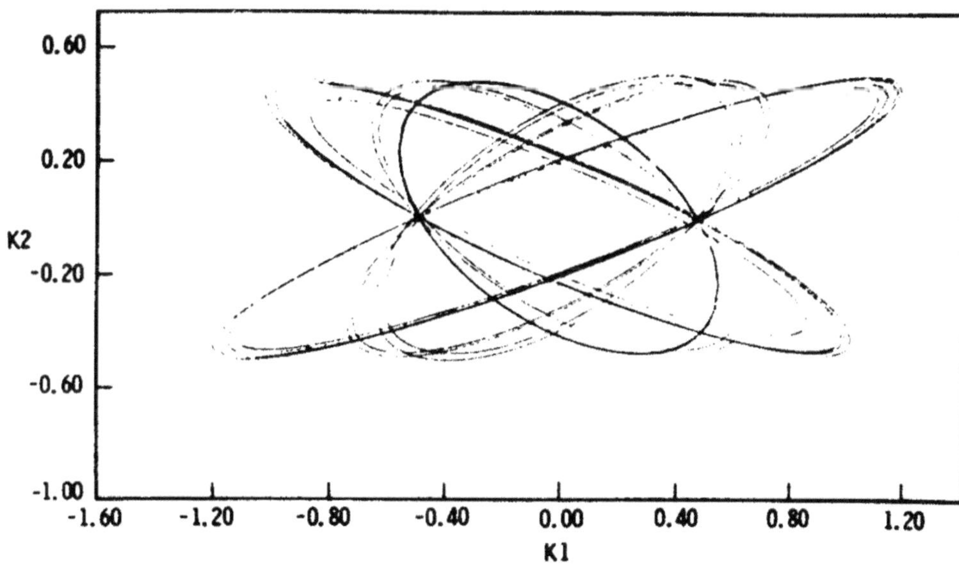

Abb. 3.50 Graphische Darstellung der Ellipsen und ihrer beiden Schnittpunkte

der Ellipsen ergeben sich die Spannungsintensitätsfaktoren zu

$$k_1 = \frac{K_I}{\sqrt{\pi}} = 0.484\ \mathit{Ordnungen} \cdot \sqrt{in} \text{ bzw. } 15.0\ \frac{lb}{in^2} \cdot \sqrt{in}, \tag{3.112}$$

$$k_2 = \frac{K_{II}}{\sqrt{\pi}} = 0.008\ \mathit{Ordnungen} \cdot \sqrt{in} \text{ bzw. } 0.25\ \frac{lb}{in^2} \cdot \sqrt{in}. \tag{3.113}$$

Da die Bestimmungsgleichung die Hauptschubspannungen in quadrierter Form enthalten, ergeben sich somit für K_I wie Abb. 3.50 zeigt auch zwei Lösungen, wobei die Werte des Spannungsintensitätsfaktors betragsmäßig gleich sind, aber unterschiedliche Vorzeichen haben.

Literatur

1. Guidance on some Methods for the Derivation of Acceptance Levels for Defects in Fusion Welded Joints. British Standards Institution, Published Document PD 6493. London, 1980.
2. ERRI-Frage D173 „Ermüdung durch Rad-Schiene-Kontakt“: Spannungsanalyse der Ermüdungsrisse durch Rad-Schiene-Kontakt, Zwischenbericht (1988 – 1992). European Rail Research Institute, Utrecht, Juni 1995, Seite 70.
3. G. Kirsch:DieTheorie der Elastizität und die Bedürfnisse der Festigkeitslehre. Zeitschrift des Vereins Deutscher Ingenieure **42** (1898), Seite 797–807.
4. K. Wieghardt: Über das Spalten und Zerreißen elastischer Körper. Zeitschrift für Mathematik und Physik **55** (1907) 1/2, Seite 60–103.
5. A. A. Griffith: The Phenomens of Rupture and Flow in Solids. Philosophical Transactions of the Royal Society of London A**221** (1920), Seite 163ff.
6. G. R. Irwin: Fracture. In: S. Flügge (Hrsg.): Handbuch der Physik, BandVI, Seite 551–590. Springer-Verlag,Berlin/Göttingen/Heidelberg,1958.
7. В. З. Партон, В. Г. Борисковский: Динамическая механика разрушения. Машиностроение, Москва, 1985. (V. Z. Parton, V. G. Boriskovskij: Dynamische Bruchmechanik. Mašinostroenie, Moskau, 1985.)
8. J. D. Achenbach: Elastodynamic Stress Intensity Factors for a Bifurcating Crack.Conference on Prospects of Fracture Mechanics. Noordhoff International Publishers, Delft, 1974, Seite 319–336.
9. M. D. R. Taplin (editor): Proceedings of the Fourth International Conference on Fracture, Waterloo, Canada, 1977. University of Waterloo Press, Solid Mechanics Division, Waterloo, Ontario, Canada. Vol. 2, Seite XXVI.
10. M. A. Hussain, S. L. Pu, J. Underwood: Strain Energy Release Rate for a Crack under Combined Mode I and mode II. ASTM STP. No. 560 „FractureAnalysis“. American Society for Testing and Materials, Philadelphia, 1974, Seite 2–28.
11. G. T. Hahn, A. R. Rosenfield: Local Yielding and Extension of a Crack under Plane Stress. Acta met. **13** (1965), Seite 293 ff.
12. E. Sommer: Bruchmechanische Bewertung von Oberflächenrissen. Springer-Verlag, Berlin/Heidelberg/NewYork/Tokyo, 1984, Seite 67.
13. H. P. Rossmanith: Über Sicherheitsabschätzungen bei der bruchmechanischen Fehlerbewertung. Materialprüfung **22** (1980) 8, Seite 337–340.
14. Boiler and Pressure Vessel Code, Section III „Rules for Construction of Nu-clear Power Plant“, Section XI „Rules for Inservice Inspection of Nuclear Power Plant Components“. American Society of Mechanical Engineers, NewYork, 1977.
15. H. P. Rossmanith: Über Abschätzungen von Spannungsintensitätsfaktoren für irreguläre Rißformen. Materialprüfung **27** (1985) 7, Seite 193–195.
16. M. Kuna: Ermittlung von Spannungsintensitätsfaktoren für Querrisse in Eisenbahnschienen. Akademie der Wissenschaften, Institut für Festkörperphysik und Elektronenmikroskopie, Halle/Saale, Bericht, **18**. Juli 1984.
17. K.-O. Edel: Bruchmechanische Untersuchungen zur Betriebssicherheit rißgeschädigter Konstruktionen. IfL-Mitteilungen (Dresden) **28** (1989) 5, Seite 137–157.
18. R. Clos: Der Spannungsintensitätsfaktor eines stoßartig belasteten Außenrisses. Technische Universität Dresden, Sektion Grundlagen des Maschinenwesens, Weiterbildungszentrum Festkörpermechanik, Konstruktion und rationeller Werkstoffeinsatz. Studientexte „Bruchmechanik II“, Heft 3/1983, Seite 116–121.
19. H. Theilig, J. Nickel, K.-O. Edel, M. Hentrich: Spannungsintensitätsfaktoren. VEB Fachbuchverlag, Leipzig, 1987.

20. D. P. Rooke, F. I. Baratta, D. J. Cartwright: Simple Methods of Determining Stress Intensity Factors. Engineering Fracture Mechanics **14** (1981), Seite 397–426.
21. H. P. Rossmanith: Fracture mechanics and material testing: forgotten pioneers of the early 20th century. Fatigue & Fracture of Engineering Matertials & Structures **22** (1999), Seite 781–797.
22. M.Creager:The elastic stress field near the tip of a blunt crack. Lehigh University, Master Thesis, 1966. Zitiertnach: K.-H. Schwalbe: Bruchmechanik metallischer Werkstoffe. Carl Hanser Verla, München/Wien, 1980, Seite 43.
23. H. A. Richard: Ermittlung von Spannungsintensitätsfaktoren aus spannungsoptisch bestimmten Kerbspannungen.Universität Kaiserslautern, Dissertation, 1979.
24. H.Tada, P.C.Paris, G.R, Irwin: The Stress Analysis of Cracks – Handbook. Del Research Corporation, Hellertown, Pennsylvania, 1973.
25. V. P. Nguyen: Berechnung von Spannungskonzentrationsproblemen mit der Methode der finiten Elemente. Universität Kaiserslautern, Jahresbericht 8606/3, 1976.
26. J. C. Newman: An Improved Method of Collocation for the Stress Analysis of Cracked Plates with Various Shaped Boundaries. NASA TN D–6376, 1971.
27. A. J. Bush: Experimentally Determined Stress-intensity Factors for Single-edge-crack Round Bars Loaded in Bending. Experimental Mechanics (July1976), Seite 249–257.
28. R. D. Henshell, K. G. Shaw: Crack Tip Finite Elements are Unnecessary. Int. J. Num. Meth. Engn. **9** (1975), Seite 496–507.
29. R. S. Barsoum: Triangular Quarter-Point Elements as Elastic and Perfectly-Plastic Crack Tip Elements. Int. J. Num. Meth. Engn. **11** (1977), Seite 85–98.
30. W. Schmitt: Anwendung der Methode der finiten Elemente in der Bruchmechanik unter besonderer Berücksichtigung dreidimensionaler und elastisch-plastischer Probleme. Technische Hochschule Darmstadt, Dissertation, 1981.
31. R. Kienzler: Konzepte der Bruchmechanik – Integrale Bruchkriterien. Friedrich Vieweg & Sohn Verlagsgesellschaft mbH, Braunschweig/Wiesbaden, 1993.
32. H. Bueckner: A Novel Principle for the Computation of Stress Intensity Factors. ZAMM **50** (1970), Seite 751ff.
33. J. Rice: Some Remarks on Elastic Crack Tip Stress Fields. Int. J. Sol. Struct. **8** (1972), Seite 751.
34. C. Mattheck: Effektive Methoden zur Beschreibung des lokalen Versagens von Strukturen. Fortschritt-BerichteVDI Reihe 18, Nr. 25, VDI-Verlag Düsseldorf, 1986.
35. J. Petroski, J. Achenbach: Computation of Weight Functions from a Stress Intensity Factor. Eng. Fract. Mech. **10** (1978), Seite 257ff.
36. T. Fett, D. Munz: Stress Intensity Factors and Weight Functions. Computational Mechanics Publications, Southampton, 1997.
37. А. В. Прокопенко: Экспериментальное определение коэффициента интенсивности напряжений для цилиндрического образца с односторонней трещиной при ижгибе. Проблемы прочности (Киев) **14** (1982), Seite 37–40. (A. V. Prokopenko: Experimentelle Bestimmung von Spannungsintensitätsfaktoren für zylindrische Proben mit einseitigem Riß bei Biegung. Problemy pronosti(Kiev) **14** (1982), Seite 37–40).
38. Y. F. Cheng: Simultaneous Determination of the First and Second Mode Stress Intensity Factors. International Journal of Fracture **7** (1971), Seite 119–121.

Spannungsintensitätsfaktoren für idealisierte Risse

4

4.1 Die Normierungsfälle für die Spannungsintensitätsfaktoren

Liegt in einer unendlich großen, einachsig durch konstante Zugspannungen im Unendlichen beanspruchten Scheibe ein Riß der Länge $2a$ senkrecht zur Beanspruchungsrichtung vor (siehe Abb. 4.1a), so ergibt sich der Spannungsintensitätsfaktor zu

$$K_I = \sigma_{nom.} \cdot \sqrt{\pi \cdot a}. \tag{4.1}$$

Wirken im Unendlichen statt der Zugspannungen Schubspannungen senkrecht bzw. parallel zur Rißfront, so ergeben sich die Spannungsintensitätsfaktoren für die Rißöffnungsarten II (siehe Abb. 4.1b) und III (siehe Abb. 4.1c) zu

$$K_{II} = \tau_{nom.,\perp Rißfront} \cdot \sqrt{\pi \cdot a} \tag{4.2}$$

und

$$K_{III} = \tau_{nom.,\| Rißfront} \cdot \sqrt{\pi \cdot a} \tag{4.3}$$

Üblicherweise werden die Spannungsintensitätsfaktoren für beliebige, von den oben angegebenen klassischen Konfigurationen abweichende Risse in der folgenden normierten Form angegeben

$$K = \sigma_{nom} \cdot \sqrt{\pi \cdot a} \cdot f. \tag{4.4}$$

Dabei sind σ_{nom} eine frei bzw. zweckmäßig gewählte oder durch bekannte Lösungen vorgegebene Bezugsspannung (Normal- oder Schubspannung), a eine charakteristische

K.-O. Edel, *Einführung in die bruchmechanische Schadensbeurteilung*,
DOI 10.1007/978-3-662-44264-7_4

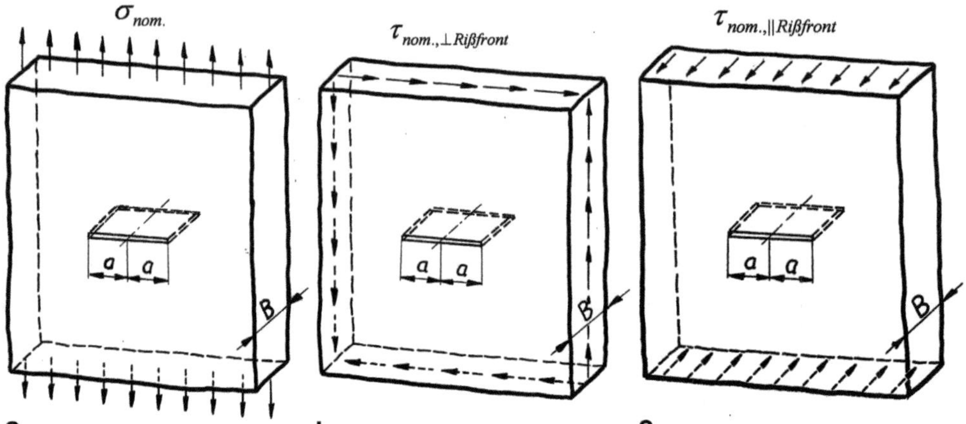

Abb. 4.1 Der gerade Riß in der unendlich großen Scheibe unter homogener Beanspruchung im Unendlichena) **a** „Griffith-Riß" unter homogener Nominalzugbeanspruchung senkrecht zur Rißfläche. **b** Riß unter homogener, ebener Schubbeanspruchung. **c** Riß unter homogener, nicht-ebener Schubbeanspruchung

Rißabmessung und f ein von der Bezugsspannung σ_{nom}, von der charakteristischen Rißabmessung a sowie von der Geometrie des Bauteils und des Risses und von der Verteilung der nominellen Spannungen abhängender Korrekturfaktor, der oftmals auch als Kalibrierungs- oder vereinfachend als Geometriefaktor bezeichnet wird. Oftmals wird zur Bezeichnung dieses Korrekturfaktors auch der Buchstabe Y verwendet, da die nominelle Belastung des rißbehafteten Bauteils parallel zur y-Achse verläuft.

Im folgenden werden einige der klassischen bzw. praktisch bedeutungsvollen Lösungen für die Spannungsintensitätsfaktoren der linear-elastischen Bruchmechanik angegeben.

4.2 Ebene Rißprobleme

4.2.1 Gerade und gekrümmte Risse in der unendlich großen Scheibe [1]

Aus den Betrachtungen zur Anwendung des Superpositionsprinzips ist ersichtlich, daß in der Bruchmechanik den Fällen eine besondere Bedeutung zukommt, wenn statt der nominellen Beanspruchung des rißgeschädigten Bauteils in größerer Entfernung von dem geschädigten Bereich Belastungen direkt auf den Rißflächen angreifen. Die grundlegende und für die Anwendung auf andere Beanspruchungsfälle bedeutsame Lösung des Angriffs einzelner Lasten auf der Rißfläche ist für gerade Durchrisse in der unendlich großen Scheibe gegeben durch die in Abb. 4.2 dargestellte Rißkonfiguration mit den Lösungen [2].

Abb. 4.2 Durch Einzelkräfte paarweise symmetrisch belastete Rißflächen eines geraden Risses in der unendlich großen Scheibe der Dicke d [1]

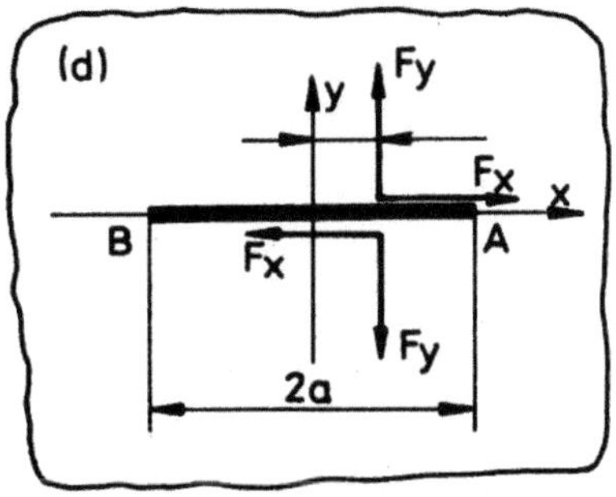

$$K_{I,A} = \frac{F_y}{d \cdot \sqrt{\pi \cdot a}} \cdot \sqrt{\frac{a+x}{a-x}}, \quad K_{I,B} = \frac{F_y}{d \cdot \sqrt{\pi \cdot a}} \cdot \sqrt{\frac{a-x}{a+x}} \tag{4.5}$$

$$K_{II,A} = \frac{F_x}{d \cdot \sqrt{\pi \cdot a}} \cdot \sqrt{\frac{a+x}{a-x}}, \quad K_{II,B} = \frac{F_x}{d \cdot \sqrt{\pi \cdot a}} \cdot \sqrt{\frac{a-x}{a+x}} \tag{4.6}$$

Auf andere Rißflächenbelastungen läßt sich die vorstehende Lösung anwenden, wenn die Einzelkräfte durch

$$F_x(x) = \tau_{xy} \cdot \mathrm{d}x \quad \text{bzw.} \quad F_y(x) = \sigma_y \cdot \mathrm{d}x \tag{4.7}$$

ersetzt werden und die zutreffenden Spannungsintensitätsfaktoren anschließend durch Integration über die Rißflächenbelastung gewonnen werden.

Abb. 4.3 Geneigter Riß in der unendlichen Scheibe [1]

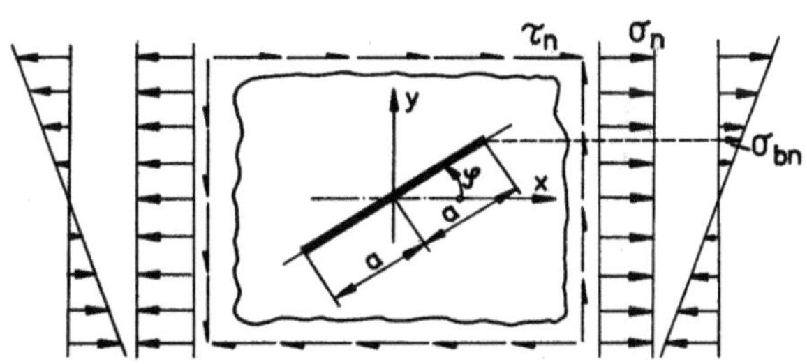

Während die geraden und senkrecht bzw. parallel zur Beanspruchung liegenden Risse den eingangs dargelegten Normfällen entsprechen, ergeben sich kompliziertere Fälle, wenn die Risse entweder zur Beanspruchungsrichtung geneigt sind oder wenn die Beanspruchung im Unendlichen nicht mehr konstant ist. Die Spannungsintensitätsfaktoren für geraden, aber geneigte Risse lassen sich gewinnen, wenn die Veränderung der maßgebenden Spannungen senkrecht bzw. parallel zur Rißfront mit Hilfe der Methoden der Festigkeitslehre, d. h. mit Hilfe des Mohrschen Kreises, bestimmt werden. Unter Bezug auf die in Abb. 4.3 angegebenen Bezugswerte sind die entsprechenden Spannungsintensitätsfaktoren [3]
bei Zugbeanspruchung:

$$K_I = \sigma_n \cdot \sqrt{\pi \cdot a} \cdot \sin^2\varphi \quad K_{II} = -\sigma_n \cdot \sqrt{\pi \cdot a} \cdot \sin\varphi \cdot \cos\varphi \tag{4.8}$$

bei konstanter Schubbeanspruchung:

$$K_I = -\tau_n \cdot \sqrt{\pi \cdot a} \cdot 2 \cdot \sin\varphi \cdot \cos\varphi \quad K_{II} = \tau_n \cdot \sqrt{\pi \cdot a} \cdot (2\cos^2\varphi - 1) \tag{4.9}$$

bei linear-veränderlicher Biegebeanspruchung:

$$K_I = \frac{\sigma_{bn}}{2} \cdot \sqrt{\pi \cdot a} \cdot \sin^2\varphi \quad K_{II} = -\frac{\sigma_{bn}}{2} \cdot \sqrt{\pi \cdot a} \cdot \sin\varphi \cdot \cos\varphi \tag{4.10}$$

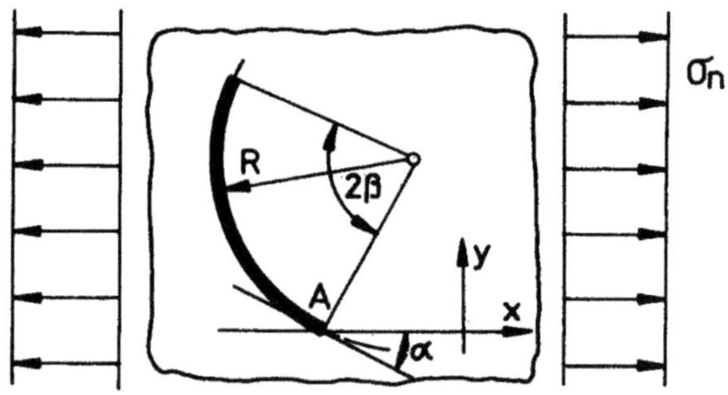

Abb. 4.4 Beliebig geneigter kreisbogenförmiger Riß im einachsigen Zugspannungsfeld [1]

Ist der Riß in der unendlich großen Scheibe nicht gerade, sondern kreisbogenförmig gekrümmt (siehe Abb. 4.4), so sind die Formeln zur Bestimmung der Spannungsintensitätsfaktoren wesentlich komplizierter. Bekannt ist u. a. die folgende Lösung von SIH und Mitarbeitern [4]:

$$K_{I\mathrm{A}} = \frac{\sigma_n \cdot \sqrt{R \cdot \pi \cdot \sin\beta}}{2 \cdot \left(1 + \sin^2\frac{\beta}{2}\right)} \cdot \left[\cos\frac{\beta}{2} + \cos\left(2\alpha + \frac{5\beta}{2}\right) \cdot \sin^2\frac{\beta}{2} - \cos\left(2\alpha + \frac{3\beta}{2}\right) \cdot \left(\cos^2\frac{\beta}{2} - \sin^4\frac{\beta}{2}\right) - \sin\left(2\alpha + \frac{3\beta}{2}\right) \cdot \sin\beta \cdot \sin^2\frac{\beta}{2}\right] \tag{4.11}$$

$$K_{II\mathrm{A}} = \frac{\sigma_n \cdot \sqrt{R \cdot \pi \cdot \sin\beta}}{2 \cdot \left(1 + \sin^2\frac{\beta}{2}\right)} \cdot \left[\sin\frac{\beta}{2} + \sin\left(2\alpha + \frac{5\beta}{2}\right) \cdot \sin^2\frac{\beta}{2} + \sin\left(2\alpha + \frac{3\beta}{2}\right) \cdot \left(\cos^2\frac{\beta}{2} - \sin^4\frac{\beta}{2}\right) - \cos\left(2\alpha + \frac{3\beta}{2}\right) \cdot \sin\beta \cdot \sin^2\frac{\beta}{2}\right] \tag{4.12}$$

Für die Sonderfälle, daß die Zugspannungen parallel bzw. senkrecht zur Sehne des kreisbogenförmigen Risses wirken (siehe Abb. 4.5 und 4.6), sind Lösungen von GDOUTOS [5] bekannt:

Beanspruchungsrichtung parallel zur Sehne (Abb. 4.5):

$$K_I = \frac{\sigma_n}{2} \cdot \sqrt{R \cdot \pi \cdot \sin\beta} \cdot \left[\frac{\left(1 + \sin^2\frac{\beta}{2} \cdot \cos^2\frac{\beta}{2}\right) \cdot \cos\frac{\beta}{2}}{1 + \sin^2\frac{\beta}{2}} - \cos\frac{3\beta}{2}\right] \tag{4.13}$$

Abb. 4.5 Kreisbogenriß unter nomineller Zugbeanspruchung parallel zur Sehne [1]

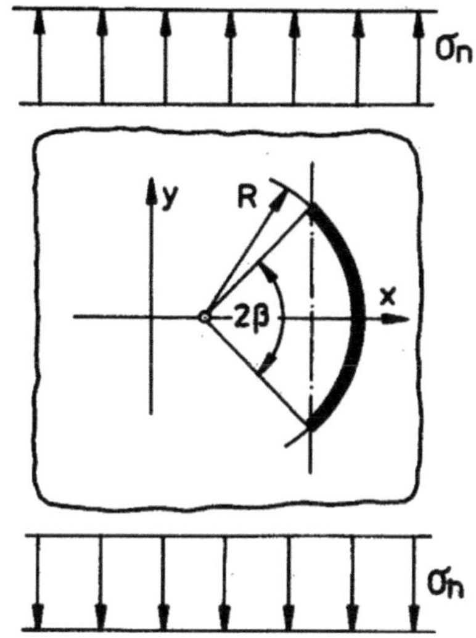

$$K_{II} = \frac{\sigma_n}{2} \cdot \sqrt{R \cdot \pi \cdot \sin\beta} \cdot \left[\frac{\left(1 + \sin^2\frac{\beta}{2} \cdot \cos^2\frac{\beta}{2}\right) \cdot \sin\frac{\beta}{2}}{1 + \sin^2\frac{\beta}{2}} - \sin\frac{3\beta}{2} \right] \tag{4.14}$$

Abb. 4.6 Kreisbogenriß unter nomineller Zugbeanspruchung senkrecht zur Sehne [1]

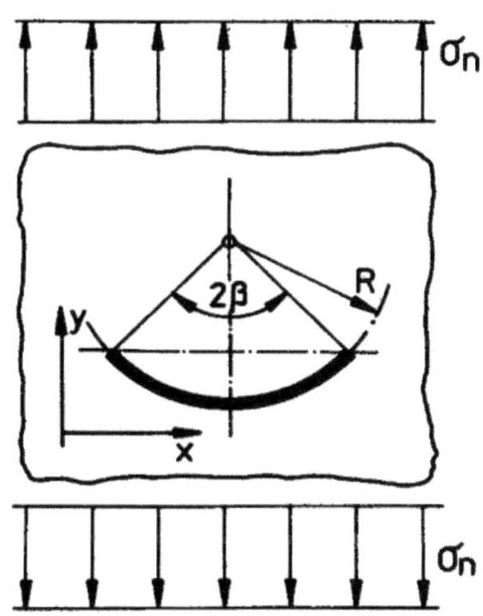

Beanspruchungsrichtung senkrecht zur Sehne (Abb. 4.6):

$$K_I = \frac{\sigma_n}{2} \cdot \sqrt{R \cdot \pi \cdot \sin\beta} \cdot \left[\frac{\left(1 - \sin^2\frac{\beta}{2} \cdot \cos^2\frac{\beta}{2}\right) \cdot \cos\frac{\beta}{2}}{1 + \sin^2\frac{\beta}{2}} + \cos\frac{3\beta}{2} \right] \tag{4.15}$$

$$K_{II} = \frac{\sigma_n}{2} \cdot \sqrt{R \cdot \pi \cdot \sin\beta} \cdot \left[\frac{\left(1 - \sin^2\frac{\beta}{2} \cdot \cos^2\frac{\beta}{2}\right) \cdot \sin\frac{\beta}{2}}{1 + \sin^2\frac{\beta}{2}} + \sin\frac{3\beta}{2} \right] \quad (4.16)$$

4.2.2 Kantenrisse am Rande der halb-unendlichen Scheibe

Treten die Risse nicht im Inneren der Scheibe oder des jeweiligen Bauteilbereiches auf, so lassen sich die Spannungsintensitätsfaktoren für Oberflächenrisse nicht durch einfache Symmetriebetrachtungen aus Innenrissen ableiten, da die Nachgiebigkeit des Körpers – die bei den Spannungsintensitätsfaktoren als wesentlich anzusehen ist, vgl. Abschn. 3.6. – bei Oberflächenrissen gegenüber dem Innenriß geändert ist.

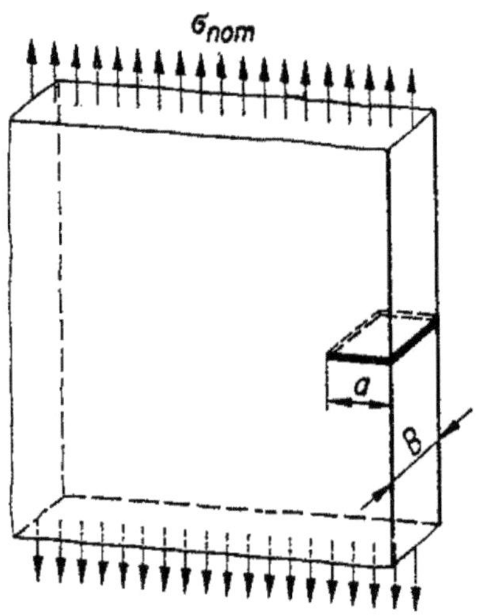

Abb. 4.7 Kantenriß unter nomineller Zugbeanspruchung

Bei dem ebenen Problem eines geraden Kantenanrisses der Länge a senkrecht zur Berandung der halb-unendlichen Scheibe, die parallel zur Berandung einachsig durch konstanten Zug beansprucht ist (siehe Abb. 4.7), ergibt sich der Spannungsintensitätsfaktor zu

$$K_I = 1{,}1215 \cdot \sigma_{nom.} \cdot \sqrt{\pi \cdot a}. \quad (4.17)$$

Ist der Kantenriß keiner homogenen Nominalspannung, sondern einer veränderlichen Spannung ausgesetzt, so kann ähnlich wie bei dem geraden Riß in der unendlich großen Scheibe auf eine Lösung zurückgegriffen werden, bei der die Rißflächen durch paarweise symmetrisch angeordnete Einzelkräfte belastet sind (Abb. 4.8). Die Spannungsintensitätsfaktoren [6] sind

$$K_I = \frac{2 \cdot F_y}{d \cdot \sqrt{\pi}} \cdot \sqrt{\frac{a}{a^2 - x^2}} \cdot \left[1 + f\left(\frac{x}{a}\right)\right] \quad (4.18)$$

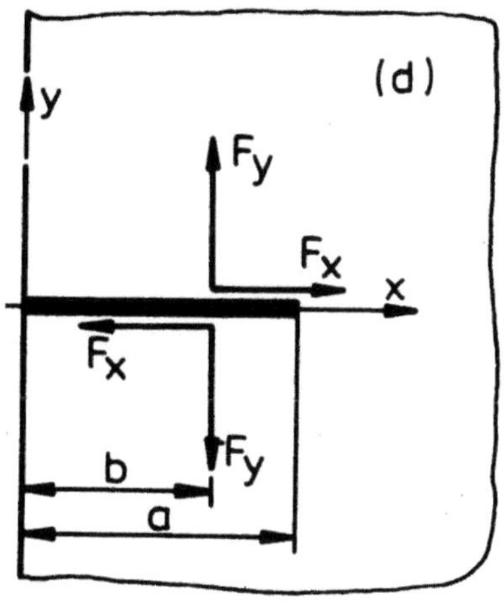

Abb. 4.8 Durch Einzelkräfte paarweise symmetrisch belastete Rißflächen eines geraden Kantenrisses in der halb-unendlich großen Scheibe [1]

und

$$K_{II} = \frac{2 \cdot F_x}{d \cdot \sqrt{\pi}} \cdot \sqrt{\frac{a}{a^2 - x^2}} \cdot \left[1 + f\left(\frac{x}{a}\right)\right] \tag{4.19}$$

mit

$$\begin{aligned} f\left(\frac{x}{a}\right) = \left[1 - \left(\frac{x}{a}\right)^2\right] \cdot \Bigg[&0{,}2945 - 0{,}3912 \cdot \left(\frac{x}{a}\right)^2 \\ &+ 0{,}7685 \cdot \left(\frac{x}{a}\right)^4 - 0{,}9942 \cdot \left(\frac{x}{a}\right)^6 \\ &+ 0{,}5094 \cdot \left(\frac{x}{a}\right)^8\Bigg] \end{aligned} \tag{4.20}$$

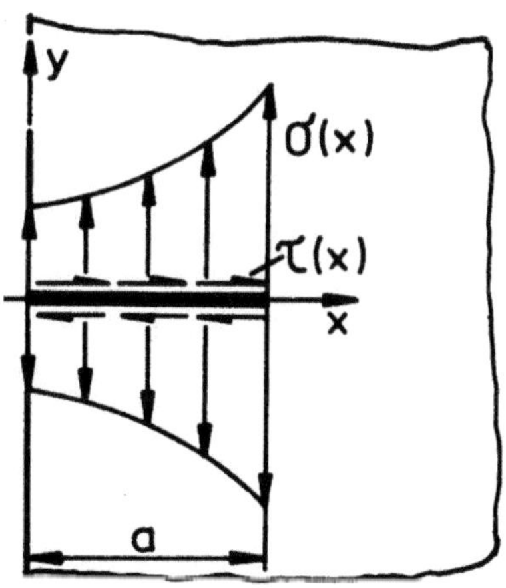

Abb. 4.9 Durch veränderliche Druckspannungen symmetrisch belastete Rißflächen eines geraden Kantenrisses in der halb-unendlich großen Scheibe [1]

Sind die Rißflächen durch Spannungen belastet, die sich als Polynom darstellen lassen (Abb. 4.9), mit

Tab. 4.1 Koeffizienten f_n zur Bestimmung der Spannungsintensitätsfaktoren für Kantenrisse bei variabler Belastung [6]

n	f_n	n	f_n	n	f_n
0	1,1215	4	0,3868	8	0,2783
1	0,6829	5	0,3485	9	0,2628
2	0,5255	6	0,3196	10	0,2496
3	0,4410	7	0,2968		

$$\sigma_y(x) = -\sigma_0 \cdot \sum_n c_n \cdot \left(\frac{x}{a}\right)^n \tag{4.21}$$

bzw.

$$\tau_{xy}(x) = -\tau_0 \cdot \sum_n c_n \cdot \left(\frac{x}{a}\right)^n, \tag{4.22}$$

so ergeben sich die Spannungsintensitätsfaktoren zu

$$K_I = \sigma_0 \cdot \sqrt{\pi \cdot a} \cdot \sum_n c_n \cdot f_n{}^n \tag{4.23}$$

und

$$K_{II} = \tau_0 \cdot \sqrt{\pi \cdot a} \cdot \sum_n c_n \cdot f_n{}^n \tag{4.24}$$

mit den in der folgenden Tab. 4.1 wiedergegebenen Faktoren f_n.

4.2.3 Risse an Bohrungen in der unendlich großen Scheibe

Die Spannungserhöhungen durch Kerben, insbesondere durch Bohrungen, bewirken unter ungünstigen Umständen, daß von ihnen Risse ausgehen. Üblicherweise sind diese Bohrungsrisse radial gerichtet. Lösungen für die zutreffenden Spannungsintensitätsfaktoren wurden mehrfach unter der Wirkung einer einachsigen Zugbeanspruchung berechnet, bei der die Radialrisse von der Stelle der höchsten Beanspruchung mit dem dreifachen Wert der nominellen Zugspannung ausgehen.

HSU [7] analysierte den weitergehenden Beanspruchungsfall, (Abb. 4.9), bei dem zwischen der Richtung der Risse und der Richtung der einachsigen Zugbeanspruchung ein Winkel φ berücksichtigt wurde. Die mittels der Beziehungen

$$K_I/(\sigma_{nom.} \cdot \sqrt{\pi \cdot a}) \tag{4.25}$$

und

$$K_{II}/(\sigma_{nom.} \cdot \sqrt{\pi \cdot a}) \tag{4.26}$$

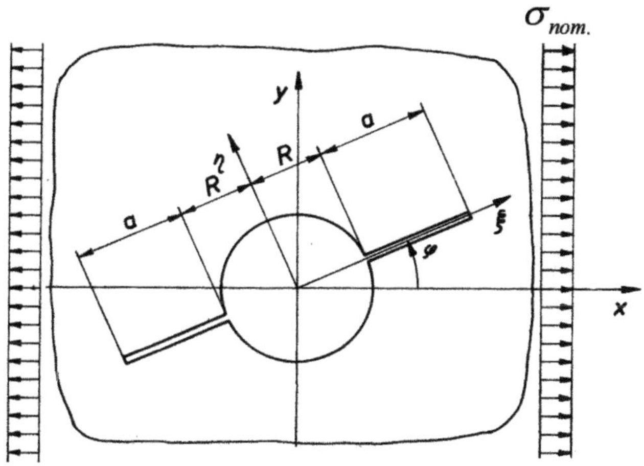

Abb. 4.10 Modellierung der Risse an einer Bohrung im einachsigen Zugspannungsfeld (nach HSU [7])

normierten Spannungsintensitätsfaktoren sind in den beiden folgenden Tabellen wiedergegeben (Tab. 4.2 und 4.3).

An dieser Stelle ist anzumerken, daß die Berechnungsergebnisse von HSU [7] mit anderen theoretisch exakten Lösungen eine nahezu vollständige Übereinstimmung bis zur dritten und vierten Nachkommastelle zeigen. HSU selbst vergleicht seine eigenen Ergebnisse aber auch mit den Näherungsbeziehungen

$$K_I = \sigma_{nom.} \cdot \sqrt{\pi \cdot a} \cdot \sqrt{(1 + R/a\,)} \cdot \sin^2\varphi \tag{4.27}$$

und

$$K_I = \sigma_{nom.} \cdot \sqrt{\pi \cdot a} \cdot \sqrt{(1 + R/a\,)} \cdot \sin\varphi \cdot \cos\varphi. \tag{4.28}$$

Er konstatiert für a/R > 10 eine sehr gute Übereinstimmung, während für a/R ≈ 2 der Fehler innerhalb von 5 % liegt.

Da auf balkenartig gestaltete Bauteile aber nicht nur homogene Zugspannungen, sondern neben den Zugspannungen auch Biege- und Schubspannungen einwirken können, interessieren Lösungen, die diese unterschiedlichen Beanspruchungen berücksichtigen. Eine Näherungslösung für geneigte, paarweise vorhandene Risse an einer Bohrung [3], dessen Modellierung in Abb. 4.11 veranschaulicht ist, führte zu den folgenden Resultaten bei Zugbeanspruchung:

$$K_I = \sigma_0 \cdot \sqrt{\pi \cdot a} \cdot \frac{I_0 + I_{-2} - (I_0 + 3I_{-4}) \cdot \cos 2\varphi}{2\pi \cdot \sqrt{(1 + a/R) \cdot a/R}}, \tag{4.29}$$

$$K_{II} = -\sigma_0 \cdot \sqrt{\pi \cdot a} \cdot \frac{I_0 + 2I_{-2} - 3I_{-4}}{2\pi \cdot \sqrt{(1 + a/R) \cdot a/R}} \cdot \sin 2\varphi, \tag{4.30}$$

bei Schubbeanspruchung:

$$K_I = -\tau_0 \cdot \sqrt{\pi \cdot a} \cdot \frac{I_0 + 3I_{-4}}{\pi \cdot \sqrt{(1 + a/R) \cdot a/R}} \cdot \sin 2\varphi, \tag{4.31}$$

Tab. 4.2 Spannungsintensitätsfaktoren K_I für zweiseitige, symmetrische Radialrisse der Größe a an einer Bohrung mit dem Radius R unter der Neigung φ der nominellen Zugbeanspruchung zu den Rissen [7]

	$K_I/(\sigma_{nom.} \cdot \sqrt{\pi \cdot a})$						
a/R	$\varphi = 0°$	$\varphi = 15°$	$\varphi = 30°$	$\varphi = 45°$	$\varphi = 60°$	$\varphi = 75°$	$\varphi = 90°$
0	– 1,1215						3,3645
0,10	– 0,7898	– 0,5507	0,1027	0,9952	1,8876	2,5410	2,7801
0,15	– 0,6728	– 0,4550	0,1400	0,9529	1,7657	2,3607	2,5785
0,20	– 0,5776	– 0,3772	0,1700	0,9176	1,6651	2,2124	2,4127
0,30	– 0,4370	– 0,2633	0,2113	0,8596	1,5079	1,9825	2,1562
0,40	– 0,3394	– 0,1846	0,2382	0,8159	1,3935	1,8163	1,9711
0,50	– 0,2690	– 0,1282	0,2565	0,7819	1,3074	1,6920	1,8328
0,60	– 0,2170	– 0,0868	0,2688	0,7546	1,2404	1,5960	1,7262
0,80	– 0,1473	– 0,0320	0,2831	0,7135	1,1438	1,4589	1,5742
1,00	– 0,1046	0,0011	0,2896	0,6838	1,0780	1,3665	1,4721
1,50	– 0,0511	0,0409	0,2925	0,6362	0,9798	1,2314	1,3235
2,00	– 0,0287	0,0566	0,2896	0,6079	0,9262	1,1592	1,2445
3,00	– 0,0117	0,0671	0,2821	0,5759	0,8698	1,0848	1,1636
4,00	– 0,0058	0,0698	0,2763	0,5584	0,8406	1,0471	1,1227
5,00	– 0,0033	0,0705	0,2721	0,5474	0,8228	1,0244	1,0982
6,00	– 0,0021	0,0705	0,2689	0,5399	0,8109	1,0093	1,0819
8,00	– 0,0010	0,0702	0,2647	0,5303	0,7959	0,9903	1,0615
10,00	– 0,0005	0,0698	0,2619	0,5244	0,7868	0,9790	1,0493
20,00	– 0,0001	0,0698	0,2561	0,5123	0,7686	0,9561	1,0248
∞	0	0,0670	0,2500	0,5000	0,7500	0,9330	1,0000

$$K_{II} = \tau_0 \cdot \sqrt{\pi \cdot a} \cdot \frac{I_0 + 2I_{-2} - 3I_{-4}}{\pi \cdot \sqrt{(1 + a/R) \cdot a/R}} \cdot \cos 2\varphi, \tag{4.32}$$

bei Biegebeanspruchung:

$$K_I = \sigma_{b0} \cdot \sqrt{\pi \cdot a} \cdot \frac{I_{-3} - 3I_{-5} + (I_1 - I_{-3} + 4I_{-5}) \cdot \sin^2\varphi}{\pi \cdot \sqrt{(1 + a/R)^3 \cdot a/R}}, \tag{4.33}$$

$$K_{II} = \sigma_{b0} \cdot \sqrt{\pi \cdot a} \cdot \frac{-I_1 - 2I_{-3} + 3I_{-5} + (I_1 + 3I_{-3} - 4I_{-5}) \cdot \cos^2\varphi}{\pi \cdot \sqrt{(1 + a/R)^3 \cdot a/R} \cdot \tan\varphi}. \tag{4.34}$$

Die numerisch bestimmten Integralwerte $I_n$für die Gleichungen (4.29) bis (4.34) sind in der Tab. 4.4 zusammengestellt.

Tab. 4.3 Spannungsintensitätsfaktoren K_{II} für zweiseitige, symmetrische Radialrisse der Größe a an einer Bohrung mit dem Radius R unter der Neigung φ der nominellen Zugbeanspruchung zu den Rissen [7]

	$K_{II}/\left(\sigma_{nom.} \cdot \sqrt{\pi \cdot a}\right)$						
a/R	$\varphi = 0°$	$\varphi = 15°$	$\varphi = 30°$	$\varphi = 45°$	$\varphi = 60°$	$\varphi = 75°$	$\varphi = 90°$
0	0						0
0,10	0	0,1078	0,1866	0,2155	0,1866	0,1078	0
0,15	0	0,1464	0,2536	0,2929	0,2536	0,1464	0
0,20	0	0,1779	0,3081	0,3557	0,3081	0,1779	0
0,30	0	0,2228	0,3859	0,4456	0,3859	0,2228	0
0,40	0	0,2521	0,4367	0,5043	0,4367	0,2521	0
0,50	0	0,2717	0,4705	0,5433	0,4705	0,2717	0
0,60	0	0,2845	0,4927	0,5690	0,4927	0,2845	0
0,80	0	0,2982	0,5166	0,5965	0,5166	0,2982	0
1,00	0	0,3033	0,5254	0,6067	0,5254	0,3033	0
1,50	0	0,3023	0,5236	0,6046	0,5236	0,3023	0
2,00	0	0,2964	0,5133	0,5927	0,5133	0,2964	0
3,00	0	0,2856	0,4947	0,5712	0,4947	0,2856	0
4,00	0	0,2783	0,4820	0,5565	0,4820	0,2783	0
5,00	0	0,2733	0,4733	0,5465	0,4733	0,2733	0
6,00	0	0,2697	0,4672	0,5394	0,4672	0,2697	0
8,00	0	0,2650	0,4591	0,5301	0,4591	0,2650	0
10,00	0	0,2622	0,4541	0,5243	0,4541	0,2622	0
20,00	0	0,2562	0,4437	0,5123	0,4437	0,2562	0
∞	0	0,2500	0,4330	0,5000	0,4330	0,2500	0

Da die vorstehenden Berechnungsergebnisse nur Näherungen sind, wurde ein Vergleich dieser Resultate mit den wesentlich exakteren Werten nach HSU [7] für Sonderfälle vorgenommen. Der in Abb. 4.12 wiedergegebene Vergleich zeigt erwartungsgemäß für kleine Risse eine relativ große Ungenauigkeit, während bei Rißgrößen, deren Länge dem Radius der Bohrung entspricht die Genauigkeit zufriedenstellend ist.

Ist die rißgeschädigte Bohrung nicht lastfrei, sondern wirkt an der Berandung der Bohrung eine Kraft, wie es bei Krafteinleitungsproblemen der Fall ist (Abb. 4.13), so läßt sich eine Lösung von SHAH [8] nutzen mit

$$K_I = \frac{F}{2 \cdot R \cdot d} \cdot \sqrt{\pi \cdot a} \cdot f_I \tag{4.35}$$

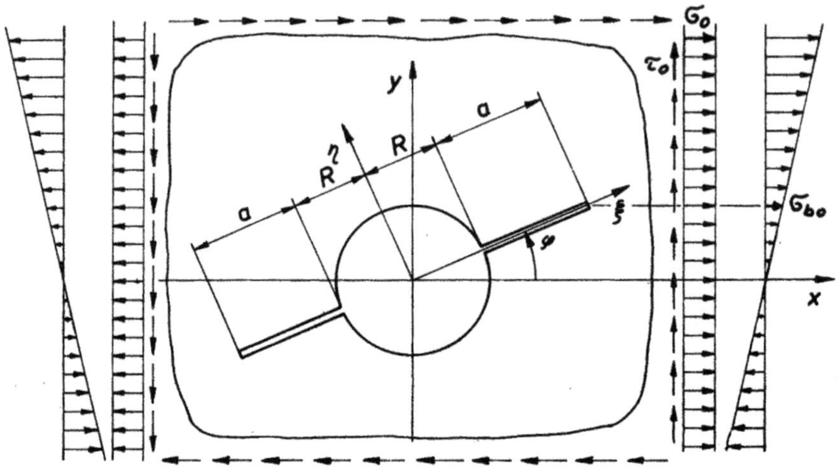

Abb. 4.11 Modellierung der Risse an einer Bohrung [3]

Tab. 4.4 Zusammenstellung der Integrale I_n zur näherungsweisen Berechnung der Spannungsintensitätsfaktoren für Bohrungsrisse [3]

a/R	Index n					
	1	0	−2	−3	−4	−5
0,1	0,978157	0,945305	0,833167	0,757425	0,736769	0,669790
0,5	3,010377	2,523166	1,490694	0,993796	0,938589	0,625726
1,0	5,920737	4,188741	1,732038	0,866019	0,866022	0,433011
1,5	9,536590	5,796324	1,833019	0,733207	0,806531	0,322613
2,0	13,906660	7,385629	1,885604	0,628531	0,768213	0,256071
2,5	19,046066	8,967082	1,916611	0,517603	0,743181	0,212338
3,0	24,961213	10,544531	1,936467	0,484117	0,726183	0,181546
3,5	31,655267	12,119681	1,949960	0,433321	0,714193	0,158710
4,0	39,129936	13,693397	1,959552	0,391910	0,705451	0,141090
4,5	47,386176	15,266138	1,966617	0,357567	0,698896	0,127072
5,0	56,424527	16,838182	1,971971	0,328662	0,693860	0,115643

und

$$K_{II} \approx 0 \tag{4.36}$$

mit f_I entsprechend der nachfolgenden Darstellung in Abb. 4.14.

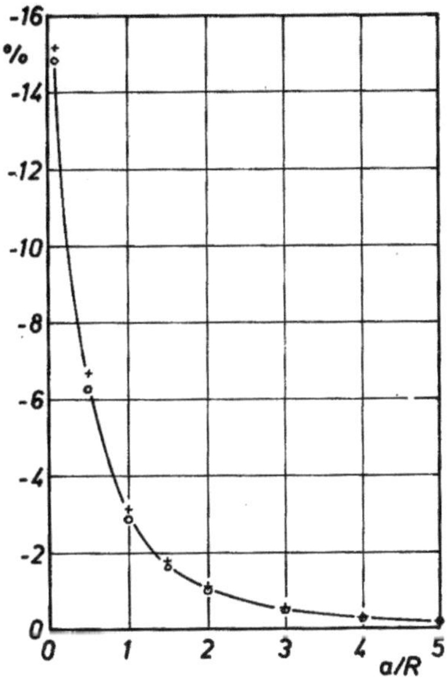

Abb. 4.12 Vergleich der Fehler der vorstehend angegebenen Werte der Spannungsintensitätsfaktoren für Bohrungsrisse mit Werten nach HSU [7] (o $\varphi = 90°$ bei homogenem Zug, + $\varphi = 45°$ bei homogenem Schub)

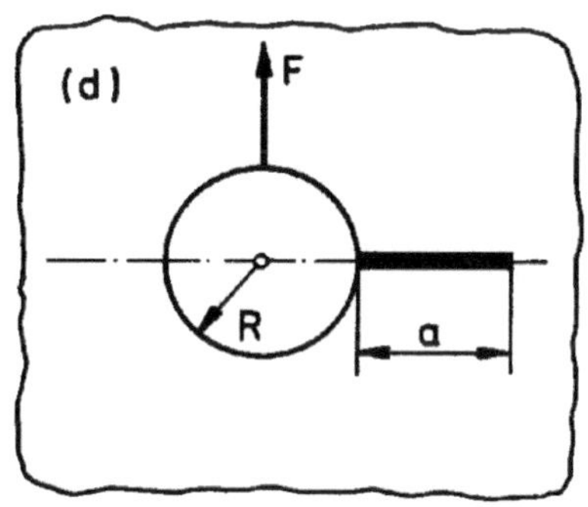

Abb. 4.13 Durch eine Einzelkraft belastete Bohrung mit querverlaufendem Radialriß [1]

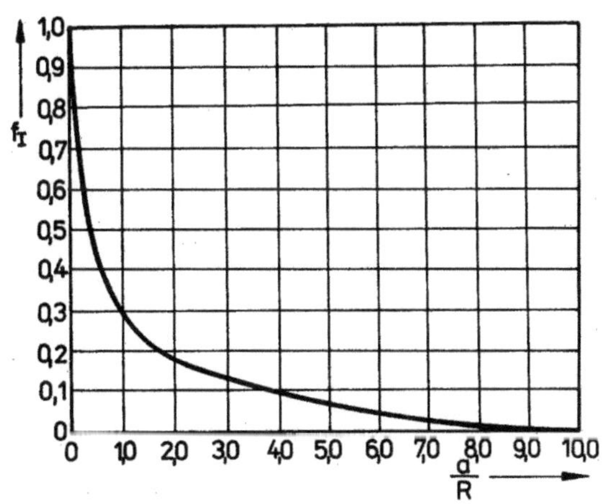

Abb. 4.14 Korrekturfaktoren f_I für eine am Rand belastete, rißgeschädigte Bohrung (Abb. 4.13) nach Berechnungen von SHAH [8]

4.2.4 Risse im Scheibenstreifen

Ist ein Bauteil, das als Scheibenstreifen betrachtet werden kann, durch einen zentrisch gelegenen inneren Querriß geschädigt, (Abb. 4.15), so lassen sich die Spannungsintensitätsfaktoren nach den folgenden Beziehungen ermitteln.

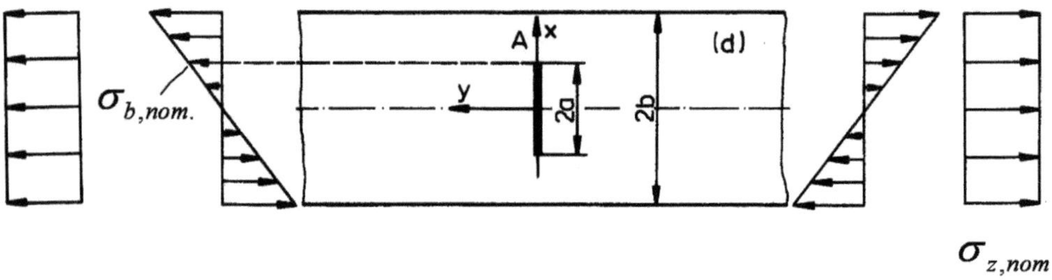

Abb. 4.15 Zug-biegebeanspruchter Scheibenstreifen mit innerem Querriß

Bei konstanter Zugbeanspruchung gelten nach [9]

$$K_I = \sigma_{z,\,nom.} \cdot \sqrt{\pi \cdot a} \cdot \sqrt{1/\cos\frac{\pi \cdot a}{2 \cdot b}} \tag{4.37}$$

bzw. nach [10]

$$K_I = \sigma_{z,\,nom.} \cdot \sqrt{\pi \cdot a} \cdot \left[1 - 0{,}025 \cdot \left(\frac{a}{b}\right)^2 + 0{,}06 \cdot \left(\frac{a}{b}\right)^4\right] \cdot \sqrt{1/\cos\frac{\pi \cdot a}{2 \cdot b}}. \tag{4.38}$$

Bei Biegebeanspruchung gilt [11]

$$K_{I\mathrm{A}} = \frac{\sigma_{b,\,nom.}}{2} \cdot \sqrt{\pi \cdot a} \cdot \frac{\sqrt{1-(a/b)}}{1-(a/b)^3} \cdot \left[1 + \frac{1}{2} \cdot \frac{a}{b} + \frac{3}{8} \cdot \left(\frac{a}{b}\right)^2 - \frac{11}{16} \cdot \left(\frac{a}{b}\right)^3 + 0{,}464 \cdot \left(\frac{a}{b}\right)^4\right]. \tag{4.39}$$

Für Randquerrisse im Scheibenstreifen, (Abb. 4.16), gelten nach [10] die folgenden Beziehungen

bei Zugbeanspruchung

$$K_I = \sigma_{z,nom.} \cdot \sqrt{\pi \cdot a} \cdot \sqrt{\frac{2b}{\pi \cdot a} \cdot \tan\frac{\pi \cdot a}{2b}} \cdot \frac{0{,}752 + 2{,}02 \cdot \frac{a}{b} + 0{,}37 \cdot \left(1 - \sin\frac{\pi \cdot a}{2b}\right)^3}{\cos\frac{\pi \cdot a}{2b}}, \tag{4.40}$$

bei Biegebeanspruchung

$$K_I = \sigma_{b,nom.} \cdot \sqrt{\pi \cdot a} \cdot \sqrt{\frac{2b}{\pi \cdot a} \cdot \tan\frac{\pi \cdot a}{2b}} \cdot \frac{0{,}923 + 0{,}199 \cdot \left(1 - \sin\frac{\pi \cdot a}{2b}\right)^4}{\cos\frac{\pi \cdot a}{2b}}. \tag{4.41}$$

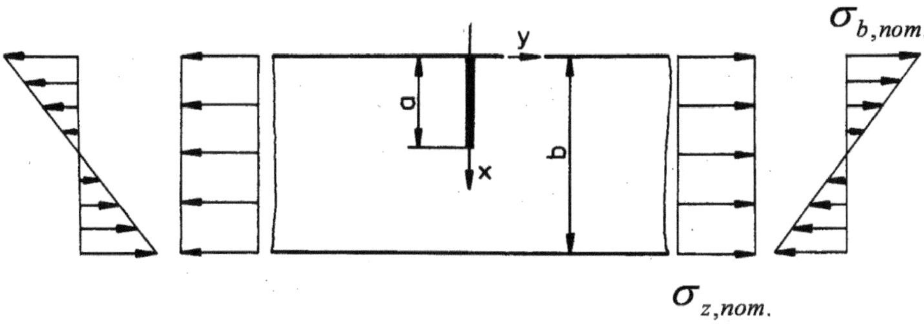

Abb. 4.16 Zug-biegebeanspruchter Scheibenstreifen mit Kantenquerriß

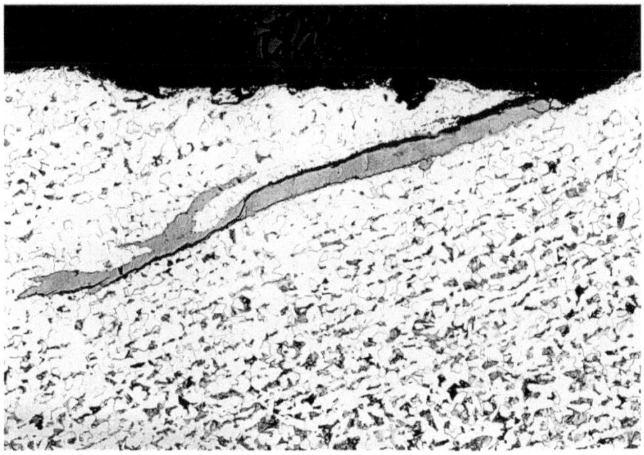

Abb. 4.17 Überwalzung auf der Oberfläche des Scheibenbereiches eines Eisenbahnvollrades

Durchrisse am Rande von Scheiben oder Scheibenstreifen treten mitunter nicht senkrecht zur Berandung auf, wenn die rißartigen Defekte herstellungs- oder betriebsbedingt sind, wie es z. B. bei Überwalzungen (siehe Abb. 4.17) oder bei Kontaktermüdungsrissen in Eisenbahnschienen der Fall ist.

Das entsprechende FEM-Modell zur Berechnung der Spannungsintensitätsfaktoren ist in Abb. 4.18 wiedergegeben. Die Spannungsintensitätsfaktoren sind durch die folgenden Beziehungen und die Werte nach Tab. 4.5 bzw. Abb. 4.19 für die Membranbeanspruchung gegeben:

$$K_I = \sigma_{z\,nom.} \cdot \sqrt{\pi \cdot a} \cdot f_I \quad \text{und} \quad K_{II} = \sigma_{z\,nom.} \cdot \sqrt{\pi \cdot a} \cdot f_{II} \tag{4.42}$$

bzw. die Werte nach Tab. 4.6 bzw. Abb. 4.20 für die Biegebeanspruchung

$$K_I = \sigma_{b\,nom.\,\max} \cdot \sqrt{\pi \cdot a} \cdot f_I \quad \text{und} \quad K_{II} = \sigma_{b\,nom.\,\max} \cdot \sqrt{\pi \cdot a} \cdot f_{II}. \tag{4.43}$$

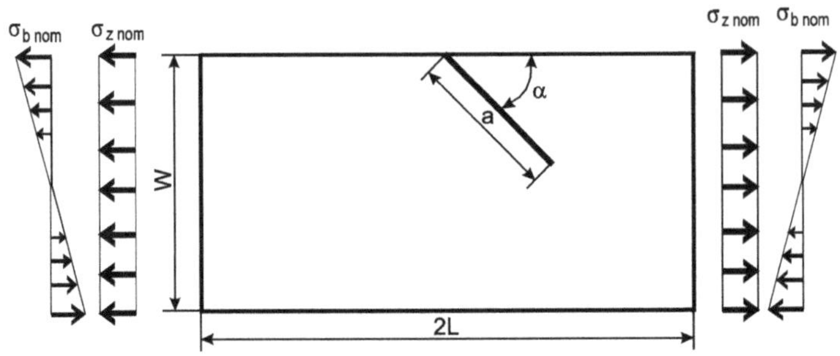

Abb. 4.18 Das für die FEM-Berechnung der Spannungsintensitätsfaktoren verwendete Rißscheibenmodell mit L/W = 3 [12]

Tab. 4.5 Korrekturfaktoren für die Bestimmung der Spannungsintensitätsfaktoren für geneigte Oberflächenrisse bei homogener Zugbeanspruchung (Membranspannungen) [12]

Rißgrö-	Rißneigungswinkel α gegenüber der Oberfläche								
ße *a/W*	10°	20°	30°	40°	50°	60°	70°	80°	90°
Korrekturfaktor f_I									
0,01	0,163	0,307	0,464	0,625	0,783	0,924	1,033	1,104	1,130
0,10	0,162	0,308	0,469	0,641	0,809	0,961	1,081	1,159	1,184
0,20	0,164	0,315	0,492	0,686	0,886	1,071	1,227	1,332	1,368
0,30	0,166	0,328	0,527	0,758	1,010	1,257	1,467	1,610	1,660
0,40	0,170	0,345	0,573	0,858	1,185	1,524	1,825	2,036	2,112
0,50	0,174	0,365	0,634	0,992	1,432	1,916	2,372	2,704	2,825
0,60	0,179	0,390	0,710	1,171	1,783	2,513	3,250	3,819	4,035
0,70	0,184	0,420	0,806	1,412	2,299	3,473	4,793	5,10	6,357
0,80	0,191	0,455	0,926	1,744	3,097	5,178	7,960	10,726	11,960
0,90	0,197	0,495	1,079	2,217	4,437	8,748	16,667	28,009	34,628
Korrekturfaktor f_{II}									
0,01	0,172	0,269	0,335	0,363	0,353	0,305	0,222	0,117	0
0,10	0,172	0,272	0,341	0,373	0,365	0,319	0,236	0,126	0
0,20	0,175	0,278	0,358	0,399	0,398	0,354	0,265	0,142	0
0,30	0,177	0,290	0,380	0,436	0,448	0,406	0,310	0,168	0
0,40	0,180	0,304	0,409	0,486	0,514	0,478	0,372	0,204	0
0,50	0,184	0,320	0,447	0,549	0,602	0,579	0,462	0,258	0
0,60	0,189	0,339	0,492	0,631	0,722	0,723	0,599	0,342	0
0,70	0,195	0,361	0,548	0,738	0,892	0,947	0,828	0,494	0
0,80	0,201	0,387	0,617	0,881	1,146	1,329	1,283	0,833	0
0,90	0,207	0,417	0,702	1,079	1,559	2,108	2,504	2,022	0

Tab. 4.6 Korrekturfaktoren für die Bestimmung der Spannungsintensitätsfaktoren für geneigte Oberflächenrisse bei Biegebeanspruchung mit der maximalen Biegespannung an der Oberfläche als Bezugsspannung [12]

Rißgrö-	Rißneigungswinkel α gegenüber der Oberfläche								
ße a/W	10°	20°	30°	40°	50°	60°	70°	80°	90°
Korrekturfaktor f_I									
0,01	0,163	0,307	0,464	0,625	0,783	0,924	1,033	1,104	1,130
0,10	0,161	0,297	0,447	0,597	0,740	0,865	0,962	1,023	1,043
0,20	0,159	0,296	0,443	0,593	0,737	0,865	0,966	1,033	1,056
0,30	0,160	0,299	0,450	0,609	0,765	0,908	1,023	1,098	1,124
0,40	0,161	0,304	0,464	0,638	0,818	0,988	1,131	1,227	1,261
0,50	0,163	0,312	0,486	0,685	0,901	1,120	1,313	1,449	1,498
0,60	0,165	0,322	0,515	0,750	1,026	1,329	1,618	1,834	1,915
0,70	0,168	0,335	0,553	0,840	1,213	1,669	2,160	2,566	2,726
0,80	0,171	0,350	0,601	0,965	1,502	2,275	3,272	4,247	4,678
0,90	0,176	0,368	0,661	1,141	1,984	3,532	6,295	10,197	12,460
Korrekturfaktor f_{II}									
0,01	0,172	0,269	0,335	0,363	0,353	0,305	0,222	0,117	0
0,10	0,168	0,259	0,314	0,336	0,322	0,277	0,203	0,107	0
0,20	0,166	0,250	0,302	0,322	0,309	0,264	0,194	0,102	0
0,30	0,164	0,247	0,297	0,317	0,305	0,263	0,193	0,102	0
0,40	0,163	0,244	0,295	0,317	0,308	0,268	0,199	0,106	0
0,50	0,162	0,243	0,297	0,323	0,321	0,285	0,215	0,116	0
0,60	0,162	0,244	0,302	0,337	0,345	0,317	0,247	0,137	0
0,70	0,162	0,246	0,312	0,360	0,386	0,376	0,312	0,181	0
0,80	0,162	0,250	0,327	0,396	0,457	0,491	0,454	0,289	0
0,90	0,162	0,256	0,347	0,452	0,583	0,741	0,855	0,684	0

4.2.5 Bohrungsrisse im Augenstab

Ein in der Technik recht häufig genutztes Bauelement ist der Augenstab, in den über eine kreisförmige Bohrung Kräfte eingeleitet werden. An der Berandung der Bohrung können sich Risse bilden, die zum Versagen des Augenstabes (siehe Abb. 4.21, vgl. auch Abb. 2.5) oder der ähnlich, aber kürzer gestalteten Transport-Ösen führen können.

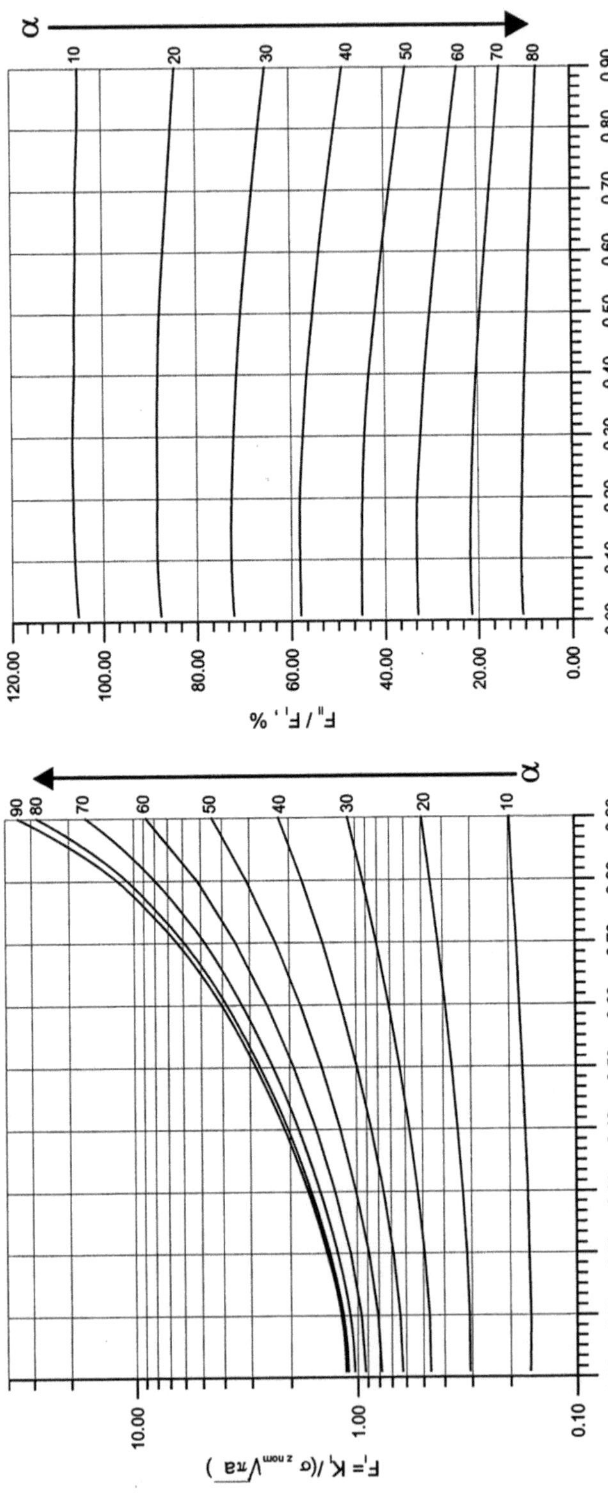

Abb. 4.19 Die Spannungsintensitätsfaktoren für geneigte Oberflächenrisse bei homogener Zugbeanspruchung (Membranspannungen) im Querschnitt [12]

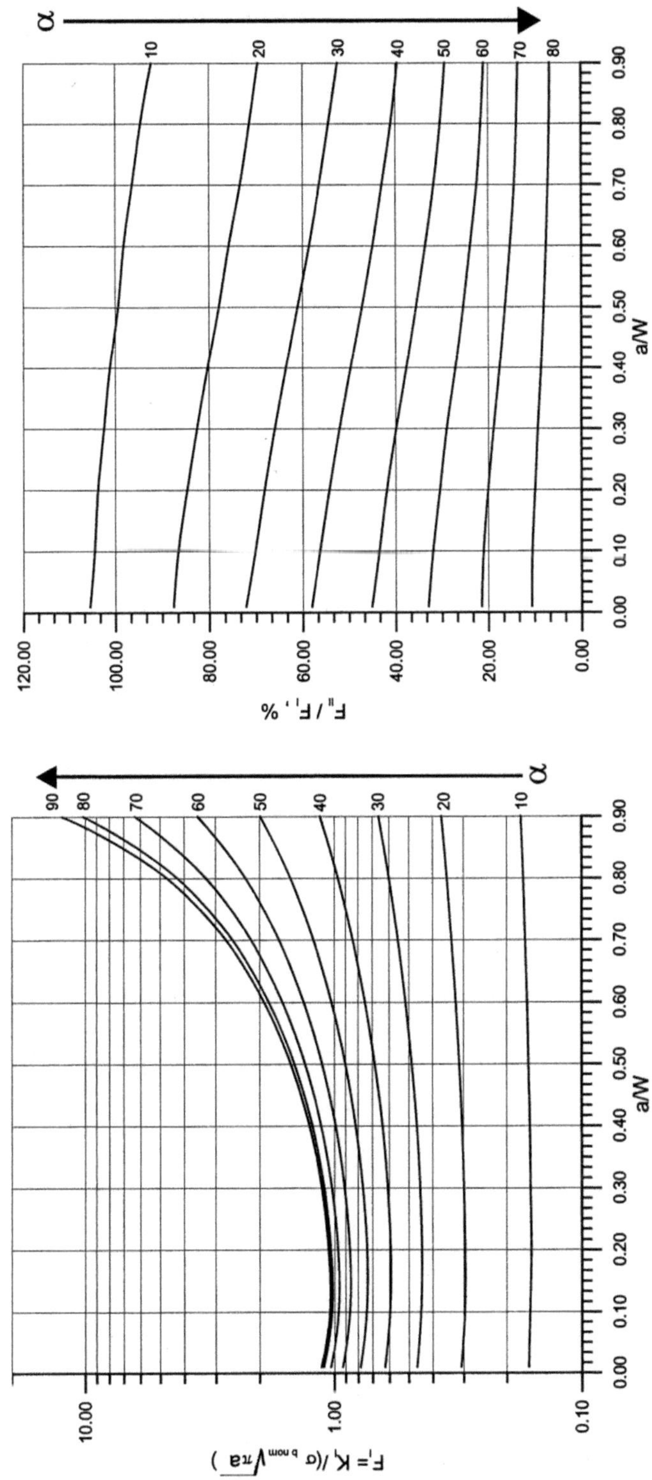

Abb. 4.20 Die Spannungsintensitätsfaktoren für geneigte Oberflächenrisse bei linear veränderlicher Beanspruchung (Biegespannungen) im Querschnitt [12]

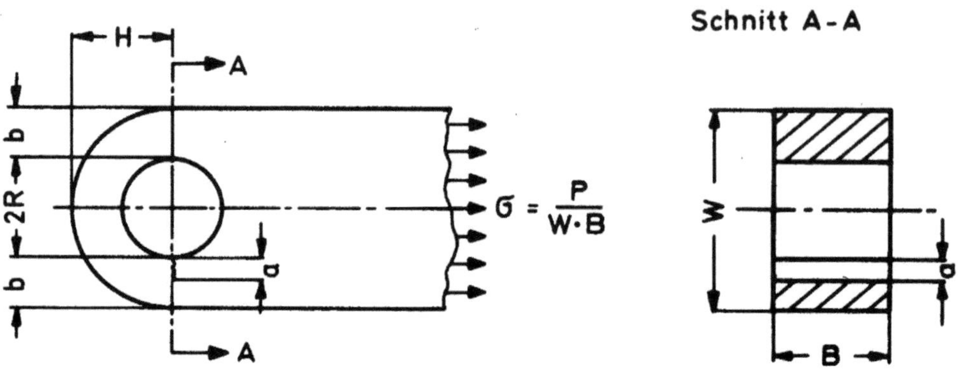

Abb. 4.21 Augenstab mit einseitigem Riß an der Bohrung [14]

Für einseitig ausgebildete Durchrisse an der Bohrung bestimmte GEIER [13] die Spannungsintensitätsfaktoren aus dem Vergleich der Rißwachstumsrate von Bruchmechanikproben und Augenstäben aus gleichem Werkstoff. Die Spannungsintensitätsfaktoren ergeben sich nach den Beziehungen

$$K_I = \sigma_{nom.} \cdot \sqrt{\pi \cdot a} \cdot f \quad \text{mit} \quad f = \frac{1,12 \cdot \alpha \cdot A}{A + \frac{a}{b}} \cdot k \cdot Q. \tag{4.44}$$

Hierbei ist $\alpha = \sigma_{\max}/\sigma_{nom.}$ die Formzahl, die mit Hilfe des Diagramms, Abb. 4.22, bestimmt werden kann.

Die in Gl. (4.44) verwendeten Koeffizienten sind:

$$\left.\begin{aligned}
A &= 0{,}026 \cdot \exp\left[1{,}895 \cdot \left(1 + \frac{a}{b}\right)\right], \\
k &= \exp\left[r \cdot \sqrt{\frac{a}{b}}\right] \\
&\text{mit} \\
r &= -3{,}22 + 10{,}39 \cdot \left(\frac{2R}{W}\right) - 7{,}67 \cdot \left(\frac{2R}{W}\right)^2, \\
Q &= \frac{U^{a/b} + 10^{-3}}{\frac{a}{b} + 10^{-3}} \\
&\text{mit} \\
U &= 0{,}72 + 0{,}52 \cdot \left(\frac{2R}{H}\right) - 0{,}23 \cdot \left(\frac{2R}{H}\right)^2.
\end{aligned}\right\} \tag{4.45}$$

Die Fehler der vorstehenden Beziehungen werden für den Bereich $0{,}36 \leq 2 \cdot R/W \leq 0{,}60$ und $0{,}70 \leq 2 \cdot R/H \leq 1{,}20$ mit maximal 3,5 % angegeben [13].

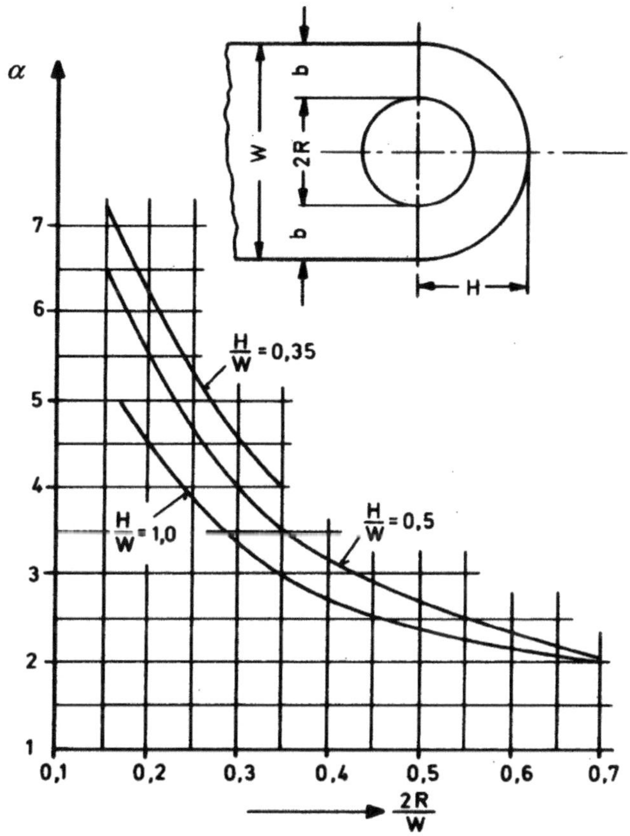

Abb. 4.22 Formzahlen α für rißfreie Augenstäbe nach spannungsoptischen Untersuchungen von FROCHT und HILL [15] (entnommen aus [14])

4.3 Räumliche Rißprobleme

4.3.1 Kreis- und Ellipsenrisse im Inneren unendlich großer Körper

Für den kreisförmigen Innenriß mit dem Radius a im unendlichen Körper (Abb. 4.23) ergibt sich der Spannungsintensitätsfaktor [16] zu

$$K_I = \frac{2}{\pi} \cdot \sigma_{nom.} \cdot \sqrt{\pi \cdot a} \tag{4.46}$$

Die Beanspruchung entlang der Rißfront ist beim Kreisriß konstant.

Der elliptische Innenriß im unendlichen Körper (Abb. 4.24) hat in zwei senkrecht zueinander stehenden Richtungen unterschiedliche Abmessungen, die mit der großen Halbachse c und der kleinen Halbachse a beschrieben werden können. Die Beanspruchung entlang der

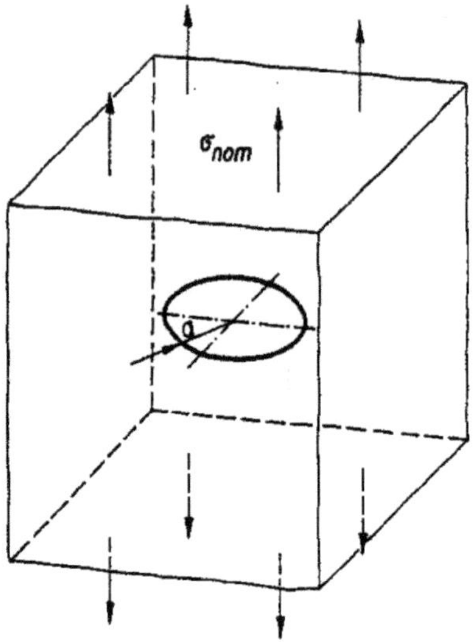

Abb. 4.23 Kreisförmiger Innenriß unter homogener Zugbeanspruchung

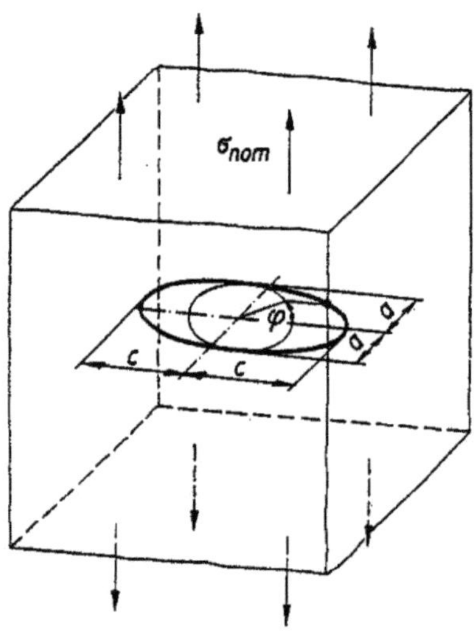

Abb. 4.24 Elliptischer Innenriß unter homogener Zugbeanspruchung

unterschiedlich gekrümmten Rißfront ist beim elliptischen Riß nicht konstant. Die Spannungsintensitätsfaktoren ergeben sich für den elliptischen Innenriß im unendlichen Körper [17] zu

$$K_I = \frac{\sigma_{nom.} \cdot \sqrt{\pi \cdot a}}{E(k)} \cdot \left[\sin^2\varphi + \left(\frac{a}{c}\right)^2 \cdot \cos^2\varphi\right]^{1/4} \tag{4.47}$$

In dieser Beziehung sind φ der Ellipsenparameter und $E(k)$ das vollständige elliptischen Integral 2. Art

$$E(k) = \int_{\alpha=0}^{\pi/2} \sqrt{1 - k^2 \cdot \sin^2\alpha} \cdot d\alpha \approx \sqrt{1 + 1{,}47 \cdot \left(\frac{a}{c}\right)^{1{,}64}} \tag{4.48}$$

mit

$$k = \sqrt{1 - \left(\frac{a}{c}\right)^2} \quad \text{für} \quad a \leq c \tag{4.49}$$

Der Zusammenhang zwischen den Ellipsenparameter φ und dem Winkel $\varphi_{geom.}$ des Radialstrahles vom Ellipsenmittelpunkt zum betrachteten Punkt der Rißfront ist durch die Beziehung gegeben

$$\tan \varphi_{geom.} = \frac{a}{c} \cdot \tan \varphi \tag{4.50}$$

4.3.2 Halb-elliptische Oberflächenrisse

Für halbelliptische Oberflächenrisse (Abb. 4.25), denen in der Praxis eine große Bedeutung zukommt, sind in der folgenden Tab. 4.7 Korrekturfaktoren f gemäß der Formulierung

$$K_I = \sigma_{nom.} \cdot \sqrt{\pi \cdot a} \cdot f \tag{4.51}$$

nach FEM-Berechnungen von NEWMAN und RAJU [18] wiedergegeben. Aus diesen Zahlenwerten zeigt sich recht anschaulich die Veränderung der Höhe der Rißfrontbeanspruchung, aber auch die Verlagerung des am höchsten beanspruchten Punktes der Rißfront mit der Änderung der Rißgeometrie von der tiefsten Stelle der Rißfront bei flachen Rissen zum Punkt der Rißdurchstoßung mit der Oberfläche bei tiefen Rissen.

Anzumerken ist, daß der Winkel φ – wie bei dem elliptischen Innenriß – der Ellipsenparameter ist, jedoch nicht der geometrische Winkel $\varphi_{geom.}$ für den Radialstrahl zu dem

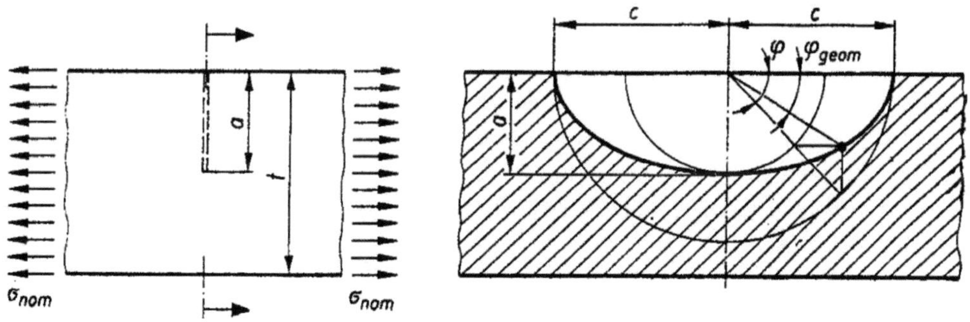

Abb. 4.25 Halb-elliptischer Oberflächenriß

Tab. 4.7 Zusammenstellung der Korrekturfaktoren zur Bestimmung der Spannungsintensitätsfaktoren für halbelliptische Oberflächenrisse unter homogener Nominalzugspannung für Rißtiefen von a/t = 0,2 nach FEM-Berechnungen von NEWMAN und RAJU [18]

	$a/c\ = 0{,}6$		$a/c\ = 1{,}0$		$a/c\ = 2{,}0$	
φ	$\varphi_{geom.}$	f	$\varphi_{geom.}$	f	$\varphi_{geom.}$	f
0,00°	0,00°	0,717	0,00°	0,747	0,00°	0,347
11,25°	6,81°	0,720	11,25°	0,729	21,69°	0,336
22,50°	13,96°	0,738	22,50°	0,703	39,64°	0,313
33,75°	21,85°	0,769	33,75°	0,689	53,19°	0,293
45,00°	30,96°	0,802	45,00°	0,679	63,43°	0,273
56,25°	41,92°	0,829	56,25°	0,674	71,53°	0,253
67,50°	55,38°	0,851	67,50°	0,670	78,30°	0,233
78,75°	71,66°	0,865	78,75°	0,668	84,32°	0,216
90,00°	90,00°	0,869	90,00°	0,668	90,00°	0,209

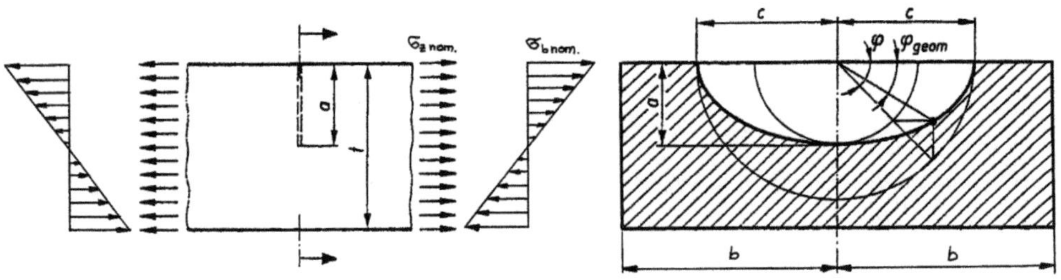

Abb. 4.26 Halb-elliptischer Oberflächenriß unter homogener Zug- und Biegebeanspruchung

betreffenden Rißfrontpunkt. Der Zusammenhang zwischen dem Ellipsenparameter und dem geometrischen Winkel ist gegeben durch Gl. (4.50).

Wegen der großen praktischen Bedeutung der halbelliptischen Oberflächenrisse sind von NEWMAN und RAJU auf Grund umfangreicher Berechnungen Näherungsformeln zur Bestimmung der Spannungsintensitätsfaktoren abgeleitet worden [19], die bei den nominellen Spannungen sowohl Membran-, als auch Biegespannungen und bei der Geometrie des rißgeschädigten Bauteils die endlichen Abmessungen sowohl der Breite $2b$ als auch der Dicke t berücksichtigen, (Abb. 4.26). Normiert sind die Spannungsintensitätsfaktoren gemäß der Beziehung.

$$K_I = (\sigma_{z\,nom} + M^* \cdot \sigma_{b\,nom}) \cdot \sqrt{\pi \cdot a} \cdot f_I \tag{4.52a}$$

mit

$$\left.\begin{aligned}
&f_I = \frac{M}{E(k)}\\
&\text{und}\\
&M = \left[M_1 + M_2 \cdot \left(\frac{a}{t}\right)^2 + M_3 \cdot \left(\frac{a}{t}\right)^4\right] \cdot M_4 \cdot M_5 \cdot M_6\\
&E(k) = \int\limits_{\alpha=0}^{\pi/2} \sqrt{1 - k^2 \cdot \sin^2\alpha} \cdot d\alpha \approx \sqrt{1 + 1{,}464 \cdot \left(\frac{a}{c}\right)^{1{,}65}} \text{ mit } k^2 = 1 - \left(\frac{a}{c}\right)^2\\
&\text{sowie}\\
&M_1 = 1{,}13 - 0{,}09 \cdot \frac{a}{c} \quad M_2 = \frac{0{,}89}{0{,}2 + \frac{a}{c}} - 0{,}54\\
&M_3 = 0{,}5 - \frac{1}{0{,}65 + \frac{a}{c}} + 14 \cdot \left(1 - \frac{a}{c}\right)^{24}\\
&M_4 = 1 + \left[0{,}1 + 0{,}35 \cdot \left(\frac{a}{t}\right)^2\right] \cdot (1 - \sin\varphi)^2\\
&M_5 = \left[\sin^2\varphi + \left(\frac{a}{c}\right)^2 \cdot \cos^2\varphi\right]^{0{,}25} \quad M_6 = \sqrt{\frac{1}{\cos\left(\frac{\pi}{2} \cdot \frac{c}{b} \cdot \sqrt{\frac{a}{t}}\right)}}\\
&M^* = M_1^* + (M_2^* - M_1^*) \cdot \sin^p\varphi\\
&\text{mit}\\
&p = 0{,}2 + \frac{a}{c} + 0{,}6 \cdot \frac{a}{t}\\
&M_1^* = 1 - 0{,}34 \cdot \frac{a}{t} - 0{,}11 \cdot \frac{a}{c} \cdot \frac{a}{t}\\
&M_2^* = 1 - \left(1{,}22 + 0{,}12 \cdot \frac{a}{c}\right) \cdot \frac{a}{t} + \left[0{,}55 - 1{,}05 \cdot \left(\frac{a}{c}\right)^{0{,}75} + 0{,}47 \cdot \left(\frac{a}{c}\right)^{1{,}5}\right] \cdot \left(\frac{a}{t}\right)^2
\end{aligned}\right\} \tag{4.52b}$$

Der Gültigkeitsbereich der von NEWMAN und RAJU [19] angegebenen Näherungsbeziehungen ist gegeben durch:

$$0 < a/c \leq 1{,}0, \quad 0 \leq a/t \leq 1{,}0, \quad c/b < 0{,}5, \quad 0 \leq \varphi \leq \pi \tag{4.52c}$$

Wenn auch im allgemeinen davon ausgegangen wird, daß die höchste Beanspruchung der Rißfront bei flachen Oberflächenrisse an der tiefsten Stelle und bei tieferen Rissen an dem Durchstoßungspunkt der Rißfront auf der Bauteiloberfläche auftritt, zeigen unterschiedlich genaue FEM-Berechnungen, daß das Maximum der Beanspruchung nicht direkt an der Bauteiloberfläche, sondern etwas darunter in der „Randschicht" auftritt, (Abb. 4.27).

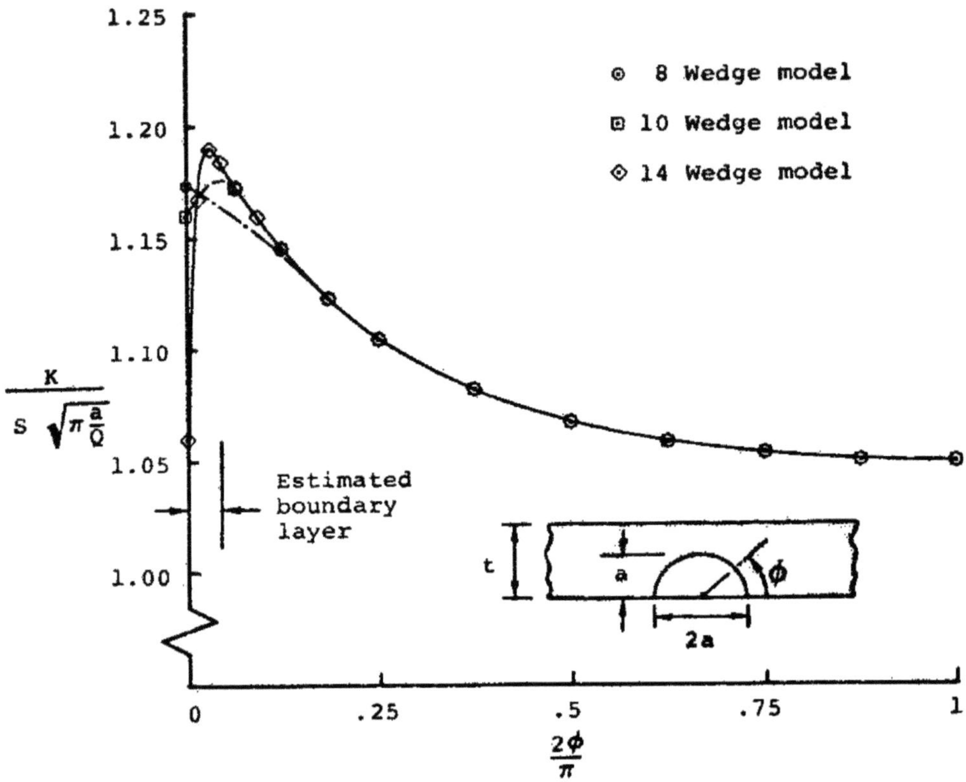

Abb. 4.27 Der Verlauf der Spannungsintensitätsfaktoren eines halbkreisförmigen Oberflächenrisses innerhalb einer „Randschicht" nach FEM-Berechnungen mit unterschiedlichen Modellen [18]

Während die vorstehenden Formeln zur Bestimmung der Spannungsintensitätsfaktoren für halb-elliptische Oberflächenrisse linear-elastisches Werkstoffverhalten im gesamten Bereich um die Rißspitze voraussetzen, ist es in der Bruchmechanik ebenfalls üblich, die Spannungsintensitätsfaktoren bei Berücksichtigung des sogenannten „Kleinbereichsfließens" zu ermitteln. Die entsprechenden Formeln sind nach IRWIN [20].

$$\left.\begin{aligned} K_I &= \sigma_0 \cdot \sqrt{\frac{1{,}2 \cdot \pi \cdot a}{Q}} \\ \text{mit } Q &= \Phi_0^2 - 0{,}212 \cdot \left(\frac{\sigma_0}{R_e}\right)^2 \\ \text{und } \Phi_0 &= \int\limits_0^{\pi/2} \left[1 - \left(\frac{c^2 - a^2}{c^2}\right) \cdot \sin^2\varphi\right] \cdot \mathrm{d}\varphi \end{aligned}\right\} \tag{4.53}$$

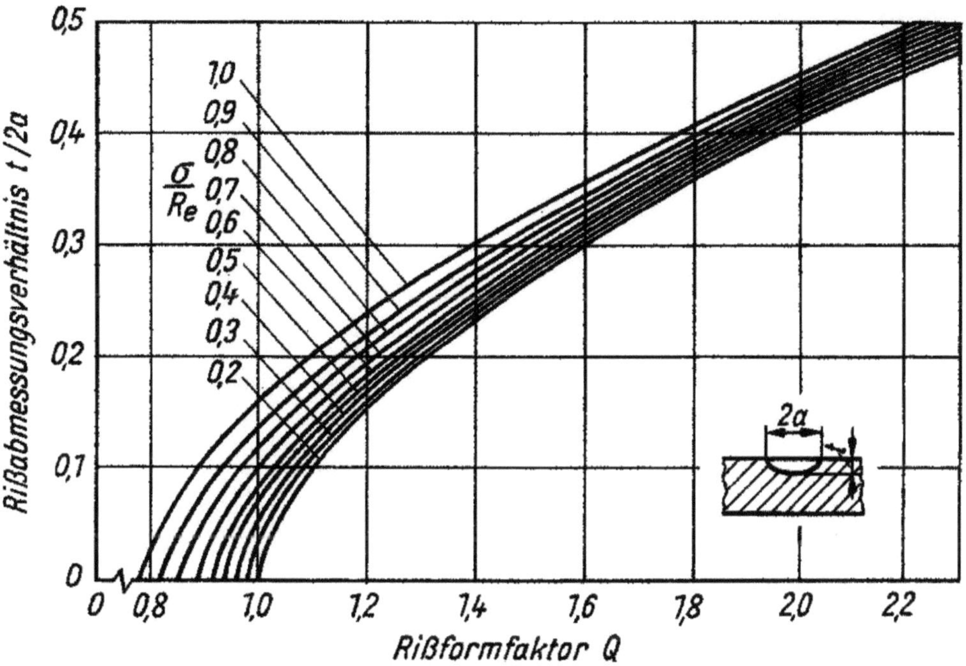

Abb. 4.28 Graphische Darstellung des Rißformfaktors Q in Abhängigkeit von dem Verhältnis der Rißabmessungen sowie der Nominalspannungen zur Streckgrenze

Der Faktor 1,2 in Gl. (4.53) berücksichtigt den Einfluß der freien Oberflächen auf die Energiefreisetzungsrate mit 20 %. Die Größe Q wird als Rißformfaktor bezeichnet. Dieser Rißformfaktor hängt außer von der Rißform aber auch von dem Verhältnis der nominellen Zugspannung zur Streckgrenze ab, (Abb. 4.28).

Ist der halbelliptische Oberflächenriß einer mit der Tiefe x unter der Oberfläche gemäß der Beziehung

$$\sigma(x) = \sigma_{nom.} \cdot \exp(-g \cdot x/t) \tag{4.54}$$

exponentiell abklingenden Nominalspannung ausgesetzt, so ergibt sich der Spannungsintensitätsfaktor K_I für den Durchstoßungspunkt der Rißfront mit der Bauteiloberfläche ($\varphi = 0$) bzw. für den tiefsten Punkt der Rißfront unter der Bauteiloberfläche ($\varphi = \pi/2$) nach einer Lösung von HUGET, REDDEMANN und GRÜTER [21] (zitiert von SOMMER [22]) gemäß

$$K_I = \sigma_{nom.} \cdot \sqrt{\pi \cdot a} \cdot f_I \quad \text{mit} \quad f_I = \frac{M}{E(k)}. \tag{4.55}$$

Die Faktoren M sind in der Tab. 4.8 wiedergegeben; die elliptischen Integrale ergeben sich gemäß der vorstehend angegebenen Beziehung für $E(k)$.

Tab. 4.8 Korrekturfaktoren für halb-elliptische Oberflächenrisse mit exponentiell veränderlicher Belastung

		M für $g = 3{,}8$ und a/t =				M für $g = 8{,}5$ und a/t =			
	a/c	0,20	0,40	0,60	0,80	0,20	0,40	0,60	0,80
$\varphi = 0$	0,2	0,54	0,58	0,64	0,73	0,48	0,48	0,48	0,51
	0,4	0,67	0,69	0,73	0,78	0,58	0,55	0,54	0,54
	0,6	1,02	0,95	0,92	0,91	0,88	0,76	0,69	0,66
$\varphi = \pi/2$	0,2	0,74	0,63	0,62	0,58	0,45	0,33	0,31	0,28
	0,4	0,71	0,55	0,47	0,40	0,43	0,27	0,23	0,19
	0,5	0,68	0,49	0,39	0,31	0,40	0,24	0,18	0,14
	0,6	0,62	0,43	0,31	0,22	0,36	0,20	0,13	0,09

Um bei der praktischen Nutzung dieser Berechnungsergebnisse nicht unbedingt an die vorgegebenen Werte der Rißformparameter gebunden zu sein, sind die Werte der Tab. 4.8 für $g = 8{,}5$ durch eine Regressionsfunktion der Form

$$\begin{aligned} M = \; & \alpha_{00} + \alpha_{01} \cdot (a/c) + \alpha_{02} \cdot (a/c)^2 \\ & + [\alpha_{10} + \alpha_{11} \cdot (a/c) + \alpha_{12} \cdot (a/c)^2] \cdot (a/t) \\ & + [\alpha_{20} + \alpha_{21} \cdot (a/c) + \alpha_{22} \cdot (a/c)^2] \cdot (a/t)^2 \end{aligned} \tag{4.56}$$

angenähert worden. Die Koeffizienten dieser Regressionsfunktion sind in der Tab. 4.9 wiedergegeben.

Tab. 4.9 Regressionskoeffizienten

α_{ij} für $g = 8{,}5$ und $\varphi = \pi/2$			
	j=0	1	2
i=0	0,47199	0,79130	− 1,06256
1	−0,30906	−3,16889	2,84673
2	0,21817	2,15632	− 2,13073

4.3.3 Viertel-kreisförmige Eckrisse

Viertel-kreisförmige Eckrisse lassen sich durch Spannungsintensitätsfaktoren charakterisieren, die nach LIU [23] im Mittel entlang der Rißfront

$$\overline{K_I} = 1{,}32 \cdot \sigma_{nom.\,\mathrm{hom.}} \cdot \sqrt{a} = 0{,}745 \cdot \sigma_{nom.\,\mathrm{hom.}} \cdot \sqrt{\pi \cdot a} \tag{4.57}$$

betragen. Als Extreme entlang der Rißfront treten auf am Durchstoßungspunkt der Rißfront mit der Oberfläche der Maximalwert mit

$$K_{I\,\max} = \sigma_{\text{nom. hom.}} \cdot \sqrt{2 \cdot a} \tag{4.58}$$

sowie auf der Symmetrielinie unter 45° Neigung der Minimalwert mit

$$K_{I\,\min} = 1{,}245 \cdot \sigma_{\text{nom.hom.}} \cdot \sqrt{\mathrm{a}} \tag{4.59}$$

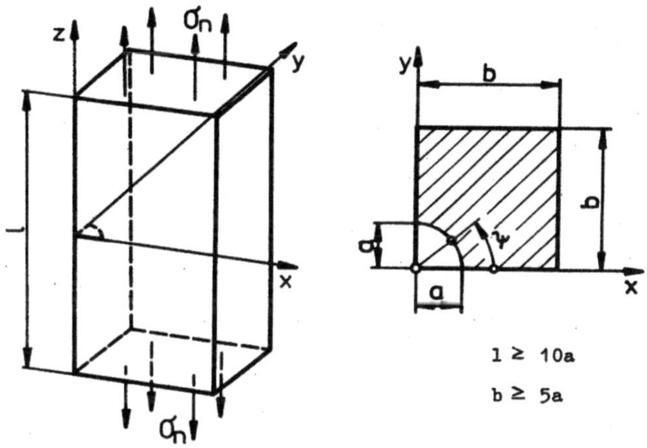

Abb. 4.29 Berechnungsmodell von KUNA [24] zur Ermittlung der Spannungsintensitätsfaktoren für einen viertel-kreisförmigen Eckriß

Spannungsintensitätsfaktoren für einen viertel-kreisförmigen Eckriß in einem Quader, dessen quadratische Querschnittsabmessungen fünfmal so groß waren wie der Radius a des Eckrisses, und dessen Länge in Beanspruchungsrichtung der doppelten Seitenabmessung entsprachen, wurden von KUNA [24] für eine homogene, einachsige Nominalbeanspruchung bestimmt. Der Spannungsintensitätsfaktor wurde angegeben zu

$$K_I = \frac{2}{\pi} \cdot \sigma_n \cdot \sqrt{\pi \cdot a} \cdot f_I(\psi) \tag{4.60}$$

Das Berechnungsmodell und die Abhängigkeit des Korrekturfaktors f_I von der Winkelkoordinate sind in Abb. 4.29 bzw. 4.30 wiedergegeben.

Wird der viertel-kreisförmige Eckriß durch eine nominelle Druckspannung auf den Rißflächen beansprucht, (Abb. 4.31), die sich durch Polynomfunktionen gemäß

$$\begin{aligned} p_z(x,y) = p_0 \cdot \Bigg\{ & B_{00} + B_{01} \cdot \left(1 - \frac{x}{a}\right) + B_{02} \cdot \left(1 - \frac{x}{a}\right)^2 + B_{03} \cdot \left(1 - \frac{x}{a}\right)^3 \\ & B_{10} \cdot \left(1 - \frac{y}{a}\right) + B_{20} \cdot \left(1 - \frac{y}{a}\right)^2 + B_{30} \cdot \left(1 - \frac{y}{a}\right)^3 \Bigg\} \end{aligned} \tag{4.61}$$

wiedergeben läßt, so ergibt sich mit den Korrekturfaktoren M, Abb. 4.32, der Spannungsintensitätsfaktor [25] zu

$$K_I(\psi) = \frac{2}{\pi} \cdot p_0 \cdot \sqrt{\pi \cdot a} \cdot \left\{ B_{00} \cdot M_0(\psi) + \sum_1^3 B_{0i} \cdot M_i(\psi) + \sum_1^3 B_{i0} \cdot M_i\left(\frac{\pi}{2} - \psi\right) \right\} \tag{4.62}$$

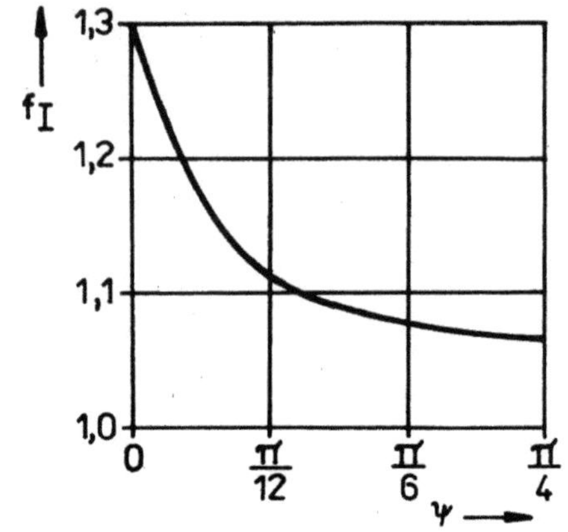

Abb. 4.30 Korrekturfaktor für die Spannungsintensitätsfaktoren für einen viertelkreisförmigen Eckriß [24]

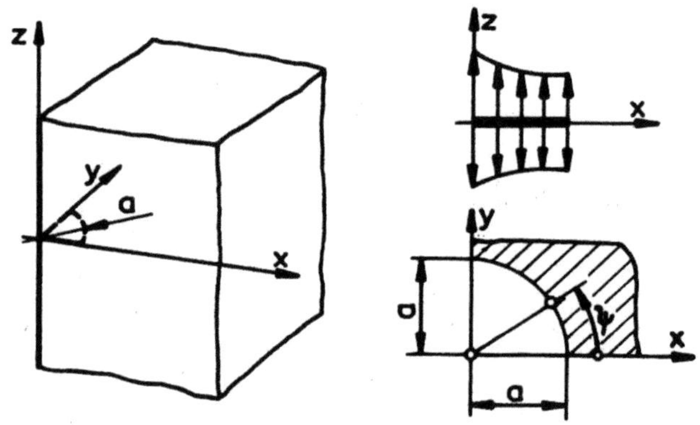

Abb. 4.31 Berechnungsmodell von KOBAYASHI u. a. [25] zur Ermittlung der Spannungsintensitätsfaktoren für einen viertel-kreisförmigen Eckriß

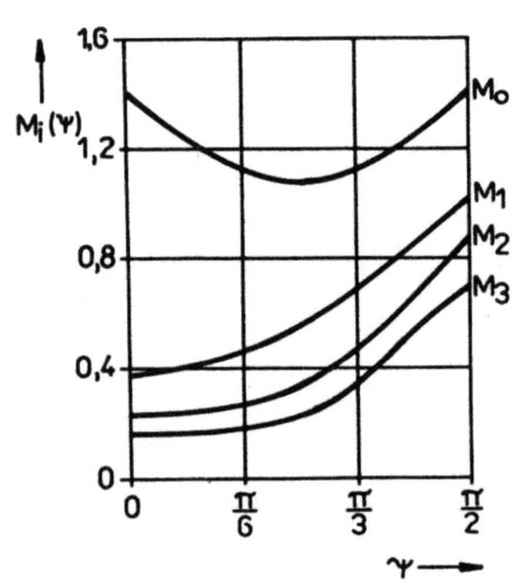

Abb. 4.32 Korrekturfaktor für die Spannungsintensitätsfaktoren für einen viertelkreisförmigen Eckriß [25]

Für die Spannungsintensitätsfaktoren eines kreisbogenförmigen Eckrisses unter homogener Zugbeanspruchung, bei der die beiden begrenzenden Flächen einen beliebigen Winkel einschließen (siehe Abb. 4.33), sind Lösungen von NICKEL [26] angegebenworden (siehe Abb. 4.34).

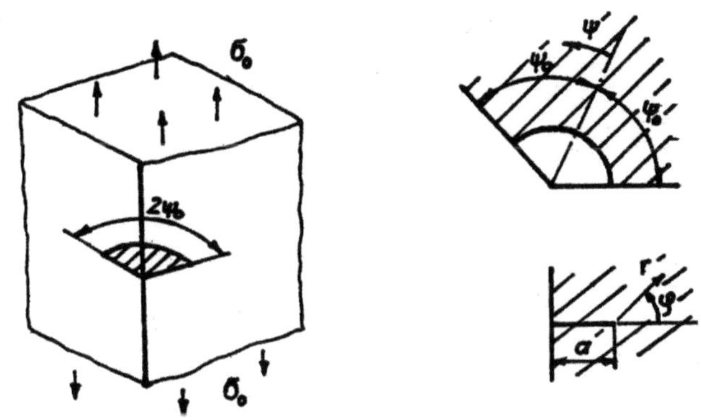

Abb. 4.33 Berechnungsmodell von NICKEL [26] für Eckrisse mit kreisbogenförmiger Rißfront

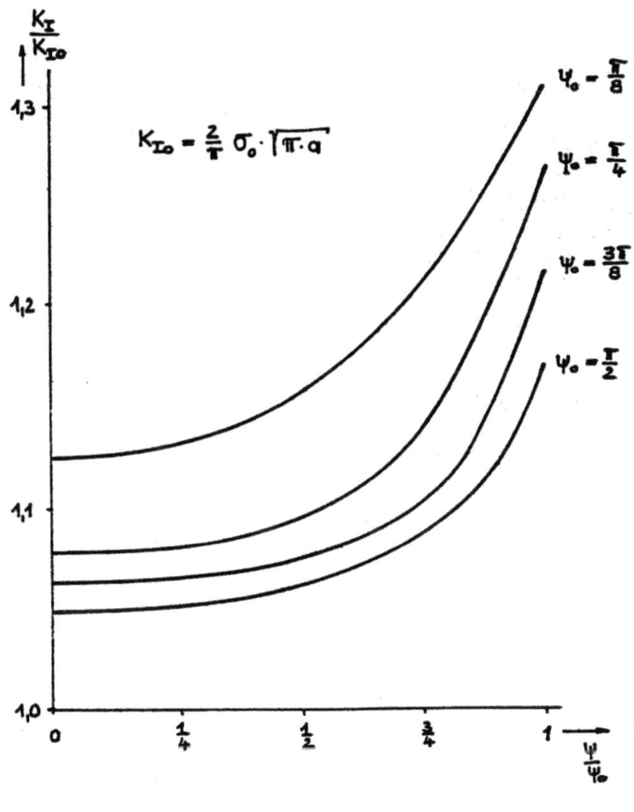

Abb. 4.34 Spannungsintensitätsfaktoren nach NICKEL [26] für einen Eckriß mit beliebigem Winkel zwischen den begrenzenden Flächen

4.3.4 Viertel-elliptische Eckrisse

Für Eckrisse wird im folgenden auf die von KOBAYASHI und ENETANYA [27] angegebene Lösung in der Form

$$K_I = \sigma_{nom.\,\mathrm{hom.}} \cdot \sqrt{\pi \cdot a} \cdot f_{\mathrm{hom.}} \tag{4.63}$$

für den homogenen Nominalspannungszustand und

$$K_I = \sigma_{nom.\,lin.} \cdot \sqrt{\pi \cdot a} \cdot f_{lin.} \tag{4.64}$$

für den linear-veränderlichen Nominalspannungszustand zurückgegriffen. Die Bezugsspannungen sind den Darstellungen in Abb. 4.35, die Korrekturfaktoren $f_{\mathrm{hom.}}$ und $f_{lin.}$ der Tab. 4.10 zu entnehmen.

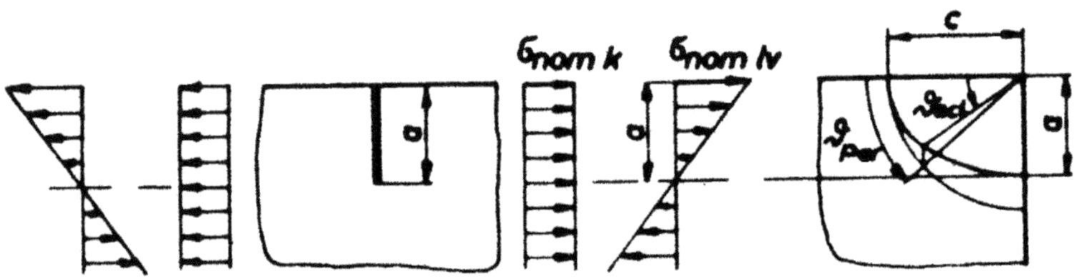

Abb. 4.35 Viertel-elliptischer Eckriß im viertel-unendlichen Körper bei konstanter und längs der Halbachse a linear-veränderlicher Nominalzugspannung [27]

Die Umrechnung des Ellipsenparameters $\vartheta_{Par.}$ in den aktuellen Winkel $\vartheta_{act.}$ zur Kennzeichnung des jeweils betrachteten Punktes der Rißfront erfolgt entsprechend Gl. (4.50).

Spannungsintensitätsfaktoren für einen Zugstab mit homogener Nominalbeanspruchung σ_0, einem Rechteckquerschnitt der Abmessungen $W \times t$ sowie einem viertel-elliptischen Eckriß mit den Halbachsen a in Dickenrichtung t und c in Breitenrichtung W, bei dem die Winkelkoordinate von der Breitenrichtung ausgeht, (Abb. 4.36), bestimmten NEWMAN und RAJU [28] gemäß den folgenden Beziehungen zu

$$\left.\begin{aligned} K_I(\varphi) &= \sigma_0 \cdot \sqrt{\frac{\pi \cdot a}{Q}} \cdot f_c \\ &\text{mit} \\ f_c &= \left[M_1 + M_2 \cdot \left(\frac{a}{t}\right)^2 + M_3 \cdot \left(\frac{a}{t}\right)^4\right] \cdot g_1 \cdot g_2 \cdot f_\varphi \end{aligned}\right\} \tag{4.65a}$$

Tab. 4.10 Korrekturfaktoren zur Bestimmung der Spannungsintensitätsfaktoren für viertel-elliptische Eckrisse nach Berechnungen von KOBAYASHI und ENETANYA [27], vgl. Abb. 4.35

$\vartheta_{Par.}$	$a/c = 0{,}20$			$a/c = 0{,}40$			$a/c = 0{,}98$		
[°]	$\vartheta_{act.}$[°]	$f_{\text{hom.}}$	$f_{lin.}$	$\vartheta_{act.}$[°]	$f_{\text{hom.}}$	$f_{lin.}$	$\vartheta_{act.}$[°]	$f_{\text{hom.}}$	$f_{lin.}$
2,5	0,50	0,519	–	1,00	0,692	–	2,45	0,833	–
5,0	1,00	0,559	0,394	2,00	0,726	0,533	4,90	0,844	0,590
7,5	1,51	0,583	0,405	3,01	0,735	0,523	7,35	0,838	0,573
10	2,02	0,603	0,422	4,03	0,727	0,516	9,80	0,825	0,554
20	4,16	0,690	0,472	8,28	0,733	0,498	19,63	0,765	0,484
30	6,59	0,759	0,471	13,00	0,758	0,468	29,50	0,721	0,415
40	9,53	0,817	0,436	18,55	0,790	0,439	39,43	0,700	0,367
50	13,41	0,874	0,380	25,49	0,835	0,403	49,43	0,696	0,327
60	19,11	0,937	0,339	34,72	0,893	0,380	59,50	0,717	0,297
70	28,79	1,012	0,336	47,70	0,972	0,362	69,63	0,757	0,270
80	48,60	1,120	0,381	66,21	1,061	0,377	79,80	0,813	0,242
82,5	56,65	1,153	0,398	71,78	1,076	0,387	82,35	0,825	0,235
85,0	66,37	1,189	0,420	77,66	1,092	0,397	84,90	0,842	0,226
87,5	77,69	1,210	–	83,77	1,107	–	87,45	0,842	–

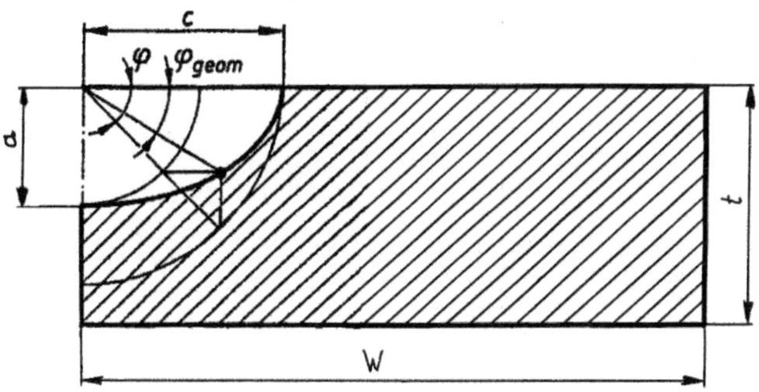

Abb. 4.36 Viertel-elliptischer Eckriß im rechteckigen Zugstab

$$\left.\begin{array}{ll}
\text{für}\quad a/c \le 1: & \text{für}\quad a/c \ge 1: \\
f_\varphi = \left[\left(\frac{a}{c}\right)^2 \cdot \cos^2\varphi + \sin^2\varphi\right]^{1/4} & f_\varphi = \left[\left(\frac{c}{a}\right)^2 \cdot \sin^2\varphi + \cos^2\varphi\right]^{1/4} \\
M_1 = 1{,}08 - 0{,}03 \cdot \frac{a}{c} & M_1 = \sqrt{\frac{c}{a}} \cdot \left[1{,}08 - 0{,}03 \cdot \frac{c}{a}\right] \\
M_2 = -0{,}44 + \frac{1{,}06}{0{,}3 + \frac{a}{c}} & M_2 = 0{,}375 \cdot \left(\frac{c}{a}\right)^2 \\
M_3 = -0{,}5 + 0{,}25 \cdot \frac{a}{c} + 14{,}8 \cdot \left(1 - \frac{a}{c}\right)^{15} & M_3 = -0{,}25 \cdot \left(\frac{c}{a}\right)^2 \\
Q = 1 + 1{,}464 \cdot \left(\frac{a}{c}\right)^{1{,}65} & Q = 1 + 1{,}464 \cdot \left(\frac{c}{a}\right)^{1{,}65} \\
g_1 = 1 + \left[0{,}08 + 0{,}4 \cdot \left(\frac{a}{t}\right)^2\right] \cdot (1 - \sin\varphi)^3 & g_1 = 1 + \left[0{,}08 + 0{,}4 \cdot \left(\frac{c}{t}\right)^2\right] \cdot (1 - \sin\varphi)^3 \\
g_2 = 1 + \left[0{,}08 + 0{,}15 \cdot \left(\frac{a}{t}\right)^2\right] \cdot (1 - \cos\varphi)^3 & g_2 = 1 + \left[0{,}08 + 0{,}15 \cdot \left(\frac{c}{t}\right)^2\right] \cdot (1 - \cos\varphi)^3.
\end{array}\right\} \tag{4.65b}$$

Gültig sind die vorstehenden Beziehungen für $0{,}2 \le a/c \le 2$ und $c/W < 0{,}2$.

4.4 Risse in Bolzen, Achsen und Wellen

4.4.1 Querrisse in Kreiszylinderstäben bei Zug, Biegung und Torsion

Um die Spannungsintensitätsfaktoren für Risse in Bolzen, Achsen und Wellen zu bestimmen, kann auf bekannte theoretisch und experimentell gewonnene Lösungen zurückgegriffen werden.

Die Spannungsintensitätsfaktoren für kreisförmige Querrisse im Inneren des kreiszylindrischen, langen Körpers sind von BENTHEM und KOITER [11] bestimmt worden (Abb. 4.37).

$$K_I = \frac{F_N}{\pi \cdot (R^2 - a^2)} \cdot \sqrt{\pi \cdot a} \cdot \sqrt{1 - \frac{a}{R}} \cdot \frac{2}{\pi} \cdot \left[1 + \frac{1}{2} \cdot \frac{a}{R} - \frac{5}{8} \cdot \left(\frac{a}{R}\right)^2 + 0{,}421 \cdot \left(\frac{a}{R}\right)^3\right], \tag{4.66}$$

$$\begin{aligned} K_{I\mathrm{A}} = K_{I\max} = \frac{4 \cdot M_b \cdot a}{\pi \cdot (R^4 - a^4)} \cdot \sqrt{\pi \cdot a} \cdot \sqrt{1 - \frac{a}{R}} \cdot \\ \frac{4}{3\pi} \cdot \left[1 + \frac{1}{2} \cdot \frac{a}{R} + \frac{3}{8} \cdot \left(\frac{a}{R}\right)^2 + \frac{5}{16} \cdot \left(\frac{a}{R}\right)^3 - \frac{93}{128} \cdot \left(\frac{a}{R}\right)^4 + 0{,}483 \cdot \left(\frac{a}{R}\right)^5\right] \end{aligned} \tag{4.67}$$

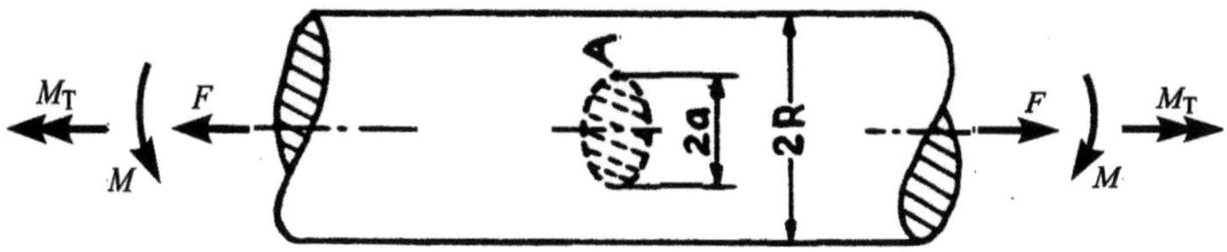

Abb. 4.37 Kreiszylindrischer Stab mit innerem, kreisförmigen Querriß

$$K_{III} = \frac{2 \cdot M_T \cdot a}{\pi \cdot (R^4 - a^4)} \cdot \sqrt{\pi \cdot a} \cdot \sqrt{1 - \frac{a}{R}} \cdot \frac{4}{3\pi} \cdot \left[1 + \frac{1}{2} \cdot \frac{a}{R} + \frac{3}{8} \cdot \left(\frac{a}{R}\right)^2 + \frac{5}{16} \cdot \left(\frac{a}{R}\right)^3 - \frac{93}{128} \cdot \left(\frac{a}{R}\right)^4 + 0{,}038 \cdot \left(\frac{a}{R}\right)^5\right] \tag{4.68}$$

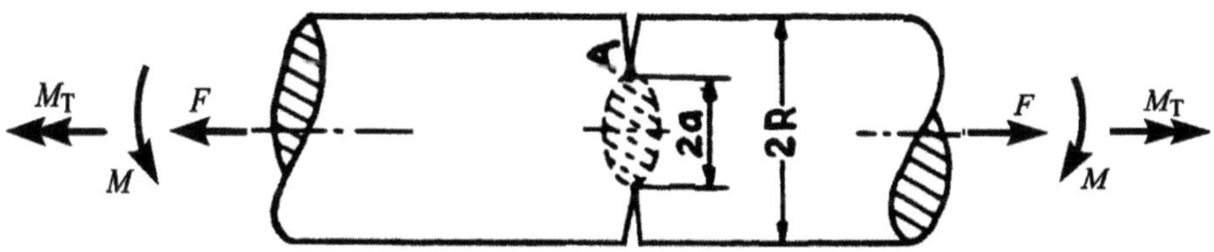

Abb. 4.38 Kreiszylindrischer Stab mit äußerem Querriß

Die Spannungsintensitätsfaktoren für kreisringförmige Querrisse, die von der Oberfläche des kreiszylindrischen, langen Körpers ausgehen, (Abb. 4.38), sind ebenfalls von BENTHEM und KOITER [11] bestimmt worden.

$$K_I = \frac{F_N}{\pi \cdot a^2} \cdot \sqrt{\pi \cdot (R - a)} \cdot \sqrt{\frac{a}{R}} \cdot \frac{1}{2} \cdot \left[1 + \frac{1}{2} \cdot \frac{a}{R} + \frac{3}{8} \cdot \left(\frac{a}{R}\right)^2 - 0{,}363 \cdot \left(\frac{a}{R}\right)^3 + 0{,}731 \cdot \left(\frac{a}{R}\right)^4\right] \tag{4.69}$$

$$K_{IA} = K_{I\max} = \frac{4 \cdot M_b}{\pi \cdot a^3} \cdot \sqrt{\pi \cdot (R - a)} \cdot \sqrt{\frac{a}{R}} \cdot \frac{3}{8} \cdot \left[1 + \frac{1}{2} \cdot \frac{a}{R} + \frac{3}{8} \cdot \left(\frac{a}{R}\right)^2 + \frac{5}{16} \cdot \left(\frac{a}{R}\right)^3 + \frac{35}{128} \cdot \left(\frac{a}{R}\right)^4 + 0{,}537 \cdot \left(\frac{a}{R}\right)^5\right] \tag{4.70}$$

$$K_{III} = \frac{2 \cdot M_T}{\pi \cdot a^3} \cdot \sqrt{\pi \cdot (R - a)} \cdot \sqrt{\frac{a}{R}} \cdot \frac{3}{8} \cdot \left[1 + \frac{1}{2} \cdot \frac{a}{R} + \frac{3}{8} \cdot \left(\frac{a}{R}\right)^2 + \frac{5}{16} \cdot \left(\frac{a}{R}\right)^3 + \frac{35}{128} \cdot \left(\frac{a}{R}\right)^4 + 0{,}208 \cdot \left(\frac{a}{R}\right)^5\right] \tag{4.71}$$

Anzumerken ist zu den Rissen in Wellen unter der maßgebenden Schubbeanspruchung aus dem Torsionsmoment, daß der ursprünglich vorhandene ebene Querriß seine ebene Gestalt nicht beibehält, sonder sich schraubenförmig ausbildet. Diese Art der Rißflächenentwicklung tritt nicht nur bei der Torsionsbeanspruchung, sondern auch bei Rissen, die im Inneren beginnen infolge der Querkraftbeanspruchung auf, wie Abb. 2.25 veranschaulicht.

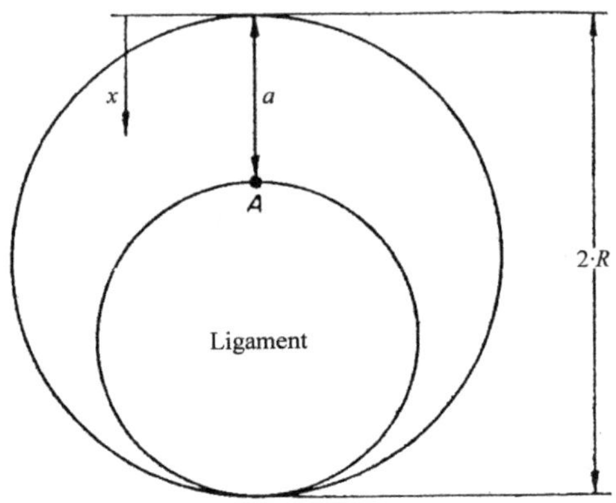

Abb. 4.39 Ansicht des sichelförmigen Risses im Querschnitt der Achse

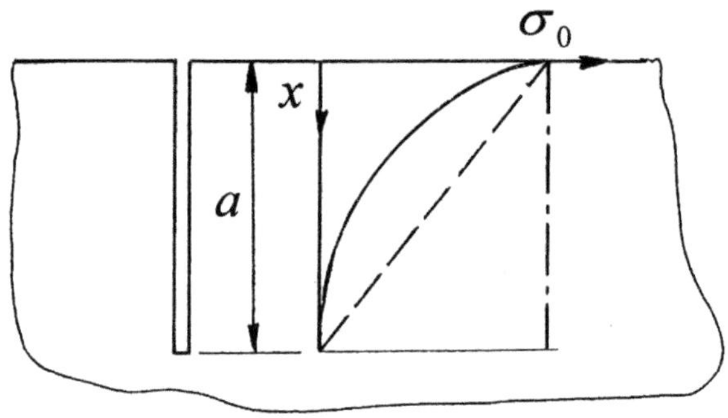

Abb. 4.40 Die von MATTECK verwendeten nominellen Druckspannungsverteilungen auf den Rißflächen

Exzentrisch umlaufende Risse wurden von MATTHECK [29, 30] mit Hilfe von FEM-Berechnungen und der Gewichtsfunktionsmethode bestimmt. Die für das Versagen maßgebende größte Beanspruchung tritt dabei an der Stelle auf, an der der Riß die größte Tiefe hat. Anders als in den vorigen Beispielen berücksichtigte MATTHECK nicht die Schnittreaktionen in dem kreiszylindrischen Träger, sondern die durch die Schnittreaktionen hervorgerufenen Spannungen in Form von homogenen, linear veränderlichen und quadratisch veränderlichen Druckspannungsverteilungen auf den Rißflächen. Mit Hilfe dieser Bezugspannungen lassen sich dann unterschiedliche Spannungsverteilungen im Querschnitt analysieren (Abb. 4.40).

Bei der homogenen Spannungsverteilung $\sigma_{\text{hom.}} = \sigma_0$ folgt

$$\begin{aligned} K_I = \sigma_0 \cdot \sqrt{\pi \cdot a} \cdot \Bigg[& 1{,}1215 + 0{,}1664 \cdot \frac{a}{R} + 5{,}1396 \cdot \left(\frac{a}{R}\right)^2 - \\ & -15{,}932 \cdot \left(\frac{a}{R}\right)^3 + 24{,}746 \cdot \left(\frac{a}{R}\right)^4 - 10{,}986 \cdot \left(\frac{a}{R}\right)^5 \Bigg], \end{aligned} \tag{4.72}$$

bei linear veränderlicher Spannungsverteilung $\sigma_{\text{lin.}} = \sigma_0 \cdot \left(1 - \frac{x}{a}\right)$

$$K_I = \sigma_0 \cdot \sqrt{\pi \cdot a} \cdot \left[0{,}4446 + 1{,}1086 \cdot \frac{a}{R} - 3{,}4582 \cdot \left(\frac{a}{R}\right)^2 + \right.$$
$$\left. + 5{,}3960 \cdot \left(\frac{a}{R}\right)^3 + 0{,}2057 \cdot \left(\frac{a}{R}\right)^4 - 1{,}4844 \cdot \left(\frac{a}{R}\right)^5\right] \quad (4.73)$$

sowie bei der quadratisch veränderlichen Spannungsverteilung $\sigma_{\text{quad.}} = \sigma_0 \cdot \left[1 - \left(\frac{a}{R}\right)^2\right]$

$$K_I = \sigma_0 \cdot \sqrt{\pi \cdot a} \cdot \left[0{,}6048 + 1{,}2542 \cdot \frac{a}{R} - 3{,}4095 \cdot \left(\frac{a}{R}\right)^2 + \right.$$
$$\left. +4{,}6189 \cdot \left(\frac{a}{R}\right)^3 + 2{,}4984 \cdot \left(\frac{a}{R}\right)^4 - 2{,}6806 \cdot \left(\frac{a}{R}\right)^5\right]. \quad (4.74)$$

4.4.2 Querrisse in biegebeanspruchten Achsen

Für kreissegment- bzw. sägeschnittförmige Risse in kreiszylindrischen Stäben sind Untersuchungsresultate auf experimenteller Basis von BUSH [31] und mit Hilfe von FEM-Berechnungen und der Gewichtsfunktionsmethode von MATTHECK [29] gewonnen worden. Diese Lösungen zeigen Unterschiede, die zumindest teilweise auf die Veränderung der Spannungsintensitätsfaktoren entlang der Rißfront und deren unterschiedlich gewichteter Berücksichtigung zurückzuführen sind. Spannungsintensitätsfaktoren für nahezu halbelliptische Oberflächenquerrisse sind von SALAH und LOVEGROVE [32] ebenfalls bestimmt worden.

Die Spannungsintensitätsfaktoren bzw. Korrekturfaktoren sind in Abb. 4.41 in Abhängigkeit von der Rißtiefe a wiedergegeben. Entsprechend der grafischen Darstellung bewirken konzentrisch umlaufende Risse die höchste Beanspruchung. In der Reihenfolge konzentrisch umlaufende, exzentrisch umlaufende, kreissegmentförmige und halbelliptische Risse tritt eine Beanspruchungsminderung an der Rißfront ein. Entsprechend dieser Reihenfolge ist auch die Gefährlichkeit der Risse einzuschätzen.

Ein besonderes Problem, das für Risse in Achswellen von Schienenfahrzeugen von Interesse ist, betrifft Risse im Einflußbereich aufgepreßter Radnaben oder aufgeschrumpfter Innenringe von Rollenachslagern. Nach Untersuchungen von NISHIOKA u. a. [34] tritt bei geringen Rißtiefen infolge der Kantenpressung eine wesentliche Erhöhung der Rißfrontbeanspruchung ein, die mit zunehmender Rißtiefe auf den Wert zurückgeht, der für die Achse mit lastfreier Oberfläche zutreffend ist. Für praktische Untersuchungen kann dieser Effekt – zumindest quantitativ – durch einen zusätzlichen Korrekturfaktor berücksichtigt, der für verschwindend kleine Risse gleich 3 und für Risse der Tiefe $a = 0{,}04 \cdot R$ gleich 1 ist.

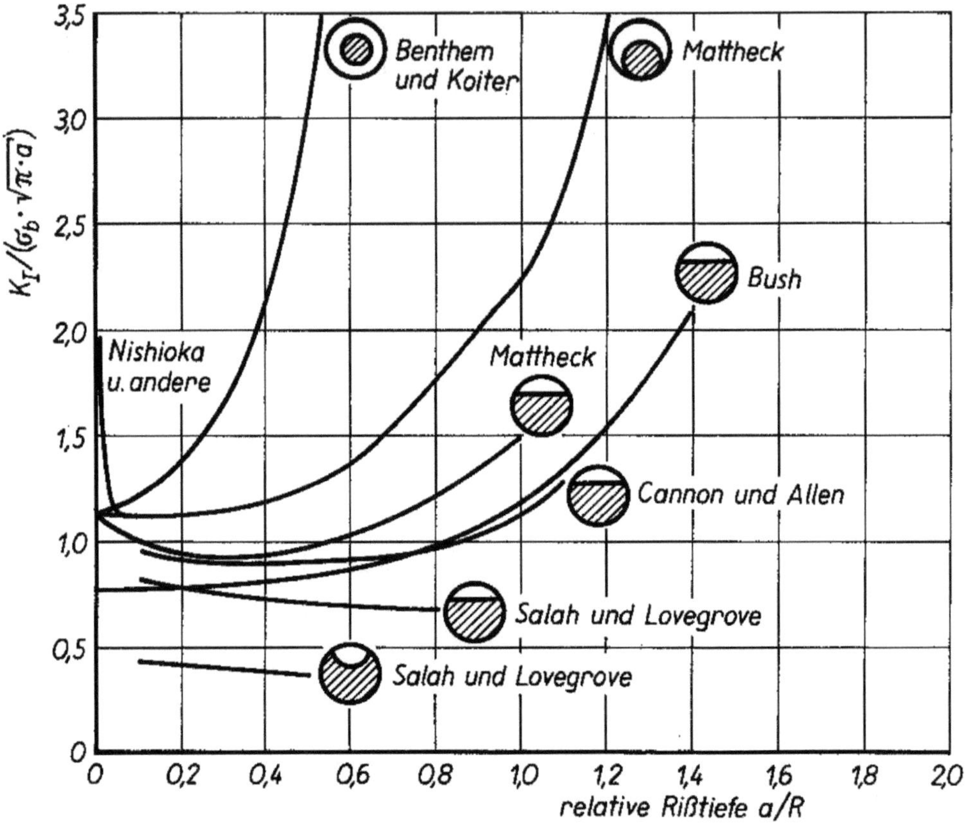

Abb. 4.41 Vergleichende Gegenüberstellung der Spannungsintensitätsfaktoren für Risse in Achsen [33]

4.5 Risse in Profilstäben

4.5.1 Stegquerrisse in zug- bzw. biegebeanspruchten I-Profilen

Wenn auch sich viele praktische Rißprobleme als ebene Rißprobleme interpretieren und behandeln lassen, muss beachtet werden, daß rein scheibenförmige Elemente nur sehr selten als reale Bauteile genutzt werden. In irgendeiner Art und Weise sind diese Scheiben gelagert und zur Erzielung einer ausreichenden Stabilität versteift. So zum Beispiel werden biegebeanspruchte Träger üblicherweise als I-Träger gestaltet. Welchen Einfluß die Versteifung eines Stegträgers durch Gurte hat, ist bruchmechanisch von ISIDA [35] für einen zugbeanspruchten, symmetrischen Zugstab mit Gurten unter homogener Zugspannung, (Abb. 4.42), untersucht worden. Der Einfluß der Gurte, charakterisiert durch ihre Querschnittsfläche und ihr Flächenträgheitsmoment auf die Spannungsintensitätsfaktoren

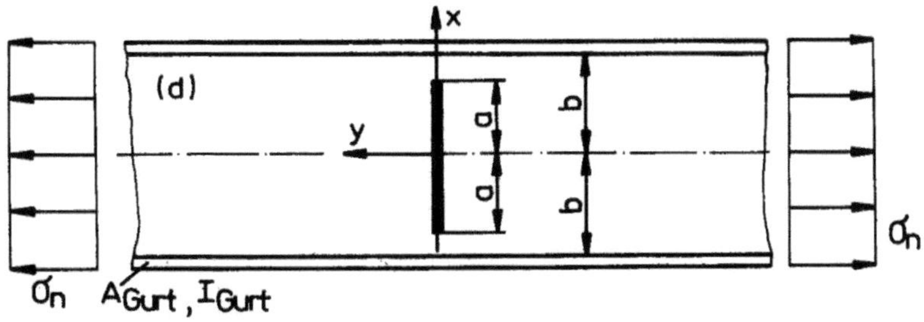

Abb. 4.42 Seitenansicht des an den Längsseiten versteiften, scheibenstreifenförmigen Zugstabes

für einen geraden, symmetrischen Querriß ist in den folgenden Bildern wiedergegeben, (Abb. 4.43). Als Grenzfälle der Betrachtungen ergeben sich unversteifte Scheibenstreifen einerseits und am oberen und am unteren Rand eingespannte Scheibenstreifen andererseits.

$$K_I = \sigma_n \cdot \sqrt{\pi \cdot a} \cdot f_I \tag{4.75}$$

Die Berechnung der Spannungsintensitätsfaktoren für einen exzentrischen Querriß im Steg der Brücken-Querträger der Strelasundbrücke wurde von MASCHKE [36] mit Hilfe eines Rechenprogramms auf der Grundlage der Randelementmethode (BEM) und spezieller Greenscher Funktionen durchgeführt. Die Berechnungsergebnisse berücksichtigen die Abmessungen zweier unterschiedlich gestalteter Querträger (Dörnenteil bzw. Kruppteil der Strelasundbrücke) und die gleichmäßige Verteilung der eingeleiteten Kräfte längs der Stegträgerhöhe. Das Berechnungsmodell ist in Abb. 4.44 wiedergegeben. Zusammengestellt sind die Resultate der BEM-Berechnungen (mit den Abmessungen in cm und der Gesamtkraft F zu 10 N) und ihre Umrechnungen in Kalibrierungsfaktoren in den Tab. 4.11 und 4.12 sowie in Abb. 4.45.

Bei der Umrechnung der Spannungsintensitätsfaktoren in die Kalibrierungsfaktoren f gemäß der Beziehung

$$K = \sigma \cdot \sqrt{\pi \cdot a} \cdot f \tag{4.76}$$

wurden das Biegemoment in den Querträgern bei der angenommenen frei-drehbaren Lagerung der Trägerenden zu

$$M = 5N \cdot 1875mm, \tag{4.77}$$

die Widerstandsmomente zu $1{,}366 \cdot 10^7\ mm^3$ für den Dörnen-Teil und $1{,}090 \cdot 10^7\ mm^3$ für den Krupp-Teil sowie die gesamte geometrische Rißlänge a nach den Werten der Tab. 4.11 und 4.12 berücksichtigt.

Die Zahlenwerte der Tab. 4.11 und 4.12 zeigen, daß die Rißfrontbeanspruchungen K_I und K_{II} im Querträger des Dörnen-Teils der Strelasundbrücke infolge der größeren Abmessungen der Trägergurte und der daraus resultierenden Trägheits- und Widerstandsmomente

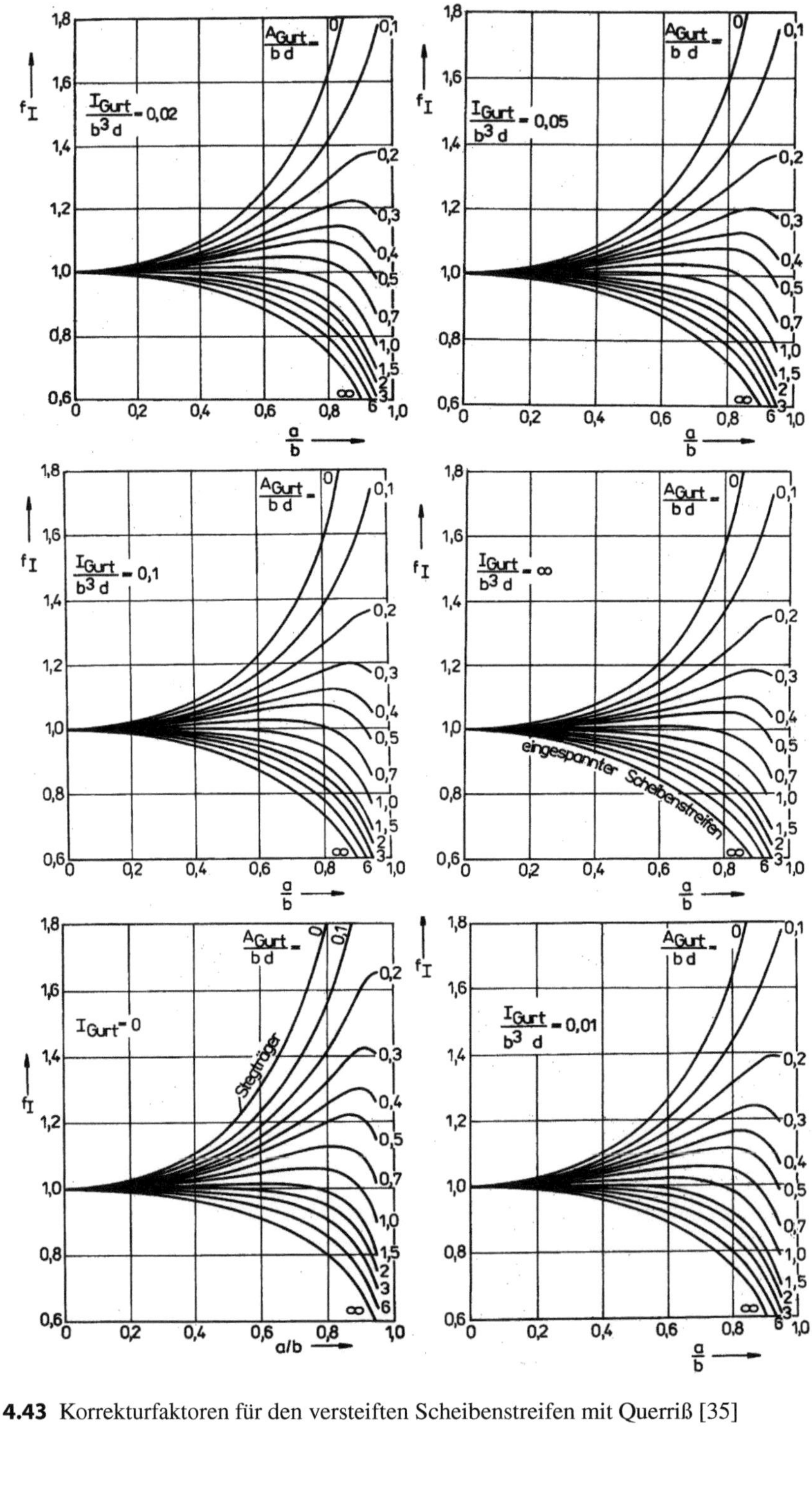

Abb. 4.43 Korrekturfaktoren für den versteiften Scheibenstreifen mit Querriß [35]

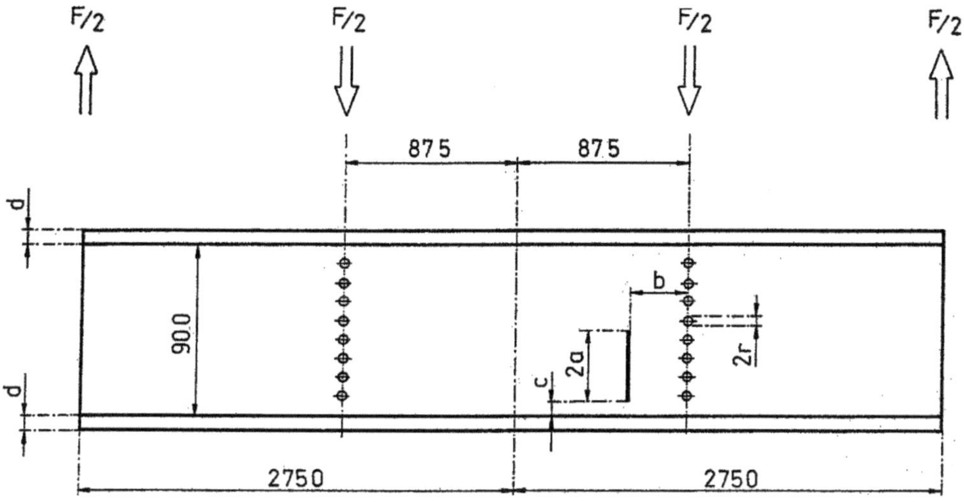

Abb. 4.44 Berechnungsmodell von Maschke [36] für die Spannungsintensitätsfaktoren der Stegblechdurchrisse in den Querträgern der Strelasundbrücke für die Endphase der Rißentwicklung

Tab. 4.11 Spannungsintensitätsfaktoren für die obere Rißspitze des exzentrischen Querrisses im Steg des Querträgers des Dörnen-Teils der Strelasundbrücke (untere Rißspitze bei – 410 mm)

Obere Rißspitze bei y_o	Spannungsintensitätsfaktoren		gesamte Rißlänge a	Kalibrierungsfaktoren $f = K/\left(\sigma \cdot \sqrt{\pi \cdot a}\right)$	
	K_I	K_{II}			
	in $N/cm^{3/2}$ für $F = 10\,N$			f_I	f_{II}
– 375 mm	0,1265	0,0035	35 mm	0,5559	0,0154
– 325 mm	0,1712	– 0,0014	85 mm	0,4827	– 0,0039
– 275 mm	0,1924	– 0,0062	135 mm	0,4305	– 0,0139
– 225 mm	0,1992	– 0,0090	185 mm	0,3807	– 0,0172
– 175 mm	0,1946	– 0,0106	235 mm	0,3300	– 0,0180
– 125 mm	0,1807	– 0,0117	285 mm	0,2783	– 0,0180
– 75 mm	0,1581	– 0,0128	335 mm	0,2246	– 0,0182
– 25 mm	0,1284	– 0,0141	385 mm	0,1701	– 0,0187
25 mm	0,0917	– 0,0158	435 mm	0,1143	– 0,0197
75 mm	0,0495	– 0,0179	485 mm	0,0584	– 0,0211
125 mm	0,0023	– 0,0205	535 mm	0,0026	– 0,0230
130 mm	– 0,0026	– 0,0208	540 mm	– 0,0029	– 0,0233
150 mm	– 0,0230	– 0,0220	560 mm	– 0,0253	– 0,0242
175 mm	– 0,0491	– 0,0235	585 mm	– 0,0528	– 0,0253

Tab. 4.12 Spannungsintensitätsfaktoren für die obere Rißspitze des exzentrischen Querrisses im Steg des Querträgers des Krupp-Teils der Strelasundbrücke (untere Rißspitze bei – 410 mm)

Obere Rißspitze bei y_o	Spannungsintensitätsfaktoren		Gesamte Rißlänge a	Kalibrierungsfaktoren $f = K/\left(\sigma \cdot \sqrt{\pi \cdot a}\right)$	
	K_I	K_{II}			
	in $N/cm^{3/2}$ für $F = 10\,N$			f_I	f_{II}
– 375 mm	0,1634	0,0057	35 mm	0,5729	0,0200
– 325 mm	0,2235	0,0009	85 mm	0,5029	0,0020
– 275 mm	0,2503	– 0,0040	135 mm	0,4469	– 0,0071
– 225 mm	0,2595	– 0,0073	185 mm	0,3958	– 0,0111
– 175 mm	0,2542	– 0,0091	235 mm	0,3440	– 0,0123
– 125 mm	0,2374	– 0,0106	285 mm	0,2917	– 0,0130
– 75 mm	0,2083	– 0,0119	335 mm	0,2361	– 0,0135
– 25 mm	0,1706	– 0,0136	385 mm	0,1804	– 0,0144
25 mm	0,1244	– 0,0155	435 mm	0,1237	– 0,0154
75 mm	0,0709	– 0,0179	485 mm	0,0668	– 0,0169
125 mm	0,0106	– 0,0206	535 mm	0,0095	– 0,0185
135 mm	– 0,0021	– 0,0212	545 mm	– 0,0019	– 0,0188
175 mm	– 0,0551	– 0,0236	585 mm	– 0,0455	– 0,0202

deutlich geringer sind als in dem Krupp-Teil bei gleicher Krafteinwirkung. Bei der Betrachtung der Kalibrierungsfaktoren f_I und f_{II} zeigt sich eine merkliche Angleichung für die Risse in den beiden, von unterschiedlichen Firmen hergestellten Teilen der Strelasundbrücke.

Aus den Berechnungsergebnissen ist ersichtlich, daß der die Rißfrontbeanspruchung bei der Rißöffnungsart I charakterisierende Spannungsintensitätsfaktor K_I mit zunehmender Rißlänge geringer, aber erst bei einer Rißlänge von etwas mehr als 535 mm negativ wird. Das gleichzeitige Auftreten von Spannungsintensitätsfaktoren der Rißöffnungsarten I und II bewirkt in der Realität ein Abweichen der Rißwachstumsrichtung von der angenommenen Querrichtung. Zur Vereinfachung der mathematischen Handhabung der Kalibrierungsfaktoren ist es zweckmäßig, diese durch eine Regressionsfunktion wiederzugeben. Da die Zahlenwerte bei großen Rißlängen auf Null zurückgehen (und theoretisch dann letztlich auch negativ werden können), sind Regressionsfunktionen in Form von Exponential- oder Potenzfunktionen nicht geeignet. Zweckmäßig erscheint es, die Zahlenwerte durch ein Regressionspolynom

$$\frac{K_1}{\sigma \cdot \sqrt{\pi \cdot a}} = f_0 + f_1 \cdot a + f_2 \cdot a^2 \tag{4.78}$$

anzunähern. Unter Verwendung der Zahlenwerte der Tab. 4.11 für Rißlängen von 85 mm bis 540 mm ergibt eine Regressionsrechnung mit der Gesamtrißlänge a in Millimetern die

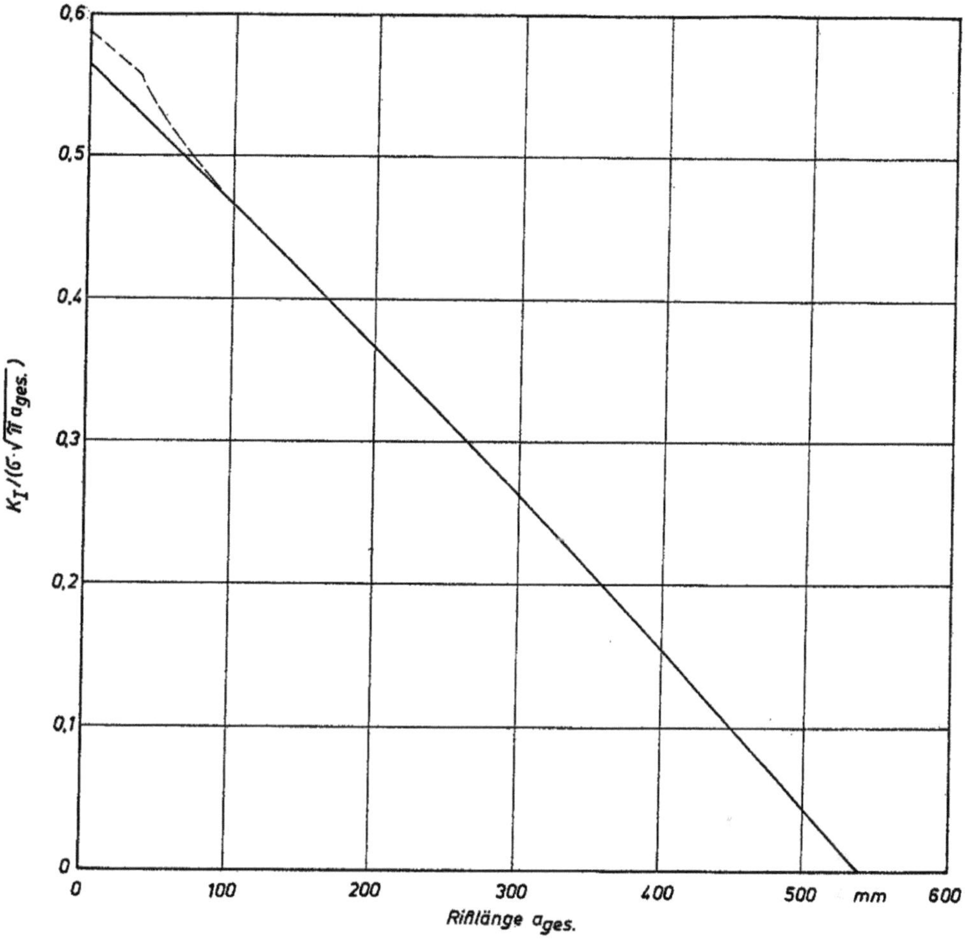

Abb. 4.45 Kalibrierungsfaktoren für den exzentrischen, geraden Querriß im Steg des Querträgers der Strelasundbrücke (Dörnen-Teil) bei positiver Biegung

Regressionskoeffizienten

$$f_0 = 0{,}564368606, \quad f_1 = -9{,}5777930 \cdot 10^{-4}, \quad f_2 = -1{,}7310758 \cdot 10^{-7} \tag{4.79}$$

Die Grenze für die Anwendbarkeit dieser Regressionsbeziehung ist gegeben durch den Nullpunkt der Funktion bei einer Rißlänge von 537,11 *mm*.

Aus der Beanspruchungsanalyse der Brückenträger ist ersichtlich, daß auf den Querträger auch negative Biegemomente mit Zugspannungen auf der Trägeroberseite einwirken. Diese sind zwar größenmäßig mit dem Größtwert der positiven Biegemomente, die am Träger auf der Unterseite Zugspannungen hervorrufen, nicht vergleichbar, in ihrer Wirkung auf das Wachstum großer Risse dürfen sie aber nicht unbeachtet bleiben. Für den Fall nach oben wirkender Kräfte aus den Längsträgern bei verschwindenden Spannungsintensitäts-

Tab. 4.13 Bei negativer Biegung auftretende Spannungsintensitätsfaktoren für die obere Rißspitze des exzentrischen Querrisses im Stegblech des Querträgers der Strelasundbrücke und Ort der Rißschließung mit $K_I = 0$

Obere Rißspitze bei y_o	Spannungsintensitätsfaktoren		Rißschließ-punkt bei etwa y_u	geometrische Rißlänge a	Kalibrierungsfaktoren $f = K/\left(\sigma \cdot \sqrt{\pi \cdot a}\right)$	
	K_I	K_{II}				
	in $N/cm^{3/2}$ für $F = 10\ N$				f_I	f_{II}
Dörnen-Teil der Strelasundbrücke						
25 mm	0,0054	0,0054	− 10 mm	435 mm	0,0067	0,0067
75 mm	0,0284	0,0095	− 27 mm	485 mm	0,0335	0,0112
125 mm	0,0614	0,0125	− 43 mm	535 mm	0,0690	0,0140
175 mm	0,1016	0,0157	− 60 mm	585 mm	0,1092	0,0169
225 mm	0,1473	0,0186	− 76 mm	635 mm	0,1520	0,0192
275 mm	0,1965	0,0210	− 90 mm	685 mm	0,1952	0,0209
325 mm	0,2471	0,0210	− 107 mm	735 mm	0,2369	0,0201
375 mm	0,2945	0,0156	− 120 mm	785 mm	0,2732	0,0145
Krupp-Teil der Strelasundbrücke						
25 mm	0,0078	0,0060	− 13 mm	435 mm	0,0078	0,0060
75 mm	0,0378	0,0103	− 27 mm	485 mm	0,0356	0,0097
125 mm	0,0804	0,0136	− 45 mm	535 mm	0,0721	0,0122
175 mm	0,1324	0,0168	− 63 mm	585 mm	0,1136	0,0144
225 mm	0,1917	0,0197	− 73 mm	635 mm	0,1578	0,0162
275 mm	0,2560	0,0214	− 95 mm	685 mm	0,2029	0,0170
325 mm	0,3233	0,0206	− 110 mm	735 mm	0,2474	0,0158
375 mm	0,3872	0,0138	− 125 mm	785 mm	0,2867	0,0102

faktoren K_I an der unteren Rißspitze sind die Spannungsintensitätsfaktoren für die obere Rißspitze in der Tab. 4.13 zusammengestellt worden.

Aus den Werten der Tab. 4.13 zeigt sich bei Auftragung der Kalibrierungsfaktoren f über der Rißlänge ein leicht S-förmiger Funktionsverlauf. Für die Rißwachstumsberechnungen werden die Kalibrierungsfaktoren stückweise durch Regressionsfunktionen

$$f = \alpha_0 + \alpha_1 \cdot a + \alpha_2 \cdot a^2 (\text{mit } a \text{ in } mm) \tag{4.80}$$

angenähert. Die Koeffizienten α_i dieser Funktionen sind in der Tab. 4.14 wiedergegeben.

Tab. 4.14 Koeffizienten zur Ermittlung der Spannungsintensitätsfaktoren bzw. Kalibrierungsfunktion nach Gl. (4.80) für die exzentrischen, geraden Querrisse im Steg der Querträger der Strelasundbrücke (Dörnen-Teil) bei negativer Biegung

Geometrische Rißlänge	> 421–585 mm	585–63?5 mm	68?5… < 860 mm
a_0	$4{,}9077807 \cdot 10^{-2}$	$-0{,}39156$	$-0{,}707451068$
a_1	$-6{,}8063634 \cdot 10^{-4}$	$8{,}56 \cdot 10^{-4}$	$1{,}7922046 \cdot 10^{-3}$
a_2	$1{,}3397159 \cdot 10^{-6}$	–	$-6{,}9137009 \cdot 10^{-7}$

4.5.2 Querrisse im Kopf von Eisenbahnschienen

Die Vielzahl der für Eisenbahnschienen typischen Risse zeigt in idealisierter Darstellung Abb. 2.52. Die Querrisse sind dabei jedoch noch nicht ausreichend charakterisiert. Um Spannungsintensitätsfaktoren für Querrisse im Kopf von Eisenbahnschienen mit Hilfe von FEM-Berechnungen zu bestimmen, ist es zweckmäßig, die Kontur der einhüllenden Risse als elliptisch, als kreisförmig und im Extrem als gerade anzunehmen (siehe Abb. 4.46).

Die wesentlichen Einflüsse auf das Verhalten in den Streckengleisen vorhandener rißartiger Schienenfehler lassen sich durch die mit der Höhenkoordinate linear veränderlichen Biegespannungen an der Stelle der Radkrafteinwirkung mit Zugspannungen im Schienenfuß, aber auch mit Zugspannungen im Schienenkopf infolge des sogenannten negativen Biegemomentes neben dem Aufstandspunkt der Räder, durch die über den Schienenquer-

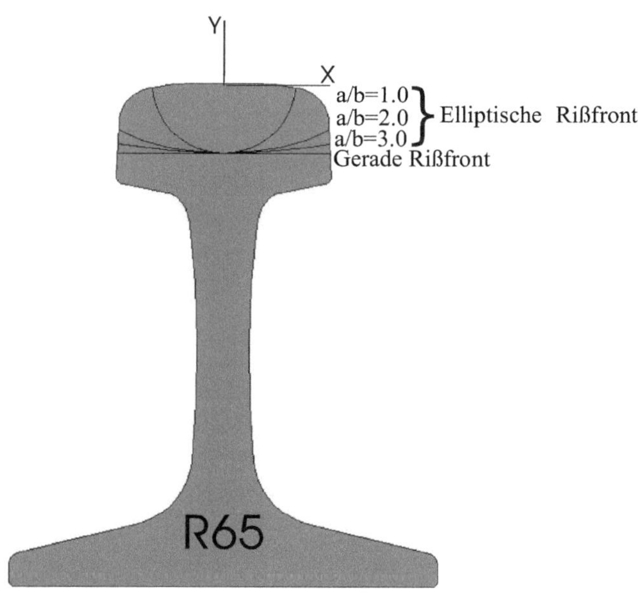

Abb. 4.46 Variation der Form von der Fahrfläche ausgehender Querrisse im Kopf von Eisenbahnschienen R65 [37, 38]

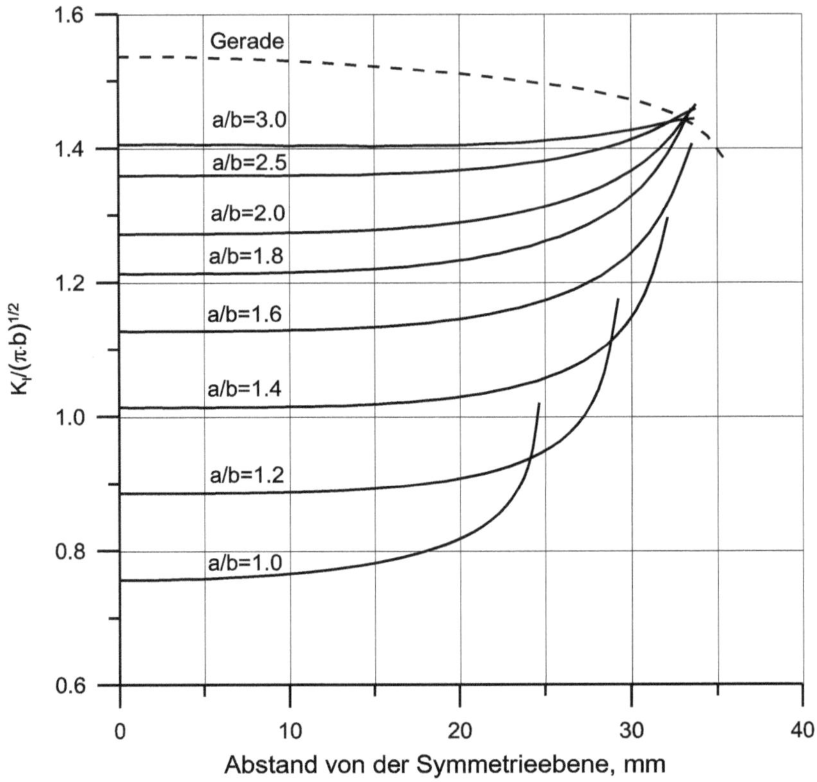

Abb. 4.47 Spannungsintensitätsfaktoren für Fahrflächenquerrisse von 25 mm Rißtiefe mit unterschiedlicher Rißfrontform in zugbeanspruchten Eisenbahnschienen R65 (b = Rißtiefe, a = horizontale Halbachse der Ellipse) [37, 38]

schnitt konstant verteilten Temperaturspannungen und die über die Höhe veränderlichen Eigenspannungen berücksichtigen.

Neben diesen grundsätzlich unterschiedlichen nominellen Spannungen hat auch der Riß selbst eine wesentliche Auswirkung auf das Verhalten der rißgeschädigten Schienen, nämlich durch den Ort der Rißentstehung, d. h. im Inneren der Schiene oder an seiner Oberfläche, und durch die sich ausbildende Rißgeometrie. Begrenzt wird die Wiedergabe der gewonnenen Berechnungsergebnisse auf die Spannungsintensitätsfaktoren für Querrisse im Kopf von Eisenbahnschienen R65 mit symmetrischem Schienenprofil.

Die Auswirkungen der Art der Rißfrontkrümmung sind in einer ersten Analyse für zugbeanspruchte Schienen betrachtet worden. Für eine vorgegebene Rißtiefe von 25 *mm* sind Spannungsintensitätsfaktoren für Rißfronten von der Geraden über Ellipsen mit unterschiedlichen Halbmessern bis zum Halbkreisriß (siehe Abb. 4.47) berechnet worden. Die in Abb. 4.47 dargestellten Berechnungsresultate zeigen, daß die Rißfronten nicht gleichmäßig beansprucht sind, wobei je nach Rißfrontgeometrie der tiefste Punkt der Rißfront unter der Fahrfläche oder der Durchstoßungspunkt der Rißfront mit der Fahrfläche der am höchsten beanspruchte Punkt ist. Der Halbkreisriß im Schienenkopf bewirkt die geringste Beanspruchung, die jedoch zur Fahrfläche bzw. nach außen hin zunimmt. Die Idealisierung eines Kopfquerrisses mittels einer geraden Rißfront verursacht die höchste Werkstoffbeanspruchung mit einem geringen Abfall nach außen. Die elliptischen Rißfronten liegen zwischen den betrachteten extremen Rißgeometrien.

Die Werkstoff- bzw. Rißfrontbeanspruchung nimmt mit der Größe des Risses üblicherweise zu. Bei Eisenbahnschienen ist insbesondere der Übergang der Rißfront vom Schienenkopfbereich in den Bereich des Schienensteges insofern bedeutsam, als mit dem Übergang der Rißfront von dem breiten Schienenkopf in den schmalen Schienensteg die Rißfrontbeanspruchung stark zunimmt, Abb. 4.48. Die Erhöhung der Werkstoffbeanspruchung in diesem Schienenprofilbereich ist dafür verantwortlich, daß Ermüdungsrisse in den meisten Fällen kritisch werden und zum Versagen durch Bruch führen, bevor der Riß sich in den Steg ausgebreitet hat.

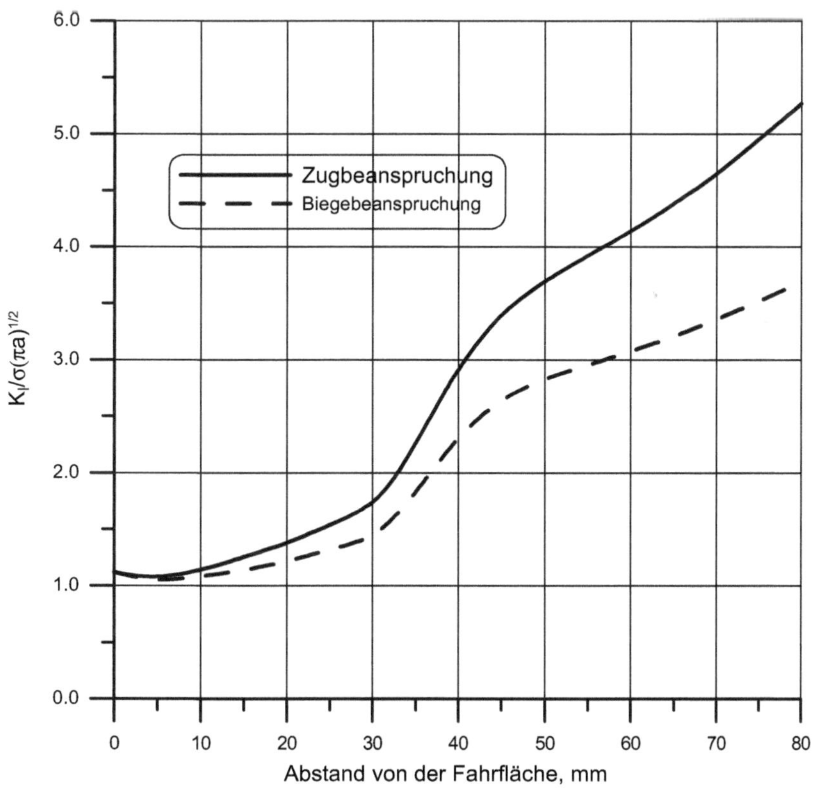

Abb. 4.48 Maximale Spannungsintensitätsfaktoren für Fahrflächenquerrisse unterschiedlicher Rißtiefe mit gerader, horizontaler Rißfront in zugbeanspruchten und im Kopf biegezugbeanspruchten Eisenbahnschienen R65 (a = Rißtiefe bzw. Abstand der Rißfront von der Fahrfläche) [37]

FEM-Berechnungsresultate der Spannungsintensitätsfaktoren für Fahrflächenquerrisse mit gerader, horizontaler Rißfront in unterschiedlicher Tiefenlage sind für homogene Zugbeanspruchung und für biegebeanspruchte Schienen R65 in Abb. 4.49 wiedergegeben. Wenn auch aus den Berechnungsresultaten ersichtlich ist, daß die normierten Spannungsintensitätsfaktoren für die homogene Zugbeanspruchung merklich größer sind als für die Biegezugbeanspruchung des Schienenkopfes unter der Wirkung des negativen Biegemomentes, so muss für praktische Belange jedoch berücksichtigt werden, daß einerseits unterschiedliche Bezugsspannungen vorliegen, und daß andererseits sich beide Beanspruchungsarten in Abhängigkeit von der Temperaturdifferenz (zwischen der betrachteten Schienentemperatur und der Verspannungstemperatur) und der dynamischen Radkraft superponieren.

Eisenbahnschienen sind im Verlauf ihrer Nutzungsdauer infolge der ständig auf die Fahrfläche und auf die Fahrkante einwirkenden Schienenfahrzeugräder einem zunehmenden Verschleiß ausgesetzt. Überschreitet der Schienenkopfverschleiß das zulässige Maß, so sind die Schienen aus dem Gleis auszubauen und zu ersetzen; unter Umständen können die verschlissenen Schienen in Gleisen untergeordneter Bedeutung weiterverwendet werden. Zeigen gebrochene Schienen im allgemeinen einen relativ geringen Verschleiß, so kann in Ausnahmefälle der Vertikalverschleiß auch bis zu 16 *mm* und mehr betragen.

Ergebnisse der FEM-Berechnungen von Fahrflächenquerrissen in unterschiedlich verschlissenen Schienen R65 sind in Abb. 4.49 wiedergegeben.

Den in den Eisenbahnschienen vorhandenen Eigenspannungen kommt hinsichtlich des Rißwachstums- und des Bruchverhaltens eine recht große Bedeutung zu. Die Einflüsse, die bei der Analyse der Auswirkungen der Eigenspannungen berücksichtigt werden müssen, sind neben der Form des Schienenprofils die technologische Behandlung der Schienen (gewalzt, gerichtet, wärmebehandelt) und der Nutzungszustand, d. h. Neuzustand bzw. im Betrieb beanspruchte Schiene mit verändertem Eigenspannungszustand im Bereich der Fahrfläche. Die Ausgangswerte zur Analyse des Einflusses der Eigenspannungen in Eisenbahnschienen R65 sind in den Abb. 4.50 bis 4.53 wiedergegeben.

Die infolge der hohen Zugeigenspannungen im Fahrflächenbereich bei den vergüteten Schienen höheren Rißfrontbeanspruchungen verglichen mit den thermisch unbehandelten Schienen zeigen sich bei den Spannungsintensitätsfaktoren in Abb. 4.54 sehr klar. Bei der praktischen Bewährung der vergüteten Schienen muss jedoch beachtet werden, daß die vergüteten Schienen stark verbesserte bruchmechanische Eigenschaften haben. Ein Teil der Effekte der Wärmebehandlung auf die Werkstoffeigenschaften wird jedoch durch die hohen Eigenspannungen wieder zunichte gemacht.

Anders als bei der Rißfrontbeanspruchung infolge der Temperatur und der Radkräfte lassen sich für die Eigenspannungen keine normierten, sondern nur absolute Werte der Spannungsintensitätsfaktoren angeben. Eine erste Wertung der berechneten Größe der Spannungsintensitätsfaktoren läßt sich mit Hilfe der bekannten Werte der statischen Bruchzähigkeit des Schienenstahls vornehmen. Meßwerte der statischen Bruchzähigkeit sind in Abb. 4.54 neben den die Beanspruchung charakterisierenden Spannungsintensitätsfaktoren wiedergegeben. Anzumerken ist, daß die in Abb. 4.54 dargestellten negativen

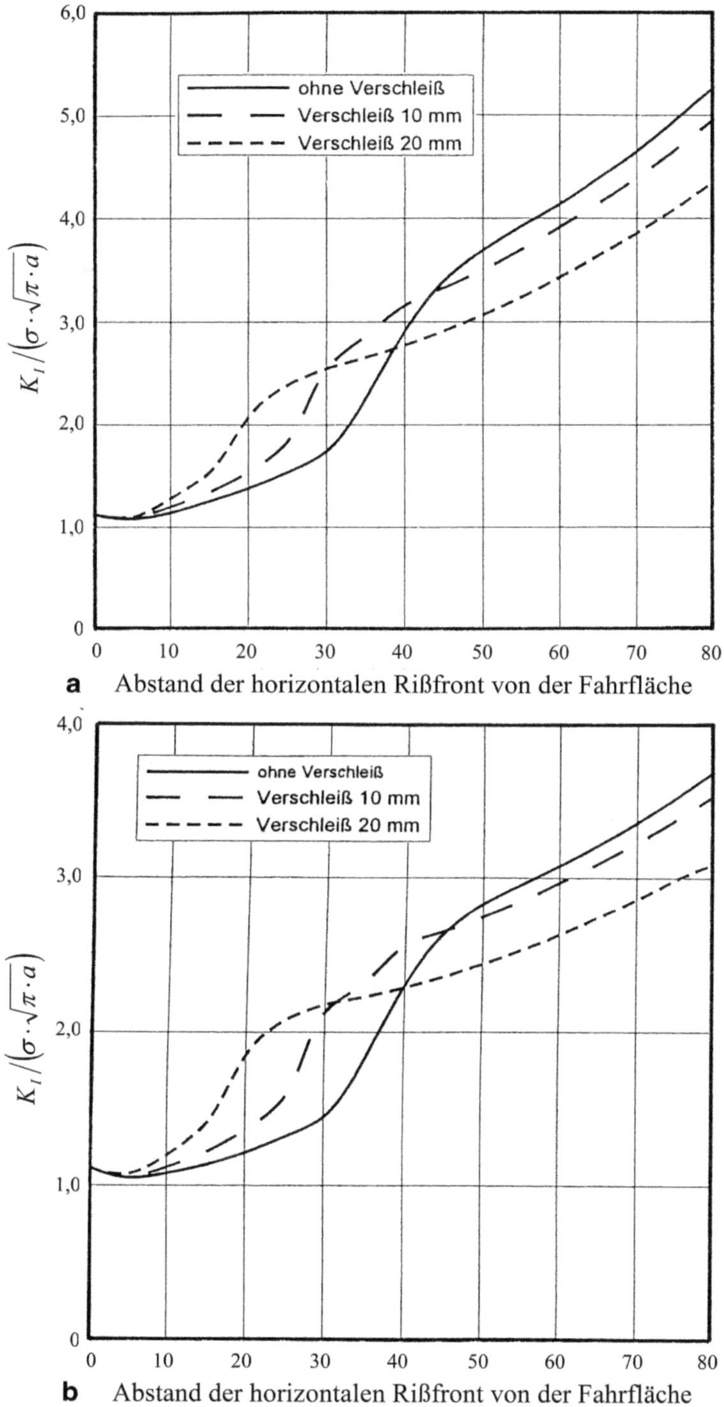

Abb. 4.49 Maximale Spannungsintensitätsfaktoren für Fahrflächenquerrisse unterschiedlicher Rißtiefe mit gerader, horizontaler Rißfront in zugbeanspruchten (**a**) und im Kopf biegezugbeanspruchten (**b**) Eisenbahnschienen R65 mit unterschiedlichem Verschleißzustand (neue Schiene, 10 und 20 mm Vertikalverschleiß) [37]

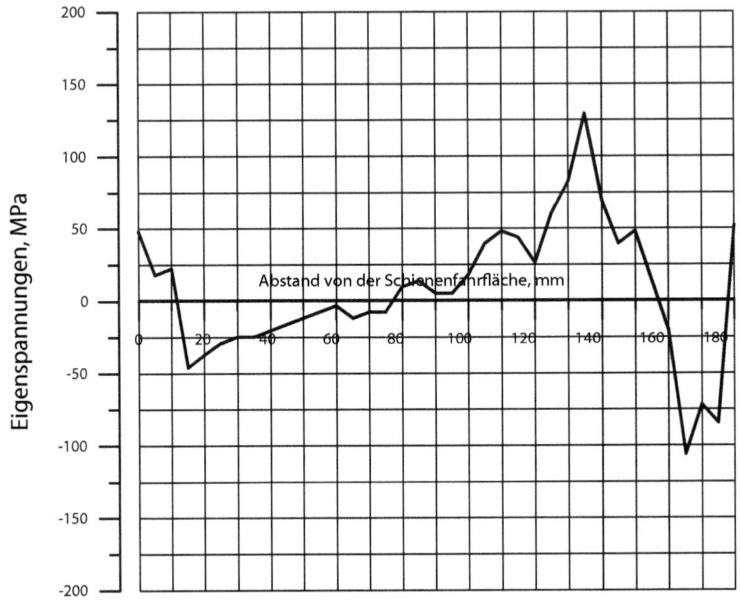

Abb. 4.50 Die Verteilung der längsgerichteten Eigenspannungen in thermisch unbehandelten, gerichteten Eisenbahnschienen R65 (Neuzustand)

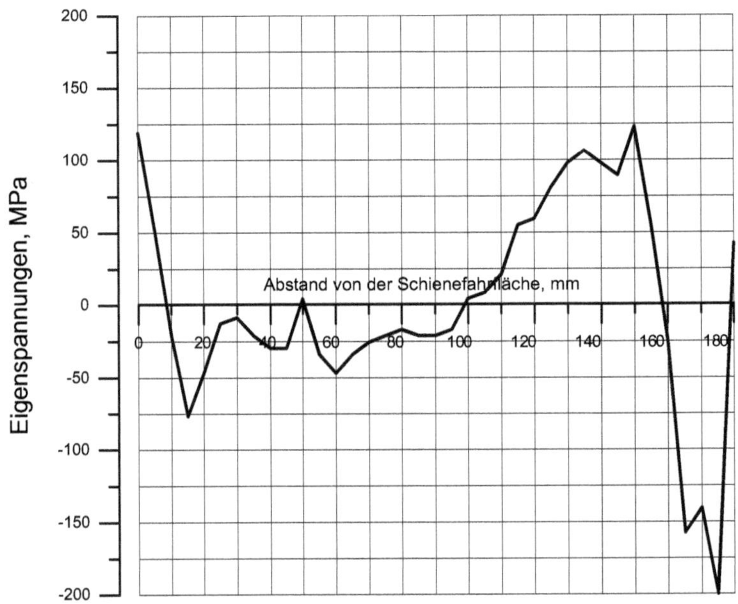

Abb. 4.51 Die Verteilung der längsgerichteten Eigenspannungen in kopfvergüteten Eisenbahnschienen R65 (Neuzustand)

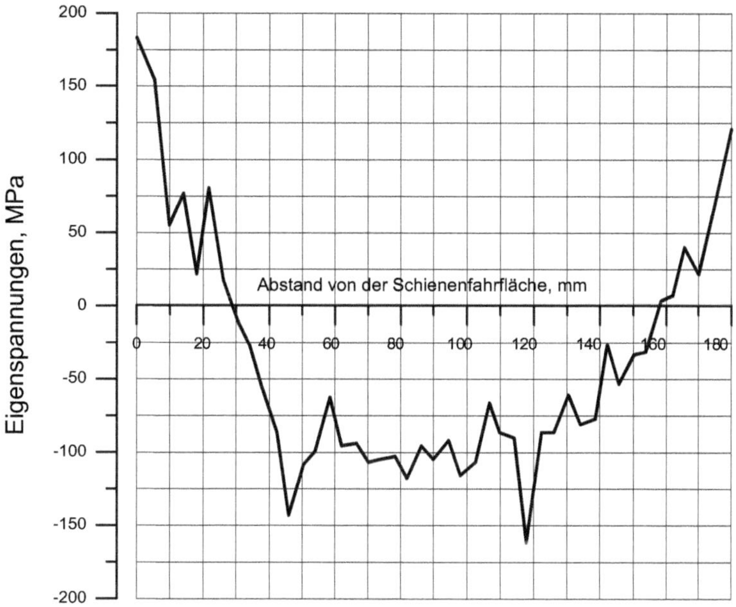

Abb. 4.52 Die Verteilung der längsgerichteten Eigenspannungen in volumenvergüteten Eisenbahnschienen R65 (Neuzustand)

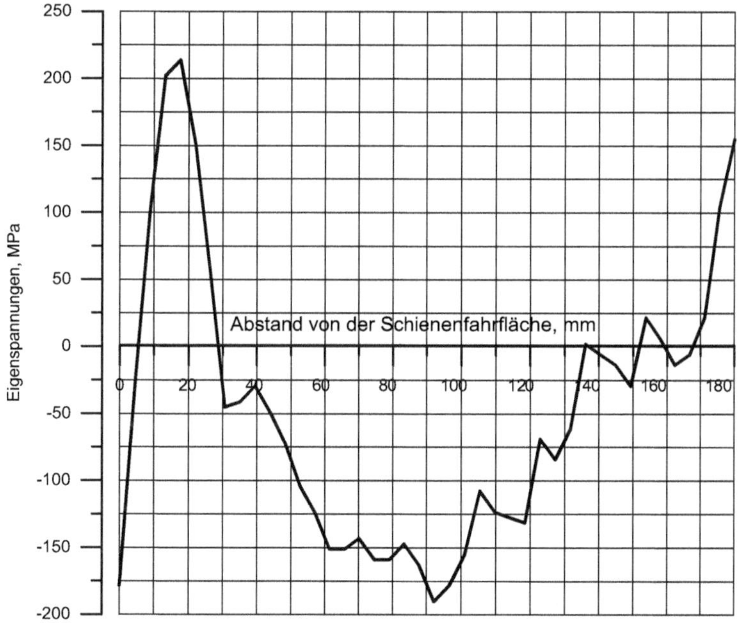

Abb. 4.53 Die Verteilung der längsgerichteten Eigenspannungen in volumenvergüteten Eisenbahnschienen R65 nach 100 Mio. Brutto-Tonnen Gleisbelastung

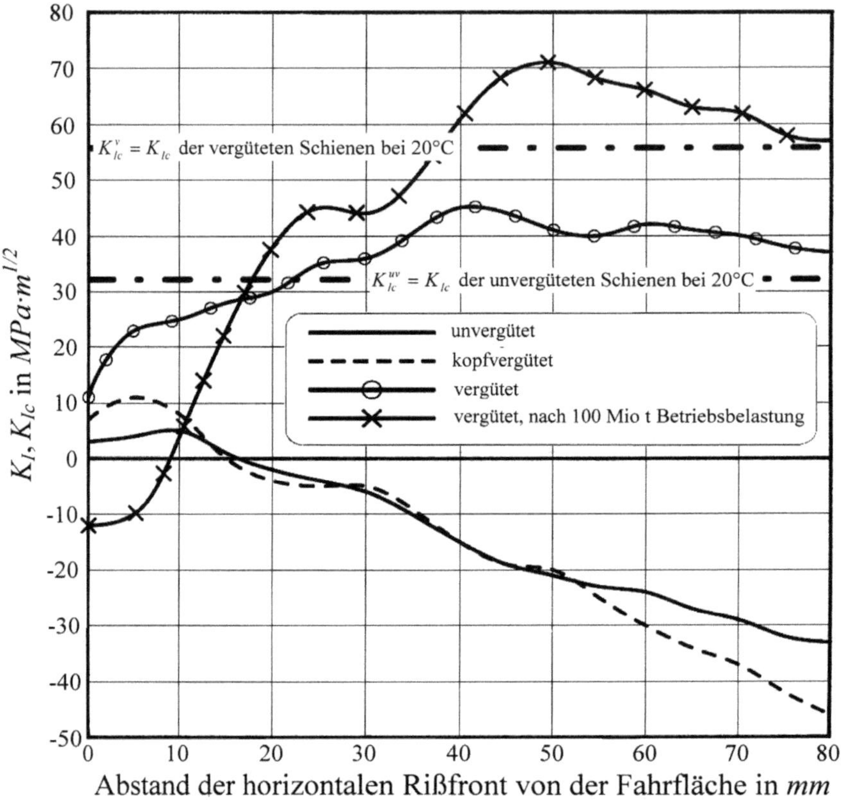

Abb. 4.54 Die Spannungsintensitätsfaktoren für unterschiedlich wärmebehandelte, unverschlissenen Eisenbahnschienen R65 für Fahrflächenquerrisse mit gerader, horizontaler Rißfront und unterschiedlicher Rißtiefe im Vergleich mit der statischen Bruchzähigkeit nicht vergüteter und vergüteter Schienen bei Raumtemperatur

Spannungsintensitätsfaktoren nur dann als zutreffend anzusehen sind, wenn durch die Superposition mit den Spannungsintensitätsfaktoren aus der Temperatur- und der Radkraftbeanspruchung sich insgesamt ein Spannungsintensitätsfaktor K_I ergibt, der größer als Null ist.

Die für praktische Anwendungen erforderlichen Werte der Korrekturfaktoren für Schienen mit dem Profil UIC60 gemäß der Beziehung

$$f = K/(\sigma \cdot \sqrt{\pi \cdot a}) \tag{4.81}$$

mit den unterschiedlichen Bezugswerten für die Normalkraftbeanspruchung und die Biegezugbeanspruchung des Schienenkopfes sind in der Tab. 4.15 nach FE-Berechnungen [39] wiedergegeben und in Abb. 4.55 veranschaulicht.

Tab. 4.15 Spannungsintensitätsfaktoren in Schienen UIC60 für Kopfquerrisse mit horizontaler Rißfront [39]

Rißtiefe *a* in *mm*	$f_{I\,Biegung}$	$f_{I\,Temp.}$	Rißtiefe *a* in *mm*	$f_{I\,Biegung}$	$f_{I\,Temp.}$
5	0,805184	0,605970	42	1,514190	2,001683
6	0,809503	0,667622	43	1,599708	2,126192
7	0,798484	0,662247	44	1,692040	2,260555
8	0,803895	0,660774	45	1,804953	2,423043
9	0,795279	0,724219	46	1,861509	2,510402
10	0,785263	0,731380	47	1,919197	2,600061
11	0,776656	0,732563	48	1,990043	2,683099
12	0,791738	0,762072	49	2,033169	2,770052
13	0,786376	0,790489	50	2,054666	2,839346
14	0,802345	0,849147	51	2,081028	2,856183
15	0,798723	0,891713	52	2,140620	2,911204
16	0,820732	0,922152	53	2,166217	2,967043
17	0,822106	0,930712	54	2,198343	3,048424
18	0,841496	0,958948	55	2,241410	3,157141
19	0,857361	0,983698	56	2,290646	3,243616
20	0,851884	0,983969	57	2,322009	3,323340
21	0,879100	1,022145	58	2,348138	3,373310
22	0,893447	1,045563	59	2,353801	3,412517
23	0,906715	1,068079	60	2,380232	3,435232
24	0,911496	1,080641	61	2,406966	3,475755
25	0,923246	1,101606	62	2,442934	3,509887
26	0,925008	1,110957	63	2,506450	3,546731
27	0,950021	1,148143	64	2,518378	3,603133
28	0,944344	1,148602	65	2,584899	3,709501
29	0,961123	1,176258	66	2,620405	3,771587
30	0,997753	1,228485	67	2,642383	3,814145
31	1,019225	1,262594	68	2,651782	3,855774
32	1,046137	1,303459	69	2,694962	3,928980
33	1,071660	1,343299	70	2,755381	4,011752
34	1,103251	1,391228	71	2,795616	4,081714
35	1,131326	1,434825	72	2,816454	4,125652

Tab. 4.15 (Fortsetzung)

Rißtiefe *a* in *mm*	$f_{I\,Biegung}$	$f_{I\,Temp.}$	Rißtiefe *a* in *mm*	$f_{I\,Biegung}$	$f_{I\,Temp.}$
36	1,149088	1,466309	73	2,884963	4,235079
37	1,180410	1,514837	74	2,949499	4,342045
38	1,238968	1,599333	75	2,991485	4,387347
39	1,289783	1,674799	76	3,060510	4,529787
40	1,326321	1,732706	77	3,122620	4,634698
41	1,410206	1,853700	78	3,130145	4,659040

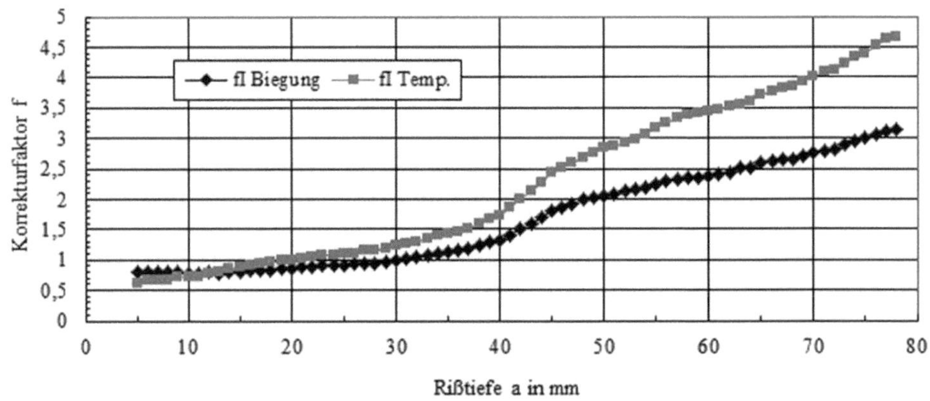

Abb. 4.55 Normierte Spannungsintensitätsfaktoren für Querrisse im Kopf von Eisenbahnschienen UIC60 [39]

4.6 Kerb- und Wurzelrisse an Schweißverbindungen

Für schweißtechnische Konstruktionen spielen Wurzel- und Oberflächenrisse im Bereich von Schweißnähten eine besondere Rolle. Während sich auf relativ langgestreckte Wurzelrisse in Stumpfschweißnähten mit geringer Nahtüberhöhung die Lösungen für den zug-biege-beanspruchten Scheibenstreifen mit Innenquerriß anwenden lassen, bedürfen Wurzelrisse an Kehlnaht- bzw. Kreuzschweißverbindungen einer genaueren Analyse.

4.6.1 Wurzelrisse an Schweißnähten

Spannungsintensitätsfaktoren für Wurzelrisse an zugbeanspruchten Kreuzschweißverbindungen sind in Abb. 4.56 [40] wiedergegeben. Spannungsintensitätsfaktoren K_I an zug- und biegebeanspruchten Kreuzschweißverbindungen bei einseitiger Rißgrößenzunahme zeigt Abb. 4.57 [43].

Abb. 4.56 Spannungsintensitätsfaktoren für Wurzelrisse an Kreuzschweißverbindungen [40], umgerechnet nach Darstellungen in [41]

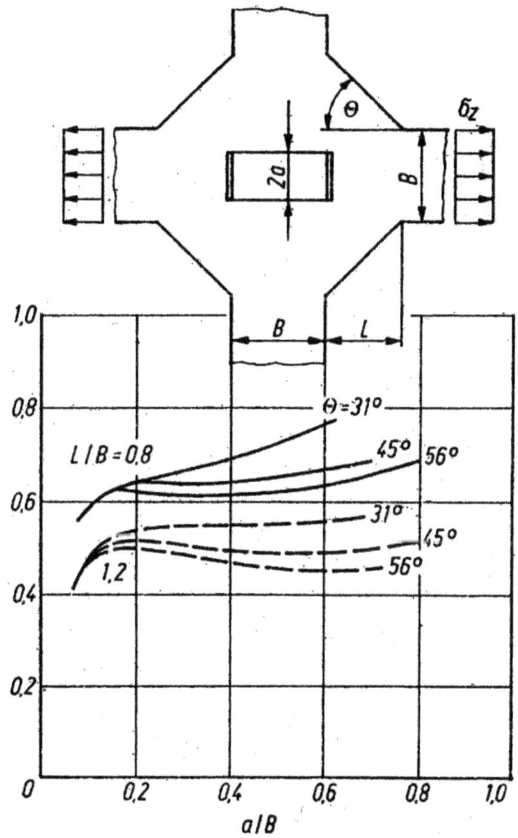

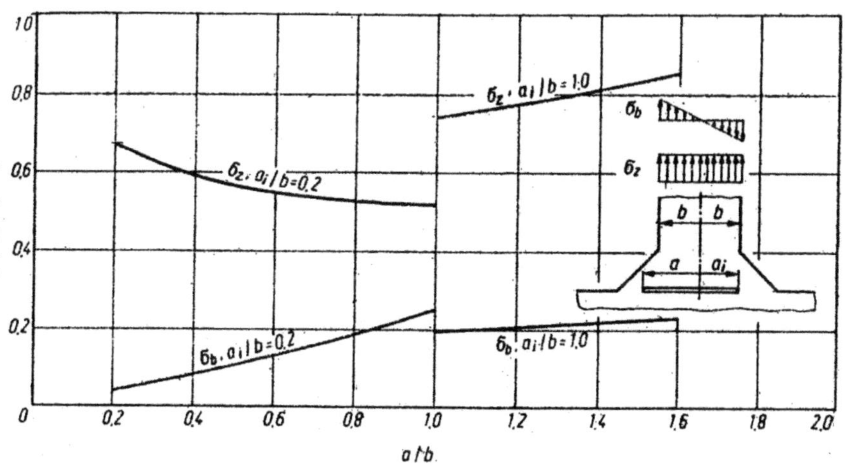

Abb. 4.57 Spannungsintensitätsfaktoren für zug- und biegebeanspruchte Kreuzschweißverbindungen bei einseitiger Rißvergrößerung [43]

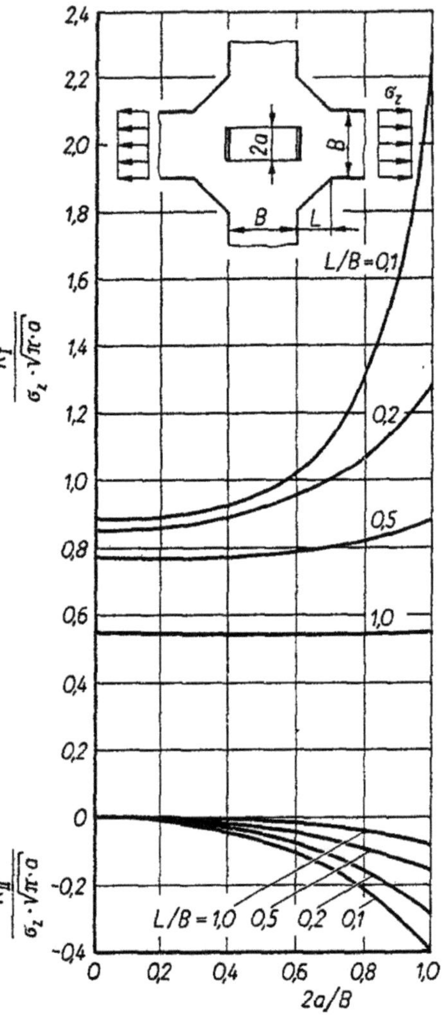

Abb. 4.58 Spannungsintensitätsfaktoren für Wurzelrisse an Kreuzschweißverbindungen [42]

In Abb. 4.58 sind für das gleiche Rißproblem wie in Abb. 4.56 bei Berücksichtigung anderer Abmessungsverhältnisse die an der Rißspitze ebenfalls wirkenden Spannungsintensitätsfaktoren K_{II} [42] wiedergegeben.

4.6.2 Kerbrisse an Schweißnähten

In Kehlnähten wirkt sich die Spannungskonzentration bei flachen Rissen besonders stark aus. Mit zunehmender Rißtiefe vermindert sich der Einfluß der Spannungskonzentration auf den Spannungsintensitätsfaktor. In Tab. 4.16 ist die Vergrößerung der Spannungsintensitätsfaktoren an Kehlnähten gegenüber Randrissen in der ebenen Scheibe wiedergegeben [44]; veranschaulicht sind diese Überhöhungen in Abb. 4.59.

Tab. 4.16 Faktoren zur Berücksichtigung der beanspruchungserhöhenden Wirkung der Kehlnaht gegenüber dem Scheibenstreifen mit Kantenquerriß [44]

Relative Rißtiefe *a*/*b*	Neigungswinkel der Kehlnaht		
	30°	45°	60°
0	1,80	2,80	4,00
0,050	1,15	1,27	1,44
0,075	1,10	1,20	1,28
0,100	1,08	1,16	1,20
0,125	1,07	1,13	1,15
0,150	1,06	1,12	1,13
0,175	1,05	1,11	1,12
0,200	1,04	1,08	1,09
0,225	1,03	1,06	1,07
0,250	1,02	1,04	1,06
0,275	1,02	1,02	1,04
0,300	1,01	1,01	1,03
0,400	1,00	1,00	1,00

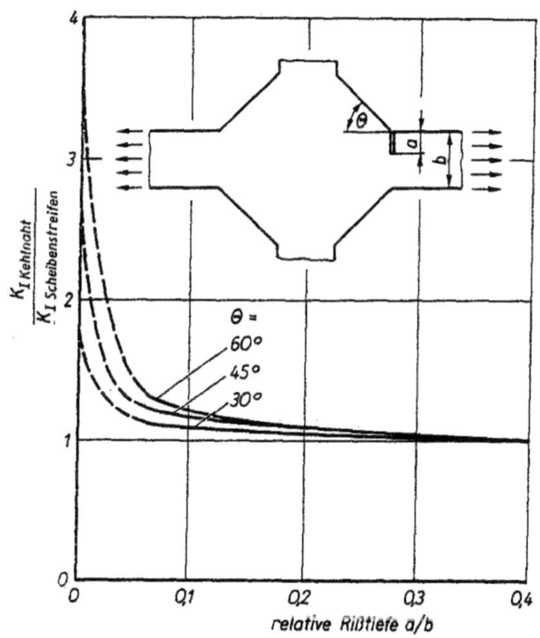

Abb. 4.59 Spannungsintensitätsfaktoren für Kerbrisse an Kehlnähten mit unterschiedlichem Neigungswinkel der Kehlnaht (nach [44])

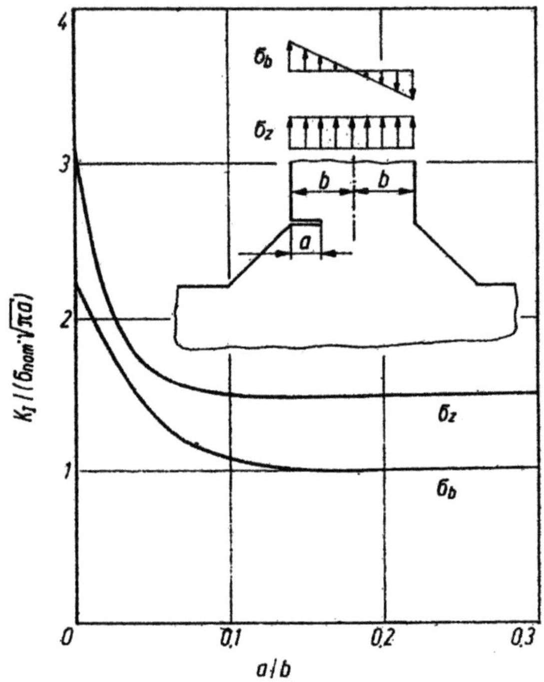

Abb. 4.60 Spannungsintensitätsfaktoren für Kerbrisse am Fuß von Kehlnähten zug- und biegebeanspruchter Kreuzschweißverbindungen [43]

Nach FEM-Berechnungen [43] ergeben sich die Spannungsintensitätsfaktoren für Risse am Fuß von Kehlnähten von Kreuzschweißverbindungen in Abb. 4.60 für homogene Zugbeanspruchung gemäß der Beziehung

$$K_I = \sigma_z \cdot \sqrt{\pi \cdot a} \cdot (1{,}69 \cdot e^{-45{,}5 \cdot a/b} + 1{,}48) \tag{4.82}$$

und für linear veränderliche Biegebeanspruchung gemäß

$$K_I = \sigma_b \cdot \sqrt{\pi \cdot a} \cdot \big(4{,}08 \cdot e^{-34{,}3 \cdot a/b} - \\ - 2{,}83 \cdot e^{-41{,}5 \cdot a/b} + 1{,}0\big). \tag{4.83}$$

Der Spannungsintensitätsfaktor für den tiefsten Punkt der Rißfront eines halb-elliptischen Oberflächenrisses am Fuße einer mit Kehlnähten aufgeschweißten Dopplung ist nach [45].

$$K_I = \sigma_z \cdot \sqrt{\pi \cdot a} \cdot \frac{1{,}12 - 0{,}089 \cdot a/c}{\sqrt{1 + 1{,}464 \cdot (a/c)^{1{,}65}}} \cdot [0{,}85 \cdot (L/B)^{0{,}17} \cdot (a/B)^{-0{,}23}]. \tag{4.84}$$

Hierbei sind σ_z die nominelle Zugspannung, a die Rißtiefe, c die halbe Rißlänge, B die Dicke des rißgeschädigten Bauteils und L die Schenkellänge der Kehlnaht.

Für (langgestreckte) Kerbrisse am Fuß von Kehlnähten aufgeschweißter Dopplungen in Abb. 4.61 gilt nach [46] die folgende, auf [47, 48] zurückgehende Lösung

$$K_I = \sigma_{nom.} \cdot \sqrt{\pi \cdot a} \cdot \frac{5{,}798 - 3{,}539 \cdot \ln(z/t_G) + 1{,}981 \cdot \ln(t_D/t_G)}{1 + (1/0{,}1473) \cdot (a/t_G)^{0{,}4348}}. \tag{4.85}$$

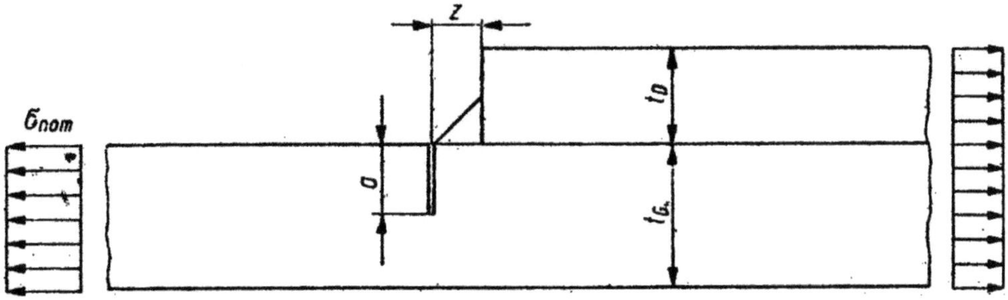

Abb. 4.61 Kerbriß am Fuß einer Kehlnaht aufgeschweißter Dopplungen [46]

4.6.3 Durchriß in einer kreuzförmigen Schweißverbindung

Bei Schweißkonstruktionen muss nicht nur damit gerechnet werden, daß im Inneren von Schweißnähten, d. h. im Wurzelbereich, oder auf der Oberfläche der Schweißnaht, d. h. im Kerbbereich, Risse auftreten, sondern daß die Risse sich bis in das von der Schweißung unbeeinflußte Grundmaterial ausbreiten können. Eine praktische Variante für diesen Fall zeigt Abb. 2.3, bei dem der Obergurt des I-Trägers der Mühlenfließbrücke zu zwei Dritteln seiner Breite durchgerissen war, ohne daß der Riß seine kritische Größe erreicht hatte. Im kritischen Fall, der zeitlich davor vom Übergang zwischen Gurt und Steg ausgegangen war, hatte sich auch im Steg des Trägers ein Riß gebildet, der jedoch aufgefangen wurde, ohne den anderen Gurt erreicht zu haben (Abb. 2.2).

Ein Berechnungsmodell für zwei in Form eines Kreuzes verbundenen Scheiben von CARTWRIGHT und MILLER [49] ist in Abb. 4.62 wiedergegeben. Für den Sonderfall, daß sich in der „Versteifungsscheibe" – bei der Mühlenfließbrücke entspricht das dem Steg

Abb. 4.62 Kreuzzugverbindung zugbeanspruchter Scheiben mit Querriß im Verbindungsbereich [49]

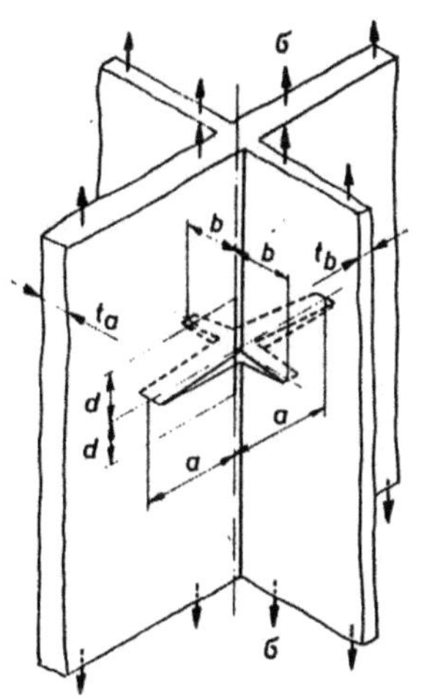

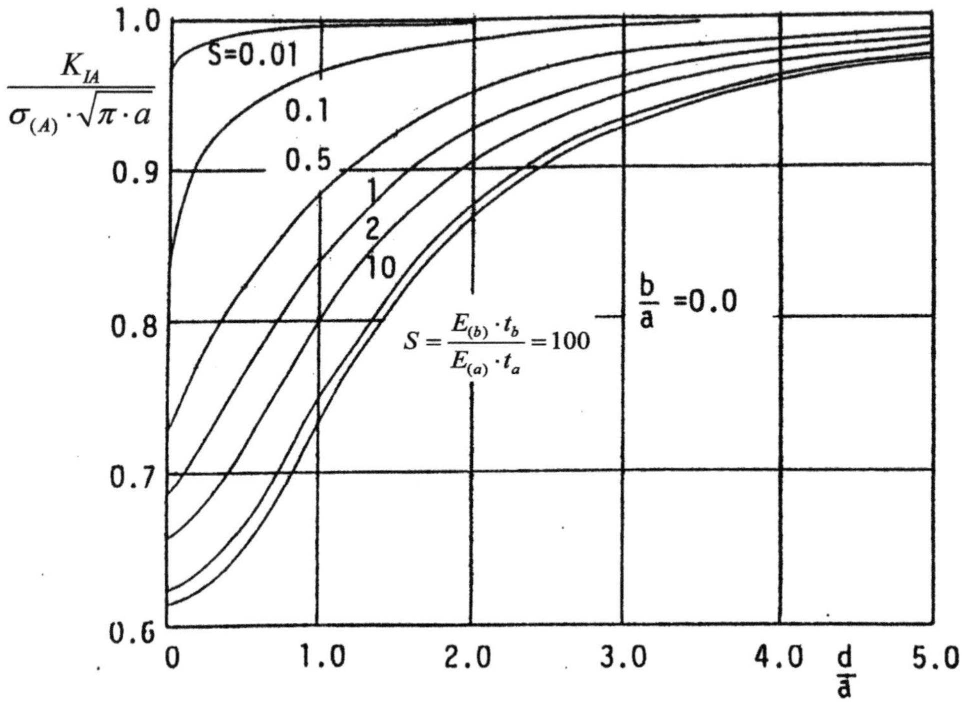

Abb. 4.63 Spannungsintensitätsfaktoren für Scheiben unterschiedlicher Dicke mit einem 2a langen Riß in einer Scheibe [49]

des Trägers – kein Riß gebildet hat, sind die Spannungsintensitätsfaktoren in Abb. 4.63 dargestellt. Ganz offensichtlich entlastet die Quersteife die Beanspruchung an der Rißfront in nicht unerheblichem Maße. Unklar bleibt für praktische Nutzungen jedoch die in [49] als Parameter berücksichtigte Größe d, über die keine Kraftübertragung erfolgt.

4.7 WIEGHARDTs Rißproblemlösung von 1907

Für eine Scheibe mit Spalt, an dem in der Entfernung a von der Kerbspitze eine Zugkraft P senkrecht auf die obere Berandung wirkt, ermittelte WIEGHARDT [50] die folgenden Beziehungen für die Spannungen in Polarkoordinaten in Abb. 4.64.

$$\left.\begin{aligned} \sigma_\rho + \sigma_\psi &= -\frac{P}{\pi} \cdot \frac{1}{\sqrt{a \cdot \rho}} \cdot \sin\frac{\psi}{2}, \\ \sigma_\rho - \sigma_\psi &= -\frac{P}{\pi} \cdot \frac{1}{\sqrt{a \cdot \rho}} \cdot \frac{1}{2} \cdot \sin\psi \cdot \cos\frac{\psi}{2}, \\ \tau_{\rho\psi} &= +\frac{P}{\pi} \cdot \frac{1}{\sqrt{a \cdot \rho}} \cdot \frac{1}{4} \cdot \sin\psi \cdot \sin\frac{\psi}{2}, \end{aligned}\right\} \tag{4.86}$$

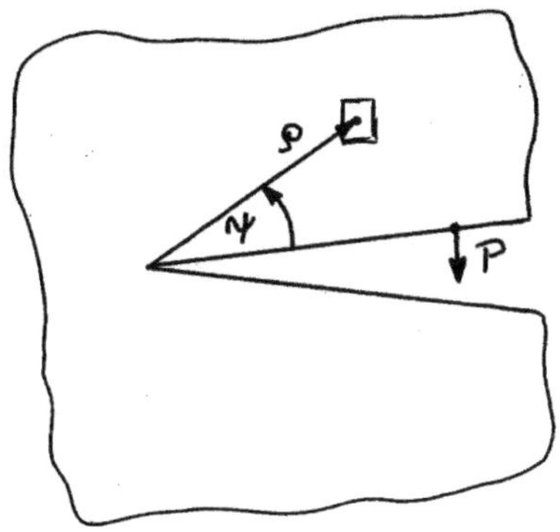

Abb. 4.64 Modellierung der Rißbelastung nach WIEGHARDT (1907)

wobei die Radialkoordinate ρ ihren Ursprung in der Rißspitze hat und der Winkel ψ an der Rißspitze von der oberen Rißberandung aus entgegen dem Uhrzeigersinn gemessen wird. Im einzelnen ergeben sich nach den obigen Beziehungen die Spannungen

$$\left.\begin{aligned}
\sigma_\rho &= -\frac{P}{2\cdot\pi}\cdot\frac{1}{\sqrt{a\cdot\rho}}\cdot\left(\sin\frac{\psi}{2}+\frac{1}{2}\cdot\sin\psi\cdot\cos\frac{\psi}{2}\right)=\\
&= -\frac{P}{2\cdot\pi}\cdot\frac{1}{\sqrt{a\cdot\rho}}\cdot\left(1+\cos^2\frac{\psi}{2}\right)\cdot\sin\frac{\psi}{2},\\
\sigma_\psi &= -\frac{P}{2\cdot\pi}\cdot\frac{1}{\sqrt{a\cdot\rho}}\cdot\left(\sin\frac{\psi}{2}-\frac{1}{2}\cdot\sin\psi\cdot\cos\frac{\psi}{2}\right)=\\
&= -\frac{P}{2\cdot\pi}\cdot\frac{1}{\sqrt{a\cdot\rho}}\cdot\left(1-\cos^2\frac{\psi}{2}\right)\cdot\sin\frac{\psi}{2},\\
\tau_{\rho\psi} &= +\frac{P}{\pi}\cdot\frac{1}{\sqrt{a\cdot\rho}}\cdot\frac{1}{4}\cdot\sin\psi\cdot\sin\frac{\psi}{2}=\\
&= +\frac{P}{2\cdot\pi}\cdot\frac{1}{\sqrt{a\cdot\rho}}\cdot\sin^2\frac{\psi}{2}\cdot\cos\frac{\psi}{2}.
\end{aligned}\right\}\qquad(4.87)$$

In dem zum Riß symmetrisch gelegenen Punkt mit den Koordinaten ρ und $(2\pi-\psi)$ ergeben sich die Spannungen (Abb. 4.65).

Abb. 4.65 Veranschaulichung der Spannungen auf beiden Seiten des Risses

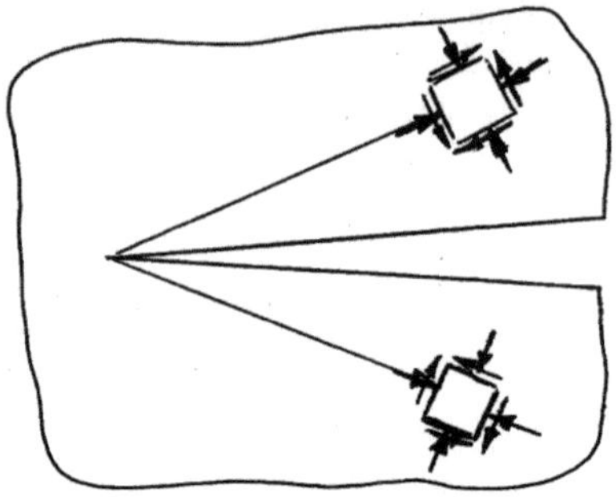

$$\left.\begin{aligned}\sigma_\rho &= -\frac{P}{2\cdot\pi}\cdot\frac{1}{\sqrt{a\cdot\rho}}\cdot\left(1+\cos^2\frac{(2\pi-\psi)}{2}\right)\cdot\sin\frac{(2\pi-\psi)}{2} =\\ &= -\frac{P}{2\cdot\pi}\cdot\frac{1}{\sqrt{a\cdot\rho}}\cdot\left(1+\cos^2\frac{\psi}{2}\right)\cdot\sin\frac{\psi}{2},\\ \sigma_\psi &= -\frac{P}{2\cdot\pi}\cdot\frac{1}{\sqrt{a\cdot\rho}}\cdot\left(1-\cos^2\frac{(2\pi-\psi)}{2}\right)\cdot\sin\frac{(2\pi-\psi)}{2} =\\ &= -\frac{P}{2\cdot\pi}\cdot\frac{1}{\sqrt{a\cdot\rho}}\cdot\left(1-\cos^2\frac{\psi}{2}\right)\cdot\sin\frac{\psi}{2},\\ \tau_{\rho\psi} &= +\frac{P}{2\cdot\pi}\cdot\frac{1}{\sqrt{a\cdot\rho}}\cdot\sin^2\frac{(2\pi-\psi)}{2}\cdot\cos\frac{(2\pi-\psi)}{2} =\\ &= -\frac{P}{2\cdot\pi}\cdot\frac{1}{\sqrt{a\cdot\rho}}\cdot\sin^2\frac{\psi}{2}\cdot\cos\frac{\psi}{2}.\end{aligned}\right\} \tag{4.88}$$

Die Veranschaulichung der Spannungen für die beiden zum Riß symmetrisch gelegenen Punkte zeigt, daß die Spannungsverteilung symmetrisch zum Riß ist, worauf schon WIEGHARDT hinwies, (Abb. 4.65).

Werden die obigen Beziehungen angewendet auf den modifizierten Beanspruchungsfall,

- bei dem an beiden Rißufern Kräfte normal zur Rißfläche wirken, und
- bei dem die Kräfte nicht als Zugkräfte P, sondern als Druckkräfte $F = -P$ aufgebracht werden,

so sind die Spannungen mit umgekehrten Vorzeichen zu superponieren. Es ergibt sich das von WIEGHARDT untersuchte Modell, Abb. 4.66, mit den Beziehungen

$$\left.\begin{aligned}\sigma_\rho &= +\frac{F}{\pi}\cdot\frac{1}{\sqrt{a\cdot\rho}}\cdot\left(1+\cos^2\frac{\psi}{2}\right)\cdot\sin\frac{\psi}{2},\\ \sigma_\psi &= +\frac{F}{\pi}\cdot\frac{1}{\sqrt{a\cdot\rho}}\cdot\left(1-\cos^2\frac{\psi}{2}\right)\cdot\sin\frac{\psi}{2},\\ \tau_{\rho\psi} &= +\frac{F}{\pi}\cdot\frac{1}{\sqrt{a\cdot\rho}}\cdot\sin^2\frac{\psi}{2}\cdot\cos\frac{\psi}{2}.\end{aligned}\right\} \tag{4.89}$$

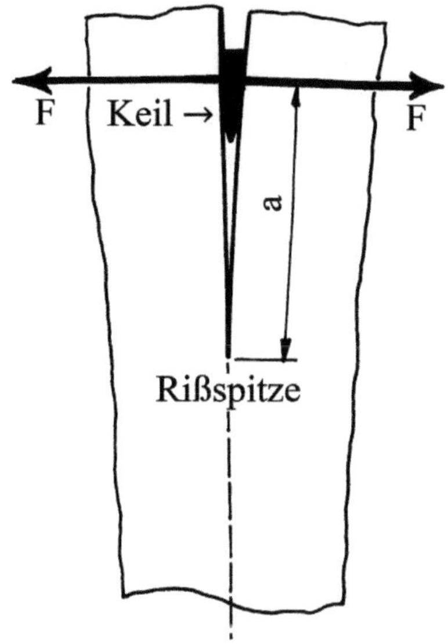

Abb. 4.66 Das Modell des von Wieghardt untersuchten Problems ist identisch mit dem von Irwin behandelten Fall (siehe Abb. 4.67)

Wird weiterhin eine Transformation der Winkelkoordinate vorgenommen, so daß nicht die Polarkoordinaten ρ und ψ, sondern die in der Bruchmechanik üblichen Koordinaten r (anstelle von ρ) und ϑ, gemessen von dem Ligament als Rißausbreitungsrichtung (mit $\psi = \pi - \vartheta$), verwendet werden, so ergeben sich die Beziehungen für die Spannungskomponenten im Bereich der Umgebung der Rißspitze zu

$$\left.\begin{aligned}
\sigma_\rho &= +\frac{F}{\pi}\cdot\frac{1}{\sqrt{a\cdot\rho}}\cdot\left(1+\cos^2\frac{\pi-\vartheta}{2}\right)\cdot\sin\frac{\pi-\vartheta}{2} = \\
&= +\frac{F}{\pi}\cdot\frac{1}{\sqrt{a\cdot\rho}}\cdot\left(1+\sin^2\frac{\vartheta}{2}\right)\cdot\sin\frac{\vartheta}{2}, \\
\sigma_\psi &= +\frac{F}{\pi}\cdot\frac{1}{\sqrt{a\cdot\rho}}\cdot\left(1-\cos^2\frac{\pi-\vartheta}{2}\right)\cdot\sin\frac{\pi-\vartheta}{2} = \\
&= +\frac{F}{\pi}\cdot\frac{1}{\sqrt{a\cdot\rho}}\cdot\left(1-\sin^2\frac{\vartheta}{2}\right)\cdot\cos\frac{\vartheta}{2}, \\
\tau_{\rho\psi} &= +\frac{F}{\pi}\cdot\frac{1}{\sqrt{a\cdot\rho}}\cdot\sin^2\frac{\pi-\vartheta}{2}\cdot\cos\frac{\pi-\vartheta}{2} = \\
&= +\frac{F}{\pi}\cdot\frac{1}{\sqrt{a\cdot\rho}}\cdot\cos^2\frac{\vartheta}{2}\cdot\sin\frac{\vartheta}{2}.
\end{aligned}\right\} \tag{4.90}$$

Die aus dem modifizierten Beanspruchungsfall nach WIEGHARDT abgeleiteten Beziehungen sind identisch mit der von IRWIN angegebenen Formel für den Spannungsintensitätsfaktor (siehe [2] bzw. [10]) (Abb. 4.67).

$$K_I = \frac{2 \cdot F}{\sqrt{2 \cdot \pi \cdot a}} \tag{4.91}$$

und den IRWIN-WILLIAMS- bzw. SNEDDON-Gleichungen

$$\left.\begin{aligned} \sigma_r &= + \frac{2 \cdot F}{\sqrt{2 \cdot \pi \cdot a}} \cdot \frac{1}{\sqrt{2 \cdot \pi \cdot r}} \cdot \left(1 + \sin^2 \frac{\vartheta}{2}\right) \cdot \sin \frac{\vartheta}{2}, \\ \sigma_\vartheta &= + \frac{2 \cdot F}{\sqrt{2 \cdot \pi \cdot a}} \cdot \frac{1}{\sqrt{2 \cdot \pi \cdot r}} \cdot \left(1 - \sin^2 \frac{\vartheta}{2}\right) \cdot \cos \frac{\vartheta}{2}, \\ \tau_{r\vartheta} &= \frac{2 \cdot F}{\sqrt{2 \cdot \pi \cdot a}} \cdot \frac{1}{\sqrt{2 \cdot \pi \cdot r}} \cdot \cos^2 \frac{\vartheta}{2} \cdot \sin \frac{\vartheta}{2}. \end{aligned}\right\} \tag{4.92}$$

Die Beziehungen für den durch zwei Druckkräfte belasteten halb-unendlichem Riß in der unendlich ausgedehnten Scheibe war entsprechend den Betrachtungen von WIEGHARDT zwar prinzipiell schon seit 1907 bekannt, jedoch gelang damals nicht der generelle Übergang zur linear-elastischen Bruchmechanik, der erst mit Einführung des Begriffs des Spannungsintensitätsfaktors durch IRWIN möglich wurde.

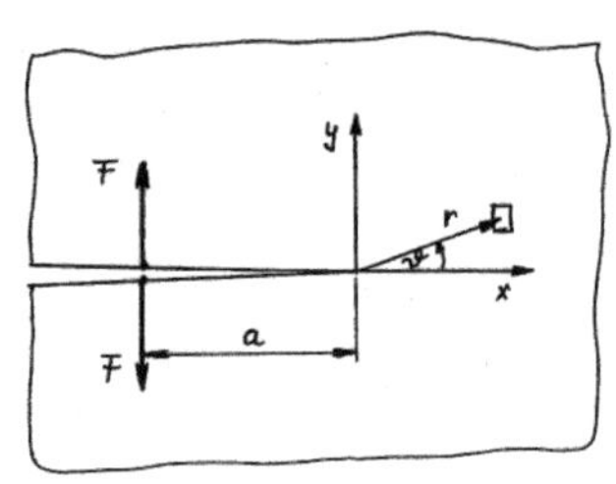

Abb. 4.67 Der von IRWIN 1957 analysierte bruchmechanische Beanspruchungsfall (Beispiel 3.6 in [10])

Literatur

1. H. Theilig, J. Nickel, K.-O. Edel, M. Hentrich: Spannungsintensitätsfaktoren. VEB Fachbuchverlag, Leipzig, 1987.
2. G. R. Irwin: Analysis of Stresses and Strains near the End of a Crack Traversing a Plate. Journal of Applied Mechanics **24** (1957), Seite 361–364.
3. K.-O. Edel: Spannungsintensitätsfaktoren für zwei radiale Anrisse an einer Bohrung in der unendlich großen Scheibe. Schiffbauforschung (Rostock) **22** (1983) 1, Seite 27–33.
4. G. C. Sih, P. C. Paris, F. Erdogan: Crack Tip Stress Intensity Factors for a Plane Extension and Bending Problems. Journal of Applied Mechanics **29** (1962), Seite 306–312
5. E. E. Gdoutos: Fracture of Plates with Circular Cracks. Materialprüfung (Düsseldorf) **22** (1980 2, Seite 83–86.
6. R. J. Hartranft, G. C. Sih: Alternating Method Applied to the Edge and Surface Crack Problems. In: G. C. Sih (editor): Mechanics of Fracture, vol. I: Methods of Analysis and Solutions of Crack Problems. Noordhoff International Publishing, Leyden, 1973.

7. Y. Hsu: The Infinite Sheet with Two Radial Cracks from Cylindrical Hole under Inclined Tension or In-Plane Shear. International Journal of Fracture **13** (1977) 6, Seite 839–845.
8. R. C. Shah: Stress Intensity Factors for Trough and Part-Through Cracks Originating at Fastener Holes. ASTM STP 590, American Society for Testing and Materials (Philadelphia) 1976, Seite 429–459.
9. C. E. Feddersen: Discussion to: Plane Strain Crack Toughness Testing. ASTM Special Technical Publication No. 410, 1966, Seite 77.
10. H. Tada, P. C. Paris, G. R, Irwin: The Stress Analysis of Cracks – Handbook. Del Research Corporation, Hellertown, Pennsylvania, 1973.
11. J. P. Benthem, W. T. Koiter: AsymptoticApproximations to Crack Problems. In: G. C. Sih (editor): Mechanics of Fracture, vol. I: Methods of Analysis and Solutions of Crack Problems. Noordhoff International Publishing, Leyden, 1973.
12. G. Boudnitski, K.-O. Edel: Oberflächendefekte im Scheibenbereich. Fachhochschule Brandenburg, Abschlußbericht zum DFG-Projekt, April 1998.
13. W. Geier: Festigkeitsverhalten von rißbehafteten Augenstäben. Technische Universität München, Dissertation, 1980.
14. K. Heckel: Einführung in die technische Anwendung der Bruchmechanik. Carl Hanser Verlag, München/Wien, 2. Auflage, Seite 123–126.
15. M. M. Frocht, H. N. Hill: Stress Concentration Factors around a Central Circular Hole in a Plate Loaded through a Pin in Hole. Journal of Applied Mechanics **7** (1940) 1, Seite A-5.
16. I. N. Sneddon: The distribution of stress in the neighbourhood of a crack in an elastic solid. Proceesings of the Royal Society of London, Series A, (1946), Seite 229–260.
17. A. E. Green, I. N. Sneddon: The stress in the neighbourhood of a flat elliptical crack in an elastic solid. Proceedings of the Cambridge Philosophical Society, (1950), Seite 159–164.
18. I. S. Raju, J. C. Newman: Stress-Intensity Factors for a Wide Range of Semi-Elliptical Surface Cracks in Finite-Thickness Plates. Engineering Fracture Mechanics **11** (1979), Seite 817–829.
19. J. C. Newman, I. S. Raju: An empirical stress-intensity factor for the surface crack. Engineering Fracture Mechanics **14** (1981), Seite 185–192.
20. G. R. Irwin: Crack-Extension Force for a Part-Through Crack in a Plate. Journal of Applied Mechanics **29** (1962), Seite 651–654.
21. Huget, Reddemann, Grüter: Originalquelle liegt nicht vor, zitiert nach J. R. Rice: Mathematical Analysis in the Mechanics of Fracture. In: H. Liebowitz (Editor): Fracture, vol. II. 1968.
22. E. Sommer: Bruchmechanische Bewertung von Oberflächenrissen. Springer-Verlag, Berlin, Heidelberg, New York, Tokyo, 1984.
23. A. F. Liu: Stress Intensity Factor for a Corner Flaw. Engineering Fracture Mechanics **4** (1972), Seite 175.
24. M. Kuna: Hybride Sonderelemente zur Spannungsanalyse dreidimensionaler rißbehafteter Körper. IX. Internationaler Kongreß über Anwendungen der Mathematik in den Ingenieurwissenschaften, Weimar, 1981, Berichte 2, Seite 27–30.
25. A. S. Kobayashi, N. Polyvanich, A. F. Emery, W. J. Love: Stress Intensity Factors of Corner Cracks in Two Nozzle-Cylinder Intersections. Transactions of the 4th International Conference on Struct. Mechanics in Reactor Technology. San Francisco, 1977, G4/4.
26. J. Nickel: Berechnung von Spannungsintensitätsfaktoren für Eckrisse mit Hilfe von Verschiebungsansätzen. Technische Universität Dresden, Sektion Grundlagen des Maschinenwesens, Weiterbildungszentrum Festkörpermechanik, Konstruktion und rationeller Werkstoffeinsatz. Studientexte „Bruchmechanik II“, Heft 3/1983, Seite 99–102.
27. A. S. Kobayashi, A. N. Enetanya: Stress intensity factor of a corner crack. American Society for Testing and Materials, Philadelphia, ASTM Special Technical Publication „Mechanics of Crack Growth“, 1976, Seite 477–495.

28. J. C. Newman, I. S. Raju: Stress-Intensity Factor Equations for Cracks in Three-Dimensional Bodies. ASTM STP 791, 1983, Seite I-238–I-265.
29. C. Mattheck, P. Morawietz, D. Munz: Stress intensity factors of sickle-shaped cracks in cylindrical bars. International Journal of Fatigue **7** (1985) 1, Seite 45–47.
30. C. Mattheck: Effektive Methoden zur Beschreibung des lokalen Versagens von Strukturen. Fortschritt-Berichte VDI, Reihe 18, Nr. 25, VDI-Verlag, Düsseldoerf, 1986.
31. A. J. Bush: Experimentally Determined Stress-intensity Factors for Single-edge-crack Round Bars Loaded in Bending. Experimental Mechanics (July 1976), Seite 249–257.
32. A. S. el din Salah, J. M. Lovegrove: Stress intensity factors for fatigue cracking of round bars. International Journal of Fatigue **3** (1981) 7, Seite 117–123.
33. K.-O. Edel, M. Korn: Einschätzung des Rißwachstums in einer gebrochenen Fahrzeugachse. IfL-Mitteilungen **30** (1991) 1, Seite 5–12.
34. E. Nishioka, S. Nishimura, K. Hirakami, K. Tokimasa, S. Suzuki: Fracture mechanics approach to the strength of wheelsets. Sixth International Wheelset Congress, Colorado Springs, 1978, Seite 2-4-1–2-4-15.
35. M. Isida: Analysis of stress intensity factors for the tension of a centrally cracked strip with stiffened edges. Engineering Fracture Mechanics **5** (1973), Seite 647–665.
36. H. G. Maschke: Berechnung von Spannungsintensitätsfaktoren für I-Träger. Institut für Festkörpermechanik und Elektronenmikroskopie, Halle, Bericht, 17. Dezember 1991.
37. K.-O. Edel, G. Boudnitski: Bruchmechanische Bewertung von Rissen in Eisenbahnschienen. Fachhochschule Brandenburg, Abschlußbericht zum HSP III – Projekt, Januar 1999.
38. G. Boudnitski, K.-O. Edel: Spannungsintensitätsfaktoren für Risse in Schienen. Internationales Symposium „Schienenfehler“, Fachhochschule Brandenburg, 16./17. November 2000, Tagungsbericht, Seite 11-1–11-15.
39. T. Schnitzer, K.-O. Edel, I. Bohne: Fahrflächenschäden. Fachhochschule Brandenburg, Bericht, August 2004.
40. T. R. Gurney: Welding Research International (New York) **6** (1976) 4.
41. Proceedings og the Seventh International Ship Structures Congress, Paris, August 1977, vol. I.
42. S. Usami, S. Kusumoto: Fatigue strength at roots of cruciform tee and lap joints. International Institute of Welding, Bericht IIW-XIII-833-77.
43. S. Berge, H. Myhre: Fatigue strength of misaligned cruciform and butt joints. Norwegian Maritime Research (Oslo) **5** (1977) 1, Seite 29–39.
44. S. J. Maddox: An analysis of fatigue cracks in filled welded joints. International Journal of Fracture (Groningen) **11** (1975) 2, Seite 221–243.
45. P. Lukáš: Faktor intenzity napěti pro trhliny v koutovém svaru (Spannungsintensitätsfaktoren für Kehlnahtrisse). Zvaranie (Bratislava) **36** (1987) 8, Seite 235–238.
46. R. Dabrowski: Einfluß des Spannungsgradienten auf den Ermüdungsrißfortschritt. Stahlbau (Berlin/West) **56** (1987) 4, Seite 123–125.
47. N. Zettlemoyer, J. W. Fisher: Streß gradient correction factor for stress intensity of welded stiffeners and corner plates (Spannungsgradientenkorrektur für die Spannungsintensität aufgeschweißter Versteifungen und Eckplatten). Welding Journal (New York) **56** (1977) 12, Seite 393s–398s.
48. J. W. Fisher: Fatigue and fracture in steel bridges (Ermüdung und Bruch von Stahlbrücken). John Wiley, New York, 1984.
49. D. J. Cartwright, M. Miller: Stress intensity factors for a crack in a sheet with partially debonded stiffener. International Journal of Fracture **11** (1975), Seite 925–932.
50. K. Wieghardt: Über das Spalten und Zerreißen elastischer Körper. Zeitschrift für Mathematik und Physik **55** (1907) 1/2, Seite 60–103.

Rißausbreitungsphänomene und ihre experimentelle Untersuchung

5

5.1 Beschreibung der Rißausbreitung bei zyklischer Beanspruchung

5.1.1 Rißausbreitung bei Einstufenbeanspruchung der Rißöffnungsart I

Die unterschiedlichen Phänomene der Rißausbreitung bei zyklisch einwirkender Belastung lassen sich anhand des Verlaufs der Rißgrößenzunahme pro Schwingspiel in Abhängigkeit der Schwingweite des Spannungsintensitätsfaktors darstellen (siehe Abb. 5.1). Zu beachten ist hierbei, daß bei konstanter Amplitude der belastenden Kräfte (oder der zugeordneten nominellen Spannung) sich infolge der Rißgrößenzunahme die Schwingweite des Spannungsintensitätsfaktors laufend erhöht, so daß trotz gleichbleibender Kraft- oder Spannungsamplitude die durch die Spannungsintensitätsfaktoren charakterisierte bruchmechanische Beanspruchung zunimmt.

Rißbehaftete Bauteile zeigen bei geringer Höhe und Schwingweite der zyklisch einwirkenden Beanspruchung einen Effekt ähnlich der Dauerfestigkeit rißfreier Bauteile, nämlich einen dauernden Stillstand des Rißwachstums unabhängig von der Anzahl der einwirkenden Beanspruchungszyklen, d. h. keine Schadensakkumulation. Die Schwingweite des Spannungsintensitätsfaktors, unterhalb derer ein Riß dauerfest ist, wird als Schwellenwert ΔK_{th} (mit dem Index th vom engl. „threshold value" = Schwellenwert) bezeichnet; gelegentlich wird auch die Bezeichnung ΔK_0 verwendet.

Bei der zyklischen Einwirkung von Beanspruchungen, die größer sind als der Schwellenwert ΔK_{th}, beginnt der Riß zu wachsen. Das Rißwachstum geht in eine Phase über, bei der die Rißgrößenzunahme pro Schwingspiel bei logarithmischer Darstellung gemäß der Abhängigkeit $\lg \mathrm{d}a/\mathrm{d}N = fkt.(\lg \Delta K_I)$ linear erfolgt. Diese Phase der relativ gleichmäßigen Rißausbreitung geht schließlich mit progressiv ansteigender Rißwachstumsrate $\mathrm{d}a/\mathrm{d}N$ in die Phase der instabilen Rißausbreitung über. Die kennzeichnende Beanspruchungsgröße ist dann jedoch nicht mehr die Schwingweite ΔK_I, sondern der

K.-O. Edel, *Einführung in die bruchmechanische Schadensbeurteilung*,
DOI 10.1007/978-3-662-44264-7_5

Abb. 5.1 Die Rißwachstumsrate als Funktion der Schwingweite des Spannungsintensitätsfaktors

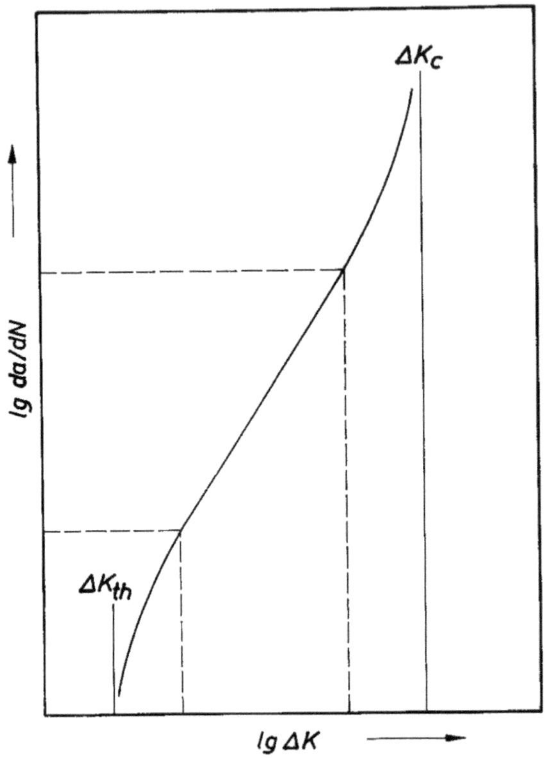

Größtwert $K_{I\max}$ des Spannungsintensitätsfaktors. Die instabile Rißgrößenzunahme erfolgt mit einer sehr großen, jedoch endlichen Geschwindigkeit. Wie groß die instabile Rißgrößenzunahme selbst ist, hängt davon ab, ob der sich instabil ausbreitende Riß noch innerhalb des Bauteils, bedingt durch eine Abnahme des Spannungsintensitätsfaktors oder durch eine eventuelle Zunahme der Zähigkeitseigenschaften aufgefangen wird (vgl. auch Abb. 2.2). Die in Abb. 5.2 wiedergegebenen Bruchflächen von Eisenbahnschienen dokumentieren anhand des Bruchflächenaussehens, daß die Risse vor dem endgültigen Bruch der Schiene nach einer Phase der instabilen Rißausbreitung im Kopf- bzw. im Fußbereich mehrfach arretiert wurden. Ähnliche Erscheinungen sind auch von Rissen im Stegbereich von Eisenbahnschienen, insbesondere an Schweißverbindungen, bekannt.

Das Hauptaugenmerk bruchmechanischer Analysen ist üblicherweise auf das Bruchverhalten und auf das Rißwachstum gerichtet, daneben auch auf die Dauerfestigkeit. Die Erscheinungsform der Rißarretierung wird in die Sicherheitsbetrachtungen von Kernenergieanlagen einbezogen. Für Eisenbahnschienen spielen offensichtlich alle Rißausbreitungsphänomene eine Rolle, wobei die Erscheinung der Rißarretierung wohl schwerlich in die Bewertung der Rißausbreitung einbezogen werden kann. Das in Abb. 5.1 charakterisierte Rißausbreitungsverhalten ist für große Risse zutreffend. Sind in dem zyklisch beanspruchten Material sogenannte „kurze" Risse vorhanden, so machen sie sich dahingehend bemerkbar, daß die Rißwachstumsrate da/dN bei gleicher Schwingweite ΔK_I des

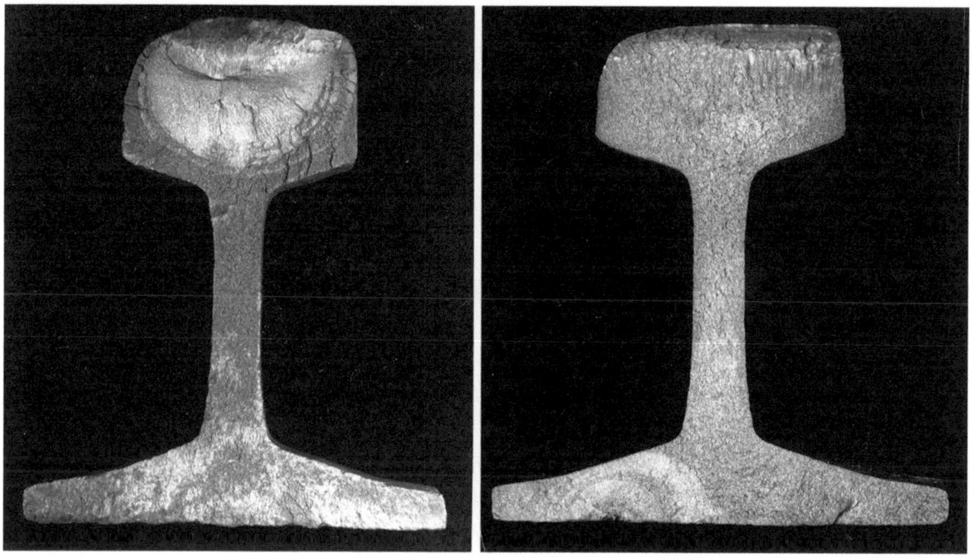

Abb. 5.2 Bruchflächen von Eisenbahnschienen mit Merkmalen von Ermüdungsrißausbreitung, Sprödbruch und Rißarretierung im Schienenkopf (*linkes Bild*) und im Schienenfuß (*rechtes Bild*)

Abb. 5.3 Die Ausbreitung „kurzer" Risse unter zyklischer Beanspruchung [1]

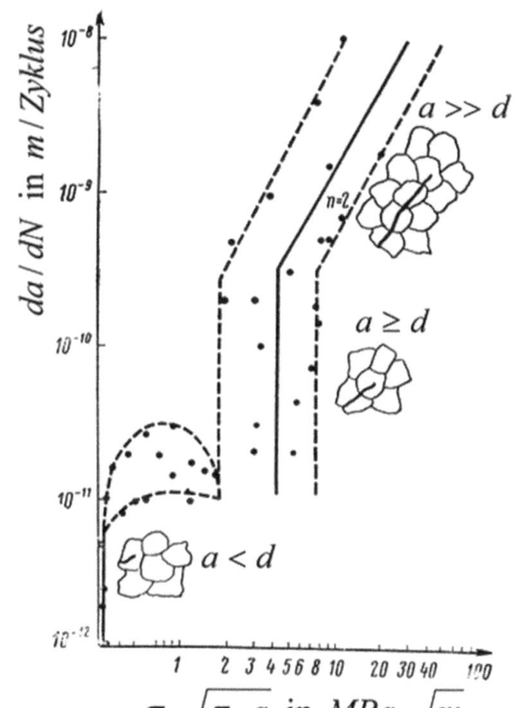

Spannungsintensitätsfaktors größer oder gleich dem Wert der Rißwachstumsrate der langen Risse ist. Dieses abweichende Verhalten zeigen Risse,

- deren Länge klein ist im Vergleich mit den relevanten mikrostrukturellen Abmessungen (Begrenzung durch die kontinuumsmechanische Betrachtung),
- deren Länge klein ist im Vergleich mit der Ausdehnung des Bereiches der plastischen Zone in der Umgebung der Rißspitze (Begrenzung durch die Gültigkeit der linear-elastischen Bruchmechanik)
- oder die wirklich nur in ihrer Größe klein, d. h. kürzer als etwa 1 mm sind.

Werden die schwellenwertnahen Rißfortschrittsdaten langer Risse auf Konstruktionen mit kurzen Rissen übertragen, so können nichtkonservative Berechnungsergebnisse der Lebensdauer die Folge sein.

5.1.2 Rißausbreitung bei überlagerten Rißöffnungsarten

Die im Abschn. 3.3.1. wiedergegebenen IRWIN-WILLIAMS- oder SNEDDON-Gleichungen für Rißfrontbeanspruchungen unter der Wirkung der Rißöffnungsart II zeigen, daß die größten Umfangsspannungen σ_ϑ nicht wie bei der Rißöffnungsart I vor der Rißspitze auf dem Ligament liegen. Da bei zügiger oder zyklischer Einwirkung der Beanspruchung aber mit der größten Spannung auch die größte Schädigung verbunden ist, wird sich bei überlagerten Rißöffnungsarten der ausbreitungsfähige Riß nicht mehr gradlinig, sondern gekrümmt oder abgewinkelt in der Richtung senkrecht zur größten Zugspannung weiterentwickeln. Ein Beispiel für eine derartige abgewinkelte Rißwachstumsrichtung ist in Abb. 5.4 einer defekten Schweißverbindung dargestellt. Am oberen Ende eines vertikalen Schweißfehlers hat sich der Ermüdungsriß unter der Wirkung der im Stegbereich maßgebenden Schubspannungen abweichend von der Richtung des Ausgangsdefekts entwickelt.

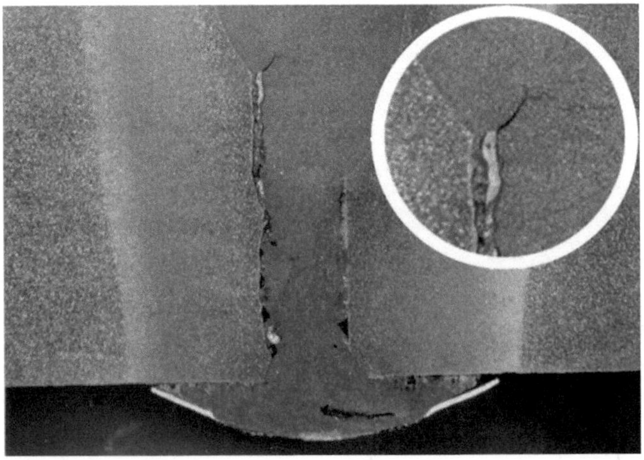

Abb. 5.4 Unter der Wirkung der Schubbeanspruchung hat sich am Ende eines Schweißdefektes in einer Eisenbahnschiene ein schräg verlaufender Ermüdungsriß gebildet

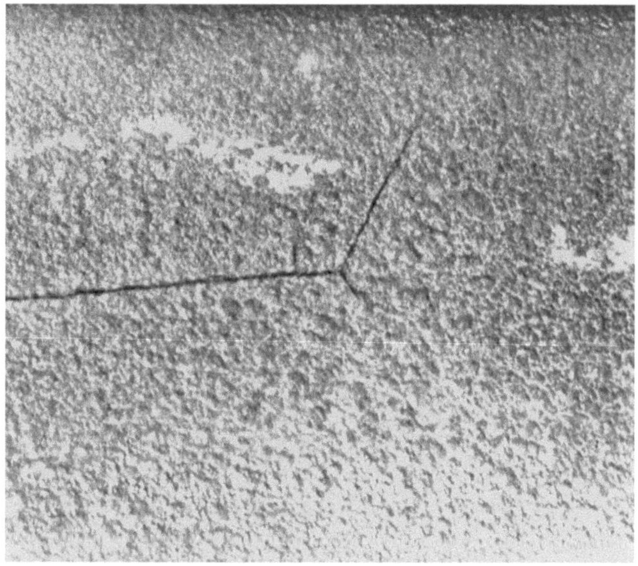

Abb. 5.5 Verzweigung am Ende eines horizontalen Längsrisses im Steg einer Eisenbahnschiene

Abb. 5.6 Verzweigung eines unter der Rißöffnungsart I erzeugten Ermüdungsrisses in einer Probe, die anschließend einer reinen Schubwechselbeanspruchung (Rißöffnungsart II) unterworfen wurde

Daß unter der Wirkung von überlagerten Normal- und Schubspannungen bzw. Rißöffnungsarten I und II oder III, sogenannten Mixed-Mode-Beanspruchungen, in der Realität der Praxis von der ursprünglichen Rißausbreitungsrichtung abweichende Rißentwicklungen auftreten, die experimentell nachvollzogen werden können, zeigt die Gegenüberstellung der beiden Abb. 5.5 und 5.6 Üblicherweise entwickeln sich Risse unter Mixed-Mode-Beanspruchung in der Art so, daß sich schließlich als maßgebende Rißfrontbeanspruchung die Rißöffnungsart I wieder einstellt.

Abb. 5.7 Infolge eines Fußlängsrisses unter der Einwirkung von Schubspannungen gebrochene Schiene mit schräg verlaufenden Bruchflächen in Fuß, Steg und Kopf und quer verlaufender Bruchfläche in einer Hälfte des Fußes. **a** Seitenansicht, **b** Ansicht der Unterseite des Schienenfußes

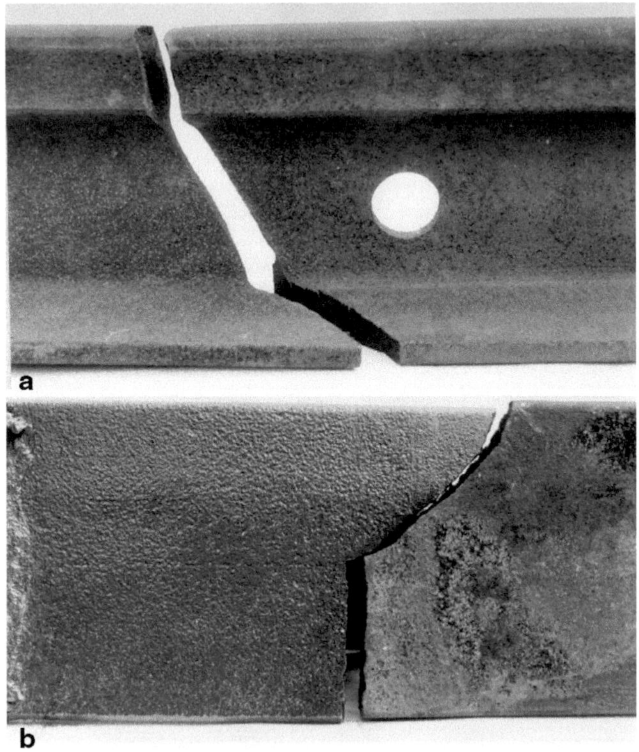

Abb. 5.8 Unter proportionaler Mixed-Mode-Beanspruchung mit zunehmendem Anteil der Modus-II-Beanspruchung gebrochene CTS-Proben aus PMMA [2]

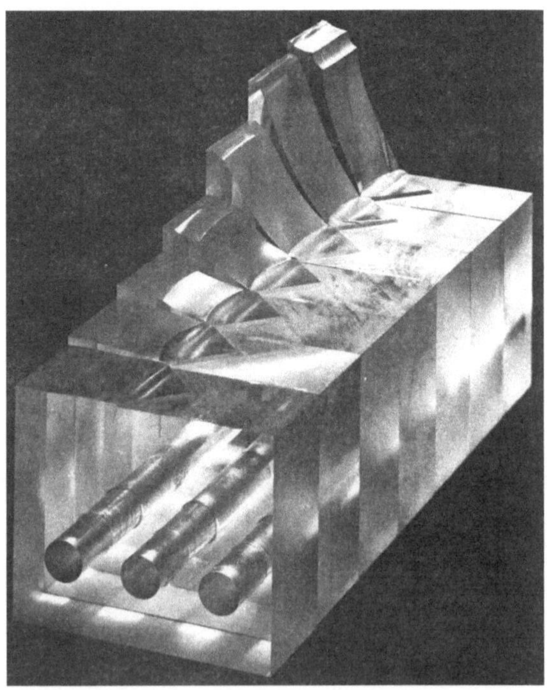

5.2 Prüfstandards, Proben und Prüfeinrichtungen

5.2.1 Bruchmechanische Werkstoff-Prüfstandards

Bei der experimentellen Bestimmung der bruchmechanischen Eigenschaften höherfester metallischer Werkstoffe und des Materials von Schweißverbindungen lassen sich vom Prinzip her die Standardprüfverfahren der linear-elastischen Bruchmechanik anwenden. Zu erwähnen sind hierbei die folgenden Vorschriften:

- Standard Test Method for Plane-Strain Fracture Toughness of Metallic Materials. American Society for Testing and Materials, Philadelphia, Designation ASTM E 399-83, 1983 [3].
- Proposed Standard Method of Test for Instrumented Impact Testing of Precracked Charpy Specimens of Metallic Materials. American Society for Testing and Materials, Philadelphia, Recommendation ASTM E 24.03.03 [4].
- Standard Test Method for Measurement of Fatigue Crack Growth Rates. American Society for Testing and Materials, Philadelphia, Designation ASTM E 647-88, 1988 [5].
- Standard Test Method for Determining Plane-Strain Crack-Arrest Fracture Toughness K_{Ia} of Ferritic Steels. American Society for Testing and Materials, Philadelphia, Designation ASTM E 1221-88, 1988 [6].
- Methods of Test for Plane-Strain Fracture Toughness of Metallic Materials. British Standards Institution, Londen, Published Document BS 5447-1977 [7].
- British Standard Method for Determination of the Dynamic Fracture Toughness of Metallic Materials. British Standards Institution, London, BS 6729:1987 [8].
- British Standard Method for Determination of the Rate of Fatigue Crack Growth in Metallic Materials. British Standards Institution, London, BS 6835:1988 [9].

Da erfahrungsgemäß die Prüfbedingungen für die Bruchzähigkeit metallischer Werkstoffe nach den Festlegungen des ASTM-Standards E 399 vielfach zu streng sind, so daß ein nicht unerheblicher Teil der Versuchsergebnisse als nicht bedingungsgemäß verworfen werden muß, wurden im Rahmen des ORE-SVA D 156 Anstrengungen unternommen, die bruchmechanischen Prüfbedingungen stärker den Erfahrungen der Eisenbahnen anzupassen. Die Erfahrungen sind in dem Bericht

- Frage D 156 „Möglichkeiten zur Verbesserung der Gebrauchseigenschaften von Schienen durch metallurgische Maßnahmen“: Empfohlenes Verfahren zur Bestimmung der Rißzähigkeit K_{Ic} von Eisenbahnschienenstählen im ebenen Dehnungszustand. Forschungs- und Versuchsamt (ORE) des Internationalen Eisenbahnverbandes (UIC), Utrecht, Bericht ORE D 156/RP 3, September 1987 [10] festgelegt, wobei die in vielen Anwendungsfällen hinderliche Bedingung aus dem ASTM-Standard E 399, daß die Maximalkraft F_{max} beim Probenbruch nicht mehr als 10 % über der Prüfkraft F_Q, mit der der kritische Wert des Spannungsintensitätsfaktors bestimmt wird, liegen darf, fallengelassen wurde.

5.2.2 K_I-Bruchmechanik-Proben

Um unter Versuchsbedingungen die Bruchzähigkeit als die maßgebende bruchmechanische Eigenschaften für das instabile Versagen, für den Bruch, ermitteln zu können, ist eine Vielzahl von Proben entwickelt worden. Festgelegt sind für die unterschiedlichen Probentypen üblicherweise nicht ihre absoluten Abmessungen, sondern ihrer Abmessungsverhältnisse. Die absoluten Probenabmessungen sind nur für spezielle Anwendungen festgelegt, wobei dann erfahrungsgemäß auch die Größenordnung der zu erwartenden Bruchzähigkeit bekannt ist, wie zum Beispiel für Eisenbahnschienen- und Eisenbahnradstähle.

Die für praktische Untersuchungen wichtigsten Proben sind die Kompakt-Zugprobe (compact tension specimen, CT-Probe), die Dreipunkt-Biegeprobe (3 point bending specimen, 3PB-Probe) und die Zugprobe mit Mittelriß (center cracked tension specimen, CCT-Probe). Daneben finden auch die bogenförmigen Proben, die kreisscheibenförmige Kompakt-Zugprobe sowie die beidseitig eingespannte Biegeprobe Verwendung (Abb. 5.9 bis 5.13).

Kompakt-Zugprobe (CT-Probe) Der Spannungsintensitätsfaktor für die CT-Probe ergibt sich zu

$$K_I = \frac{F}{B \cdot W^{1/2}} \cdot f(a/W) \tag{5.1}$$

mit der rißtiefenabhängigen Korrekturfunktion [3]

$$f(a/W) = \frac{2 + a/W}{(1 - a/W)^{3/2}} \cdot \left[0{,}886 + 4{,}64 \cdot \frac{a}{W} - 13{,}32 \cdot \left(\frac{a}{W}\right)^2 + 14{,}72 \cdot \left(\frac{a}{W}\right)^3 - 5{,}6 \cdot \left(\frac{a}{W}\right)^4\right] \tag{5.2}$$

bzw. nach [11]

$$\begin{aligned} f(a/W) = 29{,}6 \cdot \left(\frac{a}{W}\right)^{1/2} - 185{,}5 \cdot \left(\frac{a}{W}\right)^{3/2} + 655{,}7 \cdot \left(\frac{a}{W}\right)^{5/2} \\ - 1017 \cdot \left(\frac{a}{W}\right)^{7/2} + 638{,}9 \cdot \left(\frac{a}{W}\right)^{9/2} \end{aligned} \tag{5.3}$$

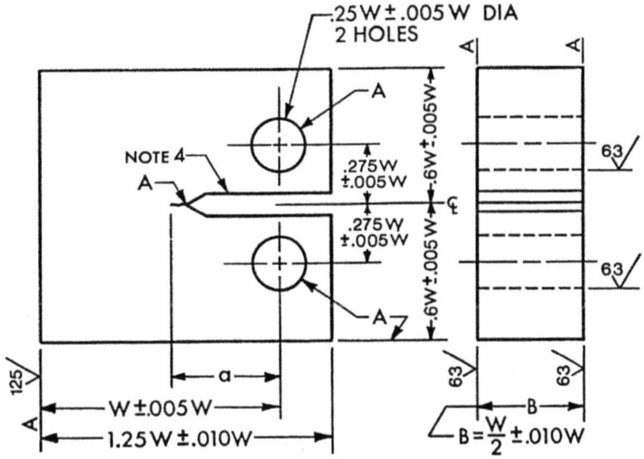

Abb. 5.9 Kompaktzugprobe (CT-Probe) zur Ermittlung der Bruchzähigkeit [3]

Die Kompaktzugprobe wird bei der Ermittlung sowohl der Bruchzähigkeitseigenschaften, als auch der Rißwachstumseigenschaften verwendet. Für den letzteren Fall sind vorgeschrieben [5]:

Mindestprobengröße $W_{\text{min}} = 25$ mm, Probendicke $W/20 \leq B \leq W/4$.

Dreipunkt-Biegeprobe (3PB-Probe) Der Spannungsintensitätsfaktor für die Drei-Punkt-Biegeprobe (Abb. 5.10) ergibt sich zu

$$K_I = \frac{F \cdot L}{B \cdot W^{3/2}} \cdot f(a/W) \tag{5.4}$$

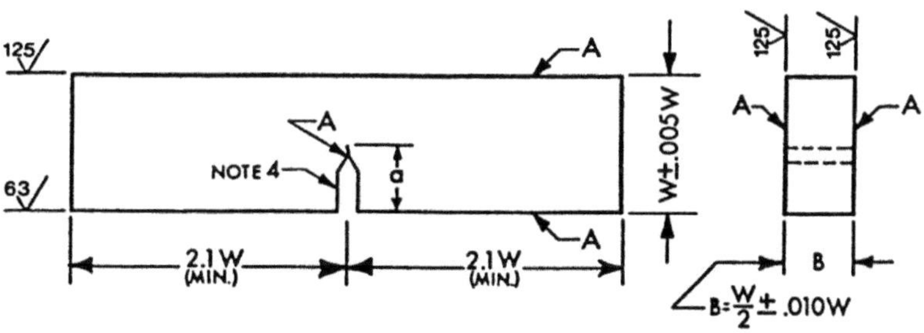

Abb. 5.10 Drei-Punkt-Biegeprobe zur Ermittlung der Bruchzähigkeit

mit

$$f(a/W) = \frac{3 \cdot \left(\frac{a}{W}\right)^{1/2}}{2 \cdot \left(1 + 2 \cdot \frac{a}{W}\right) \cdot \left(1 - \frac{a}{W}\right)^{3/2}} \cdot \left\{1{,}99 - \frac{a}{W} \cdot \left(1 - \frac{a}{W}\right) \cdot \left[2{,}15 - 3{,}93 \cdot \frac{a}{W} + 2{,}7 \cdot \left(\frac{a}{W}\right)^2\right]\right\} \tag{5.5}$$

bzw.

$$f(a/W) = 2{,}9 \cdot \left(\frac{a}{W}\right)^{1/2} - 4{,}6 \cdot \left(\frac{a}{W}\right)^{3/2} + 21{,}8 \cdot \left(\frac{a}{W}\right)^{5/2} - 37{,}6 \cdot \left(\frac{a}{W}\right)^{7/2} + 38{,}7 \cdot \left(\frac{a}{W}\right)^{9/2} \tag{5.6}$$

Zugprobe mit Mittelanriß (CCT-Probe) Der Spannungsintensitätsfaktor für die Zugbiegeprobe mit Mittelanriß (Abb. 5.11) ergibt sich zu

$$K_I = \frac{F}{2 \cdot B \cdot W} \cdot \sqrt{\pi \cdot a} \cdot \sqrt{\sec \frac{\pi \cdot a}{2 \cdot W}} = \frac{F}{2 \cdot B \cdot W} \cdot \sqrt{\frac{\pi \cdot a}{\cos \frac{\pi \cdot a}{2 \cdot W}}} \tag{5.7}$$

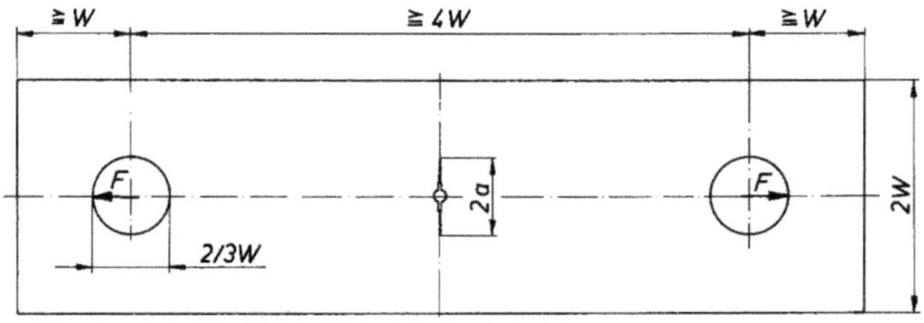

Abb. 5.11 CCT-Probe zur Ermittlung der Rißwachstumseigenschaften

Die Zugprobe mit Mittelriß wird zur Ermittlung der Rißwachstumseigenschaften genutzt.

Bogenförmige Proben Der Spannungsintensitätsfaktor für die bogenförmigen Proben (Abb. 5.12) ergibt sich zu

$$K_Q = \frac{F_Q}{B \cdot W^{1/2}} \cdot \left[\frac{3 \cdot X}{W} + 1{,}9 + 1{,}1 \cdot \frac{a}{W}\right] \cdot \left[1 + 0{,}25 \cdot \left(1 - \frac{a}{W}\right)^2 \cdot \left(1 - \frac{r_1}{r_2}\right)\right] \cdot f(a/W) \tag{5.8}$$

mit

$$f(a/W) = \frac{(a/W)^{1/2}}{(1 - a/W)^{3/2}} \cdot \left[3{,}74 - 6{,}30 \cdot \frac{a}{W} + 6{,}32 \cdot \left(\frac{a}{W}\right)^2 - 2{,}43 \cdot \left(\frac{a}{W}\right)^3\right] \tag{5.9}$$

r_1/r_2 ist das Verhältnis des inneren zum äußeren Radius der Probe

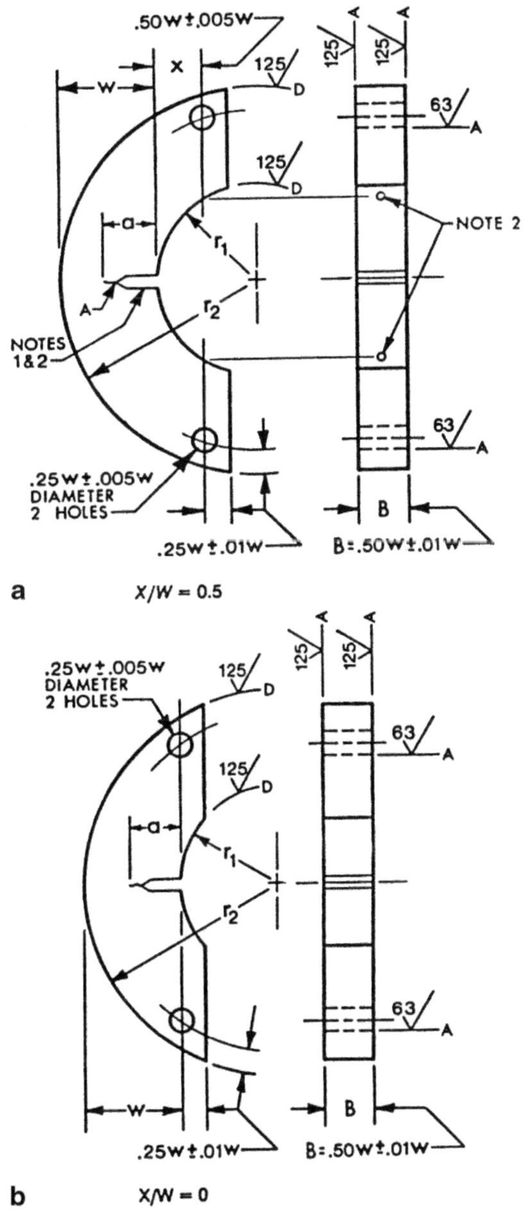

Abb. 5.12 Bogenförmige Proben zur Ermittlung der Bruchzähigkeit

Kreisscheibenförmige CT-Probe (DCT-Probe) Der Spannungsintensitätsfaktor für die kreisscheibenförmige CT-Probe (Abb. 5.13) ergibt sich zu

$$K_Q = \frac{F_Q}{B \cdot W^{1/2}} \cdot f(a/W) \tag{5.10}$$

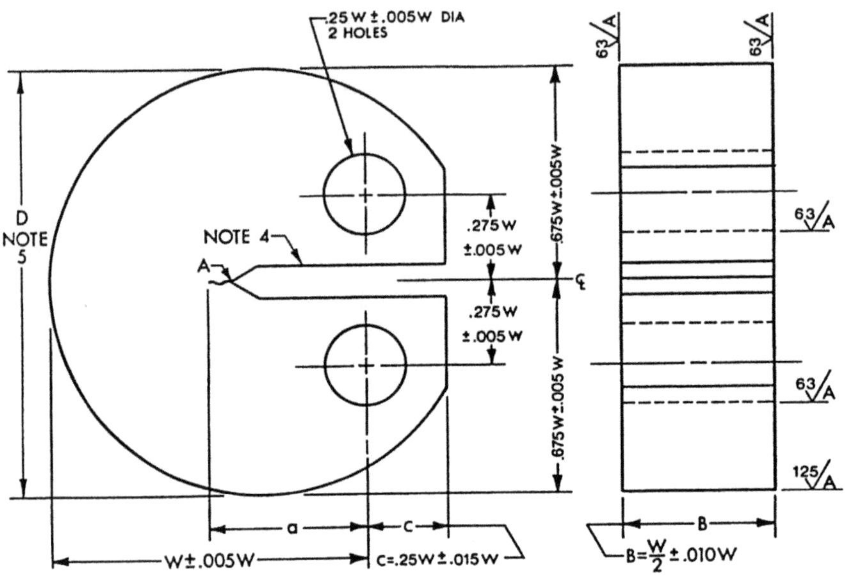

Abb. 5.13 Kreisscheibenförmige CT-Probe

mit

$$f(a/W) = \frac{\left(2 + \frac{a}{W}\right) \cdot \left[0{,}76 + 4{,}8 \cdot \frac{a}{W} - 11{,}58 \cdot \left(\frac{a}{W}\right)^2 + 11{,}43 \cdot \left(\frac{a}{W}\right)^3 - 4{,}08 \cdot \left(\frac{a}{W}\right)^4\right]}{\left(1 - \frac{a}{W}\right)^{3/2}} \tag{5.11}$$

Kompakt-Rißarrest-Probe (CCA-Probe) Der Spannungsintensitätsfaktor für die Kompakt-Rißarrest-Probe (Abb. 5.14) ergibt sich zu

$$K = E \cdot \delta \cdot \sqrt{B/B_N}/\sqrt{W} \cdot f(a_A/W) \tag{5.12}$$

$$\text{mit} \quad f(a_A/W) = \frac{2{,}243 \cdot \sqrt{1 - a_A/W} \cdot \left(1{,}7164 - 0{,}9 \cdot \frac{a_A}{W} + \left[\frac{a_A}{W}\right]^2\right)}{9{,}85 - 0{,}17 \cdot \frac{a_A}{W} + 11 \cdot + \left[\frac{a_A}{W}\right]^2}. \tag{5.13}$$

5.2.3 K_{II}-, Mixed-Mode- und Biaxial-Proben

Für die von der Rißöffnungsart I abweichenden Proben gibt es keine Festlegungen in Standards. Werden derartige Untersuchungen durchgeführt, so werden häufig Proben verwendet, die den rißgeschädigten Bauteilen weitgehend nachempfunden sind, so zum Beispiel:

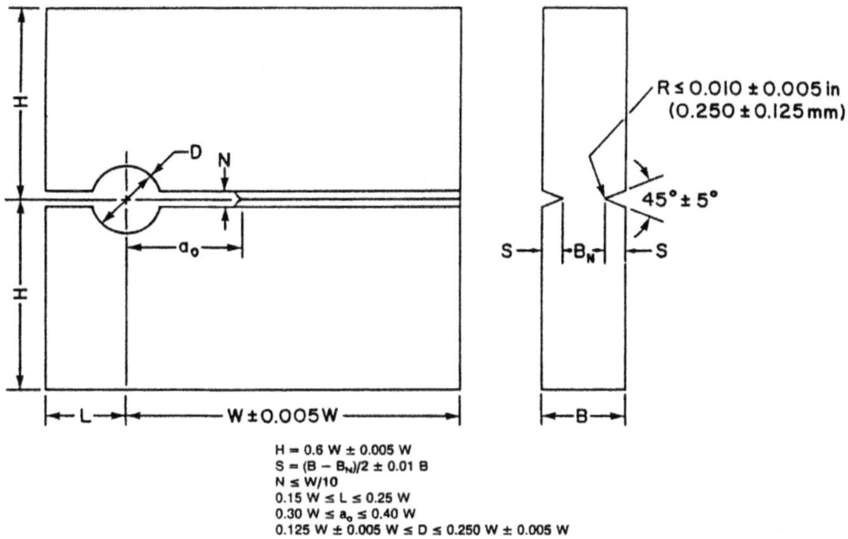

Abb. 5.14 Kompakt-Rißarrest-Probe zur Ermittlung der Rißarrestzähigkeit

- Zugprobe mit schrägem Innen- oder Außenriß,
- Rohrproben mit Rissen unter Zug und/oder Torsion,
- Dreipunkt- oder Vierpunkt-Biegeproben mit bestimmten Lastkombinationen,
- Kreuzzugprobe mit Innenriß,
- modifizierte, unsymmetrische CT-Probe.

Die Forderungen, denen Bruchmechanik-Proben für gemischte Beanspruchungen genügen müssen, faßte RICHARD [2] wie folgt zusammen:

- Möglichkeit zur Veränderung der Mixed-Mode-Beanspruchung von reiner Modus-I- bis zu reiner Modus-II-Beanspruchung,
- Kompaktheit der Probe,
- einfache Herstellung,
- Möglichkeit zur Erzeugung von Ermüdungsrissen,
- einfach zu realisierende Bedingungen für die Einspannung und Belastung,
- keine Druckbeanspruchung am Riß
- unkomplizierte Versuchsdurchführung, einfache Auswertbarkeit,
- Realisierung eines ebenen Verzerrungszustandes,
- möglichst geringe Bruchlast,
- Vermeidung plastischer Deformationen außerhalb der Rißumgebung vor dem Beginn des Probenbruchs.

Eine K_{II}-Probe, die diesen Forderungen zum Teil gerecht wird, wurde von JONES und CHISHOLM [12, 13] entwickelt. Sie ermöglicht aber nur die Realisierung von K_{II}-

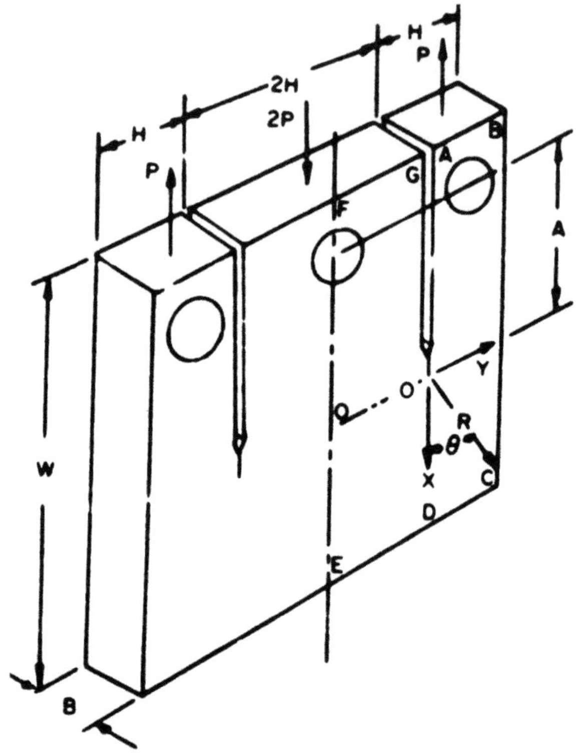

Abb. 5.15 K_{II}-Probe von JONES und CHISHOLM [12, 13]

Beanspruchungszuständen. Da diese Probe symmetrisch gestaltet ist und das Vorhandensein von zwei Ermüdungsrisse voraussetzt, erscheint es fraglich, inwieweit diese zwei Risse überhaupt praktisch erzeugt werden können (Abb. 5.15).

Der Spannungsintensitätsfaktor ergibt sich für $0{,}3 < a/W < 0{,}7$ mit Abweichungen von 2 % gemäß der Beziehung

$$K_{II} = \frac{F \cdot W^{1/2}}{B \cdot H} \cdot \sqrt{\frac{a}{W}} \tag{5.14}$$

Kompakt-Zug-Schub-Probe (CTS-Probe) von Richard [2] Der Spannungsintensitätsfaktoren für die CTS-Probe von Richard (Abb. 5.16) ergibt sich zu

$$K_I = \frac{F}{W \cdot t} \cdot \sqrt{\pi \cdot a} \cdot \frac{\cos\alpha}{1 - \frac{a}{W}} \cdot \sqrt{\frac{0{,}26 + 2{,}65 \cdot \frac{a/W}{1-a/W}}{1 - 0{,}55 \cdot \frac{a/W}{1-a/W} + 2{,}08 \cdot \left(\frac{a/W}{1-a/W}\right)^2}} \tag{5.15}$$

und

$$K_{II} = \frac{F}{W \cdot t} \cdot \sqrt{\pi \cdot a} \cdot \frac{\sin\alpha}{1 - \frac{a}{W}} \cdot \sqrt{\frac{-0{,}23 + 1{,}40 \cdot \frac{a/W}{1-a/W}}{1 - 0{,}67 \cdot \frac{a/W}{1-a/W} + 2{,}08 \cdot \left(\frac{a/W}{1-a/W}\right)^2}} \tag{5.16}$$

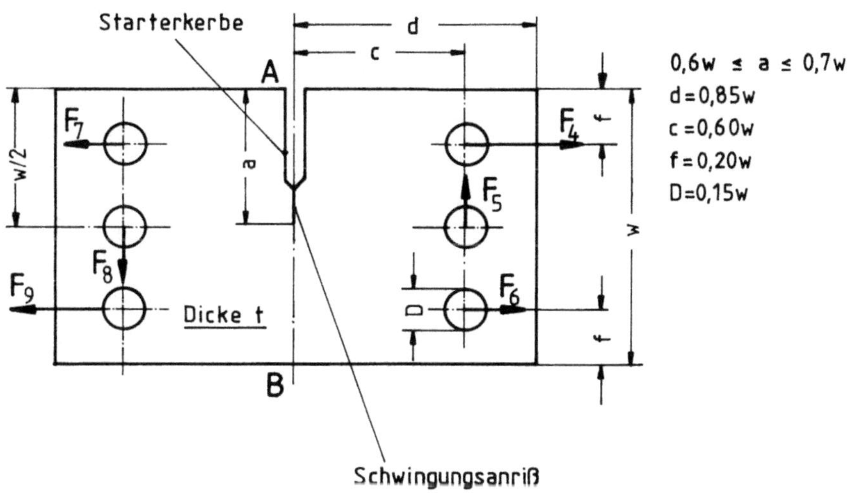

Abb. 5.16 CTS-Probe von RICHARD [2]

Biaxiale Zugprobe (Abb. 5.17) Die biaxiale Zugprobe setzt voraus, daß zwei Prüfzylinder senkrecht zueinander auf die Probe einwirken, was mit konventionellen servohydraulischen Prüfmaschinen nicht realisiert werden kann.

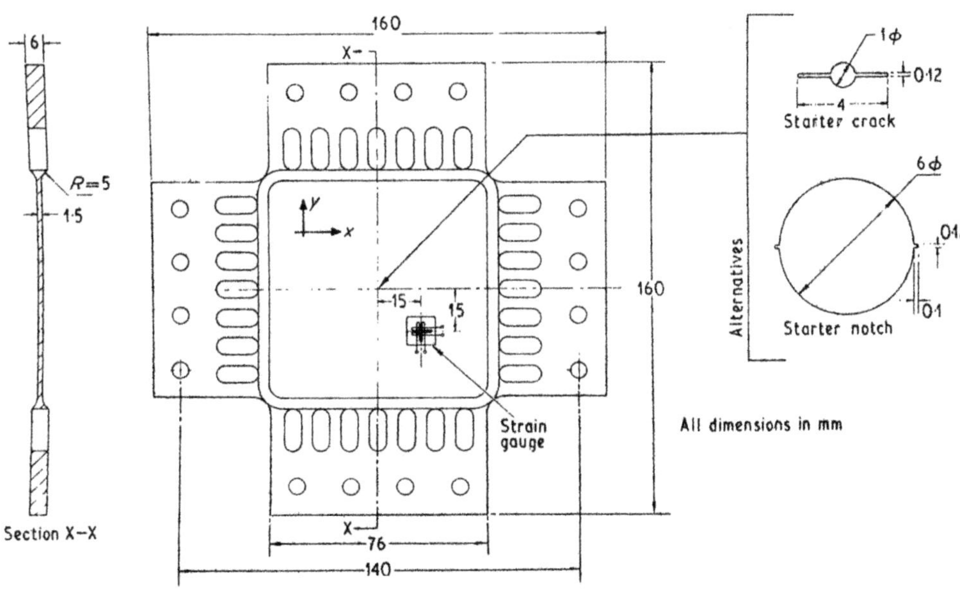

Abb. 5.17 Biaxiale Zugprobe [14]

5.2.4 Probennahme und -bearbeitung

Die Probenentnahme aus dem Bauteil oder Halbzeug hat so zu erfolgen, daß die zu ermittelnden Werkstoffeigenschaften nicht verfälscht werden. Wird die Probenentnahme durch Brennschneiden vorgenommen, so muss der Abstand des Brennschnitts zur herauszuarbeitenden Probe so groß sein, daß die eingebrachte Wärme die Eigenschaften des Werkstoffs der Probe nicht beeinflußt. Die endgültige Bearbeitung der Probe erfolgt maschinell durch spanende Bearbeitung und letztlich durch Schleifen. Um eine Vergleichbarkeit der Werkstoffeigenschaften für bestimmte Halbzeuge zu gewährleisten, ist in den zutreffenden Erzeugnisstandards der Ort der Probenentnahme oftmals vorgeschrieben wie beispielsweise bei Eisenbahnschienen und bei Eisenbahnvollrädern. Wenn auch üblicherweise die Werkstoffe in erster Näherung als quasi-isotrop angesehen werden, ist es bekannt, daß die mechanischen Eigenschaften der Werkstoffe von der Orientierung der Proben im Material und von der Prüfrichtung abhängen oder abhängen können. In den Werkstoff-Standards werden dementsprechend die mechanischen Eigenschaften in Abhängigkeit von der Prüfrichtung – d. h. in Walzrichtung und quer zur Walzrichtung und in Sonderfällen auch in Dickenrichtung – vorgeschrieben. Die Abhängigkeit der Prüfergebnisse von der Probenorientierung und der Prüfrichtung muss bei der Ermittlung der bruchmechanischen Eigenschaften ebenfalls beachtet werden. Zur Gewährleistung einer einheitlichen Bezeichnung werden bei bruchmechanischen Untersuchungen die Probenentnahme und die Prüfrichtungen gemäß den Festlegungen in den Abb. 5.18 bis 5.20 verwendet. Nicht unbeachtet sollte bleiben, daß die bruchmechanischen Eigenschaften auch von der Tiefenlage der Probe unter der Oberfläche abhängen können.

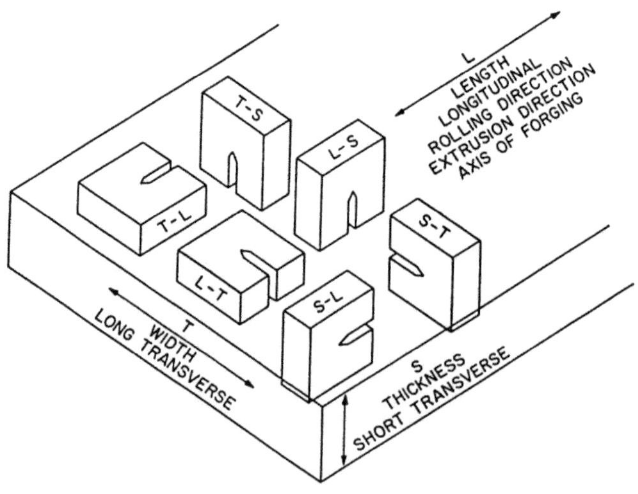

Abb. 5.18 Kennzeichnung der Probenentnahme hinsichtlich der Rißflächenorientierung bei Bauteilen oder Halbzeugen mit rechteckigem Querschnitt [3]

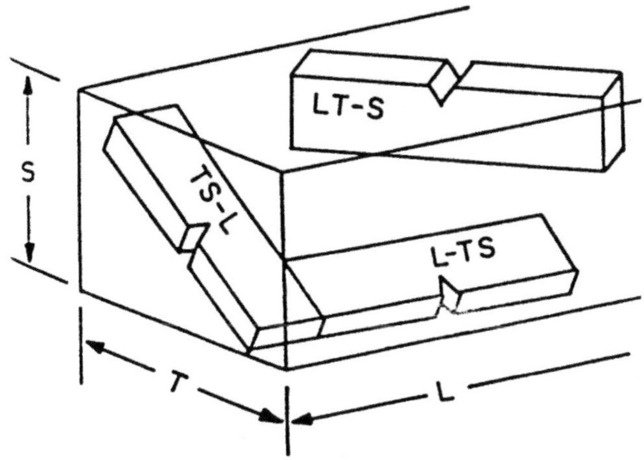

Abb. 5.19 Kennzeichnung der Probenentnahme hinsichtlich der geneigten Rißflächenorientierung bei Bauteilen oder Halbzeugen mit rechteckigem Querschnitt [3]

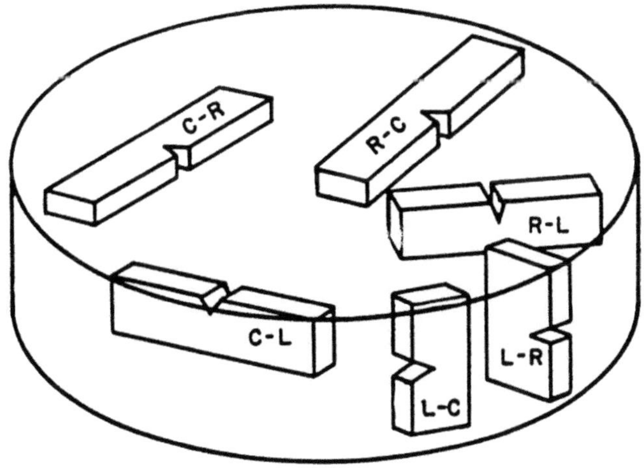

Abb. 5.20 Kennzeichnung der Probenentnahme hinsichtlich der Rißflächenorientierung bei Bauteilen oder Halbzeugen mit rundem Voll- oder Hohlquerschnitt [3]

Neben diesen allgemeinen Festlegungen gibt es für spezielle Anwendungen der Bruchmechanik empfehlenswerte Vorstellungen für die Probenentnahme aus existierenden Stahlbauten mit Hilfe von Bohrkernen von 60 mm Durchmesser, deren Entnahmestellen nach der Probenentnahme wieder durch Paßschrauben verschlossen werden (siehe Abb. 5.21) [15].

Für die Entnahme von Bruchmechanikproben aus dem Radkranz von Eisenbahnrädern und aus dem Kopf von Eisenbahnschienen gibt es verbindliche Vorschriften. Im UIC-Kodex 812-3 [16] sind für die Bruchzähigkeitsermittlung von Eisenbahnradstählen 30 mm dicke CT-Proben vorgeschrieben, die dem Radkranz entsprechend der Darstellung in Abb. 5.22 zu entnehmen sind.

Die bruchmechanischen Eigenschaften von Eisenbahnschienen sind mit Hilfe von 3-Punkt-Biegeproben (bei einem Auflagerabstand von 4 W) zu ermitteln, die dem Kopf der Schienen entsprechend der Darstellung in Abb. 5.23 zu entnehmen sind. Die vorgeschrie-

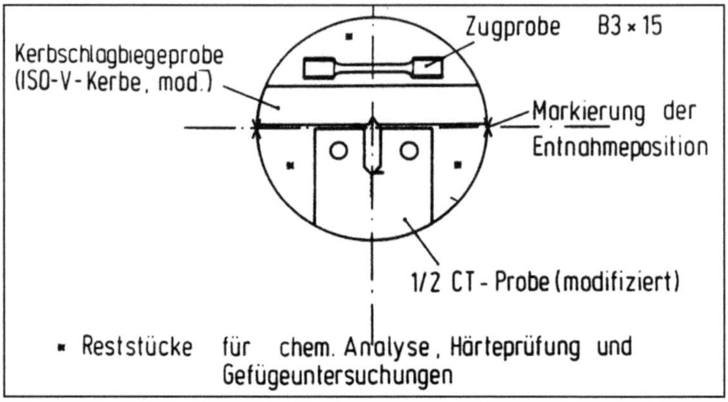

Abb. 5.21 Die Verwendung von Bohrkernen aus Stahltragwerken für die Ermittlung der konventionellen mechanischen und der bruchmechanischen Eigenschaften [15]

Abb. 5.22 Vorgeschriebene Probenlage für Eisenbahnräder [16]

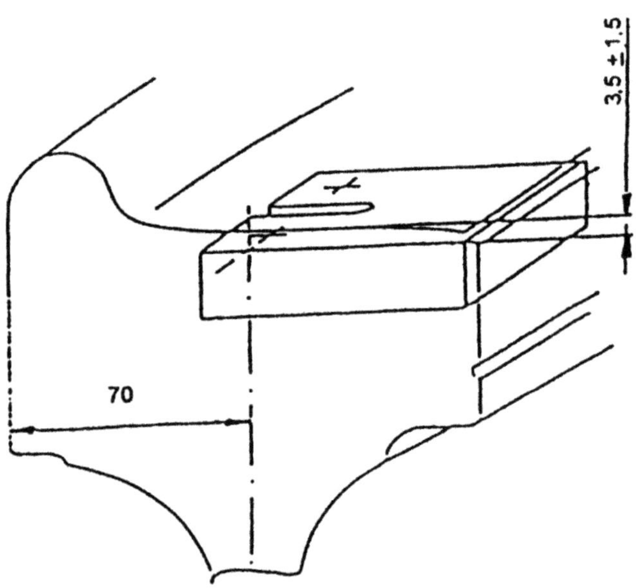

benen Probenabmessungen [10] sind für die Ermittlung der Bruchzähigkeit (unter Verweis auf ASTM E399 [3]):

Probenbreite	$B = 25$ mm,
Probenhöhe	größtmögliches Maß von $W = 40$ mm $-$ 45 mm $-$ 50 mm,
Auflagerabstand	$S = 4 \cdot W$,
Kerbe	möglichst Chevron-Kerbe nach ASTM E399.

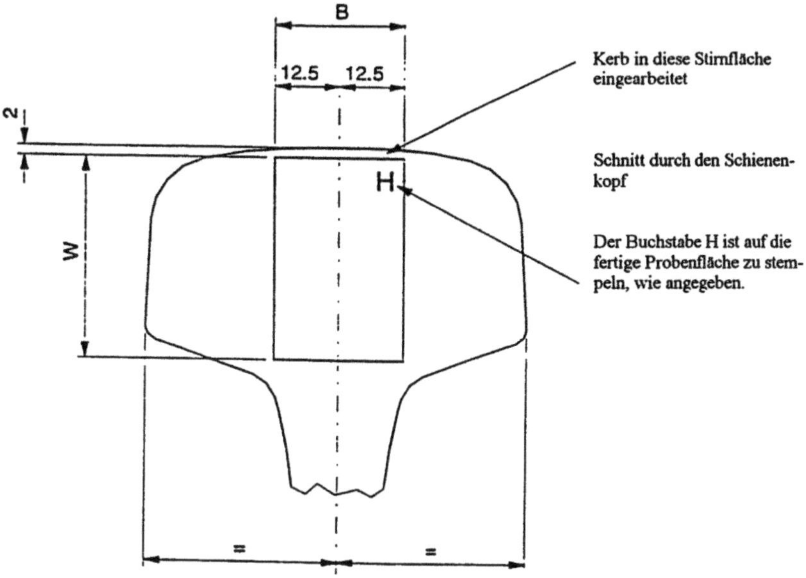

Abb. 5.23 Vorgeschriebene Lage der Proben für die Bruchzähigkeitsprüfung von Eisenbahnschienen [10] (Probendicke B = 25 mm)

für die Ermittlung der Rißwachstumsrate (unter Verweis auf BS 6835 [9]):

Probenbreite	$B = 20$ mm,
Probenhöhe	$W = 45$ mm,
Probenlänge	$L = 230$ mm,
Auflagerabstand:	$S = 4 \cdot W$,
Kerbe	10 mm Tiefe.

Bei der Probenvorbereitung für bruchmechanische Untersuchungen ist es von besonderer Bedeutung, daß die eingebrachte rißerzeugende Kerbe einen scharfen Kerbgrund hat. Wird mit einem angeschärften Sägeblatt die Kerbe eingebracht, so kann es bei der Rißerzeugung nicht ausgeschlossen werden, daß von dem stumpfen Kerbgrund Ermüdungsrisse an unterschiedlichen Stellen entstehen, die sich nicht sofort zu einem einheitlichen, durchgehenden Riß entwickeln. Oftmals entstehen die Ermüdungsrisse bei solchen Sägeschnitten an den Außenseiten der Proben viertelkreisförmig, so daß die angestrebte gerade durchgehende Rißfront sich erst dann bildet, wenn der Ermüdungsriß schon eine größere als die angestrebte Abmessung hat.

Von den in Abb. 5.25 wiedergegebenen Kerbformen ist der Chevronkerb insofern besonders empfehlenswert, weil bedingt durch die Kerbform der Ermüdungsriß von der Probenmitte ausgeht und üblicherweise eine gleichmäßige Rißausbreitung nach beiden

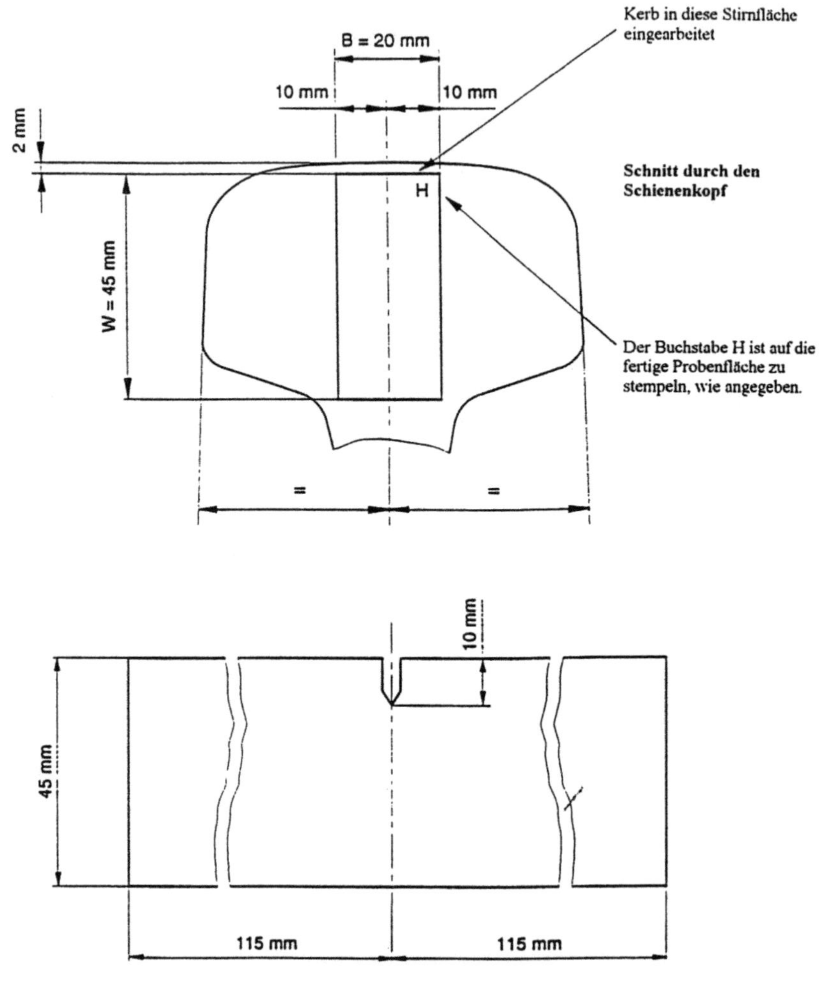

Abb. 5.24 Vorgeschriebene Lage und Abmessungen der 3-Punkt-Biegeprobe für die Ermittlung der Rißwachstumsrate von Eisenbahnschienen [10]

Probenseiten gewährleistet ist. In Abb. 5.26 ist eine Vorrichtung für das Erzeugen des Chevronkerbs in Bruchmechanikproben dargestellt.

Elektro-erosiv erzeugte Kerben lassen sich anders als bei den mechanisch eingearbeiteten Kerben nicht nur als gerade durchgehende, sondern auch beispielsweise als viertelkreisförmige Kerben erzeugen.

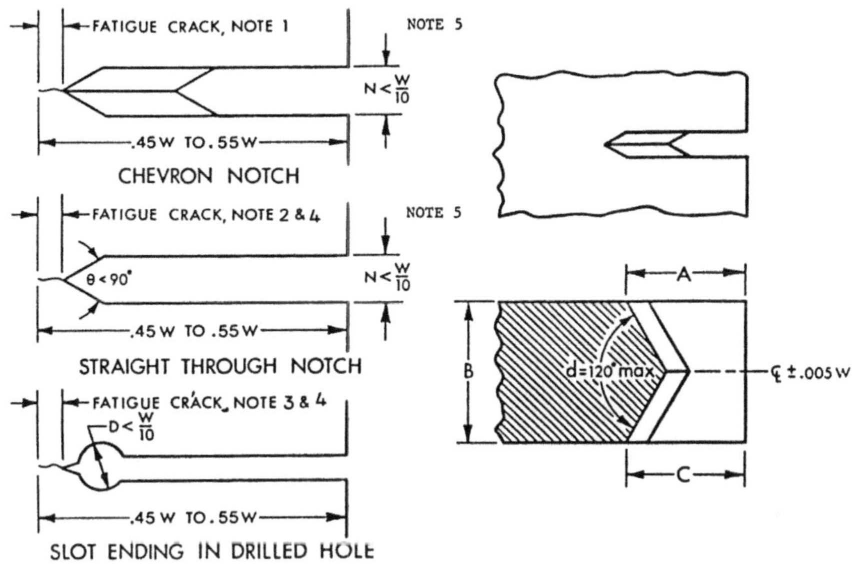

Abb. 5.25 Kerbkonfiguration nach ASTM E399 [3]

Abb. 5.26 Umklappbare Vorrichtung zum maschinellen Einfräsen des Chevronkerbs

5.2.5 Prüfmaschinen und -einrichtungen

Zur Rißerzeugung und zur experimentellen Untersuchung des Rißwachstums in den Bruchmechanikproben werden servo-hydraulische Prüfmaschinen oder Resonanzpulsatoren verwendet. Während servo-hydraulische Prüfmaschinen universell einsetzbar sind und gezielte Vorgaben für den Kraftverlauf und für die Größe der Frequenz ermöglichen, lassen sich mit Resonanzpulsatoren die Frequenzen nur durch die Nachgiebigkeit der rißbehafteten Probe, d. h. durch deren Abmessungen, sowie durch Zusatzmassen beeinflussen. Der Vorteil

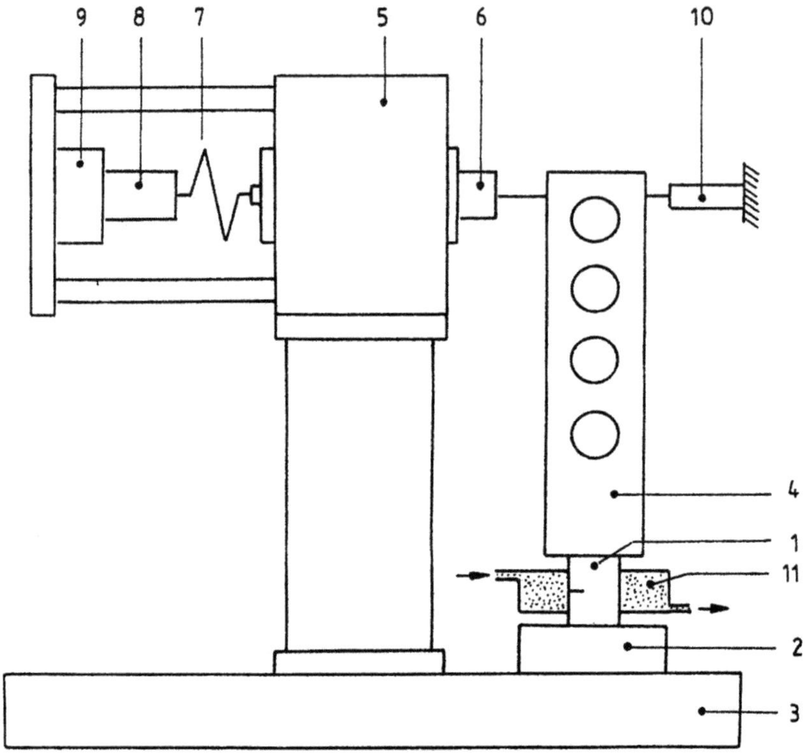

Abb. 5.27 Schematische Darstellung der Resonanz-Ermüdungs-Apparatur „Dynacomp" nach Schlät mit Kammer „11" zur Untersuchung des Medieneinflusses auf das Rißwachstum [17]

der Resonanz-Ermüdungs-Apparaturen ist jedoch, daß mit ihnen Risse in kleinen Proben gezielt eingebracht werden können. In den Abb. 5.27 und 5.28 ist eine derartige Eigenbau-Apparatur wiedergegeben. Abb. 5.29 zeigt dagegen eine kommerzielle Ausführung.

Während bei der Apparatur in Abb. 5.27 die Probe einseitig fest eingespannt wird und über einen am anderen Probenende angebrachten Hebel belastet wird, lassen sich bei der Prüfmaschine in Abb. 5.29 wahlweise CT-Proben oder eingespannte Biegeproben untersuchen. Letztere haben den Vorteil, daß bei ihnen nicht nur Schwellbeanspruchungen, sondern auch Wechselbeanspruchungen realisiert werden können.

Quasi-statische Bruchversuche können sowohl mit Hilfe servo-hydraulischer Prüfmaschinen (Abb. 5.30), als auch mit Hilfe konventioneller Zug-Druck-Prüfmaschinen durchgeführt werden. Erforderlich ist in jedem Fall eine Vorrichtung zur Ermittlung der Kerb- bzw. Rißöffnungsaufweitung (COD-Aufnehmer, **C**rack **O**pening **D**isplacement = Rißöffnungsverschiebung) und eine Vorrichtung zur Registrierung des Meßwertes.

Da der Temperatur bei der Durchführung bruchmechanischer Versuche eine große Bedeutung zukommt, ist eine Kühleinrichtung für die Zug-Druck-Prüfmaschine oder für die servo-hydraulische Prüfmaschine empfehlenswert (Abb. 5.31).

Abb. 5.28 Von Schlät entwickelte Resonanz-Ermüdungs-Apparatur REA2 DYNACOMP der Universität Magdeburg

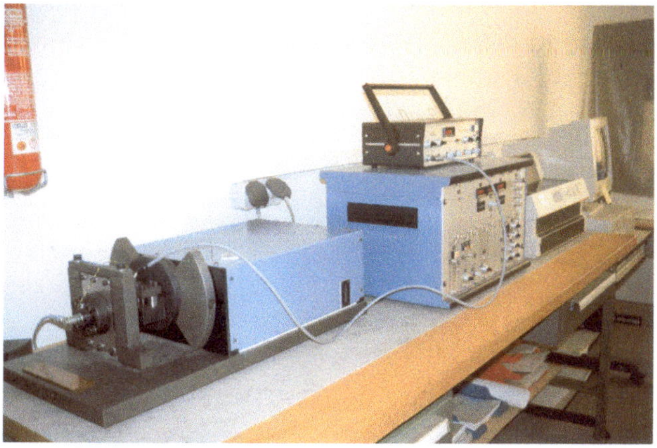

Abb. 5.29 Kommerzielle Resonanz-Ermüdungs-Apparatur CRACKTRONIK der Firma Russenberger

Abb. 5.30 Servohydraulischer Prüfstand für Bruchmechanikversuche

Abb. 5.31 Konventionelle Zug-Druck-Prüfmaschine mit Temperierbad für die Proben

Abb. 5.32 Instrumentiertes Pendelschlagwerk zur Ermittlung der dynamischen Bruchzähigkeit

Dynamische Bruchversuche lassen sich sowohl mit servo-hydraulischen Prüfmaschinen als auch mit instrumentierten Pendelschlagwerken durchführen, wobei im allgemeinen bei Schlagversuchen auf Pendelschlagwerken die Beanspruchungsgeschwindigkeiten größer sind als bei servo-hydraulischen Prüfmaschinen (Abb. 5.32).

Neben den vorgestellten, mehr oder weniger üblichen Prüfmaschinen finden speziell für bruchmechanische Untersuchungen auch noch andere Prüfmaschinen ihre Anwendung. Zu erwähnen sind hierbei zweiachsige Prüfmaschinen für die in Abb. 5.17 dargestellte Probe.

Abb. 5.33 Schematische Darstellung der Versuchseinrichtung zur Untersuchung des zyklischen, temperaturbedingten Rißwachstums von Eisenbahn-Radstählen [18]

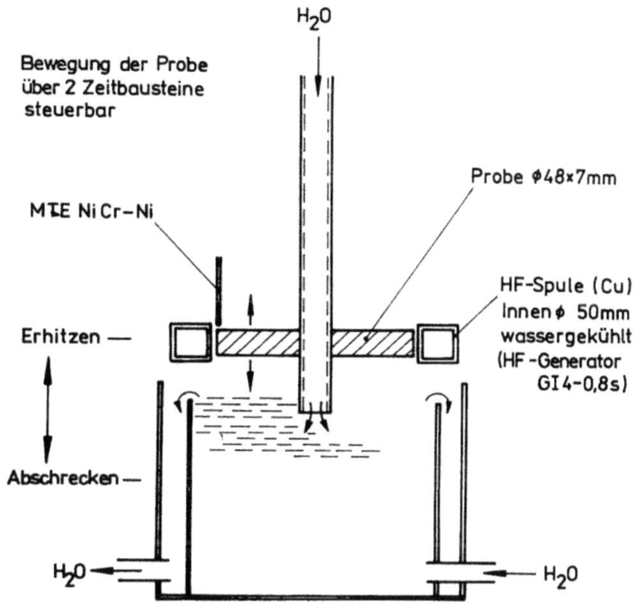

Gehen die Rißwachstumsuntersuchungen über das vorausgesetzte linear-elastische Werkstoffverhalten hinaus, so soll als ein Phänomen das Rißwachstum durch zyklische Temperaturbeanspruchung erwähnt werden. Prüfeinrichtungen dieser Art wurden speziell für die Vollradstähle von Eisenbahnrädern bei sehr hohen, zyklisch einwirkenden Prüftemperaturen an der Hochschule für Verkehrswesen Dresden (Abb. 5.33) und für die Stähle des Anlagenbaus im Kernforschungszentrum Karlsruhe (Abb. 5.34) entwickelt.

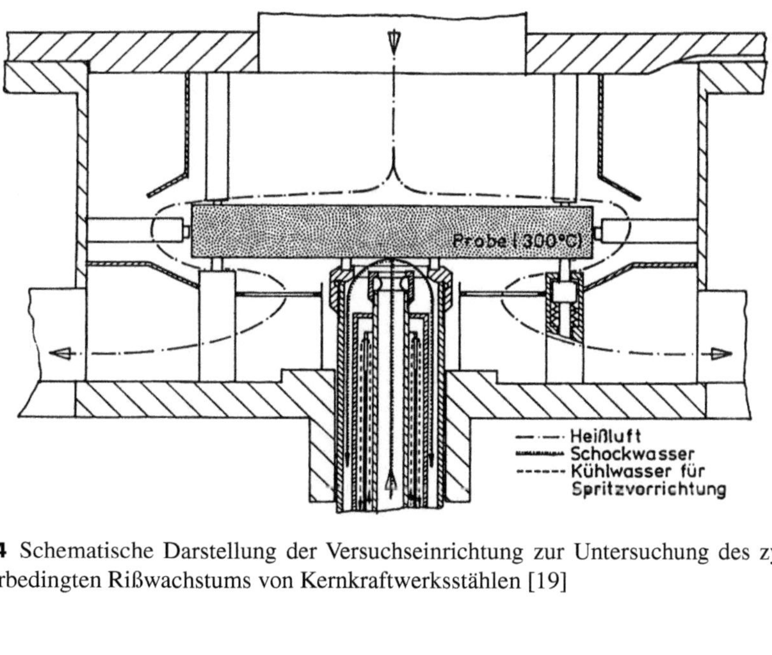

Abb. 5.34 Schematische Darstellung der Versuchseinrichtung zur Untersuchung des zyklischen, temperaturbedingten Rißwachstums von Kernkraftwerksstählen [19]

5.2.6 Prüfmittel und -geräte

Von den Mitteln, die neben den Prüfmaschinen vorhanden sein müssen, um bruchmechanische Versuche durchführen zu können, sind an erster Stelle die Probenhalterungen zu erwähnen. Da diese von der Probengröße, die Probengröße aber wiederum von den zu ermittelnden Werkstoffeigenschaften abhängt, müssen die Probenhalterungen oftmals individuell für die vorgesehenen Versuche angefertigt werden (Abb. 5.35 und 5.36).

Erforderlich ist in jedem Fall eine Vorrichtung zur Ermittlung der Kerb- bzw. Rißöffnungsaufweitung (COD-Aufnehmer, **C**rack **O**pening **D**isplacement = Rißöffnungsverschiebung) und eine Einrichtung zur Registrierung dieser Größe. Die Größe bei zyklischer Beanspruchung wachsender Risse läßt sich mit dem geringsten Aufwand optisch auf der polierten Probenoberfläche mit Hilfe aufgetragener Strichmarkierungen ablesen oder mit wesentlich größerer Genauigkeit durch aufgeklebte Rißmeßfolien über die Änderung des elektrischen Widerstandes der dünnen Metallfolien registrieren (Abb. 5.37 und 5.38).

Eine Festlegung, die über das Normalmaß hinausgeht und die Festlegung des Ortes für die Temperaturmessung an der Bruchmechanikprobe betrifft, ist in Abb. 5.39 wiedergegeben.

Abb. 5.35 Eingespannte CT-Probe mit daran befestigtem COD-Aufnehmer

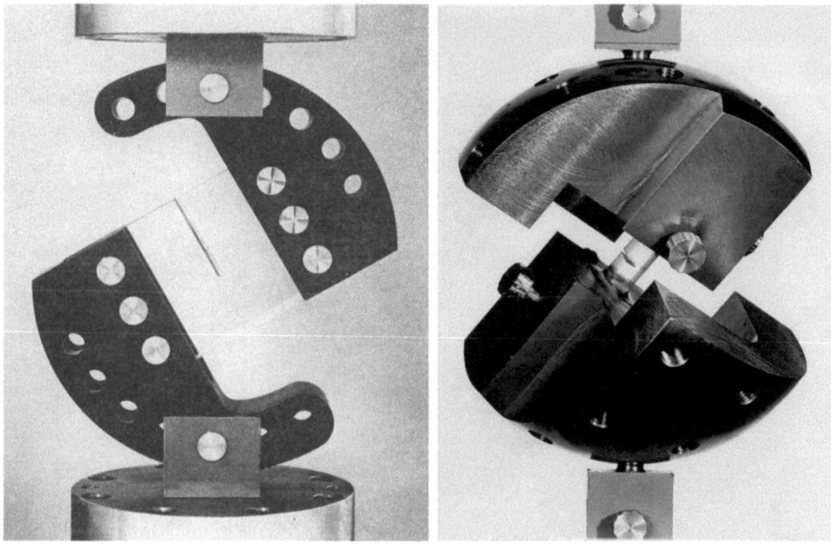

Abb. 5.36 Von Richard entwickelte Probenhalterungen für ebene und räumliche Mixed-Mode-Beanspruchung

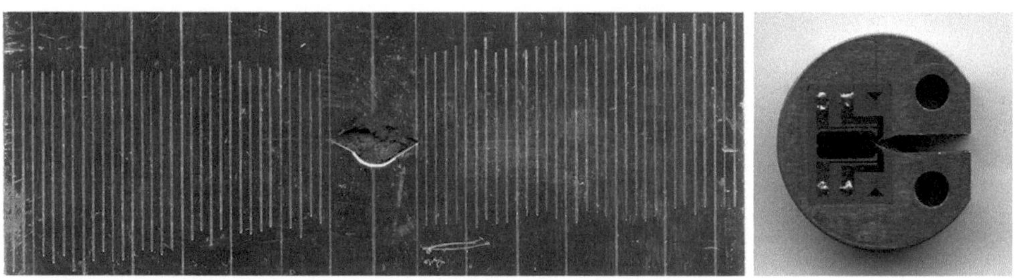

Abb. 5.37 Für Rißwachstumsuntersuchungen nutzbare Möglichkeiten zur Registrierung der Rißgröße durch ein eingeritztes Millimeter-Raster (*links*) bzw. aufgeklebte Rißmeßfolien (*rechts*)

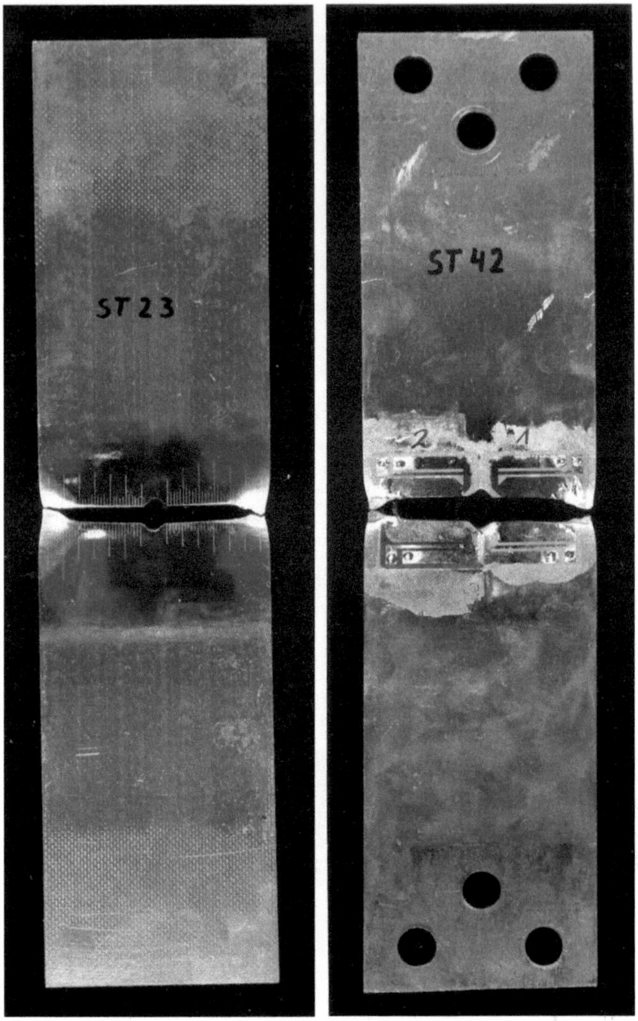

Abb. 5.38 Für Rißwachstumsuntersuchungen genutzte CCT-Proben mit aufgetragenem Millimeter-Raster (*links*) und mit Rißmeßfolien (*rechts*)

Abb. 5.39 Vorgeschriebene Lage für die Temperaturmeßstelle bei der Bruchzähigkeitsprüfung an Proben von Eisenbahnschienen [10]

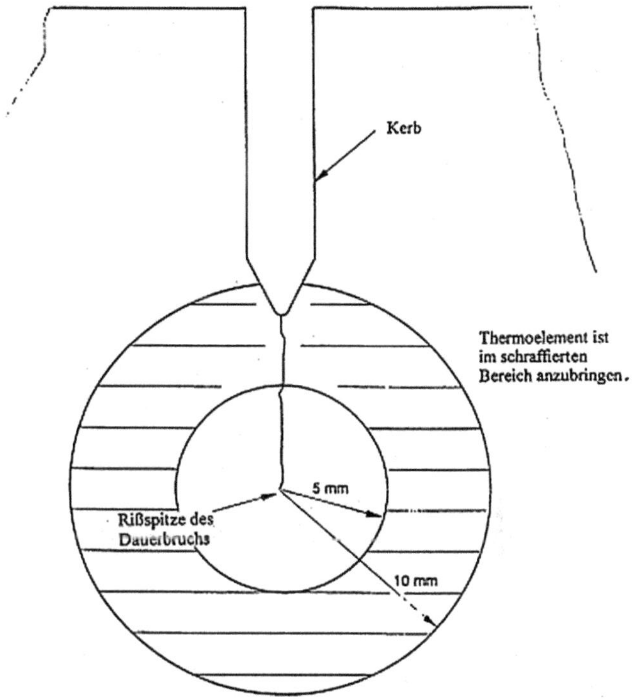

5.2.7 Versuchsführung bei der Schwingbeanspruchung

Die vielfältigen Möglichkeiten für die Versuchsführung bei der Rißerzeugung und bei dem Wachstum der Risse zeigt Abb. 5.40. Bei der Rißerzeugung wird üblicherweise ein niedriges Beanspruchungsverhältnis R angestrebt, wobei in der Anfangsphase mit wachsender Schwingweite ΔK, in der Endphase mit fallender Schwingweite ΔK bei Beachtung von K_{max} der Riß erzeugt werden muss (Abb. 5.40).

Rißwachstumsuntersuchungen zur Ermittlung der Rißwachstumseigenschaften werden üblicherweise mit gleichbleibenden Werten der einwirkenden Kräfte oder Momente bzw. bei gleichbleibendem Beanspruchungsverhältnis R durchgeführt.

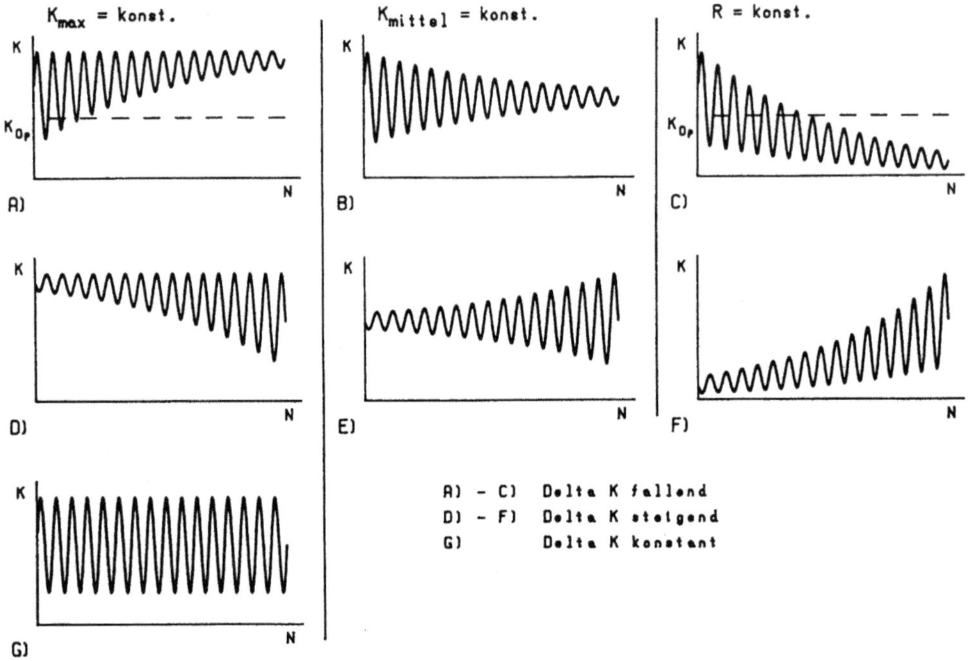

Abb. 5.40 Darstellung der unterschiedlichen Möglichkeiten der Versuchsführung bei bruchmechanischen Rißwachstumsuntersuchungen [20]

5.2.8 Ermittlung der Rißtiefe im Bruchquerschnitt

Die effektive Rißtiefe wird als Mittelwert dreier Messungen in der Mitte der Probe (siehe Abb. 5.41) gemäß der Beziehung

$$a = \frac{a_1 + a_2 + a_3}{3} \tag{5.17}$$

Abb. 5.41 Zur Ausmessung der Rißtiefen

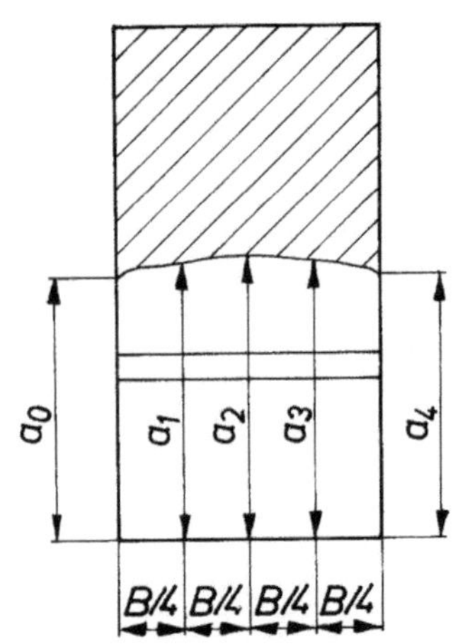

ermittelt. Bei Rißwachstumsuntersuchungen kann die effektive Rißgröße durch das Vorlaufen des Risses im Inneren von dem auf der Probenoberfläche ermittelten Wert abweichen. Gegebenenfalls muss entsprechend den Anfangs- und Endwerten des wachsenden Risses eine interpolierende Korrektur vorgenommen werden.

5.3 Der Schwellenwert der Rißausbreitung

5.3.1 Durchführung und Auswertung der Schwellenwertermittlung

Die Probenformen, die Prüfgeräte, die Versuchsdurchführung und -auswertung zeigen eine gewisse Vielfalt, wie wahrscheinlich auch die Prüfergebnisse verfahrensbedingte Streuungen oder gar Einflüsse. Als Prüfvorschrift für die Durchführung und Auswertung bruchmechanischer Experimente zur Ermittlung des die Dauerfestigkeit charakterisierenden Schwellenwertes ΔK_{th} der Ermüdungsrißausbreitung wird der Standard ASTM E 647 [5] verwendet.

Da die experimentell zu ermittelnden Rißgrößenänderungen sehr gering sind, d. h. unterhalb von 10^{-5} mm pro Schwingspiel liegen, ist der Zeitaufwand für die Versuche ein entscheidender, nicht vernachlässigbarer Faktor. Um mit vertretbarem Aufwand und in akzeptablen Versuchszeiten den Schwellenwert ΔK_{th} zu gewinnen, werden vielfach zur ΔK_{th}-Bestimmung Resonanzerscheinungen mit ihren relativ hohen Frequenzen ausgenutzt. Als Versuchsapparaturen werden Pulsatoren, Resonanzpulsatoren, elektromagnetische Resonanzapparaturen, aber auch Ultraschallerreger genutzt. Anwendung finden in Abhängigkeit von der Belastungseinrichtung CT-, Biege- und Zugproben unterschiedlicher Größe. Die Frequenzen der zyklischen Beanspruchung liegen dabei in der Größenordnung von 50 bis 250 Hz, bei der Verwendung von Ultraschallgebern aber auch bei 20 kHz. Ob die Versuchsergebnisse von der Prüffrequenz unabhängig sind, sei dahingestellt; entsprechende Äußerungen sind in der Literatur zu finden. Andererseits sind auch gegenteilige Ergebnisse bekannt, denen zufolge der Schwellenwert sich mit der Prüffrequenz verändert [21].

Nach der mechanischen oder elektro-erosiven Kerbung der Probe wird zur Rißbildung eine zyklische Beanspruchung ΔK von 500 bis 800 $N/mm^{3/2}$ bei einem niedrigen Beanspruchungsverhältnis R aufgebracht. Hat sich der Riß bei dieser Belastung gebildet, so sind Ober- und Unterlast bzw. statischer und dynamischer Lastanteil kontinuierlich oder stufenweise bei Berücksichtigung des zu realisierenden Beanspruchungsverhältnisses R abzusenken. Bei Handregelung sollte die Lastabsenkung pro Stufe nicht größer als 10 % sein, damit gewährleistet ist, daß der Riß weiterwächst und nicht eine zu große Zeit benötigt, um durch die plastische Zone der vorangegangenen, höheren Laststufe hindurchzuwachsen, oder gar in der plastischen Zone festgehalten wird. Dadurch kann das Erreichen des Schwellenwertes vorgetäuscht werden. Die Lastabsenkung darf andererseits aber auch nicht so gering sein, daß im Bereich der Rißspitze Reiboxidation auftritt, die den zu bestimmen-

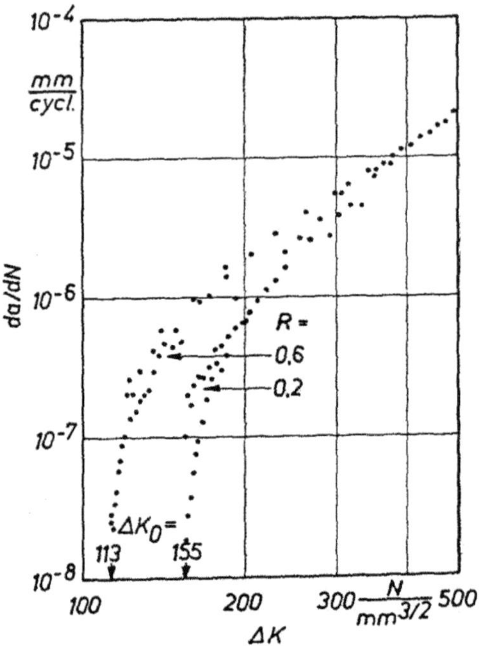

Abb. 5.42 Zur Bestimmung des Schwellenwertes aus der Rißwachstumskurve

den ΔK_{th}-Wert verfälscht. Bei Analog- oder Rechnersteuerung des Versuchs erfolgt die kontinuierliche Lastabsenkung proportional oder exponentiell zur Rißlänge.

Als Mittel zur Feststellung der jeweils erreichten Rißwachstumsrate haben sich Rißmeßfolien bewährt. Entsprechend den Festlegungen des Standards ASTM E 647 [5] ist der Schwellenwert erreicht, wenn die Rißwachstumsrate sich auf Werte unter 10^{-8} mm/Schwingspiel verringert hat. Nach dreimaligem Ermitteln einer Rißwachstumsrate unterhalb eines vorgegebenen Grenzwertes kann der Versuch zur Ermittlung des Schwellenwertes erfolgreich beendet werden [20]. Ob sich die mehrfache Unterschreitung des Wertes von 10^{-8} mm/Schwingspiel nach ASTM E 647 [5] zeitlich realisieren läßt, sei dahingestellt, da auch mit Rißmeßfolien nicht nach jedem Schwingspiel die Rißtiefe ermittelt wird, sondern üblicherweise nach dem Erreichen eines vorgegebenen Rißgrößenzuwachses, beispielsweise von 0,06 mm. Die für diese Rißgrößenzunahme erforderliche Zeit kann so groß werden, daß man sich mit einer einmaligen Unterschreitung der Rißwachstumsrate von 10^{-8} mm/Schwingspiel begnügen muß. Praktikabel ist es, nach dem erstmaligen Unterschreiten des Schwellenwertes die Schwingweite ΔK wieder über ΔK_{th} anzuheben, um dann durch anschließendes Absenken von ΔK einen weiteren Wert für ΔK_{th} zu erhalten. Ebenfalls nicht unüblich ist es, die bruchmechanische Dauerfestigkeit ΔK_{th} als Schnittpunkt einer Geraden im Diagramm nach Abb. 5.42 mit $\mathrm{d}a/\mathrm{d}N = 10^{-7}$ mm/LSp. zu bestimmen; für die Regressionsgerade sollen im Bereich von 10^{-6} bis 10^{-7} mm pro Lastspiel mindestens 5 gleichmäßig verteilte Meßwerte vorliegen (zitiert nach SCHWALBE [22]). Im Standard ASTM E 647 [5] sind der zu berücksichtigende Bereich mit 10^{-9} bis 10^{-10} m pro Lastspiel und der Schnittpunkt mit $\mathrm{d}a/\mathrm{d}N = 10^{-10}$m/LSp. angegeben.

5.3.2 Die relevanten Einflüsse auf den Schwellenwert

In Abb. 5.43 sind zur Veranschaulichung der bruchmechanischen Dauerfestigkeitseigenschaften Schwellenwerte $\Delta K_{th}(R)$ für einen älteren Vollradstahl gewalzter Eisenbahnräder dargestellt. Anzumerken ist, daß der Schwellenwert bei Wechselbeanspruchung ($R < 0$, ausgedrückt durch das Verhältnis der Spannungen) weitgehend mit dem Schwellenwert bei reiner Schwellbeanspruchung ($R = 0$) übereinstimmt. Gelegentlich finden sich in der Literatur auch Diagramme, bei denen die Schwellenwerte für $R < 0$ noch weiterhin ansteigen, was jedoch sehr wahrscheinlich darauf zurückzuführen ist, daß die Versuchsauswertung nicht gemäß den Beziehungen erfolgte

$$\Delta K = \begin{cases} K_{\max} - K_{\min} & \text{für} \quad R = \sigma_{\min}/\sigma_{\max} \geq 0, \\ K_{\max} & \text{für} \quad R = \sigma_{\min}/\sigma_{\max} < 0. \end{cases} \tag{5.18}$$

Für den Bereich der Zugschwellbeanspruchung werden die Versuchsergebnisse oftmals durch Regressionsfunktionen der Art wiedergegeben

$$\Delta K_{th} = (1 - R)^{\alpha} \cdot \Delta K_{th}(R = 0). \tag{5.19}$$

Da der Schwellenwert eine Eigenschaft des Materials ist, ändert er sich infolge der Einflüsse, die die konventionellen Eigenschaften ebenfalls ändern, so mit der Zusammensetzung des Materials, mit der Prüftemperatur und der Materialbehandlung. Im Gegensatz zum plastisch unverformten, isotropem Material konnte beim plastisch verformten Material eine

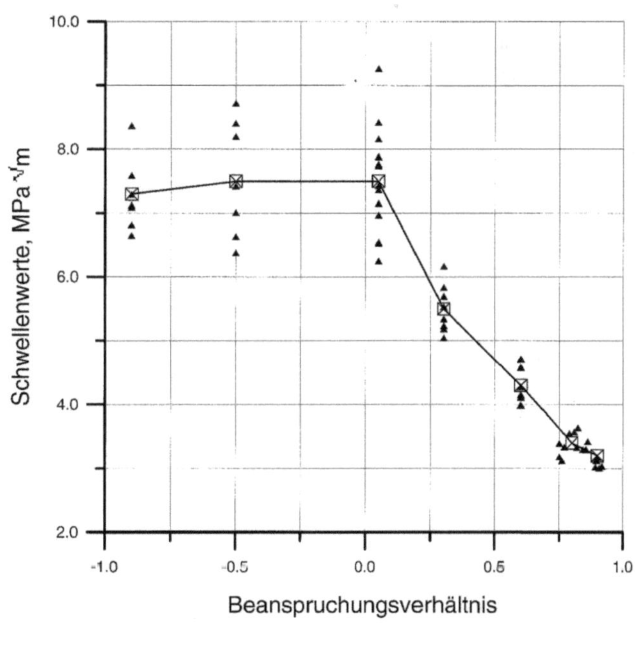

Abb. 5.43 Die Abhängigkeit des Schwellenwertes eines alten Vollradstahls vom Beanspruchungsverhältnis R

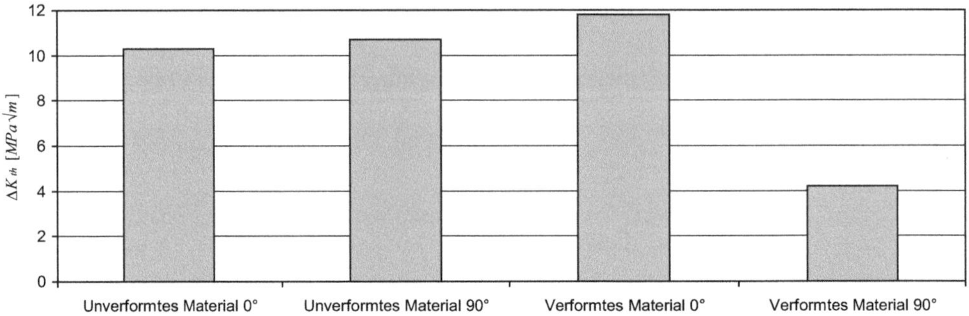

Abb. 5.44 Schwellenwerte ΔK_{th} für $R = 0{,}1$ von originalem und 30 % kaltverformten Schienenstahl [23]

Richtungsabhängigkeit der bruchmechanischen Werkstoffeigenschaften festgestellt werden. So liegt der Schwellenwert bei den Proben mit 90° zwischen Walz- und Kerbrichtung deutlich niedriger als bei den Proben mit 0° zwischen Walz- und Kerbrichtung (Abb. 5.44).

Bemerkenswert ist es, daß der Schwellenwert beim verformten Material mit 0° zwischen Walz- und Kerbrichtung höher liegt, als beim unverformten Material.

5.4 Die Rißwachstumsrate bei zyklischer Beanspruchung

5.4.1 Durchführung und Auswertung der Rißwachstumsversuche

Von der ASTM wurde der Standard ASTM E 647 [5] zur Durchführung und Auswertung von Versuchen zur Ermittlung des Wachstums von Ermüdungsrissen bei konstanter Amplitude der äußeren Belastung herausgegeben.

a) Probenform und -größe

Für die experimentelle Ermittlung des stabilen Rißfortschritts unter Schwingbeanspruchung werden Kompaktzugproben und die scheibenförmige Zugprobe mit mittig gelegenem Anriß verwendet; es können aber auch andere Bruchmechanikproben für diese Untersuchungen verwendet werden. Während die Kompaktzugprobe nur bei Zugschwellbeanspruchung genutzt werden soll, kann die Probe mit Mittelriß sowohl bei Zugschwellbeanspruchung, als auch bei Wechselbeanspruchung verwendet werden. Wegen der einfachen Herstellung und der universelleren Verwendbarkeit (bei Schwell- und Wechselbeanspruchung) werden die folgenden Ausführungen im wesentlichen auf die Probe mit Mittelriß begrenzt.

Die Probengröße ist wie folgt zu wählen:

Probenbreite $W > 25$ mm,
Probendicke $W/20 \leq B \leq W/4$,

Meßlänge $L \geq 1{,}7 \cdot (2W)$ (Bolzeneinspannung)
$L \geq 1{,}2 \cdot (2W)$ (Probenklemmung)

Die Probenenden können gegenüber dem Prüfquerschnitt eventuell auch verbreitert werden.

b) Probenvorbereitung

Um die gewünschten symmetrisch gelegenen und gleichlangen Anrisse in der Zugprobe zu erzeugen, werden an der zentrisch gelegenen Bohrung zwei Schlitze eingesägt oder eingestanzt, so daß die Gesamtlänge der Kerbe mindestens doppelt so groß ist wie der Bohrungsdurchmesser.

Für die optische Ablesung der Rißlängen sind auf der geschliffenen Probenoberfläche Markierungen anzubringen, deren Abstände voneinander wie folgt festgelegt werden:

$$\Delta a \geq \text{Maximum } (0{,}25\,\text{mm; 10fache Meßgenauigkeit}),$$

$$\Delta a \leq \begin{cases} 0{,}06 \cdot W & \text{für } \quad a/W \leq 0{,}6 \\ 0{,}04 \cdot W & \text{für } 0{,}6 < a/W \leq 0{,}95. \end{cases}$$

Der Ausgangsriß, der die Ausgangsbasis der Messungen bildet, soll eine Größe von

$$a_0 = \text{Maximum von } (0{,}1 \cdot W;\ B)$$

haben. Ist die Probenbelastung bei der Anrißerzeugung größer als die vorgesehene Prüflast, so ist die Kraft schrittweise um maximal 20 % abzusenken, wobei die Laststufen solange konstant zu halten sind, bis sich eine Rißlängenzunahme von

$$\Delta a = \frac{3}{\pi} \cdot \left(\frac{K_{\text{max}}}{R_e} \right)^2 \tag{5.20}$$

eingestellt hat.

c) Durchführung der Rißfortschrittsuntersuchungen

Wenn es die Anzahl der zur Verfügung stehenden Proben erlaubt, sind die Untersuchungen für jede Probe bei konstanter Prüfkraftamplitude durchzuführen. Falls es notwendig ist, eine Probe mit unterschiedlichen Lasten zu beaufschlagen, so soll mit steigenden Laststufen gearbeitet werden, um Verzögerungseffekte weitgehend zu vermeiden. Die Messungen bei der erhöhten Laststufe sind erst dann vorzunehmen, wenn die beschleunigte Rißwachstumsphase abgeklungen ist.

Zur optischen Ermittlung der Rißlänge ist der Versuch um höchstens 10 min zu unterbrechen. Die Rißlängenmessungen können bei sehr dünnen Proben ($B/W \leq 0{,}15$) auf eine Probenseite beschränkt werden.

Die Versuche sind als gültig anzusehen, solange für das Ligament die Beziehung

$$W - a \geq \frac{4}{\pi}\left(\frac{K_{max}}{R_e}\right)^2 \tag{5.21}$$

und für die nominelle Zugspannung im tragenden Probenquerschnitt die Beziehung

$$\sigma_{nom.} = \frac{F_{max}}{2 \cdot W \cdot B \cdot (1 - a/W)} \leq R_e \tag{5.22}$$

gewährleistet sind. Ungültig sind die Messungen, wenn die Abweichung des Risses von der Symmetrielinie größer als 5° ist, und wenn die Rißlängen, von der Bohrungsmitte gemessen, sich unterscheiden um

$$\Delta a \geq \text{Minimum von } (0{,}025 \cdot W;\; 0{,}25 \cdot B).$$

d) Auswertung der Rißfortschrittsmessungen

Da während des laufenden Versuchs die Rißlängen mit Hilfe optischer Messungen nur auf der Oberfläche der Probe ermittelt werden, kann die effektive Rißlänge erst nach dem Bruch der Probe festgestellt werden. Abweichend von den Festlegungen bei bruchmechanischen K_{Ic} -Ermittlungen ergibt sich die Rißlänge nicht nach Abschnitt 5.2.8., sondern als Mittelwert der drei Messungen innerhalb der Querschnittsfläche und der beiden Randwerte. Ändert sich die Krümmung der Rißfront mit der Rißlänge, so ist ausgehend von zwei Schnitten, eine linear zu- oder abnehmende Korrektur vorzunehmen. Der Abstand der beiden Schnitte soll mindestens B oder $W/2$ betragen. Mit der korrigierten Rißlänge a läßt sich die zyklische Änderung des Spannungsintensitätsfaktors als Funktion der Rißlänge nach der Beziehung ermitteln

$$\Delta K = \frac{\Delta F}{2 \cdot B \cdot W} \cdot \sqrt{\frac{\pi \cdot a}{\cos \dfrac{\pi \cdot a}{2 \cdot W}}} \quad \text{mit} \quad \Delta F = \begin{cases} F_{max} - F_{min} & \text{für} \quad R > 0 \\ F_{max} & \text{für} \quad R \leq 0 \end{cases} \tag{5.23}$$

Die Rißlängenänderung pro Lastwechsel kann in erster Näherung durch den entsprechenden Differenzenquotienten ausgedrückt werden

$$\frac{da}{dN} \approx \frac{\Delta a}{\Delta N} = \frac{a_{i+1} - a_i}{N_{i+1} - N_i}. \tag{5.24}$$

Die nach dieser Beziehung bestimmten Rißwachstumsraten streuen jedoch relativ stark. Zweckmäßiger ist es, den gesuchten Differentialquotienten dadurch zu gewinnen, daß für jeweils mehrere Meßwerte eine Regressionsfunktion bestimmt wird, mit deren Hilfe dann der gesuchte Differentialquotient bestimmt wird. Im Standard ASTM E 647 [5] wird ein Polynom 2. Grades verwendet, dessen Koeffizienten so bestimmt werden, daß die Summe der Abweichungsquadrate ein Minimum wird. Eine andere Möglichkeit mit größerem mathematischen Aufwand ergibt sich durch die Verwendung von Polynomen 3. Grades als

Ausgleichs-Spline-Funktionen, bei denen neben der Summe der Abweichungsquadrate die Gesamtkrümmung der Kurvenzüge ebenfalls minimiert ist.

Die Wertepaare $\mathrm{d}a/\mathrm{d}N$ und ΔK können dann verwendet werden, um die Koeffizienten für die als zutreffend vorausgesetzten Rißfortschrittsgesetze zu bestimmen.

Da im allgemeinen die Rißfront im Inneren der Probe gegenüber den Rißfrontwerten auf den Oberflächen vorausläuft, ist es unter Umständen erforderlich, eine Korrektur der gemessenen Rißgröße vorzunehmen. Dazu werden im Anfangs- und Endzustand des wachsenden Risses die auf der Oberfläche ermittelten Rißlängen den nach Abb. 5.41 gemittelten Werten gegenübergestellt. Bei Vergrößerungen der berechneten Spannungsintensitätsfaktoren um mehr als 5 % sollten die Rißlängen durch lineare Interpolation korrigiert werden [5].

5.4.2 Empirische Rißwachstumsgesetze

Um experimentell an Werkstoffproben ermittelte Rißfortschrittsdaten möglichst einfach und geschlossen darstellen und für die Ermittlung des Rißwachstums in Bauteilen und letztlich für die Bestimmung deren Restnutzungsdauer anwenden zu können, müssen zwischen der Rißfortschrittsrate $\mathrm{d}a/\mathrm{d}N$ und den Beanspruchungskenngrößen formelmäßige Beziehungen hergestellt werden. Diese Formeln haben den Charakter empirischer Gesetzmäßigkeiten. Das älteste Rißfortschrittsgesetz, das zwischen der Rißfortschrittsrate $\mathrm{d}a/\mathrm{d}N$ und der zyklischen Änderung ΔK des Spannungsintensitätsfaktors eine Beziehung herstellt, wurde von Paris und Erdogan [24] formuliert. Bei Beschränkung auf den Rißfortschrittsbereich mit konstanter Steigung bei logarithmischer Auftragung beider Variablen (siehe Abb. 5.1) lautet die Beziehung

$$\frac{\mathrm{d}a}{\mathrm{d}N} = C \cdot (\Delta K)^n. \tag{5.25}$$

Bei der Anwendung des Rißfortschrittsgesetzes von Paris für die Auswertung experimenteller Untersuchungen müssen gegebenenfalls die Auswirkungen weiterer relevanten Einflußgrößen gesondert im Hinblick auf die Veränderung der Paris-Koeffizienten analysiert werden.

Unter Berücksichtigung der Annahme, daß nicht nur die Schwingweite der Beanspruchung, sondern auch der Mittelwert bzw. die Größe der Extremwerte des Spannungsintensitätsfaktors den Rißfortschritt beeinflussen, wurden verschiedene Rißfortschrittsgesetze formuliert, die diese Einflußgrößen sowie die Nichtausbreitungsfähigkeit des Risses unterhalb des Schwellenwertes und den bei Erreichen des kritischen Spannungsintensitätsfaktors eintretenden Bruch berücksichtigen. Von Roberts und Erdogan [25] stammt die Beziehung

$$\frac{\mathrm{d}a}{\mathrm{d}N} = C \cdot (K_{\max} \cdot \Delta K)^n. \tag{5.26}$$

Von Forman et al. [26] wurde die Beziehung entwickelt

$$\frac{\mathrm{d}a}{\mathrm{d}N} = \frac{C \cdot (\Delta K)^n}{(1-R) \cdot K_c - \Delta K}, \tag{5.27}$$

die die instabile Rißausbreitung berücksichtigt, wenn der Maximalwert des Spannungsintensitätsfaktors die Bruchzähigkeit erreicht. Von verschiedenen Autoren wurden die Beziehungen von Paris und Forman modifiziert, um auch die bruchmechanische Dauerfestigkeit einzubeziehen. Klesnil und Lukas [27] wandelten das Rißwachstumsgesetz wie folgt ab

$$\frac{\mathrm{d}a}{\mathrm{d}N} = C \cdot [(\Delta K)^n - (\Delta K_{th})^n] \tag{5.28}$$

bzw.

$$\frac{\mathrm{d}a}{\mathrm{d}N} = C \cdot \left[\left(\frac{\Delta K}{(1-R_K)^\alpha}\right)^n - \left(\frac{\Delta K_{th}(R=0)}{(1-R_K)^\alpha}\right)^n\right] \tag{5.29}$$

Die FORMAN-Gleichung in der Modifikation von Schütz [28] lautet

$$\frac{\mathrm{d}a}{\mathrm{d}N} = \frac{C \cdot [(\Delta K)^n - (\Delta K_{th})^n]}{(1-R) \cdot K_c - \Delta K}. \tag{5.30}$$

Erdogan und Ratwani [29] wählten dagegen die folgende Form

$$\frac{\mathrm{d}a}{\mathrm{d}N} = \frac{C \cdot [\Delta K - \Delta K_{th}]^n}{(1-R) \cdot K_c - \Delta K}. \tag{5.31}$$

TOTH [30] schlug die Beziehung vor

$$\frac{\mathrm{d}a}{\mathrm{d}N} = \left\{-\frac{1}{C} \cdot \ln\left[1 - \left(\frac{\Delta K - \Delta K_{th}}{\Delta K_c - \Delta K_{th}}\right)^n\right]\right\}^b, \tag{5.32}$$

die die relative Höhe der Beanspruchung an der Rißspitze bei Beachtung der Dauerfestigkeitsgrenze und des kritischen Wertes des Spannungsintensitätsfaktors berücksichtigt. Weitere Beziehungen können u. a. der Arbeit von McEvily et al. [31] entnommen werden.

Die Tatsache, daß durch die sich an der Rißspitze ausbildenden Eigenspannungsverteilungen der Riß im unteren Beanspruchungsbereich geschlossen und somit unwirksam ist, wird auf Grund der Untersuchungen von Elber [32] durch

$$\Delta K_{eff.} = (a + b \cdot R) \cdot \Delta K \tag{5.33}$$

berücksichtigt. Dieser Zusammenhang kann wiederum in beliebigen Rißfortschrittsgesetzen verwendet werden.

Von der Vielzahl der vorstehend angegebenen empirischen Gesetzmäßigkeiten zur Beschreibung des zyklischen Rißwachstums in Abhängigkeit von der Schwingweite ΔK bzw. dem Maximalwert $K_{\max}$ des Spannungsintensitätsfaktors soll anhand von 53 Meßwertpaaren von Rißwachstumsversuchen mit Schienenstahlproben ein Vergleich der Formulierungen von Paris, von Roberts und von Forman nach Angaben von Evans et al.

[33] hinsichtlich der Genauigkeit der Wiedergabe des Rißfortschritts – ausgedrückt durch die Standardabweichung

$$\tilde{s} = \sqrt{\frac{1}{m-2} \cdot \sum \left(\left.\frac{da}{dN}\right|_{exp.} - \left.\frac{da}{dN}\right|_{theor.} \right)^2} \tag{5.34}$$

der Meßwerte von der Regressionsfunktion – wiedergegeben werden. Im einzelnen sind die Konstanten und die Standardabweichungen:

Gleichung von Paris und Erdogan:

$$C = 8{,}36 \cdot 10^{-14}\,\frac{\text{mm}}{\text{LSp.}} \cdot \left(\frac{\text{N}}{\text{mm}^{3/2}}\right)^{-n} \qquad n = 3{,}22 \qquad \tilde{s} = 5{,}898 \cdot 10^{-4}\ \text{mm/LSp.}$$

Gleichung von Roberts und Erdogan:

$$C = 3{,}54 \cdot 10^{-30}\,\frac{\text{mm}}{\text{LSp.}} \cdot \left(\frac{\text{N}}{\text{mm}^{3/2}}\right)^{-2n} \qquad n = 2{,}17 \qquad \tilde{s} = 5{,}130 \cdot 10^{-4}\ \text{mm/LSp}$$

Gleichung von Forman, Kearney und Engle:

$$C = 1{,}64 \cdot 10^{-9}\,\frac{\text{mm}}{\text{LSp.}} \cdot \left(\frac{\text{N}}{\text{mm}^{3/2}}\right)^{-n+1} \qquad n = 2{,}69 \qquad K_c = 2154\ \text{N/mm}^{3/2}$$

$$\tilde{s} = 4{,}327 \cdot 10^{-4}\ \text{mm/LSp.}$$

Dieser statistischen Analyse entsprechend ist die Standardabweichung der Meßwerte von der jeweiligen Regressionsfunktion für das Rißwachstumsgesetz von Forman am geringsten. Wenn somit das Rißwachstumsgesetz von Forman auch die Versuchsergebnisse am genauesten wiedergibt, muss bei bruchmechanischen Rißwachstumsanalysen aber beachtet werden, daß anstelle des Wertes K_c, der nach Angaben von Orringer et al. [34] bei AREA-Schienenstählen 1700 N/mm$^{3/2}$ beträgt, im allgemeinen die von der Beanspruchungsgeschwindigkeit abhängige Bruchzähigkeit $K_{Ic}(\dot{K}_I)$ berücksichtigt werden muss, die im Gleis vielen systematischen und zufälligen Einflüssen ausgesetzt ist, und deren Grenzwerte bei niedrigen und bei hohen Beanspruchungsgeschwindigkeiten die statische und die dynamische Bruchzähigkeit sind. Die scheinbaren Vorteile der Forman-Gleichung werden bei realistischen Rißwachstumsanalysen somit zum großen Teil wieder hinfällig. Wegen seiner relativen Einfachheit wird bei experimentellen Rißwachstumsuntersuchungen und bei bruchmechanischen Rißwachstumsanalysen das Gesetz von Paris üblicherweise allen anderen Formulierungen vorgezogen.

5.4.3 Die Korrelation der Paris-Koeffizienten *C* und *n*

Anhand umfangreichen Datenmaterials für hochfesten Stahl, Baustahl, das Material der Wärmeeinflußzone und das Schweißgut stellte Gurney [35] die Größe des Paris-Faktors

Abb. 5.45 Die Abhängigkeit des Paris-Faktors vom Paris-Exponenten nach Untersuchungen von Gurney [35] für hochfesten Stahl, Baustahl, das Material der Wärmeeinflußzone und das Schweißgut bei Zugschwellbeanspruchung ($R = 0$)

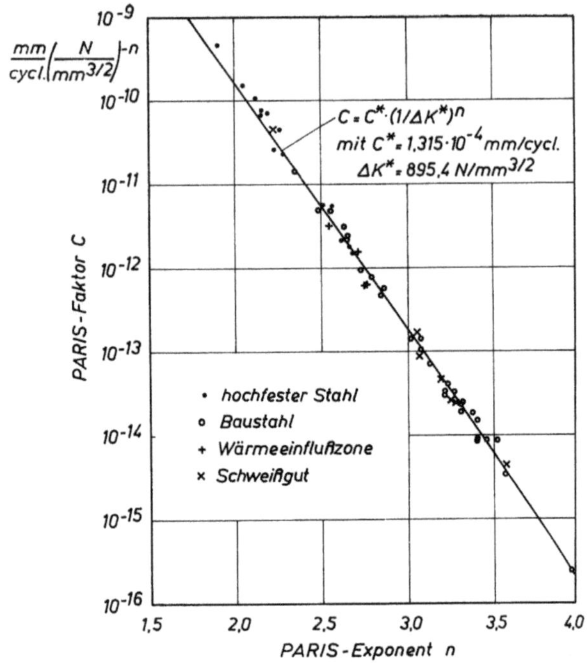

in Abhängigkeit des Paris-Exponenten dar. Bei logarithmischer Darstellung der C-Achse bilden die Meßwerte eine fallende Gerade, so daß sich zwischen den Paris-Koeffizienten der Zusammenhang ergibt (Abb. 5.45).

$$C = C^* \cdot \left(\frac{1}{\Delta K^*}\right)^n. \tag{5.35}$$

Die durch Regressionsrechnungen bestimmbaren Koeffizienten ΔK^* und C^* lassen sich anschaulich interpretieren als Abszisse und Ordinate des Schnittpunktes unterschiedlich geneigter Rißwachstumsgeraden. Nach Untersuchungen von Gurney ergeben sich für hochfeste Stähle, für Baustähle, das wärmebeeinflußte Material an Schweißungen und für das Schweißgut $C^* = 1{,}315 \cdot 10^{-4}$ mm/Schwingspiel und $\Delta K^* = 895{,}4$ N/mm$^{3/2}$. Der Paris-Exponent läßt sich mit Hilfe der statistischen Parameter Mittelwert $\bar{n} = 2{,}852$ und Standardabweichung $s_n = 0{,}481$ beschreiben.

Durch gleichartige Untersuchungen ermittelte Toth [30, 36], daß zwischen den Koeffizienten C und n des Gesetzes von Paris Zusammenhänge bestehen, die sich für Schienenstähle wiedergeben lassen durch $C^* = 5{,}3 \cdot 10^{-4}$ mm/Schwingspiel und $\Delta K^* = 1331$ N/mm$^{3/2}$.

Für die Beschreibung des Rißfortschritts bei Gültigkeit der obigen Beziehung genügt die Kenntnis des Exponenten n, was für die Anwendung eine merkliche Vereinfachung bedeuten kann.

Wird die Größe des Paris-Exponenten n als stochastisch streuende Größe betrachtet, so läßt sie sich für Schienenstahl auf Grund von 102 Meßwerten durch die folgenden Parameter beschreiben [37, 38]:

Mittelwert	4,911
Standardabweichung	1,253
Schiefe	1,311
Kleinstwert	2,35
Größtwert	11,40.

Wenn auch im allgemeinen die Größenordnung des Paris-Exponenten mit 3 bis 4 angegeben wird, so zeigen die vorstehenden Angaben, daß im Extrem auch wesentlich größere Exponenten vorkommen können. Diese müssen nicht unbedingt auf fehlerhafte Untersuchungen zurückzuführen sein.

Für bruchmechanische Rißwachstumsanalysen ist es natürlich von Interesse zu wissen, welchen systematischen Einflüssen der Paris-Exponent ausgesetzt ist. Von Lieurade [39] wurde angegeben, daß sich mit zunehmenden Werten der Streckgrenze der Exponent n verringert. Eine Analyse dieses Zusammenhanges für die von Tóth [30] zusammengetragenen 93 Versuchsergebnisse von Schienenstahl führt zu der Beziehung [37, 38]

$$n(R_e) = 5{,}688 - \frac{R_e}{R_e^*} \quad \text{mit} \quad R_e^* = 700\ \text{MPa}. \tag{5.36}$$

Auf Grund der geringen Größe des Betrages des Korrelationskoeffizienten von 0,15 ist durch den Vergleich mit dem Zufallshöchstwert des Korrelationskoeffizienten eine statistisch gesicherte Abhängigkeit des Paris-Exponenten n von der Streckgrenze jedoch nicht nachweisbar.

5.4.4 Die relevanten Einflüsse auf die Rißwachstumsrate

Im Standard ASTM E 647 [5] wird darauf hingewiesen, daß die Rißwachstumsrate in erster Linie eine Funktion der Schwingweite ΔK_I des Spannungsintensitätsfaktors ist, jedoch auch signifikant von der Temperatur, dem Umgebungsmedium, dem Beanspruchungsverhältnis R sowie der Beanspruchungsfrequenz und der Form des zeitlichen Beanspruchungsverlaufs abhängen kann. In der Bruchmechanikprobe vorhandene Eigenspannungen können je nach Vorzeichen die Wirkungen der dynamisch aufgebrachten Schwingbeanspruchung erhöhen oder erniedrigen.

Die Auswirkungen des Beanspruchungsverhältnisses R Bei der Wiedergabe des Rißwachstums in Abhängigkeit von der Schwingweite ΔK_I ist der maßgebende Einfluß des Beanspruchungsverhältnisses zu berücksichtigen. Die Resultate experimenteller Untersuchungen für eine Aluminiumlegierung sind in Abb. 5.46 wiedergegeben. Zu beachten ist

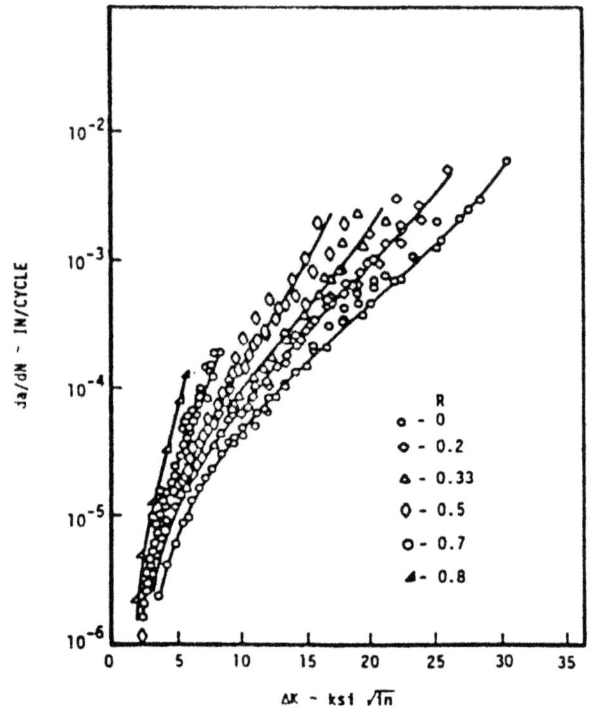

Abb. 5.46 Die Abhängigkeit der Rißwachstumsrate von Proben aus Aluminium 7075-T6 im Zugschwellbereich bei $R=0\ldots\ 0{,}8$ [40]

Tab. 5.1 Paris-Koeffizienten von Schienenstahl in Abhängigkeit vom Beanspruchungsverhältnis [41]

R	n	C		lg C
		$\mathrm{m}\cdot(\mathrm{MPa}\cdot\sqrt{\mathrm{m}})^{-n}$	$\mathrm{mm}\cdot(\mathrm{MPa}\times\sqrt{\mathrm{mm}})^{-n}$	
0	4,08	$8{,}22\cdot10^{-20}$	$1{,}0838\cdot10^{-10}$	– 15,9650
0,1	4,77	$2{,}59\cdot10^{-14}$	$1{,}8126\cdot10^{-18}$	– 17,7417
0,3	4,23	$1{,}86\cdot10^{-13}$	$8{,}4045\cdot10^{-17}$	– 16,0755
0,7	2,21	$5{,}22\cdot10^{-11}$	$2{,}5274\cdot10^{-11}$	– 10,5973

bei den Untersuchungsergebnissen, daß das Beanspruchungsverhältnis R nur zwischen 0 und 0,8, d. h. im Zugschwellbereich variiert wurde. Werden die Rißwachstumsuntersuchungen auch auf den Bereich der Wechselbeanspruchung ausgedehnt, so muss berücksichtigt werden, daß die Schwingweite ΔK für die Bereiche der Schwell- und der Wechselbeanspruchung unterschiedlich definiert ist (vgl. Abschnitt 5.3.2.).

Um die gravierend unterschiedlichen Auswirkungen von ΔK bei Zugschwell- und bei Wechselbeanspruchung zu veranschaulichen, sind in Abb. 5.47 und 5.48 die Versuchsergebnisse eines Schienenstahl 900A wiedergegeben, wobei für die Auswertung und Auftragung der Resultate in Abb. 5.47 auch für den Wechselbeanspruchungsbereich (!) die eigentlich nicht zutreffende Proportionalität zwischen ΔK_I und $\Delta\sigma$ beibehalten wurde.

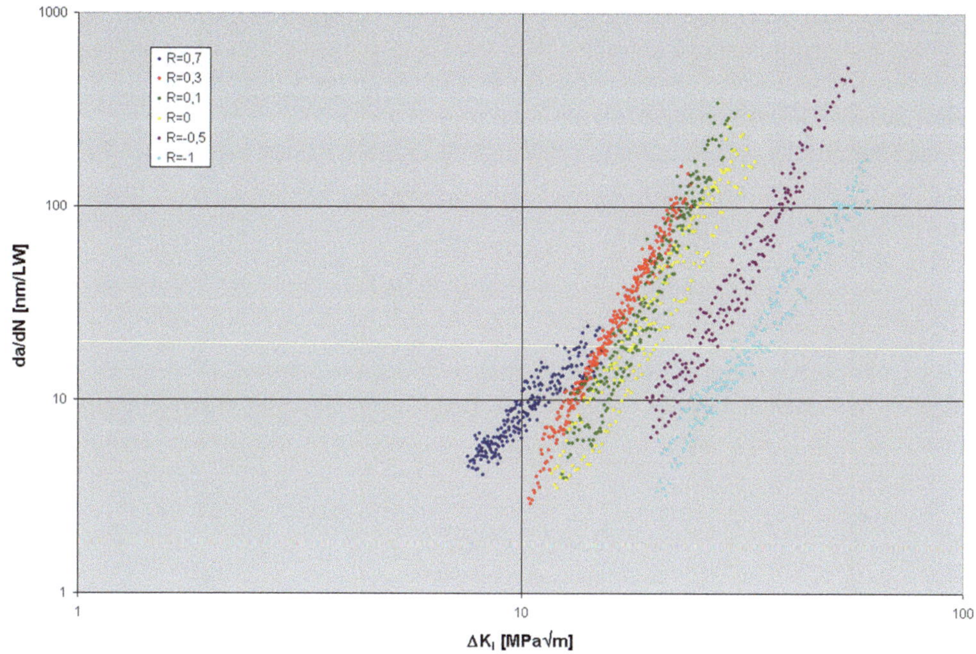

Abb. 5.47 Die Abhängigkeit der Streufelder der Rißwachstumsrate für Proben aus dem Zungenschienenstahl der Firma VAS für $R = -1 \ldots +0{,}7$ (bei Verwendung eines zu $\Delta\sigma$ proportionalen fiktiven ΔK-Wertes im Wechsellastbereich) [41], auch [42]

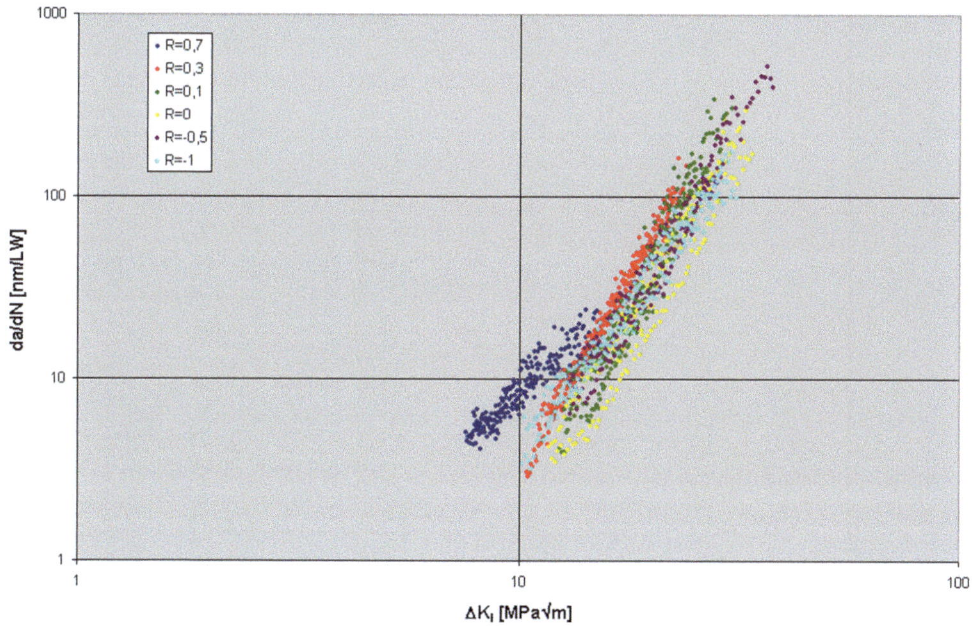

Abb. 5.48 Die Abhängigkeit der Streufelder der Rißwachstumsrate für Proben aus dem Zungenschienenstahl der Firma VAS für $R = -1 \ldots +0{,}7$ (unter Berücksichtigung von $\Delta K_I = K_{Imax}$ für $R < 0$) [41]

Wird für den Wechsellastbereich die eigentlich unzutreffende, fiktive Schwingweite ΔK_I auf den geringeren und korrekten Wert von $K_{I\max}$ umgerechnet, so verschieben sich die Rißwachstumskurven für die negativen R-Werte nach links und sind weitgehend mit den Rißwachstumskurven für $R = 0$ identisch.

Die Streuung der einzelnen Meßwerte um die jeweiligen separat betrachteten Regressionsgeraden läßt sich nach eigenen umfassenden Erfahrungen durch

$$\tilde{s}_{\ln \mathrm{d}a/\mathrm{d}N} = 0{,}057 \tag{5.37}$$

wiedergeben.

Die Auswirkungen unterschiedlicher Beanspruchungsfrequenzen Die Ergebnisse von Rißwachstumsuntersuchungen, die bei unterschiedlichen Frequenzen durchgeführt wurden (siehe z. B. Abb. 5.49), legen die Vermutung nahe, daß die Frequenz einen signifikanten

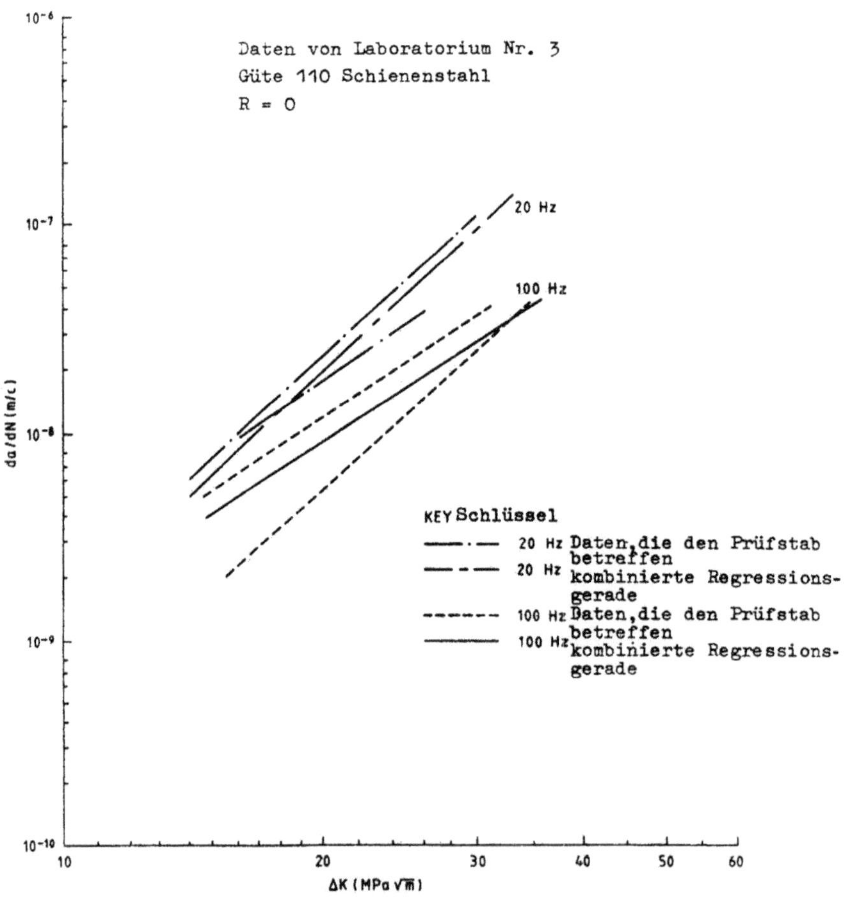

Abb. 5.49 Die Rißwachstumseigenschaften eines hochfesten Schienenstahls bei unterschiedlichen Frequenzen [43, 44]

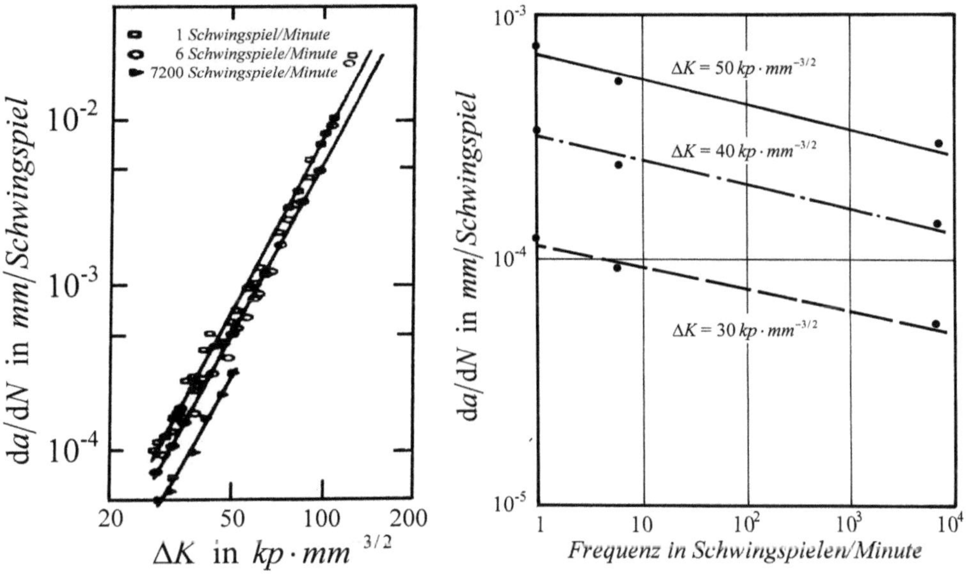

Abb. 5.50 Die Frequenzabhängigkeit der Rißwachstumsrate von Aluminium 2024-T3 [45]

Einfluß auf die Größe der Rißwachstumsrate hat. Untersuchungen von Yokobori und Sato [45] an Proben aus Aluminium und Stahl mit sehr unterschiedlichen Prüffrequenzen von 0,0167 bis 120 Hz bestätigen diese Vermutung; bei niedrigen Frequenzen ergeben sich hohe, bei hohen Frequenzen niedrige Rißwachstumsraten (Abb. 5.50 und 5.51).

Den Einfluß der Prüffrequenz erfaßten Yokobori und Sato [45] durch die folgende Modifikation der Paris-Gleichung

$$\mathrm{d}a/\mathrm{d}N = C \cdot (\Delta K)^n \cdot f^\lambda \tag{5.38}$$

mit der Frequenz f in Hz und dem Exponenten $\lambda = 0{,}08 \ldots 0{,}14$ für den Stahl SM-50 sowie $\lambda = 0{,}09 \ldots 0{,}12$ für Aluminium 2024-T3.

Die in Abb. 5.49 graphisch wiedergegebene Resultate von Rißwachstumsuntersuchungen mit hochfestem Schienenstahl ($R_m \approx 1100$ MPa), deren rückgerechnete Paris-Koeffizienten in [38] zusammengestellt sind, zeigen mit $\lambda = 0{,}115$ ein ähnliches Verhalten. Der Korrelationskoeffizient für die Abhängigkeit $C(f)$ ist mit $|r| = 0{,}027$ jedoch sehr gering, was durch die unterschiedlichen Werte des Paris-Exponenten verursacht sein kann. Günstiger ist es, den Einfluß des Exponenten n auf den Faktor zu eliminieren und den Frequenzeinfluß bei Schienenstahl durch die Beziehung

$$\mathrm{d}a/\mathrm{d}N = C_f^* \cdot \left(\frac{\Delta K}{\Delta K^*}\right)^n \cdot f^{-\lambda^*} \tag{5.39}$$

wiederzugeben. Diese Abhängigkeit mit $\Delta K^* = 1243\ \mathrm{N/mm^{3/2}}$ und den Regressionsdaten $\lambda^* = 0{,}642$ und $C_f^* = 1{,}331 \cdot 10^{-3}\ \frac{\mathrm{mm}}{\mathrm{cycl.}} \cdot \mathrm{Hz}^{\lambda^*}$ ist infolge des eliminierten Einflusses des

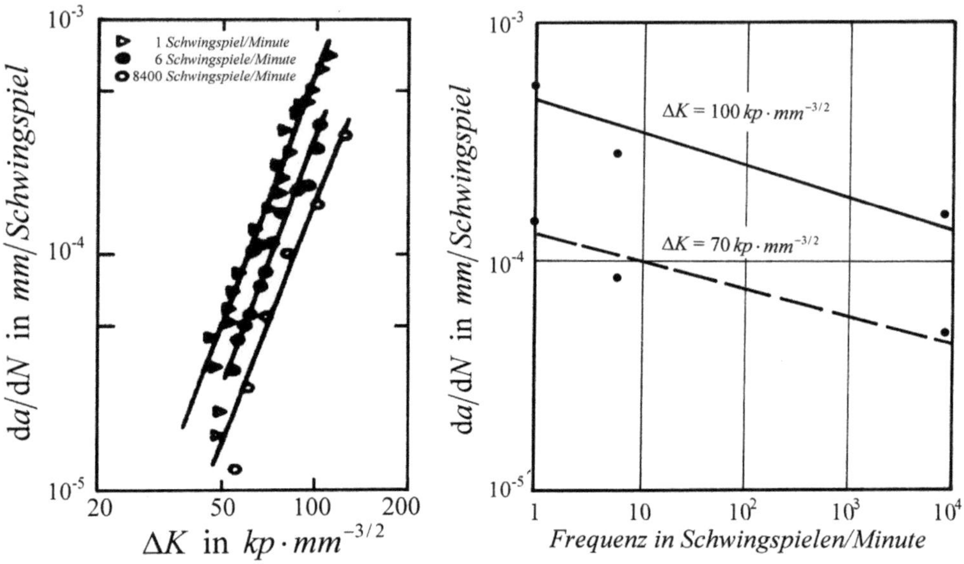

Abb. 5.51 Die Frequenzabhängigkeit der Rißwachstumsrate des Stahls SM50 [45]

Paris-Exponenten wesentlich besser gesichert als die vorige Gleichung. Für den gesicherten Nachweis des Einflusses der Beanspruchungsfrequenz auf die Rißwachstumsrate sind jedoch relativ umfassende Versuchsreihen notwendig.

Wegen des Frequenzeinflusses darf bei Rißwachstumsuntersuchungen, die als Grundlage für bruchmechanische Lebensdaueranalysen dienen sollen, die Beanspruchungsfrequenz nicht wesentlich über der Frequenz liegen, die unter Betriebsbedingungen auftritt. Anzumerken ist, daß der Frequenzeinfluß auf die Rißwachstumsrate zwar auf hohe, aber nicht auf beliebig geringe Frequenzen extrapoliert werden darf. Nach Untersuchungen von Bethge [46], (Abb. 5.52), strebt die Rißwachstumsrate mit Verminderung der Frequenz gegen einen Grenzwert, der bei der Extrapolation nach dem modifizierten Gesetz von Yokobori und Sato bei etwa 0,1 Hz liegt.

Der Einfluß der Temperatur auf die Rißwachstumsrate Da im Freien genutzte Bauteile im Laufe eines Tages und in noch wesentlich größerem Maße im Laufe ihrer betrieblichen Nutzung sehr unterschiedlichen Temperaturen ausgesetzt sind, ist für bruchmechanische Berechnungen und Anwendungen der Temperatureinfluß auf die Größe der Rißfortschrittseigenschaften gegebenenfalls von wesentlichem Interesse. Derartige bruchmechanische Untersuchungen an Schienenstählen führten Gál [47] und Toth [30] durch. Die in Form der Konstanten des Rißfortschrittsgesetzes von Paris dargestellten Resultate sind in der folgenden Tab. 5.2 wiedergegeben.

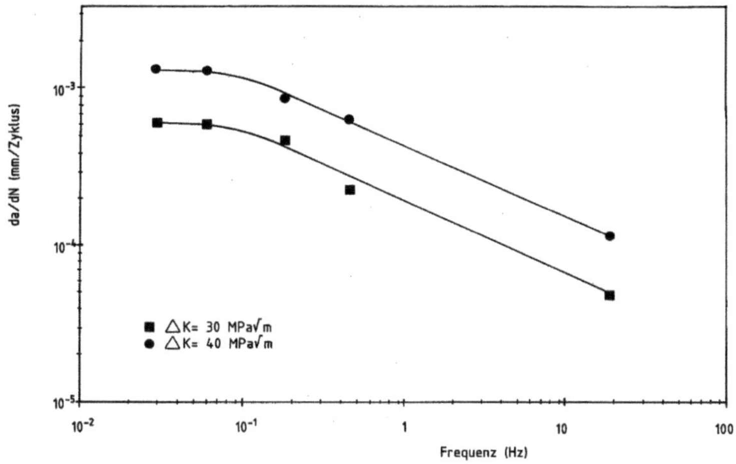

Abb. 5.52 Frequenzabhängigkeit der Rißwachstumsrate eines Druckbehälterstahls [46]

Tab. 5.2 Temperaturabhängigkeit der Kennwerte des Rißfortschritts bei $R = 0{,}1$ nach dem Gesetz von Paris für Schienenstähle nach Untersuchungen von Gál [47] und Tóth [30]

Quelle	Temperatur °C	C $\frac{\text{mm}}{\text{LSp.}} \cdot \left(\frac{\text{N}}{\text{mm}^{3/2}}\right)^{-n}$	n ---	*Anmerkungen*
Gál [47]	+ 20	$6{,}76 \cdot 10^{-17}$	4,70	0,52 % C, 0,76 % Mn, = ,23 % Si
	− 20	$1{,}07 \cdot 10^{-37}$	11,0	–
Tóth [30]	+ 20	$7{,}48 \cdot 10^{-13}$	2,67	$R_{p0,2} = 389$ MPa, $R_m = 790$ MPa
	0	$1{,}05 \cdot 10^{-18}$	6,54	–
	− 20	$7{,}28 \cdot 10^{-23}$	7,94	–
Tóth [30]	+ 20	$4{,}23 \cdot 10^{-13}$	2,81	$R_{p0,2} = 416$ MPa, $R_m = 888$ MPa
	0	$1{,}34 \cdot 10^{-15}$	5,71	–
	− 20	$6{,}30 \cdot 10^{-31}$	10,71	–

Die in der Tabelle zusammengestellten Versuchsresultate lassen eine Abhängigkeit des Paris-Exponenten von der Prüftemperatur vermuten. In [30] wurde versucht, diese Abhängigkeit durch eine lineare Funktion (Abb. 5.53).

$$n(T) = n(0°C) + \frac{\mathrm{d}n}{\mathrm{d}T} \cdot T \tag{5.40}$$

mit $n(0°C) = 6{,}51$ und $\mathrm{d}n/\mathrm{d}T = -0{,}16\,K^{-1}$ zu beschreiben. Die Minderung der Rißwachstumsrate mit verringerter Temperatur ist auch von anderen Untersuchungen metallischer Werkstoffe her bekannt, (vgl. Abb. 5.53).

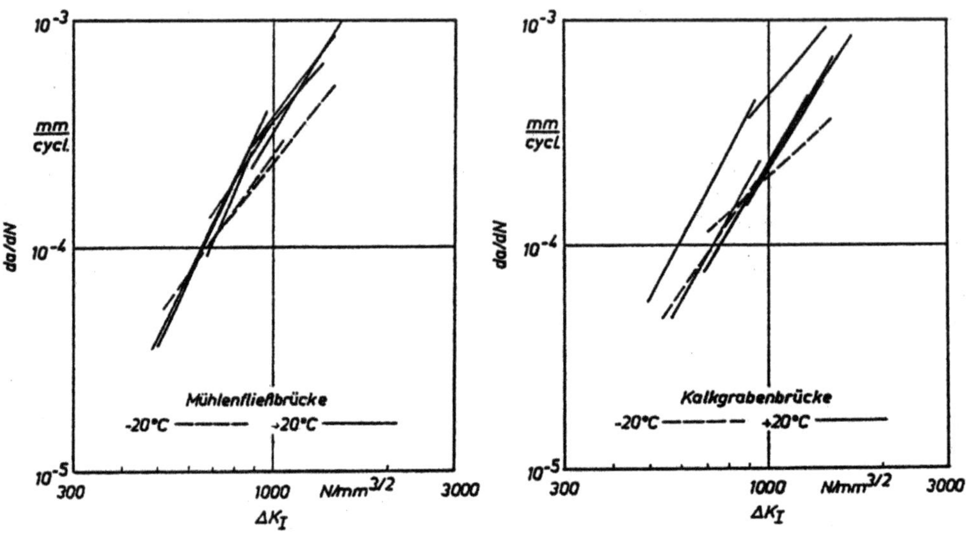

Abb. 5.53 Die Auswirkungen der Prüftemperatur auf die Rißwachstumseigenschaften des höherfesten Baustahls St52-3 [48]

Der Einfluß des Umgebungsmediums auf die Rißwachstumsrate Ähnlich wie die Umgebungstemperatur haben auch die übrigen Umgebungsbedingungen, d. h. das Medium, das sich zwischen den Rißflächen und in der Nähe des Rißspitzenbereiches befindet, einen Einfluß auf die Größe der Rißwachstumsrate. Während Risse, die sich im Inneren eines Körpers bilden, von einem gasförmigen bzw. flüssigen Umgebungsmedium solange abgeschlossen sind, bis der Ermüdungsriß die Bauteiloberfläche durchbrochen hat, und sich bis dahin gleichsam unter den Bedingungen eines Vakuums entwickeln, sind Risse, die sich an der Oberfläche gebildet haben oder sie in einem späteren Entwicklungsstadium durchbrochen haben, der Einwirkung der Luft, des Wassers oder auch von Schmiermitteln ausgesetzt.

Die von Scutti [49] an Schienenstahlproben durchgeführten Versuche im Vakuum und in feuchter Luft sind insofern von Interesse, als die Rißwachstumsdaten bei reiner Schwellbeanspruchung keine Unterschiede zeigen. Kritisch anzumerken ist jedoch, daß wohl jeweils 5 Versuche bei Variation des Umgebungsmediums und des Beanspruchungsverhältnisses nicht ausreichend sind, um gesicherte Einflüsse festzustellen.

Thompson et al. [50] untersuchten das Rißwachstum in Schienenstählen unter üblichen Bedingungen sowie unter Anwesenheit von gereinigtem Helium, um das Auftreten von Reibkorrosion zu vermeiden. Zeigen die Versuchsergebnisse Unterschiede, so scheint der Umfang der Untersuchungen nicht ausreichend zu sein, um anhand der Abb. 5.54 zuverlässige Aussagen zu den Auswirkungen des Einflusses machen zu können.

Den Einfluß unterschiedlicher Umgebungsmedien auf das Wachstum von Ermüdungsrissen untersuchte Krenzlin [51] bei Anwesenheit üblicher Laborluft, von Wasser und von Öl als flüssigem Schmierstoff. Die Versuche wurden an CT-Proben bei $R = 0{,}2$ und einer

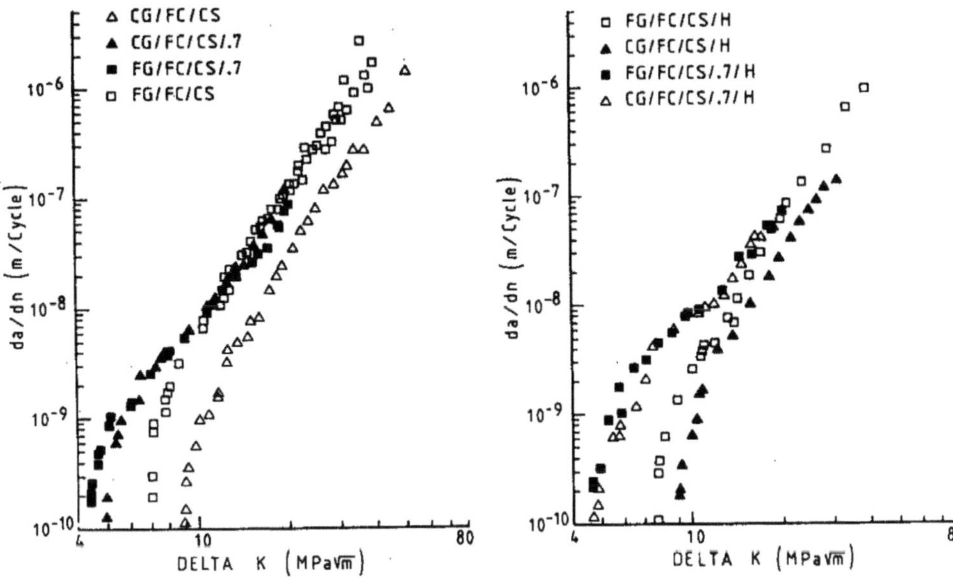

Abb. 5.54 Rißwachstum in Schienenstahl unter der Einwirkung unterschiedlicher Umgebungsmedien (linke Darstellung: Heliumatmosphäre) [50]

Frequenz von 10 Hz durchgeführt. Obwohl es sich bei dem zu untersuchenden Vorgang um Korrosion handelt, wurden die Versuche mit korrosivem Medium nicht – wie es aus der Literatur vielfach zu entnehmen ist – bei sehr geringen Frequenzen durchgeführt, um der Korrosion genügend Zeit zum Einwirken zu geben. Um keine zusätzliche Verfälschung durch den Einfluß der Beanspruchungsfrequenz zu bewirken, wurden die Frequenzen bei allen Versuchen gleich gewählt. Daß die Ergebnisse der Rißwachstumsuntersuchungen – repräsentiert durch die Paris-Gerade – üblicherweise unterschiedliche Steigungen zeigen, die sich in einem unterschiedlichen Wert des Paris-Exponenten ausdrücken, wurde zur Elimination des Einflusses der unterschiedlichen Exponenten die logarithmierten Paris-Faktoren über dem Paris-Exponenten aufgetragen und durch Regressionsgeraden approximiert (Abb. 5.55). Der statistische Vergleich der Korrelation der Paris-Koeffizienten zeigt zwischen den Versuchsergebnissen für Luft und für die flüssigen Medien statistisch gesicherte Unterschiede, während die Unterschiede zwischen den beiden flüssigen Medien statistisch nicht gesichert sind. Die Minderung des Rißwachstums verglichen mit den Untersuchungsergebnissen an Luft betragen für Öl 28 %, für Wasser 19 %. Während das Ergebnis für Öl qualitativ zu erwarten war, zeigt das doch etwas überraschende Ergebnis für Wasser, daß Laborluft als aggressiveres Medium als Wasser anzusehen ist.

Zyklische nicht-sinusförmige Beanspruchung Ein Einfluß auf das Rißwachstum in Bauteilen, der bei bruchmechanischen Analysen nicht generell ignoriert werden sollte, betrifft den Einfluß, den der zeitliche Beanspruchungsverlauf auf die Größe der Rißwachstumsrate

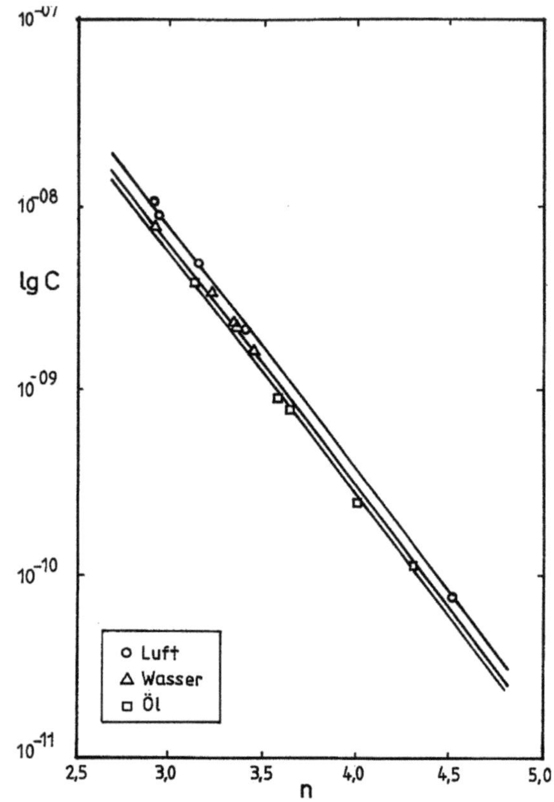

Abb. 5.55 Die Paris-Koeffizienten von Schienenstahl bei unterschiedlichem Medieneinfluß auf das Rißwachstum mit C in (mm/cycl.) · (MPa · $\sqrt{}$m)$^{-n}$ [51]

haben kann. Bei experimentellen Rißwachstumsuntersuchungen werden meistens sinusförmige oder zumindest sinusähnliche Beanspruchungsverläufe berücksichtigt. Doch schon bei dem im Maschinenbau üblichen Kurbeltrieb treten Beanspruchungen auf, die von der harmonischen Beanspruchung abweichen. Die Analyse des zeitlichen Beanspruchungsverlaufs in Eisenbahnschienen bei Berücksichtigung einer kontinuierlichen Bettung der Schienen im Gleis zeigt einen vom sinusförmigen Verlauf systematisch abweichendes Verhalten gemäß der Funktion des Momentenverlaufs (Abb. 5.57).

$$M(x) = \frac{F_{dyn} \cdot L}{4} \cdot \left(\cos\frac{x}{L} - \sin\frac{x}{L}\right) \cdot e^{-x/L} \tag{5.41}$$

und der Durchbiegung der Schiene

$$w_{\text{hom.}}(x) = e^{-x/L} \cdot \left(c_1 \cdot \cos\frac{x}{L} + c_2 \cdot \sin\frac{x}{L}\right) + e^{x/L} \cdot \left(c_3 \cdot \cos\frac{x}{L} + c_4 \cdot \sin\frac{x}{L}\right) \tag{5.42}$$

mit dem die Schienenlagerung charakterisierenden Grundwert $L = \sqrt{4 \cdot E \cdot I/(C \cdot b_l)}$ mit einem Knick im Momentenverlauf an der Stelle der Radkrafteinwirkung bzw. einem Sprung im Verlauf der Querkraft. Trotz dieser Unterschiede werden üblicherweise die bei

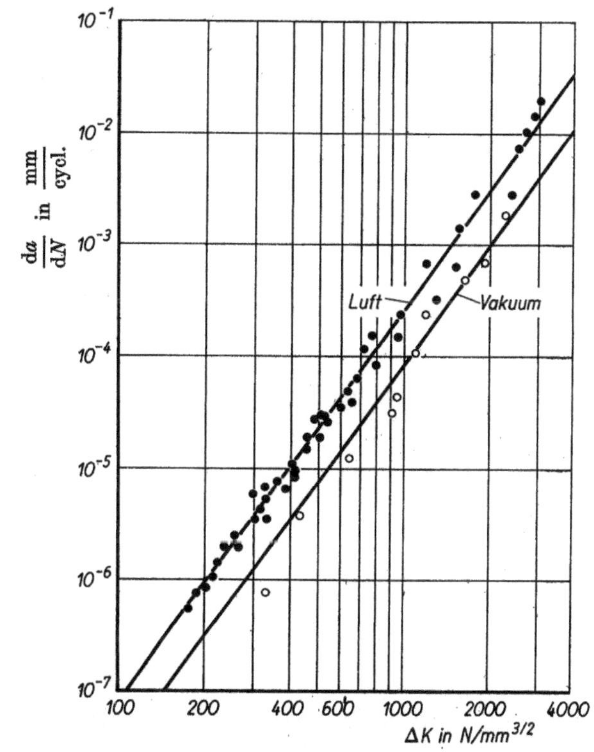

Abb. 5.56 Meßwerte des Rißwachstums an Proben aus GS-45.3 bei 23 °C, 2,3 Hz und $R = 0$ in Luft und im Vakuum [52]

sinusförmigem Beanspruchungsverlauf ermittelten Rißwachstumsdaten vom Experiment auf das zu bewertende Bauteil übertragen.

Eine qualitative Änderung des Beanspruchungsverlaufs ergibt sich jedoch für Eisenbahnschienen, wenn die Räder der Schienenfahrzeuge mit Flachstellen behaftet sind, so daß bei jeder Umdrehung der Räder eine schlagartig einwirkende Radkraft wirksam wird.

Die die Schlagbeanspruchung der Schienen berücksichtigenden Ergebnisse von Rißwachstumsversuchen mit zyklischer Impulsbeanspruchung von Cheng et al. [53] zeigen eine Streuung, die merklich größer ist, als bei üblichen Untersuchungen. Sehr wahrscheinlich ist die extreme Streuung auch darauf zurückzuführen, daß die Untersuchungen an halbelliptischen Oberflächenrissen durchgeführt wurden, während bei bruchmechanischen Rißwachstumsuntersuchungen üblicherweise durchgehende Risse analysiert werden. Klar zu erkennen ist jedoch, daß bei der Rechteck-Impulsbeanspruchung die Rißwachstumsrate im Mittel etwa fünfmal, im Extrem bis nahezu einhundertmal größer ist als bei sinusförmigem Beanspruchungsverlauf. Der Umstand, daß die Frequenzen in beiden untersuchten Fällen unterschiedlich waren, bewirkt zwar auch Unterschiede in der Größe der Rißwachstumsrate, doch ist damit nur ein geringer Anteil der Unterschiede erklärbar. Als wesentlicher Einfluß ist der zeitliche Beanspruchungsverlauf anzusehen. Die Autoren der Untersuchung interpretieren die Unterschiede als Einfluß der unterschiedli-

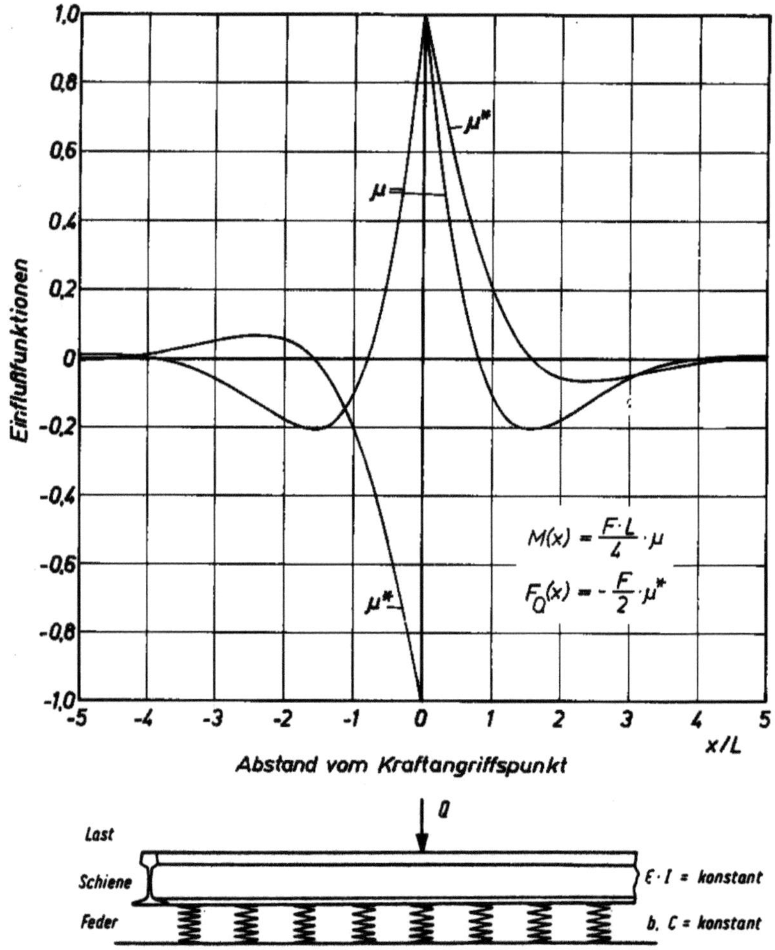

Abb. 5.57 Biegemomenten- und Querkraftverlauf in einer Schiene infolge einer einzelnen vertikalen Radkraft

chen Belastungsgeschwindigkeiten, jedoch muss berücksichtigt werden, daß sich bei der Rechteck-Impulsbeanspruchung eine Phase konstanter Beanspruchung über eine Sekunde anschließt, in der sich die Schädigung extrem bemerkbar macht. Insgesamt sind es also zwei unterschiedliche Effekte, einmal die extrem hohe Beanspruchungsgeschwindigkeit, die zu sprödbruchartigem Rißwachstums führen kann, und anschließend die gleichbleibende Beanspruchung, bei der sich die Fließgrenze und die plastische Zone im Rißspitzenbereich stark ausprägen können. Der Umstand, daß bei den Rißwachstumsuntersuchungen im Ermüdungsriß eingelagerte Bereiche mit Sprödbruch auftraten, (vgl. Abb. 5.59), erklärt einen Teil der extremen Größe des Rißwachstums.

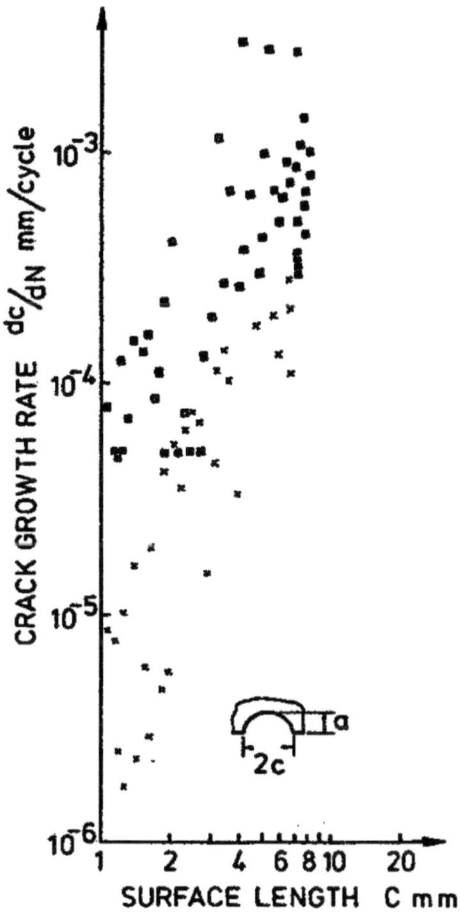

Abb. 5.58 Die Rißwachstumsrate in Schienenstahl unter Sinusbeanspruchung (**x**, 10 Hz) und Rechteck-Impulsbeanspruchung (■, 1 Hz) bei $R = 0{,}1$ [53]

Da eine zyklische Schlagbeanspruchung infolge unrunder Räder sich nicht nur auf die Schienen auswirkt, wurden auch die Stähle der Achswellen der Radsätze von Schienenfahrzeugen hinsichtlich des Rißwachstumsverhaltens untersucht. In Abb. 5.60 zeigt sich klar die stärker schädigende Wirkung der Impulsbeanspruchung gegenüber dem sinusförmigen Beanspruchungsverlaufs. Erfolgt die zyklische Schlagbeanspruchung nicht bei Raumtemperatur, sondern bei tiefen Temperaturen von $-30\,°C$, so verstärkt sich die schädigende Wirkung noch weiter (Abb. 5.61).

Lastfolgeeffekte Eine weitere Auswirkung des realen Beanspruchungsverlaufs, nämlich die Auswirkungen einzelner, nacheinander einwirkender, aber unterschiedlich großer Spannungen – bekannt unter dem Begriff Lastfolgeeffekt – ist bei rißgeschädigten Bauteilen ebenfalls von wesentlichem Interesse.

Tritt bei sonst einstufiger Beanspruchung ein einzelner Zyklus mit einer wesentlich größeren Spannung auf, so wird die plastische Zone um die Rißfront merklich vergrö-

Abb. 5.59 Typisches Aussehen der impulsbeanspruchten Schienenstahlproben mit Sprödbruchanteilen im Ermüdungsriß [53]

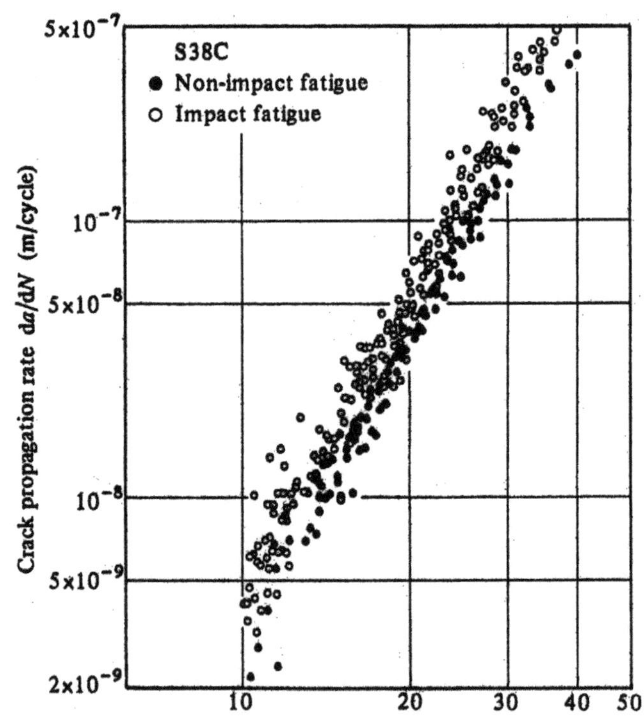

Abb. 5.60 Das zyklische Rißwachstumsverhalten des Achswellenstahls S38C bei der Einwirkung von nichtimpulsförmiger und impulsförmiger Schwingbeanspruchung [54]

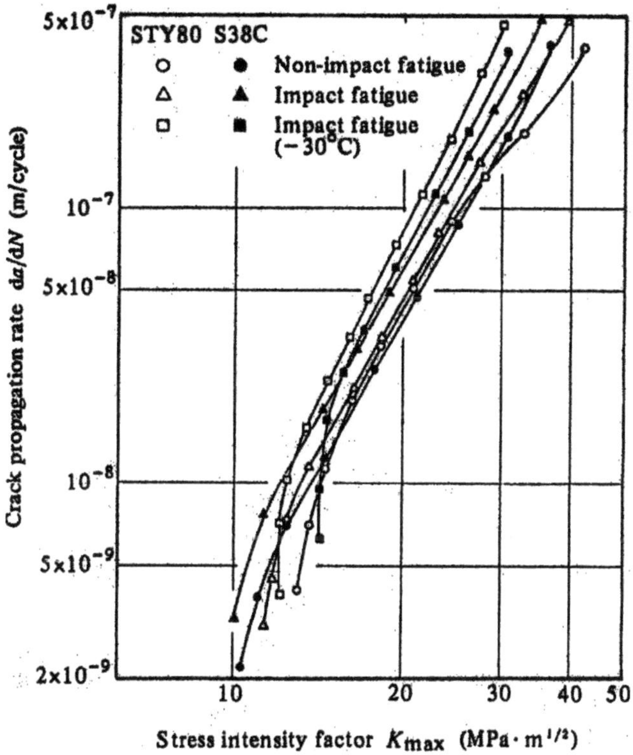

Abb. 5.61 Das zyklische Rißwachstumsverhalten der Achswellenstähle STY80 und S38C bei der Einwirkung von nichtimpulsförmiger und impulsförmiger Schwingbeanspruchung bei unterschiedlichen Temperaturen[54]

ßert. Die Folge davon ist, daß der zyklisch wachsende Riß längere Zeit benötigt, um die vergrößerte plastische Zone zu durchdringen. Gemäß den in Abb. 5.62 wiedergegebenen Versuchsresultaten vergrößert sich die Lebensdauer des Bauteils.

In der betrieblichen Praxis kann jedoch nicht unbedingt damit gerechnet werden, daß durch einzelne oder mehrere Überlasten stets eine Lebensdauerverlängerung auftritt. Zur Veranschaulichung derartiger Aussagen seien die Untersuchungen des Rißwachstums in der Eisenbahnschiene „Rail 1" des FAST-Programms (Facility for Accelerated Service Testing) mit einem Größenwachstum des Risses von 20 bis 70 % der Schienenkopffläche angeführt [55]. Laborversuche mit einer realen Lastfolge (RSO = real sequence order, reale Lastfolge) zeigen eine weitgehende Übereinstimmung mit dem realen Rißwachstum. Im Gegensatz dazu zeigen sowohl die DMS-Versuche (DMS = decreasing maximum stress sequence, Spannungsfolge mit sinkendem Maximalwert), als auch die Block-Programm-Berechnungen ein wesentlich langsameres Rißwachstum als die beiden erstgenannten Untersuchungen, (Abb. 5.63).

Aus den Gegenüberstellungen lassen sich die Schlußfolgerungen ziehen [55]:

- Ein Beanspruchungsspektrum mit realer Lastfolge bewirkt bei der Rißausbreitung im Schienenkopf Lastfolgeeffekte, die die Rißwachstumsrate eher vergrößern, während dieses bei sonst gleicher Beanspruchung mit sinkendem Maximalwert nicht der Fall ist. Die Lastfolgeeffekte beschleunigen die Rißwachstumsrate eher, als daß sie sie verrin-

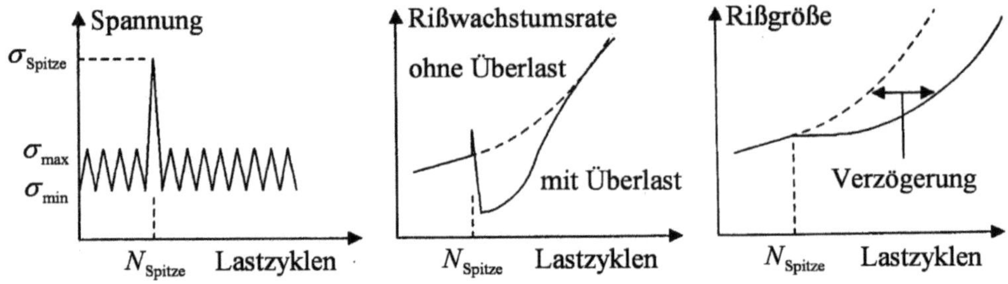

Abb. 5.62 Die Auswirkung einer einzelnen Überlast auf das Rißwachstum [55]

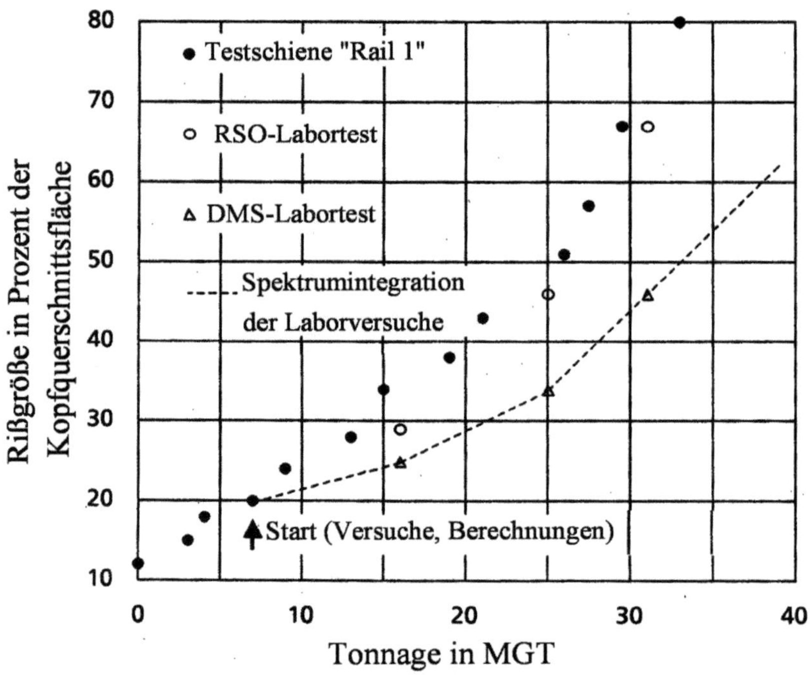

Abb. 5.63 Lastfolgeeffekte bei dem Wachstum von Querrissen im Schienenkopf [55]

gern. Anders ausgedrückt, die Restnutzungsdauer bei einer realistischen Lastfolge ist geringer als nach der Berechnung mit Hilfe von Block-Programmen; im vorliegenden Fall beträgt die wirkliche Lebensdauer nur 75 bis 80 % der berechneten Lebensdauer.

- Zu erwarten ist auch bei genauer Berücksichtigung aller wesentlichen Einflußgrößen, daß die Integrationsmethoden zur Bestimmung der Restlebensdauer diese zu groß angeben, wenn das Spannungsintensitätsfaktoren-Modell für die Kopfquerrisse vernünftig kalibriert ist. Ein Maßstabsfaktor ähnlich dem aus den Versuchen ist zu erwarten, d. h. die wirkliche Lebensdauer einer Schiene mit Kopfquerriß könnte in der Größe von 75 bis 80 % der berechneten Lebensdauer liegen.

Stochastische Beanspruchung Im Gegensatz zu konventionellen bruchmechanischen Rißwachstumsuntersuchungen an Proben wirken auf betrieblich genutzte Bauteile die Lasten und Spannungen oftmals in einer stochastischen Folge ein. Während bei bruchmechanischen Berechnungen üblicherweise von einer Äquivalenz des Rißwachstums unter Einstufenbeanspruchung und stochastischer Beanspruchung, d. h. von der Gültigkeit einer linearen Schadensakkumulation ausgegangen wird, zeigen experimentelle Untersuchungen, daß bei niedrigen Beanspruchungen die stochastische Lastfolge ein größeres Rißwachstum bewirkt als eine nominell gleiche Einstufenbeanspruchung, während bei hohen Beanspruchungen sich diese Relationen umkehren [56]. Ob die Unterschiede zwischen Einstufen- und Randombeanspruchung stets so stark ausgeprägt sind, wie es die Untersuchungen von Fukuda und Kitagawa [57] für den Achswellenstahl S38C ausweisen (Abb. 5.64), bedarf einer weiteren Klärung.

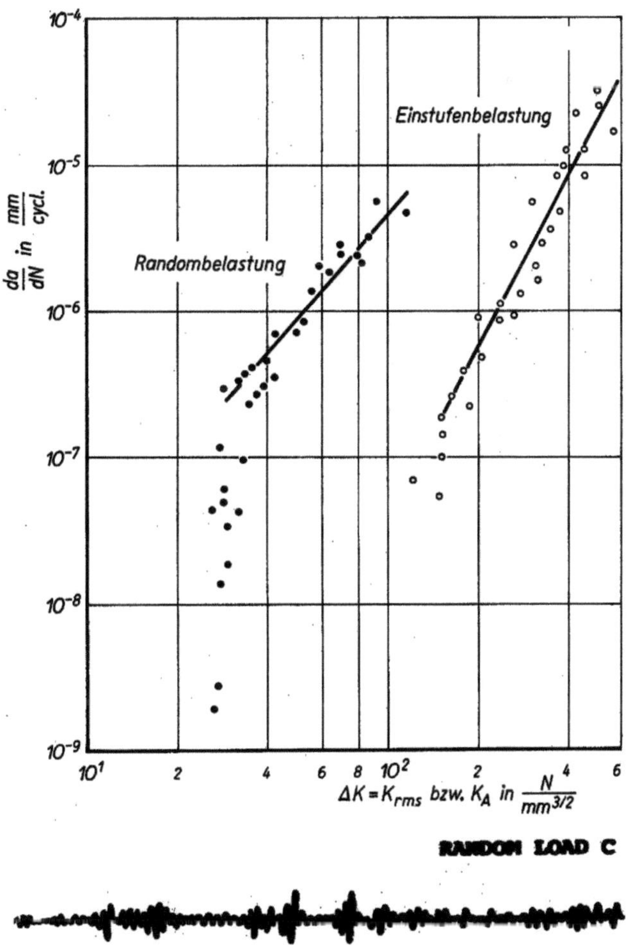

Abb. 5.64 Ergebnisse der Untersuchung des Rißwachstums bei einstufiger und bei stochastischer Zug-Druck-Beanspruchung von Proben aus dem Achswellenstahl S38C von Schienenfahrzeugen [57]

Zweiachsige Beanspruchung Während bei bruchmechanischen Untersuchungen üblicherweise nur die zum Riß senkrecht wirkende Beanspruchung betrachtet wird, zeigen die in Abb. 5.65 wiedergegebenen Resultate, daß auch die parallel zu den Rißflächen wirkenden konstanten (!) Spannungen die Rißwachstumsrate beeinflussen.

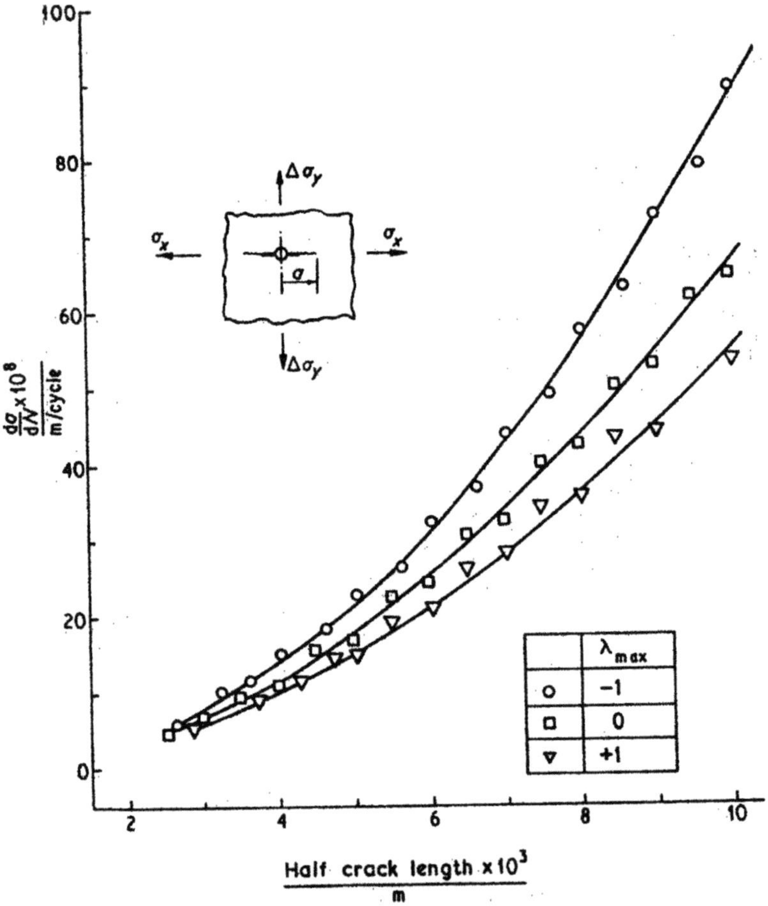

Abb. 5.65 Das Rißwachstum im zweiaxialen Spannungsfeld bei zyklischer Veränderung der Spannung in y-Richtung und konstanter Spannung in x-Richtung mit $\lambda_{\max} = \varepsilon_x/\varepsilon_y \,|_{\max}$ [14]

Einfluß der Werkstoffeigenschaften und der Werkstoffbehandlung Wie auch die konventionellen Eigenschaften der Werkstoffe von ihrer Zusammensetzung und Behandlung abhängen, müssen die Einflüsse der Gitterstruktur, der Korngröße, des Lamellenabstandes, der Wärmebehandlung sowie das Vorhandensein nichtmetallischer Einschlüsse im Hinblick auf die Rißwachstumseigenschaften beachtet werden. Die Auswirkungen mikrostruktureller Zustände sollten nicht zwangsläufig – wie es in vielen publizierten Ergebnissen von Studien geschieht – in Unkenntnis der Abhängigkeiten vereinfachend als „Streuung“ deklariert werden.

Während aus der Darstellung der Versuchsergebnisse von Thompson et al. [50] in Abb. 5.66 doch beträchtliche Unterschiede in der Größe der Rißwachstumsrate in Abhängigkeit von der Korngröße zu ersehen sind, zeigt sich in Abhängigkeit des Abstandes der Perlitlamellen der Gefüge der beiden Schienenstähle ein doch recht einheitliches Streuband und somit kein wesentlicher Einfluß. Nachteilig bei den angeführten Versuchsergebnissen ist, daß von den Autoren die als wesentlich bzw. als unwesentlich angegebenen Gefügeparameter in der Publikation nicht mit Zahlenangaben belegt sind. Nachvollziehbar sind dagegen in Abb. 5.67 die Auswirkungen der unterschiedlichen Wärmebehandlungstemperaturen mit ihren Auswirkungen auf den Lamellenabstand, auf die Bruchzähigkeit und somit auch auf die Rißwachstumsrate.

Den speziellen Einfluß der im Schienenstahl vorhandenen nichtmetallischen Einschlüsse auf die Rißwachstumsrate untersuchten Budnizki et al. [59]. Unterschieden werden muss die Qualität des Einschlusses im Verhältnis zu den Eigenschaften des Grundgefüges, d. h. ob die Einschlüsse härter oder weicher als das Gefüge des Schienenstahls sind. Untersucht wurden zwei Schienenstähle mit unterschiedlicher Desoxidation. Der erste Schienenstahl enthielt langgestreckte Mangan- und Eisensulfide (Mn, Fe)S sowie einzelne Anhäufungen von Al_2O_3. Der zweite Schienenstahl enthielt ebenfalls Sulfide und langgestreckte Silikate $(Fe, Si)O_2$. Die untersuchten Proben wurden aus dem Schienenkopf in drei unterschiedlichen Richtungen entnommen mit den Rißausbreitungsrichtungen:

a. Rißfläche senkrecht zur Schienenachse,
b. Rißfläche parallel zur Schienenachse, Rißfront parallel zur Schienenachse,
c. Rißfläche parallel zur Schienenachse, Rißfront senkrecht zur Schienenachse.

Die Versuchsergebnisse sind in der folgenden Tabelle, (Tab. 5.3) zusammengestellt.

Die bei einer Frequenz von 40 Hz und bei $R = 0{,}05$ durchgeführten Versuche zeigen, daß die Sulfide als weiche, nichtmetallische Einschlüsse die Ermüdungsrißausbreitung beschleunigen und zwar in Richtung b bis zu 32 % sowie in Richtung c bis zu 100 %, daß jedoch die Silikate als harte nichtmetallische Einschlüsse die Ausbreitung der Ermüdungsrisse um bis zu 31 % bremsen.

Einfluß der Gitterstruktur und des Elastizitätsmoduls Der Wunsch, die Rißwachstumseigenschaften möglichst einfach zu beschreiben, führt dazu, die Rißwachstumseigenschaften und ihre Einflußgrößen mit den zutreffenden Werkstoffeigenschaften zu relativieren. Das Ergebnis einer derartigen Analyse unter Berücksichtigung des Elastizitätsmoduls zeigt in Abb. 5.68 ein relativ einheitliches Streuband der Rißwachstumsdaten.

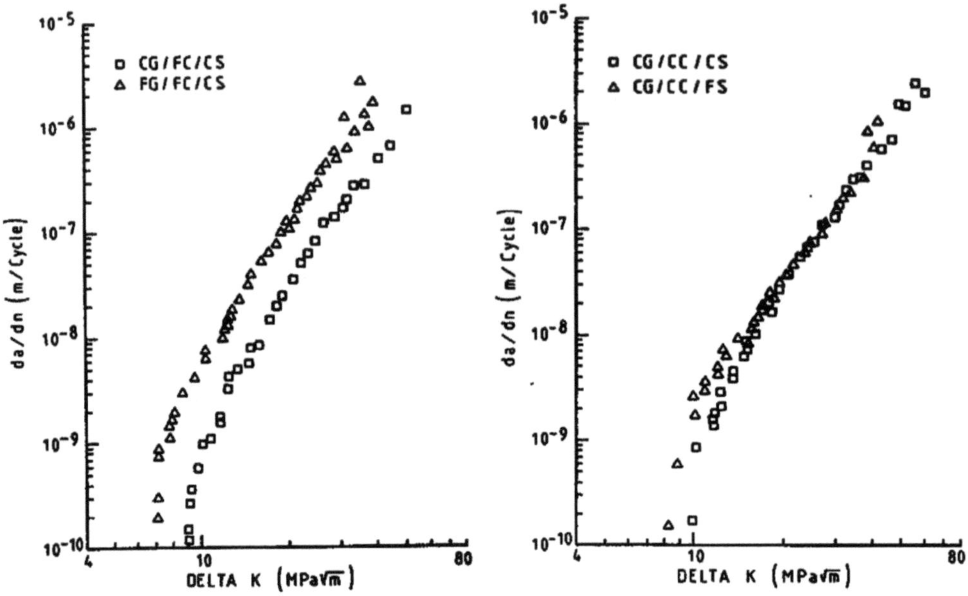

Abb. 5.66 Der Einfluß der Korngröße (*linke* Darstellung) und des Abstandes der Perlitlamellen (*rechte* Darstellung) von Schienenstahl auf die Rißwachstumsrate [50]

Abb. 5.67 Der Einfluß der Bruchzähigkeit auf das Ermüdungsrißwachstum [58]

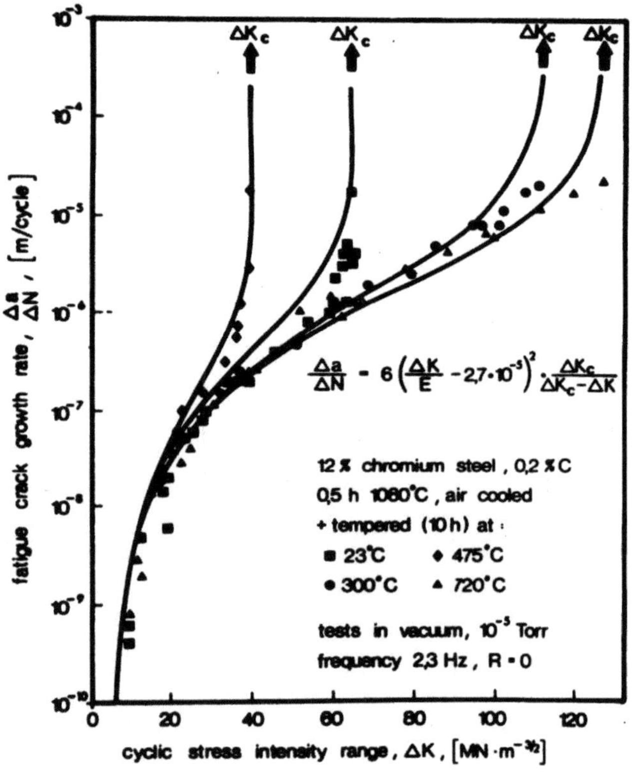

Tab. 5.3 Ergebnisse der Rißwachstumsuntersuchungen gemäß der Gleichung $da/dN = 10^{-7} \cdot (\Delta K/\Delta K^*)^n$ für Schienenstähle mit unterschiedlichen nichtmetallischen Einschlüssen [59]

Variante und Richtung	1a	1b	1c	2a	2b
ΔK^* in $\text{MPa} \cdot \sqrt{\text{m}}$	33,1	29,5	27,1	27,2	29,8
N	$3{,}9 \pm 0{,}1$	$4{,}3 \pm 0{,}1$	$4{,}3 \pm 0{,}2$	$4{,}1 \pm 0{,}1$	$3{,}9 \pm 0{,}1$

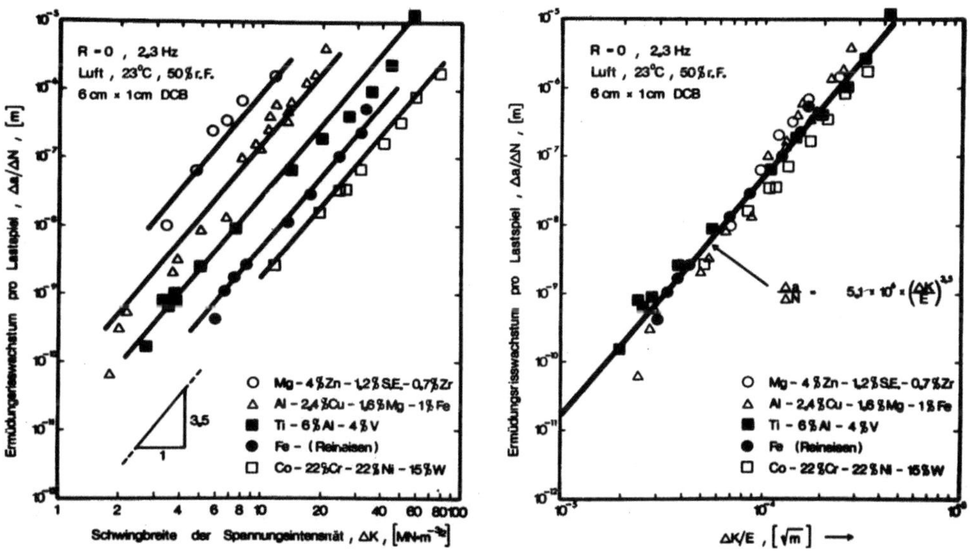

Abb. 5.68 Die Resultate von Rißwachstumsuntersuchungen an unterschiedlichen Materialien und ihre Relativierung mit Hilfe des Elastizitätsmoduls [58]

Einfluß der Kaltverformung Während es in vielen Fällen gerechtfertigt ist, die bruchmechanischen Eigenschaften an Proben aus defekten Bauteilen, aus Neuteilen oder auch aus dem Ausgangsmaterial zu entnehmen, muß beachtet werden, daß die bruchmechanischen Eigenschaften durch die betriebliche Nutzung in irreversibler Weise verändert werden können. Dieses trifft beispielsweise für Eisenbahnschienen und -räder zu, bei denen infolge der Kontaktbeanspruchung im oberflächennahen Bereich eine merkliche Aufhärtung infolge der zyklischen Kaltverfestigung auftritt.

Da sich Bruchmechanikproben mit handhabbaren Abmessungen aus dem kaltverfestigten Fahrkantenbereich des Kopfes der Eisenbahnschienen nicht entnehmen lassen, wurden zur Untersuchung der Auswirkung der Kaltverfestigung große Rechteckproben aus Schienenstahl durch Walzen kaltverformt. Die experimentellen Untersuchungen zeigten, daß die bruchmechanischen Eigenschaften wie auch die konventionellen Werkstoffeigenschaften nicht mehr isotrop waren, sondern orthotrop geworden sind. Im kaltverformten Schienenstahl waren sowohl in Walzrichtung, als auch quer dazu die Rißwachstumsraten merklich angestiegen, (Abb. 5.69).

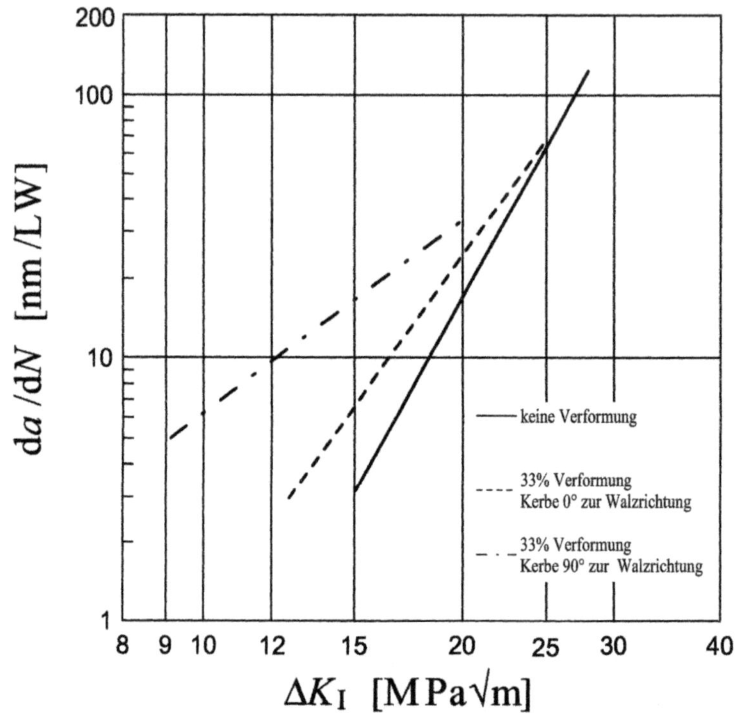

Abb. 5.69 Rißwachstumsgeraden für Proben aus Schienenstahl mit und ohne Kaltverformung [23]

Zyklische Thermoschock-Beanspruchung Neben mechanischen Beanspruchungen durch Kräfte und Momente spielen oftmals auch zyklische Temperaturbeanspruchungen eine Rolle, die vorhandene Risse wachsen lassen können. Die temperaturbedingten Beanspruchungen können mittels der Elastizitätstheorie und somit auch mit Hilfe der linear-elastischen Bruchmechanik berücksichtigt werden. Sie können aber auch die durch die LEBM gegebenen Grenzen weit überschreiten, wie es beispielsweise bei klotzgebremsten Eisenbahnvollrädern der Fall ist.

Bei der von Ottlinger [18] entwickelten Apparatur zur thermozyklischen Beanspruchung von Eisenbahnradstählen wurden kreisringförmige Proben (Außendurchmesser: 48 mm, Innendurchmesser = 20 mm, Probendicke = 7 mm, Durchmesser der radialen Bohrung = 4 mm) durch einen Hochfrequenzgenerator erhitzt und anschließend im Wasserbad abgeschreckt (siehe Abb. 5.33). Durch diese Beanspruchung, die mit Hilfe der linear-elastischen Bruchmechanik mehr nicht erfaßbar ist, bildeten sich an den Radialbohrungen Risse, deren weitere Ausbreitung durch die Höhe der Maximaltemperatur und unterhalb der α-γ-Gefügeumwandlung durch das vorhandene Ausgangsgefüge beeinflußt wurden. Nach Überschreiten der α-γ-Umwandlung durch die Maximaltemperatur sind bei wesentlich erhöhter Rißwachstumsgeschwindigkeit merkliche Unterschiede durch das Ausgangsgefüge nicht mehr erkennbar. Typische Ergebnisse dieser thermozyklischen Beanspruchungen sind in den Abb. 5.70 und 5.71 wiedergegeben.

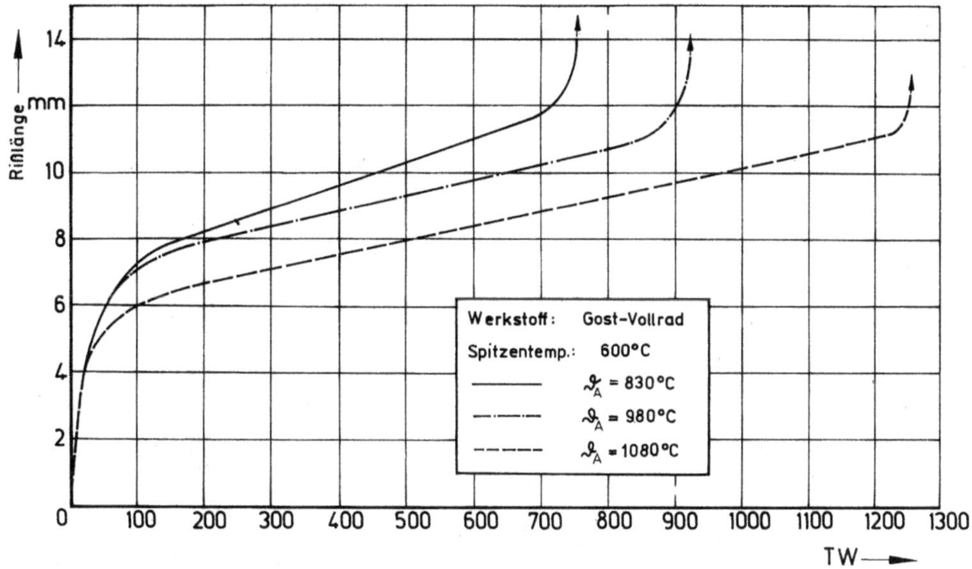

Abb. 5.70 Die Entwicklung der Rißgröße in thermozyklisch beanspruchten Kreisringproben aus GOST-Vollradstahl bei einer Maximaltemperatur von 600 °C [60]

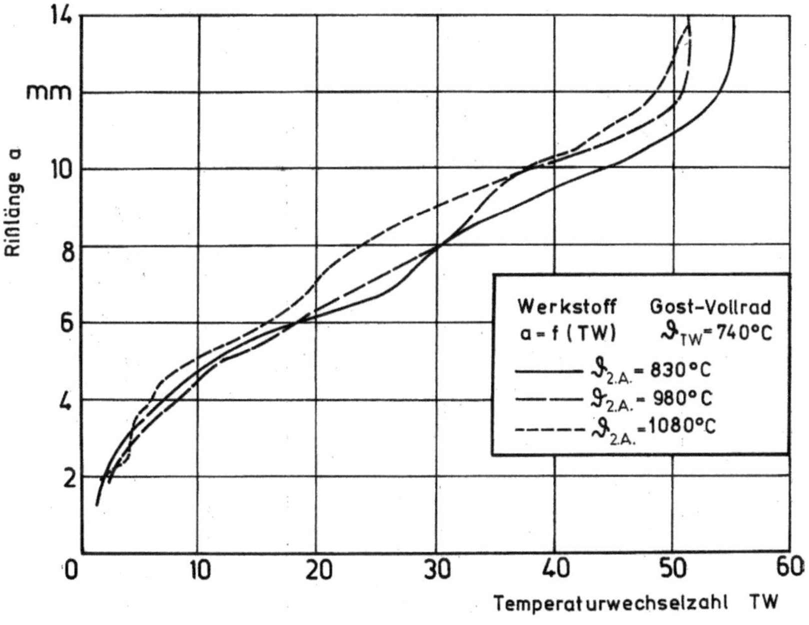

Abb. 5.71 Die Entwicklung der Rißgröße in thermozyklisch beanspruchten Kreisringproben aus GOST-Vollradstahl bei Maximaltemperaturen oberhalb der α-γ-Umwandlung [60]

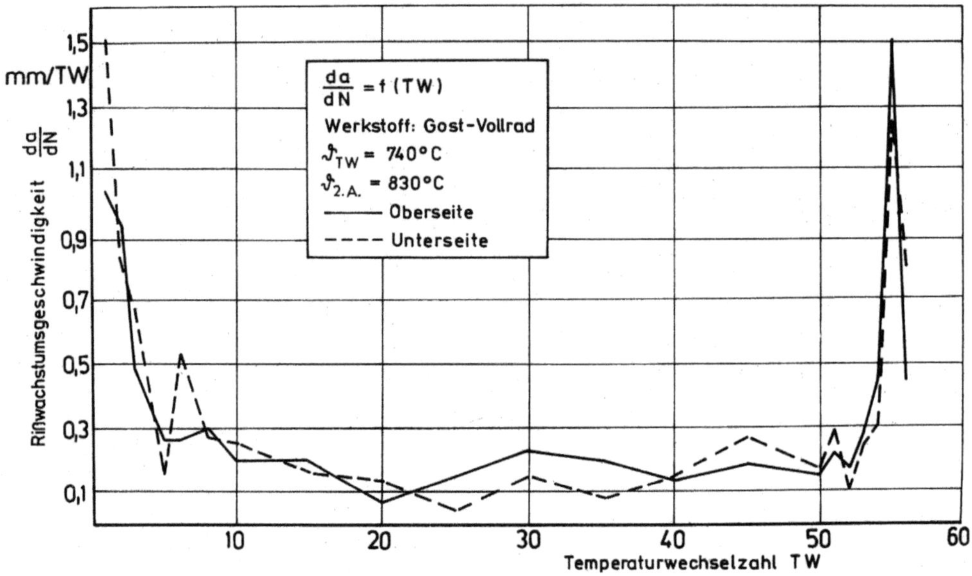

Abb. 5.72 Die Rißwachstumsrate bei zyklischer Thermoschockbeanspruchung des GOST-Vollradstahls oberhalb der α-γ-Umwandlung [60]

Aus den vorstehenden Bildern der Versuchsresultate lassen sich die Werte der Rißwachstumsrate durch Ermittlung der Steigung der Rißwachstumskurven ermitteln (siehe Abb. 5.72).

5.4.5 Näherungsbeziehungen für die Grenzkurve der Rißwachstumsrate

Im ASME-Code [61] werden die oberen Grenzkurven der stabilen zyklischen Rißausbreitung für Reaktordruckbehälterstähle bei Berücksichtigung der Einflüsse von Beanspruchungstemperatur und -frequenz durch die Paris-Koeffizienten

$$n = 3{,}726$$

und

$$C = \begin{cases} 0{,}0267 \cdot 10^{-3} \cdot (10^{-6}\text{in/cycle}) \cdot (\text{ksi} \cdot \text{in}^{1/2})^{-3{,}726} \\ 1{,}230 \cdot 10^{-15}(\text{mm/Schwingspiel}) \cdot (\text{N/mm}^{3/2})^{-3{,}726} \end{cases} \tag{5.43}$$

für das Umgebungsmedium Luft und

$$C = \begin{cases} 0{,}3795 \cdot 10^{-3} \cdot (10^{-6}\text{in/cycle}) \cdot (\text{ksi} \cdot \text{in}^{1/2})^{-3{,}726} \\ 1{,}748 \cdot 10^{-14}(\text{mm/Schwingspiel}) \cdot (\text{N/mm}^{3/2})^{-3{,}726} \end{cases} \tag{5.44}$$

für das Umgebungsmedium Wasser angegeben. Nach experimentellen Resultaten können die Rißwachstumseigenschaften aber auch noch ungünstiger sein, als es diese Referenzwerte des ASME-Codes angeben.

5.4.6 Die Streuung der Rißwachstumsrate

Rißwachstumsuntersuchungen zeigen wie alle experimentellen Untersuchungen eine Streuung der Versuchsergebnisse. Wenn auch die Durchführung von Rißwachstumsuntersuchungen in bruchmechanischen Prüfstandards vorgeschrieben ist, so ist auch bei deren Einhaltung nicht automatisch gewährleistet, daß experimentelle Untersuchungen bei übereinstimmenden Prüfbedingungen (Werkstoff, Probenform und -abmessungen, Prüftemperatur sowie Beanspruchungsverhältnis R und Frequenzbereich) zu identischen Ergebnissen führen. Die Ergebnisse derartiger Vergleichsuntersuchungen sind in Abb. 5.73 wiedergegeben. Sie zeigen doch bemerkenswerte Unterschiede in Abhängigkeit von dem jeweiligen Prüflabor.

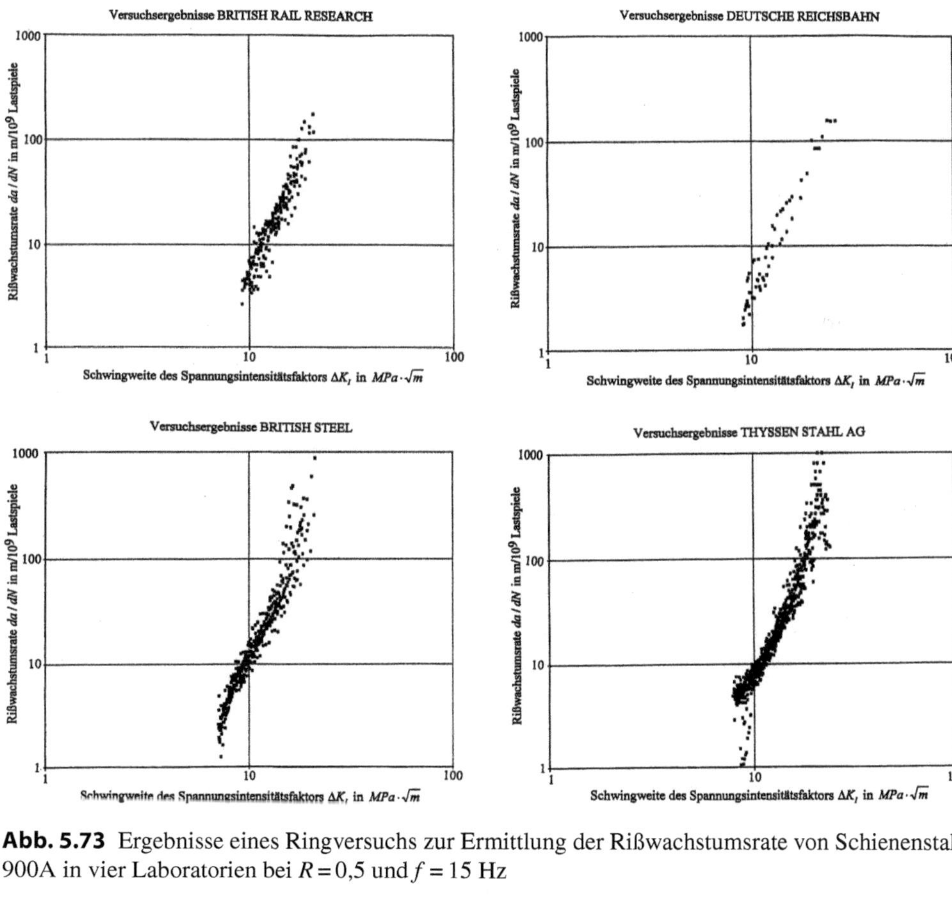

Abb. 5.73 Ergebnisse eines Ringversuchs zur Ermittlung der Rißwachstumsrate von Schienenstahl 900A in vier Laboratorien bei $R = 0{,}5$ und $f = 15$ Hz

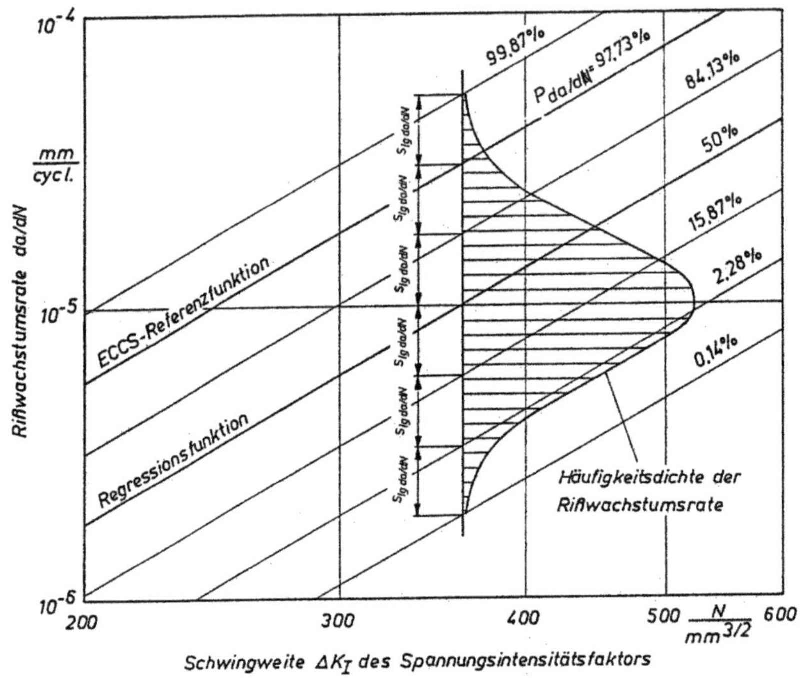

Abb. 5.74 Schematische Darstellung der Verteilung der Rißwachstumsdaten und der ECCS-Referenzfunktion für die Rißwachstumseigenschaften [62]

Werden die experimentellen Resultate der Rißwachstumsrate an die empirischen Gesetzmäßigkeiten angepaßt, so gibt die unterstellte Abhängigkeit der Rißwachstumsrate von der Schwingweite des Spannungsintensitätsfaktors im Mittel wieder, wobei die experimentellen Daten um die Mittelwertsfunktion auch eine bestimmte, nicht vernachlässigbare Streuung zeigen (Abb. 5.74).

Die die Meßwertstreuung charakterisierende Standardabweichung der Rißwachstumsrate ergibt sich bei logarithmischer Auftragung beider Variablen für die Regressionsgerade des Paris-Gesetzes zu

$$s_{\ln(\mathrm{d}a/\mathrm{d}N)} = \sqrt{\frac{1-r^2}{i_{\max}-2} \cdot \left[\sum_i (\ln \quad \mathrm{d}a/\mathrm{d}N|_i)^2 - \frac{1}{i_{\max}} \cdot \left\{ \sum (\ln \quad \mathrm{d}a/\mathrm{d}N|_i) \right\}^2 \right]} \tag{5.45}$$

mit dem Bestimmtheitsmaß

$$r^2 = \frac{\left[\sum (\ln \Delta K_i) \cdot (\ln \mathrm{d}a/\mathrm{d}N_i\,) - (1/i_{\max}) \cdot \left(\sum \ln \Delta K_i\right) \cdot \left(\sum \ln \mathrm{d}a/\mathrm{d}N_i\right)\right]^2}{\left[\sum (\ln \Delta K_i)^2 - (1/i_{\max}) \cdot \left(\sum \ln \Delta K_i\right)^2\right] \cdot \left[\sum (\ln \mathrm{d}a/\mathrm{d}N_i\,)^2 - (1/i_{\max}) \cdot \left(\sum \ln \mathrm{d}a/\mathrm{d}N_i\,\right)^2\right]} \tag{5.46}$$

Die repräsentative Rißwachstumsrate, die gemäß den Forderungen der Europäischen Konvention über den Stahlbau (ECCS) [63] zwei Standardabweichungen über dem Mittelwert

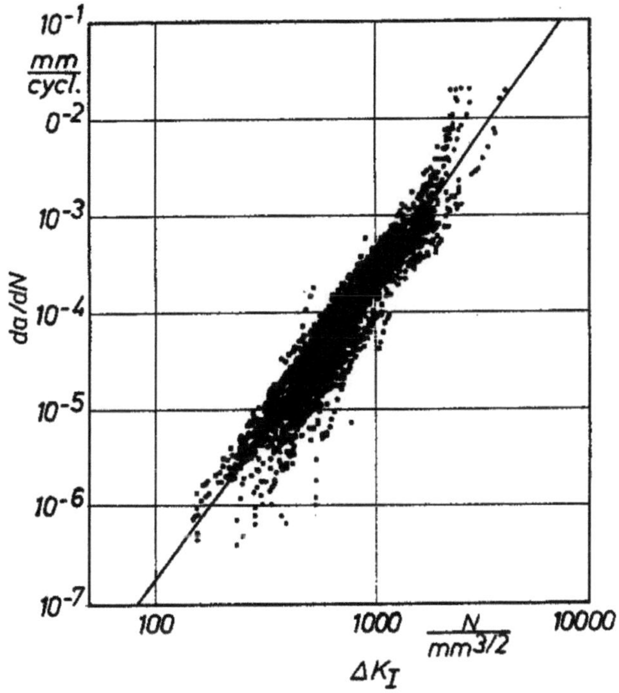

Abb. 5.75 Der Streubereich der Rißwachstumsrate verschiedener Baustähle bei $R = 0{,}1$ bis 0,85 und Frequenzen von 5 bis 15 Hz in Luft nach Untersuchungen von BOKALRUD und KARLSEN [64]

bzw. der Mittelwertsfunktion liegt, ist dementsprechend

$$\ln \mathrm{d}a/\mathrm{d}N|_{ECCS} = \ln C + n \cdot \ln \Delta K + 2 \cdot s_{\ln(\mathrm{d}a/\mathrm{d}N)} \tag{5.47a}$$

bzw. nach Umformung

$$\mathrm{d}a/\mathrm{d}N|_{ECCS} = C \cdot \exp(2 \cdot s_{\ln(\mathrm{d}a/\mathrm{d}N)}) \cdot \Delta K^n. \tag{5.47b}$$

Nach vorliegenden Erfahrungen hat die Standardabweichung des (mit dem natürlichen) Logarithmus logarithmierten Wertes der Rißwachstumsrate die Größe

$$s_{\ln(\mathrm{d}a/\mathrm{d}N)} = \begin{cases} 0{,}057 (\text{Mittelwert einzelner Versuche, St52}) \\ 0{,}213 \text{ (St52, verschiedene Chargen)} \\ 0{,}55 \text{ (nach BOKALRUD und KARLSEN, siehe Bild 5.75).} \end{cases} \tag{5.48}$$

Die extreme Breite des Streubereiches der Rißwachstumsuntersuchungen an Baustählen liegt etwa in der Größenordnung, wie sie von Bokalrud und Karlsen [64] ermittelt wurde (siehe Abb. 5.75). Der in der vorstehenden Gleichung angegebene Wert für die Standardabweichung der logarithmierten Rißwachstumsraten könnte verwendet werden, wenn keine statistisch ausgewerteten Ergebnisse von Rißwachstumsuntersuchungen vorliegen. In dem Abschlußbericht des bis 1988 durchgeführten Untersuchungsprogramms der amerikanischen Eisenbahnen [55] wurde die Breite (!) des Streubereichs der Rißwachstumsdaten in einer schematischen Darstellung mit einem Faktor von 2 oder weniger für d*a*/d*N* charakterisiert.

5.4.7 Untersuchungen zum Rißwachstum bei Schub- und Mixed-Mode-Beanspruchung

Bruchmechanische Analysen des Wachstums von Rissen werden üblicherweise nur für die zyklische Beanspruchung von Rissen unter Normalspannungen senkrecht zur Rißebene, d. h. bei der Beanspruchungsart Modus I, durchgeführt. Untersuchungen des Rißwachstums unter gemischter Beanspruchung durch Normal- und Schubspannungen bzw. nur durch Schubspannungen zählen weitgehend zur Ausnahme. Für Risse in Eisenbahnschienen sind gemischte Beanspruchungen z. T. ausschlaggebend für das Rißwachstum und den Bruch, insbesondere für Risse im Steg und für Längsrisse im Kopf und im Fuß (vgl. Abschnitt 5.3.2), aber auch für die an der Fahrkante auftretenden sogenannten Head Checks, einer speziellen Art von Rollkontaktermüdungsrissen. Um qualitative und eventuell auch quantitative Anhaltswerte für das Rißwachstum unter zyklischer Schubbeanspruchung zu gewinnen, sind scheibenartige Proben mit Kerbe als Rißstarter zuerst senkrecht zur Kerbrichtung beansprucht worden, um im Kerbgrund einen Daueranriß zu erzeugen. Nachdem der Riß eine ausreichende Länge hatte, um einen Einfluß der Kerbgeometrie auf die Rißspitzenbeanspruchung ausschließen zu können, wurde die Probe in der Einspannvorrichtung gedreht, so daß die angerissene Scheibe nunmehr durch Schub beansprucht wurde. Bei einwirkender Schub-Schwellbeanspruchung änderte der Riß seine Ausbreitungsrichtung um etwa 70° zur bisherigen Richtung. Bei der Einwirkung wechselnder Schubbeanspruchung verzweigte sich der Riß symmetrisch unter etwa den gleichen Winkeln nicht nur bei isotropem Ausgangsmaterial (siehe Abb. 5.6), sondern auch bei orthotropem, kaltverformtem Schienenstahl [23].

Die angeführten Versuchen zeigen: Dominiert die Schubbeanspruchung in einem Bauteil (Rißöffnungsart II bzw. III oder Überlagerungen mit der Rißöffnungsart I)

Abb. 5.76 Änderung der Richtung der Rißausbreitung unter einwirkender Schub-Schwellbeanspruchung in einer CT-Probe aus kaltverformten Schienenstahl bei übereinstimmender Kerb- und Walzrichtung [23]

Abb. 5.77 In Walzrichtung gerissene Probe bei zyklischer K_I-Beanspruchung (Winkel von 30° zwischen Walzrichtung und Kerbrichtung) [23]

in der Umgebung eines vorhandenen Risses, der unter der Wirkung der Rißöffnungsart I entstanden ist, so erfolgt die Rißausbreitung nicht mehr in der bisherigen Richtung.

Zyklische proportionale Mixed-Mode-Beanspruchung von kaltverformtem Schienenstahl Da in den vorstehend beschriebenen Versuchen die Wirkung der Kaltverformung des Schienenstahls unter der einwirkenden Modus-II- bzw. Mixed-Modus-Beanspruchung nicht experimentell geklärt werden konnte, verwendete Schnitzer [23] Rund-CT-Proben aus kaltverformtem Schienenstahl mit Winkeln von 15° und 30° zwischen der Walz- und der Kerbrichtung. Trotz der auf die gekerbte Probe anfänglich einwirkenden reinen Modus-I-Beanspruchung entwickelten sich die Risse nicht in Kerbrichtung, sondern recht genau in der Walzrichtung (Abb. 5.77).

Zur Versuchsauswertung wurden die Spannungsintensitätsfaktoren individuell für jede Probe mit Hilfe eines FEM-Programmes nachgerechnet, um die Rißwachstumsrate mit Hilfe eines Vergleichswertes der Schwingweite des Spannungsintensitätsfaktors in Beziehung zu bringen

$$\frac{\mathrm{d}a}{\mathrm{d}N} = C \cdot \Delta K_V^n \tag{5.49}$$

Um den benötigten Vergleichswert ΔK_V zu gewinnen, bietet es sich an, auf die Energiefreisetzungsrate bei Modus-I- und Modus-II-Beanspruchung und der meist in den Hintergrund geratenen gradliniger Rißausbreitung in der bisherigen Richtung zurückzugreifen

$$\mathfrak{G} = \frac{\left(K_I^2 + K_{II}^2\right)}{E'} = \frac{K_V^2}{E'}. \tag{5.50}$$

Wird statt des Größtwertes der beiden Spannungsintensitätsfaktoren in Gl. (5.50) deren Schwingweite betrachtet, so folgt für die Auswertung der Versuche mit den Proben aus kaltverformten Schienenstahl das modifizierte Paris-Gesetz

$$\frac{\mathrm{d}a}{\mathrm{d}N} = C \cdot \sqrt{\Delta K_I^2 + \Delta K_{II}^2}^{\,n}. \tag{5.51}$$

Gegebenenfalls wäre es auch möglich, die Wirkungen der beiden unterschiedlichen Spannungsintensitätsfaktoren noch unterschiedlich zu wichten gemäß der Beziehung

$$\frac{\mathrm{d}a}{\mathrm{d}N} = C \cdot \sqrt{\Delta K_I^2 + k \cdot \Delta K_{II}^2}^{\,n}, \tag{5.52}$$

Diese Beziehung ist möglicherweise an die Versuchsdaten besser anpaßbar. Sie hat aber den Nachteil, daß sich bei der Bestimmung der Koeffizienten durch den Wichtungsfaktor k nichtlineare Gleichungen zu deren Bestimmung ergeben.

Zyklische nichtproportionale Mixed-Mode-Beanspruchung Um eine sequentielle, nichtproportionale Modus I - Modus II-Beanspruchung experimentell zu realisieren, wie sie auch bei Rollkontaktproblemen auftritt, verwendete BOLD [65] eine Kreuzzugprobe ähnlich der in Abb. 5.17 gezeigten. Entgegen der Erfahrung, daß Risse unter einwirkender Schubbeanspruchung von ihrer ursprünglichen Richtung abweichen, kam es bei den Versuchen zu einer ko-planaren Rißausbreitung mit einer gegenüber Modus I erhöhten Rißwachstumsrate (Abb. 5.78).

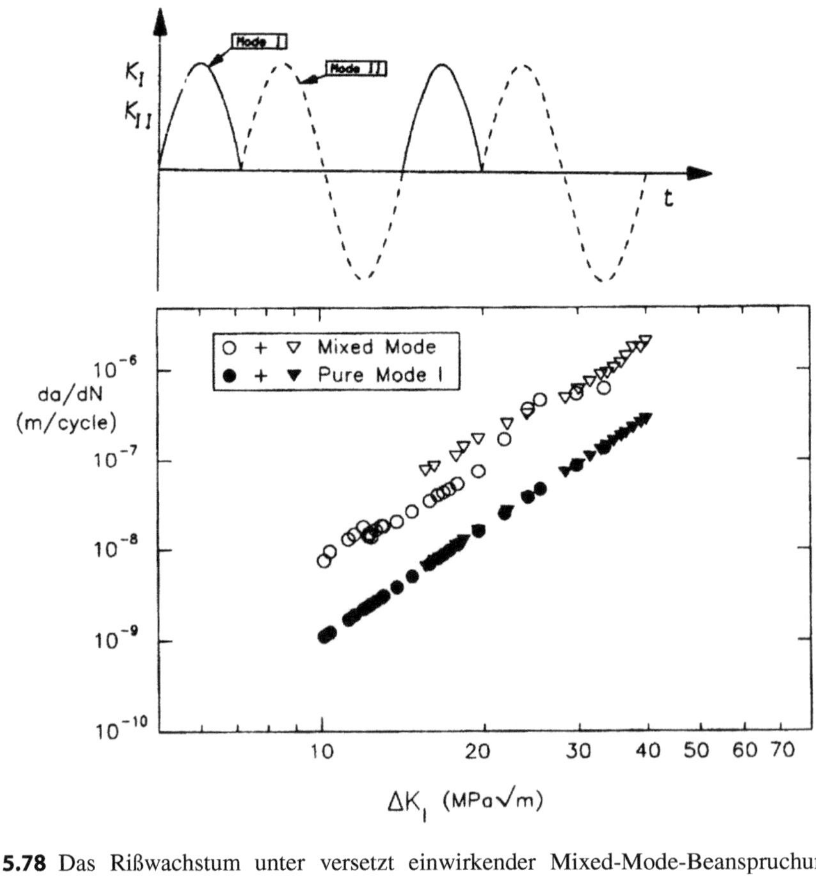

Abb. 5.78 Das Rißwachstum unter versetzt einwirkender Mixed-Mode-Beanspruchung nach Untersuchungen von Bold [65]

5.5 Die Bruchzähigkeitseigenschaften

5.5.1 Die relevanten Einflüsse auf die Größe der Bruchzähigkeit

Der kritische Wert des Spannungsintensitätsfaktors, bei dessen Erreichen die instabile Rißausbreitung einsetzt, ist außer von dem jeweiligen Werkstoff und seinem Behandlungszustand von der Beanspruchungsart, von der Bauteil- bzw. Probendicke, von der Temperatur und von der Beanspruchungsgeschwindigkeit abhängig.

Wird die Probendicke variiert, so ändern sich bei bruchmechanischen Untersuchungen sowohl die Größe der ertragbaren Beanspruchung, als auch der Charakter des Bruchflächenaussehens. Bei massiven Proben, bei denen im Inneren ein ebener Deformationszustand vorliegt, ist von einer gewissen Mindestdicke an die Höhe der Beanspruchbarkeit nicht mehr veränderlich (siehe Abb. 5.79). Die Bruchfläche zeigt kristallinen Normalspannungsbruch. Unterschreitet die Bauteil- oder Probendicke diesen Mindestwert, so steigt der ertragbare Wert des Spannungsintensitätsfaktors an, und die Bruchflächen zeigen in zunehmendem Maße Scherbruchanteile. Der eigentliche Wert der Bruchzähigkeit K_{Ic}, der in Versuchen ermittelt und bei bruchmechanischen Berechnungen auf das aus dem gleichen Werkstoff gefertigte Bauteil übertragen wird, ist der von der Dicke unabhängige, tiefste Wert der kritischen Beanspruchung, der im englischen Sprachgebrauch genauer als im Deutschen durch den Begriff „plane strain fracture toughness" gekennzeichnet ist.

Neben der Bauteil- und der Probendicke haben in der Praxis die Temperatur und die Beanspruchungsgeschwindigkeit wesentliche Auswirkungen auf die Größe der Bruchzähigkeit. Mit fallender Temperatur vermindert sich die Bruchzähigkeit ebenso wie mit steigender Beanspruchungsgeschwindigkeit. Die Größe der Auswirkungen der Temperatur und der Beanspruchungsgeschwindigkeit ist maßgeblich vom jeweiligen Werkstoff abhängig. Der von der Beanspruchungsgeschwindigkeit abhängige Tiefstwert der Bruchzähigkeit (siehe Abb. 5.79) tritt bei Stahl im Bereich von $\mathrm{d}K_I/\mathrm{d}t \geq 10^5 \ldots 10^7\ (\mathrm{N/mm}^{3/2})/s$ auf [66, 67]. Dieser Wert der Bruchzähigkeit wird – im Gegensatz zur (statischen) Bruchzähigkeit K_{Ic}, die standardgemäß bei quasi-statischen Beanspruchungsgeschwindigkeiten ermittelt wird – als dynamische Bruchzähigkeit K_{Id} bezeichnet. Da die Eigenschaften des Werkstoffs durch den Formgebungsprozeß beim Walzen bzw. Gießen beeinflußt werden, kann ein Einfluß der Entnahmestelle der Probe auf das Ergebnis der Bruchzähigkeitsuntersuchung im allgemeinen nicht ausgeschlossen werden. Abgesehen von den angeführten systematischen Einflüssen zeigt die Bruchzähigkeit bei sonst gleichen Prüfbedingungen eine nicht zu vernachlässigende Streuung der Meßwerte. Standards bzw. Empfehlungen zur Ermittlung der Bruchzähigkeit K_{Ic} bei statischer Belastung existieren in verschiedenen Ländern. Im wesentlichen gehen jedoch alle auf die Festlegungen des Standards ASTM E 399 [3] zurück. Vorschriften zur Ermittlung der dynamischen Bruchzähigkeit K_{Id} wurden ebenfalls erarbeitet.

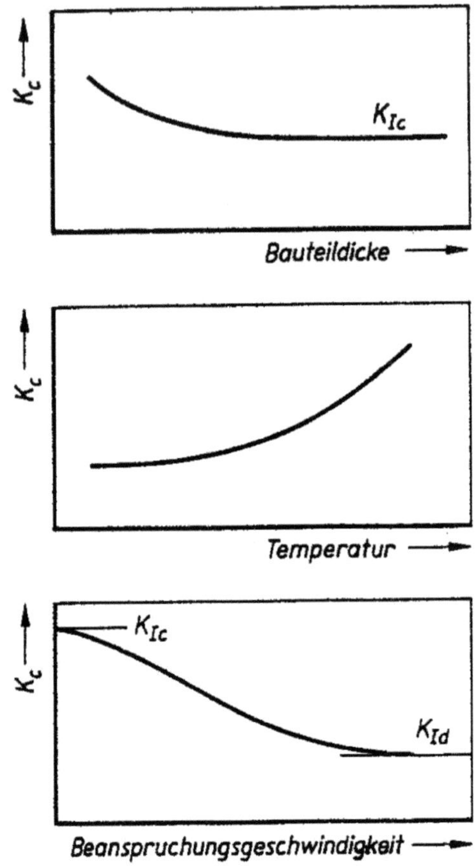

Abb. 5.79 Einflüsse der Bauteil- bzw. Probendicke, der Temperatur und der Beanspruchungsgeschwindigkeit auf die Größe des kritischen Wertes des Spannungsintensitätsfaktors

5.5.2 Durchführung und Auswertung statischer Bruchversuche

Die angekerbten Proben zur Ermittlung der statischen Bruchzähigkeit werden einer Schwingbeanspruchung bei einem Beanspruchungsverhältnis

$$R = F_{\min}/F_{\max} = 0{,}1 \ldots 0{,}25 \tag{5.53}$$

ausgesetzt, so daß sich im Kerbgrund ein Ermüdungsriß bildet. Die maximale Beanspruchung $K_{f\max}$ des Werkstoffs an der Rißspitze soll in der letzten Phase der Anrißerzeugung für

$$a \geq 0{,}975 \cdot a_{Ende} \tag{5.54}$$

der Bedingung gehorchen

$$K_{f\max} \leq 0{,}6 \cdot \frac{R_e(T_{Rißerzeugung})}{R_e(T_{Prüfung})} \cdot K_Q. \tag{5.55}$$

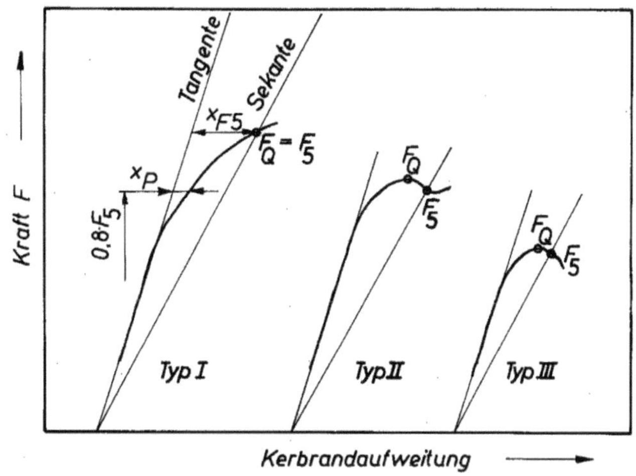

Abb. 5.80 Die Typen der beim statischen Bruchversuch ermittelten Kraft-Kerbaufweitungsdiagramme

Der Ermüdungsriß muß eine Länge von mindestens 1,25 mm haben. Der Winkel, der an der Spitze der Kerbkontur in der Probe zu verwirklichen ist, soll kleiner als 30° sein. Um bei der experimentellen Untersuchung die Ermüdungsrißfläche von der Sprödbruchfläche eindeutig unterscheiden zu können, ist es zweckmäßig, die Ermüdungsrißfläche farblich zu markieren. Durch das Erwärmen der mit dem Ermüdungsriß versehenen Proben auf Temperaturen von etwa 280 °C bis zu 2 Stunden Dauer bilden sich auf der freien Oberfläche Anlauffarben.

Die Bruchprüfung wird mit Hilfe von Zug-Druck-Prüfmaschinen vorgenommen. Das Instrument zur Messung der Aufweitung der Rißöffnung soll einen linearen Meßbereich haben, der einer Rißöffnungsverschiebung von 3 mm entspricht. Die Verstärkung des Registriergerätes ist so zu wählen, daß der lineare Teil des registrierten Kraft-Rißöffnungsverschiebungsdiagramms eine Steigung von 0,7 bis 1,5 hat. Die Beanspruchungsgeschwindigkeit ist auf Werte zwischen 20 bis 85 $N \cdot mm^{-3/2}/s$ einzustellen. Werden die Bruchversuche nicht bei Raumtemperatur durchgeführt, so sind die Proben vor der Prüfung für je 1 mm Dicke jeweils 2 min der entsprechenden Prüftemperatur auszusetzen.

Der aufgenommene Meßschrieb wird mit Hilfe des Sekantenverfahrens ausgewertet, wobei eine Sekante mit 95 % der Steigung des linearen Teils des aufgenommenen Diagramms konstruiert wird. Nichtlinearitäten im Anfangsbereich des Meßschriebs können dabei unbeachtet bleiben. Je nach der Lage des Schnittpunktes F_5 und des Diagrammstyps wird die Kraft F_5 oder das davor auftretende Kraftmaximum als die maßgebende Größe F_Q bestimmt, (Abb. 5.80 bzw. 5.82). Die effektive Rißtiefe wird als Mittelwert dreier Messungen gemäß (Abb. 5.81)

$$a = \frac{a_1 + a_2 + a_3}{3} \tag{5.56}$$

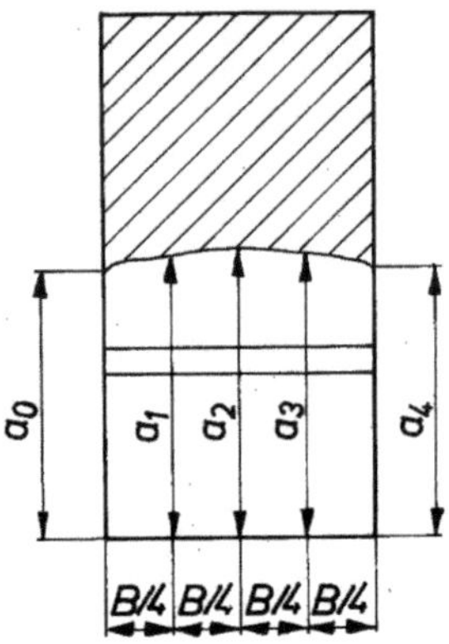

Abb. 5.81 Zur Ausmessung der Rißtiefen

ermittelt. Die Berechnung des erreichten kritischen Wertes des Spannungsintensitätsfaktors K_Q erfolgt nach den Beziehungen für den verwendeten Probentyp. Als Bruchzähigkeit K_{Ic} ist das Versuchsresultat K_Q anzusehen, wenn die folgenden Bedingungen eingehalten wurden:

- das Dickenkriterium $a,\ W - a,\ B \geq 2{,}5 \cdot (K_{Ic}/R_e)^2$,
- das Beanspruchungskriterium $K_{f\max}$ für die Anrißerzeugung,
- das Kriterium für die Rißfront $|\Delta a_i|/a \leq 0{,}05$ mit $i = 1,\ 2,\ 3$ und $a_{Rand}/a \geq 0{,}9$,
- $F_{\max}/F_Q \leq 1{,}1$.

Damit die Gesetze der linear-elastischen Bruchmechanik zur Analyse des Bruchverhaltens angewendet werden dürfen, müssen für die Rißgröße, die Größe des Ligaments und für die Dicke der Probe bzw. des Bauteils bestimmte Mindestwerte eingehalten werden:

$$a,\ W - a,\ B \geq 2{,}5 \cdot \left(\frac{K_{Ic}}{R_e}\right)^2. \tag{5.57}$$

Die Einhaltung dieser oftmals konservativen Bedingungen bringt unter Umständen gewisse Schwierigkeiten mit sich. Der Zahlenfaktor in der obigen Beziehung wird im Interesse einer realistischeren Einschätzung für die Anwendbarkeitsgrenzen der LEBM gelegentlich gemindert. Nach Angaben von Blumenauer [68] kann als maßgebender Faktor 1,4, nach Crosley und Ripling [69] sogar 1,0 verwendet werden. Für die Probendicke gibt Ritter [70] als Faktor den Wert von $400 \cdot (R_e/E)$ an.

Um bei den statischen Bruchzähigkeitsuntersuchungen von Vollradstählen praktisch verwertbare Aussagen über die notwendige Probengröße zu bekommen, wurden aus dem Radkranz von drei neuen Eisenbahnvollrädern je vier Stück Drei-Punkt-Biegeproben mit den Querschnittsabmessungen 40 × 72, 30 × 60, 20 × 40 und 15 × 30 mm entnommen [37]. Die statistische Analyse der Resultate der statischen Bruchzähigkeitsuntersuchungen bei Raumtemperatur zeigt bei den drei kleinen Probengrößen keine signifikanten Unterschiede. Die nach Literaturangaben zu erwartende Zunahme der Zähigkeit mit Verringerung

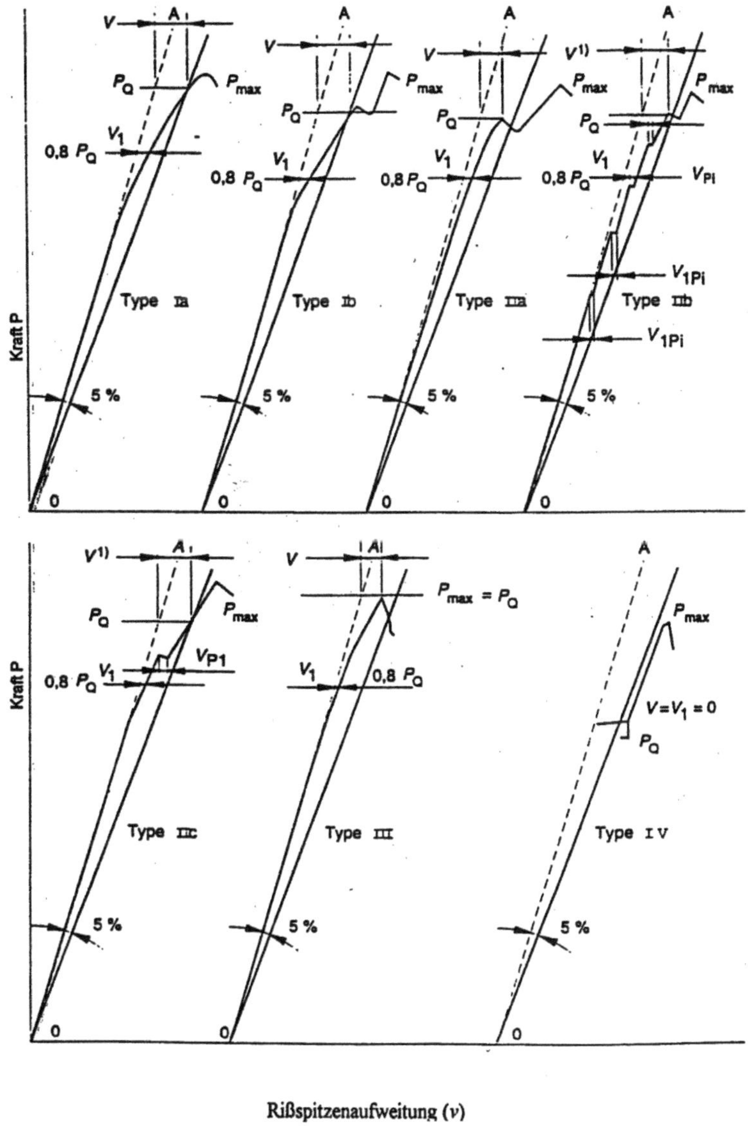

Abb. 5.82 Die bei statischen Bruchversuchen mit Proben aus Eisenbahnschienen zu erwartenden Kraft-Kerbaufweitungsdiagramme [10]

der Probengröße war somit in diesem Fall für die gewählten Probenabmessungen nicht nachweisbar; maßgebend für die dabei registrierten höheren Bruchzähigkeitswerte der großen Proben ist möglicherweise der Umstand, daß diese Proben im Gegensatz zu den kleineren nur dem mittleren Bereich des Radkranzes radkranzvergüteter Vollräder entnommen werden konnten.

5.5.3 Durchführung und Auswertung dynamischer Bruchversuche

Der versuchstechnisch wesentliche Unterschied der Bruchprüfung unter schlagartig einwirkenden Kräften gegenüber der statischen bzw. quasi-statischen Bruchprüfung besteht darin, daß durch die schnelle, schlagartige Krafteinwirkung die Probe stark beschleunigt und das mechanische Prüfsystem zum Schwingen angeregt wird. Um die Bruchkraft korrekt ermitteln zu können, müssen einerseits die Trägheitswirkungen kleiner als die Bruchkraft und andererseits die Schwingungserscheinungen beim Erreichen der Bruchkraft abgeklungen sein.

Wegen des Ansteigens der Streckgrenze mit zunehmender Beanspruchungsgeschwindigkeit können für die Ermittlung der dynamischen Bruchzähigkeit bei Beachtung des Abmessungskriteriums kleinere Proben als bei der statischen Prüfung verwendet werden, (Abb. 5.83). Versuche zur Ermittlung der dynamischen Bruchzähigkeit werden mit Hilfe von instrumentierten Pendelschlagwerken, von Fallwerken oder von servohydraulischen Prüfmaschinen durchgeführt.

Die Größe der Beanspruchung bei der Anrißerzeugung soll der Bedingung gehorchen

$$K_{f\max} = \begin{cases} \text{Beginn der Anrißerzeugung:} \\ 0{,}75 \cdot \frac{R_e(T_{Rißerzeugung})}{R_{e\,dyn}(T_{Prüfung})} \cdot K_Q \text{ bzw. } 0{,}25 \cdot \left(1 - \frac{a}{W}\right)^2 \cdot R_e(T_{Rißerzeugung}) \cdot \frac{K_I \cdot B \cdot W}{F} \\ \text{Ende der Anrißerzeugung:} \\ 0{,}60 \cdot \frac{R_e(T_{Rißerzeugung})}{R_{e\,dyn}(T_{Prüfung})} \cdot K_Q \text{ bzw. } 0{,}20 \cdot \left(1 - \frac{a}{W}\right)^2 \cdot R_e(T_{Rißerzeugung}) \cdot \frac{K_I \cdot B \cdot W}{F} \end{cases} \tag{5.58}$$

Die für die ordnungsgemäße Versuchsdurchführung wesentliche dynamische Streckgrenze bei der Prüftemperatur läßt sich mit Hilfe gekerbter Proben aus dem Kraft-Durchbiegungsdiagramm ermitteln (vgl. auch den folgenden Abschnitt 5.5.4). Zwischen

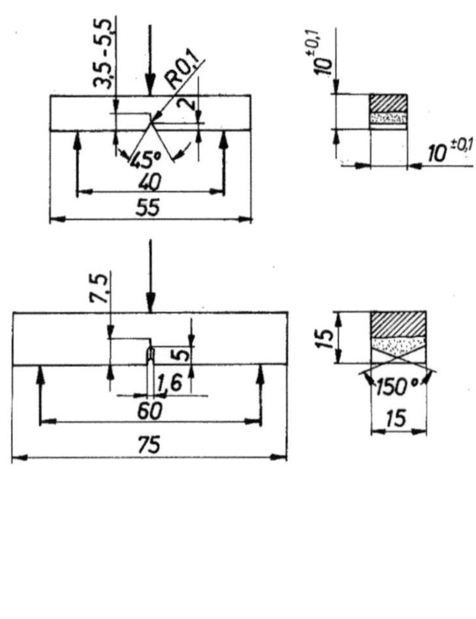

Abb. 5.83 Proben zur Ermittlung der dynamischen Bruchzähigkeit

der Kraft F_{GY}, bei der im gesamten Querschnitt Fließen auftritt, und die sich im Diagramm durch die Abweichung vom linearen Anstieg bemerkbar macht, und der Streckgrenze R_e besteht der von der Beanspruchungsgeschwindigkeit und vom Material unabhängige Zusammenhang

$$F_{GY} = k \cdot R_e \tag{5.59}$$

Die Konstante k kann bei bekannter statischer Streckgrenze aus der Fließlast gekerbter Proben bei statischer Beanspruchung ermittelt und dann auf den dynamischen Beanspruchungsfall übertragen werden. Für Spitzkerbproben gilt der Faktor

$$k = 1{,}7 \cdot 10^{-2}\ \text{kN/MPa}. \tag{5.60}$$

Die Anzahl der Lastwechsel bis zur Erzeugung des Anrisses mit der erforderlichen Länge soll größer sein als 50 000.

Zur Ermittlung der dynamischen Bruchzähigkeit wird entweder ein Kraft-Zeit-Diagramm oder ein Kraft-Durchbiegungsdiagramm aufgenommen. Damit das Diagramm auswertbar ist, müssen zwischen der Schwingungsdauer der Probe, der Anstiegszeit T_R des elektrischen Meßsystems und der Zeit t_F vom Belastungsbeginn bis zum Erreichen der Bruchlast die folgenden Bedingungen gelten:

$$\left.\begin{aligned} t_F &\geq (2{,}3 \text{ bis } 3{,}0) \cdot \tau \\ T_R &\leq 0{,}9 \cdot t_F \\ T_R &\geq 1{,}4 \cdot \tau. \end{aligned}\right\} \tag{5.61}$$

Während die Belastungszeit t_F bis zum Probenbruch dem Meßschrieb entnommen werden kann, läßt sich die Schwingungsdauer der Probe wie folgt ermitteln

$$\tau = 1{,}68 \cdot \frac{L}{c_0} \cdot \sqrt{\frac{W}{L}} \cdot \sqrt{E \cdot B \cdot \lambda_v} \tag{5.62}$$

mit der Stützweite L der Dreipunkt-Biegeprobe, der Schallausbreitungsgeschwindigkeit c_0, der Probenhöhe W, der Probenbreite B und der Nachgiebigkeit der Probe [71]

$$\begin{aligned} \lambda_v = \frac{v}{F} = {} & \frac{16}{E \cdot B} \\ & + \frac{24}{E \cdot B} \cdot \left(\frac{a/W}{1 - a/W}\right)^2 \cdot \left[5{,}58 - 19{,}57 \cdot \frac{a}{W} + 36{,}82 \cdot \left(\frac{a}{W}\right)^2 \right. \\ & \left. - 34{,}94 \cdot \left(\frac{a}{W}\right)^3 + 12{,}77 \cdot \left(\frac{a}{W}\right)^4 \right] \end{aligned} \tag{5.63}$$

Die Anstiegszeit T_R ist diejenige Zeit, in der die Anzeige von 10 auf 90 % der Amplitude ansteigt. Ermitteln läßt sie sich aus der Beziehung

$$T_R = \frac{0{,}35}{f_{0{,}915}} \tag{5.64}$$

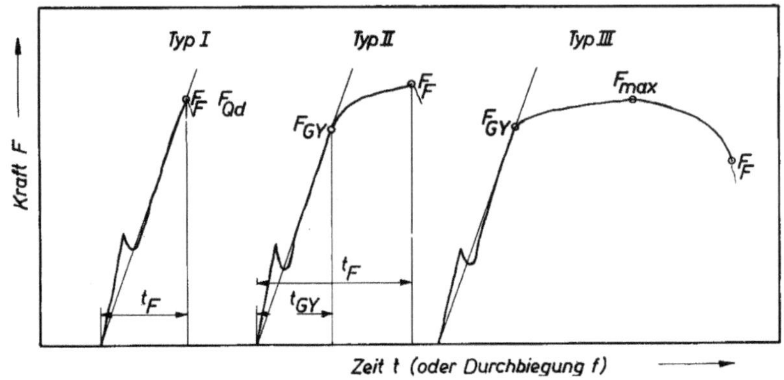

Abb. 5.84 Die Typen der beim dynamischen Bruchversuch ermittelten Kraft-Kerbaufweitungs-diagramme

durch die Messung derjenigen Grenzfrequenz, bei der die angezeigte Amplitude um 10 % (0,915 dB) abgenommen hat. Aus Kraft-Durchbiegungsdiagrammen ergibt sich die Zeit t_F bis zum Bruch zu

$$t_F = w_F / v_0 \tag{5.65}$$

mit der Probendurchbiegung w_F beim Bruch und der Aufschlaggeschwindigkeit v_0.

Damit beim Bruchversuch die Energie ausreicht, die Probe zu zerbrechen, ohne daß die Geschwindigkeit der Pendel- oder Fallgewichtsmasse wesentlich reduziert wird, ist zu gewährleisten

$$W_0 = 3 \cdot W_{Bruch}. \tag{5.66}$$

Für die Temperierung der relativ kleinen Bruchmechanikproben sind die Bedingungen für die Kerbschlagbiegeprüfung sinngemäß anzuwenden.

Die Prüfbedingungen lassen sich am einfachsten durch die Wahl der Aufschlaggeschwindigkeit bzw. der Fallhöhe beeinflussen. Auch wenn die Aufschlaggeschwindigkeit verringert werden muß, beispielsweise auf 20° Pendelneigung, um die Prüfbedingungen zu erfüllen, sinkt die Beanspruchungsgeschwindigkeit nur wenig, so daß die dynamischen Beanspruchungsverhältnisse immer noch gewährleistet sind.

Mit den Methoden der linear-elastischen Bruchmechanik sind die Kraft-Zeit- oder Kraft-Durchbiegungsdiagramme auswertbar, wenn der registrierte Kraftverlauf dem Typ I in vorstehender Abb. 5.84 entspricht. Diagramme des Typs II sind mit Hilfe der Methoden der Fließbruchmechanik auszuwerten, während sich Diagramme des Typs III einer sinnvollen Auswertung entziehen.

Die Bruchkraft F_Q entspricht dem Maximalwert der Kraft beim Bruch der Probe. Die effektive Rißlänge und der kritische Wert K_{Qd} des Spannungsintensitätsfaktors werden nach den entsprechenden Beziehungen für den statischen Beanspruchungsfall ermittelt.

Die Beanspruchungsgeschwindigkeit ergibt sich aus dem Quotienten

$$dK_I/dt \ = K_{Qd}/t_F. \tag{5.67}$$

Das Prüfergebnis K_{Qd} ist als die dynamische Bruchzähigkeit K_{Id} anzusehen, wenn die folgenden Bedingungen eingehalten wurden:

- das Dickenkriterium $B, a, \ W-a \geq 2{,}5 \cdot \left(K_{Id}/R_{e\,dyn}\right)^2$ mit der dynamischen Streckgrenze $R_{e\,dyn}$,
- das Beanspruchungskriterium $K_{f\max}$ für die Anrißerzeugung,
- die Relationen für die Bruchzeit t_F, die Schwingungsdauer τ der Probe und der Anstiegszeit T_R sowie für die Anfangsenergie W_0 und die Bruchenergie W_{Bruch}
- das Kriterium für die Rißfront $|\Delta a_i|/a \leq 0{,}05$ mit $i = 1, \ 2, \ 3$ und $a_{Rand}/a \ \geq 0{,}9$.

Treten beim Probenbruch Rißverzweigungen auf, so sind die Prüfergebnisse zu verwerfen.

5.5.4 Die näherungsweise Ermittlung der dynamischen Streckgrenze [73]

Für die korrekte Auswertung dynamischer Bruchversuche ist die Kenntnis der Größe der dynamischen Streckgrenze wesentlich. Wenn auch bekannt ist, daß sich die Streckgrenze mit zunehmender Beanspruchungsgeschwindigkeit erhöht (vgl. Abb. 2.62), so sind entsprechende Zahlenwerte nicht in dem Umfang bekannt, wie es für bruchmechanische Untersuchungen erforderlich ist.

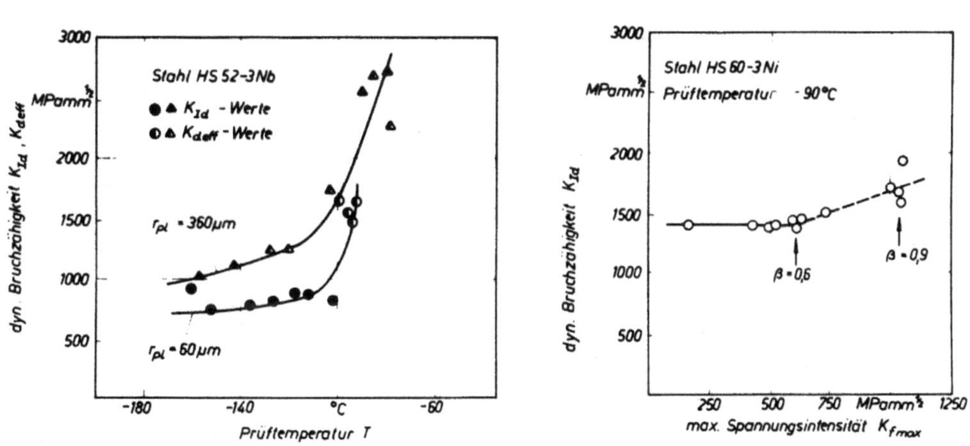

Abb. 5.85 Die die dynamische Bruchzähigkeit verfälschende Wirkung einer zu großen plastischen Zone um die Rißspitze bei der Rißerzeugung in K_{Id}-Proben [72]. (Der Wert β im rechten Diagramm entspricht dem Faktor 0,6 in der Gleichung (5.58))

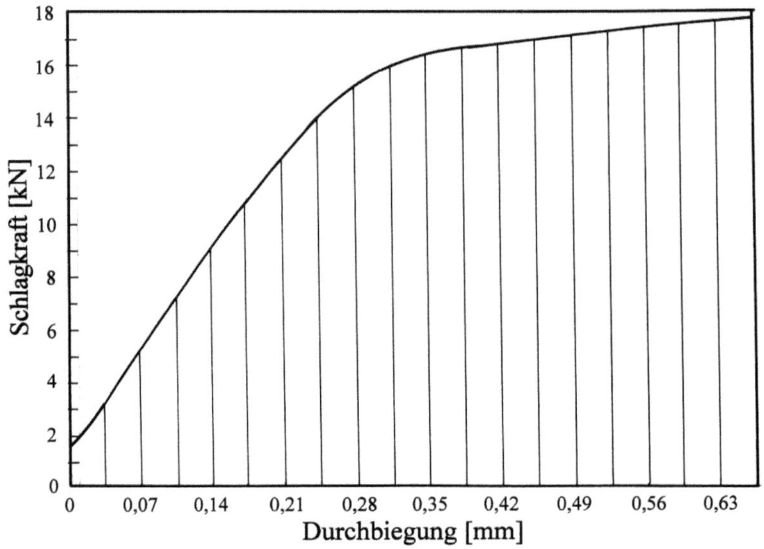

Abb. 5.86 Vom instrumentierten Pendelschlagwerk aufgenommenes Kraft-Durchbiegungsdiagramm für ungekerbte Proben (R7 gewalzt) bei $+20°C$

Eine näherungsweise Ermittlung der dynamischen Streckgrenze ist mit Hilfe des instrumentierten Pendelschlagwerkes möglich, indem ausgehend von dem registrierten Kraft-Durchbiegungsdiagramm – unter der idealisierenden Annahme linear-elastischer Verhältnisse – die Kraft in die maximale Randspannung der ungekerbte Probe gemäß (Abb. 5.86).

$$\sigma_{b\,\max\,Rand} = \frac{M_{b\,\max}}{W_b} = \frac{3}{2} \cdot \frac{F \cdot L}{B \cdot W^2} \tag{5.68}$$

und die Durchbiegung in die Dehnung gemäß

$$\varepsilon_{Rand\,\max} = \frac{6 \cdot W}{L^2} \cdot w_{\max} \tag{5.69}$$

für jedes Wertepaar umgerecht werden. Ausgehend von der Abb. 5.86 wird in das umgerechnete Diagramm (Abb. 5.87) parallel zu der Anfangsgeraden im Abstand von 0,2 % Dehnung eine Parallele eingetragen, die sich mit der umgerechneten Kurve in dem Punkt schneidet, der näherungsweise der dynamischen $R_{p0,2}$-Grenze entspricht.

Die auf die dargelegte Weise ermittelten Näherungswerte für die dynamische Streckgrenze entsprechen den gleichen Bedingungen wie die entsprechenden Bruchversuche mit anrißbehafteten Proben, d. h. bei einem Ausgangswinkel für das Pendel von 20° von der tiefsten Lage. Die Resultate derartiger Versuche sind in der folgenden Tab. 5.4 zusammengestellt und in Abb. 5.88 veranschaulicht.

Die Pendelgeschwindigkeiten bei Erreichen der Kraft, die der dynamischen Streckgrenze entspricht, sind für die einzelnen Versuche in der folgenden Tab. 5.5 wiedergegeben.

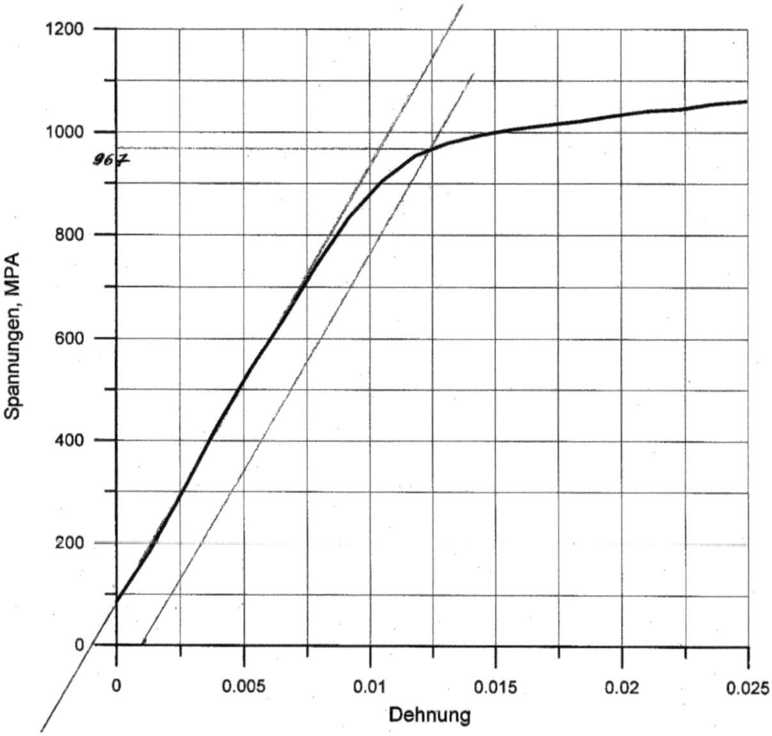

Abb. 5.87 Aus dem Kraft-Durchbiegungsdiagramm abgeleitetes Spannungs-Dehnungsdiagramm zur Ermittlung der dynamischen $R_{p0,2}$-Grenze (R7 gewalzt) bei + 20 °C

Tab. 5.4 Versuchsresultate der unter dynamischen Bedingungen ermittelten Streckgrenze

Probenmaterial	Dynamische Streckgrenze $R_{p0,2}$ bei		
	+ 20°C	− 5°C	− 30°C
Gewalzt, Rad 2	967 MPa	1070 MPa	1130 MPa
Gegossen, Gußrad	1160 MPa	1262 MPa	1330 MPa

Die Auswirkungen einer zu großen Beanspruchung, einer zu großen plastischen Zone an der Rißspitze auf die zu bestimmende dynamisch Bruchzähigkeit zeigen die beiden Diagramme in Abb. 5.85.

Die dynamischen Biegeversuche, die zeitlich nach den dynamischen Bruchversuchen durchgeführt wurden, zeigten etwas geringere Pendelgeschwindigkeiten als bei den dynamischen Bruchversuchen. Die dynamische Streckgrenze kann bei vollkommener Übereinstimmung der Pendelgeschwindigkeiten somit noch etwas größer sein, als es an dieser Stelle ermittelt wurde.

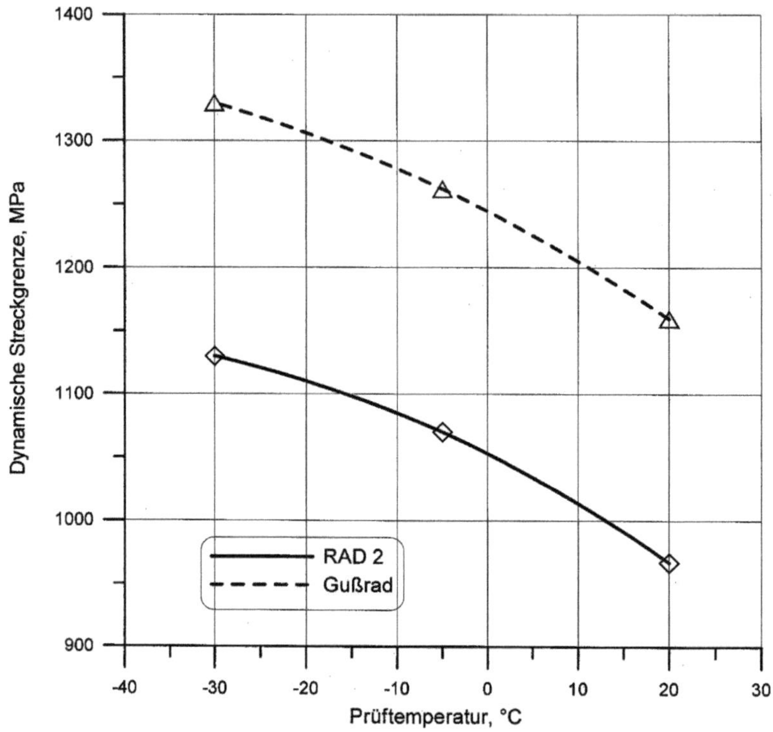

Abb. 5.88 Die Größe der dynamischen Streckgrenze zweier Vollradstähle, ermittelt an ungekerbte Biegeproben beim Fall des Pendels aus der 20°-Position

Tab. 5.5 Pendelgeschwindigkeit bei den dynamischen Biegeversuchen zur Ermittlung der Streckgrenze unter den dynamischen Bedingungen

Probenmaterial	Biegeversuch zur Ermittlung der dynamischen Streckgrenze $R_{p0,2}$ bei		
	+20 °C	−5 °C	−30 °C
Gewalzt, Rad 2	0,81 m/s	0,78 m/s	0,75 m/s
Gegossen, Gußrad	0,71 m/s	0,88 m/s	0,78 m/s

5.6 Die dynamische Rißausbreitungszähigkeit

Für die Ermittlung der dynamischen Rißausbreitungszähigkeit gibt es gegenwärtig noch keine standardisierten Festlegungen.

Der Widerstand, den das Material dynamisch sich ausbreitenden Rissen entgegensetzt, wird in dynamischen Rißausbreitungsversuchen ermittelt. Bedingt durch den sich schnell ausbreitenden Riß wird die ursprünglich im Bauteil gespeicherte Deformationsenergie U_0 vermindert, wobei die Abnahme der Deformationsenergie im dynamischen Fall geringer

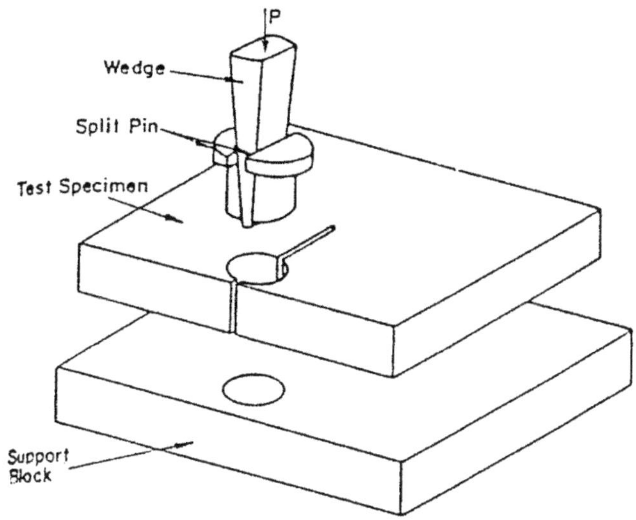

Abb. 5.89 Versuchsanordnung für keilbelastete Proben zur Ermittlung der dynamischen Rißausbreitungszähigkeit sowie der statischen Rißarrestzähigkeit [6]

ist als im statischen Fall. Ein Teil der im Bauteil ursprünglich gespeicherten Energie wird in kinetische Energie umgesetzt. Ein anderer Teil wird zur Realisierung der dynamischen Rißausbreitung verwendet und dissipiert. Die dissipierte Energie ist

$$D = U_0 - U - K \tag{5.70}$$

mit U_0 = ursprüngliche Deformationsenergie,
U = Deformationsenergie,
K = kinetische Energie,
D = dissipierte Energie.

Da die dissipierte Energie D im wesentlichen zur Erzeugung der vergrößerten Rißflächen verwendet wird, läßt sich der Ausdruck $\mathrm{d}D/\mathrm{d}a$ als Energiefreisetzungsrate $\mathfrak{G}$ interpretieren. Die dynamische Rißausbreitungszähigkeit ergibt sich dann gemäß der Beziehung

$$K_{ID} = \sqrt{\frac{E}{1-\nu^2} \cdot \frac{\mathrm{d}D}{\mathrm{d}a}} \tag{5.71}$$

Verwenden lassen sich zur Ermittlung der dynamischen Rißausbreitungszähigkeit K_{ID} keilbelastete, modifizierte CT-Proben (siehe Abb. 5.89), bei denen die interessierenden Eigenschaften aus der Größe der Rißlängenänderung gemäß Abb. 5.91 bestimmt werden können. Aber auch zugbeanspruchte große Scheiben werden verwendet (Abb. 5.92)

Resultate von Versuchen mit unterschiedlichen Proben zur Ermittlung von $K_{ID}(a', T)$ sind für den japanischen Schiffbaustahl der Kategorie KAS in Abb. 5.93 sowie für einen Werkzeugstahl in Abb. 5.94 wiedergegeben.

Abb. 5.90 Schaltungsprinzip, Meßfolie und Meßschrieb einer dynamischen Rißausbreitungsmessung [74]

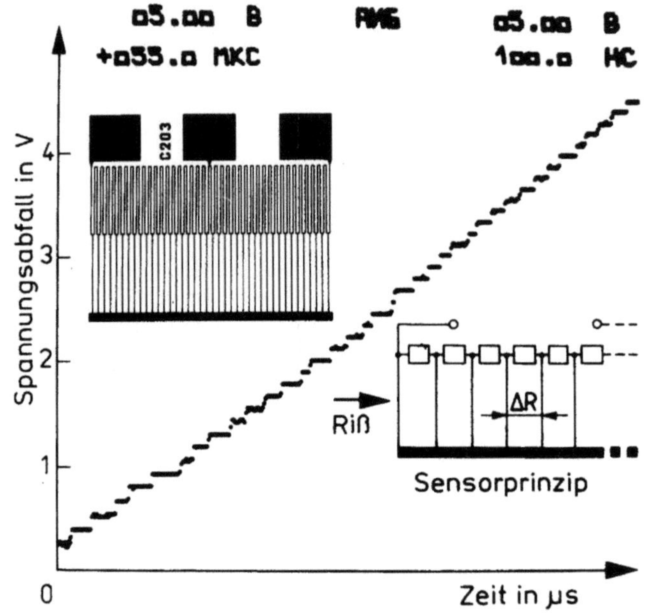

Abb. 5.91 Diagramm zur Bestimmung der dynamischen Rißausbreitungszähigkeit K_{ID}(a') aus der instabilen Rißgrößenzunahme keilbelasteter Kompaktproben [75]

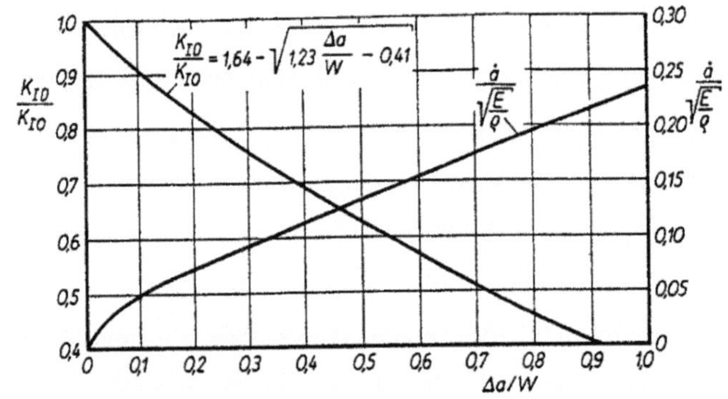

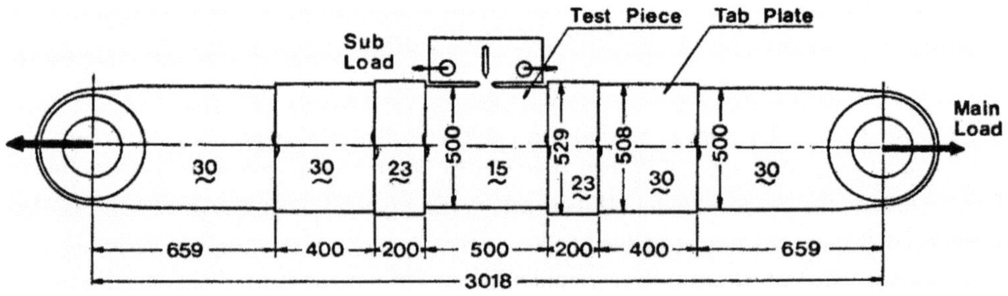

Abb. 5.92 Großzugprobe zur Ermittlung der dynamischen Rißausbreitungszähigkeit [76]

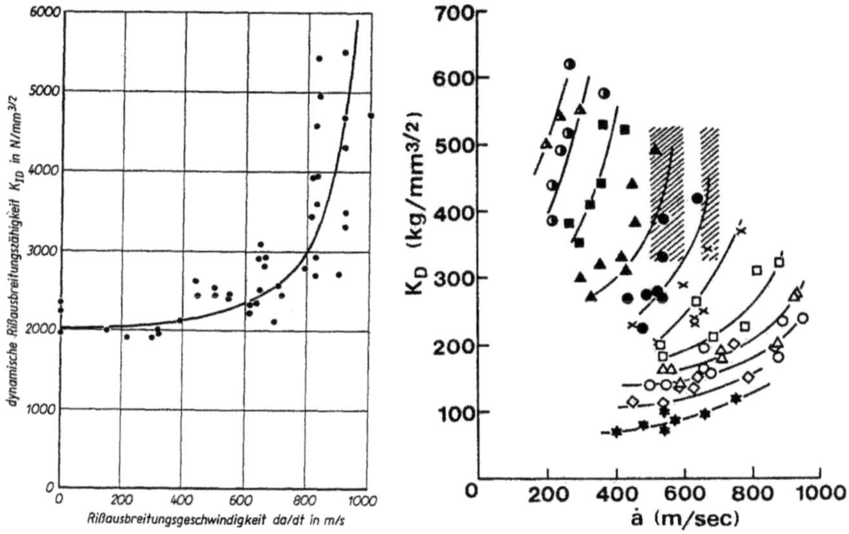

Abb. 5.93 Die dynamische Rißausbreitungszähigkeit K_{ID} des japanischen Schiffbaustahls der Qualität KAS in Abhängigkeit von der Rißausbreitungsgeschwindigkeit bei der Prüftemperatur $-40°$ (*links*) und bei unterschiedlichen Temperaturen (*rechts*) [76]

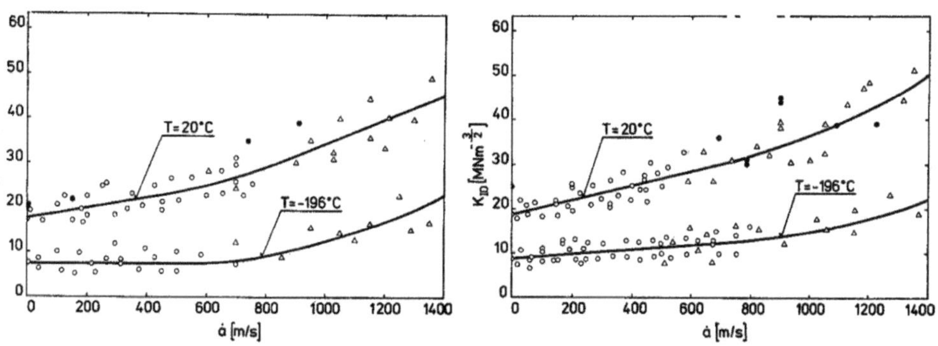

Abb. 5.94 Die dynamische Rißausbreitungszähigkeit eines Werkzeugstahls, angelassen bei 180 °C (*linkes Bild*) bzw. bei 370 °C (*rechtes Bild*) bei unterschiedlichen Prüftemperaturen in Abhängigkeit von der Rißausbreitungsgeschwindigkeit) [77]

5.7 Die Rißarrestzähigkeit

5.7.1 Durchführung und Auswertung der Rißarrestversuche

Von der American Society for Testing and Materials wurde der Standard ASTM E 1221-88 [6] publiziert, dem das statische Rißarrestkonzept zugrunde liegt.

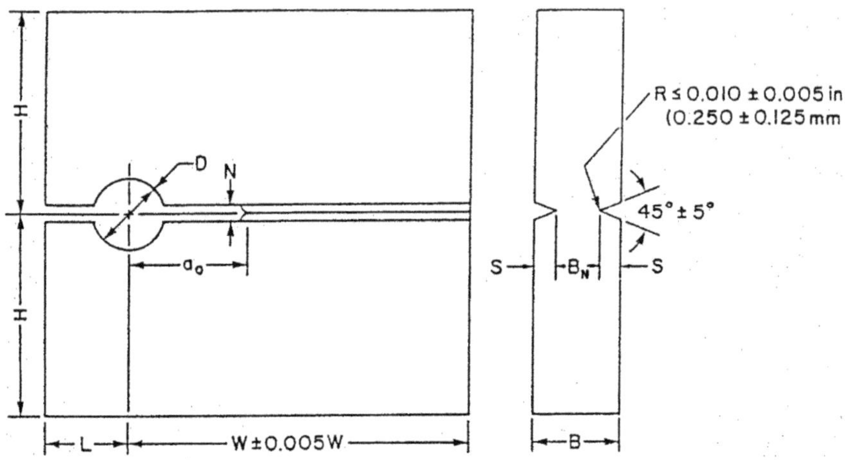

Abb. 5.95 Modifizierte CT-Probe zur Ermittlung der Rißarrestzähigkeit [6]

Der statische Wert der Arrestzähigkeit K_{Ia} wird als konservativer Ersatzwert für die dynamische Arrestzähigkeit K_{IA} angesehen, die sich als unterer Grenzwert der dynamischen Rißausbreitungszähigkeit K_{ID} für den Grenzfall der gegen Null strebenden Geschwindigkeit des sich instabil ausbreitenden Risses darstellt:

$$K_{Ia} < K_{IA} = \lim_{\mathrm{d}a/\mathrm{d}t \to 0} K_{ID} = K_{ID\,\mathrm{min}}. \tag{5.72}$$

Verwendet wird für die standardgemäße Bestimmung der Rißarrestzähigkeit eine keilbelastete, modifizierte CT-Probe mit Seitenkerbung, (Abb. 5.95). Die statische Rißarrestzähigkeit wird aus der Rißlänge a_A nach der Arretierung, (Abb. 5.96), des sich instabil ausbreitenden Risses ermittelt gemäß

$$K_{Ia} = \delta_a \cdot E \cdot \sqrt{\frac{B}{B_N \cdot W}} \cdot \frac{2{,}243 \cdot \sqrt{1 - a_A/W} \cdot \left(1{,}7164 - 0{,}9 \cdot \frac{a_A}{W} + \left[\frac{a_A}{W}\right]^2\right)}{9{,}85 - 0{,}17 \cdot \frac{a_A}{W} + 11 \cdot \left[\frac{a_A}{W}\right]^2}. \tag{5.73}$$

In dieser für $0{,}3 \cdot W \leq a_A \leq 0{,}9 \cdot W$ zutreffenden Beziehung ist δ_a die Kerbaufweitung, die im Abstand $W/4$ vor der Wirkungslinie der Kräfte gemessen und dem Meßschrieb entnommen wird.

Um die plastischen Verformungen bei der Probenbelastung zu begrenzen, soll die Kerbaufweitung bei der ersten Belastung die im Standard vorgegebene Größe nicht überschreiten. Wird bei der ersten Belastung die instabile Rißausbreitung nicht ausgelöst, so ist die Belastung in den nachfolgenden Beanspruchungszyklen zu erhöhen bis zum Erreichen des im Standard vorgegebenen Größtwertes der Kerbaufweitung. Kommt es nicht zur instabilen Rißausbreitung, so ist die Prüfung bei verminderter Temperatur durchzuführen;

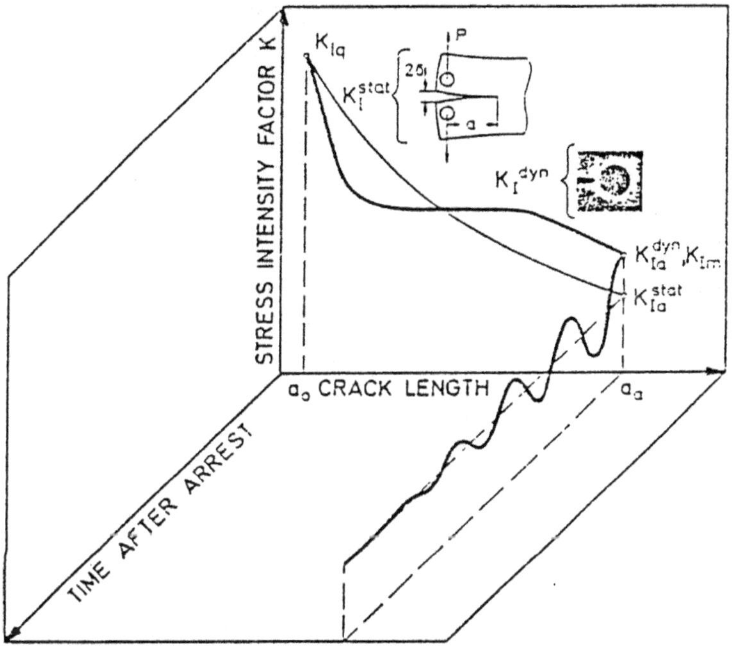

Abb. 5.96 Der zeitabhängige Beanspruchungsverlauf bei dynamischer Rißausbreitung und nach der Rißarretierung [78]

bei ungültigen Versuchen (instabile Rißgrößenzunahme Δa ist zu gering oder die Rißausbreitung erfolgt nur stabil) sind die Probenabmessungen zu vergrößern. *Anzumerken ist, daß etwa 50 % der Rißarrestversuche keine gültigen Versuchsergebnisse liefern.*

Damit die Versuchsresultate als gültig betrachtet werden können, müssen die folgenden Bedingungen erfüllt sein:

das Ligament nach der Arretierung der Bedingung

$$W - a_A \geq 0{,}15 \cdot W \quad \text{und} \quad W - a_A \geq 1{,}25 \cdot \left(\frac{K_{Ia}}{R_{e\,dyn}}\right)^2, \tag{5.74}$$

die Probendicke

$$B \geq 1{,}0 \cdot \left(\frac{K_{Ia}}{R_{e\,dyn}}\right)^2 \tag{5.75}$$

und die instabile Rißlängenzunahme

$$a_A - a_0 \geq 2 \cdot N \quad \text{und} \quad a_A - a_0 \geq \frac{1}{2\pi} \cdot \left(\frac{K_0}{R_{e\,dyn}}\right)^2 \tag{5.76}$$

mit

$$R_{e\,dyn} = R_{e\,stat} + 205 \text{ MPa}. \tag{5.77}$$

5.7.2 Die relevanten Einflüsse auf die Rißarrestzähigkeit

Vielfach üblich ist es bei praktischen Anwendungen, die Rißarrestzähigkeit aus Referenzkurven zu entnehmen, die die Minimalwerte der statischen Bruchzähigkeit K_{Ic}, der dynamischen Bruchzähigkeit K_{Id} und der statischen Rißarrestzähigkeit K_{Ia} repräsentieren. Für bestimmte Werkstoffe sind derartige Referenzkurven $K_{IR}(T)$ in Abhängigkeit anderer Zähigkeitskennwerte, z. B. der NDT-Temperatur aufgestellt worden. Für die Aufstellung derartiger Referenzkurven wird insbesondere die dynamische Bruchzähigkeit verwendet, da der von der Beanspruchungsgeschwindigkeit abhängige Minimalwert der Bruchzähigkeit weitgehend der statischne Rißarrestzähigkeit entspricht. Werden aus derartigen Referenzkurven dann aber detaillierte Aussagen über die Rißarretierung abgeleitet, so können die Schlußfolgerungen mit beträchtlichen Unsicherheiten behaftet sein. Versuchsergebnisse von einem Brückenbaustahl St37 aus der Mitte der 30er Jahre (Strelasundbrücke zwischen Stralsund und Rügen, Abb. 5.97) bestätigen den Sachverhalt, daß die Meßwerte der Rißarrestzähigkeit im Streubereich der dynamischen Bruchzähigkeit liegen.

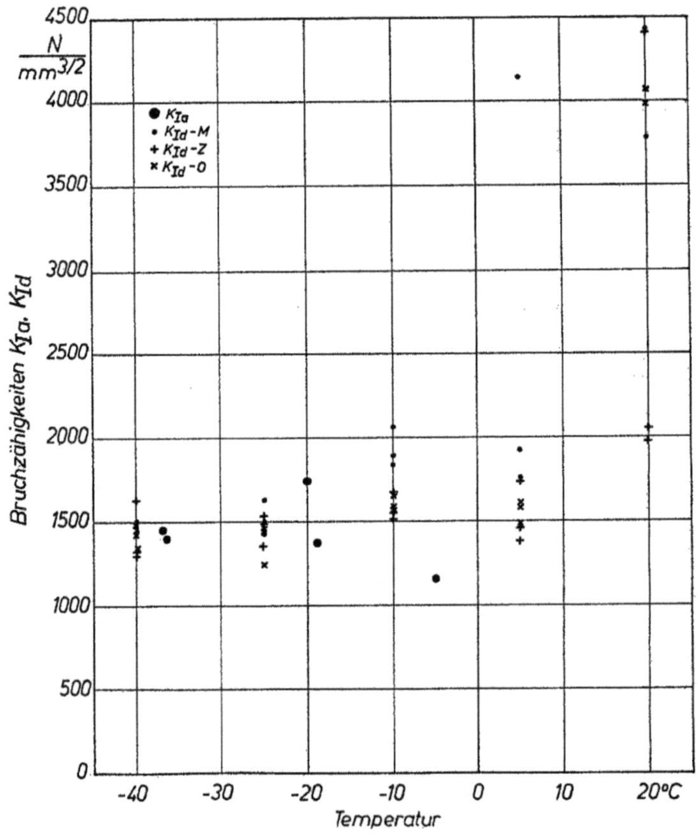

Abb. 5.97 Gegenüberstellung der dynamischen Bruchzähigkeit und der statischen Rißarrestzähigkeit des Baustahls St37 [79]

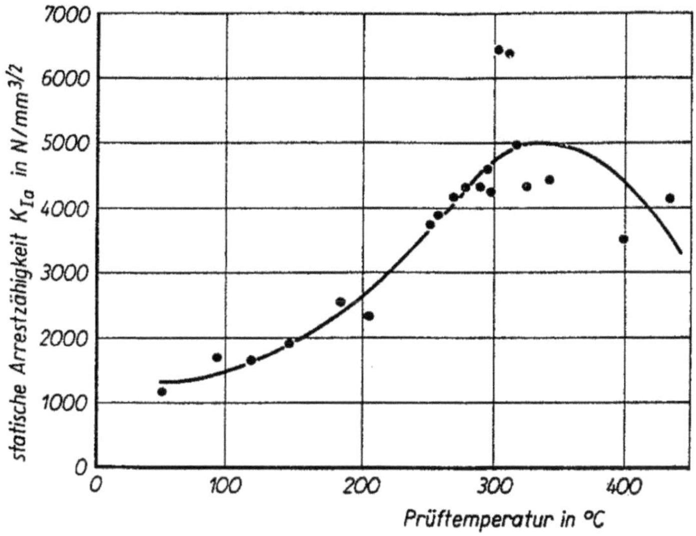

Abb. 5.98 Die statische Rißarrestzähigkeit K_{Ia} des Druckbehälterstahls 17MoV84 in Abhängigkeit von der Prüftemperatur [80]

Versuchsergebnisse für einen Druckbehälterstahl sind in Abb. 5.98 angegeben. Bemerkenswert an den experimentellen Resultaten ist, daß diese teilweise unterhalb der Referenzkurve K_{IR} nach dem ASME-Code liegen.

5.8 Der Aufwand für bruchmechanische Untersuchungen

5.8.1 Empfehlenswerter Stichprobenumfang

In den bruchmechanischen Prüfstandards ist die Größe des Stichprobenumfangs bei der Ermittlung der bruchmechanischen Eigenschaften im allgemeinen nicht vorgeschrieben. Da die experimentellen Untersuchungen jedoch eine bestimmte Streuung der Versuchsresultate zeigen, die durch den untersuchten Werkstoff, aber auch durch die Versuchsdurchführung und die Datenanalyse bedingt ist, sollte stets eine gewisse Anzahl von Proben unter den gleichen Versuchsbedingungen untersucht werden. Die zu erbringende Anzahl gültiger Versuchsergebnisse ist Gegenstand von Lieferbedingungen oder von Vereinbarungen zwischen dem Hersteller und dem Abnehmer, sofern es sich um die Gewährleistung bestimmter Eigenschaften handelt, bzw. dem Prüfenden und dem Auftraggeber, sofern eine bestimmte Eigenschaft nachzuweisen oder zu ermitteln ist.

Im Rahmen bruchmechanischer Bewertungen wird mitunter auf einen gesonderten Sicherheitsnachweis verzichtet, da sowohl bei der Bestimmung der Spannungsintensitätsfaktoren, als auch bei der Ermittlung der bruchmechanischen Eigenschaften versucht wird, konservativ zu bleiben. Dieses angestrebte Ziel ist nur dann zu erreichen, wenn beispielsweise bei der Bruchzähigkeit ein repräsentativer Minimalwert verwendet wird. Nach Angaben aus dem Standard BS 7910 [81] sind diese äquivalenten Bruchzähigkeitswerte für deterministische Analysen anhand der Versuchsergebnisse aus mindestens drei Versuchen nachfolgend angegeben:

Anzahl der Ergebnisse	Äquivalenter Wert
3 bis 5	Niedrigster Wert
6 bis 10	Zweitniedrigster Wert
11 bis 15	Drittniedrigster Wert

Die extremen bruchmechanischen Kennwerte sollten nach diesen Betrachtungen nicht niedriger als 70 % und nicht größer als 140 % des Mittelwertes sein.

Zur statistischen Absicherung der bruchmechanischen Eigenschaften wird in der FKM-Richtlinie [82] ein Prüfumfang von 5 bis 10 Versuchsergebnissen für die Schwellenwerte und die Rißwachstumsrate, von ca. 10 Versuchsergebnissen für Bruchzähigkeitskennwerte und von 10 bis 15 Versuchsergebnissen für die Rißinitiierungswerte der Fließbruchmechanik angegeben.

In der KdT-Richtlinie 119/86 von 1986 [83] werden 3 gültige Versuche als Mindestumfang bei Bruchzähigkeitsuntersuchungen empfohlen. Ebenfalls mindestens 3 Versuchsergebnisse werden im amerikanischen Standard ASTM E 399 [3] und im japanischen Standard JWES 2805 [84] gefordert. Die experimentelle Untersuchung von vier Proben ist bei der Anwendung der R6-Methode vorgeschrieben [85]. In der als UIC-Merkblatt vorgesehenen Standardprüfmethode für Eisenbahnschienenstähle [10] wird der Prüfumfang zu mindestens 5 Proben, besser jedoch 10 Proben gefordert. In dem UIC-Merkblatt 812-3 [16] ist für Eisenbahnvollräder die Untersuchung von 6 CT-Proben von 30 mm Dicke, die gleichmäßig über den Radkranz verteilt entnommen wurden, vorgeschrieben.

Zeigt der Werkstoff bei seiner experimentellen bruchmechanischen Untersuchung kein linear-elastisches, sondern elastisch-plastisches Verhalten, so muß u. U. die Zahl der verfügbaren Proben noch weiter erhöht werden, um gegebenenfalls mit Hilfe der Mehrprobenmethode, die einen Mindestumfang von jeweils vier Proben zur Gewinnung eines Kennwertes voraussetzt, die Eigenschaften umfassend kennzeichnen zu können [86].

Angestrebt werden sollte generell ein Umfang von 5 gültigen Prüfresultaten bei bruchmechanischen Untersuchungen bei gleichen Prüfbedingungen. Bei stark streuenden Ergebnissen muß dieser Prüfumfang eventuell erhöht werden. Werden die Prüfbedingungen systematisch variiert, so kann gegebenenfalls der Umfang der Prüfungen bei gleichen Bedingungen reduziert werden. Um beispielsweise die statische oder die dynamische Bruchzähigkeit für einen praktisch interessierenden Temperaturbereich (von etwa -30 bis $+20\,°C$) für einen spröde brechenden Werkstoff zu ermitteln, sind nach eigenen Erfahrungen 15 Proben, aufgeteilt auf 3 gleichmäßig über den Bereich verteilte Temperaturen, ausreichend, um sowohl die mittlere Temperaturabhängigkeit, als auch die Streuung zuverlässig bestimmen zu können. Verhält sich der untersuchte Werkstoff zäh, so muß bei Anwendung der Mehrprobenmethode mit jeweils 5 Proben je Versuchsergebnis gerechnet werden.

Für Rißwachstumsuntersuchungen ist es bei gleichen Prüfbedingungen empfehlenswert, mindestens 5 Proben experimentell zu untersuchen, um den gesamten Streubereich der Rißwachstumseigenschaften zu erfassen. Nach eigenen Erfahrungen ließen sich bei diesem Probenaufwand – bei getrennter Auswertung des Wachstums der beiden Risse in CCT-Proben – Unterschiede in den Eigenschaften zweier Stähle für gleichartige Verwendung ermitteln.

Bei der Bestimmung des Schwellenwertes ΔK_{th} in Abhängigkeit vom Beanspruchungsverhältnis R ist die Anzahl der Proben ähnlich zu wählen wie bei Bruchzähigkeitsbestimmungen spröder Werkstoffe.

Anzumerken ist, daß bei bruchmechanischen Untersuchungen die Anzahl der verfügbaren Proben stets höher sein sollte als der geforderte Mindestumfang der gültigen Resultate, da erfahrungsgemäß bei der Rißerzeugung oder bei der Versuchsauswertung Ausfälle oder ungültige Versuchsergebnisse nicht auszuschließen sind.

5.8.2 Der Materialaufwand für Bruchmechanikproben

Das Probenmaterial für bruchmechanische Untersuchungen sollte möglichst dick und großflächig sein, d. h. dicker als 10 mm. Im allgemeinen sind aus dem verfügbaren Material Proben aus der Längsrichtung, unter Umständen auch aus der Querrichtung zu entnehmen. Bei extremen Bauteildicken sind eventuell die Eigenschaften in Dickenrichtung bzw. in Abhängigkeit von der Tiefenlage unter der Oberfläche von Interesse. Bei Schweißkonstruktionen sind Proben aus dem unbeeinflußten Grundwerkstoff, aus dem Bereich der Schweißnaht und aus dem Bereich der Wärmeeinflußzone zu untersuchen.

Neben den konventionellen Untersuchungen (Zugversuch, eventuell auch bei unterschiedlichen Temperaturen und Beanspruchungsgeschwindigkeiten, Kerbschlagbiegeversuch bei den Temperaturen nach den Liefervorschriften, chemische Analyse – C, Mn, Si, P, S, N, Al –, metallographischen Untersuchungen am Makro- und am Mikroschliff) sind die folgenden Zähigkeitseigenschaften zu untersuchen:

- Kerbschlagzähigkeit bei unterschiedlichen Prüftemperaturen,
- NDT-Temperatur,
- statische Bruchzähigkeit K_{Ic},
- dynamische Bruchzähigkeit K_{Id} mit Angabe der Größe der Beanspruchungsgeschwindigkeit $\mathrm{d}K_I/\mathrm{d}t$,
- Rißwachstumseigenschaften $\mathrm{d}a/\mathrm{d}N$,
- Schwellenwert der Ermüdungsrißausbreitung ΔK_{th},
- statische Rißarrestzähigkeit K_{Ia}.

Die Größen der erforderlichen Proben sind:

- Kerbschlagbiegeproben mit den Abmessungen 10 mm × 10 mm × 55 mm (10 bis 15 Stück),
- NDT-Proben mit den Abmessungen 50 mm × 130 mm × Probendicke (10 bis 15 Stück) mit der Probendicke 13 mm bei NRL-Proben, 16 mm bei P-3-Proben und 19 mm bei P-2-Proben,
- statische Bruchzähigkeitsproben (3PB-Proben) mit den Abmessungen volle Dicke × doppelte Höhe × fünffache Länge (20 Stück für die Ermittlung der temperaturabhängigen K_{Ic}-Werte),
- dynamische Bruchzähigkeitsproben mit den Abmessungen 10 mm × 10 mm × 55 mm (20 Stück für die Ermittlung der temperaturabhängigen K_{Id}-Werte),
- CCT-Rißwachstumsproben mit den Abmessungen 7,5 mm × 80 mm × 300 mm (10 bis 15 Stück, mindestens jedoch 5 Stück für die Ermittlung der Rißwachstumsrate bei einem R-Verhältnis),
- Biegeproben für die Schwellenwertermittlung mit den Abmessungen 10 mm × 10 mm × 55 mm oder 10 mm × 20 mm × 85 mm (ca. 10 Stück, mindestens jedoch 5 Stück für die Ermittlung des Schwellenwertes bei einem R-Verhältnis),
- Rißarrestproben mit Abmessungen bis maximal 201 mm × 201 mm × Bauteildicke (10 bis 15 Proben).

Bei der Probenentnahme für grundsätzliche Untersuchungen sind jeweils größere einheitliche Teile zu verwenden, um einen Chargeneinfluß auszuschließen, wenn dieser nicht untersucht werden soll.

5.8.3 Der Zeitaufwand für bruchmechanische Versuche

Der Zeitaufwand für die Herstellung von Proben hängt in entscheidendem Maße davon ab, in welcher Form das Material vorliegt, aus welchem Bereich und unter welcher Richtung die Proben zu entnehmen sind, wieviel Material abzuarbeiten ist, und nicht zuletzt auch, wie sparsam mit dem verfügbaren Material umgegangen werden muß. Nach eigenen Erfahrungen werden im Mittel die folgenden Zeiten für die Probennahme und die Herstellung der Proben benötigt:

- Zugprobe 3 h,
- Kerbschlagbiegeprobe (V-Kerb) 1 h,
  (identisch mit der K_{Id} – Probe) 1 h,
- K_{Ic} – Probe 9 h
  (K_{Ic} – Probe mit zwei Kerben, d. h. verlängerte 3PB-Probe) … 12 h,
- Rißwachstumsprobe, einfache Probennahme 4 h,
  (Trennen in der Blechebene) … 8 h.

Anders als bei konventionellen Werkstoffprüfungen beinhaltet die Probenvorbereitung oder die Versuchsdurchführung die Erzeugung von Ermüdungsrissen unter systematisch zu verändernden bzw. gleichbleibenden Bedingungen. Der Zeitaufwand für die Rißeinbringung beträgt im einzelnen nach bisherigen Erfahrungen:

- Rißeinbringung in Kerbschlagbiegeproben
  mit ESH-Technik ca. 4 ... 8 h,
  mit REA Dynacomp (Uni Magdeburg) 1 h,
  mit REA Dynacomp (ZFW Dresden) ca. 5 min.
- Rißeinbringung in K_{Ic} – Probe mit Pulsator 4 ... 8 h
- Rißwachstumsversuche $\geq$ 1 Arbeitstag
- ΔK_{th} – Ermittlung, manuelle Steuerung (Uni Magdeburg) ca. 8 h,
  automatisiert (ZFW Dresden) ca. 18 h.

Der Zeitaufwand für Rißwachstumsuntersuchungen wird sehr wesentlich durch die Prüffrequenz und durch die Schwingweite der Beanspruchung bestimmt. Im Extrem können sich Versuche (beispielsweise bei 5 Hz. und $R = 0{,}50$) über insgesamt 3 Wochen (bei täglich etwas mehr als 12 Arbeitsstunden) hinziehen. Der wesentliche Unterschied in den letzten beiden Zeitangaben für die Schwellenwertermittlung ist durch die Versuchsmethodik bedingt: während bei den Versuchen an der Universität Magdeburg die Probenbelastung bis zum Stillstand vermindert und die Probe dann (nach Markierung der Rißfläche und Probenkühlung) zerschlagen wurde, wurde am ZFW Dresden die Belastung wieder erhöht und eine weitere Rißwachstumskurve aufgenommen.

Der Zeitaufwand für die Durchführung der Versuchsauswertung ist in Abhängigkeit von der Prüfung selbst und den verwendeten Hilfsmitteln ebenfalls sehr unterschiedlich. Die Ausmessung der 3 Rißtiefen bei spröden Probenbruch nimmt im allgemeinen einige Minuten in Anspruch, während die Ausmessung der 9 Werte Δa der Rißtiefenänderung den Zeitaufwand mindestens verdreifacht. Stark abhängig vom spröden oder zähen Werkstoffverhalten und der Prüfmethodik (manuelles Ausplanimetrieren oder computergesteuerte Integration einerseits und Einprobenmethode bzw. Mehrprobenmethode andererseits) ist der Aufwand, der getrieben werden muß, um einen gültigen Versuchswert für die Bruchzähigkeit zu erhalten.

Die Auswertung von Rißwachstumsuntersuchungen auf der Grundlage der Paris-Gleichung ist abhängig von der Anzahl der verwertbaren Meßwertepaare. Bei Rechner-Auswertung mit Bildschirm-Graphik ergeben sich bei 30 bis 90 Meßwertepaaren je Probe (mit 2 Rissen in der CCT-Probe) mindestens 30 bis 60 min bei Handeingabe der Meßdaten. Eine Auswertung von Rißwachstumsuntersuchungen ohne Rechner und ohne Bildschirmgraphik ist wegen des erforderlichen Zeitaufwandes und der Frage der einzubeziehenden Meßwertpaare nicht empfehlenswert.

5.8.4 Kostenvergleiche bei Werkstoffprüfungen

Angaben über die absoluten Kosten bruchmechanischer Versuche sind wegen des unterschiedlichen Lohnniveaus in den verschiedenen Ländern, der verwendeten Prüftechnik und der Prüfmethodik im allgemeinen wenig aussagekräftig. Anhaltswerte für die Kosten lassen sich jedoch aus der Relation zwischen den Kosten für konventionelle und für bruchmechanische Werkstoffuntersuchungen gewinnen. Entsprechende Angaben über die Kosten der Prüfungen niedrig- bis mittelfester Stähle wurden vom *Committee on Rapid Inexpensive Tests for Determining Fracture Toughness* des *National Materials Advisory Board* 1976 [87] veröffentlicht, die im folgenden wiedergegeben werden:

Versuch	Proben-herstellung ($)	Anriß-erzeugung ($)	Spez. Präparierung ($)	Prüfung, Auswertung ($)	Gesamt-kosten ($)
Zugversuch:					
Eigene Untersuchungen	12			5	17
Fremdauftrag	17			6	23
Kerbschlagbiegeversuch:					
Eigene Untersuchungen	7			10	17
Fremdauftrag	19			10	29
Fallgewichtsversuch:					
Eigene Untersuchungen	15		3	15	33
K_{Ic}-Ermittlung:					
Eigene Untersuchungen					
(B = 1 in.)	70	66		44	180
(B = 2 in.)	105	66		44	215
Fremdauftrag					
(B = 1 in.)	65	50		33	150
(B = 2 in.)	105	65		40	210
K_{Id}-Ermittlungen:					
Eigene Untersuchungen	7	25		40	72
Fremdauftrag	19	30		25	74
J_{Ic}-Untersuchungen, eigene Untersuchungen:					
(CT-Probe)	90	72		48	210
(3PB-Probe)	60	72		48	180
(Charpy-Probe)	8	42		28	78

Zu beachten ist bei der Übertragung der aus dieser Tabelle zu entnehmenden Relationen, daß für die konventionellen Untersuchungen im allgemeinen wenige Versuche zur Gewinnung der gewünschten Aussagen erforderlich sind, während bei bruchmechanischen Untersuchungen der Prüfumfang doch merklich höher liegt. Durch die seit Veröffentlichung dieser Werte erheblich verbesserte bruchmechanische Prüftechnik lassen sich jedoch bedeutsame Rationalisierungseffekte erzielen.

Etwas aktuellere Angaben über die Kosten werkstofftechnischer Untersuchungen liegen vor von der Bundesanstalt für Materialforschung und -prüfung (BAM), Berlin, und vom Institut für Materialforschung und Anwendungstechnik GmbH (IMA), Dresden. Danach kosten bei der BAM:

–	Vorbereitung der Versuchsreihe (DM)	Einzelversuch (DM)
Zugversuch	–	–
Ohne Dehnungsmessung	84,00	84,00
Mit Dehnungsmessung	112,00	112,00
Kerbschlagbiegeversuch (mit Normproben)	–	–
Konstante Temperatur, ohne Instrumentierung	28,00	14,00
Variable Temperatur, ohne Instrumentierung	70,00	28,00
Variable Temperatur, mit Instrumentierung	160,00	100,00

Für eine Betriebsstunde einer servohydraulischen Prüfmaschine bei F_{max} bis 160 kN – was nach eigenen Erfahrungen für Rißwachstumsuntersuchungen erforderlich ist – ergeben sich neben der Vorbereitungsgebühr je Prüfstück von 80,00 DM:

$\leq 10^6$ Schwingspiele 53,00 DM
$\geq 10^6$ Schwingspiele 33,00 DM.

Da Rißwachstumsuntersuchungen eine intensivere Betreuung des laufenden Versuches erfordern als Zeit- und Dauerfestigkeitsuntersuchungen, ist mit dem höheren Satz oder mit Abrechnung nach Aufwand (bei 97,00 DM bis 141,00 DM pro Person) zu rechnen.

Die Kosten für Prüfungen ergeben sich bei nicht voraus kalkulierbaren Einflüssen, wie es bei bruchmechanischen Untersuchungen häufig der Fall sein wird, nach dem jeweiligen Aufwand.

Vom IMA Pirna wurden die folgenden Angaben mitgeteilt:

Für statische Untersuchungen der Bruchzähigkeitseigenschaften bei Verwendung von 1 in. dicken CT- oder 3PB-Proben ergeben sich (einschließlich Probenherstellung bis zur Versuchsauswertung bei der Ein-Proben-Methode) für ein Versuchsergebnis

bei Raumtemperatur 850 DM,
bei abweichender Prüftemperatur 1000 DM.

Als unterer Grenzwert für die Kosten sind etwa 500 DM anzusetzen entsprechend einer weitgehend automatisierten COD-Prüfung mit stets gleichbleibenden Prüfbedingungen als Qualitätskontrolle der Stahlherstellung (im Stahlwerk Salzgitter).

5.9 Umrechnungsbeziehungen für bruchmechanische Kennwerte

Da in vielen älteren Veröffentlichung sowie in Veröffentlichungen aus dem angelsächsischen und dem japanischen Raum die bruchmechanischen Eigenschaften mit den dort geläufigen Einheiten gekennzeichnet werden, und da für die Einheit des Spannungsintensitätsfaktors unterschiedliche Angaben üblich sind, müssen oftmals Umrechnungen vorgenommen werden.

Die gängigen Umrechnungsbeziehungen sind im folgenden zusammengestellt. Zu beachten ist, daß einige der Einheiten, wie z. B. die Einheiten der Länge, der Kräfte und der Spannungen zueinander proportional sind, daß aber daneben, so z. B. für die Temperaturskalen wegen der unterschiedlich definierten Nullpunkte, lineare Abhängigkeiten bestehen.
Kraft:

$$\begin{aligned} 1\ \text{kp} &= 9{,}80665\ \text{N}, \\ 1\ \text{lb} &= 4{,}448222\ \text{N}, \\ 1\ \text{kip} &= 1000\ \text{lb} = 4448{,}221615\ \text{N}. \end{aligned}$$

Länge:

$$\begin{aligned} 1\ \text{in} &= 25{,}4\ \text{mm}, \\ 1\ \text{ft} &= 0{,}3048\ \text{m} \\ 1\ \text{yard} &= 0{,}9144\ \text{m}. \end{aligned}$$

Spannung, Druck:

$$\begin{aligned} 1\ \text{kp/mm}^2 &= 9{,}80665\ \text{N/mm}^2 && = 9{,}80665\ \text{MPa} \\ 1\ \text{psi} &= 1\text{lb/in}^2 && = 6{,}894757\ \text{kPa} \\ 1\ \text{ksi} &= 1000\text{lb/in}^2 && = 6{,}894757\ \text{MPa} \\ 1\ \text{bar} &= 10^5\ \text{N/m}^2 && = 100\ \text{kPa} && = 0{,}1\ \text{MPa} \end{aligned}$$

Spannungsintensitätsfaktor:

$$\begin{aligned} 1\ \text{MPa} \cdot \sqrt{m} &= 1000^{1/2}\ \text{N/mm}^{3/2} &&= 31{,}622776\ \text{N/mm}^{3/2} \\ 1\ \text{lb/in}^{3/2} &= 0{,}001098843\ \text{MPa} \cdot \sqrt{m} &&= 0{,}034748482\ \text{N/mm}^{3/2} \\ 1\ \text{ksi} \times \text{in}^{1/2} &= 1{,}098843\ \text{MPa} \cdot \sqrt{m} &&= 34{,}748482\ \text{N/mm}^{3/2} \end{aligned}$$

Temperaturen:

$$0°\mathrm{C} = 273{,}15\ \mathrm{K}$$

$$T_{°C} = \frac{5}{9} \cdot (T_{°F} - 32)$$

$$T_{°F} = 1{,}8 \cdot T_{°C} + 32$$

Auf Grund der Abhängigkeiten des Paris-Faktors C von der Rißwachstumsrate und der Schwingweite des Spannungsintensitätsfaktors entsprechend der nach C aufgelösten Paris-Gleichung

$$C = \frac{\mathrm{d}a}{\mathrm{d}N} \cdot (\Delta K)^{-n} \tag{5.78}$$

sind jedoch die Einheiten der Länge und des Spannungsintensitätsfaktors, aber auch der dimensionslose Paris-Exponent maßgebend für die Umrechnung der Einheiten des Paris-Faktors.

Paris-Faktor C:

$$1\frac{\mathrm{in}}{\mathrm{cycl.}} \cdot \left(\mathrm{ksi} \cdot \mathrm{in}^{1/2}\right)^{-n} = \left(\frac{25{,}4\mathrm{mm}}{\mathrm{cycl.}}\right) \cdot \left(34{,}748\ \mathrm{N} \cdot \mathrm{mm}^{-3/2}\right)^{-n}$$

$$= \left(\frac{25{,}4\mathrm{mm}}{\mathrm{cycl.}}\right) \cdot \left(1{,}098843\ \mathrm{MPa} \cdot \sqrt{m}\right)^{-n}$$

$$1\frac{\mathrm{mm}}{\mathrm{cycl.}} \cdot \left(\mathrm{kp} \cdot \mathrm{mm}^{-3/2}\right)^{-n} = 1\frac{\mathrm{mm}}{\mathrm{cycl.}} \cdot \left(9{,}80665\ \mathrm{N} \cdot \mathrm{mm}^{-3/2}\right)^{-n}$$

$$= 1\frac{\mathrm{mm}}{\mathrm{cycl.}} \cdot \left(\frac{9{,}80665}{10^{3/2}}\mathrm{MPa} \cdot \sqrt{m}\right)^{-n}$$

$$1\frac{\mathrm{mm}}{\mathrm{cycl.}} \cdot \left(\mathrm{MPa} \cdot \mathrm{m}^{1/2}\right)^{-n} = 1\frac{\mathrm{mm}}{\mathrm{cycl.}} \cdot \left(10^{3/2}\mathrm{N} \cdot \mathrm{mm}^{-3/2}\right)^{-n}$$

$$1\frac{\mathrm{mm}}{\mathrm{cycl.}} \cdot \left(\mathrm{N} \cdot \mathrm{mm}^{-3/2}\right)^{-n} = 1\ \frac{\mathrm{mm}}{\mathrm{cycl}} \cdot \left(31622{,}78 \cdot \mathrm{MPa} \cdot \sqrt{m}\right)^{-n}$$

Der dimensionslose Exponent des Rißfortschrittsgesetzes von Paris, für den häufig der Buchstabe m zur Kennzeichnung verwendet wird, wurde hier generell mit dem Buchstaben „n“ bezeichnet, um bei notwendigen Umrechnungen gemäß den obigen Beziehungen eine Verwechslung mit der Längeneinheit m (= Meter) auszuschließen.

Mit den angegebenen Umrechnungsbeziehungen lassen sich auch – wenn erforderlich – Energieausdrücke, wie z. B. die Kerbschlagarbeit, aus den angelsächsischen Einheiten in die Einheiten des SI-Systems umrechnen. Wenn auch die linear-elastische Bruchmechanik im Mittelpunkt der Betrachtungen steht, ist nicht auszuschließen, daß bei experimentellen

Untersuchungen Kenngrößen der Fließbruchmechanik, wie z. B. das J-Integral (oder die in der LEBM äquivalente Größe $\mathfrak{G}$ der Energiefreisetzungsrate), in die Kenngrößen der linear-elastischen Bruchmechanik umgerechnet werden müssen. Derartige Umrechnungen aus den angelsächsischen in das SI-System sind mit Hilfe der angegebenen Beziehungen ebenfalls durchführbar.

Literatur

1. Л. Р. Ботвина: Малые трещины и пороговая трещиностойкост K_{th}. In: Н. А. Буше, М. Н. Георгиева (ред.): Сопротивление развитию усталостных трещин в металических сплавах, применяемых на железнодорожном транспорте. Сборник научных трудов ВНИИЖТ. Издательство „Транспорт", Москва, 1984, Seite 32–46. (L. R. Botwina: Kleine Risse und der Schwellenwert K_{th} der Ermüdungsrißausbreitung. In: N. A. Busche, M. N. Geogiewa (Hrsg.): Ausbreitung von Ermüdungsrissen in metallischen Legierungen in Anwendung auf den Eisenbahnverkehr. Handbuch wissenschaftlicher Arbeiten des VNIIŽT. Verlag „Transport", Moskau, 1984, Seite 32–46).
2. H. A. Richard: Bruchvorhersagen bei überlagerter Normal- und Schubbeanspruchung sowie reiner Schubbelastung von Rissen. Universität Kaiserslautern, Habilitationsschrift, 1984.
3. Standard Test Method for Plane-Strain Fracture Toughness of Metallic Materials. American Society for Testing and Materials, Philadelphia, Designation ASTM E 399-83, 1983.
4. Proposed Standard Method of Test for Instrumented Impact Testing of Precracked Charpy Specimens of Metallic Materials. American Society for Testing and Materials, Philadelphia, Recommendation ASTM E 24.03.03.
5. Standard Test Method for Measurement of Fatigue Crack Growth Rates. American Society for Testing and Materials, Philadelphia, Designation ASTM E 647-88, 1988.
6. Standard Test Method for Determining Plane-Strain Crack-Arrest Fracture Toughness K_{Ia} of Ferritic Steels. American Society for Testing and Materials, Philadelphia, Designation ASTM E 1221-88, 1988.
7. Methods of test for Plane-Strain Fracture Toughness of Metallic Materials. British Standards Institution, Londen, Published Document BS 5447–1977.
8. British Standard Method for Determination of the Dynamic Fracture Toughness of Metallic Materials. British Standards Institution, London, BS 6729:1987.
9. British Standard Method for Determination of the Rate of Fatigue Crack Growth in Metallic Materials. British Standards Institution, London, BS 6835:1988.
10. Frage D 156 „Möglichkeiten zur Verbesserung der Gebrauchseigenschaften von Schienen durch metallurgische Maßnahmen": Empfohlenes Verfahren zur Bestimmung der Rißzähigkeit KIc von Eisenbahnschienenstählen im ebenen Dehnungszustand. Forschungs- und Versuchsamt (ORE) des Internationalen Eisenbahnverbandes (UIC), Utrecht, Bericht ORE D 156/ RP 3, September 1987.
11. RGW-Empfehlung zur Standardisierung RS 3642-72: Metalle. Prüfverfahren. Bestimmung der Bruchzähigkeit bei statischer Belastung.
12. D. L. Jones, D. B. Chisholm : An Investigation of the Edge-Sliding Mode in Fracture Mechanics. Engineering Fracture Mechanics **7** (1975), Seite 261–270.
13. D. B. Chisholm, D. L. Jones: An Analytical and Experimental Stress Analysis of a Practical Mode II Fracture Test Specimen. Experimental Mechanics, January 1977, Seite 7–13.
14. C. D. Hopper, K. J. Miller : Fatigue Crack Propagation in Biaxial Stress Fields. Journal of Strain Analysis **12** (1977) 1, Seite 23–28.

15. W. Dahl, P. Langenberg, G. Sedlacek, W. Hensen: Eine Methode zur Bestimmung der Sicherheit und Restlebensdauer älterer Brückenkonstruktionen. Deutscher Verband für Materialprüfung und -forschung, Vorträge der Tagung WERKSTOFFPRÜFUNG 1990, 6. und 7. Dezember 1990, Bad Nauheim, Tagungsbericht, Seite 202–211.
16. UIC-Kodex 812-3 V: Technische Lieferbedingungen für Vollräder aus gewalztem, unlegiertem Stahl für Triebfahrzeuge und Wagen. Internationaler Eisenbahnverband, Ausgabe vom 01.01.1984.
17. F. Schlät: Aufbau, Funktionsprinzip und Leistungsparameter von Dynacomp-Resonanzermüdungsapparaturen. Akademie der Wissenschaften der DDR, Zentralinstitut für Festkörperphysik und Werkstofforschung, Dresden, Vorträge zum Kolloquium „Analyse von Bruchvorgängen mit Resonanzermüdungsapparaturen“ am 20. und 21. November 1986. Wissenschaftliche Berichte, Nr. 39, 1988, Seite 8–24.
18. P. Ottlinger: Untersuchungen zur Rißanfälligkeit von Eisenbahnvollrad-Werkstoffen. Wissenschaftliche Zeitschrift der Hochschule für Verkehrswesen „Friedrich List“ Dresden **30** (1983) 3, Seite 485–494.
19. K. Bethge, D. Munz, H. Stamm: Ermüdungsrißwachstum in Reaktorbaustählen bei zyklischer Thermoschockbelastung. Kernforschungszentrum Karlsruhe, Projekt Nukleare Sicherheit, Abschlußkolloquium, 1986.
20. R. Berchtold, R. Scheffel, R. Stünkel: Automatisierte Versuchsführung zur Ermittlung der Riß ausbreitung bei unterschiedlichen Bedingungen. Deutscher Verband für Materialprüfung e. V., Tagung WERKSTOFFPRÜFUNG 1986, Bad Nauheim, 27. und 28. November 1986, Manuskript des Referates.
21. H. Döker, V. Bachmann, D. E. Castro, G. Marci: Schwellwert für Ermüdungsrißausbreitung: Bestimmungsmethoden, Kennwerte, Einflußgrößen. Zeitschrift für Werkstofftechnik **18** (1987), Seite 323–329.
22. K.-H. Schwalbe: Bruchmechanik metallischer Werkstoffe. Carl Hanser Verlag, München und Wien, 1980.
23. T. Schnitzer: Bruchmechanische Analyse des Wachstums von Rollkontaktermüdungsrissen in Eisenbahnschienen. Technische Universität Berlin, Dissertation, Shaker Verlag, Aachen, 2005.
24. P. C. Paris, F. Erdogan: A Critical Analysis of Crack Propagation Laws. Journal of Basic Engineering, Trans. ASME **85** (1963), Seite 528–534.
25. R. Roberts, F. Erdogan: The Effect of Mean Stress on Fatigue Crack Propagation in Plates under Extension and Bending. Journal of Basic Engineering, Trans. ASME, **89** (1967), Seite 885 ff.
26. R. G. Forman, V. E. Kearney, R. M. Engle: Numerical Analysis of Crack Propagation in Cyclic-Loaded Structures. Journal of Basic Engineering, Trans. ASME, **89** (1967), Seite 459–464.
27. M. Klesnil, P. Lukas: Influence of Strength and Stress History on Growth and Stabilisation of Fatigue Cracks. Engineering Fracture Mechanics **4** (1972), Seite 77–82.
28. W. Schütz, W. Oberparleiter: Ermittlung des unteren Grenzwertes (Threshold level) für den Rißfortschritt bei Flugzeugbauwerkstoffen. IABG-Versuchsbericht Nr. S-TF 583, Ottobrunn, 1973.
29. F. Erdogan, M. Ratwani: Fatigue and Fracture of Cylindrical Shells Containing a Circumferencial Crack. International Journal of Fracture Mechanics **6** (1979), Seite 379 ff.
30. Tóth L., Romvari P.: Sinacélok törésmechanikai anyagjellemzöi (Bruchmechanische Kennwerte von Schienenstählen). Technische Universität für Schwerindustrie, Lehrstuhl für mechanische Technologie, Miskolc, 1980/81.
31. A. J. McEvily, R. Kumble, R. J. Donahue: On the Influence of the R-Ratio on Fatigue Crack Propagation. Dritte Internationale Tagung über den Bruch, München, 1973. Zusammenstellung der Tagungsberichte, Teil VI Ermüdung, Verein Deutscher Eisenhütenleute, Düsseldorf.

32. W. Elber: Fatigue Crack Closure under Cyclic Tension. Engineering Fracture Mechanics **2** (1970), Seite 37 ff.
33. P. R. V. Evans, N. B. Owen, L. N. McCartney: Mean Stress Effect on Fatigue Crack Growth and Failure in a Rail Steel. Engineering Fracture Mechanics **6** (1974), Seite 183–193.
34. O. Orringer, J. M. Morris, R. K. Steele: Applied Research on Rail Fatigue and Fracture in the United States. Theoretical and Applied Fracture Mechanics **1** (1984) 1, Seite 23–49.
35. T. R. Gurney: An Analysis of some Fatigue Crack Propagation Data for Steels Subjected to Pulsating Tension Loading. Welding Research International **6** (1976) 4, Seite 45–59.
36. Kaldor M., Tóth L., Koncz J.: Der Einfluß der Vergütung auf die Bruchneigung von Schienendtählen. V. Symposium „Verformung und Bruch", Technische Hochschule „Otto von Guericke" Magdeburg, 4. – 6. September 1979; Publications of the Technical University for Heavy Industry Miskolc, Ser. B, **34** (1981), Seite 123–140.
37. K.-O. Edel: Untersuchung des Bruchverhaltens von Eisenbahnschienen und -vollrädern. Technische Hochschule Otto von Guericke Magdeburg, Dissertation B, Januar 1987.
38. K.-O. Edel, R. Ortmann: Die bruchmechanischen Eigenschaften von Schienenwerkstoffen. Schienen der Welt **21** (1990) 8/9, Seite 23–33.
39. H. P. Lieurade: Application de la macanique de la rupture a la fatigue des structures soudees. Institute de Recherches de la Sidérurgie Francaise, Bericht IRSID FE 3447 526 202, Juli 1982.
40. J. P. Gallagher, F. J. Giessler, A. P. Berens, R. M. Engle: USAF Damage Tolerant Design Handbook: Guidelines fort he Analysis and Design of Damage Tolerant Aircraft Structures. Flight Dynamics Laboratory, Aircraft Wright Aeronautical Laboratories, Air Force System Command, Wright-Patterson Air Force Base, Ohio 45433, AFWAL-TR-82-3073, Seite 1.4.15.
41. T. Schnitzer, K.-O. Edel, I. Bohne: Fahrflächenschäden. Fachhochschule Brandenburg, Abschlußbericht zum Projekt der Dr. Hermann und Ellen Klaproth-Stiftung, Brandenburg an der Havel, August 2004.
42. G. Budnitzki, K.-O. Edel, L. Schumann: Die Bewertung der Rißausbreitung an Federstellen in Zungenschienen. Deutscher Verband für Materialforschung und -prüfung e. V., DVM-Bericht 235 „Fortschritte der Bruch- und Schädigungsmechanik" 2003, Seite 143–152.
43. D. F. Cannon: Fatigue Crack Growth Rates in Rail Steels. Forschungs-und Versuchsamt des Internationalen Eisenbahnverbandes, Utrecht, Technischer Bericht des ORE-SVA D 156, September 1983.
44. ORE-Frage D 156 „Möglichkeiten zur Verbesserung der Gebrauchseigenschaften von Schienen durch metallurgische Maßnahmen": Faktoren, die die Bruchzähigkeit der walzneuen Schienen beeinflussen. Forschungs- und Versuchsamt (ORE) des Internationalen Eisenbahnverbandes (UIC), Utrecht, Bericht ORE D 156 / RP 1, September 1984.
45. T. Yokobori, K. Sato: The Effect of Frequency on Fatigue Crack Propagation and Striation Spacing in 2024-T3 Aluminium Alloy and SM-50 Steel. Engineering Fracture Mechanics **8** (1976), Seite 81–88.
46. K. Bethge: Ausbreitung von halbelliptischen Oberflächenrissen in ferritischen und austenitischen Stahlplatten unter thermozyklischer Belastung. Kernforschungszentrum Karlsruhe, Institut für Material- und Festkörperforschung, Bericht KfK 4575; Universität Karlsruhe (TH), Fakultät für Maschinenbau, Dissertation, ohne Jahr.
47. Gál J.: A vese alakú repedés terjedesi sebessége (Die Geschwindigkeit des Wachstums nierenförmiger Anrisse). Vortrag. Borsodi Müszaki Hetek, Miskolc, 1979.
48. K.-O. Edel: Bruchmechanische Analyse der Restnutzungsdauer der Hauptträger der Autobahnbrücken A1/Bw13 und A1/Bw15 bei Rüdersdorf. Gutachten für das Autobahnamt Land Brandenburg, Brandenburg an der Havel, 30. April 1991.
49. J. J. Scutti, R. M. Pelloux, R. Fuquen-Moleno: Fatigue Behaviour of a Rail Steel. Fatigue and Fracture of Engineering Materials and Structures **7** (1984), Seite 121–13.

50. A. W. Thompson, D. E. Albert, G. T. Gray: Fatigue Crack Growth in Rail Steels. In: J. J. Kalker, D. F. Cannon, O. Orringer (editors): Rail Quality and Maintenance for Modern Railway Operation. Kluwer Academic Publishers, Dordrecht/Boston/London, 1993. Seite 361–372.
51. O. Krenzlin: Rißwachstum in Schienenstahl bei unterschiedlichem Medieneinfluß. Fachhochschule Brandenburg, Diplomarbeit, Juli 1996.
52. M. O. Speidel: Bruchzähigkeit und Ermüdungsrißwachstum von Gußeisen. Zeitschrift für Wrerkstofftechnik **12** (1981) 11, Seite 387–402.
53. Y. Cheng, D. Chen, F. Nogata: Fatigue Behaviour of a Rail Steel under Low and High Loading Rates. Fatigue and Fracture of Engineering Materials and Structures **17** (1994) 1, Seite 113–118.
54. T. Matsumura, Y. Inoue, T. Takagi: Impact Fatigue Fracture of Axle-steel and Tire-steel. Quarterly Reports of the Railway Technical Researche Institute **24** (1983) 2, Seite 94–9
55. O. Orringer, Y. H. Tang, J. E. Gordon, D. Y. Jeong, J. M. Morris, A. B. Perlman: Crack Propagation Life of Detail Fractures in Rails. US Department of Transportation, Research and Special Programs Administration, Transportation System Center, Cambridge, MA, Final Report DOT/FRA/ORD-88/13, October 1988.
56. G. Prowatke: Zur Rißwuchsvorhersage unter Randombelastung im Rahmen eines Korrelationsmodells – ein Überblick zum gegenwärtigen Erkenntnisstand. Schiffbauforschung **24** (1985) 2, Seite 113–120.
57. S. Fukuda, H. Kitagawa: Fatigue Crack Propagation in Steels under Random Loading. Transactions of the JWRI **6** (1977) 2, Seite 25–32.
58. M. O. Speidel, R. B. Scarlin: Auswirkungen des Gefüges auf das Wachstum von Ermüdungsrissen. Werkstoffprüftagung 1/26. November 1976, Leoben; Gefüge und Bruch. Materialkundlich-technische Reihe, Bd. 3, 1977, Borntraeger, Berlin und Stuttgart.
59. G. G. Budnitskii, T. N. Kiseleva, A. V. Velikanov, E. A. Shur: Interaction of Elongated Nonmetallic Inclusions with Growing Fatigue Crack in Pearlitic Steel. Sov. Mater. Sci. **23** (1987) 2 (Mar./April), Seite 173–176.
60. K.-O. Edel, P. Ottlinger: Die Rißwachstumseigenschaften von Vollradstahl. Schienen der Welt **21** (1990) 4, Seite 15–22.
61. ASME Boiler and Pressure Vessel Code: Section III „Rules for Construction of Nuclear Power Plant“, Section XI „Rules for Inservice Inspection of Nuclear Power Plant Components“. American Society of Mechanical Engineers, New York, 1977.
62. K.-O. Edel: Die Ermittlung der bruchmechanischen Eigenschaften rißgeschädigter Brückenteile. VDI-Verlag Düsseldorf, VDI-Berichte Nr. 902, 1991, Seite 313–342.
63. Europäische Konvention für Stahlbau – Technische Kommission 6 „Ermüdung“: Empfehlungen für die Bemessung und Konstruktion von ermüdungsbeanspruchten Stahlbauten. ECCS. Herausgeber: Schweizerische Zentralstelle für Stahlbau. SZS-Publikation E3, EKS-Publikation N° 43, erste Ausgabe, 1987.
64. T. Bokalrud, A. Karlsen: Control of Fatigue Failures in Ship Hulls by Ultrasonic Inspection. Norwegian Maritime Research (Oslo) **10** (1982) 1, Seite 9–15.
65. P. E. Bold: Modelling of 3D-Tail Head Rolling Contact Fatigue Cracks. In: J. J. Kalker, D. F. Cannon, O. Orringer (editors): Rail Quality and Maintenance for Modern Railway Operation. Kluver Academic Publishers, Dortrecht, Boston, London, 1993, Seite 397–406.
66. E. Schmidtmann: Bruchmechanikuntersuchungen an Stählen – Einfluß der Belastungsgeschwindigkeit. In: Beiträge zur Bruchmechanik metallischer Werkstoffe. Fortschritt-Berichte der VDI-Zeitschriften, Reihe 5, Nr. 20, 1975, Seite 77–88.
67. M. Holzmann, J. Man: Dynamická lomová houzevnatost (Dynamische Bruchzähigkeit). Zvaranije pre prax (Beilage zur Zeitschrift „Zvaranije“) (1977) 5/9, Seite 1–43.

68. H. Blumenauer u. a.: Bruchmechanische Untersuchungen an Druckbehältern. VI. Symposium „Verformung und Bruch", Technische Hochschule Otto von Guericke, Magdeburg, 7. – 9. September 1982.
69. P. B. Crosley, E. J. Ripling: Dynamic Fracture Toughness of A533 Steel. Journal of Basic Engineering **91** (1969), Seite 525–534.
70. J. C. Ritter: A Modified Thickness Criterion for Fracture Toughness Testing. Engineering Fracture Mechanics **9** (1977), Seite 529–540.
71. H. Tada, P. C. Paris, G. R, Irwin: The Stress Analysis of Cracks – Handbook. Del Research Corporation, Hellertown, Pennsylvania, 1973.
72. R. Ortmann: Zum Einfluß der Ermüdungsbedingungen auf die dynamische Bruchzähigkeit K_{Id}. Akademie der Wissenschaften der DDR, Zentralinstitut für Festkörperphysik und Werkstofforschung, Dresden, Vorträge zum Kolloquium „Analyse von Bruchvorgängen mit Resonanzermüdungsapparaturen" am 20. und 21. November 1986. Wissenschaftliche Berichte, Nr. 39, 1988, Seite 68–90.
73. K.-O. Edel, G. Boudnitski, I. Bohne, T. Ziemer: Vergleichsuntersuchungen an gewalztem und gegossenem Eisenbahn-Vollradstahl. Fachhochschule Brandenburg, Untersuchungsbericht, August 1999.
74. . . . : Sensoren für Rißfortschritts- und Rißgeschwindigkeitsmessungen. Materialprüfung **32** (1990) 11/12, Seite 341.
75. T. Demler, W. Ißler, C. Zimmermann: Erfahrungen mit einem Normentwurf zur Bestimmung der Rißarrestzähigkeit ferritischer Werkstoffe. Materialprüfung **28** (1986) 1/2, Seite 28–31.
76. T. Kanazawa, S. Machida, S. Teramoto, H. Yoshinari: Study on Fast Fracture and Arrest. Experimental Mechanics (1981) 2, Seite 78–88.
77. Z. Bilek: Dynamic Crack Propagation in Steels. V. Symposium „Verformung und Bruch", 4. – 6. September 1979, Technische Hochschule Otto von Guericke Magdeburg, Tagungsberichte Band II, Seite 204–207.
78. J. F. Kalthoff: Shadow Optical Method of Caustics. In: A. S. Kobayashi (ed.): Handbook on Experimental Mechanics. Prentice-Hall, Englewood Cliffs, New Jersey, Seite 430–500.
79. K.-O. Edel: Bruchmechanische Untersuchungen an der 55 Jahre alten Strelasundbrücke. Deutsche Reichsbahn, Zentralstelle Umweltschutz und Materialprüfung, Brandenburg-Kirchmöser, Untersuchungsbericht, 31. März 1992.
80. K. Kußmaul, R. Gillot: Rißstop-Untersuchungen bei hohen Temperaturen an keilbelasteten Compact-Proben. Matertialprüfung **29** (1987) 11/12, Seite 340–345.
81. British Standard 7910: Guide on Methods for Assessing the Acceptability of Flaws in Metallic Structures. British Standards Institution, London, 2004.
82. FKM-Richtlinie: Bruchmechanischer Festigkeitsnachweis für Maschinenbauteile. VDMA-Verlag, Frankfurt am Main, 3. erweiterte Ausgabe, 2006, Seite 93.
83. Montanwissenschaftliche Gesellschaft der DDR, Fachunterausschuß Bruchmechanik: Statische bruchmechanische Prüfverfahren für metallischer Werkstoffe und deren Schweißverbindungen. Eigenverlag der Kammer der Technik, Zeuthen, KdT-Richtlinie 119/86, 1986.
84. . . . : Method of Assessment for Defects in Fusion Welded Joints with Respect to Brittle Fracture. Japan Welding Engineering Society, Tokyo, Standard JWES 2805, 1980.
85. I. Milne, R. A. Ainsworth, A. R. Dowling, A. T. Steward: Assessment of the Integrity of Structures Containing Defects. Central Electricity Generating Board. R/H/R6– Revision 3, May 1986.
86. H. Blumenauer, G. Pusch: Technische Bruchmechanik. VEB Deutscher Verlag für Grundstoffindustrie, Leipzig, 1985.
87. . . . : Proceedings of the Seventh International Ship Structures Congress, vol. 1, Seite III 1–49, Paris, August 1979.

Analyse der Grenzen der Bauteilbeanspruchung 6

6.1 Praktische Erfahrungen zum Auftreten und zur Entwicklung von Rissen

6.1.1 Rißgefährdete Bereiche von Bauteilen

Als rißgefährdet sind alle diejenigen Bereiche von Bauteilen oder Konstruktionen einzuschätzen, an denen Änderungen der Geometrie und/oder der Werkstoffeigenschaften vorhanden sind. Als Kerben im Bauteil sind im allgemeinen nicht nur durch Beschädigungen ungewollt hervorgerufene Defekte, sondern insbesondere auch sämtliche Änderungen des Querschnitts zu betrachten, an denen Spannungserhöhungen wirksam werden. Unterscheiden lassen sie sich somit als konstruktiv bedingt, herstellungsbedingt oder auch betrieblich bedingt.

Veranschaulicht werden die unterschiedlichen Ursachen für Rißbildungen durch die vorstehend angeführten Beispiele: Herstellungsbedingte Sandeinschlüsse in Gußteilen können unter der Betriebsbeanspruchung die Bildung von Ermüdungsrissen auslösen, wie Abb. 6.1 veranschaulicht. Einer besonderen Aufmerksamkeit bedarf seitens der Konstruktion die Kontaktbeanspruchung, die ungewollte Kantenpressungen hervorruft, die beispielweise bei den Achsen von Schienenfahrzeugen an den aufgepreßten Rädern, an Bremsscheibenhalterungen (siehe Abb. 6.2) oder auch an den Innenringen der Wälzlager die Entstehung von Rissen bewirken kann. Die nicht zu vermeidende Kontaktbeanspruchung zwischen zwei Bauteilen – wie zum Beispiel zwischen Rad und Schiene (siehe Abb. 6.3) oder den Flanken zweier Zahnräder – kann die Entstehung von rißartigen Defekten hervorrufen. Schlackeneinschlüsse im Kontaktbereich an der Fahrkante von Eisenbahnschienen sind die Ursache von Fahrkantenausbrüchen, den als Shelling bezeichneten Schienenfehlern (siehe Abb. 6.4).

K.-O. Edel, *Einführung in die bruchmechanische Schadensbeurteilung*,
DOI 10.1007/978-3-662-44264-7_6

Abb. 6.1 Rißbildung an einem Triebfahrzeugrad, ausgehend von einem Sandeinschluß an der Oberfläche der Gußkonstruktion.

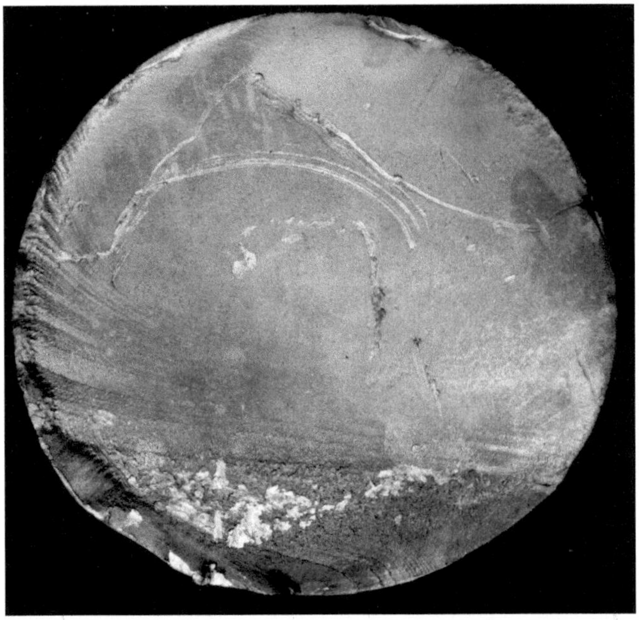

Abb. 6.2 Durch Kantenpressung an der Bremsscheibenhalterung gebrochene Achse eines Eisenbahn-Triebwagen (vgl. Abb. 2.26) [1]

Besondere Aufmerksamkeit ist schroffen Querschnittsübergängen und Schweißverbindungen, (Abb. 6.5), zu widmen, da bei letzteren neben geometrischen Querschnittsänderungen Werkstoffinhomogenitäten auftreten (Einschlüsse, Poren) und Bereiche mit stark unterschiedlichem Werkstoffgefüge, die zu Rißbildungen im Schweißgut, im Wärmeeinflußbereich und im Grundwerkstoff führen können (Abb. 6.6).

6.1.2 Größe der Ausgangsdefekte sowie der wachsenden und kritischen Risse

Sollen mit Hilfe bruchmechanischer Berechnungen die Größen wachsender Ermüdungsrisse analysiert werden, so ist es häufig erforderlich, eine bestimmte Anfangsrißgröße

Abb. 6.3 Schienenbruch, ausgehend von einem Rollkontakt-Ermüdungsriß (Squat-Defekt) [2]

Abb. 6.4 Fahrkantenausbruch (Shelling-Defekt) an einer Eisenbahnschiene [3]

vorauszusetzen. In Ermangelung genauerer Daten wird dann oftmals die Ausgangsrißgröße als so klein angenommen, daß die Gesetzmäßigkeit der linear-elastischen Bruchmechanik noch anwendbar sind. Nach den Angaben in Abb. 1.3 ergibt sich somit eine Rißgröße von etwa einem Millimeter, um die linear-elastische Bruchmechanik anwenden zu können. Eine ähnliche Größe von Anfangsdefekten ergibt sich nach den Standards DIN 25 817 „Lichtbogenschweißverbindung an Stahl – Richtlinie für die Bewertungsgruppen von Unregelmäßigkeiten“ [7] und DIN 26 520 „Einteilung und Erklärung von Unregelmäßigkeiten in Schmelzschweißungen an Metallen“ [8] für Schweißkonstruktionen untergeordneter Bedeutung.

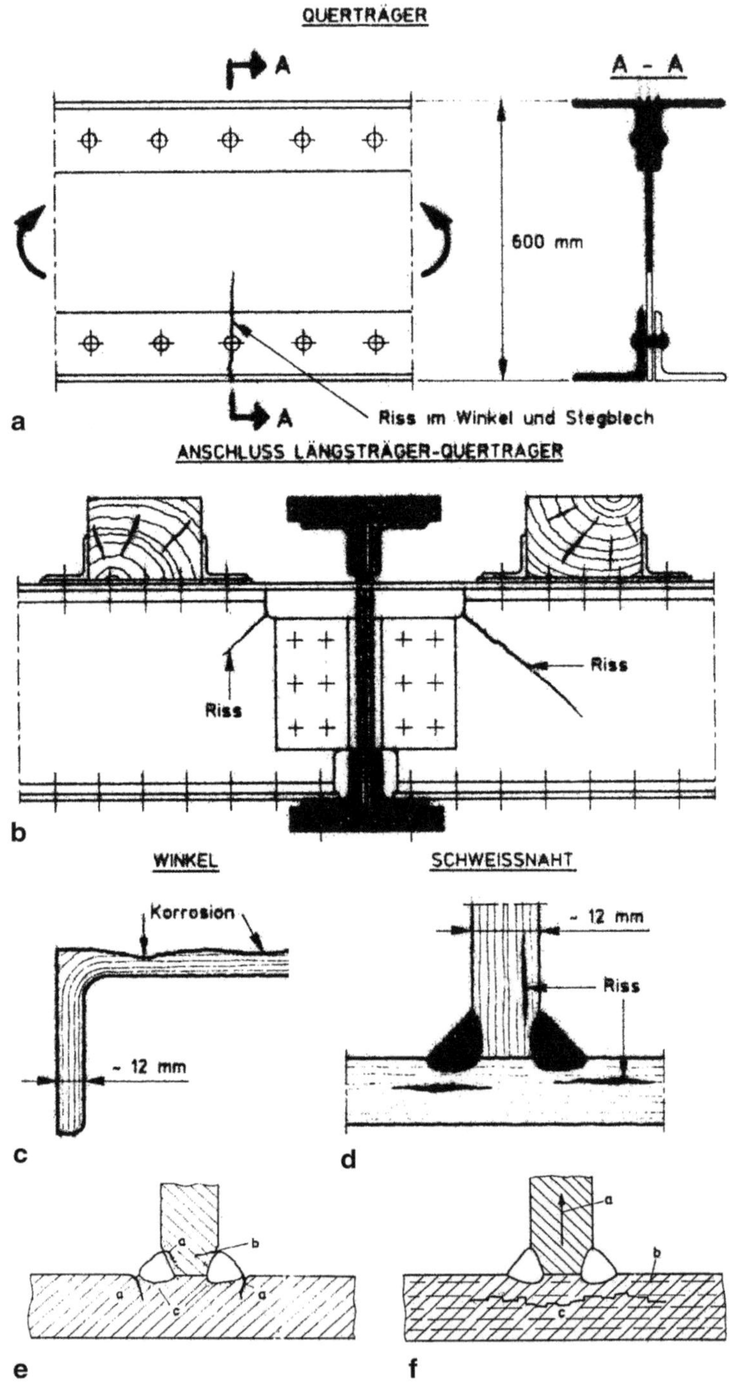

Abb. 6.5 Beispiele von Rissen in Brücken- und Stahlbauteilen [4, 5]. **a** Querriß im Stegblech und Winkel ausgehend vom Nietloch, **b** schräger Riß an einer Stegaussparung, **c** Korrosionskerbe, **d** Risse an Schweißnähten, **e** Kerbriß an einer Kehlnahtschweißung, **f** Lamellenriß an einer Kehlnahtschweißung

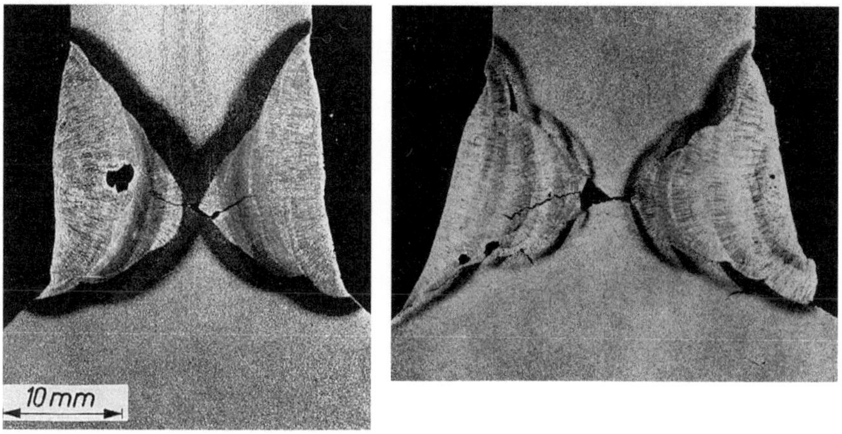

Abb. 6.6 Wurzelrisse in Schweißnähten des Stahlbrückenbaus aus den 30er Jahren des 20. Jahrhunderts [6]

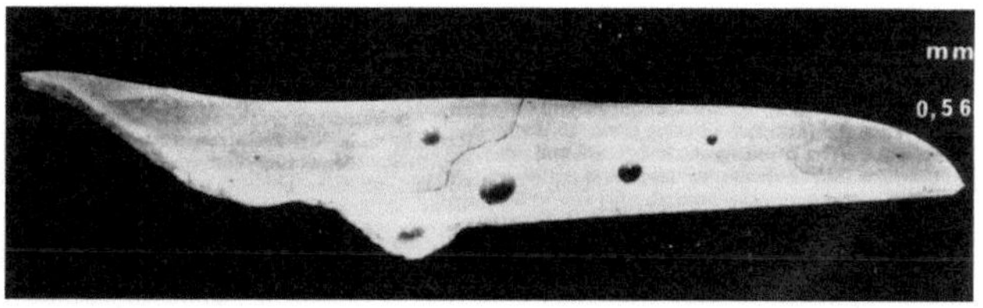

Abb. 6.7 Replika-Abdruck einer Einbrandkerbe [9]

Genauere Ausgangsdaten für Rißwachstumsuntersuchungen ergeben sich aus Untersuchungen praktisch hergestellter Bauteile. Mit Hilfe von Replika-Abdrücken (siehe Abb. 6.7) wurde die Tiefe von Einbrandkerben an Handschweißnähten norwegischer Schiffskonstruktionen ermittelt [9]. Die klassierte Häufigkeitsverteilung der Tiefe der Einbrandkerben ist in Abb. 6.8 dargestellt. Sie läßt sich durch die Funktion

$$h(a) = 9 \cdot \exp(-9 \cdot a) \tag{6.1}$$

wiedergeben. Der Maximalwert der ermittelten Kerbtiefe lag nach den norwegischen Untersuchungen zwischen 0,90 und 0,95 mm.

Ähnliche Untersuchungen der Ausgangsdefekte, (Abb. 6.9), von Ermüdungsrissen wurden an klotzgebremsten Eisenbahnvollrädern vorgenommen [10]. Der hoch kohlenstoffhaltige Stahl der Eisenbahnvollräder wird durch die Einwirkung der Klotzbremsen stark erhitzt. Durch das relativ schnelle Abkühlen des Radstahls bildet sich die sogenannte „Krötenhaut“, die zusammen mit den Zugeigenspannungen überbremster Vollräder bei wiederholten Bremsungen zum Wachsen der Krötenhautrisse führen können. Anhand von knapp 1000 Rissen auf 64 % des Umfanges eines überbremsten Vollrades in 50 mm Entfernung von der Fase des Radkranzes ließ sich die Summenhäufigkeitsverteilung der Tiefe

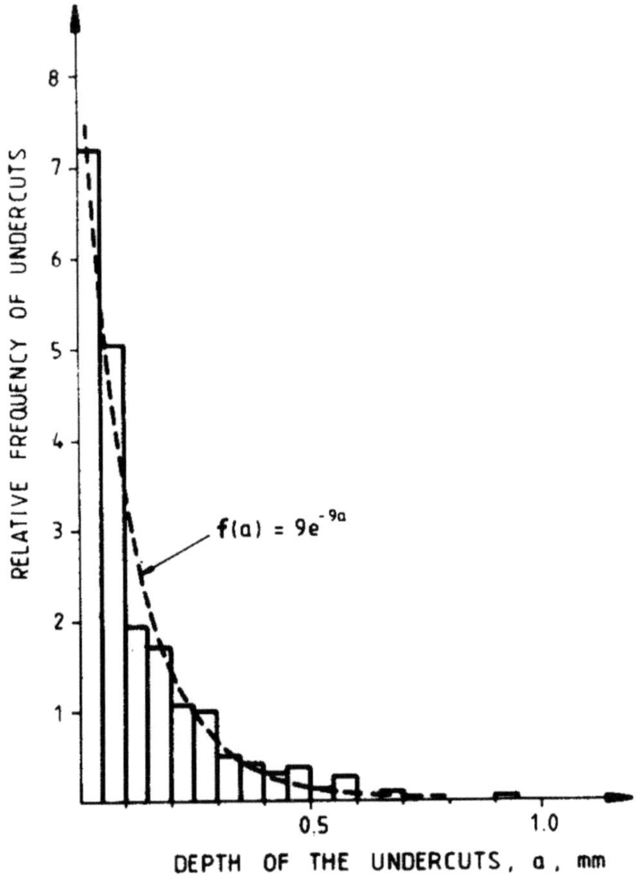

Abb. 6.8 Die Klassenhäufigkeitsverteilung der Tiefe von Einbrandkerben an Schweißverbindungen nach Bokalrud und Karlsen [9]

der Krötenhautrisse zu

$$P(a) = 1 - \exp\left(-\frac{a}{0{,}359mm}\right)^{1{,}761} \tag{6.2}$$

ermitteln. Die Tiefe des größten der an Schliffen ermittelten Risse betrug 0,98 mm.

Für die zerstörungsfreie Prüfung und die bruchmechanische Bewertung der Eisenbahngleise ist die Kenntnis der vorhandenen, noch nicht kritischen Ermüdungsrisse und ihrer Häufigkeitsverteilung bedeutungsvoll. Entsprechende Angaben nach Erfahrungen der russischen Eisenbahnen sind in den nachfolgenden Abb. 6.10 und 6.11 wiedergegeben. Die rißgeschädigten Schienen wurden mit Hilfe der zerstörungsfreien Prüfung ermittelt und nach dem Ausbau aufgebrochen.

Die Kenntnis der Größe sowie der Häufigkeitsverteilung der in einer Konstruktion vorhandenen Risse ist wesentlich für die Einschätzung der Betriebssicherheit dieser Konstruktion. Die Häufigkeitsverteilungen in den Abb. 6.10 und 6.11 geben aber nur einen Augenblicks- und den Endzustand wieder. Um die Sicherheit umfassend einschätzen zu

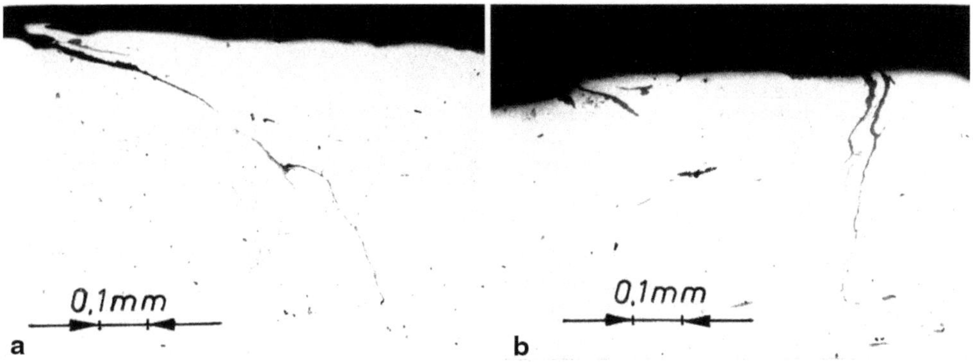

Abb. 6.9 Querrisse an der Lauffläche laufflächengebremster Vollräder, sogenannte „Krötenhaut"-Risse. **a** gekrümmte Krötenhautrisse, **b** nahezu senkrechte Querrisse [10]

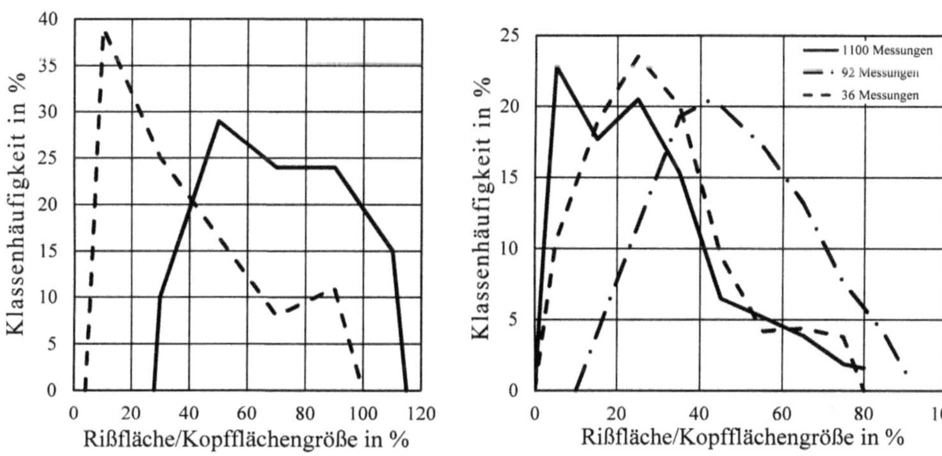

Abb. 6.10 Klassierte Häufigkeitsverteilungen in den Gleisen der russischen Eisenbahnen durch die zerstörungsfreie Schienenprüfung aufgefundener, unterkritischer Ermüdungsrisse [11]

können, muß auch die Entwicklung der Ermüdungsrisse bekannt sein. Aus der zeit- bzw. belastungsabhängigen Ermittlung der Größe von Rissen läßt sich das Wachstum verfolgen. Die Größe von Querrissen im Kopf von Eisenbahnschienen, bezogen auf die Größe des Schienenkopfes, sind in Abb. 6.12 nach Messungen im Gleis [13] wiedergegeben. Trotz etwas der gleichen Größe der Ausgangsdefekte ist es offensichtlich, daß die Risse sich in ihrem Wachstum nicht vollkommen identisch verhalten.

Um die Betriebssicherheit umfassend mit Hilfe bruchmechanischer Analysen einschätzen zu können, muß auch die Größe kritischer Risse bekannt sein. Zwar ist es das Ziel der Bruchmechanik, diese Größe zu bestimmen, doch ist es günstig, wenn auch entsprechende Praxiserfahrungen bekannt sind, und die bruchmechanische Analyse nicht ohne einen sinnvollen Anhaltspunkt durchgeführt werden muß.

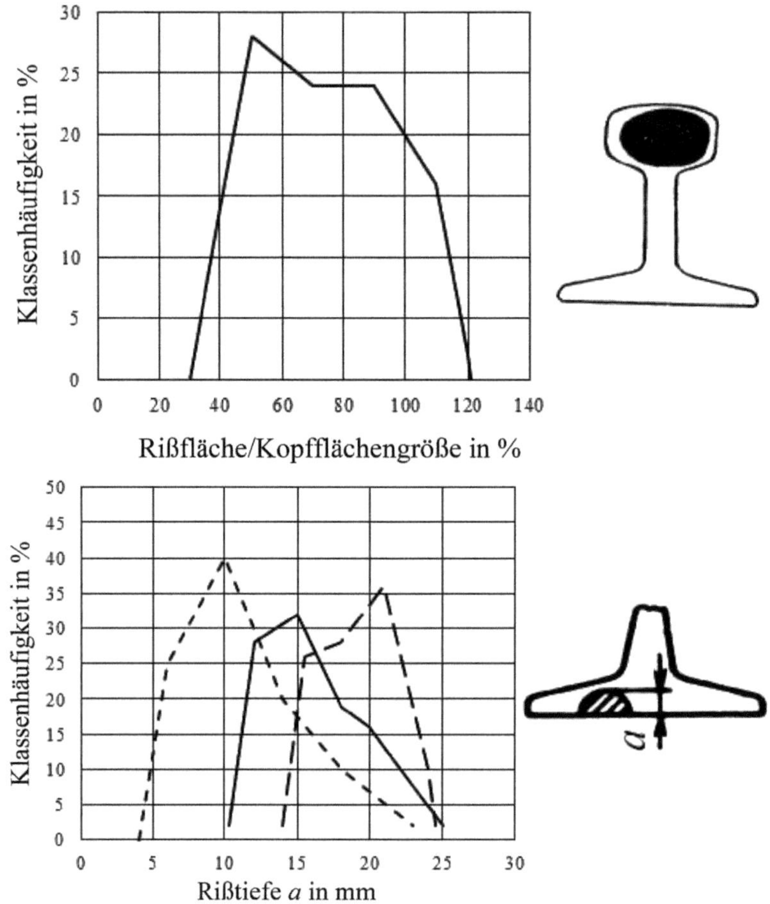

Abb. 6.11 Klassenhäufigkeitsverteilungen der kritischen Größe von Querrissen in Eisenbahnschienen [12]. **a** Risse im Schienenkopf, **b** Risse im Schienenfuß

Wie die Ausgangsdefekte und die wachsenden Ermüdungsrisse zeigen auch die kritischen Rißgrößen eine Streuung. Erfahrungswerte über die Klassenhäufigkeitsverteilung kritischer Risse sowie über ihre Kleinst- und Größtwerte in Eisenbahnschienen sind den vorstehenden Darstellungen in Abb. 6.11 verschiedener Untersuchungen bzw. Stichproben zu entnehmen.

Für einige Anwendungsbereiche der Bruchmechanik haben sich im Laufe der Entwicklung bestimmte Vorstellungen über die Form und Größe der Risse, die letztlich zum Versagen der geschädigten Konstruktion führen können, herausgebildet. Zu erwähnen sind hierbei die angenommenen Risse in Reaktordruckbehältern (mit einer Rißtiefe entsprechend 25 % der Wanddicke und einer gesamten Rißlänge von 150 % der Wanddicke [14] sowie die Risse, die sich an Nietbohrungen bilden. In Ermangelung konkreterer Aussagen über die Ausgangsrißgröße wird für genietete Stahlkonstruktionen angenommen, daß der

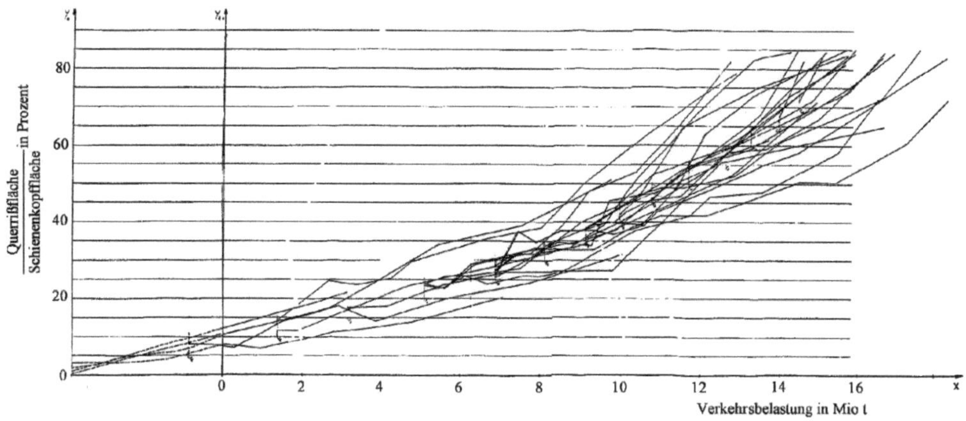

Abb. 6.12 Der Streubereich der Wachstumskurven für Risse im Kopf von Eisenbahnschienen unter Betriebsbedingungen [13]

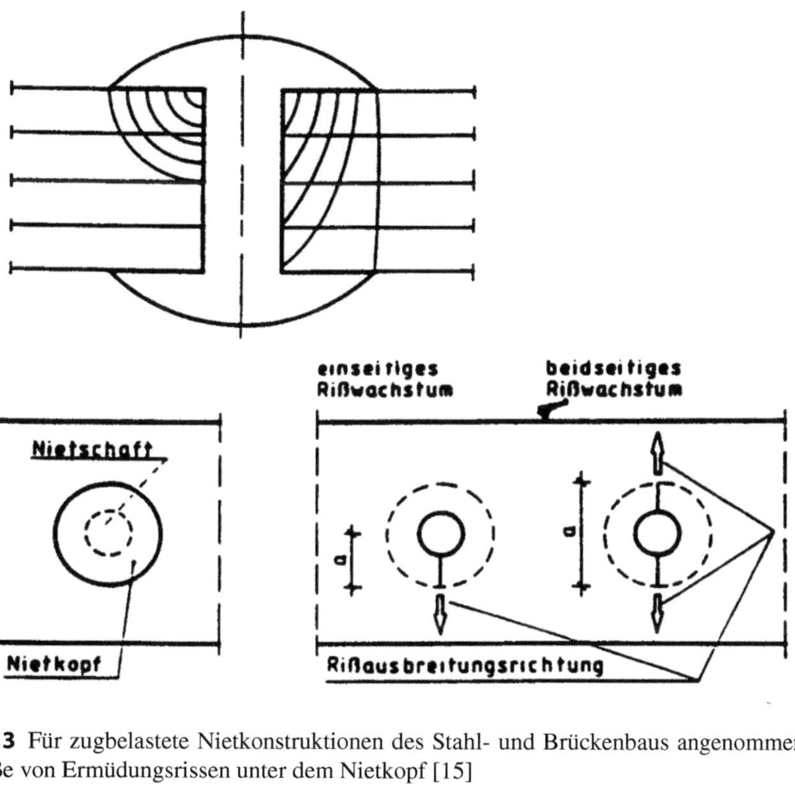

Abb. 6.13 Für zugbelastete Nietkonstruktionen des Stahl- und Brückenbaus angenommene Form und Größe von Ermüdungsrissen unter dem Nietkopf [15]

Riß durch den Nietkopf verdeckt wird, (Abb. 6.13), so daß seine zerstörungsfreie Ermittlung nicht möglich ist.

6.1.3 Entwicklung der Geometrie der Ermüdungsrisse

Da sicherlich nur in seltenen Fällen vorausgesetzt werden kann, daß wachsende Ermüdungsrisse ihre Form oder Abmessungsverhältnisse bis zur zulässigen oder kritischen Größe beibehalten, ist es erforderlich, für kritische sowie für wachsende Risse Anhaltswerte für die Rißformentwicklung zu haben, es sei denn, eine Analyse des Rißwachstums wird für unterschiedliche Richtungen wie in Abb. 6.14 durchgeführt.

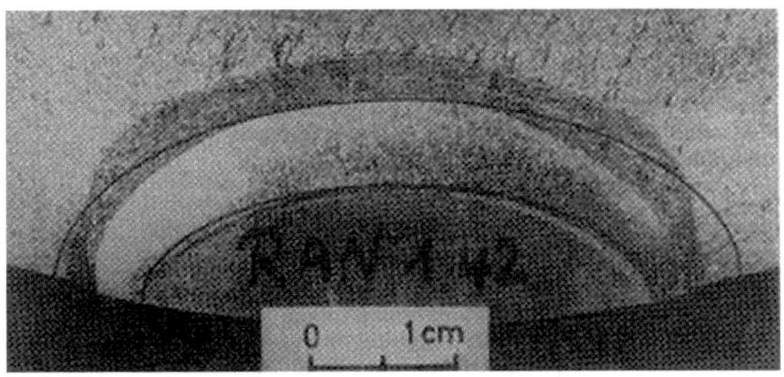

Abb. 6.14 Vergleichende Gegenüberstellung der experimentell und der rechnerisch ermittelten Rißform und Rißgröße [16]

Ein erster Anhaltspunkt für die Entwicklung der Form halb-elliptischer Oberflächenrisse läßt sich anhand der experimentellen Untersuchungen von Maddox [17] gewinnen, dessen Versuchsergebnisse in Abb. 6.15 wiedergegeben sind. Entsprechend den Regressionsgeraden der Versuchsdaten der Risse, die sich am Ende der Kehlnahtschweißungen unter zyklisch einwirkender Zugbeanspruchung gebildet hatten, besteht zwischen der halben Rißgröße c auf der Oberfläche des Bauteils und der Rißtiefe a (mit a und c in mm) der Zusammenhang (Abb. 6.16)

$$2c = 2{,}58 \cdot a + 6{,}71. \tag{6.3}$$

Halbelliptische Oberflächenrisse an der Fahrfläche und an der Unterseite des Schienenfußes von Eisenbahnschienen zeigen ein Halbachsenverhältnis von 1:1,25 [18], wobei jeweils die horizontale Achse die größere ist. Anhand von experimentell erzeugten Daueranrissen an der Fahrfläche und an der Schienenfußunterseite bestimmten Schweitzer et al. [19] das Halbachsenverhältnis der halbelliptischen Oberflächenrisse, (Abb. 6.16). Mit der kleinen Halbachse a und der großen Halbachse c, jeweils gemessen in mm, erhalten sie

$$c = 7{,}1 \cdot \exp(0{,}0615 \cdot a). \tag{6.4}$$

Anders als bei den Ergebnissen nach den experimentellen Untersuchungen von Maddox und Schweitzer et al. hat Fisher [20] versucht, die Ergebnisse von Messungen an Rissen in Stahlbrücken durch mathematische Beziehungen zu beschreiben. Die Meßergebnisse und die möglichen Formentwicklungen für halb-elliptische Risse sind in Abb. 6.17 wiedergegeben.

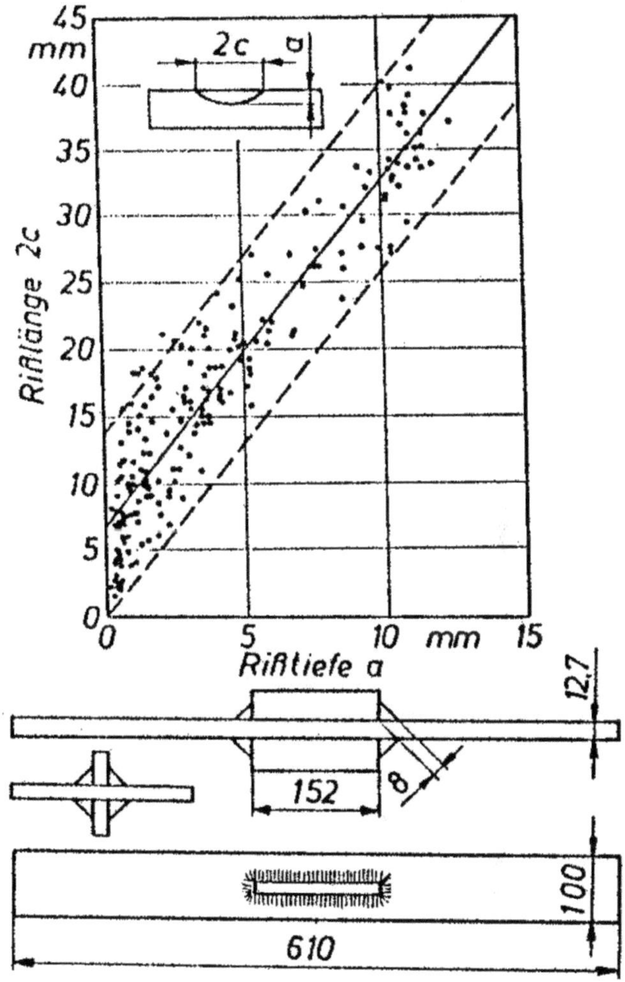

Abb. 6.15 Entwicklung der Form der Ermüdungsrisse ausgehend von Kehlnähten von Kreuzschweißproben nach experimentellen Untersuchungen von Maddox [17]

Zeigt die Darstellung von FISHER eine große Streubreite der Rißformen, die von unterschiedlichen Einflüssen abhängen kann, so kann bei bruchmechanischen Rißwachstumsberechnungen doch im allgemeinen vorausgesetzt werden, daß eine detaillierte Beanspruchungsanalyse als Ausgangsbasis vorhanden ist. Nach japanischen Untersuchungen, die in dem Standard JWES 2805 [21] durch empirische Beziehungen zusammenfassend wiedergegeben sind, muß unterschieden werden, ob das Rißwachstum durch zyklische Zug- oder durch zyklische Biegebeanspruchung bewirkt wird. Die entsprechenden Rißformbeziehungen sind

$$\frac{a}{c} = (0{,}98 + 0{,}07 \cdot R_b) - (0{,}06 + 0{,}9 \cdot R_b) \cdot \frac{a}{t} \tag{6.5}$$

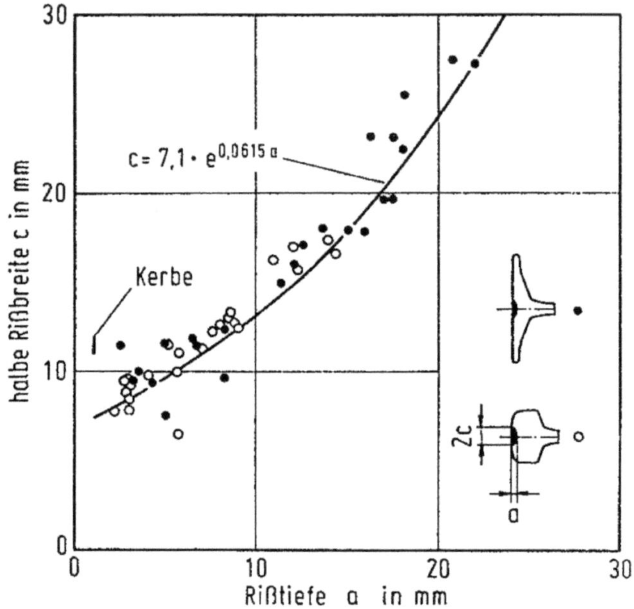

Abb. 6.16 Die Geometrie halbelliptischer Oberflächenrisse nach Untersuchungen von Schweizer et al. [19]

mit der Wandstärke t sowie dem von der Biegespannung σ_b und der Membranspannung σ_z abhängenden Biegespannungsverhältnis

$$R_b = \frac{\Delta\sigma_b}{\Delta\sigma_z + \Delta\sigma_b}. \tag{6.6}$$

Um eine Bewertung von Walzdefekten, (Abb. 6.18), im Scheibenbereich von Vollrädern der Qualität BV1 [23] vornehmen zu können, wurde die Abmessungen der Defekte analysiert. Neben der Defektneigung sind die Defektlänge L auf der Oberfläche des Scheibenbereiches und die Defektgröße a im Querschnitt bzw. Querschliff von Interesse. Naheliegend ist die Annahme, daß beide Abmessungen miteinander korrelieren, d. h. je größer L ist, umso größer wird auch a sein. Der statistisch einfachste Zusammenhang wäre durch eine Regressionsgerade gegeben. Um aber einen Eindruck zu gewinnen, wie sinnvoll eine lineare Regressionsrechnung den Zusammenhang der Rißgröße a von der Defektlänge L wiedergibt, sind die zugehörigen Datenpaare in Abb. 6.19 graphisch dargestellt worden.

Aus der Darstellung der Abmessungsrelationen in Abb. 6.19 folgt, daß die streuenden Meßdaten zweckmäßigerweise nicht durch eine Regressionsfunktion und ihr zugehöriges Streufeld, sondern besser durch ein Streufeld mit einer empirisch eingetragenen obere Grenzkurve wiedergegeben werden.

Neben der Form der Risse ist auch die Richtung, in der sich der Riß entwickelt, mitunter von ausschlaggebender Bedeutung. Die an der Fahrkante der bogenäußeren Eisenbahnschienen durch die Rollkontaktermüdung erzeugten Head Checks verlaufen anfänglich flach geneigt in Fahrtrichtung der Fahrzeuge. Von einer gewissen Tiefe an ändern diese

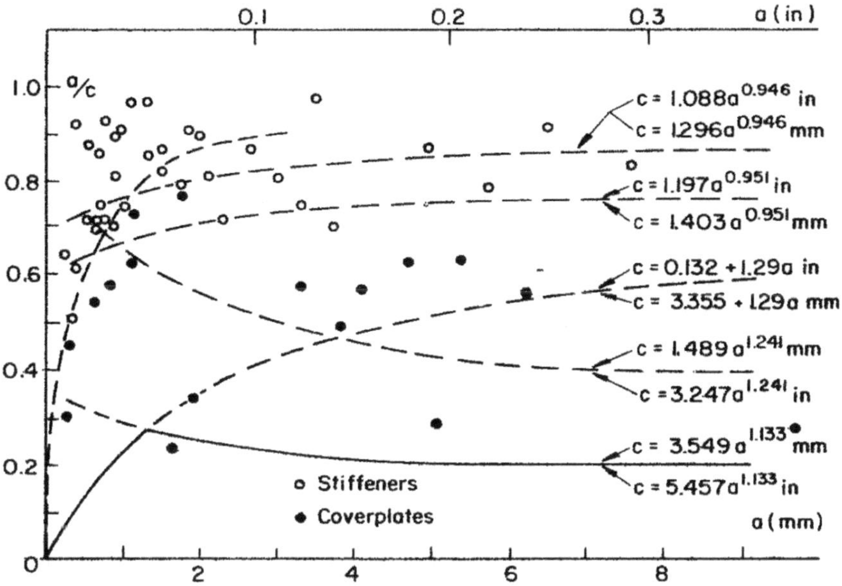

Abb. 6.17 Die Ergebnisse von Rißformmessungen an Stahlbrücken und ihre Beschreibung durch empirische Beziehungen nach Fisher [20]

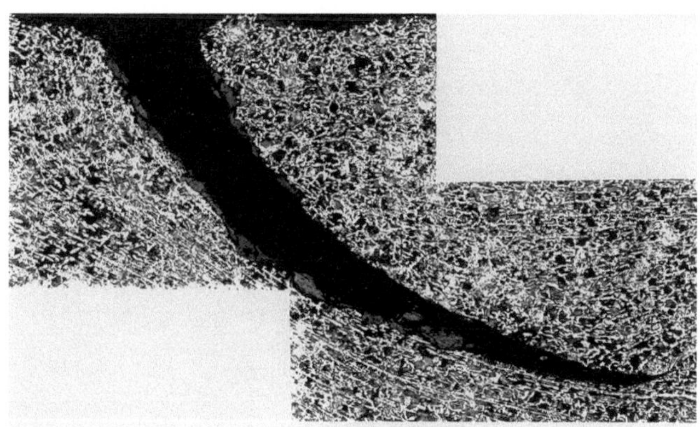

Abb. 6.18 Mikroschliff durch einen Oberflächendefekt im Scheibenbereich von BV1-Eisenbahnvollrädern [22]

Risse ihre anfänglich flache Ausbreitungsrichtung, so daß sie sich zu Querrissen im Schienenkopf entwickeln, die zum Bruch der Schiene, zum Ausbruch größerer Schienenbereiche und somit zu Unfällen führen können. Wie kompliziert die Geometrie derartiger Rollkontaktermüdungsrisse sein kann, zeigt Abb. 6.20 sehr drastisch. Aus britischen Untersuchungen, Abb. 6.21, ist ersichtlich, daß bei einer sichtbaren Rißlänge auf der Schienenkopfoberfläche von mindestens 20 mm mit dem Abknicken des Ermüdungsrisses in die Querschnittsebene gerechnet werden muß.

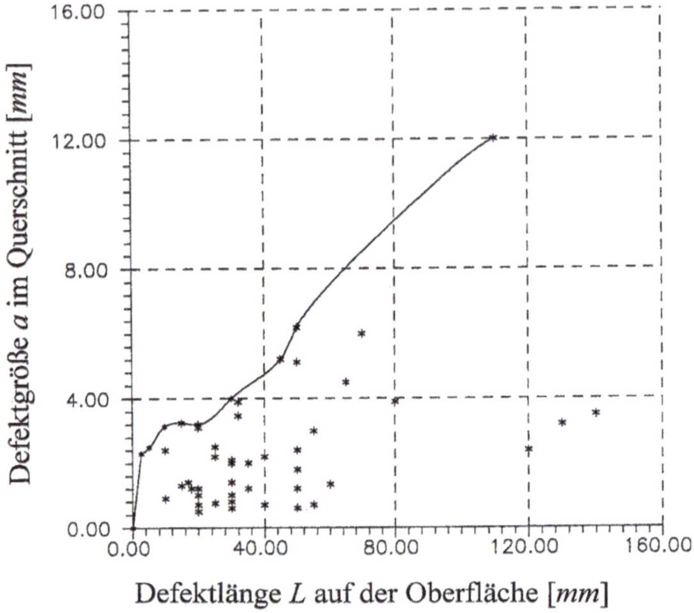

Abb. 6.19 Der Zusammenhang der Defektgröße a (Länge des geneigten und eventuell auch gekrümmten Walzdefektes im Querschliff) mit der Walzdefektlänge auf der Oberfläche der Scheibe von Eisenbahnvollrädern der Qualität BV1 [23]

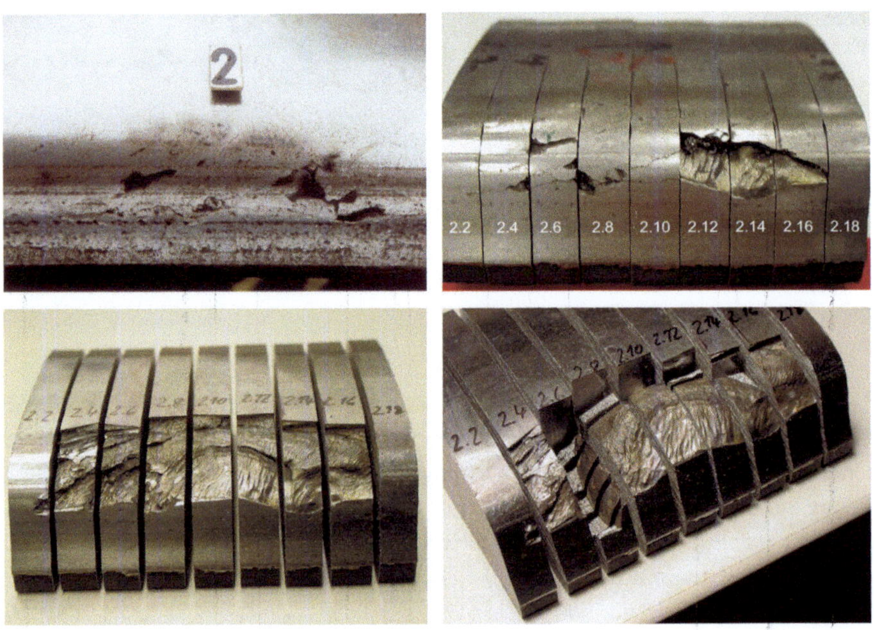

Abb. 6.20 Durch Rollkontaktermüdung bewirkte Rißbildung im Schienenkopf mit sichtbarem Längsriß an der Fahrkante und nach Zerlegen des Schädigungsbereiches erkennbarem Abknicken des Risses in die Querschnittsebene [24, 25]

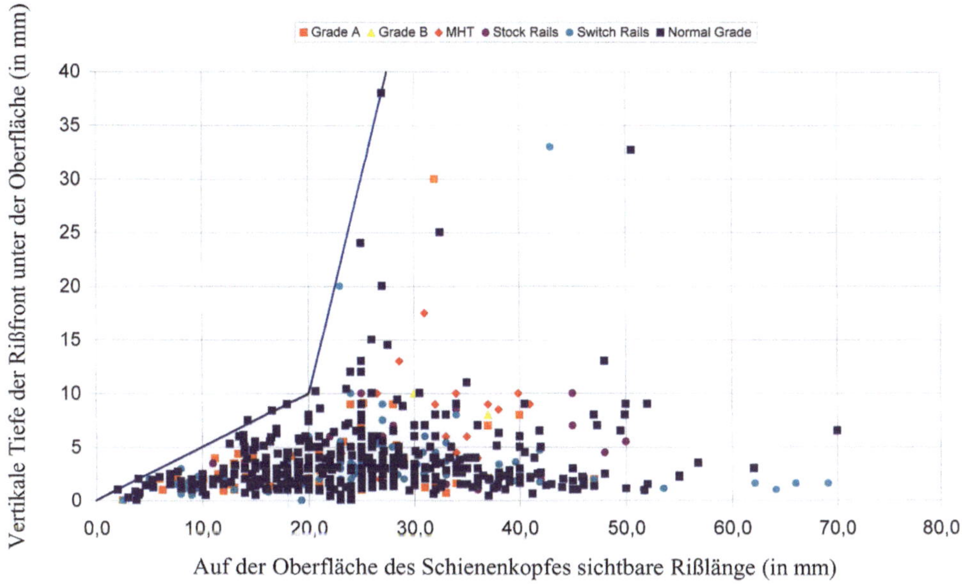

Abb. 6.21 Wiedergabe des Streufeldes sowie der Grenzkurven der Rißtiefen von Head Checks in Abhängigkeit von der sichtbaren Rißlänge auf der Oberfläche des Schienenkopfes nach britischen Erfahrungen [26]

6.1.4 Bauteil- und problemspezifische Beanspruchungsbedingungen

Bei der Analyse des Verhaltens rißgeschädigter Konstruktionen sind die Bedingungen, die die Bruchzähigkeit einerseits und die Rißwachstumsrate des Werkstoffs andererseits beeinflussen, von wesentlichem Interesse. Die Einflußgrößen auf die Bruchzähigkeit sind neben dem Werkstoff selbst und der Werkstoffdicke, die bei dem Bauteil und bei der Probe weitgehend identisch sein sollte, die Beanspruchungsgeschwindigkeit sowie die Temperatur im kritischen Fall. Da das Rißwachstum zwar in wesentlichem Maße, jedoch nicht ausschließlich durch die Größe der zyklisch einwirkenden Beanspruchung ΔK bestimmt ist, müssen für bruchmechanische Berechnungen auch für diese Rißausbreitungsphase die Beanspruchungsbedingungen näher betrachtet werden.

Entsprechend den Einsatzbedingungen der Konstruktionen und der Änderung der in ihnen wirkenden Beanspruchungen treten sehr unterschiedliche Beanspruchungsgeschwindigkeiten auf (siehe Tab. 6.1). Vor Durchführung experimenteller Untersuchungen sollte stets die kritische Beanspruchungsgeschwindigkeit anhand realistischer Daten eingeschätzt werden, was u. a. in den Festlegungen von Det Norske Veritas [27] ausdrücklich gefordert wird. Beachtet werden muß jedoch, daß bei gleichen Bauteilen Brüche sowohl unter statischen, als auch unter dynamischen Bedingungen auftreten können, wie z. B. bei Eisenbahnvollrädern [28]. Die Nichtbeachtung derartiger Umstände kann unrealistische Berechnungsergebnisse zur Folge haben.

Tab. 6.1 Die Beanspruchungsgeschwindigkeit glattwandiger, zugbeanspruchter Bauteile [29] (zitiert in [30])

Bauteil bzw. Beanspruchungsfall	$d\varepsilon/dt$ s^{-1}	du/dt mm/s	dK_I/d_t $(N/mm^{3/2})/s$
Aufbewahrungsspeicher	10^{-6}	–	10^0
Hydrostatisch beanspruchte Druckbehälter und Pipelines	10^{-5}	–	10^2
Stahlgerüste, Brücken, Krane (während der Montage)	10^{-3}	–	10^4
Flugzeugfahrwerke	–	10^4	10^5
Erdbeben, mechanische Transportsysteme (Förderanla-gen, Verladeeinrichtungen)	–	10^3	10^6
Gesenkschmieden	–	10^4	10^7
Schiffkollisionen	–	10^4	10^7
Straßen- und Schienenverkehr	–	10^5	10^7
Militärische Anlagen unter Explosiv- oder Projektilbeanspruchung	–	10^7	10^{12}

Mit der Problematik des Bruchs hängt neben der kritischen Beanspruchungsgeschwindigkeit die der kritischen Temperatur zusammen. Ist die kritische Temperatur bekannt, so kann die dieser Temperatur entsprechende Bruchzähigkeit experimentell ermittelt oder aus vorliegenden Untersuchungsergebnissen entnommen werden. Ist der Bereich der kritischen Temperaturen sehr groß, so müssen die zutreffenden Bruchzähigkeitswerte entsprechend den möglichen kritischen Temperaturen und der Wahrscheinlichkeit ihres Auftretens aus den experimentell ermittelten Bruchzähigkeitseigenschaften abgeleitet werden. Wie unterschiedlich der Einfluß der Temperatur auf das Bruchverhalten von rißgeschädigten Bauteilen sein kann, zeigen die statistischen Angaben zum Auftreten von Schienenbrüchen (siehe Abb. 2.53) und zum Auftreten von Brüchen von Eisenbahnvollrädern (siehe Abb. 2.54). Während beim Bruch von Einsenbahnrädern ein Jahreszeiteinfluß statistisch nicht nachweisbar ist, unterliegen Schienenbrüche einem sehr ausgeprägten Temperatureinfluß.

Versagen rißgeschädigte Bauteile unter kontrollierten Temperaturbedingungen, beispielsweise bei Raumtemperatur, so erübrigen sich oftmals weitere Betrachtungen über die kritische Temperatur. Versagen Bauteilen unter dem wesentlichen Einfluß sehr unterschiedlicher Umgebungstemperaturen, so müssen gegebenenfalls größere Temperaturbereiche berücksichtigt werden, die hinsichtlich ihrer Bedeutung für das Versagen noch weiter eingegrenzt oder modifiziert werden müssen. Die in der Tab. 6.2 wiedergegebenen Stundenwerte der Lufttemperaturen können einerseits genutzt werden, um die Wahrscheinlichkeitsverteilung der kritischen Temperaturen von Bauteilen zu ermitteln, die bei allen realen Temperaturen brechen können, wie z. B. Eisenbahnvollräder. Andererseits lassen sich aus

Tab. 6.2 Die absolute Häufigkeit der Stundenwerte der Lufttemperatur nach Messungen in Potsdam im Zeitraum 1951–1975 [31]

T_{min}	Jan	Feb	Mrz	Apr	Mai	Juni	Juli	Aug	Sept	Okt	Nov	Dez	Fr	So	He	Wi	Jahr
– 25												2				2	2
– 24												5				5	5
– 23		1										1				2	2
– 22		11										2				13	13
– 21	5	14														19	19
– 20	4	25										1				30	30
– 19	21	24										16				61	61
– 18	32	28										12				72	72
– 17	56	37										14				107	107
– 16	74	62									1	34			1	170	171
– 15	145	69									1	57			1	271	272
– 14	157	98	1								2	57	1		2	312	315
– 13	192	128	7								3	68	7		3	388	398
– 12	234	174	14								3	95	14		3	503	520
– 11	287	201	31								5	127	31		5	615	651
– 10	290	283	43								7	147	43		7	720	770
– 9	444	307	87								48	238	87		48	989	1124
– 8	513	317	129								49	401	129		49	1231	1409
– 7	589	419	154							2	90	437	154		92	1445	1691
– 6	632	508	251	3						1	148	489	254		149	1629	2032
– 5	746	600	342	13						5	194	670	355		199	2016	2570

Tab. 6.2 (Fortsetzung)

T_{min}	Jan	Feb	Mrz	Apr	Mai	Juni	Juli	Aug	Sept	Okt	Nov	Dez	Fr	So	He	Wi	Jahr
−4	882	867	536	16						4	282	720	552		286	2469	3307
−3	1152	1141	874	80						16	386	849	954		402	3142	4498
−2	1137	1208	1100	171	2					34	676	1106	1273		710	3451	5434
−1	1764	1480	1347	332	10					94	912	1470	1689		1006	4714	7409
0	2070	1629	1530	519	22					186	1122	2028	2071		1308	5727	9106
1	1752	1518	1435	785	82				9	329	1377	1735	2302		1715	5005	9022
2	1398	1175	1562	1023	118	5			16	510	1645	1625	2703	5	2171	4198	9077
3	1158	1172	1581	1155	199	18			58	718	1801	1571	2935	18	2577	3901	9431
4	950	1002	1448	1296	373	25			105	991	1812	1350	3117	25	2908	3302	9352
5	747	760	1147	1490	566	48			249	1285	1620	1180	3203	48	3154	2687	9092
6	539	575	1021	1458	717	117	3	12	482	1669	1575	800	3196	132	3726	1914	8968
7	387	389	872	1419	979	252	20	33	598	1733	1252	519	3270	305	3583	1295	8453
8	164	278	697	1347	1228	389	107	115	805	1738	965	353	3272	611	3508	795	8186
9	32	171	593	1192	1425	573	244	286	1047	1736	766	224	3210	1103	3549	427	8289
10	40	120	448	1077	1530	815	507	480	1434	1634	491	100	3055	1802	3559	260	8676
11	6	61	345	876	1587	1048	665	747	1492	1379	310	63	2808	2460	3181	130	8579
12	1	48	289	759	1504	1222	1034	1168	1599	1233	225	9	2552	3424	3057	58	9091
13		20	204	574	1435	1332	1299	1534	1581	960	134	14	2213	4165	2675	34	9087
14		9	150	530	1145	1486	1546	1682	1482	732	61	5	1825	4714	2275	14	8828
15		9	115	435	977	1554	1677	1797	1421	524	24	6	1527	5028	1969	15	8539
16		6	85	323	898	1368	1620	1637	1238	323	5		1306	4625	1566	6	7503

Tab. 6.2 (Fortsetzung)

T_{min}	Jan	Feb	Mrz	Apr	Mai	Juni	Juli	Aug	Sept	Okt	Nov	Dez	Fr	So	He	Wi	Jahr
17			73	235	742	1220	1547	1539	956	265	3		1050	4306	1224		6580
18			37	218	636	1097	1416	1391	761	172	1		891	3904	934		5729
19			21	163	527	934	1222	1251	631	122	1		711	3407	754		4872
20			12	124	449	792	1014	1050	512	97	3		585	2856	612		4053
21			3	106	386	706	902	756	419	54			495	2364	473		3332
22			5	88	278	647	732	621	347	26			371	2000	373		2744
23			7	73	226	568	631	585	263	16			306	1784	279		2369
24			1	42	205	484	531	475	160	8			248	1490	168		1906
25			3	13	127	382	463	396	121				143	1241	121		1505
26				20	93	322	353	306	64	2			113	981	66		1160
27				11	37	220	320	202	50	2			48	742	52		842
28				13	39	150	223	184	40				52	557	40		649
29				12	29	85	177	125	31				41	387	31		459
30				7	20	62	134	78	16				27	274	16		317
31				2	7	44	94	68	11				9	206	11		226
32					2	30	47	51	2				2	128	2		132
33						5	40	21						66			66
34							19	4						23			23
35							3	6						9			9
36							4							4			4
37							4							4			4
38							2							2			2

diesen Werten der Lufttemperaturen die Schienentemperaturen ableiten [33], unter deren Einwirkung Risse in Eisenbahnschienen wachsen.

Bei der Analyse des Bruches von Eisenbahnschienen ist zwar die statistische Abhängigkeit von der Temperatur im wesentlichen bekannt (siehe Abb. 2.53), doch kann die Temperatur, die der statistischen Analyse zugrunde gelegt und als Mittelwert über größere geographische Bereiche am gleichen Tage ermittelt wurde, nicht mit gleicher Berechtigung für die bruchmechanischen Analysen verwendet werden. In Ermangelung umfassender statistisch gesicherter Daten der Schienentemperatur, bei der der Bruch der Schienen erfolgt, bietet es sich in erster Näherung an, für die Analyse des Bruchs von Eisenbahnschienen als kritisch diejenige Temperatur anzusehen, die als Tagesminimalwert der Luft in 5 cm Höhe über dem Erdboden gemessen wurde (Tab. 6.3). Diese Lufttemperatur und die Temperatur der etwa in gleicher Höhe liegenden Eisenbahnschienen unterscheiden sich – abgesehen bei höheren Temperaturen und Sonneneinstrahlung – nicht wesentlich. Da im Sommer jedoch bedeutend weniger Schienenbrüche auftreten als im Jahresdurchschnitt oder gar im Winterquartal, ist es für bruchmechanische Analysen empfehlenswert aus den meteorologischen Daten der Tab. 6.3 oder anderen Temperaturdaten eine Auswahl zu treffen hinsichtlich der für Schienenbrüche relevanten Jahreszeit des Winterquartals.

Die Minimalwerte der Schienentemperaturen der Deutschen Bahn AG sowie der ehemaligen Deutschen Reichsbahn liegen bekanntlich in der Größe von – 30 °C [34]. Wenn dieser Extremwert der Temperaturbeanspruchung dem bruchmechanischen Haltbarkeitsnachweisen zu Grunde gelegt wird, wird ein großer Anteil rißgeschädigter Eisenbahnschienen in unrealistischer Art und Weise „kaputt"-gerechnet. Um das Bruchverhalten rißgeschädigter Eisenbahnschienen realistisch einschätzen zu können, müssen realistische Annahmen über den Bereich der kritischen Schienentemperaturen bei der Monte-Carlo-Simulation verwendet werden.

Da ein einheitlicher Grenzwert für die kritische Temperatur der Eisenbahnschienen, bei der der Bruch der Schienen erfolgt, aus den Tabellen oder Diagrammen der Schienenbruchstatistik der DB AG nur unter großen Vorbehalten abgeleitet werden kann, der Realität aber zweifellos nicht in vollem Umfang gerecht wird, muß aus vorliegenden, statistisch abgesicherten Erfahrungen die kritische Schienentemperatur abgeleitet werden.

Eine geeignete Grundlage für die Ermittlung der kritischen Temperatur, bei der der Bruch der Schienen erfolgt, ist durch die frühere Auswertung der Schienenbruchstatistik der Deutschen Reichsbahn [35] gegeben. Die Analysenergebnisse sind in der folgenden Tab. 6.4 und die zusammenfassende Klassenhäufigkeitsverteilung in Abb. 2.54 wiedergegeben. Wenn auch fehlerhafte Temperaturangaben in der Schienenbruchstatistik nicht ausgeschlossen werden können, gibt die über 5 Jahre gemittelte Verteilung das temperaturabhängige Bruchverhalten der Schienen zumindest als Referenzwert gut wieder.

Eine weitere temperaturabhängige Verteilung des Auftretens der Schienenbrüche ergibt sich aus den Daten der Schienenbruchstatistik der ehemaligen Deutschen Reichsbahn und entsprechenden meteorologischen Daten der mittleren Tagestemperatur an den Tagen der

Tab. 6.3 Die absolute Häufigkeit des Tagesminimums der Lufttemperatur in 5 cm Höhe über dem Boden nach Messungen in Potsdam im Zeitraum 1951–1975 [32]

T_{min}	Jan	Feb	Mrz	Apr	Mai	Juni	Juli	Aug	Sept	Okt	Nov	Dez	Fr	So	He	Wi	Jahr
– 31		1														1	1
– 30		1									1					2	2
– 29																	
– 28		1														1	1
– 27		1														1	1
– 26	1															1	1
– 25	2	3														5	5
– 24	3	3														6	6
– 23	2	1														3	3
– 22	6	6									1	4			1	16	17
– 21	6	4	1										1			10	11
– 20	6	8	1									3	1			17	18
– 19	9	12	2								1	1	2		1	22	25
– 18	13	8	5									4	5			25	30
– 17	13	11	2									8	2			32	34
– 16	11	6	4									4	4			21	25
– 15	8	15	2								1	7	2		1	30	33
– 14	8	6	10								1	4	10		1	18	29
– 13	18	18	10								3	9	10		3	45	58
– 12	23	13	9	1							2	19	10		2	55	67

Tab. 6.3 (Fortsetzung)

T_{min}	Jan	Feb	Mrz	Apr	Mai	Juni	Juli	Aug	Sept	Okt	Nov	Dez	Fr	So	He	Wi	Jahr
– 11	26	13	14	2							6	14	16		6	53	75
– 10	14	21	20								6	20	20		6	55	81
– 9	23	19	17	4							8	30	21		8	72	101
– 8	32	26	35	8						1	15	22	43		16	80	139
– 7	31	29	36	17	1						18	32	54		18	92	164
– 6	37	29	34	26						5	27	36	60		32	102	194
– 5	48	45	59	23	3					11	29	35	85		40	128	253
– 4	51	65	67	53	4					21	38	51	124		59	167	350
– 3	52	49	63	35	11					27	41	58	109		68	159	336
– 2	63	69	70	61	20	3			3	35	68	71	151	3	106	203	463
– 1	106	68	79	64	15	2			12	47	63	98	158	2	122	272	554
0	54	49	64	80	43	8			18	46	86	66	187	8	150	169	514
1	46	33	50	61	44	7			26	51	77	55	155	7	154	134	450
2	27	30	44	54	52	9		3	43	57	64	39	150	12	164	96	422
3	16	20	37	56	58	34	3	8	42	55	52	35	151	45	149	71	416
4	10	8	14	58	70	30	7	12	55	77	39	22	142	49	171	40	402
5	5	8	13	48	78	46	20	28	69	90	42	11	139	94	201	24	458
6	2	3	4	30	72	60	39	43	62	72	23	9	106	142	157	14	419
7	3	2	3	28	69	60	68	66	71	60	14	2	100	194	145	7	446
8		2	6	20	62	70	73	72	64	34	14	4	88	215	112	6	421
9				12	63	73	70	92	60	35	7	1	75	235	102	1	413

Tab. 6.3 (Fortsetzung)

T_{min}	Jan	Feb	Mrz	Apr	Mai	Juni	Juli	Aug	Sept	Okt	Nov	Dez	Fr	So	He	Wi	Jahr
10				6	51	81	79	105	65	20	3		57	265	88		410
11				1	26	70	87	81	57	11	1		27	238	69		334
12				2	20	64	83	91	44	13			22	238	57		317
13					8	61	83	59	31	5			8	203	36		247
14					2	35	69	51	18	2			2	155	20		177
15					3	27	44	36	6				3	107	6		116
16						8	30	16	3					54	3		57
17						2	14	9	1					25	1		26
18							6	2						8			8
19								1						1			1

Tab. 6.4 Nach der vermuteten Schienentemperatur klassierte Werte der Zahl der Schienenbrüche entsprechend den Daten der Schienenbruchstatistik der Deutschen Reichsbahn [35]

$T_{Schiene}$ in °C	1972	1973	1974	1975	1976	Mittlerer Anteil in %
< -20	30	9	7	2	30	0,28
$-19 \ldots -10$	666	131	12	77	297	4,07
$-9 \ldots -1$	1516	1437	374	1073	1590	21,40
$0 \ldots +10$	2496	2888	2760	3077	2210	50,04
$+11 \ldots +20$	1004	942	922	736	718	16,00
$+21 \ldots +30$	355	381	308	346	270	6,11
$+31 \ldots +40$	81	104	60	133	105	1,77
$+41 \ldots +50$	16	15	12	23	40	0,39
$> +50$	2	1	0	1	7	0,04
Summe	6166	5908	4455	5468	5267	

Tab. 6.5 Die nach der mittleren Tagestemperatur der Luft im Zeitraum 1972/1976 klassierte Verteilung der Schienenbrüche bei der Deutschen Reichsbahn [28, 36]

Mittlere Tagestemperatur der Luft in °C	Anteil der Brüche in %	Anteil der Tage in %	$\frac{\text{Anteil der Brüche}}{\text{Anteil der Tage}}$
≤ -10	1,70	0,22	7,76
$-10 \ldots -5$	7,53	1,31	5,73
$-5 \ldots 0$	16,53	8,32	1,99
$0 \ldots +5$	33,54	24,85	1,35
$+5 \ldots +10$	19,79	23,10	0,86
$+10 \ldots +15$	9,02	18,06	0,50
$+15 \ldots +20$	6,72	18,39	0,37
$+20 \ldots +25$	1,38	4,93	0,28
$> +25$	0,01	0,11	0,13

aufgetretenen Schienenbrüche [28]. Die in Abb. 2.55 veranschaulichte Häufigkeitsverteilung der kritischen Temperaturen ist in Tab. 6.5 in klassierter Form wiedergegeben.

Für die Monte-Carlo-Simulation des kritischen Zustandes rißgeschädigter Eisenbahnschienen lassen sich die – offensichtlich – schiefen Verteilungen optimal nutzen, wenn diese Verteilungen jeweils durch eine dreiparametrige Weibullverteilung

$$T_c(P) = T_{c\,\min} + T_C^* \cdot [-\ln(1-P)]^{1/\delta_{Tc}} \tag{6.7}$$

Tab. 6.6 Stichproben- und Weibull-Parameter der kritischen Schienentemperaturen [36]

Parameter	Einheit	Quelle		
		Nach der minimalen Lufttemperatur in 5 cm Höhe über dem Boden	Nach der mittleren Tagestemperatur der Luft am Tage des Bruchs	Nach der mittleren Tagestemperatur mit verbreiterter Streubreite
Stichprobenparameter				
Mittelwert $\bar{T}_C$	°C	+ 5,50	*+ 3,75*	*+ 3,75*
Standardabweichung s_{T_c}	K	*10,18*	6,99	*10,18*
Schiefe γ_{T_c}	–	0,62	*0,34*	*0,34*
Weibullparameter				
Minimalwert $T_{c\,\min}$	°C	– 14,15	– 12,88	– 20,47
Normierungswert T_c^*	K	22,18	18,73	27,28
Weibull-Exponent δ_{T_c}		2,02	2,55	2,55

angenähert werden. Die Stichprobenparameter der klassierten Verteilungen und die aus ihnen abgeleiteten Weibull-Parameter sind für die in 50 mm Höhe ermittelten Tagesminimalwerte der Lufttemperaturen sowie für die gemittelten kritischen Tagestemperaturen der Luft am Tage des Bruchs in der Tab. 6.6 in den ersten beiden Spalten wiedergegeben.

Unbefriedigend an den Verteilungsparametern ist in den beiden als kritisch betrachteten Temperaturverteilungen, daß die Weibullverteilungen jeweils eine recht starke Linkssteilheit aufweisen, wodurch die zwar relativ selten auftretenden, aber nachweislich vorhandenen tiefen Temperaturen unterhalb von – 14 bzw. – 13 °C „abgeschnitten" werden. Zur Behebung dieses Mangels ist aus den obigen beiden Verteilungen eine „synthetische" Verteilung abgeleitet abgeleitet worden mit den in der dritten Spalte der Tab. 6.6 wiedergegebenen gemischten Parametern, bei denen der Mittelwert und die Schiefe der Temperaturverteilungen der real aufgetretenen Brüche beibehalten wurde, die Streubreite der Temperaturen aber nach den gemessenen Minimaltemperaturen in 5 cm Höhe über dem Boden gewählt wurde.

Diese synthetische Weibullverteilung der kritischen Schienentemperaturen ist in Übereinstimmung mit den Erfahrungen der Deutschen Bahn AG, wonach die minimalen Schienentemperaturen zwischen – 15 und – 20 °C zu erwarten sind (vgl. Schienenbruchstatistik der DB AG von 1996 bzw. Tab. 6.4). Mit den beiden ursprünglichen Häufigkeitsverteilungen steht sie nicht in generellem Widerspruch, da nach dieser Verteilung unterhalb von – 10 °C der Anteil der Schienenbrüche rund 8,33 % und oberhalb von 30 °C rund 0,82 % beträgt.

Für die Monte-Carlo-Simulation des Bruchverhaltens scheint die synthetische Weibullverteilung der kritischen Schienentemperaturen mit der Tiefsttemperatur von rund – 20 °C der Realität in optimaler Weise zu entsprechen. Die gewünschten stochastisch auftretenden kritischen Schienentemperaturen ergeben sich nach der vorstehend angegebenen Gleichung, wenn die Wahrscheinlichkeit P durch eine zwischen 0 und 1 gleichverteilte Zufallszahl z_g ersetzt wird.

Bei einem Test mit der Erzeugung von 10 000 Zufallszahlen wurde die vorgegebene Verteilung der kritischen Schienentemperatur mit den folgenden Parametern realisiert, die den vorgegebenen Werten recht nahe kommt:

Mittelwert	$\bar{T}_C = +3{,}66\,^\circ C$
Standardabweichung	$s_{T_c} = 10{,}22\,K$
Schiefe	$\gamma_{T_c} = 0{,}3355$
Kleinstwert	$T_{C\min} = -20{,}47^\circ C$
Größtwert	$T_{C\max} = +46{,}04^\circ C.$

Im Zusammenhang mit der Problematik des Rißwachstums ist auch die Forderung von Det Norske Veritas [27] zu sehen, der zufolge für den speziellen Fall des drucklosen Flüssiggastransports in Tankschiffen die Rißgröße zu ermitteln ist, die mit Hilfe von Gasspürgeräten aufgefunden werden kann (siehe Abb. 6.22). Nachgewiesen werden muß dann das Wachstum eines derartigen Durchrisses unter der Einwirkung des ungünstigsten 15-Tage-Beanspruchungsspektrums der Langzeitcharakteristik.

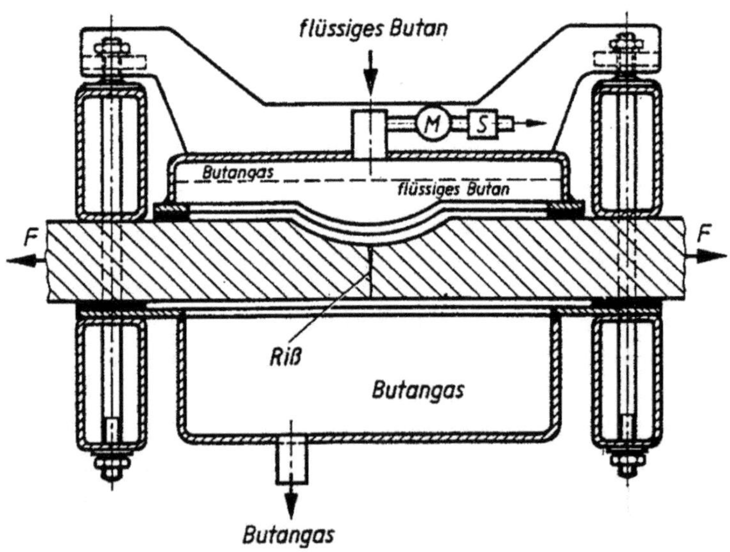

Abb. 6.22 Versuchsanordnung zur experimentellen Ermittlung der Rißgröße, bei der ein Leck mittels Gasspürgeräten auffindbar ist (M Manometer, S Sicherheitsventil, F zyklisch einwirkende Kraft) [37]

6.2 Analyse der Dauerfestigkeit

6.2.1 Zielstellungen bruchmechanischer Dauerfestigkeitsanalysen

Dauerfestigkeitsaussagen für rißgeschädigte, mechanisch beanspruchte Bauteile sind bei zyklisch einwirkender Beanspruchung für die folgenden Fälle von praktischem Interesse:

- die zulässige Rißgröße für die zerstörungsfreie Prüfung von Bauteilen nach deren Fertigung (bei bekannten Riß- bzw. Fehlerformen, sowie Betriebsbeanspruchungen),
- die Wahrscheinlichkeit der Dauerfestigkeit durch Gegenüberstellung der berechneten dauerfesten und der im Bauteil vorhandenen Riß- bzw. Fehlergrößenverteilungen,
- die zulässigen, dauernd ohne Akkumulation von Schäden in Form wachsender Risse ertragbaren Spannungen bei Berücksichtigung vorhandener oder angenommener Risse,
- die dauerfest ertragbaren, zulässigen Spannungen.

6.2.2 Das Kriterium der Dauerfestigkeit

Die theoretisch möglichen und praktisch wesentlichen Rißausbreitungsphänomene zeigen eine große Vielfalt, die durch ein universelles, einheitliches Kriterium zur Beschreibung des Verhaltens bzw. der Auswirkung von Rissen in mechanisch beanspruchten Bauteilen gegenwärtig nicht erfaßt werden kann, wenn auch Anstrengungen unternommen werden, die existierenden bruchmechanischen Konzepte zur Beschreibung der Rißausbreitung einheitlich darzustellen.

Für die praktischen, ingenieurtechnischen Anwendungen werden deshalb im folgenden die einzelnen bruchmechanischen Phänomene, Kriterien und Hypothesen zur Rißausbreitung jeweils gesondert behandelt.

Bei der Untersuchung der Dauerfestigkeit rißbehafteter Konstruktionen wird der Schwingweite ΔK_I der Rißfrontbeanspruchung dem die Werkstoffreaktion charakterisierenden Schwellenwert ΔK_{th} gleichgesetzt. Die Bedingung

$$\Delta K_I = \Delta K_{th} \tag{6.8}$$

charakterisiert den Übergang von der Phase der Dauerfestigkeit in die Phase der stabilen Rißausbreitung beim Einwirken zyklisch veränderlicher Beanspruchungen. Mit Hilfe des angegebenen Kriteriums lassen sich die oben genannten unterschiedliche Dauerfestigkeitsprobleme lösen, je nachdem, welche in der Gleichung enthaltenen Größen vorgegeben sind oder welche Größe gesucht wird.

Je nach den gegebenen Größen stellt das bruchmechanische Dauerfestigkeitskriterium eine nichtlineare Bestimmungsgleichung für die Größe a_D nichtausbreitungsfähiger Risse oder eine lineare Gleichung für die dauernd ertragbare Spannung σ_D bzw. $\Delta\sigma_D$ dar.

6.2.3 Anmerkung zur Übertragung des Schwellenwertes auf Bauteile

Die Schwellenwerte der Ermüdungsrißausbreitung bei Einstufenbeanspruchung und bei stochastischer Beanspruchung stehen etwa im gleichen Verhältnis wie die maximale und die effektive Beanspruchung bei stochastischer Lastfolge [38]

$$f_{Crest} = \frac{\sigma_{\max}}{\sigma_{eff.}} = \frac{\Delta K_{th}\big|_{Einstufenbeanspruchung}}{\Delta K_{th}\big|_{Randombeanspruchung}}. \tag{6.9}$$

Auf Grund dieses Zusammenhanges erscheint es bei bruchmechanischen Dauerfestigkeitsanalysen gerechtfertigt, den Größtwert der Schwingweite des Spannungsintensitätsfaktors dem bei Einstufenbeanspruchung ermittelten Schwellenwert gleichzusetzen.

6.3 Analyse der stabilen Rißausbreitung bei zyklischer Beanspruchung

6.3.1 Zielstellungen von Rißwachstumsanalysen

Die Zielstellungen bruchmechanischer Rißfortschrittsanalysen sind sehr breit gefächert. Sie betreffen

- die Nachrechnung des an Laborproben im Experiment ermittelten Rißfortschritts,
- die Überwachung von Großversuchen,
- die Beurteilung von Betriebsbrüchen,
- die Vorhersage der Lebensdauer rißgeschädigter Konstruktionen, die Ableitung des Kontrollgrenzmaßes für zerstörungsfrei ermittelte Risse, sowie die Ableitung des Prüfzyklus,
- die Vordimensionierung neuer Bauteile bzw. die Bestimmung der ertragbaren bzw. zulässigen Belastung bei Annahme bestimmter Defekte.

6.3.2 Die Berechnung des Rißwachstums

Um die stabile Vergrößerung von Rissen in Bauteilen unter der Einwirkung einer zyklisch einwirkenden Belastung zu beschreiben, wird angenommen, daß die an relativ dünnen Bruchmechanik-Proben ermittelten zyklischen Rißwachstumseigenschaften – ausgedrückt durch die Rißwachstumsrate als Regressionsfunktion, als obere Grenzkurve oder als ECCS-Referenzfunktion (vgl. Abschn. 5.4.5 bzw. 5.4.6.) – auf die rißbehafteten Bauteile (bei Beachtung möglicher oder notwendiger Modifikationen) übertragbar sind. Die in Abhängigkeit von der Schwingweite ΔK der Beanspruchung ermittelte Rißwachstumsrate kann als Funktion von ΔK dargestellt werden

$$\frac{\Delta a}{\Delta N} = f(\Delta K). \tag{6.10}$$

Die Größe wachsender Risse läßt sich nun durch Aufsummieren der aufeinanderfolgenden Werte der Rißwachstumsraten bestimmen

$$a_{Ende} = a_{Anfang} + \sum_i \Delta a = a_{Anfang} + \sum_i f(\Delta K) \cdot \Delta N_i, \tag{6.11}$$

wobei die geringe Größe der Rißabmessungszunahme auf der Aufsummierung eventuell mathematische Genauigkeitsprobleme verursachen kann.

Ebenso läßt sich die ertragbare Lastspielzahl bestimmen

$$N = \sum_i \Delta N_i = \sum_i \frac{\Delta a}{f(\Delta K)} \tag{6.12}$$

für das Rißwachstum von einer vorgegebenen Anfangsrißgröße bis zu einer bestimmten Endrißgröße.

Wird die Rißwachstumsrate jedoch nicht als diskontinuierliche Größe $\Delta a/\Delta N$ betrachtet, was sie eigentlich ist, sondern als kontinuierliche Variable, als Differentialquotient $\mathrm{d}a/\mathrm{d}N$ aufgefaßt, so stellt die Rißwachstumsgleichung eine Differentialgleichung für den charakteristischen Rißgrößenparameter a dar, aus deren Umformung sich die Lastwechselzahl für das Rißwachstum von seiner Anfangsrißgröße a_0 bis zu seiner Endgröße a_{Ende} wie folgt ergibt

$$N = \int dN = \int_{a=a_0}^{a_{Ende}} \frac{da}{f(\Delta K)}. \tag{6.13}$$

Das Integral wird sich nur in seltenen Fällen exakt lösen lassen. In den meisten Fällen muß wohl auf numerische Integrationsmethoden – wie zum Beispiel die Simpson-Integration oder die Gauß-Integration – zurückgegriffen werden.

6.3.3 Der Effektivwert $\Delta\sigma_{eff.}$ stochastischer Schwingweiten der Spannung [39]

Die unter Betriebsbedingungen stochastisch auftretenden Beanspruchungszyklen haben oftmals unterschiedliche Beanspruchungshöhen, die sich bei Rißwachstumsfällen durch eine unterschiedliche Schwingweite der Beanspruchung bemerkbar machen. Werden die beanspruchenden Spannungen als klassierte Werte $\Delta\sigma_i$ vorgegeben, die mit der relativen Klassenhäufigkeit $h_{rel.i}$ auftreten, so kann auf der Grundlage des Paris-Gesetzes und der Annahme einer linearen Schadensakkumulation eine effektive, einstufige Schwingweite der Spannungen abgeleitet werden.

Bei Einstufenbeanspruchung gilt nach dem Paris-Gesetz

$$\frac{\mathrm{d}a}{\mathrm{d}N} = C \cdot \Delta K^n = C \cdot \left(\Delta\sigma \cdot \sqrt{\pi \cdot a} \cdot f_I\right)^n. \tag{6.14}$$

Bei Mehrstufenbeanspruchung gilt unter der Annahme einer linearen Schadensakkumulation für die effektive Rißwachstumsrate

$$\begin{aligned}\left.\frac{\mathrm{d}a}{\mathrm{d}N}\right|_{eff.} &= \sum_i h_{rel.i} \cdot \left.\frac{\mathrm{d}a}{\mathrm{d}N}\right|_i = \\ &= \sum_i h_{rel.i} \cdot C \cdot \Delta K^n = \\ &= \sum_i h_{rel.i} \cdot C \cdot \left(\Delta\sigma_i \cdot \sqrt{\pi \cdot a} \cdot f_I\right)^n \\ &= C \cdot \left(\sqrt{\pi \cdot a} \cdot f_I\right)^n \sum_i h_{rel.i} \cdot \Delta\sigma_i^n\end{aligned} \tag{6.15}$$

Wird die mittlere, effektive Rißwachstumsrate mit Hilfe einer effektiven Schwingweite der Spannung dargestellt, so ergibt sich

$$\left.\frac{\mathrm{d}a}{\mathrm{d}N}\right|_{eff.} = C \cdot \left(\Delta\sigma_{eff.} \cdot \sqrt{\pi \cdot a} \cdot f_I\right)^n. \tag{6.16}$$

Damit die effektive Rißwachstumsrate bei mehrstufiger Beanspruchung zutreffend bestimmt wird, muß für die effektiven Schwingweite der Spannung gelten

$$\Delta\sigma_{eff.}^n = \sum_i h_{rel.i} \cdot \Delta\sigma^n \qquad \text{bzw.} \qquad \Delta\sigma_{eff.} = \sqrt[n]{\sum_i h_{rel.i} \cdot \Delta\sigma^n}. \tag{6.17}$$

6.3.4 Der Effektivwert $f_{eff.}$ stochastischer Beanspruchungsfrequenzen [40]

Bei der Übertragung der Ergebnisse experimenteller Rißwachstumsuntersuchungen gemäß dem Rißwachstumsgesetz von Paris läßt sich nur die Schwingweite des Spannungsintensitätsfaktors als maßgebende Einflußgröße berücksichtigen. Alle anderen Einflußgrößen gehen in die Paris-Koeffizienten ein; dementsprechend müssen die Bedingungen der realen Beanspruchung und die Versuchsbedingungen hinsichtlich des Umgebungsmediums und des Beanspruchungsverlaufs, insbesondere auch der Frequenz übereinstimmen.

Treten Abweichungen zwischen den Frequenzen auf, mit denen das Bauteil und die Probe beansprucht werden, so muß berücksichtigt werden, daß hohe Frequenzen eine geringere Rißwachstumsrate bewirken als niedrigere Frequenzen. Wiedergeben läßt sich dieser Zusammenhang durch das von Yokobori und Sato [41] modifizierte modifizierte Paris-Gesetz

$$\frac{\mathrm{d}a}{\mathrm{d}N} = C_f \cdot (\Delta K)^n \cdot f^{-\lambda}. \tag{6.18}$$

Anhand experimenteller Untersuchungen ergaben sich für den Exponenten der Frequenz $\lambda = 0{,}08$ bis $0{,}14$ für den Stahl SM-50 und $\lambda = 0{,}08$ bis $0{,}09$ das Aluminium 2024-T3.

Die unter Betriebsbedingungen stochastisch auftretenden Beanspruchungsfrequenzen sind oftmals unterschiedlich, was sich beim Rißwachstum durch eine unterschiedliche Rißwachstumsrate bemerkbar macht. Werden die Beanspruchungsfrequenzen als klassierte Werte vorgegeben, die mit der relativen Klassenhäufigkeit $h_{rel.i}$ auftreten, so kann das Rißwachstumsgesetz dazu genutzt werden, eine effektive Beanspruchungsfrequenz abzuleiten.

Bei der üblichen Einstufenbeanspruchung gilt das modifizierte Paris-Gesetz:

$$\frac{\mathrm{d}a}{\mathrm{d}N} = C \cdot \Delta K^n \cdot f^{\lambda} = C \cdot \left(\Delta\sigma \cdot \sqrt{\pi \cdot a} \cdot f_I\right)^n \cdot f^{\lambda} \tag{6.19}$$

Bei Berücksichtigung unterschiedlicher Frequenzen ergibt sich die effektive Rißwachstumsrate zu

$$\begin{aligned} \left.\frac{\mathrm{d}a}{\mathrm{d}N}\right|_{eff.} &= \sum_i h_{rel.i} \cdot \left.\frac{\mathrm{d}a}{\mathrm{d}N}\right|_i = \\ &= \sum_i h_{rel.i} \cdot C \cdot \Delta K^n \cdot f_i^{\lambda} = \\ &= \sum_i h_{rel.i} \cdot C \cdot \left(\Delta\sigma \cdot \sqrt{\pi \cdot a} \cdot f_I\right)^n \cdot f_i^{\lambda} = \\ &= C \cdot \left(\Delta\sigma \cdot \sqrt{\pi \cdot a} \cdot f_I\right)^n \sum_i h_{rel.i} \cdot f_i^{\lambda}. \end{aligned} \tag{6.20}$$

Wird das Rißwachstumsgesetz mit Hilfe einer effektiven Frequenz dargestellt, so folgt

$$\left.\frac{\mathrm{d}a}{\mathrm{d}N}\right|_{eff.} = C \cdot \left(\Delta\sigma \cdot \sqrt{\pi \cdot a} \cdot f_I\right)^n \cdot f_{eff.}^{\lambda}. \tag{6.21}$$

Damit die effektive Rißwachstumsrate bei mehrstufiger Frequenz zutreffend bestimmt wird, muß für die effektiven Frequenz gelten

$$f_{eff.}^{\lambda} = \sum_i h_{rel.i} \cdot f_i^{\lambda} \qquad \text{bzw.} \qquad f_{eff.} = \sqrt[\lambda]{\sum_i h_{rel.i} \cdot f_i^{\lambda}} = \sqrt[\lambda]{\frac{\sum N_i \cdot f^{\lambda}}{\sum N_i}}. \tag{6.22}$$

6.4 Analyse der Initiierung der instabilen Rißausbreitung

6.4.1 Zielstellungen der Bruchanalysen

Zielstellungen bruchmechanischer Analysen der instabilen Rißausbreitung, d. h. des Bruchs, sind:

- Nachweis gewährleisteter oder verbesserter Eigenschaften der Konstruktionen bei Annahme bestimmter rißartiger Defekte,
- Schadensfallanalysen und Ableitung von Schlußfolgerungen bzw. Maßnahmen zur Erhöhung der Zuverlässigkeit der Konstruktion,
- Analyse der vorhandenen Betriebssicherheit,
- Ermittlung der zulässigen Belastung,
- Analyse wesentlicher Einflüsse auf das Versagen der geschädigten Konstruktion.

6.4.2 Berechnung des kritischen Zustandes – das Bruchkriterium

Der Übergang der Phase der stabilen Rißausbreitung, d. h. des kontinuierlichen Rißwachstums bei zyklischer Beanspruchung, in die Phase der mit hoher Geschwindigkeit verlaufenden instabilen Rißausbreitung setzt ein, wenn der Maximalwert des Spannungsintensitätsfaktors die Größe der Bruchzähigkeit erreicht

$$K_{I\max} = K_{Ic} \quad \text{bzw.} \quad K_{Id}. \tag{6.23}$$

Für die Auslösung der instabilen Rißausbreitung muß zusätzlich gewährleistet sein, daß mit zunehmender Rißgröße a bei inhomogener Temperatur- bzw. Eigenschaftsverteilung die Zunahme des Spannungsintensitätsfaktors größer ist als die von der Temperatur bzw. vom Gefüge abhängige Zunahme der Bruchzähigkeit

$$\mathrm{d}K_I/\mathrm{d}a > \mathrm{d}K_{Ic}/\mathrm{d}a, \tag{6.24}$$

bzw. daß bei homogener Temperatur- und Eigenschaftsverteilung der Spannungsintensitätsfaktor mit der Rißgröße zunimmt

$$\mathrm{d}K_I/\mathrm{d}a > 0. \tag{6.25}$$

Für die kritische Rißgröße a_c stellt das Bruchkriterium eine im allgemeinen nichtlineare Bestimmungsgleichung dar. Je nach den gegebenen und gesuchten Größen lassen sich aus der Gleichung auch die kritische Temperatur oder die kritische Nominalspannung bestimmen.

6.4.3 Die Darstellung der Ergebnisse der Bruchversuche

Bei den Ergebnissen standardisierter Versuche zur Ermittlung der Bruchzähigkeitseigenschaften werden Unterscheidungen vorgenommen im Hinblick auf statische oder quasi-statische Beanspruchung, ausgedrückt durch die statische Bruchzähigkeit K_{Ic}, und auf dynamische, genauer gesagt schlagartige Beanspruchung, ausgedrückt durch die dynamische Bruchzähigkeit K_{Id}.

Da die Einhaltung eines Mindestwertes der Probendicke ein Kriterium für die Gültigkeit der Versuchsergebnisse ist, sollte diese Einflußgröße bei der Übertragung der Versuchsergebnisse auf die rißgeschädigten Bauteile üblicherweise eingehalten werden und keinen weiteren (negativen) Einfluß bei bruchmechanischen Analysen haben.

Als Einflußgrößen, die bei der Übertragung der an Proben gewonnenen Kennwerte (Kenngrößen) auf Bauteile beachtet werden müssen, verbleiben somit die Temperaturabhängigkeit und die Streuung der Versuchsresulate. Die Zähigkeitseigenschaften in Abhängigkeit von der Prüftemperatur der Proben werden mit Hilfe von Regressionsfunktionen wiedergegeben. Üblich ist hierbei die Verwendung von Geraden (siehe Abb. 6.23), Parabeln oder auch Exponentialfunktionen. Da die Regressionsfunktionen die mittleren Eigenschaften charakterisieren, muß daneben noch die Streuung der Versuchsergebnisse um die Regressionsfunktion berücksichtigt werden etwa gemäß der Beziehung

$$K_{Ic/d}(T) = K_{Ic/d}(0°C) + \frac{\mathrm{d}K_{Ic/d}}{\mathrm{d}T} \cdot T \pm \Delta K_{Ic/d}. \tag{6.26}$$

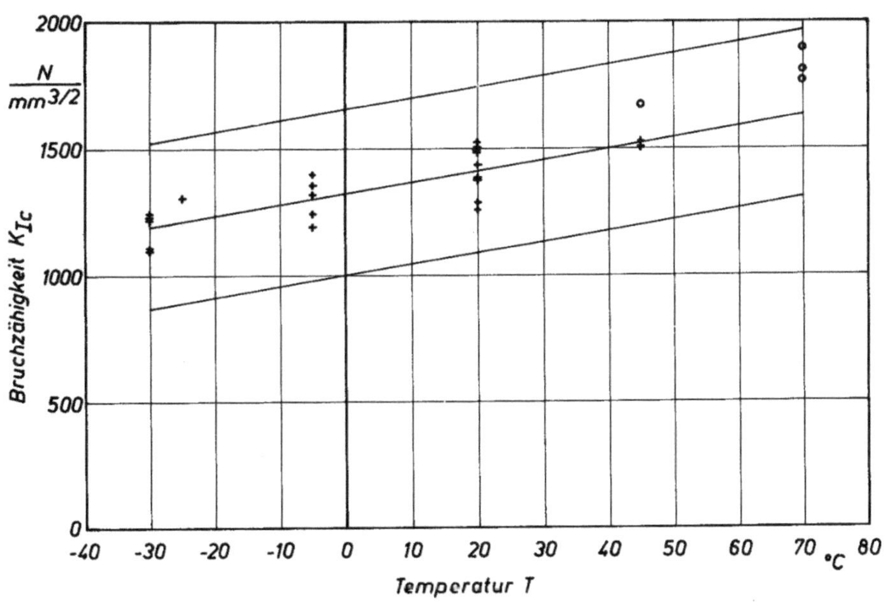

Abb. 6.23 Temperaturabhängigkeit der statischen Bruchzähigkeit des sowjetischen Schienenstahls M75 [42]

Im einfachsten Fall können die streuenden Versuchsergebnisse $\Delta K_{Ic/d}$ als normalverteilt mit der Standardabweichung als charakteristischer Größe berücksichtigt werden. Wegen der möglicherweise schiefen Verteilung der streuenden Werte ist die dreiparametrige Weibull-Verteilung (mit den drei Verteilungsparametern: Minimalwert, Standardabweichung, Schiefe, und den drei Weibull-Parametern: Mindestwert $\Delta K_{\min}$, Normierungswert ΔK^* und Weibull-Exponent δ) besser geeingnet als die Normalverteilung. Die temperaturabhängigen Wahrscheinlichkeitsverteilungen der Bruchzähigkeit mit der Wahrscheinlichkeit $P = 0 \ldots 1$ ergeben sich dann gemäß

$$K_{Ic/d}(T,P) = \overline{K}_{Ic/d}(0°C) + \frac{\mathrm{d}K_{Ic/d}}{\mathrm{d}T} \cdot T + \Delta K_{\min} + \Delta K^* \cdot (-\ln[1-P])^{1/\delta}. \tag{6.27}$$

Ob eine Abhängigkeit der Streuung von der Prüftemperatur zu berücksichtigen ist, muß anhand der vorliegenden Daten entschieden werden.

6.4.4 Die Übertragung der Bruchzähigkeitseigenschaften auf Bauteile

Sind in bruchmechanischen Experimenten die Auswirkungen relevanter Einflüsse auf die Brucheigenschaften des Werkstoffs mit Hilfe von Proben bestimmt worden, so muß beachtet werden, daß die standardisierten Prüfbedingungen mit Proben sich von den praktischen Beanspruchungsbedingungen rißgeschädigter Bauteile unterscheiden. Die Übertragung der Kennwerte von der Probe auf das Bauteil ist mit Sorgfalt in Form einer Interpolation, Extrapolation oder gezielten Selektion vorzunehmen. Ist die Bauteildicke größer als die zur Ermittlung gültiger Bruchzähigkeitswerte erforderliche und im Experiment eingehaltener Probendicke, so können K_{Ic} und K_{Id} auf das Bauteil übertragen werden.

Der Einfluß der kritischen Temperatur Der erste wesentliche Einfluß, der bei der Übertragung der Versuchsergebnisse K_{Ic} bzw. K_{Id} auf die Bauteile berücksichtigt werden muß, ist die kritische Temperatur für das Auftreten des Bauteilbruchs. Ist die Bauteiltemperatur, bei der der Bruch erfolgte, bekannt, so kann die Prüftemperatur der Proben der kritischen Temperatur gleichgesetzt werden; in diesem Fall sind die Zähigkeitseigenschaften der Proben und des Bauteils identisch. Soll nicht ein einzelner Schadensfall analysiert werden, sondern das Bruchverhalten vieler gleichartiger Bauteile, so muß die wahrscheinliche extreme Betriebstemperatur oder ein entsprechender Temperaturbereich als kritisch angenommen werden. Sind aus der Praxis mehrfach aufgetretene Schadensfälle bekannt, so kann im besten Fall aus den dabei wirksamen Temperaturen die Wahrscheinlichkeitsverteilung der kritischen Temperaturen abgeleitet werden.

Die für das Bauteil repräsentativen statischen Bruchzähigkeitskennwerte werden unter Bezug auf die Häufigkeitsverteilung der kritischen Temperaturen (mit der Klassenhäufigkeit $h_{Temperatur}$) und der Klassenhäufigkeit $h_{Werkstoff}$ der Werkstoffeigenschaften, die von der Temperatur und von den gewählten Klassengrenzen $K_{Ic,o}$ und $K_{Ic,u}$ abhängen, als

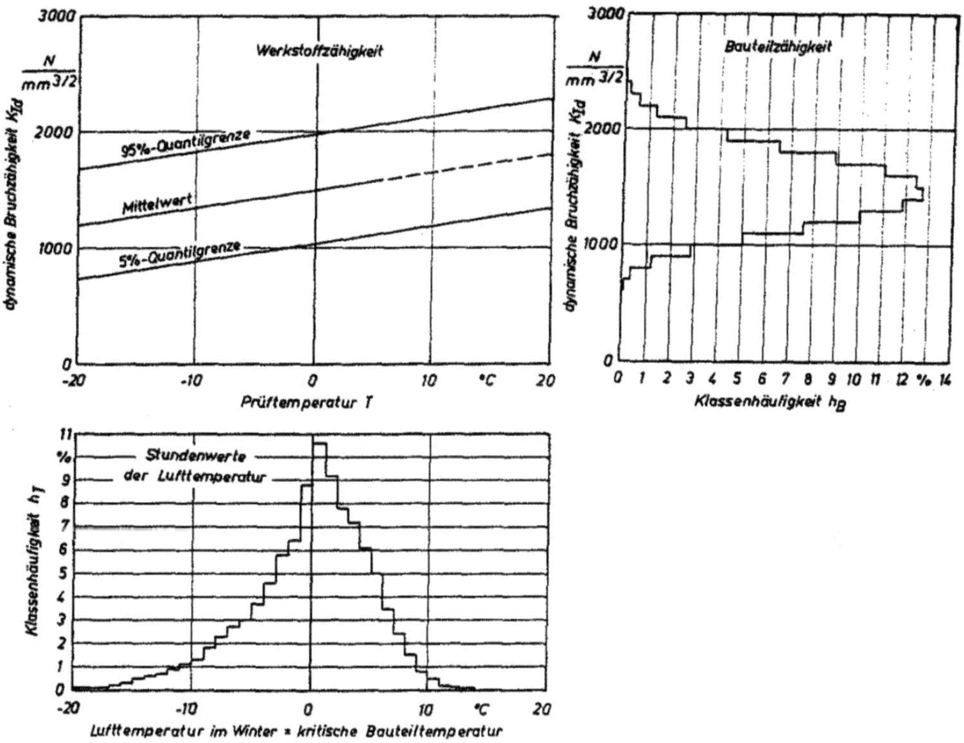

Abb. 6.24 Ausgangsdaten und Resultate für die Ableitung der Wahrscheinlichkeit der dynamischen Bruchzähigkeit des Baustahls St 52 bei Berücksichtigung der klimatischen Bedingungen des Winters als kritische Temperaturen [40]

Klassenhäufigkeitsverteilung gemäß der Beziehung

$$h_{Bauteil}(K_{Ic,o}; K_{Ic,u}) = \sum_{T=T_{\min}}^{T_{\max}} h_{Werkstoff}(K_{Ic,o}; K_{Ic,u}; T) \cdot h_{Temperatur}(T_o; T_u) \tag{6.28}$$

abgeleitet. Die Ausgangsdaten und Resultate einer derart vorgenommenen Selektion sind für die dynamische Bruchzähigkeit des Werkstoffs St 52 in Abb. 6.24 veranschaulicht.

Aus den Werten der Klassenhäufigkeit des Bauteils lassen sich als Verteilungsparameter für die repräsentativen Bruchzähigkeitseigenschaften der Mittelwert, die Standardabweichung und die Schiefe bestimmen. Um nicht mit diesen drei Parametern rechnen zu müssen, wird unter der Annahme, daß die Bauteilzähigkeit selbst wiederum einer Weibullverteilung mit der Summenhäufigkeitsverteilung

$$P = 1 - \exp\left\{-\left[\frac{K_{Ic} - K_{Ic\min}}{K^*}\right]^{\delta_{K_{Ic}}}\right\} \tag{6.29}$$

entspricht, anschließend aus den drei Verteilungsparametern die zugehörigen Weibullparameter (Weibull-Exponent $\delta_{K_{Ic}}$, Normierungswert K^* und Minimalwert $K_{Ic\min}$) bestimmt.

Ist die gesamte Klassenhäufigkeitsverteilung der Bruchzähigkeitseigenschaften des Bauteils bekannt, so kann – wenn es sinnvoll erscheint – aus dieser dann entweder ein repräsentativer Wert entsprechend einer vorgegebenen Summerhäufigkeit bzw. Wahrscheinlichkeit (von 1 bis 10 %) oder ein Zufallswert, der der abgeleiteten Wahrscheinlichkeitsverteilung der kritischen Bauteilzähigkeit gehorcht, abgeleitet werden.

Der Einfluß der Beanspruchungsgeschwindigkeit Bei einstufiger zyklischer, d. h. mehr oder weniger sinusförmiger Beanspruchung tritt der Bruch des Bauteils bei maximaler Beanspruchung und bei nahezu verschwindender Beanspruchungsgeschwindigkeit unter quasi-statischen Beanspruchungsbedingungen auf.

Die Beanspruchungsgeschwindigkeit bei der Bruchauslösung für üblicherweise stochastisch beanspruchte Bauteile bei einer extrem großen Spannungsspitze wird weder rein statisch, noch schlagartig sein, so daß die reale Beanspruchungsgeschwindigkeit durch Interpolation zwischen dem statischen und dem dynamischen Zustand gewonnen werden muß.

Für diese Interpolation wird angenommen, daß die Bruchzähigkeitskennwerte bei logarithmischer Auftragung über der Beanspruchungsgeschwindigkeit durch eine lineare Funktion angenähert werden, können wie es in Abb. 6.25 veranschaulicht ist. Als Interpolationsbeziehung folgt

$$K_{Ic}(\mathrm{d}K_I/\mathrm{d}t|_c) = K_{Id} + (K_{Ic} - K_{Id}) \cdot \frac{\lg(\mathrm{d}K_I/\mathrm{d}t)|_{dyn} - \lg(\mathrm{d}K_I/\mathrm{d}t)|_c}{\lg(\mathrm{d}K_I/\mathrm{d}t)|_{dyn} - \lg(\mathrm{d}K_I/\mathrm{d}t)|_{stat}}, \tag{6.30}$$

wobei die kritische Beanspruchungsgeschwindigkeit vorerst noch nicht bekannt ist.

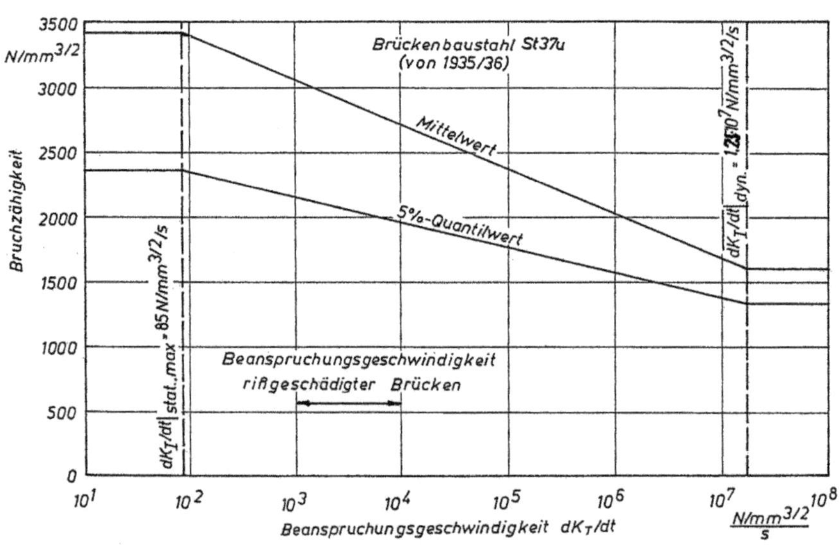

Abb. 6.25 Die idealisierte Abhängigkeit der Bruchzähigkeit eines Baustahls St 37 von der Beanspruchungsgeschwindigkeit [43]

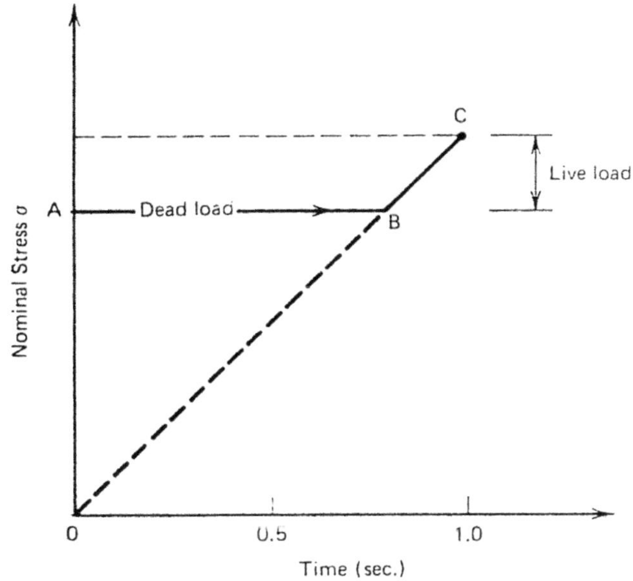

Abb. 6.26 Schematische Darstellung der zeitlichen Beanspruchungszunahme durch die Verkehrslast in einem rißgeschädigten Brückenbauteil [44]

Ist das betrachtete Bauteil zusätzlich zur statischen Beanspruchung einer veränderlichen dynamischen Beanspruchung mit einem Beanspruchungszyklus extremer Größe ausgesetzt (vgl. Abb. 6.26 sowie Abb. 6.27), so ist die Beanspruchungsgeschwindigkeit gegeben durch den Quotienten von $\sigma_{dyn\,\max}$ und $\Delta t_{Bauteil}$. Würde diese Beanspruchungsgeschwindigkeit nicht erst in Höhe der statischen Beanspruchung des Bauteils, sondern wie bei Proben beim spannungsfreien Niveau einsetzen, so wäre die für die vorspannungsfreie Werkstoffprobe zutreffende Belastungszeit gegeben durch

$$\Delta t_{\mathrm{Probe}} = \Delta t_{Bauteil} \cdot \frac{\sigma_{stat.} + \sigma_{dyn\,\max}}{\sigma_{dyn\,\max}}. \tag{6.31}$$

Wird berücksichtigt, daß für den Bruch rißgeschädigter Bauteile zwar die äußeren Lasten (Abb. 6.26), nicht jedoch die Spannungen, sondern bei linear-elastischem Bruchverhalten die Spannungsintensitätsfaktoren maßgebend sind (Abb. 6.27), so ergibt sich analog zur vorstehenden Beziehung

$$\Delta t_{\mathrm{Probe}} = \Delta t_{Bauteil} \cdot \frac{K_{I\,stat.} + K_{I\,dyn\,\max}}{K_{I\,dyn\,\max}}. \tag{6.32}$$

Tritt bei Erreichen der maximalen Beanspruchung der Bruch des rißgeschädigten, vorspannungsfreien Probekörpers ein, so ist die Beanspruchungsgeschwindigkeit, ausgedrückt als Quotient aus der Bruchzähigkeit $K_{Ic}(\mathrm{d}K_I/\mathrm{d}t\,)$ und der Belastungszeit $\Delta t_{\mathrm{Probe}}$ bis zum Bruch,

$$\left.\frac{\mathrm{d}K_I}{\mathrm{d}t}\right|_c = \frac{K_{Ic}(\mathrm{d}K_I/\mathrm{d}t|_c)}{\Delta t_{\mathrm{Probe}}} = \frac{K_{Ic}(\mathrm{d}K_I/\mathrm{d}t|_c)}{\Delta t_{Bauteil}} \cdot \frac{K_{I\,dyn\,\max}}{K_{I\,stat.} + K_{I\,dyn\,\max}}. \tag{6.33}$$

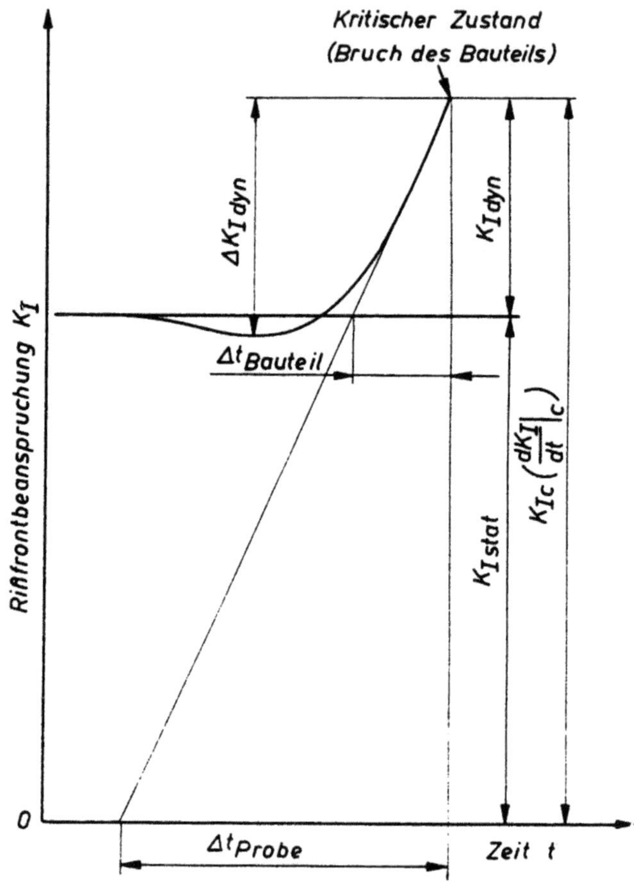

Abb. 6.27 Schematische Darstellung der zeitlichen Zunahme des Spannungsintensitätsfaktors durch die Verkehrslast in einem rißgeschädigten Brückenbauteil [40]

Wird in dieser Beziehung die oben angegebene Interpolationsbeziehung eingeführt, so ergibt sich mit

$$\left.\frac{\mathrm{d}K_I}{\mathrm{d}t}\right|_c = \frac{1}{\Delta t_{Bauteil}} \cdot \left[K_{Id} + (K_{Ic} - K_{Id}) \cdot \frac{\lg\left(\mathrm{d}K_I/\mathrm{d}t\right)\big|_{dyn} - \lg\left(\mathrm{d}K_I/\mathrm{d}t\right)\big|_c}{\lg\left(\mathrm{d}K_I/\mathrm{d}t\right)\big|_{dyn} - \lg\left(\mathrm{d}K_I/\mathrm{d}t\right)\big|_{stat}}\right] \cdot \frac{K_{I\,dyn\,\max}}{K_{I\,stat.} + K_{I\,dyn\,\max}} \tag{6.34}$$

eine nichtlineare Bestimmungsgleichung für die zutreffende Beanspruchungsgeschwindigkeit, mit deren Hilfe dann auch die zutreffende Bruchzähigkeit bestimmt werden kann.

6.5 Analyse der Phase der dynamischen Rißausbreitung [45]

Um das Verhalten eines sich dynamisch ausbreitenden Risses zu beschreiben, werden die dynamische „Rißausbreitungskraft“, d. h. die Energiefreisetzungsrate $\mathfrak{G}$, und die dissipierte Energie bei der dynamischen Rißausbreitung, ausgedrückt durch die dynamische Rißausbreitungszähigkeit, gleichgesetzt:

$$\mathfrak{G}_d(a, a') = \mathfrak{G}_D(a', T) = \frac{1 - \nu^2}{E} \cdot K_{ID}^2(a', T). \tag{6.35}$$

Die dynamische Energiefreisetzungsrate läßt sich wie folgt darstellen:

$$\mathfrak{G}_d(a, a') = \frac{1 - \nu^2}{E} \cdot A(a') \cdot K_I^2(a', T). \tag{6.36}$$

In dieser Beziehung ist $A(a')$ eine mit a' monoton ansteigende Funktion mit dem Wert 1 bei $a' = 0$ und Unendlich für die Rißausbreitungsgeschwindigkeit, die der Raylegh-Wellen-Geschwindigkeit c_R entspricht. Der Wert des dynamischen Spannungsintensitätsfaktors für einen sich schnell ausbreitenden Riß kann als das Produkt aus dem statischen Wert des Spannungsintensitätsfaktors $K_{stat}(a)$ und einem Geschwindigkeitsfaktor $k(a')$ aufgefaßt werden, der für $a' = 0$ Eins ist und Null bei der Raylegh-Wellen-Geschwindigkeit c_R.

Bei Beachtung der Erhaltung der Energie bei der dynamischen Rißausbreitung ergibt sich aus den obigen Beziehungen

$$k^2(a') \cdot A(a') \cdot K_{stat}^2(a) = K_{ID}^2(a', T). \tag{6.37}$$

Das Produkt der ersten beiden Faktoren der obigen Gleichung läßt sich vereinfachen, so daß sich schließlich als Kriterium für die schnelle, dynamische Rißausbreitung ergibt

$$K_{stat}(a) \cdot \sqrt{1 - \frac{a'}{c_R}} = K_{ID}(a', T). \tag{6.38}$$

Diese Beziehung, die den Zusammenhang zwischen der „Rißausbreitungskraft“ und dem Rißwiderstand wiedergibt, verknüpft unter der Annahme, daß keine Rückwirkung der Bauteilberandung auf die Beanspruchung an der Rißspitze erfolgt, die Rißlänge, die Rißausbreitungsgeschwindigkeit, die statische Scheibenbeanspruchung und die Temperatur miteinander. Mit Hilfe dieser Beziehung ist es möglich, bei bekannten Werkstoffeigenschaften und vorgegebener Temperatur die Phase der instabilen Rißausbreitung zu analysieren und insbesondere die Rißausbreitungsgeschwindigkeit zu berechnen.

6.6 Analyse der Rißarretierung

6.6.1 Zielstellungen der Rißarrestanalysen

Die Zielstellungen bruchmechanischer Rißarrestanalysen sind:

- Untersuchung der Übertragbarkeit der an Bruchmechanikproben ermittelten Resultate auf Bauteile oder bauteilähnliche Großproben,
- Nachweis verbesserter Eigenschaften bei der Werkstoffentwicklung bzw. der Werkstoffoptimierung,
- Schadensfallanalysen unter Einbeziehung des Vergleichs real vorliegender Arrestrißlängen und bruchmechanischer Berechnungsergebnisse,
- Prognose der Arretierung zerstörungsfrei ermittelter Risse,
- Rißarrestanalysen zur vorbeugenden Schadensbegrenzung, d. h. zur Verbesserung und Optimierung der konstruktiven Gestaltung und des Werkstoffeinsatzes bei Annahme vorhandener Risse.

6.6.2 Berechnung des arretieren Zustandes – das Rißarrestkriterium

Damit ein sich dynamisch, mit großer Geschwindigkeit ausbreitender Riß aufgefangen wird, muß der Spannungsintensitätsfaktor bei Vergrößerung der Rißlänge kleiner oder gleich der Rißarrestzähigkeit werden. Bei statischer Betrachtungsweise lautet dementsprechend die Rißarrestbedingung

$$K_{I\,stat} = K_{Ia}. \tag{6.39}$$

Damit aber diejenigen Schnittpunkte der $K_{I\,stat}$- und der K_{Ia}- Verläufe, die nicht zur Rißarretierung führen, aus den Betrachtungen ausgeklammert werden, muß zusätzlich gewährleistet sein, daß im Fall inhomogener Temperaturverteilung die Zunahme von K_{Ia} mit der Rißgröße größer als die von $K_{I\,stat}$ ist, d. h.

$$\mathrm{d}K_{Ia}/\mathrm{d}a \;>\; \mathrm{d}K_I/\mathrm{d}a \tag{6.40}$$

bzw. bei homogener Temperatur im Bauteil

$$\mathrm{d}K_{I\,stat}/\mathrm{d}a \;<0. \tag{6.41}$$

6.7 Hypothesen zur Beschreibung des Mixed-Mode-Rißverhaltens

Während die an Proben gewonnenen Aussagen über das Rißverhalten bei Wirkung der Beanspruchungen gemäß der Rißöffnungsart I im wesentlichen bei Beachtung gewisser einschränkender Bedingungen und Kriterien als gesicherte Gesetzmäßigkeiten auf die rißgeschädigten Bauteile übertragbar sind, tragen einige Erkenntnisse und Beziehungen, vor allem bei Beanspruchungen mit überlagerten Rißöffnungsarten, bei ihrer Anwendung auf Bauteile, doch mehr oder weniger hypothetischen Charakter (Abb. 6.28).

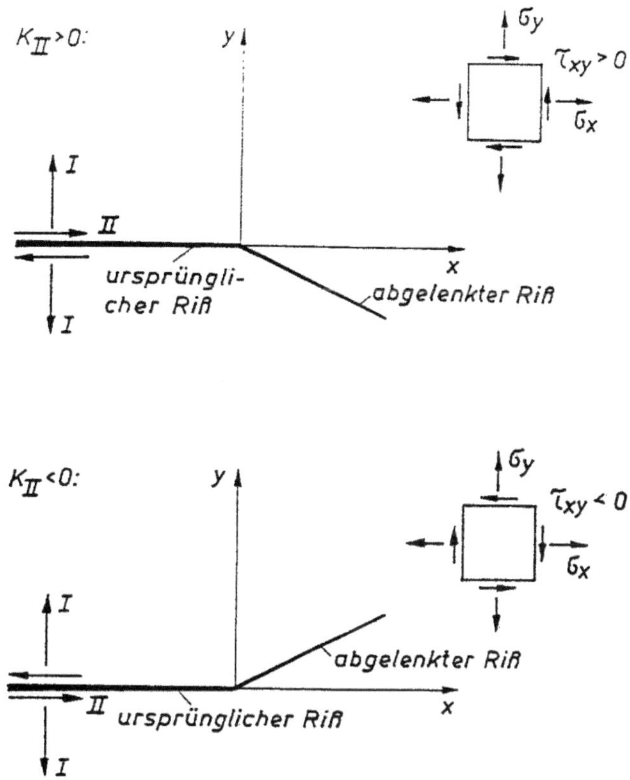

Abb. 6.28 Rißablenkung bei gemischter K_I-K_{II}–Beanspruchung

Bei der Analyse der Rißausbreitung werden die verschiedenen Beanspruchungen unter Verwendung unterschiedlicher Annahmen, beispielsweise mit Hilfe der Energiefreisetzungsrate $\mathfrak{G}$ (bei Annahme gradliniger oder abgewinkelter Rißausbreitungsrichtung) oder des Energiedichtefaktors S zusammengefaßt. Die Berechtigung zur Verwendung der daraus resultierenden Hypothesen über die Rißausbreitung in Richtung von $\mathfrak{G}_{\max}$, $S_{\min}$ oder $\sigma_{\vartheta\max}$ ist gegebenenfalls experimentell nachzuprüfen.

Wirken Spannungsintensitätsfaktoren K_I und K_{II} auf Risse ein, so läßt sich der Eintritt der instabilen Rißausbreitung nach experimentell gut abgesicherten Untersuchungen von Richard [46] durch

$$K_{Iv} = \frac{1}{2} \cdot \left(K_I + \sqrt{K_I^2 + 6 \cdot K_{II}^2} \right) = K_{Ic} \tag{6.42}$$

bestimmen. Die Richtungsänderung des Risses gegenüber der ursprünglichen Ausbreitungsrichtung ergibt sich sowohl bei instabiler, als auch bei stabiler Rißausbreitung infolge zügiger Belastung bzw. zyklischer Schwellbeanspruchung gemäß

$$\Phi_0 = \pm \left[-2{,}714 \cdot \frac{|K_{II}|}{K_I + |K_{II}|} + 1{,}456 \cdot \left(\frac{|K_{II}|}{K_I + |K_{II}|} \right)^2 \right]. \tag{6.43}$$

Der Winkel der Richtungsänderung nimmt dabei das entgegengesetzte Vorzeichen des Spannungsintensitätsfaktors K_{II} an. Bei zyklischer Wechselbeanspruchung tritt unter der Wirkung der Rißöffnungsart II eine Verzweigung des Risses unter der von Richard angegebenen Richtung auf (vgl. Bilder im Abschn. 5.1.2.).

Die Verzweigung dynamisch sich ausbreitender, instabiler Risse ist infolge der geänderten Spannungsverteilung an der Rißspitze (vgl. Abb. 3.9 im Abschn. 3.3.1.) bei hohen Rißausbreitungsgeschwindigkeiten zu erwarten. Die Rißausbreitungsgeschwindigkeit muß dazu Werte in der Größenordnung von

$$\mathrm{d}a/\mathrm{d}t = 0{,}6 \cdot c_2 = 0{,}6 \cdot \sqrt{\frac{G}{\rho}} \tag{6.44}$$

oder mehr annehmen, damit eine Verzweigung des Risses auftritt.

6.8 Art und Weise der Rißausbreitungsanalysen

6.8.1 Betrachtung und Darstellung der Rißausbreitungsphänomene

Dem gegenwärtigen Stand der Technik entsprechend werden kritische und wachsende Risse meistens deterministisch mit Hilfe der ungünstigsten Extremwerte der bruch- bzw. wachstumsbestimmenden Belastungen und Eigenschaften ermittelt. Diese konservative Vorgehensweise kann schnell dazu führen, daß in sprödbruchgefährdeten Bauteilen erkannte Risse grundsätzlich als nicht tolerierbar anzusehen sind. Bei Beachtung der streuenden bruchmechanischen Eigenschaften und der Beanspruchungen sind derartig konservative Betrachtungen und Bewertungen jedoch nicht immer gerechtfertigt.

Angesichts der Variabilität der bei bruchmechanischen Berechnungen zu berücksichtigenden Einflußgrößen, insbesondere auch durch die Abhängigkeit der Referenzwerte vom Umfang der experimentellen Untersuchungen, ergibt sich die Notwendigkeit, die Phänomene der Rißausbreitung realistischer zu erfassen, als es gegenwärtig bei bruchmechanischen Bewertungen üblich ist. Die Probleme, die sich durch die als störend empfundene Streuung der wesentlichen Einflußgrößen ergeben, lassen sich bei bruchmechanischen Berechnungen vermeiden bzw. überwinden, wenn von der deterministischen Betrachtungsweise abgegangen wird, und die probabilistische Bruchmechanik als Grundlage für die Festlegung zulässiger Rißgrößen verwendet wird.

Bei der Anwendung der probabilistischen Bruchmechanik bilden die Wahrscheinlichkeitsverteilungen der streuenden, wesentlichen Einflußgrößen die Ausgangsbasis der Berechnungen. Das Ergebnis der Berechnungen sind die Verteilungen der Größen der arretierten bzw. der kritischen Risse, der Größen wachsender Ermüdungsrisse sowie der Rißgrößen, bei deren Überschreitung die stabile Rißausbreitung einsetzt (siehe Abb. 6.29).

Während bei der deterministischen Betrachtung des Wachstums eines Risses von einer Anfangs- bis zu einer Endgröße eine eindeutige Zuordnung der jeweilige Rißgröße zur

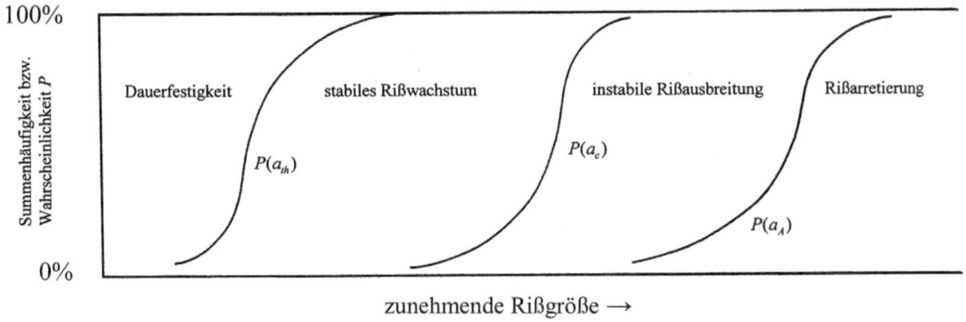

Abb. 6.29 Darstellung der Aufeinanderfolge der unterschiedlichen Rißausbreitungsphänomene in Abhängigkeit von der Rißgröße und der Wahrscheinlichkeit des Überganges

Anzahl der einwirkenden Beanspruchungszyklen gegeben ist, ändert sich die Darstellung des Rißwachstums, wenn verschiedene reale Möglichkeiten in die Betrachtungen einbezogen werden. Statt einer eindeutigen Rißwachstumskurve ergeben sich dann Scharen von Rißwachstumskurven mit unterschiedlichen Rißwachstumsgeschwindigkeiten mit gemeinsamer Rißgröße entweder des Ausgangsrisses oder des Endrisses. Da der letztere Fall technisch von größerem Interesse ist, um letztlich das Versagen des Bauteils durch Erreichen des kritischen Zustandes zu vermeiden, empfiehlt sich die Darstellung der Zeitachse nicht als Lebensdauer, sondern als Restlebensdauer (Abb. 6.30, unten).

6.8.2 Probabilistische Rißausbreitungsanalyse mit Hilfe der Monte-Carlo-Simulation

Die Analyse von Prozessen, bei denen zufällige, nicht näher analysierte oder analysierbare Einflüsse eine wesentliche Rolle spielen, wird zweckmäßigerweise nicht mit den vermutlich ungünstigsten Grenzwerten der Einflußgrößen, sondern mittels rechentechnischer Simulationsverfahren durchgeführt [47]. Bei derartigen Simulationsverfahren werden Zufallswerte für die wesentlichen Kennwerte oder Einflußgrößen benötigt, die vorgegebenen, d. h. bekannten Verteilungsparametern oder -funktionen gehorchen.

Den Ausgangspunkt zur Gewinnung dieser Zufallswerte bilden Zufallszahlen z_g, die im Bereich von 0 bis 1 gleichmäßig verteilt sind. Solche gleichverteilten Zufallszahlen z_g lassen sich einschlägigen Tabellenwerken entnehmen oder mit Computern erzeugen. Für Computerrechnungen ist es jedoch mitunter günstiger, diese Zufallszahlen nach einem bestimmten Algorithmus selbst zu erzeugen, als sich auf Zufallszahlen zu verlassen, deren Eigenschaften nicht näher bekannt sind. Zur Erzeugung solcher Zufallszahlen, die auf Grund ihrer reproduzierbaren Gewinnung im strengen Sinne als Pseudo-Zufallszahlen zu betrachten sind, gibt es unterschiedliche Möglichkeiten.

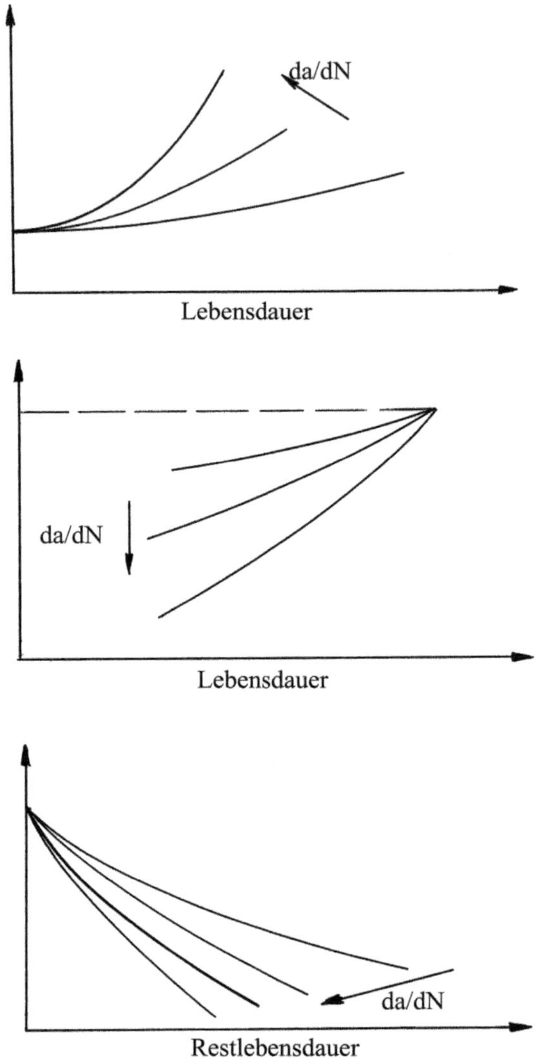

Abb. 6.30 Die unterschiedlichen Möglichkeiten der Darstellung des Rißwachstums ausgehend von einer vorgegebenen Rißgröße (Darstellung *oben*), bis zu einer vorgegebenen Rißgröße (Darstellung in der *Mitte*) und Darstellung der Restlebensdauer bis zu einer vorgegebenen Rißgröße

Gemäß dem gemischten Kongruenzschema [48–50] lassen sich ganzzahlige, gleichverteilte Pseudo-Zufallszahlen Z_g im Bereich von $0 \leq Z_g < m$ nach der folgenden Beziehung iterativ berechnen:

$$Z_{g,i+1} = (p \cdot Z_{g,i} + q) - int\ [(p \cdot Z_{g,i} + q)/m] \cdot m. \qquad (6.45)$$

Die Anzahl der nach dieser Beziehung berechenbaren Pseudo-Zufallszahlen ist durch m begrenzt. Somit stellt m auch gleichzeitig die größtmögliche Periode für die Zufallszahlen dar, nach der sich die Zahlenfolge wiederholt. Bei eigenen Untersuchungen wurden die nachfolgenden Werte für die Simulationsrechnungen verwendet [28]:

$$p = 2^{13} - 3 = 8189 \quad q = 2^{12} - 1 = 4095 \quad m = 2^{14} = 16384. \tag{6.46}$$

Aus den ganzzahligen, gleichverteilten Pseudo-Zufallszahlen Z_g lassen sich mittels Division durch m gemäß

$$z_g = Z_g/m \tag{6.47}$$

im Bereich von 0 bis 1 gleichverteilte Zufallszahlen gewinnen.

Um die Brauchbarkeit der angegebenen Beziehungen für die Generierung gleichverteilter Zufallszahlen zu prüfen, wurden nach den angegebenen Beziehungen insgesamt 10 000 Zufallszahlen, ausgehend von $Z_g = 0$, erzeugt und klassifiziert. Die Überprüfung der durch Simulation erzeugten Verteilung mit den χ^2-Anpassungstest zeigt keinen Widerspruch zu der Annahme, daß die generierten Pseudo-Zufallszahlen z_g gleichmäßig zwischen 0 und 1 verteilt sind.

Lassen sich die Zahlenwerte auf dem verwendeten Rechner genau darstellen, gegebenenfalls durch Verdoppelung der Genauigkeit der Zahlendarstellung, so sind die Pseudo-Zufallszahlen periodisch mit m. Im vorliegenden Fall wiederholt sich die Zahlenfolge nach 16 384 Iterationen.

Da gleichverteilte Zufallszahlen bei realen Problemen eher die Ausnahme darstellen als die Regel, ist es von großem Interesse, normalverteilte Zufallszahl mit vorgegebenem Mittelwert und vorgegebener Standardabweichung zu erzeugen. Als Ausgangswerte für die Erzeugung normalverteilter Zufallszahlen mit dem Mittelwert 0 und der Standardabweichung 1 werden die oben behandelten, zwischen 0 und 1 gleichverteilten Zufallszahlen verwendet. Da die Umwandlung dieser gleichverteilten Zufallszahlen in normalverteilte exakt nicht möglich ist [51], wird für diese Transformation die folgende Näherung verwendet [52]:

$$z_n = sign \cdot \left[r - \frac{c_0 + c_1 \cdot r + c_2 \cdot r^2}{1 + d_1 \cdot r + d_2 \cdot r^2 + d_3 \cdot r^3} \right]. \tag{6.48}$$

Hierbei sind:

$$sign = \begin{cases} -1 & für \quad z_g < 0{,}5 \\ +1 & für \quad z_g \geq 0{,}5 \end{cases} \qquad r = \sqrt{\ln(1/Q^2)} \qquad Q = \begin{cases} z_g & für \quad z_g < 0{,}5 \\ z_g - 1 & für \quad z_g \geq 0{,}5 \end{cases} \tag{6.49}$$

und die Konstanten

$$\begin{aligned} c_0 &= 2{,}515517 \quad c_1 = 0{,}802853 \quad c_2 = 0{,}010328 \\ d_1 &= 1{,}432788 \quad d_2 = 0{,}189269 \quad d_3 = 0{,}001308 \end{aligned} \tag{6.50}$$

Die mit Hilfe dieser Transformationsbeziehungen gewonnenen normalverteilten Pseudo-Zufallszahlen haben den Mittelwert 0 und die Standardabweichung 1.

Die anhand von Messungen festgestellten Summenhäufigkeitsverteilungen entsprechen nur in seltenen Fällen idealen Verteilungsfunktionen. Um Zufallswerte, die den empirisch ermittelten Verteilungsfunktionen entsprechen, generieren zu können, werden nach dem Gleichsetzen der Summenhäufigkeit P mit einer im Bereich von 0 bis 1 gleichverteilten Zufallszahl z_g die inversen Funktionen zu den emprischen Summenhäufigkeitsfunktionen gebildet (siehe Abb. 6.31). Die mit Hilfe dieser Transformation gebildeten Zufalls- oder Pseudo-Zufallswerte gehorchen den vorgegebenen Summenhäufigkeitsverteilungen.

Werden für die Transformation die empirisch ermittelten, üblicherweise klassifizierten Summenhäufigkeitsverteilungen verwendet, so liegen die nach Abb. 6.31 generierten Zufallswerte zwischen der unteren Grenze der niedrigsten und der oberen Grenze der höchsten Klasse. Eine Extrapolation über die empirisch ermittelten Grenzen der Meßgröße hinaus ist nur innerhalb der vorgegebenen Klassengrenzen möglich und somit im wesentlichen ausgeschlossen. Sollen die Meßdaten eine Extrapolation in gewissem Umfang ermöglichen, so ist es zweckmäßig, die empirisch ermittelten Summenhäufigkeitsverteilungen durch eine Wahrscheinlichkeitsverteilung eines geeigneten Typs, z. B. als Gleich-, Normal- oder Weibullverteilung, wiederzugeben.

Wird die Meßgröße y als gleichverteilt angenommen, so lassen sich Zufallswerte y gemäß der Beziehung

$$y = y_{\min} + (y_{\max} - y_{\min}) \cdot P \tag{6.51}$$

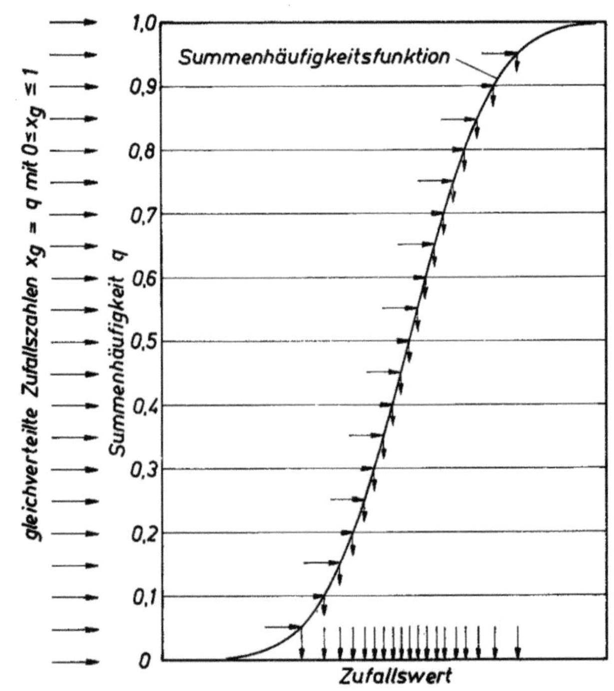

Abb. 6.31 Darstellung des Schemas der Transformation von gleichverteilten Zufallszahlen in die Zufallswerte, die numerisch vorgegebenen Summenhäufigkeitsverteilungen gehorchen

bzw.

$$y = y_{\min} + (y_{\max} - y_{\min}) \cdot z_g \tag{6.52}$$

erzeugen. Wird für die Meßwerte y vorausgesetzt, daß sie normalverteilt sind, so lassen sich Zufallswerte für y gemäß der Beziehung

$$y = \bar{y} + s_y \cdot z_n \tag{6.53}$$

gewinnen. Soll durch die Zufallszahl y eine dreiparametrige Weibullverteilung mit den Weibull-Parametern unterer Grenzwert $y_{\min}$, Normierungswert y^* und dem Weibull-Exponenten δ realisiert werden, deren Summenhäufigkeitsverteilung durch die Beziehung

$$P = 1 - \exp\left[-\left(\frac{y - y_{\min}}{y^*}\right)^{\delta}\right] \quad \text{mit} \quad y > y_{\min} \tag{6.54}$$

gegeben ist, so ergibt sich nach Gleichsetzen von P mit z_g und Auflösen dieser Beziehung nach y die Beziehung zur Ermittlung des weibullverteilten Zufallswertes zu

$$y = y_{\min} + y^* \cdot ([-\ln(1 - z_g)])^{1/\delta}. \tag{6.55}$$

Mit Hilfe der generierten Zufallszahlen lassen sich für alle wesentlichen Einflußgrößen und Bedingungen Zufallswerte erzeugen, mit deren Hilfe die Rißausbreitungsphänomene charakterisiert werden können. Durch das Lösen der Rißausbreitungsbedingung als nichtlineare Gleichung oder als Integral ergibt sich ein Zufallsresultat. Werden die Berechnungen mit andere Zufallskombinationen wiederholt, so lassen sich schließlich die Wahrscheinlichkeitsverteilungen der interessierenden Rißgrößen oder Lastwechselzahlen ermitteln.

Der Umfang der Simulationsrechnungen sollte nicht geringer sein als 200, da die bruchmechanisch interessanten Ergebnisse nicht die mittleren, sondern die extremen Resultate sind. Optimal wären Simulationsrechnungen mit Umfängen von 1000 bis 10 000 Kombinationen der Ausgangsdaten. Um die theoretisch möglichen Extreme mit Hilfe der Monte-Carlo-Simulation zu gewinnen, sind neben einem extremen Simulationsumfang möglichst exakte Verteilungen der Ausgangsdaten erforderlich, die in den meisten Fällen nicht zur Verfügung stehen.

6.9 Experimentelle Überprüfung der Anwendbarkeit der Bruchmechanik

Um darzulegen, wie weit die Ergebnisse bruchmechanischer Untersuchungen mit experimentellen und praktischen Befunden übereinstimmen, werden im folgenden Untersuchungsresultate von Eisenbahnschienen dargelegt.

6.9.1 Überprüfung des Bruchverhaltens von Eisenbahnschienen

Bruchversuche mit rißbehafteten Schienen zeigen eine deutlich ausgeprägte Abhängigkeit der Bruchlast von der Größe des Anrisses. Untersuchungen dieser Art führten Byckova et al. [53] an Schienen R50 mit Kopfinnenrissen durch. Eine direkte Gegenüberstellung von experimentell ermittelten und bruchmechanisch berechneten Bruchlasten fehlt bei diesen Untersuchungen jedoch. In einer späteren Arbeit stellt Schur [54] dem Kurvenverlauf der berechneten kritischen Nominalspannung experimentell ermittelte Werte gegenüber. Die Übereinstimmung der Resultate ist bei Berücksichtigung der streuenden experimentell ermittelten Bruchspannungen gut. Unter Verwendung der auf Irwin [55] zurückgehenden Formel für den halbelliptischen Oberflächenriß untersuchten Schweitzer und Heller [56] das Bruchverhalten von Eisenbahnschienen mit künstlich erzeugten Anrissen im Schienenkopf und -fuß. Die Differenzen zwischen den bruchmechanisch berechneten und den experimentell ermittelten Bruchspannungen schrieben sie dem Einfluß der Eigenspannung zu. Ein Teil der Unterschiede läßt sich durch die Eigenspannung erklären. Kritisch angemerkt werden muß aber, daß die Formel von IRWIN für die Berechnung der Größe des Spannungsintensitätsfaktors nicht die endliche Größe des anrißbehafteten Querschnitts, des Schienenkopfes, berücksichtigt. Für genauere Berechnungen müssen verbesserte Methoden der Ermittlung des wirksamen Spannungsintensitätsfaktors verwendet werden. Weiterhin ist die Schlußfolgerung von Schweitzer und Heller hinsichtlich des vernachlässigbaren Einflusses der Beanspruchungsgeschwindigkeit im Bereich bis zu $\mathrm{d}K_I/\mathrm{d}t \ = 10^4 \ldots\ 10^5\ N \cdot mm^{-3/2}/s$ wohl kaum haltbar. Bei dieser Größe der Beanspruchungsgeschwindigkeit macht sich sehr wohl eine Verminderung der Bruchzähigkeit bemerkbar. Jedoch ist es nicht zulässig, die Beanspruchungsgeschwindigkeit aus der Differenz von Ober- und Unterspannung bei einstufigem, mehr oder weniger sinusförmigem Beanspruchungsverlauf abzuleiten. Auf Grund des sinusförmigen Kraftverlaufs bei der Dauerschwingbeanspruchung mit konstanter Kraftamplitude kommen dynamische Effekte im Sinn der Bruchmechanik, d. h. schlagartige Beanspruchungen, nicht zur Wirkung wegen der horizontalen Tangente im Punkt maximaler Beanspruchung.

Um die Anwendbarkeit der Bruchmechanik auf Eisenbahnschienen und die Güte der bruchmechnanischen Aussagen zu dokumentieren, wurden im Rahmen der Arbeit des Forschungs- und Versuchsamtes des Internationalen Eisenbahnverbandes Bruchversuche an walzneuen Schienen durchgeführt, nachdem durch zyklische Beanspruchung zuvor Risse in den Schienen erzeugt worden waren. Die Ergebnisse dieser Bruchversuche sind in Abb. 6.32 wiedergegeben. Die Darstellung zeigt sehr klar, daß der kritische Wert des Spannungsintensitätsfaktors innerhalb eines engen Streubandes mit dem statischen Wert der Bruchzähigkeit in Übereinstimmung ist, sofern die Längseigenspannungen in den neuen Schienen, die sowohl im Kopf, als auch im Fuß die Größe von 200 MPa haben [58], in Höhe des Profilschwerpunktes aber negativ sind, mit berücksichtigt werden. Die Nichtberücksichtigung der Zugeigenspannungen führt – wie diese Versuche zeigen – zu nichtkonservativen Aussagen über das Bruchverhalten.

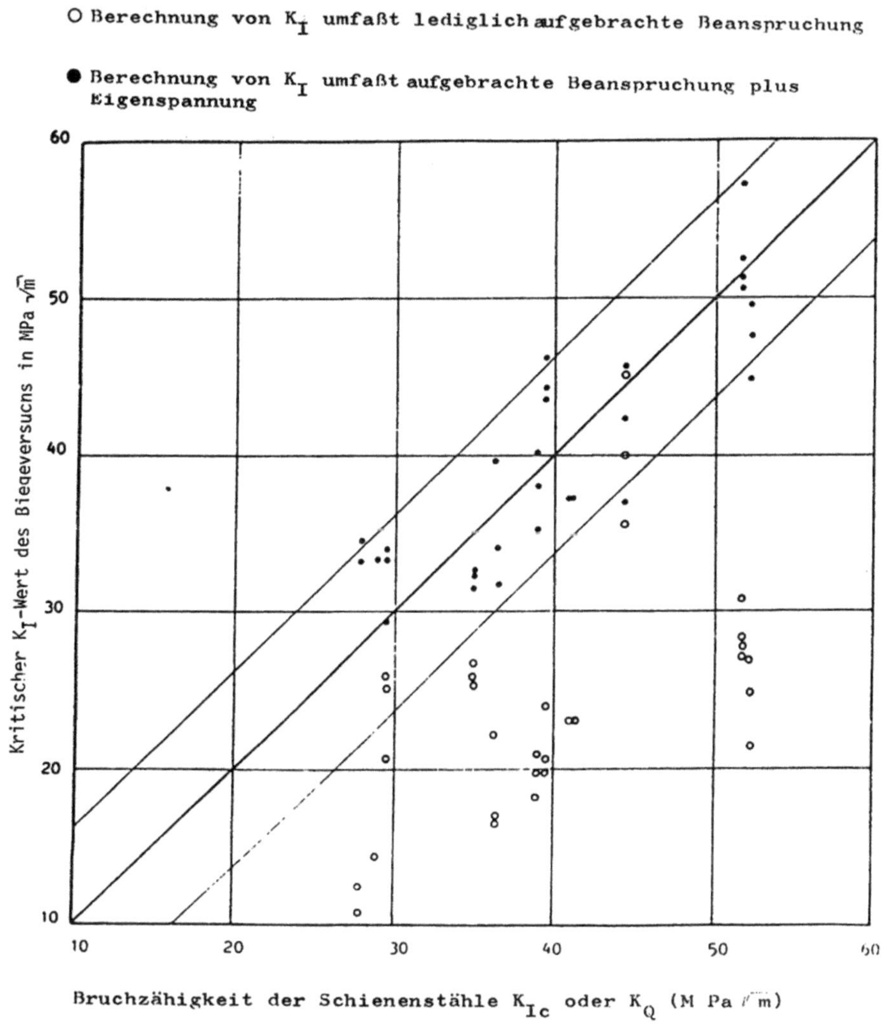

Abb. 6.32 Bruchversuche an rißgeschädigten Eisenbahnschienen ohne und mit Berücksichtigung der Eigenspannungen [57]

Bruchversuche an Schienen mit einseitigen Steglängsrissen zeigten bei statisch aufgebrachter Belastung infolge der Plastifizierung des Ligamentbereiches zwischen der Rißfront und der gegenüberliegenden Stegoberfläche wesentlich größere Bruchlasten, als sie sich mit Hilfe der linear-elastischen Bruchmechanik berechnen lassen [60]. Der Verlauf der Bruchflächen in Schienenlängsrichtung wich vom Verlauf der Anrißflächen ab. Diese Versuche zeigen, daß einerseits den Bruchkritierien und andererseits den Grenzen der linear-elastischen Bruchmechanik (vor allem bei Experimenten mit statischer Belastung) trotz der extremen Sprödigkeit des Schienenstahls wesentliche Aufmerksamkeit geschenkt werden muß.

6.9.2 Überprüfung des Wachstums von Rissen in Eisenbahnschienen

Auf der Grundlage der Paris-Gleichung wurde bei den russischen Eisenbahnen die Restlebensdauer rißgeschädigter unvergüteter Schienen berechnet und der experimentell ermittelten Restlebensdauer bei schwingender Biegebeanspruchung gegenübergestellt. Die ermittelten Werte [60] sind in der Tab. 6.7 zusammengestellt.

Tab. 6.7 Vergleich der experimentell ermittelten und der berechneten Lastspielzahlen beim Rißwachstum in Eisenbahnschienen [60]

Rißgröße		Maximalkraft	Lastspielzahl N	
a_{Anfang} (mm)	a_{Ende} (mm)	$F_{\max}$ (kN)	Berechnung	Versuch
3,7	14,2	300	$6{,}1 \cdot 10^5$	$1{,}3 \cdot 10^6$
3,7	11,6	150	$4{,}9 \cdot 10^5$	$2{,}3 \cdot 10^5$
3,8	6,3	400	$1{,}3 \cdot 10^5$	$9{,}6 \cdot 10^5$
7,4	10,6	400	$5{,}3 \cdot 10^4$	$3{,}7 \cdot 10^4$
9,5	11,6	150	$5{,}0 \cdot 10^5$	$6{,}0 \cdot 10^4$
11,6	12,4	250	$2{,}7 \cdot 10^4$	$6{,}1 \cdot 10^4$

Wenn auch der Vergleich der experimentell ermittelten und der berechneten Lastspielzahlen im Rahmen der Erwartungen eine akzeptable Übereinstimmung zeigt, ist doch die Sicherheit der Aussagen über das Rißwachstum noch nicht zufriedenstellend.

Im Rahmen des von 1978 bis 1988 laufenden Programms der US-amerikanischen Eisenbahnen zur Untersuchung der Rißausbreitung im Kopf von Eisenbahnschienen [61] sind neben bruchmechanischen Untersuchungen auch Rißwachstumsuntersuchungen im Gleis der TTC Facility for Accelerated Service Testing (FAST) durchgeführt worden. Die Rißgrößenzunahme von mehreren Defekten ist in Abhängigkeit der Verkehrsmasse in Abb. 6.33 wiedergegeben.

Die Versuchsergebnisse zeigen für die einzelnen Defekte eine recht unterschiedliche Entwicklung, die durch die Bedingungen für die unterschiedlichen defekten Schienen verursacht sind. In einer früheren Publikation der Testresultate über das Wachstum von inneren Schienenkopfquerrissen sind für die schnell wachsenden Risse Verläufe angegeben, die dichter zusammenliegen als in Abb. 6.33 und einen weiteren Defekt berücksichtigen [62].

Da die Umstände, unter denen die ursprünglich 6 Risse gewachsen sind, für die FAST-Tests weitgehend bekannt sind, wurde versucht, mit den Mitteln der Bruchmechanik das Rißwachstum nachzuvollziehen. Die Gegenüberstellung der Versuchs- und der Berechnungsergebnisse zeigt Abb. 6.34.

Die Gegenüberstellungen zeigen, daß bei zutreffenden Berechnungsannahmen die bruchmechanischen Berechnungsergebnisse den realen Meßwerten doch recht nahe kommen können, diese jedoch nicht in allen Einzelheiten wiedergeben. Auf Grund der vielen variablen Einflußgrößen ist das Unterfangen, das Wachstum eines mit Hilfe zerstörungs-

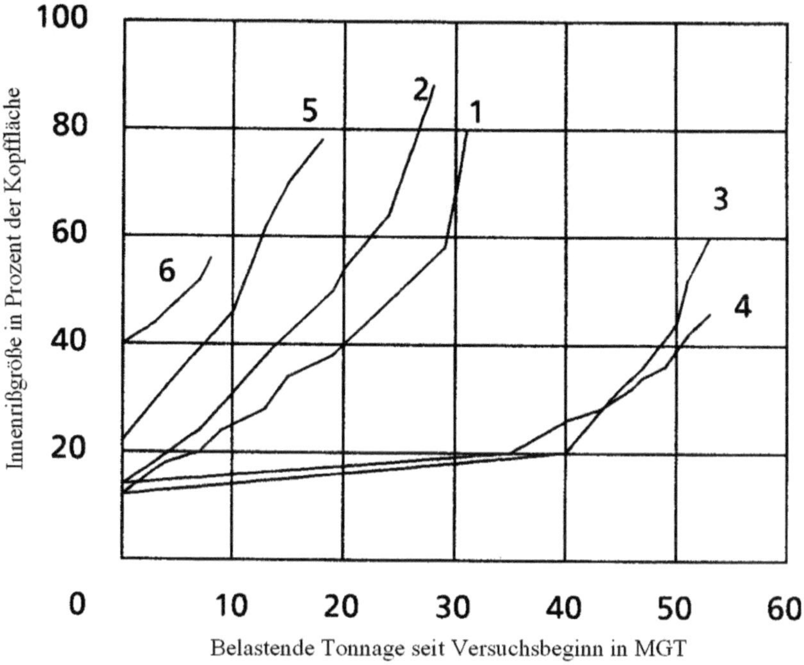

Abb. 6.33 Die auf die Größe des Schienenkopfes bezogene Fläche von inneren Schienenkopfquerrissen in Abhängigkeit von der Verkehrsmasse nach Untersuchungen im FAST-Versuchsgleis [61]

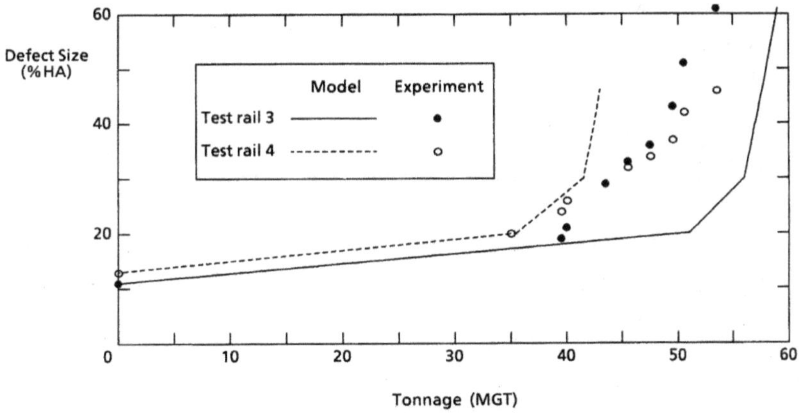

Abb. 6.34 Gegenüberstellung der FAST-Testergebnisse für die Schienen 3 und 4 mit bruchmechanischen Berechnungsergebnissen [61]

freier Prüfmethoden aufgefundenen Gleisdefekts deterministisch bis in alle Einzelheiten nachempfinden oder – was von größerem praktischen Interesse ist – vorhersagen zu wollen, sicherlich schwerlich zu realisieren. Sinnvoller ist es wohl, mit Hilfe statistischer Aussagen das wahrscheinliche Streufeld der Rißentwicklung einzugrenzen.

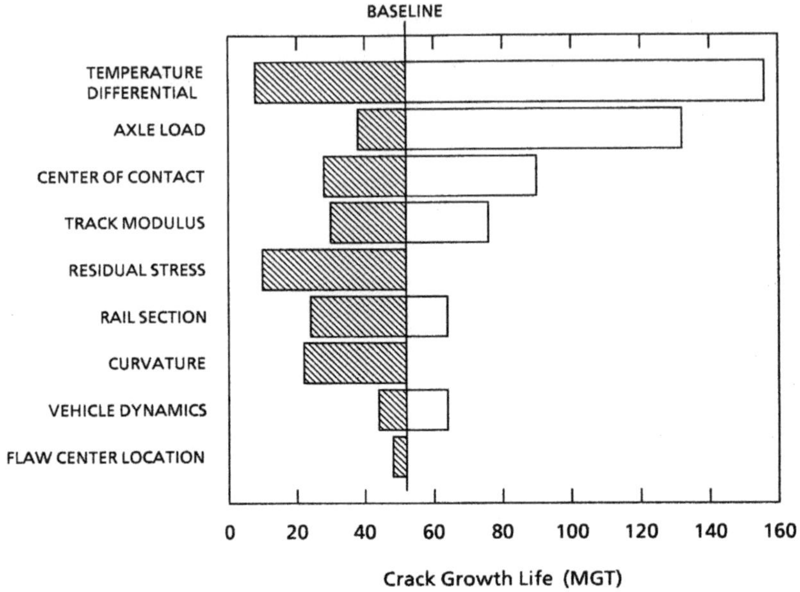

Abb. 6.35 Ergebnisse der Sensitivitätsanalyse verschiedener Einflußgrößen auf das Rißwachstum in Eisenbahnschienen [61]

Bruchmechanische Analysen des Rißwachstums der im FAST-Test betrachteten Risse in Eisenbahnschienen, bei denen die als wesentlich angesehenen Einflußgrößen variiert wurden, um zu ermitteln, wie empfindlich die bruchmechanische Analysen des Rißwachstums auf die Variation der Parameter reagiert, führten zu den in Abb. 6.35 wiedergegebenen Resultaten, die hinsichtlich der Bedeutsamkeit des Einflusses geordnet wurden. Empfehlenswert ist es demnach, die für das Rißwachstum maßgebenden Beanspruchungen aus der Differenz von Schienen- und Verspannungstemperatur sowie aus den Achslasten möglichst realitätsnah zu berücksichtigen, da diese beiden Einflüsse die größte Bedeutung haben. Gegenüber diesen beiden Einflußgrößen haben die Lage des Einwirkungspunktes der Radkraft auf die Fahrfläche der Schiene, die Gleisbettung, die Eigenspannungen, das Schienenprofil, die Gleiskrümmung, die Fahrzeugdynamik und der Ausgangspunkt des Schienenkopfinnenrisses geringere Auswirkungen auf das Rißwachstum.

6.9.3 Überprüfung der Dauerfestigkeit rißgeschädigter Schienen

Die Gefahr des Rißwachstums von vertikal verlaufenden Überwalzungen an der Außenseite des Steges von Zungenschienen Zu 2-49 A wurde unter Nutzung der Bruchmechanik eingeschätzt [63]. Ausgehend von den extremen Spannungen von 146 und -25 MPa infolge der Radkräfte wurden sowohl experimentelle Untersuchungen, als auch bruchmechanische Dauerfestigkeitsbetrachtungen vorgenommen. Beide Untersuchungen wurden für Biege-

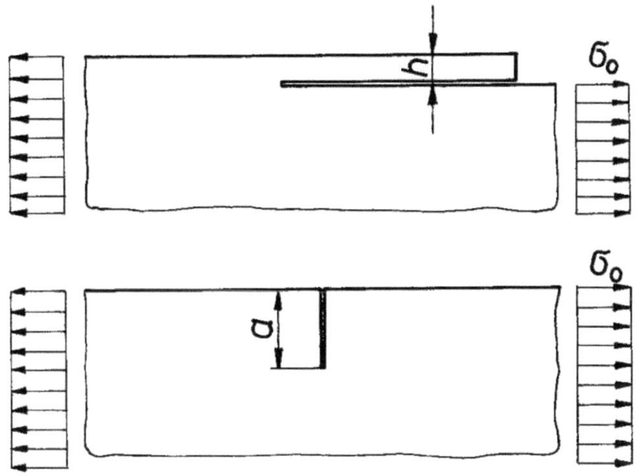

Abb. 6.36 Extreme Bruchmechanische Idealisierungen von rißartigen Überwalzungen an der Oberfläche von Schienen

schwellbeanspruchung mit einer Oberspannung von $\sigma_o = 170\ MPa$ durchgeführt, da sich die Untersuchungen im Wechselfestigkeitsbereich experimentell nicht realisieren ließen.

Die im Steg vorhandenen Überwalzungen stellen rißartige Fehler dar, die entweder parallel oder schräg zur Oberfläche verlaufen. Die extremen bruchmechanischen Idealisierungen sind in Abb. 6.36 wiedergegeben.

Für große Überwalzungen (siehe Abb. 6.36, oben) ergibt sich die Beanspruchung nach Tada [64, dort Beispiel 29.9] entsprechend der Beziehung

$$K_{II} = c \cdot \sigma_o \cdot \sqrt{h/2} \tag{6.56}$$

mit

$$c = \begin{cases} 1 & \text{für den ebenen Spannungszustand} \\ 1/(1-\nu^2) & \text{für den ebenen Deformationszustand.} \end{cases}$$

Für $\nu = 0{,}3$ und $h = 1{,}5\ mm$ ergibt sich die Beanspruchung zu $K_{II} = 154\ N/mm^{3/2}$. Dieser Beanspruchung gegenübergestellt wurde der Schwellenwert des Spannungsintensitätsfaktors nach Baus und Lieurade [65]

$$K_{th} = 10\ \ldots\ 13\ MPa \cdot \sqrt{m} = 316\ \ldots\ 411\ N/mm^{3/2}$$

für $R = 0{,}1$ und die Rißöffnungsart I. Die durch die Rißöffnungsarten I und II bedingten Unterschiede können als unwesentlich betrachtet und vernachlässigt werden, wenn die Wirkungen über die Größe der Energiefreisetzungsrate verglichen werden. Da die maximale Beanspruchung wesentlich unter dem Wert der bruchmechanischen Dauerfestigkeit liegt, können große Überwalzungen mit Rißflächen im Abstand von $1{,}5\ mm$ parallel zur Werkstoffoberfläche als dauerfest angesehen werden.

Sind die Überwalzungen nicht schalenartig ausgebildet, so können sie im Extrem entsprechend als senkrecht zur Oberfläche verlaufend idealisiert werden. Die Beanspruchung ergibt sich dann gemäß der Beziehung

$$K_I = 1{,}1215 \cdot \sqrt{\pi \cdot a}. \tag{6.57}$$

Damit ein senkrecht zur Oberfläche liegender Riß unter der vorausgesetzten Spannung wächst, muß er mindestens eine Tiefe von

$$a > a_{th} = 0{,}87\ mm \tag{6.58}$$

haben. Risse geringerer Tiefe an der Außenseite der betrachteten Zungenschiene sind entsprechend dieser Abschätzung als dauerfest anzusehen.

Biegeproben mit einem Querschnitt von 75 × 40 mm, bei denen sich in der Mitte der zugbeanspruchten Seite Überwalzungen befanden, zeigten nach $2 \cdot 10^6$ Lastspielen im Mikroschliff kein Anzeichen für ein Wachstum der rißartigen Fehler. Somit bestätigen die experimentellen Untersuchungen die Resultate der bruchmechanischen Betrachtungen.

Eine nicht auf der Bruchmechanik basierende Überprüfung der Dauerfestigkeit durch Head Checks geschädigter Schienen stellen in gewissem Sinne die Schwingfestigkeitsprüfungen dar, die von Eisenmann und Leykauf [66] für den ERRI-Sachverständigen-Ausschuß D 173 an neuen und unterschiedlich stark geschädigten Schienen durchgeführt wurden. Bei einer Unterspannung von 50 *MPa* ergaben sich anhand der jeweils 10 geprüften Schienen die Regressionsbeziehungen für die Schwingweite der Beanspruchung

$2 \cdot \sigma_A = 1005 - 138 \cdot \log N$ für Schienen mit „typischen" Head Checks-Schäden,
$2 \cdot \sigma_A = 821 - 111 \cdot \log N$ für Schienen mit „starken" Head Checks-Schäden,
$2 \cdot \sigma_A = 775 - 70 \cdot \log N$ für walzneue Schienen.

Die graphische Auftragung der Versuchsergebnisse sowie das Dauerfestigkeitsdiagramm nach Smith sind in den Abb. 6.37 und 6.38 dargestellt. Besser als aus den Regressionsbe-

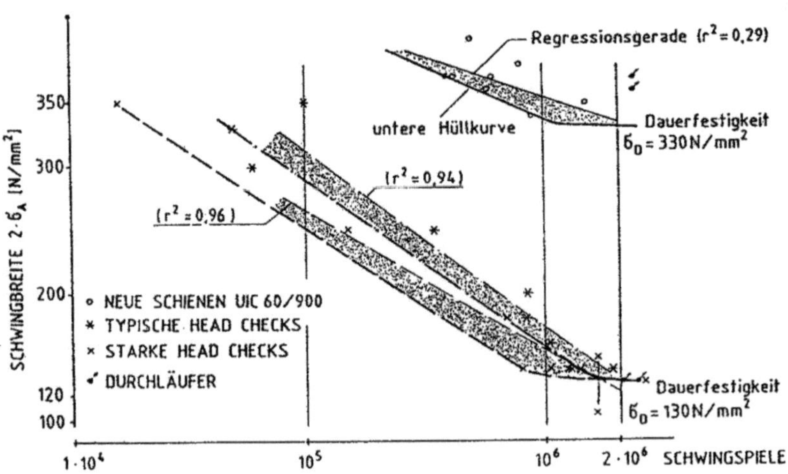

Abb. 6.37 Wöhlerkurven mit unterschiedlich stark vorgeschädigten Schienen [66]

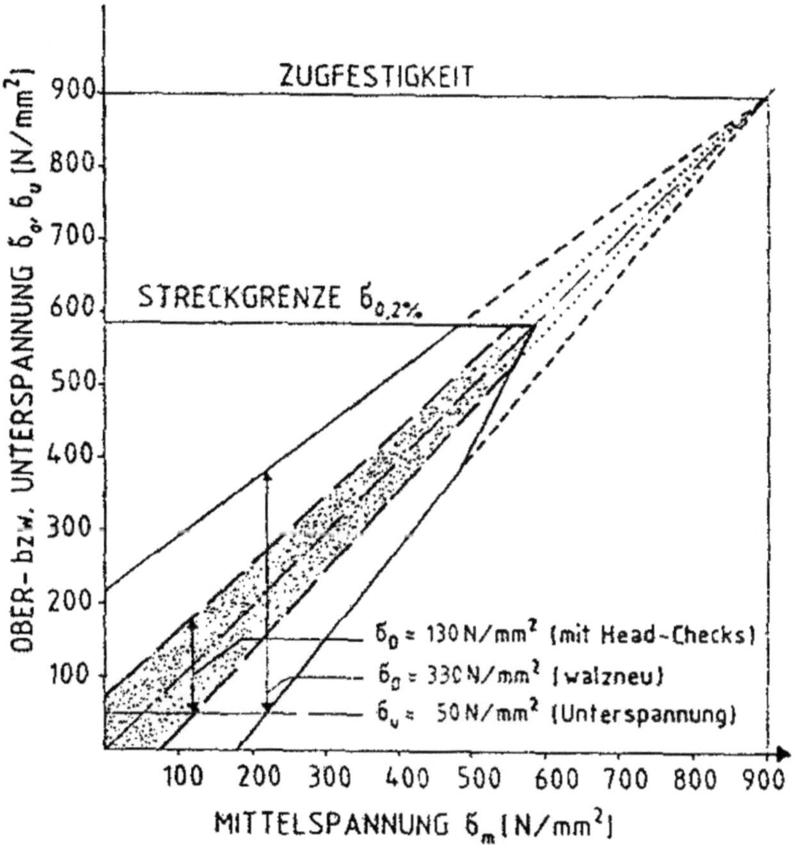

Abb. 6.38 Dauerfestigkeitsdiagramm nach Smith mit unterschiedlich stark vorgeschädigten Schienen [66]

ziehungen geht aus der bildlichen Darstellung des Smith-Diagramms hervor, daß durch die im Schienenkopf vorhandenen rißartigen Schäden die Dauerfestigkeit merklich gemindert wird. Ob in diesem Fall aber von einer geminderten *Dauerfestigkeit* überhaupt gesprochen werden kann, sei dahingestellt. Da die Risse ganz offensichtlich wachstumsfähig sind, ist die Berechtigung zum Abbruch der Dauerschwingversuche nach $2 \cdot 10^6$ Lastwechseln in höchstem Maße fraglich. Anzunehmen ist, daß auch bei einer Beanspruchung, die über diese Lastspielzahl, die bei anfangs ungeschädigten Bauteilen als Grenzlastschwingspielzahl bezeichnet wird, hinausgeht, weitere Brüche auftreten werden und sich keine Dauerfestigkeit im klassischen Sinn einstellt.

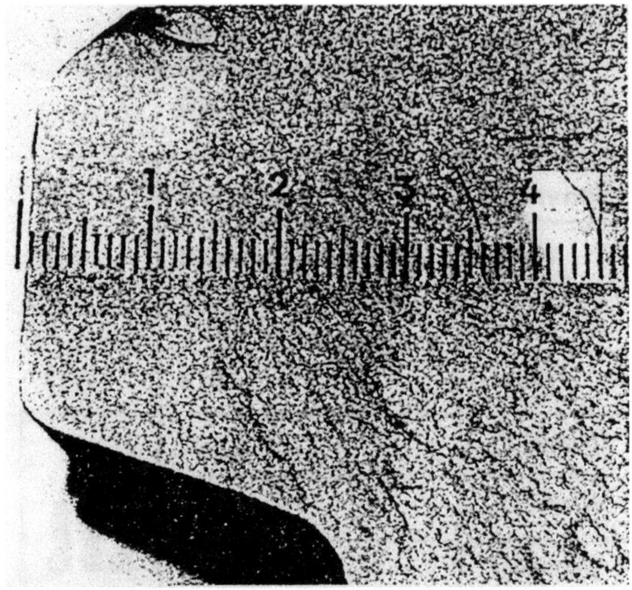

Abb. 6.39 Bruchfläche einer Schiene mit typischen Head Checks nach dem Dauerschwingversuch auf einem Prüfstand [66]

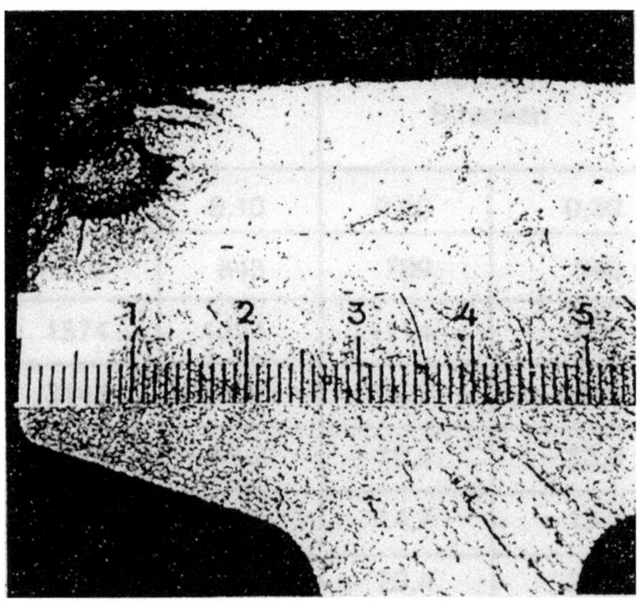

Abb. 6.40 Bruchfläche einer Schiene mit starken Head Checks nach dem Dauerschwingversuch auf einem Prüfstand [66]

Die für die bruchmechanische Bewertung des Ausbreitungsverhaltens von Head Checks bis zum Bruch der Schienen interessierende Ausbildung der Ermüdungsrisse – unter der allerdings mit der Beanspruchung im Gleis herrschenden Rollkontaktermüdung (mit schräg wachsenden Rissen) nicht übereinstimmenden Biege-Schwingbeanspruchung (mit Querrissen) – zeigen die beiden Abb. 6.39 und 6.40.

6.9.4 Betrachtung der Rißausbreitungsrichtung bei Modus-II- und Mixed-Mode-Beanspruchung

Bruchmechanische Analysen des Wachstums von Rissen werden meistens nur für die zyklische Beanspruchung von Rissen unter Normalspannungen senkrecht zur Rißebene durchgeführt. Untersuchungen des Rißwachstum unter gemischter Beanspruchung durch Normal- und Schubspannungen bzw. nur durch Schubspannungen zählten international lange Zeit zur Ausnahme, was u. a. daran zu erkennen ist, daß erst 1987 ein internationales Projekt zur Untersuchung des „Mixed-Mode-Problems" gestartet werden sollte [67]. Mittlerweile sind die Arbeiten über Rißausbreitung bei gemischter Beanspruchung nahezu unüberschaubar geworden. Im Zweifelsfall erscheint es auch gegenwärtig noch für bruchmechanische Analysen mit Auswirkungen auf die Praxis gerechtfertigt, die der Analyse zugrunde gelegten Hypothesen – sofern es möglich ist – experimentell zu überprüfen.

Für Risse in Eisenbahnschienen sind gemischte Beanspruchungen z. T. ausschlaggebend für das Rißwachstum und für den Bruch, insbesondere für Risse im Steg und für Längsrisse im Kopf und im Fuß. Um qualitative und eventuell auch quantitative Anhaltswerte für das Rißwachstum unter zyklischer Schubbeanspruchung zu gewinnen, sind im ZME Kirchmöser scheibenartige Proben aus Schienenstahl mit Kerbe als Rißstarter zuerst senkrecht zur Kerbrichtung beansprucht worden, um im Kerbgrund einen Ermüdungsriß zu erzeugen. Nachdem der Riß eine ausreichende Länge hatte, um einen Einfluß der Kerbgeometrie auf die Rißspitzenbeanspruchung ausschließen zu können, wurde die Probe in der Einspannvorrichtung umgespannt, so daß die angerissene Scheibe nunmehr durch Schub beansprucht wurde. Bei einwirkender Schub-Schwellbeanspruchung änderte der Riß seine Ausbreitungsrichtung um etwa 70° zur bisherigen Richtung. Bei der Einwirkung wechselnder Schubbeanspruchung verzweigte sich der Riß symmetrisch unter etwa den gleichen Winkeln [68] wie Abb. 5.6 zeigt. Da Spannungsintensitätsfaktoren für abgeknickte bzw. verzweigte Risse nur in sehr unzureichendem Maße bekannt sind, war eine Auswertung derartiger Rißwachstumsuntersuchungen nicht möglich. Die Versuchsergebnisse sind in Abb. 5.6 im Vergleich mit einem verzweigten horizontalen Steglängsriß in einer Schiene (Abb. 5.5) wiedergegeben.

Aus den angeführten Versuchen ergeben sich die folgenden Schlußfolgerungen:

- Dominiert die Schubbeanspruchung in einem Bauteil (Rißöffnungsart II bzw. III oder Überlagerungen mit der Rißöffnungsart I) in der Umgebung eines vorhandenen Risses, der unter der Wirkung der Rißöffnungsart I entstanden ist, so erfolgt die Rißausbreitung nicht mehr in der bisherigen Richtung.
- Aussagen über die Größe der Rißwachstumsgeschwindigkeit in schubbeanspruchten Proben sind ohne Kenntnis der Spannungsintensitätsfaktoren für die abgeknickten Risse nicht möglich.

Der kritische Zustand von Rissen unter gemischter Beanspruchung ergibt sich gemäß der von Richard [69] formulierten Bruchbedingung in Gl. (6.42). Der Bruchablenkungswinkel läßt sich mit Hilfe der ebenfalls von Richard [69] angegebenen Beziehung, Gl. (6.43) für reine Schubbeanspruchung zu 72° bestimmen. Die weitgehende Übereinstimmung der Richtung der instabilen Rißausbreitung nach der Formulierung von Richard und der Richtung wachsender Risse nach den experimentellen Untersuchungen ist als Bestätigung dafür anzusehen, daß die angegebenen Formeln auch für die Charakterisierung des Rißverhaltens unter schwingender Beanspruchung verwendbar sind.

Bei der Betrachtung der Abb. 5.5 und 5.6 zeigt sich jedoch in der unter Betriebsbedingungen rißgeschädigten Schiene mit verzweigter Rißbildung unter etwa 60° eine geringere Rißablenkung gegenüber der Bruchmechanikprobe. Ein weiteres Beispiel für eine derartige abgewinkelte Rißwachstumsrichtung ist in Abb. 5.4 einer defekten Schweißverbindung dargestellt. Am oberen Ende eines vertikalen Schweißfehlers hat sich unter der Wirkung der im Stegbereich maßgebenden Schubspannungen ein Ermüdungsrtiß abweichend von der Richtung des Ausgangsdefekts entwickelt. Die von der Vertikalen abweichende Rißentwicklung erfolgte etwa unter 45°.

Sind in den beiden angeführten Praxisbeispielen die Schubspannungen im Steg der Schienen auch als maßgebend für die verzweigte bzw. abgeknickte Rißentwicklung anzusehen, so dürfen doch weitere Einflüsse, insbesondere die in den Schienen wirkenden Eigenspannungen nicht unberücksichtigt bleiben!

Literatur

1. K.-O. Edel, M. Korn: Einschätzung des Rißwachstums in einer gebrochenen Fahrzeugachse. IfL-Mitteilungen **30** (1991) 1, Seite 5–12.
2. W. Guericke, W. Heller, J. Kasprowicz, M. Weiße: Verbesserung der Bruchsicherheit von Schienen durch optimiertes Rollenrichten mit verringerten Eigenspannungen. Eisenbahntechnische Rundschau **50** (2001) 9, Seite 541–551.
3. K.-O. Edel: Katalog der Schienenfehler. Deutsche Reichsbahn, Brandenburg an der Havel, überarbeitete Fassung des Entwurfs von 1992 für die DR. März 1999.
4. E. Brühwiler, M. A. Hirt, U. Morf, R. Huwiler: Bewertung der Spontanbruchgefahr angerissener Brückenbauteile aus Schweißeisen. Stahlbau **58** (1989) 1, Seite 9–16.
5. D. Böhme, H. Heuser: Entstehung und Lage von unterschiedlichen Rissen bei Schweißverbindungen. Maschinenmarkt **91** (1985) 68, Seite 1260–1263.
6. O. Graf: Versuche und Feststellungen zur Entwicklung der geschweißten Brücken. Berichte des Deutschen Auzsschusses für Stahlbau, Ausgabe B. Verlag von Julius Springer, Berlin, 1940.
7. DIN 25 817 „Lichtbogenschweißverbindung an Stahl – Richtlinie für die Bewertungsgruppen von Unregelmäßigkeiten".
8. DIN 26 520 „Einteilung und Erklärung von Unregelmäßigkeiten in Schmelzschweißungen an Metallen".
9. T. Bokalrud, A. Karlsen: Control of Fatigue Failures in Ship Hulls by Ultrasonic Inspection. Norwegian Maritime Research (Oslo) **10** (1982) 1, Seite 9–15.
10. K.-O. Edel, M. Schaper: Bruchmechanische Dauerfestigkeitsanalyse der rißgeschädigten Lauffläche überbremster Eisenbahnvollräder. Schienen der Welt **23** (1992) 11, Seite 35–49.
11. K.-O. Edel, G. Boudnitski, E. A. Shur: Literaturanalyse zur Thematik „Bruchmechanik und Eisenbahnschienen". Fachhochschule Brandenburg, Bericht, Dezember 1997.

12. Е. А. Шур, Т. Н. Киселёва, В. Л. Порошин, М. С. Бейзеров: Прочность рельсов с трещинами. Вестник ВНИИЖТ **42** (1984) 2, стр. 48–52. (E. A. Schur, T. N. Kiseleva, V. L. Poroschin, M. S. Bejzerov: Festigkeit von Schienen mit Rissen. Vestnik VNIIZT **42** (1984) 2, Seite 48–52).
13. ORE-Frage D 88 „Untersuchung der Schienenfehler im Gleis". RP 2: Untersuchung der Dynamik der Schienenfehler. Forschungs- und Versuchsamt des Internationalen Eisenbahnverbandes, Utrecht, Oktober 1965.
14. . . . : Komponenten des Primärkreises von Leichtwasserreaktoren, Teil 2: Auslegung, Konstruktion und Berechnung. Kerntechnischer Ausschuß, Sicherheitstechnische Regel des KTA 3201.2, März 1984, Seite 18.
15. W. Dahl, P. Langenberg, G. Sedlacek, W. Hensen: Eine Methode zur Bestimmung der Sicherheit und Restlebensdauer älterer Brückenkonstruktionen. Deutscher Verband für Materialforschung und -prüfung, Vorträge der Tagung WERKSTOFFPRÜFUNG 1990, 6. und 7. Dezember 1990 in Bad Nauheim, Seite 203–211.
16. . . . : Projektberichte „Werkstoff und Bauteilbewertung": Numerische und experimentelle Untersuchungen zum Verhalten von Oberflächenrissen in Zugscheiben und Rohren aus ferritischen und austenitischen Stählen. Fraunhofer-Institut für Werkstoffmechanik, Freiburg, Tätigkeitsbericht, 1989, Seite 9.
17. S. J. Maddox: An Analysis of Fatigue Cracks in Fillet Welded Joints. International Journal of Fracture **11** (1975) 2, Seite 221–243.
18. R. Schweitzer, W. Heller: Rißzähigkeit, Eigenspannungen und Bruchsicherheit von Schienen. Technische Mitteilungen Krupp-Werksberichte **39** (1981) 1, Seite 33–41.
19. R. Schweitzer, J. van Swaaij, W. Heller: Zur Beurteilung des Sprödbruchverhaltens von Schienen. Archiv für Eisenbahntechnik (1984), Heft 39, Seite 55–60.
20. J. W. Fisher: Fatigue and Fracture in Steel Bridges – Case Studies. John Wiley & Sons, New York/Chicester/Brisbane/Toronto/Singapore, 1984.
21. . . . : Method of Assessment for Defects in Fusion Welded Joints with Respect to Brittle Fracture. Japan Welding Engineering Society, Tokyo, Standard JWES 2805, 1980.
22. U. Börner, M. Korn: Rißuntersuchungen an Radscheiben. Deutsche Bahn AG, Versuchszentrum 1, Brandenburg-Kirchmöser, Versuchsbericht Nr. 443-009/002, 4. Juli 1994.
23. G. Boudnitski, K.-O. Edel: Oberflächendefekte im Scheibenbereich. Fachhochschule Brandenburg, Abschlußbericht zum DFG-Projekt, Brandenburg an der Havel, April 1998.
24. T. Schnitzer: Bruchmechanische Analyse des Wachstums von Rollkontaktermüdungsrissen in Eisenbahnschienen. Technische Universität Berlin, Dissertation, Shaker Verlag, Aachen, 2005.
25. H.-D. Grohmann, T. Schnitzer, K.-O. Edel: Head checks – and further damages. 6 th International Conference on Contact Mechanics and Wear of Rail/Wheel Systems (CM2003), Gothenburg (Sweden), 10–13 Juni 2003.
26. B. Whitney: Information über Rollkontaktermüdungsrisse bei Railtrack (Excel-Tabellen HCDATA.XLS und HCDATC.XLS), 16. August 2005.
27. . . . : Rules for Classification of Steel Ships, part 5, chapter 5, section 5, A 1300 „Tentative Rules for Fracture Mechanics Analysis". Det Norske Veritas, 1980.
28. K.-O. Edel: Untersuchung des Bruchverhaltens von Eisenbahnschienen und -vollrädern. Technische Hochschule Otto von Guericke Magdeburg, Dissertation B, Januar 1987.
29. P. R. Christopher et al.: In: Proceedings of the Intenational Conference on Dynamic Fracture Toughness, London 1976. The Welding Institute, Abington, 1976, Seite 127–146.
30. A. Krabiell, W. Dahl: Zum Einfluß von Temperatur und Beanspruchungsgeschwindigkeit auf die Rißzähigkeit von Baustahl mit unterschiedlicher Festigkeit. Archiv für Eisenhüttenwesen **53** (1982) 6, Seite 225–230.

31. H.-D. Piehl, M. Zerche, A. Lehmann: Klimadaten der Deutschen Demokratischen Republik – Ein Handbuch für die Praxis –, Reihe B, Bd. 1 „Lufttemperatur". Meteorologischer Dienst der DDR, Potsdam, 1980.
32. Schreiben MD 06 66 02 II/3-En/Ka – 000013 vom 9. Oktober 1980 des Meteorologischen Dienstes der DDR (Hauptamt für Klimatologie, Abt. II) an die ZPEV Brandenburg-Kirchmöser.
33. K.-O. Edel: Computersimulation des Auftretens der Schienentemperaturen. Schienen der Welt **22** (1991) 2, Seite 15–28.
34. K.-O. Edel: Analyse extremer Temperaturen in Eisenbahnschienen. Die Eisenbahntechnik **30** (1982) 7, Seite 396–400.
35. K.-O. Edel: Die Häufung von Schienenbrüchen bei niedrigen Temperaturen. Zentrale Prüf- und Entwicklungsstelle des Verkehrswesens, Brandenburg-Kirchmöser, Bericht, 29. September 1978.
36. T. Schnitzer, K.-O. Edel, I. Bohne: Fahrflächenschäden. Fachhochschule Brandenburg, Abschlußbericht zum Projekt der Klaproth-Stiftung, August 2004.
37. P. Tenge, O. Solli: Fracture Mechanics in the Design of Large Spherical Tanks for Ship Transport of LNG. Norwegian Maritime Research **1** (1973) 2, Seite 1–18.
38. S. Fukuda, H. Kitagawa: Fatigue Crack Propagation in Steels under Random Loading. Transactions of the JWRI **6** (1977) 2, Seite 25–32.
39. K.-O. Edel: Bruchmechanische Analyse des Rißwachstums in Schiffskonstruktionen. Schiffbauforschung **27** (1988) 3, Seite 180–187.
40. K.-O. Edel: Die Ermittlung der bruchmechanischen Eigenschaften rißgeschädigter Brückenteile. VDI-Verlag Düsseldorf, VDI-Berichte Nr. 902, 1991, Seite 313–342.
41. T. Yokobori, K. Sato: The Effect of Frequency on Fatigue Crack Propagation and Striation Spacing in 2024-T3 Aluminium Alloy and SM-50 Steel. Engineering Fracture Mechanics **8** (1976), Seite 81–88.
42. K.-O. Edel: Untersuchung der Zähigkeitseigenschaften des Schienenstahls M75. Signal und Schiene **25** (1981) 3, Seite 112–115.
43. K.-O. Edel: Bruchmechanische Untersuchungen an der 55 Jahre alten Strelasundbrücke. Deutsche Reichsbahn, Zentralstelle Umweltschutz und Materialprüfung, Brandenburg-Kirchmöser, Bericht, 31. März 1992.
44. J. W. Fisher: Fatigue and Fracture of Steel Bridges – Case Studies. John Wiley & Sons, New York, 1984, Seite 26.
45. T. Kanazawa, S. Machida, T. Teramoto, H. Yoshinari: Study on Fast Fracture and Crack Arrest. Experimental Mechanics (1981) 2, Seite 78–88.
46. H. A. Richard: Praxisnahe Beurteilung von Mixed-Mode-Rißproblemen. Deutscher Verband für Materialprüfung e. V., Berichte der 19. Sitzung des DVM-Arbeitskreises Bruchvorgänge, Freiburg, 1987, Seite 357–370.
47. K.-O. Edel: Investigation of Critical Flaws in Railway Wheels. Theoretical and Applied Fracture Mechanics **4** (1985) 2, Seite 109–116.
48. R. Fischer, H.-G. Köbler, U. Wendt: Synthese zufallsartiger Lastfolgen zur Anwendung bei Betriebsfestigkeitsuntersuchungen. Fortschrittberichte der VDI-Zeitschriften, Reihe 5, Nr. 40, VDI-Verlag, Düsseldorf, August 1979.
49. J. Piehler, H.-U. Zschiesche: Simulationsmethoden. BSB B. G. Teubner Verlagsgesellschaft, Leipzig, 2. Auflage, 1978.
50. P. F. Heil: Unvollständige Stichproben zur Beurteilung der Zuverlässigkeit bei Materialermüdung. Fortschrittberichte der VDI-Zeitschriften, Reihe 5, Nr. 34, VDI-Verlag, Düsseldorf, Dezember 1977.
51. R. Zieliński: Erzeugung von Zufallszahlen – Programmierung und Test auf Digitalrechnern. VEB Fachbuchverlag, Leipzig, 1972.

52. . . . : HP25-Programmsammlung. Hewlett-Packard, etwa 1975.
53. Н. Я. Бычкова, Т. Н. Киселёва, Е. А. Шу р: Об определении параметра вяжкости разрушения K_{Ic} при испытании на усталость. Проблемы прочности **5** (1973) 5, стр. 111–116. (N. Ja. Byckova, T. N. Kiseleva, E. A. Schur: Über die Bestimmung des Parameters K_{Ic} der Bruchzähigkeit bei der Ermüdungsprüfung. Problemy procnosti **5** (1973) 5, Seite 111–116)
54. Е. А. Шур: О выборе допускаемых напряжений при прочностных расчётах рельсов. Вестник ВНИИЖТ **35** (1977) 10, стр. 684–90. E. A. Schur: Über die Wahl der zulässigen Spannung bei Festigkeitsberechnungen von Schienen. Vestnik VNIIZT **35** (1977) 8, Seite 38–1.
55. G. R. Irwin: Crack-Extension Force for a Part-Trough Crack in a Plate. Journal of Applied Mechanics **29** (1962), Seite 651–654.
56. R. Schweitzer, W. Heller: Rißzähigkeit, Eigenspannungen und Bruchsicherheit von Schienen. Technische Mitteilungen Krupp-Werksberichte **39** (1981) 1, Seite 33–41.
57. ORE-Frage D 156 „Möglichkeiten zur Verbesserung der Gebrauchseigenschaften von Schienen durch metallurgische Maßnahmen“: Faktoren, die die Bruchzähigkeit der walzneuen Schienen beeinflussen. Forschungs- und Versuchsamt (ORE) des Internationalen Eisenbahnverbandes (UIC), Utrecht, Bericht ORE D 165/RP1, September 1984.
58. R. Radomski, I. Pustelnik: Naprażenia własne w szynach typu S 49 (Eigenspannungen in Schienen des Typs S 49). Hutnik (1979) 9, Seite 464–468.
59. K.-O. Edel: Die Anwendung der linear-elastischen Bruchmechanik in der Eisenbahntechnik. Zentrales Forschungsinstitut des Verkehrswesens – Zentrum für Material- und Energieökonomie, Brandenburg-Kirchmöser, Bericht, 28. April 1983.
60. В. Л. Порошин, Е. А. Шур. Изменение свойств рельсов в процессе эксплуатации. В сб. «Производство железнодорожных рельсов и колёс». Харьков, УИМ, 1977, вып. 5, с. 92–95. (V. L. Poroschin, E. A. Schur: Die Änderung der Eigenschaften der Schienen im Betrieb. In: Handbuch „Die Herstellung von Eisenbahnschienen und –rädern“. Charkov, UIM, 1977, Ausgabe 5, Seite 92–95).
61. O. Orringer, Y. H. Tang, J. E. Gordon, D. Y. Jeong, J. M. Morris, A. B. Perlman: Crack Propagation Life of Detail Fractures in Rails. US Department of Transportation, Federal Railroad Administration, Office of Research and Development, Washington, Final Report, Report No. DOT/FRA/ORD-88/13, October 1988.
62. O. Orringer, J. M. Morris, D. Y. Jeong: Detail Fracture Growth in Rails: Test Results. Theoretical and Applied Fracture Mechanics **5** (1986), Seite 63–95.
63. M. Korn, K.-O. Edel: Untersuchung von höherfesten Zungen. Zentrales Forschungsinstitut des Verkehrswesens – Zentrum für Material- und Energieökonomie, Brandenburg-Kirchmöser, Untersuchungsbericht, 3. Juni 1982.
64. H. Tada, P. C. Paris, G. R. Irwin: The Stress Analysis of Cracks. Handbook. Del Research Corporation, Hellertown, Pennsylvania, USA, 1973.
65. A. Baus, H. P. Lieurade: Endurance en torsion et résistance à la fissuration par fatigue de trois nuances d'aciers à rails. Revue de Métallurgie **72** (1975) 5, Seite 373–386.
66. J. Eisenmann, G. Leykauf: Einfluß von Head-Checks auf die Liegedauer von Schienen. Eisenbahntechnische Rundschau **42** (1993) 3, Seite 163–168.
67. K. J. Miller, M. W. Brown: Mixed-Mode Fatigue Collaborative Project. EGF Newsletter (1987) 2, Seite 8.
68. B. Preuß: Untersuchungen des Rißfortschrittsverhaltens von Schienenstahl bei Schub-Wechselbeanspruchung. Technische Hochschule Otto von Guericke Magdeburg und Deutsche Reichsbahn, Wissenschaftlich-Technisches Zentrum, Zentrum für Material- und Energieökonomie, Brandenburg-Kirchmöser, Großer Beleg, Februar 1987.
69. H. A. Richard: Bruchvorgänge bei überlagerter Zug- und Schubbeanspruchung. VI. Symposium „Verformung und Bruch“, Technische Hochschule Magdeburg, 7.–9. September 1982.

Der bruchmechanische Sicherheitsnachweis 7

7.1 Einleitende Anmerkungen zum Sicherheitsnachweis

Als Mittel zur Analyse der Ausbreitung von Rissen in mechanisch, thermisch und korrosiv beanspruchten Bauteilen ist die Bruchmechanik unverzichtbar geworden. Schwerpunkte bei bruchmechanischen Betrachtungen waren anfangs die Bestimmung der Rißausbreitungseigenschaften und die Ausarbeitung entsprechender Standardprüfmethoden. Die Nutzung der experimentell ermittelten Kennwerte sowie der Beanspruchungen geschieht für den Sicherheitsnachweis üblicherweise durch den Vergleich von Grenzwerten der Beanspruchung und der Beanspruchbarkeit. Bei rißgeschädigten Konstruktionen werden Sicherheitsbeiwerte verwendet als Verhältnis von Spannungen, Spannungsintensitätsfaktoren, Rißabmessungen, Rißgrößenänderungen und Lastwechselzahlen.

Für Komponenten von Atomenergieanlagen sind verbindliche Vorschriften zum Nachweis einer ausreichenden Betriebssicherheit in den Herstellerländern entwickelt worden. Wie der Vergleich der Festlegungen des ASME-Codes [1] mit denen der Sicherheitstechnischen Regeln des KTA [2] und den entsprechenden französischen Festlegungen [3] zeigt, bestehen in Abhängigkeit vom jeweiligen Herstellerland trotz des gleichen Anwendungsgebietes nicht zu übersehende Unterschiede.

Für den Bereich der konventionellen Technik sind Empfehlungen zur Bewertung des Bruch- und des Rißwachstumsverhaltens entwickelt worden (siehe z. B. [4–7]). In verschiedenen Vorschriftenwerken (z. B. [8–10]) werden für spezielle Anwendungen bruchmechanische Analysen gefordert, eine Methodik des Sicherheitsnachweises wird jedoch nicht in jedem Fall bzw. nicht detailliert angegeben. Die vielfältigen Anwendungsmöglichkeiten der Bruchmechanik, die expandierende Anwendungsbreite in allen Bereichen der Technik sowie die Notwendigkeit zur Durchführung bruchmechanischer Analysen kann einerseits zu divergierenden Tendenzen bei der Art des Sicherheitsnachweises, andererseits aber auch zu einem unkritischen, formalen Umgang mit den Berechnungsmethoden der Bruchmechanik führen. Deswegen erscheint es notwendig, die erforderlichen Schritte

K.-O. Edel, *Einführung in die bruchmechanische Schadensbeurteilung*,
DOI 10.1007/978-3-662-44264-7_7

für den Nachweis der Betriebssicherheit rißgeschädigter Bauteile in verbindliche Regeln zu fassen und die Methodik des Sicherheitsnachweises für die unterschiedlichen Rißausbreitungsphänomene systematisch und möglichst einheitlich zu gestalten mit dem Ziel der Entwicklung bruchmechanischer Berechnungs- und Bewertungsstandards. Spätere Entwicklungen der Bruchmechanik insbesondere hinsichtlich der zu verwendenden Gesetzmäßigkeiten und Gültigkeitskriterien sollten durch derartige Standards jedoch nicht behindert werden. Die vorhandenen Vorschriften der Kerntechnik lassen sich wegen ihrer dominierenden Stellung zweifellos dadurch nicht ablösen oder voll integrieren. Es ist auf Dauer jedoch nicht vertretbar, auf den Gebieten außerhalb der Kerntechnik die Art des Sicherheitsnachweises jedem einzelnen Anwender selbst zu überlassen bzw. aufzubürden durch Formulierungen der Art [11]: „Grundsätzlich soll der Anwender [bei einer probabilistischen Bewertung] die Entscheidung über die zulässige Versagenswahrscheinlichkeit des jeweiligen Bauteils treffen.“ „Wenn die gegebenen Bedingungen (Rißgrößen, Beanspruchungen, Werkstoffkennwerte) als zulässig eingestuft werden, ist der bruchmechanische Sicherheitsnachweis erbracht. Wenn die gegebenen Bedingungen (Rißgrößen, Beanspruchungen, Werkstoffkennwerte) als unzulässig eingestuft werden, läßt sich unter Umständen die Zulässigkeit durch eine Erhöhung der Qualität der Eingabedaten oder durch die Anwendung präziserer Analyse nachweisen.“ Es genügt nicht, nur selbst von der Richtigkeit eines erbrachten Sicherheitsnachweises überzeugt zu sein oder gegebenenfalls Änderungen an den Eingabedaten oder der Analyse vorzunehmen. Neben der eigenen Überzeugung von der Richtigkeit der Aussagen ist vor allem stets ein Konsens mit den zuständigen Aufsichtsbehörden erforderlich, so daß die Aussagen letztlich auch einer gerichtlichen bzw. gutachterlichen Überprüfung standhalten.

7.2 Die Verwendung von Sicherheitsbeiwerten in der Bruchmechanik

Bei bruchmechanischen Sicherheitsanalysen muß der verwendete Sicherheitsbeiwert die Verfügbarkeits- und Sicherheitsbedürfnisse berücksichtigen und die Unsicherheiten abdecken, die sich aus der Umsetzung der zerstörungsfrei ermittelten Anzeigen in wirkliche Rißgrößen, aus den Spannungen und aus den Werkstoffkennwerten ergeben [7]. Nicht unbeachtet bleiben darf, daß in die Sicherheit und in die zulässige Rißgröße auch die Häufigkeit der zerstörungsfreien Prüfung eingeht, daß die bruchmechanische Idealisierung realer Anrisse wesentliche Auswirkungen auf die Größe der berechneten Rißfrontbeanspruchung haben kann, und daß letztlich die Sicherheit nicht nur eine Frage der Genauigkeit der Ermittlung der Spannungen und der Werkstoffkennwerte ist, da die Beanspruchungen, die Beanspruchungsbedingungen und die Beanspruchbarkeit reale Schwankungen zeigen.

Bei bruchmechanischen Berechnungen wird die Sicherheit gegen das Erreichen unzulässiger Betriebszustände z. Z. nicht einheitlich betrachtet. Bei bruchmechanischen Sicherheitsanalysen werden analog zu konventionellen Sicherheitsnachweisen auf der

Grundlage zulässiger und vorhandener Spannungen Sicherheitsbeiwerte der Art

$$S_\sigma = \sigma_{nom} \big/ \sigma_{Betrieb} \tag{7.1}$$

als Verhältnis von Spannungen verwendet, für die z. B. HECKEL [12] bei der Werkstoffauswahl nach bruchmechanischen Gesichtspunkten in einem Beispiel bei Annahme eines bestimmten Risses Werte von 1,23 bis 2,43 angibt. Von NEUMANN [13] wird in adäquater Weise für Schweißkonstruktionen ein Sicherheitsbeiwert als das Verhältnis der kritischen zur nominellen Spannung definiert, für den jedoch keine konkreten Zahlenwerte angegeben werden, sondern nur gefordert wird, daß er größer als 1 sein soll.

Da die Rißspitzenbeanspruchung bei linear-elastischem Werkstoffverhalten statt durch die nominellen Bauteilspannungen zweckmäßiger durch die Größe des Spannungsintensitätsfaktors und die Beanspruchbarkeit durch den Wert der statischen bzw. dynamischen Bruchzähigkeit angegeben werden, wird vielfach die Sicherheit definiert durch das Verhältnis

$$S_K = K_{Ic} \big/ K_{I\,zul} \text{ bzw. } K_{Id} \big/ K_{I\,zul}. \tag{7.2}$$

RICHTER [14] empfiehlt für stoßartig beanspruchte Bauteile von Eisenbahnwagen Sicherheitsbeiwerte von 1,2 bis 1,5. Zur Gewährleistung der Bruchsicherheit fordert KRÜGER [15] einen Sicherheitsbeiwert von mindestens 1,25, wobei als zutreffende Bruchzähigkeit ein statistisch ermittelter unterer Grenzwert entsprechend dem um die doppelte Standardabweichung verminderten Mittelwert zu verwenden ist. Gemäß den Vorschlägen im Dokument PD 6493 [4] ergibt sich bei Verwendung der Referenzkurve K_{Ic}(als Kurvenverlauf durch die Minimalwerte der experimentell ermittelten statischen Bruchzähigkeit) und dem Abminderungsfaktor von 70 % für die sich daraus ergebende Bruchzähigkeit der Sicherheitsbeiwert nach der obigen Gleichung zu $1/0{,}7 = 1{,}43$. Für die Bewertung maximal zulässiger Risse sind nach der Sicherheitstechnischen Regel 3201.2 des KTA [2] die Referenzkurve für die statische Bruchzähigkeit K_{Ic} und ein Sicherheitsbeiwert S_K von 1,5 vorgeschrieben.

RICHARD [16] schlägt die Verwendung des Verhältnisses

$$S_K = K_{Ic} \big/ K_{V\,zul} \tag{7.3}$$

als Sicherheitsbeiwert vor, um überlagerte, unterschiedliche Rißöffnungsarten berücksichtigen zu können.

Im DVS-Merkblatt 2401 [7] wird der Sicherheitsbeiwert durch

$$S_a = a_c \big/ a_{zul} \tag{7.4}$$

definiert. MÜNCNER und KALNA [17, 18] empfehlen für Schweißkonstruktionen Sicherheitsbeiwerte $S_a = 2$ bis 4. Ist das Ermüdungsrißwachstum ausgeschlossen, so können nach ihren Empfehlungen Risse im Bauteil belassen werden, wenn Sicherheitsbeiwerte $S_a = 3$ bis 6 vorliegen. Nach den Festlegungen des ASME-Codes [1] für Kernkraftanlagen sind für den Normalbetrieb $S_a = 10$, für den Störfall $S_a = 2$ zu verwenden, wobei a_c mit der minimalen Bruchzähigkeit zu bestimmen ist, die sich für den Normalbetrieb aus der Referenzkurve K_{IR}, d. h. entsprechend den Minimalwerten von K_{Ic}, K_{Id} und K_{Ia}, und für den Störfall entsprechend der Referenzkurve für die statische Bruchzähigkeit K_{Ic} ergibt.

Für die bruchmechanische Berechnung des Wachstums von Ermüdungsrissen bei Annahme mittlerer oder auch – wie im ASME-Code [1] vorgeschrieben – extremer Rißwachstumseigenschaften sind die verbleibenden Unsicherheiten ebenfalls durch einen Sicherheitsbeiwert auszugleichen. MÜNCNER und KALNA [17, 18] schlagen vor, die real erreichte Rißgröße als mindestens 1,5-faches bis 3-faches der bruchmechanisch berechneten Größe anzunehmen.

Nach dem DVS-Merkblatt 2401 [7] ist das Rißwachstum durch die Beziehung

$$a_0 + \Delta a \leq a_{zul} \tag{7.5}$$

zu berücksichtigen; die die Restnutzungsdauer charakterisierende zulässige Schwingspielzahl N_{zul} ist aus der kritischen Schwingspielzahl unter Verwendung eines entsprechenden Sicherheitsbeiwertes

$$S_N = N_c / N_{zul} \tag{7.6}$$

abzuleiten. Zweckmäßig erscheint es, den Sicherheitsbeiwert für das Rißwachstum als das Verhältnis der unter Betriebsbedingungen zu erwartenden maximalen Rißgrößenzunahme zur berechneten Rißgrößenzunahme zu definieren [19]:

$$S_{\Delta a} = \Delta a_{\max} / \Delta a_{\mathrm{Re}\,chnung}. \tag{7.7}$$

Da sich sämtliche Einflüsse letztlich auf die berechnete Rißgröße bzw. Rißgrößenänderung auswirken, erscheint es naheliegend, die Sicherheitsbeiwerte sinnvollerweise auf diese geometrischen Größen zu beziehen, die durch die Analyse gebrochener Bauteile bzw. durch zerstörungsfreie Prüfungen bestimmbar sind. Die Unterschiedlichkeit der mit Hilfe der Bruchmechanik analysierbaren unzulässigen Betriebszustände einerseits und die einzuhaltenden Grenzmaße für die Rißgrößen andererseits zeigen sehr eindeutig, daß bei bruchmechanischen Analysen unterschiedliche Sicherheitsbeiwerte für die verschiedenen Rißausbreitungsphänomene verwendet werden müssen.

Hinsichtlich der zu verwendenden Sicherheitsbeiwerte wird im DVS-Merkblatt 2401 [7] auf die Festlegungen in Regelwerken verwiesen. Diesen sind jedoch nicht in allen Fällen konkrete Angaben zu entnehmen, da entsprechende fundierte Erfahrungen oftmals fehlen. Angestrebt werden muß unter solchen Bedingungen stets ein Konsens zwischen dem Betreiber, der Zulassungsbehörde und dem Berechnungs- bzw. Sicherheitsfachmann.

Nicht unbeachtet bleiben sollte, daß in die bruchmechanischen Analysen einbezogenen Modifikationen der Beanspruchungen und der Werkstoffeigenschaften, wie z. B. die Erhöhungsfaktoren für die kritischen Beanspruchungen im ASME-Code [1] und den adäquaten Festlegungen des KTA [2] und der AFCEN [3] und für die PARIS-Faktoren im PD 6493 des BSI [4] und in der Europäischen Konvention für Stahlbau [20], in gewisser Weise bauteil-

und problemspezifische Teilsicherheitsbeiwerte darstellen, auf die auch künftig wohl kaum verzichtet werden kann.

Da die in bruchmechanischen Berechnungen verwendeten Bezugswerte als die nachgewiesenen ungünstigsten Eigenschaften, Beanspruchungen, Ereignisse oder Rißgrößen in der Realität unter Umständen noch ungünstiger ausfallen können, ist bei praktischen Anwendungen der Bruchmechanik die Tendenz erkennbar, nicht absolute Grenzwerte, sondern Quantilwerte mit vorgegebenen Wahrscheinlichkeiten zu verwenden, wie es in [21, 22] für die Referenzkurven bzw. -werte der Bruchzähigkeit und zur Gewährleistung des Ausschlusses des Bruchs bzw. des unkontrolliert großen Rißwachstums in [23, 24] für a_c und Δa angestrebt wurde.

7.3 Schädigungsstadien, Versagensformen und zulässige Risse

Damit die bei der zerstörungsfreien Prüfung der Bauteile verwendeten Grenzwerte der Rißgrößen als zulässige Rißgrößen die Betriebssicherheit entsprechend dem „safe life"-Konzept auch tatsächlich gewährleisten, müssen die auszuschließenden, unzulässigen Betriebszustände eindeutig festgelegt sein. Die aus den unzulässigen Schädigungsstadien resultierenden Versagensformen sind:

- die partielle oder totale Zerstörung des Bauteils durch Nichtarretierung sich instabil ausbreitender Risse,
- die Auslösung der instabilen Rißausbreitung, d. h. der Bruch des Bauteils,
- die stabile Rißausbreitung oberhalb einer vertretbaren oder zulässigen Rißgröße,
- jegliche stabile Rißausbreitung.

Beachtet werden muß bei praktischen Anwendungen, daß unterschiedliche Betriebszustände bzw. -beanspruchungen zu qualitativ unterschiedlichen Schädigungen führen können, so daß bei normalerweise dauerfesten Konstruktionen bei außergewöhnlichen Beanspruchungen der Bruch als Versagensform nicht generell auszuschließen ist.

Bei Beachtung der auszuschließenden Betriebszustände bzw. Schädigungsstadien ergeben sich als einzuhaltende, d. h. zulässige Grenzmaße für Risse:

- das Arrestgrenzmaß a_{Azul}, das beim Auftreten eines Bruchs nicht überschritten werden darf, um die totale Zerstörung des Bauteils auszuschließen,
- das Betriebsgrenzmaß $a_{zul\max}$ als die Rißgröße, die unter Betriebsbedingungen unabhängig von der Periodizität der zerstörungsfreien Prüfung bzw. bei theoretisch ständiger zerstörungsfreier Prüfung zu keinem Zeitpunkt überschritten werden darf, da sonst mit dem Auftreten des Bruchs zu rechnen ist,
- das Kontrollgrenzmaß a_{zul} für das betrieblich genutzte Bauteil als die eigentliche zulässige Rißgröße bei der periodisch durchgeführten zerstörungsfreien Prüfung, durch

deren Einhaltung gewährleistet wird, daß ein wachsender Riß bis zur nächsten zerstörungsfreien Prüfung das Betriebsgrenzmaß nicht überschreitet,
- das Dauerfestigkeitsgrenzmaß $a_{D\,zul}$, dessen Einhaltung gewährleistet, daß ein vorhandener Riß oder ein rißartiger Fehler seine Größe unter der Einwirkung der betrieblichen Beanspruchung nicht ändert, so daß keine weiteren zerstörungsfreien Prüfungen notwendig sind.

Bei gleichen Beanspruchungsbedingungen ist die Größenrelation zwischen diesen unterschiedlichen Grenzmaßen gegeben durch

$$a_{Azul} > a_{zul\mathrm{max}} > a_{zul} > a_{Dzul}. \tag{7.8}$$

Für Betriebs- und Kontrollgrenzmaß gilt weiterhin der Zusammenhang

$$a_{zul\mathrm{max}} = \lim_{\text{Prüfzyklus}\to 0} a_{zul} \; . \tag{7.9}$$

7.4 Die Ableitung der Rißgrenzmaße aus probabilistischen Analysen

7.4.1 Ausgangsdaten und Resultate probabilistischer Rißausbreitungsanalysen

Angesichts der Variabilität der bei bruchmechanischen Berechnungen zu berücksichtigenden Einflußgrößen, insbesondere auch durch die Abhängigkeit der Referenzwerte vom Umfang der experimentellen Untersuchungen, ergibt sich die Notwendigkeit, die zusammen mit den Sicherheitsbeiwerten verwendeten Bezugsgrößen klarer zu definieren, als es gegenwärtig bei bruchmechanischen Bewertungen oftmals der Fall ist. Die Probleme, die sich durch die Streuung der wesentlichen Einflußgrößen ergeben, lassen sich bei bruchmechanischen Berechnungen vermeiden bzw. überwinden, wenn von der deterministischen Betrachtungsweise abgegangen wird, und die probabilistische Bruchmechanik als Grundlage für die Festlegung zulässiger Rißgrößen verwendet wird.

Bei der Anwendung der probabilistischen Bruchmechanik bilden die Wahrscheinlichkeitsverteilungen der streuenden, wesentlichen Einflußgrößen die Ausgangsbasis der Berechnungen. Das Ergebnis der Berechnungen sind die Verteilungen der Größen der arretierten bzw. der kritischen Risse, der Größen wachsender Ermüdungsrisse sowie der Rißgrößen, bei deren Überschreitung die stabile Rißausbreitung einsetzt (Abb. 7.1). Durch unterschiedliche Annahmen über den Typ der verwendeten Verteilungsfunktionen der Ausgangsdaten ergeben sich im Mittel nur geringfügige Differenzen im Endergebnis [25]. Die extremen Resultate, auf die es bei der Festlegung zulässiger Rißgrößen aber gerade ankommt, lassen sich mit der gewünschten Zuverlässigkeit nicht ermitteln [26]. Für die Lösung derartiger Probleme ist ein extremer Aufwand sowohl auf experimenteller, als auch auf rechentechnischer Seite erforderlich.

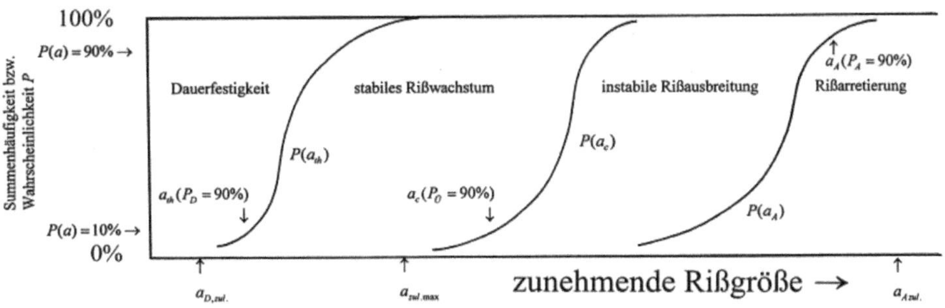

Abb. 7.1 Darstellung der Aufeinanderfolge der unterschiedlichen Rißausbreitungsphänomene in Abhängigkeit von der Rißgröße und der Wahrscheinlichkeit des Überganges zum nächsten Rißausbreitungsphänomen sowie der extremen dauerfesten, wachsenden, kritischen und arretierten und der repräsentativen 10- bzw. 90 %-Rißgrößen

Bei der Darstellung des Rißwachstums als des in den meisten Fällen dominierenden Phänomens ergeben sich je nach Ausgangs- oder Interessenlage die in Abb. 7.2 gegebenen Möglichkeiten mit einer vorgegebenen Ausgangsgröße des Risses bzw. einer gegebenen Endrißgröße in Abhängigkeit von der Lebensdauer oder auch der Restlebensdauer bis zum Erreichen einer vorgegebenen Endrißgröße. Der zuletzt dargelegte Fall dürfte für die praktische Nutzung die größte Bedeutung haben.

7.4.2 Repräsentative und zulässige Rißgrößen

Um die eindeutigen Vorteile der probabilistischen Bruchmechanik gegenüber rein deterministischen Berechnungen bei Beachtung der oben genannten Grenzen der Zuverlässigkeit der Aussagen für die Festlegung zulässiger Rißgrößen nutzen zu können, werden repräsentative Bezugswerte für die Rißgröße a mit Hilfe der probabilistischen Bruchmechanik berechnet. Die interessierenden Extremwerte werden dann aus diesen mit Hilfe von zweckmäßig gewählten Sicherheitsbeiwerten abgeleitet. In Analogie zu der früher üblichen Auswertung von Dauerfestigkeitsuntersuchungen [27, 28] erscheint es sinnvoll, als repräsentativ diejenigen Werte anzusehen, denen eine Überlebens- bzw. Rißwachstumswahrscheinlichkeit von 90 % zukommt, bzw. die mit einer Summenhäufigkeit von 10 % auftreten.

Da die probabilistisch berechnete maximale Arrestrißlänge von dem Maximalwert der realen Arrestrißlängen abweichen wird, ist es zweckmäßig, die zulässige Arrestrißlänge als Vielfaches des repräsentativen Wertes gemäß der Beziehung

$$a_{Azul} = S_{aA} \cdot a_A(P_A = 90\,\%) \tag{7.10}$$

dem Sicherheitsnachweis zugrunde zu legen. In dieser Gleichung sind P_A die Wahrscheinlichkeit der Rißarretierung und S_{aA} der Sicherheitsbeiwert für die Rißarretierung.

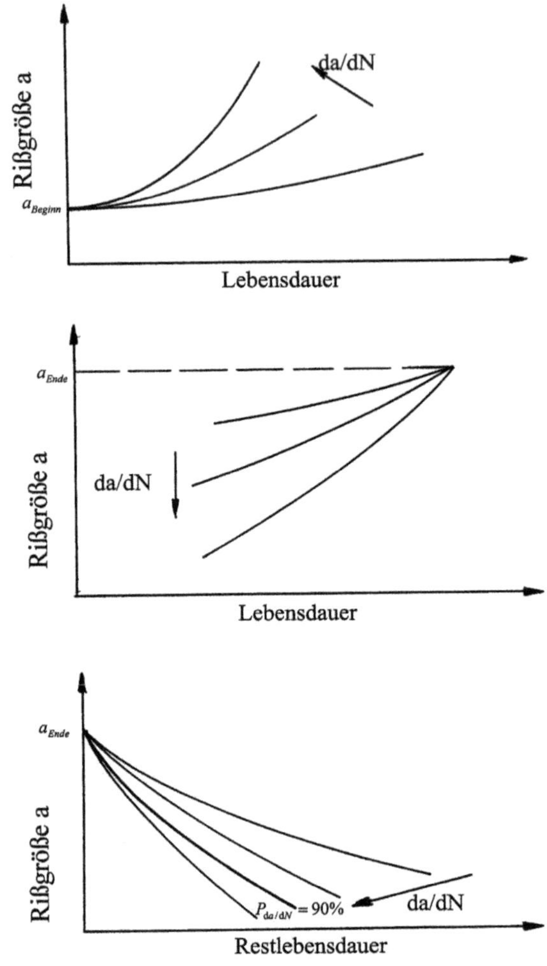

Abb. 7.2 Die unterschiedlichen Möglichkeiten zur Veranschaulichung des Rißwachstums in mechanisch beanspruchten Konstruktionen

Unter Verwendung des probabilistisch berechneten, repräsentativen Wertes der kritischen Rißgröße und eines zweckmäßig gewählten Sicherheitsbeiwertes S_{ac} ergibt sich das Betriebsgrenzmaß für Ermüdungsrisse, die sich instabil, d. h. schlagartig ausbreiten können, wenn die Rißgröße den Minimalwert der kritischen Rißgröße erreicht oder überschritten hat, zu

$$a_{zul\max} = a_c(P_{\ddot{U}} = 90\,\%)\big/S_{ac}. \tag{7.11}$$

$P_{\ddot{U}}$ ist hierbei die Überlebenswahrscheinlichkeit.

Der Maximalwert der Rißgrößenzunahme im Zeitraum von der zerstörungsfreien Prüfung bis zum Erreichen des Betriebsgrenzmaßes wird als $S_{\Delta a}$-faches des repräsentativen Wertes der Rißgrößenzunahme angenommen:

$$\Delta a_{\max} = S_{\Delta a} \cdot \Delta a(P_{\Delta a} = 90\,\%) \tag{7.12}$$

mit $P_{\Delta a}$ (oder $P_{\dot{a}}$) als der Rißwachstumszunahmewahrscheinlichkeit.

Das Grenzmaß, das zum Zeitpunkt der zerstörungsfreien Prüfung eingehalten werden muß, um bis zur nächsten Prüfung ein unkontrolliert großes Rißwachstum und den Eintritt des Bruchs des Bauteils auszuschließen, ergibt sich somit durch Verschieben der repräsentativen Rißwachstumskurve in Abb. 7.3 nach unten zu

$$a_{zul} = a_{zul\max} - \Delta a_{\max}. \tag{7.13}$$

Das einzuhaltende Grenzmaß für dauerfeste Risse, bei dessen Überschreiten sich die Risse nicht mehr dauerfest verhalten, sondern sich stabil ausbreiten, ergibt sich aus den probabilistisch berechneten Ermüdungsschwellenrißgrößen und einem entsprechenden Sicherheitsbeiwert zu

$$a_{Dzul} = a_{th}(P_D = 90\,\%)/S_{aD} \tag{7.14}$$

mit P_D als der Dauerfestigkeitswahrscheinlichkeit. Die Bezeichnung der Rißgröße $a_{th}(P_D)$ in der vorstehenden Gleichung ist mit dem Index *th* analog dem Schwellenwert (engl.: threshold) gewählt worden.

Die durch diese Beziehungen aufgezeigten und in Abb. 7.3 veranschaulichten Zusammenhänge zeigen einen geeigneten Weg auf, um zulässige Rißgrößen bei Berücksichtigung der Wahrscheinlichkeitsverteilungen der wesentlichen, das stabile Rißwachstum und den Bruch, aber auch die Dauerfestigkeit und die Arretierung bestimmenden Einflußgrößen mit Hilfe der Bruchmechanik unter Einbeziehung vorliegender Erfahrung aus dem Betrieb oder aus experimentellen Untersuchungen abzuleiten.

Eine weitere Möglichkeit, die zum Zeitpunkt der zerstörungsfreien Prüfung einzuhaltende zulässige Rißgröße abzuleiten, ergibt sich durch Verschieben der repräsentativen Rißwachstumskurve, die eine Rißwachstumswahrscheinlichkeit von 90 % repräsentiert, nach links zur Festlegung der zulässigen, gegenüber der repräsentativen Rißwachstumskurve verminderten Lastwechselzahl. Diese derart minimierte, zulässige Lastwechselzahl ergibt sich dann gemäß der Beziehung

$$N_{\min} = N_{zul.} = N_{repr.} \big/ S_{\mathrm{d}a/\mathrm{d}N}. \tag{7.15}$$

7.4.3 Die erforderliche Größe der Sicherheitsbeiwerte zur Festlegung zulässiger Rißgrößen

Unter der Voraussetzung, daß die mittleren und die repräsentativen Werte der arretierten, der kritischen, der wachsenden und der dauerfesten Risse zuverlässig berechnet werden können, müssen die unterschiedlichen Sicherheitsbeiwerte S_{aA}, S_{ac}, $S_{\Delta a}$ und S_{aD} nur die Streuung von a_A, a_c, Δa und a_{th} für Wahrscheinlichkeiten von mehr als 90 % berücksichtigen. Gegebenenfalls müssen auch durch die Erhöhung des Sicherheitsbeiwertes über das notwendige Mindestmaß hinaus vorhandenen Berechnungsunsicherheiten kompensiert werden.

Abb. 7.3 Graphische Darstellung der Zusammenhänge zwischen den repräsentativen 90 %-Quantilwerten der Rißgrößen und den zulässigen Rißgrößen für Konstruktionen unterschiedlich starker Schädigung durch rißartige Fehler

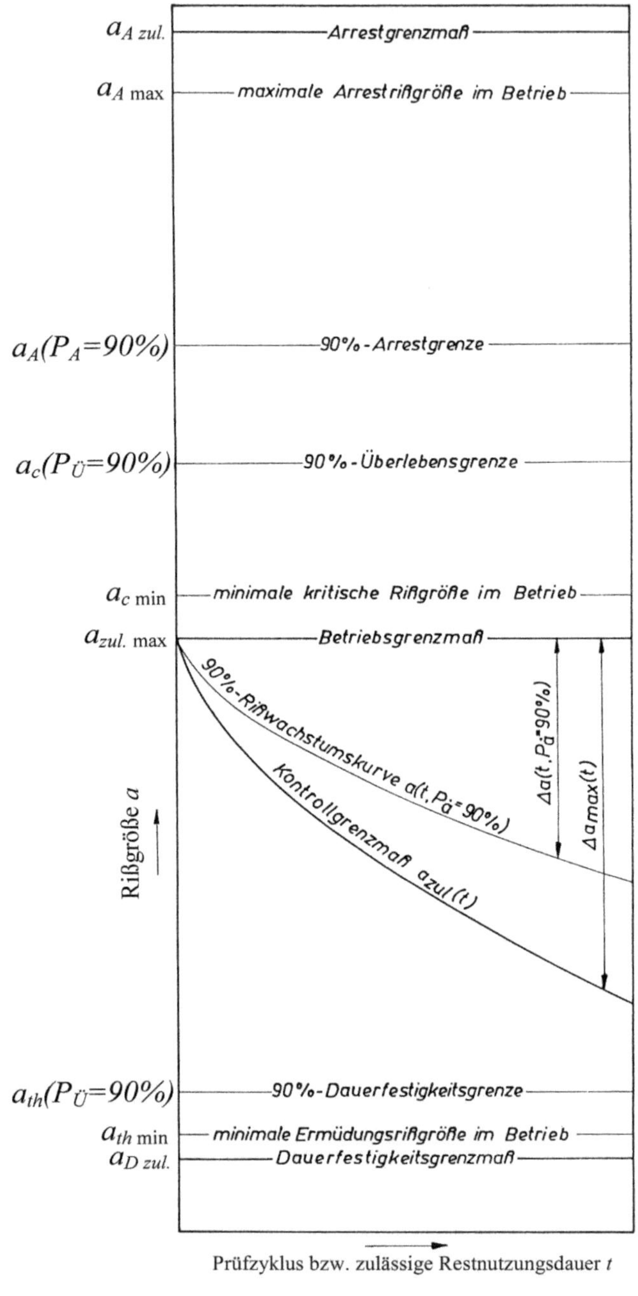

Um Anhaltswerte für die Mindestgröße des Sicherheitsbeiwertes S_{aA} für Rißarrestberechnungen zu gewinnen, läßt sich die Beziehung

$$S_{aA} \geq \frac{a_{A\max}}{a_A(P_A = 90\,\%)} \tag{7.16}$$

nutzen. Da unter Betriebsbedingungen aufgetretene Fälle der Rißarretierung untereinander sicherlich schwer vergleichbar sind, bietet es sich kaum an, Mindestwerte für S_{aA} aus statistischen Auswertungen von Praxisschäden abzuleiten. Zweckmäßiger erscheint es, vorwiegend Versuche mit nominell gleichen Bauteilen durchzuführen, andererseits aber auch aufgetretene Schadensfälle mit Hilfe der probabilistischen Bruchmechanik zu analysieren, um so letztlich zu den gesuchten Sicherheitsaussagen zu gelangen.

Ein erster Anhaltswert für die Größe des Sicherheitsbeiwertes S_{aA} läßt sich aus der Festlegung ableiten, daß Risse in Reaktordruckbehältern bei der instabilen Rißausbreitung nur 75 % der Wanddicke durchdringen dürfen [2, 3]. Werden das Durchdringen der Behälterwanddicke t als der zu verhindernde Extremfall und die Rißtiefe von 75 % der Wanddicke als der repräsentative Wert der Arrestrißtiefe aufgefaßt, so ergibt sich als Kehrwert der auf die Wandstärke bezogenen Arrestrißtiefe dementsprechend

$$S_{aA} \geq \frac{t}{0{,}75 \cdot t} = 1{,}33. \tag{7.17}$$

Ein weiterer Anhaltswert für S_{aA} läßt sich aus der Aussage ableiten, daß mit der Rißarretierung zu rechnen ist, wenn der Spannungsintensitätsfaktor K_I kleiner ist als 80 % des Wertes der statischen Rißarrestzähigkeit K_{Ia} [3]. Werden einerseits die Rißarrestzähigkeit, andererseits die auf 80 % abgeminderte Rißarrestzähigkeit in die Normierungsgleichung für die Spannungsintensitätsfaktoren eingesetz, so folgen

$$K_{Ia} = \sigma \cdot \sqrt{\pi \cdot a_{A\,\max}} \tag{7.18}$$

und

$$K_{Ia\,zul} = 0{,}8 \cdot K_{Ia} = \sigma \cdot \sqrt{\pi \cdot a_{A\,zul}}. \tag{7.19}$$

Aus Gl. (7.16) folgt unter Verwendung der nach den Arrestrißgrößen aufgelösten beiden vorstehenden Beziehungen (7.18) und (7.19)

$$S_{aA} \geq \frac{a_{A\,\max}}{a_A(P_A = 90\,\%)} = \frac{\frac{K_{Ia}^2}{\sigma^2 \cdot \pi}}{\frac{0{,}8^2 \cdot K_{Ia}^2}{\sigma^2 \cdot \pi}} = \frac{1}{0{,}8^2} = 1{,}56. \tag{7.20}$$

Der Sicherheitsbeiwert S_{aA} für die Arrestrißgröße ergibt sich in diesem zweiten Fall als Kehrwert des Quadrates des Abminderungsfaktors mit der Größe von 1,56. Auch wenn die hier als repräsentativ angenommenen Werte nicht unbedingt eine Rißarrestsicherheit von 90 % gewährleisten, folgt der Größenbereich für den Sicherheitsbeiwert zu

$$S_{aA} \geq 1{,}33 \ldots 1{,}56. \tag{7.21}$$

Liegen praktische Erfahrungen über die kritische Größe vergleichbarer Risse mit ähnlichen, aber nicht unbedingt identischen Rißformen in dem betrachteten Bauteil vor, so lassen sich die Sicherheitsbeiwerte anhand dieser Praxiserfahrungen durch die folgenden Relationen einschätzen:

$$S_{ac} \geq \frac{a_c(P_{\ddot{U}} = 90\,\%)}{a_{c\min}} \tag{7.22}$$

Auf Grund der Erfahrungen bei der Analyse der instabilen Rißausbreitung in Eisenbahnschienen und in Eisenbahnvollrädern unter Betriebsbedingungen [25, 29, 30] (siehe auch Abschn. 2.2.1., insbesondere die Tab. 2.2 und 2.3) liegen die verwendbaren Sicherheitsbeiwerte im Größenbereich von

$$S_{ac} \geq 1{,}4 \ldots 4{,}2. \tag{7.23}$$

Liegen praktische Erfahrungen über die Größe der Wachstumsgeschwindigkeit vergleichbarer Risse mit ähnlichen, aber nicht unbedingt identischen Rißformen in dem betrachteten Bauteil vor, so lassen sich die Sicherheitsbeiwerte anhand dieser Praxiserfahrungen durch die folgenden Relationen einschätzen:

$$S_{\Delta a} \geq \frac{\Delta a_{\max}}{\Delta a(P_{\Delta a} = 90\,\%)} \tag{7.24}$$

Auf Grund der Erfahrungen bei der Analyse der stabilen Rißausbreitung in Eisenbahnschienen und in Eisenbahnvollrädern unter Betriebsbedingungen [25, 29, 30] liegen die verwendbaren Sicherheitsbeiwerte im Größenbereich von

$$S_{\Delta a} \geq 1{,}5 \ \ldots \ 3. \tag{7.25}$$

Zahlenwerte für die Rißgrößenzunahme von Schienenkopfinnenrissen im Gleis liegender Schienen [31] sind der nachfolgenden Tab. 7.1 auf der Grundlage der in Abb. 6.12 wiedergegebenen Meßwerte zu entnehmen. Da die Meßwerte der Rißgrößen in Abb. 6.12 ausgewiesen worden sind als das Verhältnis $A_{Riß}/A_{Kopf}$, mußten die Meßdaten umgerechnet werden in die charakteristische Rißabmessung, d. h. im vorliegenden Fall, in die Größe a der vertikalen Halbachse des elliptischen Schienenkopfinnenrisses mit einem angenommenen Halbachsenverhältnis $a/c = 1 : 1{,}5$. Die Schienenkopffläche wurde mit dem für die Schienen S49 zutreffenden Wert von 2903 mm^2 berücksichtigt. Unter der Annahme einer Normalverteilung für die Werte der vertikalen Rißhalbachse a wurde der Sicherheitsbeiwert gemäß der Beziehung berechnet

$$S_{\Delta a} = \frac{\Delta a_{\max}}{\Delta a(P_{\Delta a} = 90\,\%)} = \frac{a_{\max,i} - \bar{a}_{i-1}}{\bar{a}_i - \bar{a}_{i-1} + s_{a,i} \cdot 1{,}2816}. \tag{7.26}$$

Die Umrechnungen zeigen für die vorstehend ermittelten einzelnen Sicherheitsbeiwerte eine nicht zu vernachlässigende Streuung. Deswegen ist es nicht angebracht, einen der zufälligen Einzelwerte der Tab. 7.1 den erforderlichen bruchmechanischen Sicherheitsbetrachtungen für das Rißwachstum zugrunde zu legen. Ein brauchbarer, nicht zu

Tab. 7.1 Parameter zur Beschreibung der Größe wachsender, elliptischer Schienenkopfinnenrisse nach Untersuchungsergebnissen des ORE-SVA D 88 [30] im Betriebsgleis sowie die zutreffenden Sicherheiten [25]

Verkehrsmasse In Mt	Anzahl der Meßwerte	Parameter der Rißgröße a der vertikalen Halbachse			Sicherheits-Beiwert nach Gl. (7.26)
		Mittl. Rißgröße	Standard-Abweichung	Maximalwert	
0	4	7,63	0,89	8,7	–
2	4	9,57	1,24	11,0	0,96
4	4	10,85	1,49	12,5	0,92
6	10	12,67	1,28	14,8	1,14
8	13	14,08	1,02	16,0	1,22
10	17	16,07	1,22	18,9	1,36
12	20	18,53	1,43	21,2	1,19
14	19	20,21	1,43	22,8	1,21

kleiner Anhaltswert für $S_{\Delta a}$ ergibt sich, wenn die Werte in der letzten Spalte der Tab. 7.1 wiederum als normalverteilte Zufallswerte (mit dem Mittelwert 1,143 und der Standardabweichung 0,1543) angenommen werden. Unter diesen Umständen kann dem Wert 1,5 in Gl. (7.25) eine Summenhäufigkeit bzw. eine Wahrscheinlichkeit von rund 99 % zugeschrieben werden.

Bei der Gewinnung der Rißwachstumskurve des Kontrollgrenzmaßes nach einem Vorschlag von BUDNITZKI [31] als alternativer Methode zu der vorstehenden Ableitung durch Verschieben der repräsentativen 90 %-Rißwachstumskurve nicht nach unten, sondern nach links mit Hilfe des Sicherheitsbeiwertes $S_{\mathrm{d}a/\mathrm{d}N}$, bilden die Paris-Gleichungen für die extreme bzw. die repräsentative Rißwachstumsrate den Ausgangspunkt der Betrachtungen

$$\left.\frac{\mathrm{d}a}{\mathrm{d}N}\right|_{\max} = C \cdot [\Delta\sigma_{\max} \cdot \sqrt{\pi \cdot a} \cdot f_I(a)]^n \tag{7.27}$$

$$\left.\frac{\mathrm{d}a}{\mathrm{d}N}\right|_{repr.} = C \cdot [\Delta\sigma_{repr.}(90\,\%) \cdot \sqrt{\pi \cdot a} \cdot f_I(a)]^n \tag{7.28}$$

Der Zusammenhang zwischen den Schwingweiten der Spannungen ist gegeben durch

$$\Delta\sigma_{\max} = S_\sigma \cdot \Delta\sigma_{repr.}(90\,\%). \tag{7.29}$$

Durch Einsetzen dieser Beziehung in Gl. (7.27) folgen die Umrechnungen

$$\begin{aligned}\left.\frac{\mathrm{d}a}{\mathrm{d}N}\right|_{\max} &= C \cdot [\Delta\sigma_{\max} \cdot \sqrt{\pi \cdot a} \cdot f_I(a)]^n \\ &= C \cdot [S_\sigma \cdot \Delta\sigma_{repr.}(90\,\%) \cdot \sqrt{\pi \cdot a} \cdot f_I(a)]^n \\ &= C \cdot S_\sigma^n \cdot [\Delta\sigma_{repr.}(90\,\%) \cdot \sqrt{\pi \cdot a} \cdot f_I(a)]^n \\ &= S_\sigma^n \cdot \left.\frac{\mathrm{d}a}{\mathrm{d}N}\right|_{repr.}\end{aligned} \tag{7.30}$$

bzw.

$$\left.\frac{\mathrm{d}a}{\mathrm{d}N}\right|_{\max} = S_{\mathrm{d}a/\mathrm{d}N} \cdot \left.\frac{\mathrm{d}a}{\mathrm{d}N}\right|_{repr.} \tag{7.31}$$

mit

$$S_{\mathrm{d}a/\mathrm{d}N} = S_\sigma^n. \tag{7.32}$$

Die Kehrwertbildung der Paris-Gleichungen, Gl. (7.31), liefert den Zusammenhang

$$\left.\frac{\mathrm{d}N}{\mathrm{d}a}\right|_{\max} = \frac{1}{S_{\mathrm{d}a/\mathrm{d}N}} \cdot \left.\frac{\mathrm{d}N}{\mathrm{d}a}\right|_{repr.}, \tag{7.33}$$

der durch Integrieren in den gewünschten Zusammenhang der Lastwechselzahlen überführt wird

$$N_{\min} = N_{zul.} = \frac{1}{S_{\mathrm{d}a/\mathrm{d}N}} \cdot N_{repr.}. \tag{7.34}$$

Bemerkenswert ist an diesem Ergebnis, daß der Sicherheitsbeiwert $S_{\mathrm{d}a/\mathrm{d}N}$ nach Gl. (7.32) bzw. Gl. (7.15) nicht wie der Sicherheitsbeiwert $S_{\Delta a}$ nach Gl. (7.12) bzw. Gl. (7.24)/(7.26) direkt aus Praxiserfahrungen ableitbar ist, sondern allgemeine ingenieurtechnischen Erfahrungen (bezüglich des Sicherheitsbeiwertes S_σ, vgl. Tab. 7.2) und Resultate aus Rißwachstumsversuchen des spezifischen Werkstoffs (bezüglich des Paris-Exponenten n) berücksichtigt.

Die Sicherheitsbeiwerte nach Gl. (7.32) lassen sich aus den Werten der Tab. 7.2 für periodisch geprüfte Bauteile mit 1,35 bzw. 1,2 entnehmen. Für die zutreffenden Paris-Exponenten lassen sich an dieser Stelle neben dem häufig beobachteten Wert $n = 4$ nur Streubereiche angeben mit Paris-Exponenten $n = 2 \ldots 4$ ([11], S. 97; [35], S. 378). Aus diesen Werten folgt für den Sicherheitsbeiwert der Streubereich

$$S_{\mathrm{d}a/\mathrm{d}N} \geq 1,2^2 \ldots 1,35^4 = 1{,}44 \ldots 3{,}32. \tag{7.35}$$

Da der Streubereich der Paris-Exponenten bei umfassenden Untersuchungen aber auch mit $n = 2 \ldots 6$ ([36], S. 53/54) noch größer sein kann, ist es zweckmäßig, auf experimentell bestimmte Werte zurückzugreifen, um bei praxiswirksamen Bewertungen die Sicherheitsbeiwerte nicht zu gering anzusetzen. SCHNITZER [37] ermittelte für Schienenstahl im Originalzustand Paris-Exponenten $n = 5{,}477$ und nach 30 % Kaltverformung $n = 2{,}252$, während sich bei Zungenschienenstahl [32] Paris-Exponenten $n = 4{,}77$ ergaben.

Eine Überprüfung der für das Rißwachstum verwendeten Sicherheitsbeiwerte ist unter günstigen Umständen möglich auch mit Hilfe einzelner Schadensfälle (siehe Abschn. 9.6) oder Experimente (siehe Abb. 5.63). Werden die Erkenntnisse aus dem FAST-Programm der US-amerikanischen Eisenbahnen in Bezug auf die die reale Lebensdauer, die nur 75 bis 80 % der berechneten Lebensdauer ausmachen, gemäß der Gl. (7.6) berücksichtigt, so ergibt sich die Größe des Sicherheitsbeiwertes S_N allein aus möglichen Lastfolgeeffekten zu 1,25 bis 1,33.

Sicherheitsbeiwerte für dauerfeste Risse aus Häufigkeitsverteilungen dauerfester Risse ableiten zu wollen, stößt insofern auf Schwierigkeiten, als der Übergang von der Dauerfestigkeit zum stabilen Rißwachstum in realen Bauteilen nicht so einfach ermittelt werden kann wie der Übergang von der stabilen in die instabile Rißausbreitung anhand gebrochener Bauteile. Es ist angebracht, hierbei wiederum auf Erfahrungen aus dem Gebiet des ingenieurtechnischen Dauerfestigkeitsnachweises zurückzugreifen. Im früher gültigen DDR-Standard TGL 19340 [38] wurden bei klaren Beanspruchungsverhältnissen auf die Spannungen bezogenen Sicherheitsbeiwerte von 1,2 bis 1,5 gefordert, woraus dann die in der Tab. 7.2 weiterentwickelten Werte resultierten mit

$$S_{\sigma D} = \frac{\sigma_D(P_D = 90\,\%)}{\sigma_{Dzul}} = 1{,}2\ \ldots\ 1{,}35\ \ldots\ 1{,}5. \tag{7.36}$$

Wird dieser auf die Spannung bezogene Sicherheitsbeiwert $S_{\sigma D}$ in die Normierungsbeziehung für die Spannungsintensitätsfaktoren, wobei der zutreffende Spannungsintensitätsfaktor dem Schwellenwert gleichgesetzt wurde, eingeführt und als Sicherheitsbeiwert S_{aD} auf die charakteristische Rißgröße a bezogen, so folgt

$$\Delta K_{th} = \Delta\sigma_{zul.} \cdot \sqrt{\pi \cdot a_{th}} = \frac{\Delta\sigma_D}{S_{\sigma D}} \cdot \sqrt{\pi \cdot a_{th}} = \Delta\sigma_D \cdot \sqrt{\frac{\pi \cdot a_{th}}{S^2_{\sigma D}}} = \Delta\sigma_D \cdot \sqrt{\pi \cdot \left(\frac{a_{th}}{S_{aD}}\right)} \tag{7.37}$$

Tab. 7.2 Sicherheitsbeiwerte für zyklisch beanspruchte Bauteile aus Walzstahl [34]

Folgen des Versagens	Groß	Gering
Große Schweißkonstruktionen mit unberücksichtigten Eigenspannungen		
Keine periodische ZfP	1,9	1,6
Periodische ZfP	1,7	1,5
Andere Fälle von Bauteilen		
Keine periodische ZfP	1,5	1,3
Periodische ZfP	1,35	1,2

mit

$$S_{aD} = S_{\sigma D}^2. \tag{7.38}$$

Anhaltswerte für die Größe der zu berücksichtigenden, auf die Spannungen zyklisch beanspruchter Bauteile bezogenen Sicherheitsbeiwerte bei periodischer zerstörungsfreier Prüfung bzw. bei nicht sinnvoller periodischer zerstörunsfreier Prüfung lassen sich der Tab. 7.2 entnehmen.

Zur Gewährleistung der Dauerfestigkeit rißbehafteter Bauteile müssen die Sicherheitsbeiwerte somit in der folgenden Größenordnung liegen

$$S_{aD} = S_{\sigma D}^2 = 1,2^2 \ \ldots \ 1,35^2 \ \ldots \ 1,5^2 = 1{,}44 \ldots 1{,}82 \ \ldots \ 2{,}25. \tag{7.39}$$

7.4.4 Praktische Modifikationen des Sicherheitsnachweises

Der Sicherheitsnachweis für rißgeschädigte Konstruktionen auf der Grundlage der probabilistischen Bruchmechanik ist nicht in jedem Fall in der Art, wie sie im Abschn. 7.4.2. dargelegt wurde, erforderlich oder durchführbar. Bei der praktischen Anwendung ergeben sich aus vorliegenden Erfahrungen mit rißgeschädigten Konstruktionen der Eisenbahn- und der Schiffstechnik die nachfolgend dargelegten Modifikationen.

Liegen aus Praxiserfahrungen hinreichend gesicherte Kenntnisse über die Größe kritischer Risse vor, so lassen sich aus der Häufigkeitsverteilung der Risse sowohl der repräsentative Minimalwert $a_c(P_{\ddot{U}} = 90\,\%)$ als auch der Minimalwert $a_{c\min}$ entnehmen. Anhand des Verhältnisses des repräsentativen zum absoluten Minimalwert der kritischen Rißgröße läßt sich der erforderliche Sicherheitsbeiwert S_{ac}, der für bruchmechanische Berechnungen in der dargelegten Art erforderlich wäre, entnehmen. Jedoch sind diese Berechnungen selbst für die praktisch vorliegenden Betriebsbedingungen überflüssig, da zur Vermeidung des Bruchs das Betriebsgrenzmaß anhand der umfassenden Praxiserfahrungen gemäß

$$a_{zul\,\max} < a_{c\min} \tag{7.40}$$

festgelegt werden kann. Sinnvoll nutzen lassen sich derartige Betriebserfahrungen für vorgesehene, jedoch noch nicht realisierte Modifikationen der Betriebsbedingungen.

Sind die Praxiserfahrungen nicht so umfassend, daß der repräsentative Minimalwert direkt bestimmt werden kann, lassen sich jedoch Mittelwert und Standardabweichung der kritischen Rißabmessungen bestimmen, so kann der repräsentative Minimalwert $a_c(P_{\ddot{U}} = 90\,\%)$ aus den Stichprobenparametern bei Annahme eines geeigneten Verteilungsgesetzes geschätzt werden. Das Betriebsgrenzmaß ergibt sich dann gemäß der angegebenen Gleichung für das Betriebsgrenzmaß.

Läßt sich ein unterer Grenzwert der kritischen Rißgröße auf Grund plausibler Annahmen gewinnen, so sollte dieser nicht unbedingt als absolut zutreffend angenommen werden. Bei der Festlegung des Betriebsgrenzmaßes ist im Interesse der zu gewährleistenden Betriebssicherheit dieser Schätzwert als repräsentative Größe aufzufassen. Bei der Festlegung des Betriebsgrenzmaßes sollte dann ebenfalls ein angemessener Sicherheitsbeiwert verwendet werden.

Liegt aus bruchmechanischen Analysen oder aus Praxiserfahrungen keine detaillierte Kenntnis der Größenzunahme unter zyklischer Beanspruchung wachsender Risse vor, so daß die Ableitung des Kontrollgrenzmaßes a_{zul} nach den angegebenen Gleichungen nicht möglich ist, so kann das Kontrollgrenzmaß a_{zul} unter Verwendung eines pauschalen Sicherheitsbeiwertes S direkt aus dem Betriebsgrenzmaß $a_{zul\max}$ gemäß der Beziehung

$$a_{zul} = a_{zul\max} \big/ S \tag{7.41}$$

bestimmt werden. Der sicherheitstechnische Hintergrund dieser vereinfachten Beziehung läßt sich verdeutlichen, wenn die obige Gleichung für das Kontrollgrenzmaß derjenigen Beziehung gleichgesetzt wird, die auf der Grundlage der probabilistischen Analyse des Rißwachstums abgeleitet wurde. Demnach gilt dann

$$a_{zul} = a_{zul\max} \big/ S = a_{zul\max} - S_{\Delta a} \cdot \Delta a(P_{\Delta a} = 90\,\%). \tag{7.42}$$

Bei vorgegebenen Größen der Sicherheitsbeiwerte S und $S_{\Delta a}$ ergibt sich die repräsentative Rißgrößenzunahme bezogen auf das Betriebsgrenzmaß zu

$$\frac{\Delta a(P_{\Delta a} = 90\,\%)}{a_{zul\max}} = \frac{1 - 1/S}{S_{\Delta a}}, \tag{7.43}$$

wobei der Prüfzyklus in diesem Fall allerdings unbestimmt bleibt. Bei Annahme von $S = 2$ und $S_{\Delta a} = 1{,}5$ folgt $\Delta a(P_{\Delta a} = 90\,\%)/a_{zul\max} = 1/3$. Liegt nach Schätzung bei der Mehrheit, d. h. bei rund 90 % aller Risse die Größenzunahme innerhalb des angestrebten Prüfzyklus unterhalb dieses Wertes, so ist die Verwendung der vereinfachten Beziehung für die Ableitung des Kontrollgrenzmaßes akzeptabel. Die praktischen Erfahrungen über das Rißwachstum müssen jedoch letztlich den gewählten Prüfzyklus und die durch ihn zu gewährleistende Betriebssicherheit bestätigen.

Wird das Wachstum aufgefundener Risse nicht nach deren erstmaliger Feststellung individuell bis zum Ende der Verwendung durch Ausmusterung oder Reparatur verfolgt, sondern wird nur kontrolliert, ob die ermittelten Risse das Kontrollgrenzmaß überschritten haben und beseitigt werden müssen oder nicht, so spielt die Zuverlässigkeit der Rißauffindung bei jeder durchgeführten zerstörungsfreien Kontrolle eine unter Umständen bedeutende Rolle. Entsprechend den Erfahrungen der Eisenbahnen werden bei der zerstörungsfreien Schienenprüfung mit Hilfe schnellfahrender Schienenprüfwagen auch relativ große Risse nicht aufgefunden [39]. Wird bei der Festlegung des Kontrollgrenzmaßes berücksichtigt, daß Risse in der Größenordnung des Kontrollgrenzmaßes „übersehen" werden können oder zulässigerweise auch übersehen werden dürfen ([35], Seite 597), so stimmen die Zeiträume für das Wachstum der Risse und für die zyklisch durchgeführte Prüfung

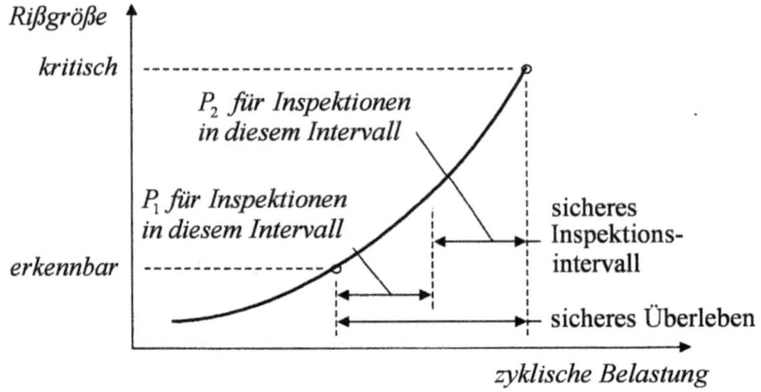

Abb. 7.4 Das Konzept der sicheren Lebensdauer gewährleistet bei zwei Prüfintervallen (mit unterschiedlicher Rißauffindungswahrscheinlichkeit) in der sicheren Lebensdauer eine Rißauffindungswahrscheinlichkeit von $P = 1 - (1 - P_1) \cdot (1 - P_2)$ [40]

der geschädigten Bauteile nicht mehr überein, wie es bei der Ableitung der Kontrollgrenzmaße ursprünglich vorausgesetzt wurde. Die Zeitachse in Abb. 7.3 des Abschn. 7.4.2. ist dann nicht mehr als Prüfzyklus, sondern als Rißwachstumsperiode zu interpretieren. Wird angenommen, daß ein interessierender Riß einmal übersehen werden darf, so beträgt die Rißwachstumsperiode das Doppelte der Prüfperiode. Die Festlegung des Kontrollgrenzmaßes muß bei vorgegebener Prüfperiode dann entsprechend der Funktion $a_{zul}(t = t_{Wachs})$ für $t_{Wachs} = 2 \cdot t_{\text{Prüf}}$ erfolgen. Ist das Kontrollgrenzmaß vorgegeben, so ergibt sich der Prüfzyklus als Hälfte der Periode des Rißwachstums vom Kontroll- bis zum Betriebsgrenzmaß (Abb. 7.4).

Nicht ganz so einfach gestaltet sich die Festlegung des Prüfzyklus, wenn die von der Rißgröße und dem Prüfverfahren abhängige Rißauffindungswahrscheinlichkeit genauer zu berücksichtigen ist. Daß bei zerstörungsfreien Prüfungen auch selbst recht große Risse nicht aufgefunden werden, ist aus der Praxis bekannt (vgl. Tab. 7.3). Im Zeitraum der sicheren Lebensdauer, d. h. von der Phase der Rißbildung oder von der Erkennbarkeit des Risses bis zum Bruch, sollte die Anzahl der Inspektionen so groß sein, daß eine Rißauffindungswahrscheinlichkeit von mindestens 99 % gewährleistet ist [40]. Das Registrieren auch kleiner, zulässiger Risse, d. h. die Aufstellung einer Fehlerstatistik oder eines Fehleratlas wird dann im allgemeinen unvermeidlich sein.

Bei der bruchmechanischen Analyse des Zustandes der Dauerfestigkeit ist nicht in jedem Fall von vorgegebenen Beanspruchungen und der Ermittlung der zulässigen Größe dauerfest ertragbarer Risse auszugehen. Die Problemstellung kann ebenso umgekehrt werden, so daß von vorhandenen Rissen und Werkstoffeigenschaften auszugehen ist, und die zyklisch einwirkenden, ertragbaren Spannungen zu bestimmen sind. Die zulässige Dauerfestigkeitsgrenze der Spannungen läßt sich dann aus der Beziehung.

$$\sigma_{D\,zul} = \sigma_D(P_D = 90\,\%)/S_{\sigma D} \tag{7.44}$$

Tab. 7.3 Die Auffindung von Schienenkopfinnenrissen unterschiedlicher Größe bei 5 Prüffahrten mit einem Schienenprüfzug nach Angaben von PRASIL und MOULIN [39]

$A_{Riß}/A_{Kopf}$ (%)	Anzahl der Fehler	Häufigkeit der Auffindung (%)
1	1	20
2	2	80
3	3	40
6	6	100
10	10	88
14	2	90
19	15	94
24	3	100
29	12	95
36	5	96
44	5	100
57	4	100
72	4	100

ableiten, die auch bei konventionellen Dauerfestigkeitsnachweisen Verwendung findet.

Bei der bruchmechanischen Analyse einzelner Schadensfälle können sich Unsicherheiten ergeben, wenn der bruchauslösende Riß nicht eindeutig festgestellt werden kann. Da sich zwar $a_c(P_{\ddot{U}} = 90\,\%)$ berechnen läßt, die vorhandene kritische Rißgröße a_c aber weitgehend oder vollkommen unbestimmt bleibt, können Aussagen zur Bruchsicherheit, die in diesem Schadensfall tatsächlich vorgelegen hat, nicht gemacht werden. Sind aus Untersuchungen ähnlicher Bauteile die Summenhäufigkeitsverteilungen vorhandener rißartiger Defekte bekannt, so kann in Abwandlung der Gleichung zur Festlegung des Sicherheitsbeiwertes gegen instabile Rißausbreitung der Sicherheitsbeiwert gegenüber dem Brucheintritt unter Verwendung eines repräsentativen, relativ großen Wertes der üblicherweise vorhandenen Risse mit $a(P = 90\,\%)$ – unter der plausiblen Annahme, daß kleinere Risse im allgemeinen keinen Schaden verursachen – durch

$$S^*_{ac} = a_c(P_{\ddot{U}} = 90\,\%)/a(P = 90\,\%) \tag{7.45}$$

definiert werden. Entsprechend dem Verhältnis $a_{\max}/a(P = 90\,\%)$ ist der Sicherheitsbeiwert S^*_{ac} größer anzunehmen als der Sicherheitsbeiwert S_{ac} nach den angegebenen Gleichungen. Auf Grund der Rißtiefenverteilung von Einbrandkerben an Kehlnähten [41] (siehe Abschn. 6.1.3, Abb. 6.8) beträgt dieser Vergrößerungsfaktor 3, so daß bei der Analyse des Bruchs einer der beiden Ruderpinnen eines Fährschiffs der Deutschen Reichsbahn als Kriterium für die Haltbarkeit der Sicherheitsbeiwert

$$S^*_{ac} = 4{,}2 \tag{7.46}$$

anzusehen war [42]. Mit Hilfe des modifizierten Sicherheitsbeiwertes nach Gl. (7.46) wurden im betrachteten Schadensfall die Versagensbedingungen näher charakterisiert.

7.5 Anwendung der Rißgrenzmaße

Wird durch die zerstörungsfreie Prüfung im Bauteil ein Riß der Größe a festgestellt, so ergeben sich hinsichtlich der betrieblichen Nutzung der Konstruktion die folgenden Möglichkeiten:

- bei $a < a_{D\,zul}$ ist der rißartige Fehler dauerfest, so daß eine Wiederholungsprüfung nicht erforderlich ist.

Im anderen Fall sind die folgenden Bedingungen zu prüfen:

- bei $a > a_{zul\max}$ ist das Bauteil wegen akuter Bruchgefahr aus dem Betrieb zu nehmen bzw. zu reparieren;
- bei vorgegebenem Prüfzyklus und $a < a_{zul}$ kann das Bauteil (mindestens) bis zur nächsten zerstörungsfreien Prüfung verwendet werden (Abb. 7.5a);
- bei vorgegebenem Prüfzyklus und $a_{zul\max} > a > a_{zul}$ oder bei nicht vorgesehener bzw. nicht möglicher Wiederholungsprüfung und $a < a_{zul\max}$ ergibt sich die zulässige Restnutzungsdauer aus dem Schnittpunkt der Kurve $a_{zul}(t)$ der zulässigen Rißgröße mit dem aktuellen Wert der ermittelten Rißgröße a. Zu entscheiden ist anhand der ermittelten Restnutzungsdauer, ob die Außerbetriebsetzung bzw. die Reparatur sofort, nach Ablauf der zulässigen Restnutzungsdauer oder zu einem betrieblich günstigen Zeitpunkt zwischen diesen beiden Terminen erfolgen soll (Abb. 7.5b).

Das Arrestgrenzmaß a_{Azul} hat für die zerstörungsfreie Bauteilprüfung unmittelbar nach der Herstellung wohl nur selten eine Bedeutung. Für die periodische Prüfung der defekten Konstruktion während des Betriebseinsatzes in Hinsicht auf die weitere Verwendbarkeit besitzt das Arrestgrenzmaß nur in solchen Fällen eine Bedeutung, wenn die Rißausbreitung durch mehrfachen Wechsel von zyklischem Rißwachstum, instabiler Rißausbreitung und anschließender Rißarretierung vor sich geht. Ob durch die zwischenzeitliche Rißarretierung ein merklicher und verwertbarer Gewinn an Lebensdauer zu erwarten ist, muß jedoch bezweifelt werden. Von wesentlichem Interesse ist das Arrestgrenzmaß dagegen stets bei der Bewertung eines eingetretenen Havariefalles.

Genügen die Ergebnisse der bruchmechanischen Rißarrestanalysen nicht den Anforderungen, so sind gegebenenfalls

- konstruktive Änderungen zur Minderung der Beanspruchung des Rißspitzenbereiches, ausgedrückt durch den statischen Wert des Spannungsintensitätsfaktors, vorzunehmen,

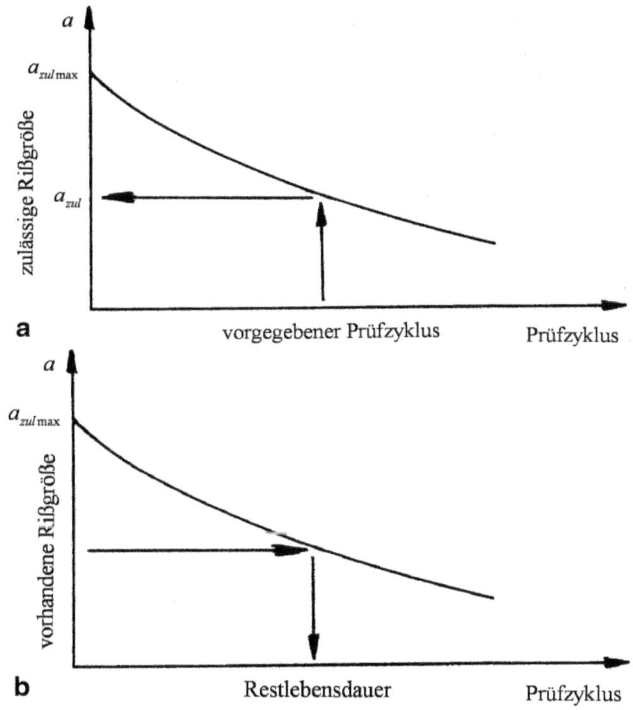

Abb. 7.5 Die Ableitung der zulässigen Rißgröße bei vorgegebenem Prüfzyklus (**a**), bzw. der Restlebens- oder Restnutzungsdauer bei vorhandener Rißgröße (**b**)

- Werkstoffe mit einer höheren Rißarrestzähigkeit für die gesamte Konstruktion oder besonders gefährdete Teile vorzusehen oder
- verstärkt zerstörungsfreie Prüfungen im Bereich der potentiellen Rißausgangspunkte bei der Herstellung der Konstruktion und gegebenenfalls auch während der betrieblichen Nutzung vorzunehmen.

Bei der schon früher erwähnten Mühlenfließbrücke wurde die instabile Rißausbreitung nach der Fertigstellung des Brückenbauwerks auf Grund der Erfahrungen mit dem im Bauzustand aufgetretenen Schadensfall dadurch verhindert, daß die unverschweißten Bereiche an dem Ende der inneren Gurtlamellen (siehe Abb. 2.3 rechts oben) ausgebohrt wurden.

7.6 Schlußfolgerungen für die bruchmechanische Sicherheitsbewertung

Zur Bewertung von Rissen, deren Existenz und Größe entscheidend ist für den Schädigungsgrad und damit für die weitere Verwendbarkeit der mechanisch beanspruchten Konstruktionen, wird eine handhabbare Methode zur Festlegung zulässiger Rißgrößen angegeben. Die auf der Grundlage der probabilistischen Bruchmechanik abgeleiteten Beziehungen für den Sicherheitsnachweis rißbehafteter Bauteile bzw. für die Festlegung zulässiger Rißgrößen entsprechen hinsichtlich ihres Zuverlässigkeitsniveaus dem des gegenwärtig üblichen ingenieurtechnischen Dauerfestigkeitsnachweises, wenn die Grenzen der jeweiligen bruchmechanischen Kriterien bzw. Gesetzmäßigkeiten beachtet werden.

In systematischer Weise lassen sich unterschiedlich gravierende Versagensformen der durch rißartige Defekte geschädigten Konstruktionen berücksichtigen. Sie reichen von der Dauerfestigkeit über die Schadensakkumulation infolge nicht mehr vorhandener Dauerfestigkeit bis zur totalen Zerstörung infolge der Nichtarretierung sich instabil ausbreitender Risse. Ein exzessiver Aufwand zur experimentellen Bestimmung der Referenzwerte der bruchmechanischen Eigenschaften wird hierbei vermieden. Alle relevanten Einflußgrößen, aber auch spezielle Annahmen und Forderungen entsprechend den jeweiligen Betriebserfahrungen lassen sich in realistischer Weise berücksichtigen.

Der Sicherheitsnachweis mit Hilfe repräsentativer und zulässiger Grenzrißgrößen ist nicht an ein bestimmtes Werkstoffverhalten gebunden. Der Werkstoff kann sich sowohl linear-elastisch, als auch elastisch-plastisch verhalten. Die Einhaltung der zulässigen Betriebsbedingungen kann in einfacher Weise nachgeprüft werden durch den Vergleich der zerstörungsfrei ermittelten Rißgröße mit der jeweils zulässigen Rißgröße. Im Gegensatz dazu kann die Einhaltung der zulässigen Beanspruchungskenngrößen (wie z. B. $K_{I\,zul}$), die oftmals für den Sicherheitsnachweis verwendet werden, nicht in so einfacher Weise nachgeprüft werden, wie es für die Rißgröße möglich ist.

Liegen ausreichende Erfahrungen aus Schadensfällen unter Betriebsbedingungen, insbesondere aus Brüchen vor, so läßt sich das erforderliche Betriebsgrenzmaß sogar unter vollständigem Verzicht auf bruchmechanische Berechnungen mit Hilfe der repräsentativen Rißgröße $a_c(P_Ü = 90\,\%)$ (möglicherweise bei Annahme eines bestimmten Verteilungsgesetzes für die kritischen Rißgrößen a_c) und Vorgabe eines erfahrungsgemäß ausreichenden Sicherheitsbeiwertes S_{ac} gewinnen. Die erforderliche Größe der verschiedenen Sicherheitsbeiwerte läßt sich aus experimentellen Untersuchungen oder aus Betriebserfahrungen bzw. -messungen in einfacher Weise ableiten. Letztlich lassen sich die gesammelten Erfahrungen auch auf andere Anwendungsgebiete übertragen.

Die dargelegten Beziehungen wurden bei der Deutschen Reichsbahn angewendet zur Ableitung zulässiger Größen für Risse in Eisenbahnschienen und Schienenschweißungen [25, 30, 43], in Vollrädern [25, 29] und in bandagierten Triebfahrzeugrädern [44–46]. Dauerfestigkeitsanalysen auf bruchmechanischer Grundlage wurden für Vollräder ebenfalls durchgeführt, um zulässige und unzulässige Bedingungen, Schäden und Spannungszustände näher zu charakterisieren [47, 48] und insbesondere bei den augenscheinlich überbremsten Vollrädern geschädigte und praktisch nicht geschädigte und somit weiterverwendbare Räder anhand des Vergleichs der vorhandenen mit den zulässigen Zugeigenspannungen voneinander unterscheiden zu können [49]. In abgewandelter Weise wurde die dargelegte Methodik auch bei der Analyse der Havarie eines Fährschiffes der Deutschen Reichsbahn durch den Bruch einer Ruderpinne [42] genutzt.

7.7 Bruchmechanisch berechnete und empirisch festgelegte Rißgrößen

Um einschätzen zu können, inwieweit die Resultate bruchmechanischer Berechnungen geeignet sind, in der Praxis der zerstörungsfreien Schienenprüfung aufgefundene Risse zu bewerten, ist ein Vergleich kritischer und zulässiger Rißgrößen zweckmäßig. Als zulässige Rißgrößen können im Rahmen eines solchen Vergleichs die Fehlergrößen der bis 1992 gültigen Fehlergruppe 1 der Deutschen Bundesbahn [50] verwendet werden. Zur Fehlergruppe 1 gehören die folgenden Anrisse in Schienen:

- Querfehler im Schienenkopf, deren Höhe mehr als 50 % der Schienenkopfhöhe beträgt;
- Querfehler im Schienenkopf, wenn der Abstand derartiger Fehler kleiner ist als der Schwellenabstand;
- Querfehler im Schienensteg oder -fuß mit einer größten Ausdehnung von mehr als 10 mm;
- waagerechte oder senkrechte Längsfehler im Schienensteg oder -fuß mit einer Länge von mehr als 50 mm;
- waagerechte oder senkrechte Längsfehler im Schienenkopf mit einer Länge von mehr als 30 mm oder einer Höhe von mehr als 50 % der Schienenkopfhöhe;
- Längsfehler, die bis zu einer Stoßlücke oder Schweißung reichen;
- fehlerhafte Laschenkammern.

Soweit die Resultate bruchmechanischer Berechnungen mit den konventionellen Bewertungskriterien der Deutschen Bundesbahn vom Typ des Fehlers her vergleichbar sind, ergeben sich aus dem Verhältnis der kritischen zur zulässigen Rißgröße Sicherheitsbeiwerte, die stets größer als 1 sind. Im allgemeinen sind die auf praktischen Erfahrungen basierenden Bewertungskriterien pauschaler als die aus differenziert durchführbaren, bruchmechanischen Berechnungen resultierenden Ergebnisse. Offensichtliche Widersprüche zwischen den unterschiedlichen Bewertungskriterien sind in keinem Fall zu erkennen. Mit Hilfe bruchmechanischer Analysen können die Sicherheitsbeiwerte vereinheitlicht werden. Es können auch Beispiele betrachtet werden, die sich einer rein empirischen Betrachtung entziehen, sei es, weil entsprechende Fehler entweder sehr selten auftreten, oder weil die entsprechenden Voraussetzungen (wie z. B. erhöhte Achslasten, Geschwindigkeiten, zugelassene Verschleißzustände, neue Schienenprofile oder Schienenwerkstoffe im Eisenbahnwesen) noch nicht gegeben sind.

Literatur

1. Boiler and Pressure Vessel Code, Section III „Rules for Construction of Nuclear Power Plant", Section XI „Rules for Inservice Inspection of Nuclear Power Plant Components". American Society of Mechanical Engineers, New York, 1977.

2. Komponenten des Primärkreises von Leichtwasserreaktoren, Teil 2: Auslegung, Konstruktion und Berechnung. Kerntechnischer Ausschuß, Sicherheitstechnische Regel des KTA 3201.2, März 1984.
3. Association francaise pour les regles de conception et de construction des materiaux des chaudieres electro-nucleaires. RCC-M, Addendum No. 2/1982.
4. Guidance on Some Methods for the Derivation of Acceptance Levels for Defects in Fusion Welded Joints. British Standards Institution, Published Document PD 6493, 1980.
5. Method of Assessment for Defects in Fusion Welded Joints with Respect to Brittle Fracture. Japan Welding Engineering Society, Tokyo, Standard JWES 2805, 1980.
6. S. Machida, T. Miyata, H. Yoshinari, S. Kaneda: On the Partial Safety Factors to be adopted in Revised Version of the Japanese Standard on Defect Assessment Methodology WES 2805. International Institute of Welding, IIW Doc. X-1344-96, 1996.
7. Bruchmechanische Bewertung von Fehlern in Schweißverbindungen – Grundlagen und Vorgehensweise. Deutscher Verband für Schweißtechnik e. V., Merkblatt DVS 2401, Teil 1, August 1982.
8. Rules for Classification of Steel Ships, part 5, chapter 5, section 5, A 1300 „Tentative Rules for Fracture Mechanics Analysis". Det Norske Veritas, 1980.
9. Fatigue Strength Analysis for Mobile Offshore Units, chapter 4 „Fatigue Analysis Based on Fracture Mechanics". Det Norske Veritas, Classification Notes, Note no. 30.2, August 1984.
10. Vorschriften für Klassifikation und Bau von stählernen Seeschiffen, Kapitel 9 Flüssiggastankschiffe, Abschnitt 4.4.5. „Unabhängige Typ B Tanks". Germanischer Lloyd, Ausgabe 1987.
11. FKM-Richtlinie: Bruchmechanischer Festigkeitsnachweis für Maschinenbauteile. VDMA-Verlag, Frankfurt am Main, 3. erweiterte Ausgabe, 2006, Seite 93.
12. K. Heckel: Einführung in die technische Anwendung der Bruchmechanik. Carl Hanser Verlag, München/Wien, 2. Auflage, 1983.
13. A. Neumann: Schweißtechnisches Handbuch für Konstrukteure, Teil 1 Grundlagen, Tragfähigkeit, Gestaltung. VEB Verlag Technik, Berlin, 5. Auflage, 1985, Seite 346.
14. B. Richter: Sicherheitseinschätzung bei stoßartiger Beanspruchung. Die Eisenbahntechnik (Berlin) **31** (1983) 6, Seite 249–251.
15. G. Krüger: Bruchmechanik für den Praktiker. Magdeburg, unveröffentlichtes Manuskript, 1983.
16. H. A. Richard: Bruchvorhersagen bei überlagerter Normal- und Schubbeanspruchung sowie reiner Schubbelastung von Rissen. Universität Kaiserslautern, Habilitationsschrift, 1984.
17. L. Müncner, K. Kalna: Anwendung der Bruchmechanik zur Beurteilung der Notwendigkeit einer Fehlerreparatur. Technische Hochschule Otto von Guericke Magdeburg, VI. Symposium „Verformung und Bruch", 1982.
18. K. Kalna: Die Bruchmechanik als Hilfsmittel zur Erhöhung der Zuverlässigkeit und der Wirtschaftlichkeit von Schweißkonstruktionen. ZIS-Mitteilungen (Halle/S) **24** (1982) 9, Seite 962–972.
19. K.-O. Edel: Die Festlegung zulässiger Rißgrößen auf der Grundlage der probabilistischen Bruchmechanik. Technische Universität Dresden, Weiterbildungszentrum Festkörpermechanik, Konstruktion und rationeller Werkstoffeinsatz, Studientexte Heft 1/1986 „Bruchmechanik III" (1986), Seite 62–67.
20. Europäische Konvention für Stahlbau – Technische Kommission 6 „Ermüdung": Empfehlungen für die Bemessung und Konstruktion von ermüdungsbeanspruchten Stahlbauten. ECCS. Herausgeber: Schweizerische Zentralstelle für Stahlbau. SZS-Publikation E3, EKS-Publikation N° 43, erste Ausgabe, 1987.

21. J. Rittinger: Bedeutung der Referenzkurven bei der Anwendung der Bruchmechanik. In: H.-J. Spies (Hrsg.): Festigkeitsverhalten höherfester schweißbarer Baustähle – Korrosion. VEB Deutscher Verlag für Grundstoffindustrie, Leipzig, 1984, Seite 135–151.
22. K.-P. Winter: Sprödbruchsichere geschweißte Bauteile für den Kernkraftwerksbau. Schweißtechnik (Berlin) **37** (1987) 3, Seite 100–103.
23. K.-O. Edel: Untersuchung der Bedingungen beim Bruch von Eisenbahnrädern. Wissenschaftliche Zeitschrift der Universität Rostock **33** (1984) N9, Seite 72–83.
24. K.-O. Edel, H. Hintze: Methoden zur Ermittlung und Bewertung von Anrissen im Radkranz von Eisenbahnvollrädern. Zeitschrift der OSShD (Warschau) **28** (1985) 4, Seite 11–14.
25. K.-O. Edel: Untersuchung des Bruchverhaltens von Eisenbahnschienen und -vollrädern. Technische Hochschule Otto von Guericke Magdeburg, Dissertation B, Januar 1987.
26. A. Brückner, R. Häberer: Möglichkeiten und Grenzen einer probabilistischen Bruchmechanik. KfK-Nachrichten (Karlsruhe) **15** (1983) 4, 365–368.
27. B. Hänel: Ermüdungsfestigkeit der Werkstoffe – Dauerfestigkeit der Baustähle. In: Leichtbau-Handbuch, Band 4/2: Festigkeitsberechnung – Ermüdungsfestigkeit, Bruchmechanik. Institut für Leichrbau und ökonomische Verwendung von Werkstoffen, Dresden, 1986, Seite 28.
28. B. Hänel, W. Weygand, J. Dathe: Ermüdungsprüfung. In: Leichtbau-Handbuch, Band 5: Festigkeitsversuche. Institut für Leichrbau und ökonomische Verwendung von Werkstoffen, Dresden, 1986, Seite 92.
29. K.-O. Edel: Die Festlegung zulässiger Radkranzquerrisse in laufflächengebremsten Vollrädern auf der Grundlage der probabilistischen Bruchmechanik. Forschungs- und Versuchsamt des Internationalen Eisenbahnverbandes, Utrecht, Technisches Dokument DT 182 (E 162), Januar 1987.
30. K.-O. Edel: Die Festlegung zulässiger Rißgrößen für Schienen und Schienenschweißungen auf der Grundlage der probabilistischen Bruchmechanik. Forschungs- und Versuchsamt des Internationalen Eisenbahnverbandes, Utrecht, Technisches Dokument DT 183 (E 162), Januar 1987.
31. ORE-Frage D 88 „Untersuchung der Schienenfehler im Gleis“. RP 2: Untersuchung der Dynamik der Schienenfehler. Forschungs- und Versuchsamt des Internationalen Eisenbahnverbandes, Utrecht, Oktober 1965.
32. G. Budnitzki, K.-O.Edel, L. Schumann: Die Bewertung der Rißausbreitung an Federstellen in Zungenschienen. Materialprüfung **46** (2003) 7/8; Seite 390–396.
33. B. Hänel, G. Wirtgen (Bearbeiter): Festigkeitsnachweis „Rechnerischer Festigkeitsnachweis für Maschinenbauteile“. Abschlußbericht zum Vorhaben AIF-Nr. 156 D, FKM-Nr. 69 15 41. IMA Materialforschung und Anwendungstechnik GmbH, Dresden, 1993, Ri Teil III G, Seite 1.
34. B. Hänel u. a.: Rechnerischer Festigkeitsnachweis für Maschinenbauteile. Dritte, vollständig überarbeitete und erweiterte Ausgabe, VDMA Verlag, Frankfurt, 1998, Seite 108.
35. K.-H. Schwalbe: Bruchmechnik metallischer Werkstoffe. Carl Hanser Verlag, München/Wien, 1980.
36. H. Blumenauer, G. Pusch: Bruchmechanik – Grundlagen, Prüfmethoden, Anwendungsgebiete. VEB Deutscher Verlag für Grundstoffindustrie, Leipzig, 1973.
37. T. Schnitzer: Bruchmechanische Analyse des Wachstums von Rollkontaktermüdungsrissen in Eisenbahnschienen. Technische Universität Berlin, Dissertation, Shaker Verlag, Aachen, 2005.
38. DDR-Standard TGL 19 340: Ermüdungsfestigkeit – Dauerfestigkeit der Maschinenbauteile. Blatt 3: Berechnung. Ausgabe: März 1983.
39. B. Prasil, R. Moulin: Etude statistique de la methode de controle des rails en voie. Revue Generale des Chemins de Fer (Paris) **100** (1981) 6, Seite 327–340.

40. O. Orringer et al.: Crack Propagation Life of Detail Fractures in Rails. US Department of Transportation, Research and Special Programs Administration, Transportation System Center, Cambridge, MA, Final report DOT/FRA/ORD-88/13, October 1988.
41. T. Bokalrud, A. Karlsen: Control of Fatigue Failures in Ship Hulls by Ultrasonic Inspection. Norwegian Maritime Research (Oslo) **10** (1982) 1, Seite 9–15.
42. K.-O. Edel, R. Ortmann: Bruchmechanische Analyse des Versagens einer Ruderpinne. Schiffbauforschung (Rostock) **27** (1988) 2, Seite 138–145.
43. K.-O. Edel u. a.: Schienendiagnose. Deutsche Reichsbahn, Wissenschaftlich-Technisches Zentrum, Zentrum für Material- und Energieökonomie, Brandenburg-Kirchmöser, Bericht, Mai 1988.
44. K.-O. Edel: Kritische Längen und Betriebsgrenzmaß für Risse in bandagierten Scheibenrädern aus Gußstahl GS 50-3 N + S. Zentrales Forschungsinstitut des Verkehrswesens, Zentrum für Material- und Energieökonomie, Brandenburg-Kirchmöser, Bericht, März 1987.
45. K.-O. Edel: Wachstum und Kontrollgrenzmaß für Risse in bandagierten Scheibenrädern aus Gußstahl GS 50-3 N + S. Zentrales Forschungsinstitut des Verkehrswesens, Zentrum für Material- und Energieökonomie, Brandenburg-Kirchmöser, Bericht, Juni 1987.
46. K.-O. Edel: Bruchmechanische Betrachtungen zum Prüfzyklus für bandagierte, rißfreie Scheibenräder aus Gußstahl GS 50-3 N + S. Deutsche Reichsbahn, Wissenschaftlich-Technisches Zentrum, Zentrum für Material- und Energieökonomie, Brandenburg-Kirchmöser, Bericht, Februar 1988.
47. K.-O. Edel, M. Schaper: Dauerfestigkeit des Radkranzes überbremster Eisenbahnvollräder. Technische Universität Dresden, Problemseminar „Kleine Risse“, Vortrag, 21.–25. November 1988.
48. K.-O. Edel, M. Schaper: Bruchmechanische Dauerfestigkeitsanalyse der rißgeschädigten Lauffläche überbremster Eisenbahnvollräder. Schienen der Welt **23** (1992) 11, Seite 35–49.
49. K.-O. Edel, H. Hintze, B. Eckert: Diagnose überbremster Vollräder. Deutsche Reichsbahn, Wissenschaftlich-Technisches Zentrum, Zentrum für Material- und Energieökonomie, Brandenburg-Kirchmöser, Abschlußbericht, Juli 1988.
50. F. Hogenkamp: Zerstörungsfreie Prüfung mit Ultraschall an Schienen und Weichen im Gleis – ein Überblick –. Eisenbahningenieur **32** (1982) 9, Seite 375–382.

Resultate bruchmechanischer Analysen 8

8.1 Zielstellungen durchgeführter bruchmechanischer Untersuchungen

Während das anfängliche Hauptanwendungsgebiet der Bruchmechanik im Bereich der Kernkraftenergieanlagen lag, werden die bruchmechanischen Anwendungen in anderen Wirtschaftszweigen zunehmend vielfältiger. Gegenwärtig findet die Bruchmechanik außer in der Kerntechnik Anwendung in der Raumfahrttechnik, der Schiffstechnik, der Meerestechnik (Offshoretechnik), im Stahlbau, der Fördertechnik, der Dampf- und Drucktechnik (Behälter, Rohrleitungs- und Turbinenbau), der Fahrzeugtechnik und nicht zuletzt auch in der Eisenbahntechnik. Naturgemäß ist diese beispielhafte Auflistung nicht als vollständig aufzufassen.

Bei der Deutschen Reichsbahn wurden bruchmechanische Untersuchungen angewendet zur Festlegung zulässiger Risse in Schienen und Schienenschweißungen [1–5], in Vollrädern von Eisenbahnwagen [1, 6, 7] und in bandagierten Triebfahrzeugrädern [8] und nicht zuletzt zur Aufklärung aufgetretener Schadensfälle. Bruchmechanische Dauerfestigkeitsanalysen wurden durchgeführt, um unzulässige Bedingungen und Schäden näher zu charakterisieren und insbesondere bei augenscheinlich überbremsten Vollrädern geschädigte und nicht geschädigte, d. h. weiterverwendbare Räder unterscheiden zu können [9]. Rißausbreitungsanalysen für Fahrzeugachsen wurden durchgeführt, einerseits, um das Rißwachstum in einer unter Betriebsbedingungen gebrochenen Achse einschätzen zu können [10], andererseits um zu ermitteln, ob es gerechtfertigt ist, weiterhin den Stahl M30 zu verwenden, oder ob generell der bessere Stahl Ck35 verwendet werden sollte [11]. In abgewandelter Weise wurde die probabilistische Methodik der Bewertung auch bei der Analyse der Havarie eines Fährschiffes der Deutschen Reichsbahn durch den Bruch einer

K.-O. Edel, *Einführung in die bruchmechanische Schadensbeurteilung*,
DOI 10.1007/978-3-662-44264-7_8

Ruderpinne genutzt [12, 13]. Schließlich wurde die Bruchmechanik noch zur Analyse und Bewertung der Restnutzungsdauer rißgeschädigter Stahlbrücken eingesetzt [14, 15].

8.2 Analyse des Bruchs einer Ruderpinne [12, 13]

Bei kalter Witterung brach am 20. März 1979 beim Manövrieren des Fährschiffs „Rostock" der Deutschen Reichsbahn vor dem Einlaufen in den Hafen von Saßnitz die Backbord-Ruderpinne. Die Bruchflächenbildung in dem mittleren Teil der Konstruktion ist in Abb. 8.1 (siehe auch Abb. 2.11) dargestellt. Die Schädigung entspricht der maximalen Zugbeanspruchung infolge der Kollision des Backbordruders mit Eisschollen beim Wendemanöver und der daraus resultierenden Krafteinleitung in die Ruderpinne über den Ruderschaft.

Abb. 8.1 Riß- und Bruchbildung in der Ruderpinne

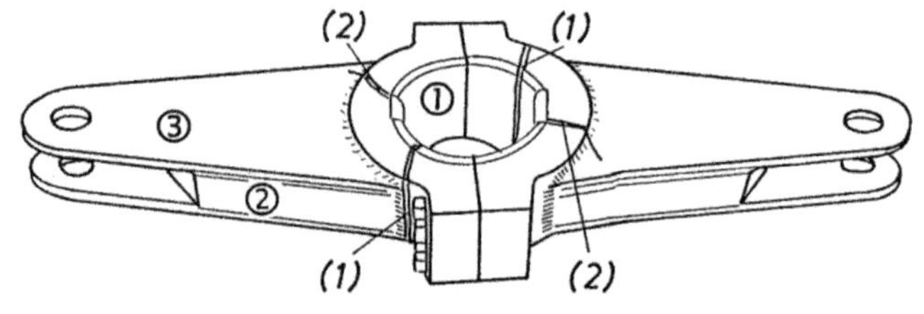

Die Ruderpinne ist als Schweißkonstruktion gefertigt. Der gebrochene, den Ruderschaft umfassende Teil soll laut Zeichnungsangabe aus dem Baustahl St52-3 bestehen, ist entsprechend seinen Festigkeitseigenschaften und seinem Gefüge aber vergleichbar mit einem nicht wärmebehandelten Stahlguß GS 50 U. Die Berechnung der Tiefe kritischer Risse an der flachen, 20° geneigten Kehlnaht wurde anfangs als deterministische Berechnung durchgeführt mit vorgegebenen Werten für die an der Ruderhinterkante einwirkenden Kraft, anschließend wurde dann die Berechnung gestaltet als Simulationsprozeß mit Zufallswerten vorgegebener Wahrscheinlichkeitsverteilungen für die Kollisionskraft, die Schweißeigenspannungen und die statische sowie die dynamische Bruchzähigkeit.

Die Ergebnisse der determinisatischen Berechnungen sind in den beiden folgenden Bildern wiedergegeben (Abb. 8.2, 8.3).

Nach den deterministischen Berechnungen liegen die bruchauslösenden kritischen Rißtiefen an der Kehlnaht zwischen 4,1 mm für eine Kollisionskraft von 50 kN und 2,9 mm für eine Kraft von 200 kN. Das Vorhandensein derartig tiefer, herstellungsbedingter Kerben oder stabil gewachsener Kerbrissein in einem Konstruktionsteil, das im betrieblichen Normalfall nur langsam veränderlichen Ruderkräften ausgesetzt ist, erscheint unwahrscheinlich. Anzunehmen ist deswegen, daß die Ruderpinne beim Eintritt des Schadensfalles nicht quasi-statisch beansprucht gewesen sein kann. Nach der Analyse mit Hilfe der dynamischen Bruchzähigkeit ergeben sich kritische Kerb- bzw. Rißtiefen von 1,14 mm für 50 kN große Kräfte und 0,77 mm für 200 kN. Die kritischen Tiefen liegen somit in der

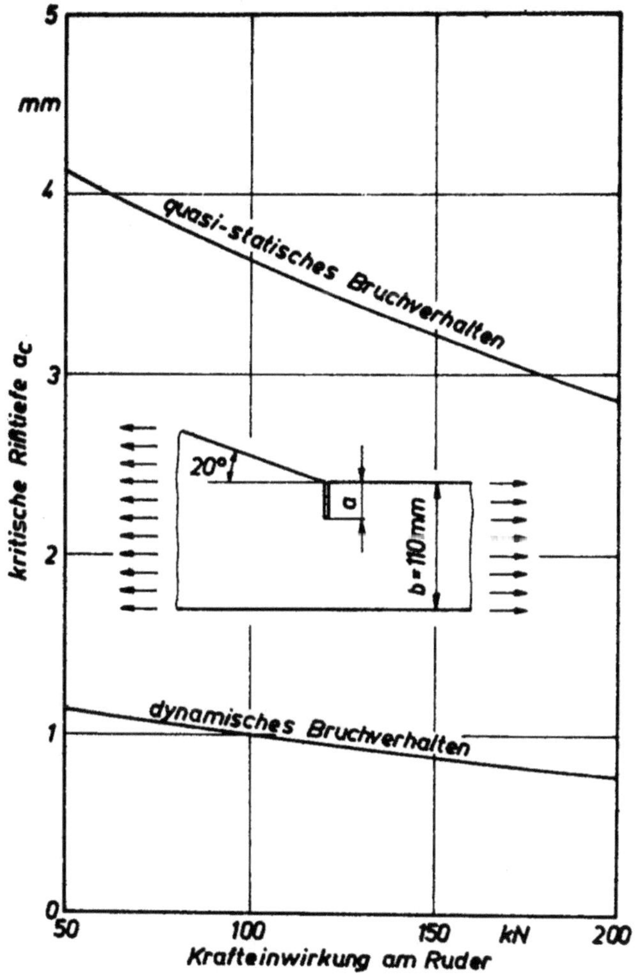

Abb. 8.2 Deterministisch berechnete kritische Tiefen von Kerbrissen an der flachen Kehlnaht im gebrochenen, aus dem nicht wärmebehandelten Gußstahl GS50U gefertigten Mittelteil der Ruderpinne unter statischer und dynamischer Krafteinwirkung

Größenordnung, wie sie bei Untersuchungen an handgeschweißten Kehlnähten auf norwegischen Werften ermittelt wurden. Anzumerken ist, daß an den Bruchflächen und an den nicht gebrochenen Kehlnähten sich keine Einbrandkerben nachweisen ließen. Die in Abb. 8.3 wiedergegebenen Berechnungsresultate zeigen, daß sich der Bruch der Ruderpinne durch die Kollision des Ruders mit einer Eisscholle hätte vermeiden lassen, wenn ein Werkstoff mit den vorausgesetzten Eigenschaften verwendet worden wäre oder die geschweißte Konstruktion normalisiert und/oder spannungsarm geglüht worden wäre.

Vergleichbare Resultate probabilistischer Berechnungen der kritischen Rißtiefen sind in den beiden folgenden Bildern wiedergegeben (Abb. 8.4, 8.5).

Die Gegenüberstellung der Summenhäufigkeitsverteilungen der von Bokalrud und Karlsen [16] angegebenen Tiefen von Einbrandkerben am Fuß von handgeschweißten Kehlnähten und der berechneten kritischen Rißtiefen in Abb. 8.4 zeigt eine teilweise Über-

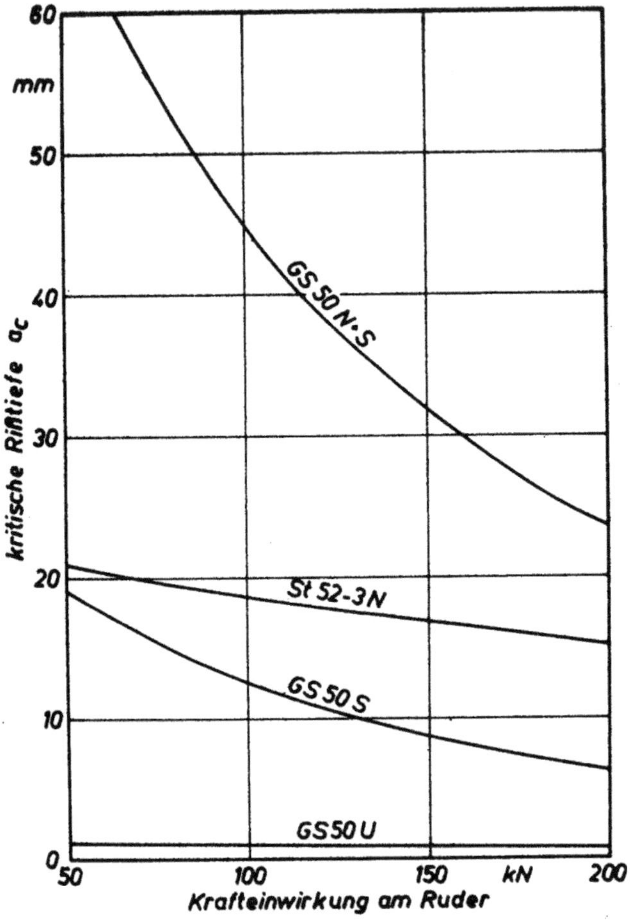

Abb. 8.3 Deterministisch berechnete kritische Tiefen von Kerbrissen an der 20° geneigten Kehlnaht im Mittelteil der Ruderpinne unter dynamischer Krafteinwirkung bei Berücksichtigung unterschiedlicher Materialeigenschaften(GS50: nicht wärmebehandelter Stahlguß, GS50U + S: nicht wärmebehandelter Stahlguß, spannungsarmgeglüht, St52–3N: von der Konstruktion vorgeschriebener höherfester Baustahl, GS50N + S: spannungsarm geglühter, normalisierter Stahlguß)

deckung der Verteilungen. Für die meisten Fälle trifft zweifellos die Bedingung zu, daß die vorhandene Kerbtiefe kleiner ist als die kritische Rißtiefe. Dementsprechend ist das Auftreten eines Bruchs nur in wenigen Fällen zu erwarten. Um das vorhandene, relativ geringe Risiko eines Bruchs quantitativ einschätzen zu können, wurde einer Vielzahl zufällig ausgewählter Werte der Kerbtiefe a_{Kerb} einer ebenso großen Anzahl zufällig ausgewählter Werte der kritischen Rißtiefe a_c gegenübergestellt. Aus dem Anteil der Kombinationen, die der Bedingung entspricht, daß die Kerbtiefe größer als die kritische Rißtiefe ist, läßt sich die Größe der Bruchwahrscheinlichkeit ermitteln.

Ausgehend von 10^5 generierten Wertepaaren gleichverteilter Pseudo-Zufallszahlen ergibt sich bei Beachtung der unterschiedlichen Geschwindigkeit der Lastaufbringung die Bruchwahrscheinlichkeit zu

$$P_{Bruch} = \begin{cases} < 1 \cdot 10^{-5} \text{ (statisch)} \\ 2{,}7 \cdot 10^{-4} \text{ (dynamisch).} \end{cases} \tag{8.1}$$

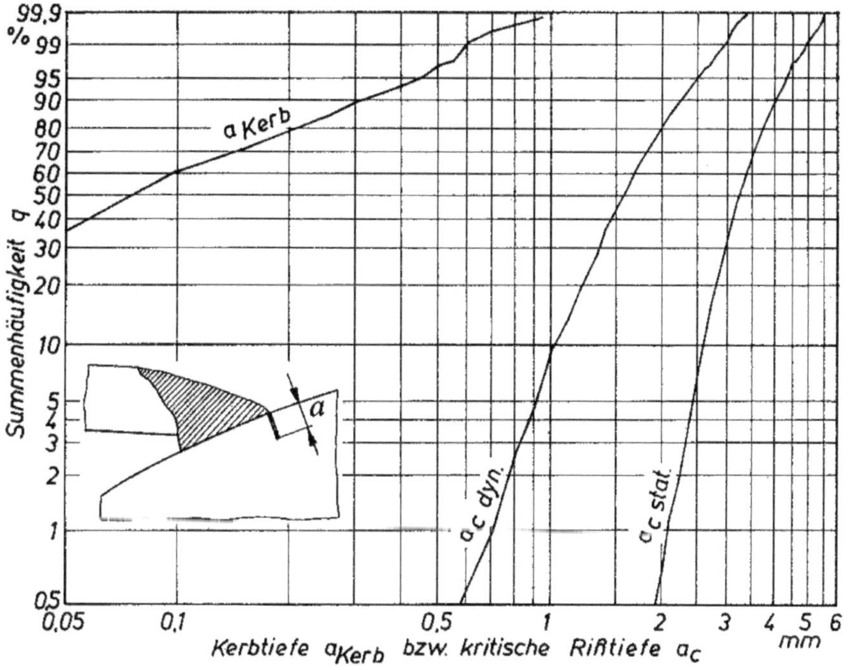

Abb. 8.4 Vergleich der kritischen Rißtiefen an der Kehlnaht der Ruderpinne bei statischer und dynamischer Beanspruchung mit den angenommenen Kerbrißtiefen nach Messungen auf norwegischen Werften

Bei der Anwendung dieser Berechnungsergebnisse auf die gebrochene Ruderpinne muß berücksichtigt werden, daß die theoretisch ermittelte Bruchwahrscheinlichkeit noch vermindert werden muß, da nicht alle handgeschweißten Kehlnähte Einbrandkerben aufweisen. Anhand von 20 *m* detailliert untersuchten Schweißnähten stellten Bokalrud und Karlsen [16] fest, daß von 827 untersuchten Stellen 325 Einbrandkerben aufwiesen. Um die reale Bruchwahrscheinlichkeit zu gewinnen, sind diesem Resultat entsprechend die Werte nach Gl. (8.1) noch mit 0,393 zu multiplizieren, da kerbfreie Schweißungen nach den durchgeführten Betrachtungen nicht zum Bruch neigen werden. Als Ursache des Bruchs wurde durch die Simulationsrechnungen die dynamische Krafteinwirkung bei der Kollision des Ruders mit Eisschollen sehr eindeutig bestätigt.

Da für den analysierten Schadensfall die Größe des bruchauslösenden Risses nicht ermittelt werden konnte, ist der Nachweis der vorhanden gewesenen Sicherheit mit Hilfe des Sicherheitsbeiwertes nach Gl. (7.11) nicht möglich. Um aber doch eine auf einem Sicherheitsbeiwert basierende Aussage treffen zu können, ist zu berücksichtigen, daß Sicherheitsbeiwerte üblicherweise das Verhältnis der Quantilwerte der Beanspruchbarkeit zu Quantilwerten der Beanspruchung darstellen [17].

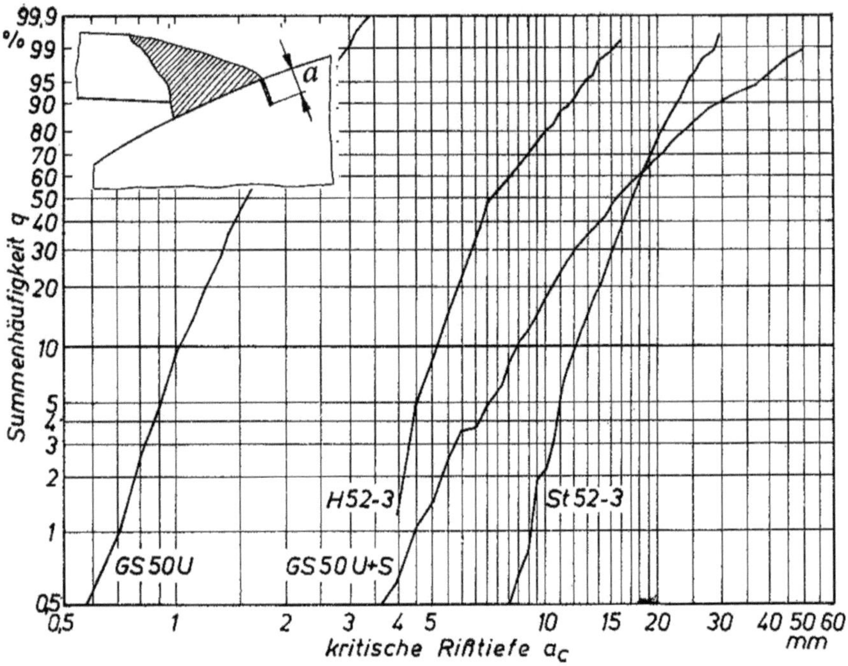

Abb. 8.5 Gegenüberstellung der kritischen Rißtiefen für unterschiedliche Werkstoffe und Behandlungszustände bei dynamischer Beanspruchung der Ruderpinne

Wird in die Beziehung

$$S_{ac} \geq \frac{a_c(P_{\ddot{U}} = 90\%)}{a_{c\min}} \tag{8.2}$$

anstelle des Minimalwertes der kritischen Rißgröße der mögliche Größtwert der vorhandenen Kerbrisse eingeführt, der mit dem 90 %-Quantilwert nach den Untersuchungen von BOKALRUD und KARLSEN [16] durch die Relation

$$a_{Kerb\max} \approx (3{,}46 \ldots 3{,}65) \cdot a_{Kerb}(P = 90\%) \tag{8.3}$$

gegeben ist, so folgt

$$S_{ac} \geq \frac{a_c(P_{\ddot{U}} = 90\%)}{(3{,}46 \ldots 3{,}65) \cdot a_{Kerb}(P = 90\%)}, \tag{8.4}$$

woraus sich das Verhältnis der Quantilwerte ergibt zu

$$(3{,}46 \ldots 3{,}65) \cdot S_{ac} \geq \frac{a_c(P_{\ddot{U}} = 90\%)}{a_{Kerb}(P = 90\%).} \tag{8.5}$$

Die linke Seite dieser Beziehung läßt sich mit dem Sicherheitsbeiwert in der Größe von 1,4 wie folgt darstellen

$$S_{ac}^{*} = (3{,}46 \ldots 3{,}65) \cdot S_{ac} = (3{,}46 \ldots 3{,}65) \cdot 1{,}4 = \frac{a_c(P_{\ddot{U}} = 90\%)}{a_{Kerb}(P = 90\%)} > 4{,}84 \ldots 5{,}11. \tag{8.6}$$

Wird diese erforderliche Größe des Sicherheitsbeiwertes durch die real vorliegenden Verhältnisse nicht gewährleistet, so muß mit dem Versagen der Konstruktion durch Bruch gerechnet werden. Übersteigt der vorhandene Sicherheitsbeiwert den erforderlichen Wert, so kann die Konstruktion trotz des Vorhandenseins von kerb- bzw. rißartigen Schäden als bruchsicher angesehen werden.

Werden aus den Häufigkeitsverteilungen der kritischen Rißtiefen bei Bezug auf die 90 %-Quantile (siehe Abb 8.4 mit 1,02 mm im dynamischen Fall und 2,57 mm im statischen Fall) und die der Kerbrisse gemäß Gl. (6.1) (mit $a_{Kerb}(P = 90\%) = -\ln 0{,}1/9 = 0{,}26\,\text{mm}$) die Sicherheitsbeiwerte für dynamische und statische Beanspruchung abgeleitet, so ergeben sich

$$S_{a\,vorh.} = \begin{cases} 1{,}02\,mm/0{,}26\,mm = 3{,}92(\text{dynamische Krafteinwirkung}) \\ 2{,}57\,mm/0.26\,mm = 9{,}88(\text{statische Krafteinwirkung}). \end{cases} \tag{8.7}$$

Der Vergleich der vorhandenen und der erforderlichen Sicherheitsbeiwerte zeigt klar, daß die Bruchsicherheit der betrachteten Ruderpinne zwar bei statisch einwirkender Kollisionskraft, nicht aber bei dynamischer Krafteinwirkung gewährleistet ist.

8.3 Einschätzung des Rißwachstums in einer gebrochenen Fahrzeugachse [10]

Die Achsen von Schienenfahrzeugen sind die klassischen Objekte von Dauerfestigkeitsuntersuchungen, an denen Mitte des 19. Jahrhunderts AUGUST WÖHLER seine grundlegenden Versuche durchführte. Die Achswellen der Schienenfahrzeuge werden als dauerfeste Konstruktionen ausgelegt. Trotzdem kommt es gelegentlich vor, daß unter Betriebsbedingungen Achsbrüche auftreten. Der im folgenden behandelte Versagensfall trat am 5. Mai 1990 bei einem Leichtbau-Triebwagen der Deutschen Reichsbahn auf.

Der gebrochene Querschnitt der nicht angetriebenen Achse liegt im mittleren Achsbereich am Schrumpfsitz der Bremsscheibenhalterung (siehe Abb. 6.2, vgl. auch 2.24a). Die Achse hat an der gebrochenen Stelle einen Durchmesser von 150 mm. Unter der Wirkung der umlaufenden Biegebeanspruchung hatte sich in der Achswelle ein einseitiger Querriß mit näherungsweise gerader Rißfront herausgebildet. Dieser kreissegmentförmige Querriß hat eine kritische Rißtiefe von etwa 115 mm. Die Dauerbruchfläche nimmt rund 80 % des Achswellenquerschnitts ein. Seit der letzten zerstörungsfreien Prüfung der Achse, die in dreijährigem Turnus erfolgt, hatte das Fahrzeug eine Entfernung von 114 956 km zurückgelegt.

Der Größtwert der für die Bemessung bzw. den Festigkeitsnachweis maßgebenden Biegespannungen ergibt sich für eine Achsfahrmasse von 14,5 t zu $\sigma_{b\max} = 118{,}4$ bis 132,9 MPa. Für die Achsfahrmasse von 10,5 t für das Leerfahrzeug liegt die größte

Biegespannung zwischen 85,9 und 96,4 MPa. Ausgehend von einer linearen Schadensakkumulationshypothese lassen sich die Wirkungen stochastischer Beanspruchungen auf den Schädigungsprozeß, d. h. auf den stabilen Rißfortschritt, durch eine äquivalente Spannung konstanter Amplitude erfassen mit n als dem Exponenten der PARIS-Gleichung und N als der Lastwechselzahl gemäß

$$\Delta\sigma_{eff.} = \sqrt[n]{\frac{\sum_i N_i \cdot \Delta\sigma_i^n}{\sum_i N_i}}. \tag{8.8}$$

Da für die gebrochene Achse Beanspruchungskollektive der Biegespannungen nicht bekannt sind, wurden Anhaltswerte für die effektive Einstufenbeanspruchung $\Delta\sigma_{eff.}$ über den Crestfaktor, d. h. das Verhältnis der Maximalbeanspruchung zur Effektivbeanspruchung, aus annähernd vergleichbaren Untersuchungen an den Achsen von Güterwagen abgeleitet. Die Effektivwerte der Biegespannungen liegen für die gebrochenen Tfz-Achse dementsprechend zwischen 33 und 70 MPa, im Mittel bei 50 MPa.

Die streuenden Rißwachstumseigenschaften wurden durch einen gleichbleibenden PARIS-Exponenten n und unterschiedliche PARIS-Faktoren C ausgedrückt. Verwendet wurden der Mittelwert des Faktors C und als repräsentative Extremwerte der PARIS-Faktoren die Werte, die mit einer Summenhäufigkeit P von 97,7 bzw. 2,3 % bei logarithmischer Normalverteilung (bzw. 2 Standardabweichungen bei logarithmischer Auftragung über bzw. unter der Mittelwertskurve) auftreten.

Um die Restnutzungsdauer der rißgeschädigten Achse anhand des Ermüdungsrißwachstums bis zum erfolgten Bruch realistisch einschätzen zu können, sind deterministische Rißwachstumsrechnungen mit verschiedenen Kombinationen von Effektivspannungen und PARIS-Koeffizienten vorgenommen worden. Dabei wurden jeweils die kleinsten Werte für die Spannung und für die Rißwachstumseigenschaften einerseits und die größten Werte andererseits miteinander kombiniert. Für die Berechnungen mit den Spannungen 50 und 60 MPa wurden die mittleren Rißwachstumseigenschaften als zutreffend angenommen. Dargestellt sind die Berechnungsresultate in Abb. 8.6.

Die Rißwachstumskurven zeigen trotz der sehr breit gefächerten Streubereiche eindeutig, daß nicht von der Annahme ausgegangen werden kann, daß der bruchauslösende Riß schon zum Zeitpunkt der letzten zerstörungsfreien Prüfung vorhanden war. Mit großer Wahrscheinlichkeit hat sich der Ermüdungsriß erst nach der zerstörungsfreien Prüfung gebildet. Nicht generell ausgeschlossen werden kann jedoch, daß der Riß zum Zeitpunkt der Prüfung zwar schon vorhanden, aber noch so klein war, daß er nicht aufgefunden werden konnte. Um bei anderen Fahrzeugen der gleichen Bauart künftig ähnliche Versagensfälle auszuschließen, wurde nach der Durchführung der bruchmechanischen Untersuchungen empfohlen, den Prüfzyklus von bisher drei Jahren auf künftig ein Jahr zu verkürzen.

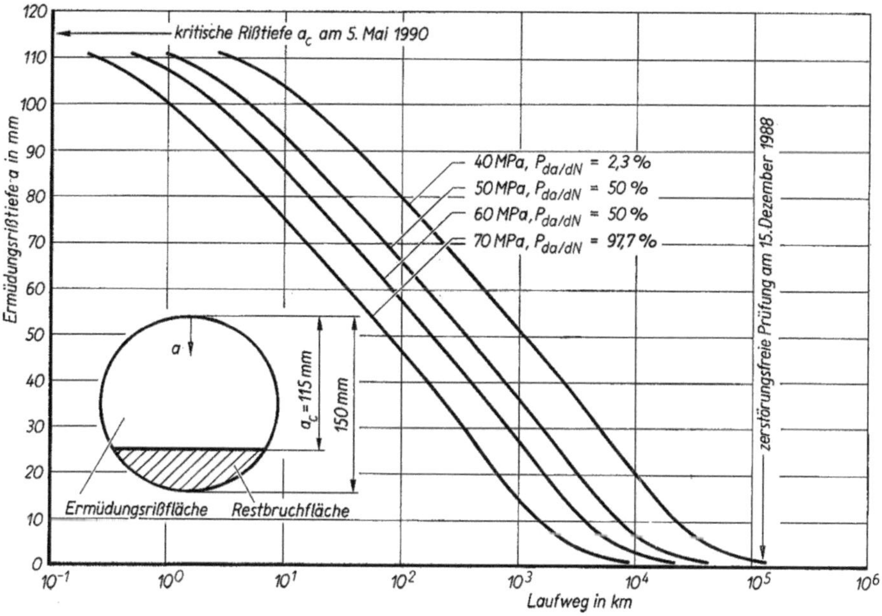

Abb. 8.6 Berechnungsergebnisse des Rißwachstums in der gebrochenen LVT-Laufachse bis zur kritischen Rißtiefe von 115 mm [10]

8.4 Vergleichende Analyse der Rißausbreitung in Güterwagenachsen [11]

Ziel der bruchmechanischen Untersuchungen war die Analyse und der Vergleich des Schädigungsverhaltens, speziell des Ausbreitungsverhaltens von Rissen in Achswellen aus den bei der Deutschen Reichsbahn üblichen Werkstoffen M30U und Ck35N. Betrachtet wurden Risse mit Tiefen von 2 mm (Erkennbarkeitsgrenze) an bis zu Rißtiefen, bei denen die Verwendung der Achswellen unter Betriebsbedingungen noch sicher ist bzw. bis zum Bruch. Bei der Bewertung der Eigenschaften, die für die Lebensdauer der Achswellen maßgebend sind, war insbesondere die Frage zu prüfen, ob es gerechtfertigt ist, auch weiterhin den preiswerteren Werkstoff M30 für die Achsen der Wagen zu verwenden, oder ob im Hinblick auf die Lebensdauer und die Betriebssicherheit generell der höherwertige, normalisierte und somit teurere Achswellenstahl Ck35N verwendet werden sollte.

Den Angaben im DDR-Standard TGL 19 340 [18] zufolge haben die bei Wagen der Deutschen Reichsbahn verwendeten Achswellenstähle M30U und Ck35N bei geringfügig unterschiedlichen Festigkeitseigenschaften identische Dauerfestigkeitskennwerte. Da Achswellen dauerfest ausgelegte Bauteile sind, ist von dieser Seite her kein unterschiedliches Verhalten unter Betriebsbedingungen zu erwarten. Die Abmessungen der Achswellen sind in Abhängigkeit der zulässigen Beladung der Fahrzeuge unterschiedlich (Tab. 8.1).

Tab. 8.1 Durchmesser der Radsatzwellen von Eisenbahnwagen

Achsfahrmasse (t)	Achsschenkeldurchmesser (mm)	Nabensitzdurchmesser (mm)
21,0	120	185
22,5	130	200

Tab. 8.2 Bedingungen und Resultate der Variantenuntersuchungen zur Ermittlung der minimalen kritischen Rißgrößen in Achswellen von Eisenbahwagen

Kritischer Bereich	Rißform	Durch-messer (mm)	Achsfahr-masse (t)	$a_c(P_{\ddot{U}} = 90\%)$		Grenzmaß $a_{c\min}$	
				M30U (mm)	CK35 (mm)	M30U (mm)	Ck35 (mm)
Nabensitz	Exzentr.	185	21,0	38,22	68,39	27,30	48,85
Nabensitz	Exzentr.	200	22,5	49,13	69,17	35,09	49,41
Nabensitz	Konzentr.	185	21,0	23,40	32,63	16,71	23,31
Nabensitz	Konzentr.	200	22,5	28,39	38,32	20,28	27,37
Schenkel	Exzentr.	120	21,0	32,43	43,65	23,16	31,18
Schenkel	Exzentr.	130	22,5	39,60	51,30	28,29	36,64
Schenkel	Konzentr.	120	21,0	18,73	24,30	13,38	17,36
Schenkel	Konzentr.	130	22,5	22,31	28,23	15,94	20,16

Treten in Achswellen Risse und Brüche auf, so ist die Ursache bei ordnungsgemäßen Werkstoffeigenschaften nicht im Werkstoff selbst, sondern in seiner Behandlung und Verarbeitung, in der konstruktiven Gestaltung und in der Fertigung oder auch in außergewöhnlichen Belastungen oder Defekten, für die die Achswellen nicht ausgelegt sind, zu suchen.

Die das Bruchverhalten charakterisierende dynamische Bruchzähigkeit des normalisierten Achswellenstahls Ck35N liegt um etwa 40 % über den entsprechenden Werten des Stahls M30U. Bei der Analyse des kritischen Zustandes wurden neben dem Achsenwerkstoff die Rißform, der Ort der Schädigung, die Achsfahrmasse, die Temperaturbedingungen entsprechend dem Winterquartal im Bereich der Deutschen Reichsbahn und die Streuung der Kräfte entsprechend einem schlechtem Oberbauzustand als wesentliche Einflußgrößen berücksichtigt. Die Ergebnisse der bruchmechanischen Simulationsrechnungen sind in den Abb. 8.7 und 8.8 als Wahrscheinlichkeitsverteilungen der kritischen Rißtiefe veranschaulicht.

In der Tab. 8.2 sind die Ausgangswerte der Berechnungen, die repräsentatvien Rißgrößen und die (theoretisch einzuhaltenden) Grenzmaße zusammengestellt.

In Abhängigkeit von dem Riß, d. h. seiner Form und dem Ort seines Auftretens in der Achswelle, ergibt sich bei der Verwendung des Stahls Ck35N gegenüber dem Stahl M30U

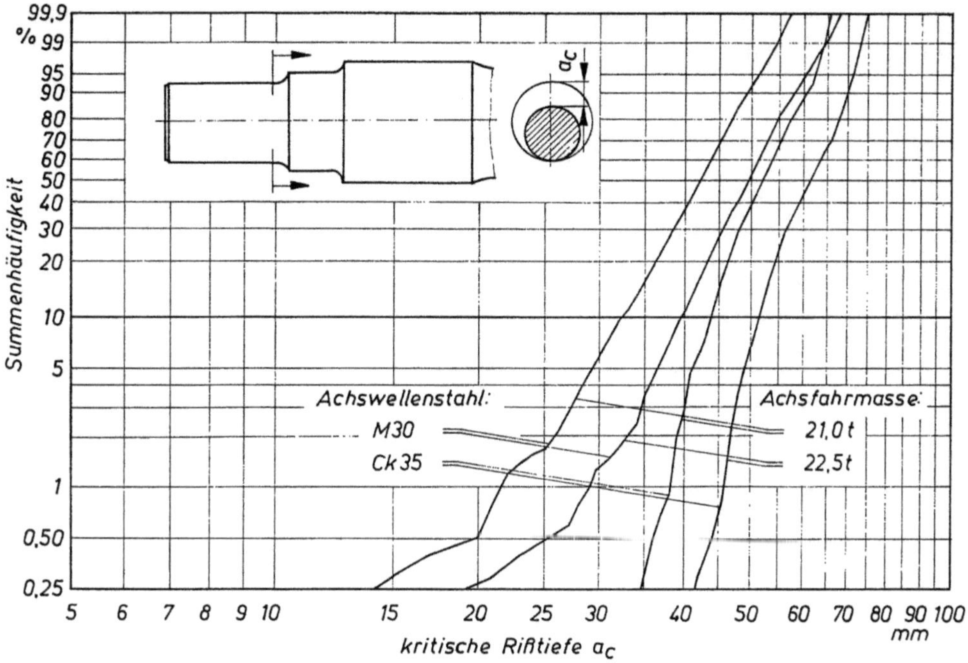

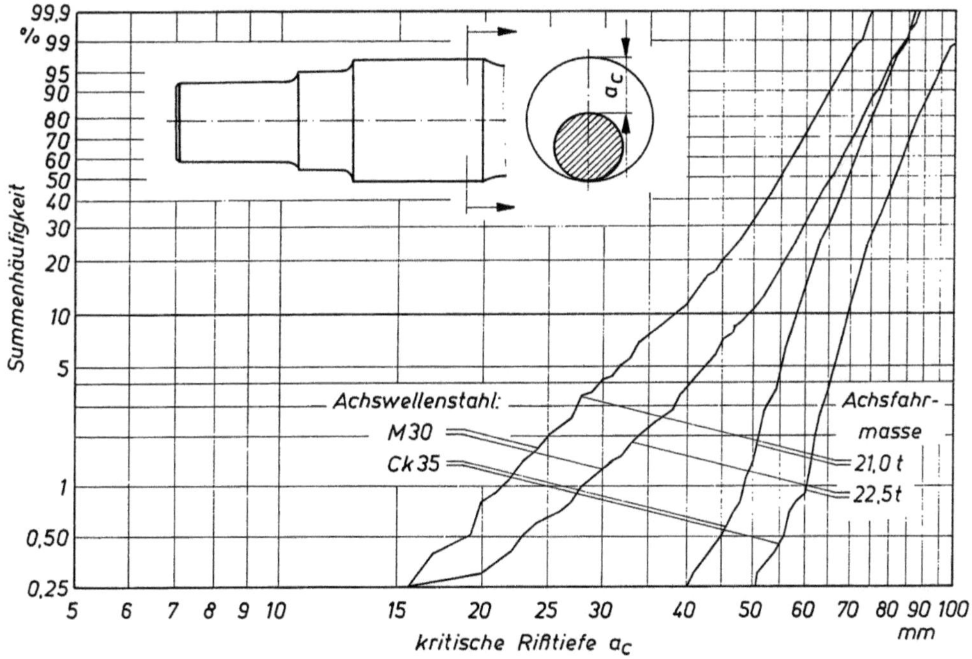

Abb. 8.7 Vergleichende Gegenüberstellung der kritischen Rißtiefen von sichelförmig umlaufenden Rissen im Achsschenkel und im Nabensitz von Achswellen aus den Stählen M30 und Ck35

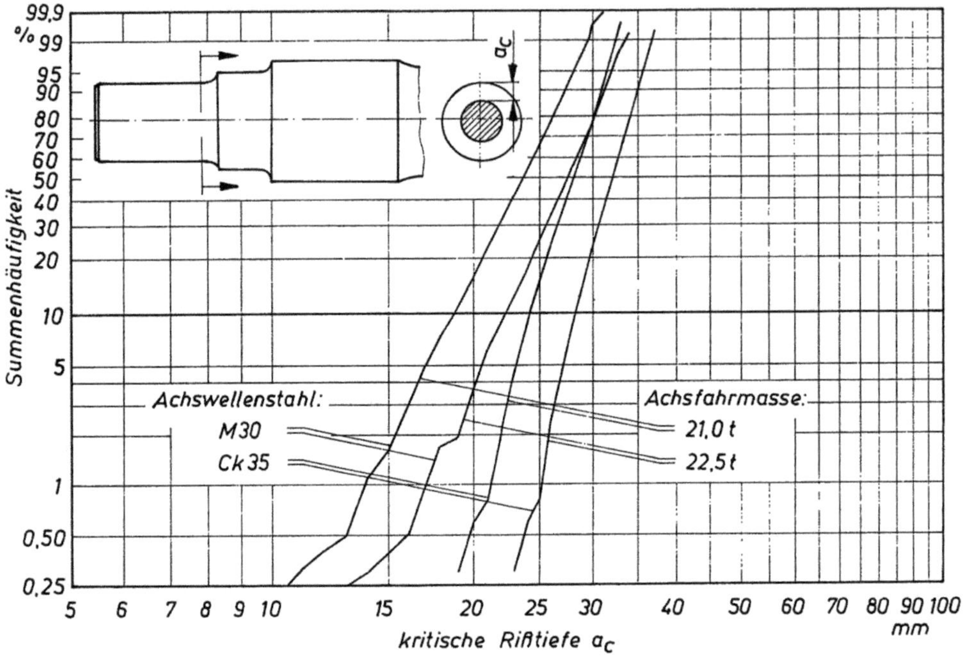

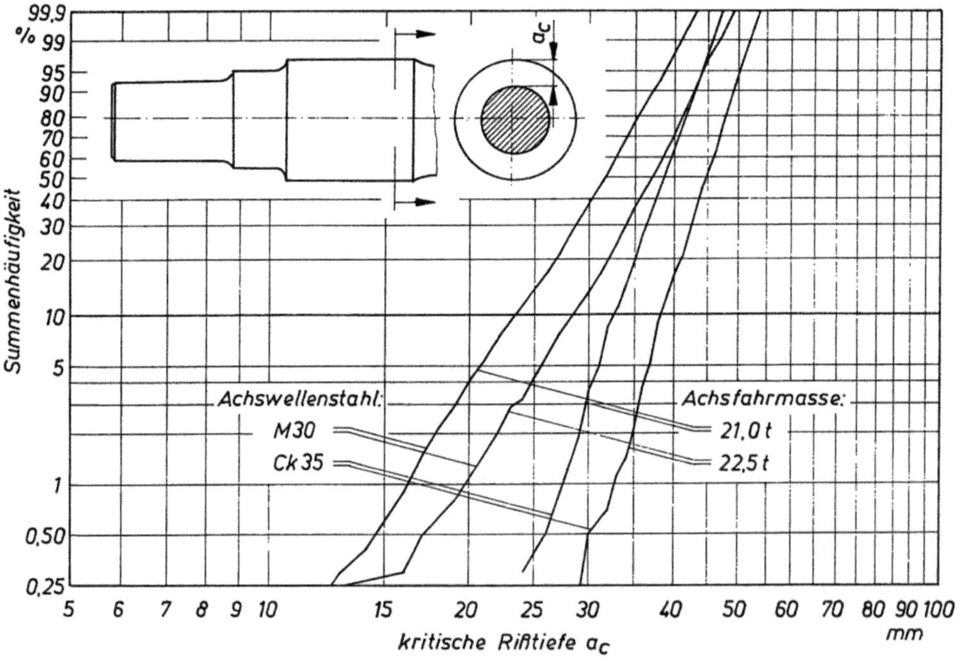

Abb. 8.8 Vergleichende Gegenüberstellung der kritischen Rißtiefen von konzentrisch umlaufenden Rissen im Achsschenkel und im Nabensitz von Achswellen aus den Stählen M30 und Ck35

eine z. T. beträchtliche Vergrößerung der ohne Bruch ertragbaren Rißtiefe. Der Gewinn durch die Verwendung des Stahls Ck35, ausgedrückt durch die Rißtiefe, liegt zwischen 26 und 79 % der bei Achsen aus dem Stahl M30 zu erwartenden Rißtiefen.

Die experimentellen Untersuchungen des Rißwachstums unter zyklisch einwirkender Zug-Druck-Beanspruchung weisen für die Proben des Achswellenstahls Ck35N ein geringeres Rißwachstum pro Beanspruchungszyklus, d. h. günstigere Rißausbreitungseigenschaften nach als für den Stahl M30U. Die besseren Rißwachstumseigenschaften des Stahls Ck35N schlagen sich in einer erhöhten Restnutzungsdauer rißgeschädigter Achsen nieder im Vergleich mit Achsen aus dem Stahl M30U (Abb. 8.9). Der Restnutzungsdauergewinn ist in starkem Maße abhängig von der Höhe der effektiven Spannungen. Bei Achsen mit Druckeigenspannungen an der Oberfläche steigt die Restnutzungsdauer. Beim Vorhandensein von Zugeigenspannungen verringert sich die Restnutzungsdauer auf einen Bruchteil des Wertes, der bei eigenspannungsfreien Achswellen erreicht wird. Die in der betrachteten Rißwachstumsperiode zurückgelegte Entfernung ist in Abhängigkeit von den vorhandenen Eigenspannungen sehr unterschiedlich. Die gegenüber dem Stahl M30U verbesserten Eigenschaften des Stahls Ck35N lassen sich nicht mit der erforderlichen Sicherheit in eine erhöhte zulässige Restnutzungsdauer umsetzen.

Die Betrachtung der Dauerfestigkeits- und der bruchmechanischen Eigenschaften der Achswellenstähle zeigt, daß für die Lebens- bzw. Restnutzungsdauer die konstruktive Gestaltung, die Herstellung und Behandlung, insbesondere auch der Eigenspannungszustand wesentlichere Auswirkungen haben als die bruchmechanischen Werkstoffeigenschaften

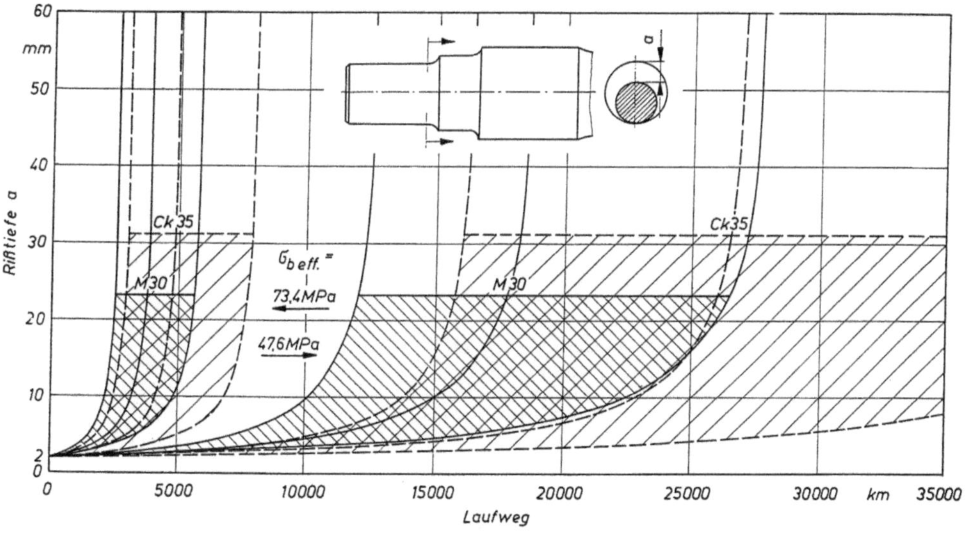

Abb. 8.9 Vergleichende Gegenüberstellung der Streubereiche des Rißwachstums von sichelförmig umlaufenden Rissen im Achsschenkel (Ø – 120 mm) von Achsen aus den Stählen M30 und Ck35 bei einer Achsfahrmasse von 21 t bei unterschiedlichen Effektivspannungen sowie minimalen, mittleren und maximalen Rißwachstumseigenschaften

selbst. Wenn es auch empfehlenswert ist, bei Fahrzeugen mit extrem hohen Laufleistungen pro Jahr bzw. zwischen den zerstörungsfreien Prüfungen künftig den Achswellenstahl M30U durch den Stahl Ck35N zu ersetzen, ist es jedoch nicht gerechtfertigt, den Achswellenstahl M30U generell durch den Achswellenstahl Ck35N zu ersetzen!

8.5 Zulässige Rißgrößen für die Ultraschall-Schienenprüfung [1]

Um die Entscheidung über die Zulässigkeit oder den erforderlichen Ausbau rißartiger Fehler in Eisenbahnschienen und in Schienenschweißungen anhand objektiver Kriterien vornehmen zu können, sind Rißgrenzmaße auf Grund bruchmechanischer Analysen der instabilen und der stabilen Rißausbreitung sowie unter Berücksichtigung vorliegender Betriebserfahrungen und bisher verwendeter bzw. bekannter Kriterien abgeleitet bzw. weiterentwickelt worden.

Im Gegensatz zu den Betrachtungen über zulässige Risse sind die Rißgrößen in Eisenbahnschienen als Grenzwerte angegeben, bei denen Maßnahmen zur Fehlerbeseitigung eingeleitet werden müssen. Das heißt, die Grenzwerte sind in den unzulässigen Rißgrößenbereich eingeschlossen! Damit wird berücksichtigt, daß zulässige Risse vor der nächsten

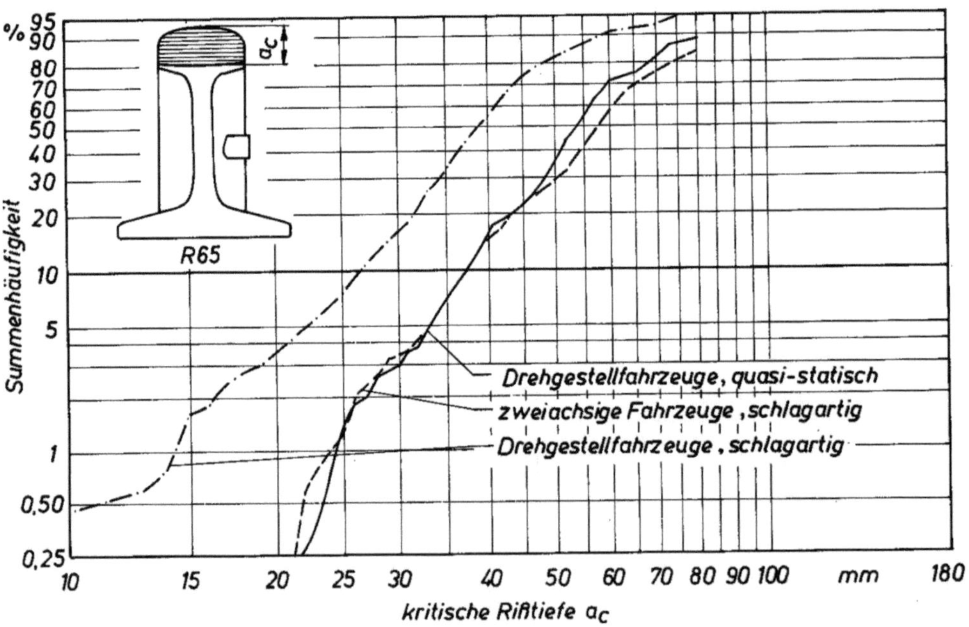

Abb. 8.10 Die kritische Tiefe von Fahrflächenrissen in AT-Schweißungen der Schienen R65 im Bogengleis [1]

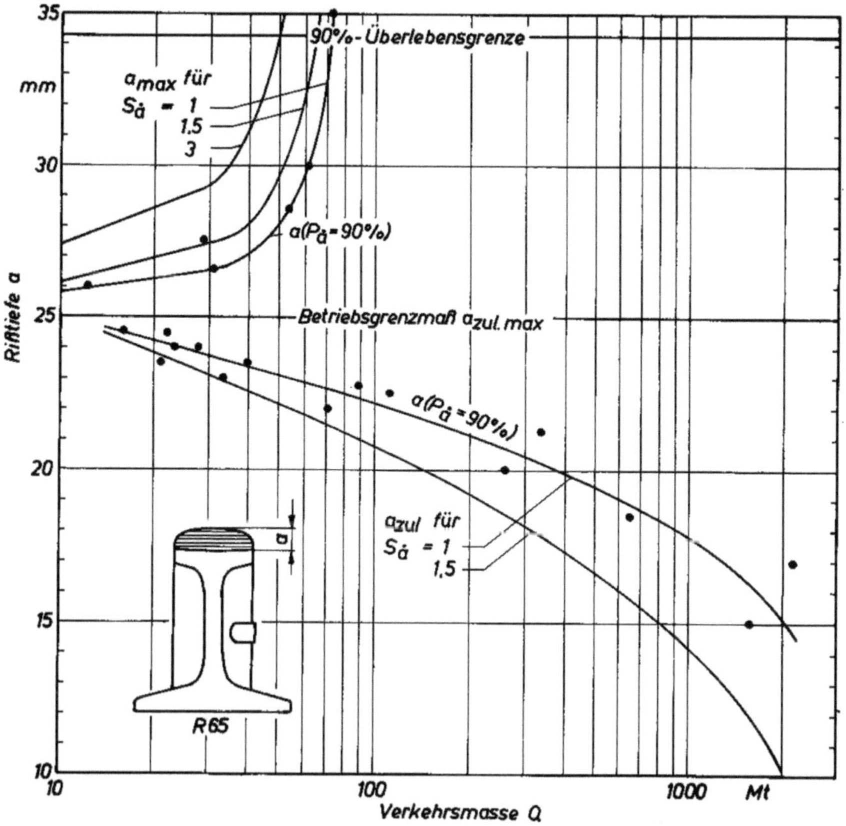

Abb. 8.11 Das Rißwachstum von Fahrflächenquerrissen in AT-Schweißungen der Schienen R65 im Bogengleis unterhalb und oberhalb des Betriebsgrenzmaßes [1]

Prüfung keine Maßnahmen erfordern, unzulässige Risse aber in bestimmten Fristen aus dem Betriebsgleis zu beseitigen sind.

Als Einflußgrößen für die Bewertung von Rissen in Schienen lassen sich neben der Gleisbelastung, der Bettung und den klimatischen Bedingungen u. a. das Schienenprofil, die Lage des Defektes und die Art der Schweißung berücksichtigen. Eine derart detaillierte Einbeziehung der relevanten Einflüsse ist von den empirisch entwickelten Kriterien her nicht bekannt. Einige der bruchmechanischen Berechnungsergebnisse sind in Abb. 8.10 bis 8.13 wiedergegeben. Aus den Berechnungsergebnissen für die aluminothermische Schweißung von Schienen R65 geht anhand der Darstellungen klar hervor, daß schlagartig einwirkende Radkräfte durch Flachstellen eine extreme betriebliche Gefährdung mit sich bringen, so daß flachstellenbehaftete Räder an Schienenfahrzeuge im Betriebseinsatz generell nicht toleriert werden sollten. Anhand des Rißwachstums oberhalb des Betriebsgrenzmaßes, Abb. 8.11, lassen sich Schlußfolgerungen ziehen, wie schnell die Sanierung des defekten Schienenbereiches vorgenommen werden sollte. Neben den für Schienen typischen Querbrüchen

Tab. 8.3 Für die Deutsche Reichsbahn entwickelte Grenzmaße für rißartige Schienenfehler [3]

Art des Schienenfehlers	Bereich der Schädigung	Grenzmaße für die Abmessungen nicht zulässiger[a] bedingt zulässiger[b] rißartiger Fehler in Eisenbahnschienen	
Fahrflächenquerriß	In der Schienenmitte S 49	20 mm	5 mm
	In der Schienenmitte R 65	10 mm	5 mm
	Am gelaschten Schienenende S 49 (≤2,00 m)	5 mm	
	Am gelaschten Schienenende R 65 (≤2,40 m)	5 mm	
	An Verbindungsschweißungen	35 mm	25 mm
Innerer Kopfquerriß	In der Schienenmitte S 49	30 mm	10 mm
	In der Schienenmitte R 65	25 mm	5 mm
	Am gelaschten Schienenende	15 mm	5 mm
	An Verbindungsschweißungen S 49	35 mm	25 mm
	An Verbindungsschweißungen R 65	30 mm	20 mm
Vertikaler Kopflängsriß[c]	In der Schienenmitte	50 mm	25 mm
	Am gelaschten Schienenende	10 mm	5 mm
	An Verbindungsschweißungen	10 mm	5 mm
Horizontaler Kopflängsriß[c]	In der Schienenmitte	50 mm	25 mm
	Am gelaschten Schienenende	10 mm	5 mm
	An Verbindungsschweißungen	10 mm	5 mm
Stegquerriß	An WA-Verbindungsschweißungen	5 mm	
	An AT-Verbindungsschweißungen	10 mm	5 mm
Vertikaler Steglängsriß[c]	In der Schienenmitte	100 mm	50 mm
	Am gelaschten Schienenende	50 mm	
	An Verbindungsschweißungen	50 mm	
Horizontaler Steglängsriß[c]	In der Schienenmitte S 49	90 mm	45 mm
	In der Schienenmitte R 65	180 mm	90 mm
	Am gelaschten Schienenende	30 mm	5 mm
	An Verbindungsschweißungen S 49	50 mm	25 mm
	An Verbindungsschweißungen R 65	80 mm	40 mm
Schräger Stegbohrungsriß	In Schienen S 49	20 mm	5 mm
	In Schienen R 65	25 mm	10 mm
Horizontaler Stegbohrungsriß[c]	In Schienen S 49	35 mm	20 mm
	In Schienen R 65	80 mm	40 mm

Tab. 8.3 (Forsetzung)

Art des Schienenfehlers	Bereich der Schädigung	Grenzmaße für die Abmessungen nicht zulässiger[a] bedingt zulässiger[b] rißartiger Fehler in Eisenbahnschienen	
Fußquerriß	In Schienen	4 mm	
	An Verbindungsschweißungen	4 mm	
vertikaler Fußlängsriß[c]	in der Schienenmitte	100 mm	50 mm
	am gelaschten Schienenende	50 mm	
	an Verbindungsschweißungen	50 mm	

[a] Fehler mit Rißabmessungen größer oder gleich dem „Grenzmaß nicht zulässiger Risse" sind als Schienenbrüche zu behandeln!

[b] Fehler mit Rißabmessungen größer oder gleich dem „Grenzmaß bedingt zulässiger Risse" sind im Rahmen geplanter Arbeiten zu entfernen! Fehler mit Rißabmessungen unterhalb dieses Grenzmaßes haben eine zulässige Restnutzungsdauer (bzw. einen erforderlichen Prüfzyklus) von rund 25 Mt Verkehrsmasse

[c] Weicht die Rißausbreitungsrichtung nachweislich von der Längsrichtung ab oder haben sich zusätzlich quer verlaufende Risse gebildet, so sind die Längsrisse unabhängig von ihrer jeweiligen Größe unzulässig

wurden auch längs verlaufende Defekte bruchmechanisch analysiert, Abb. 8.12 und 8.13, die nicht nur Schienenbrüche, sondern auch Fahrkantenausbrüche (vgl. Abb. 2.91) verursachen können, so daß es auch ohne „richtigen" Bruch der Schiene zu Entgleisungen kommen kann. Die bruchmechanischen Ergebnisse stehen zu den Betriebserfahrungen der Deutschen Bundesbahn nicht im Widerspruch, bei der Längsrisse von mehr als 30 bzw. 50 mm nicht zulässig sind (vgl. Abschn. 7.7).

Bevor eine Weiterentwicklung der Bewertungskriterien in Hinsicht auf weitere relevante Einflußgrößen begonnen wird, müssen sinnvollerweise erst genaue Kenntnisse über die Zuverlässigkeit der Rißauffindung und der Rißgrößenbestimmung mittels schnellfahrender Schienenprüfwagen und über die praktische Bewährung der bruchmechanisch bestimmten Kriterien vorliegen.

In einem ersten Schritt zur Praxiseinführung der in der Tab. 8.3 wiedergegebenen Kriterien erlangten die Grenzmaße unzulässiger Rißgrößen mit der „Dienstanweisung zum Erfassen der Schienenbrüche" 1991 [19] für die Deutsche Reichsbahn Verbindlichkeit. Eine umfassende Nutzung der dargelegten Forschungsergebnisse war Ende der 80er/ Anfang der 90er Jahre des vergangenen Jahrhunderts noch nicht möglich, da diese den Einsatz eines eigenen oder ständig zur Verfügung stehenden Ultraschall-Schienenprüfwagens voraussetzt.

Mit der Zusammenführung der Deutschen Reichsbahn und der Deutschen Bundesbahn zur Deutschen Bahn AG wurden für die zerstörungsfreie Schienenprüfung die bislang verwendeten Kriterien der Deutschen Bundesbahn als verbindlich übernommen.

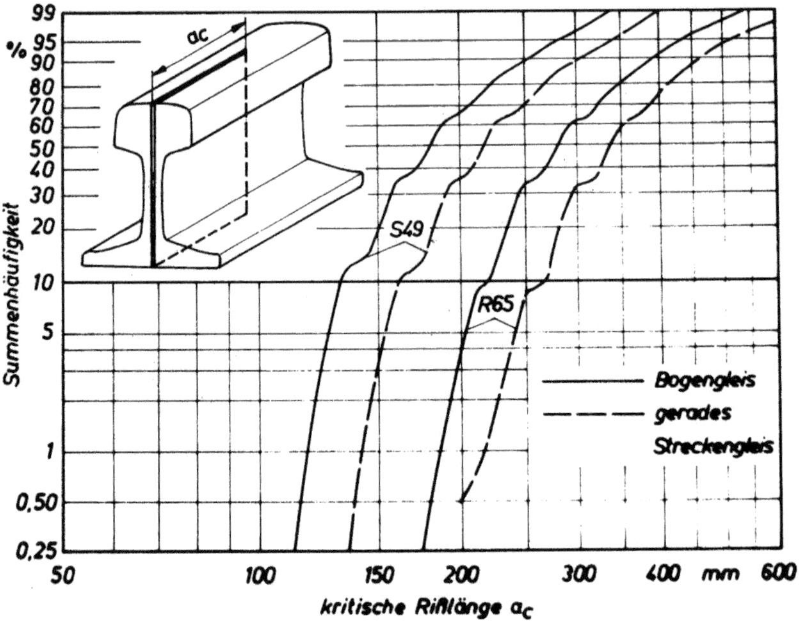

Abb. 8.12 Die kritische Größe vertikaler Steglängsrisse in Schienen S49 und R65 [20]

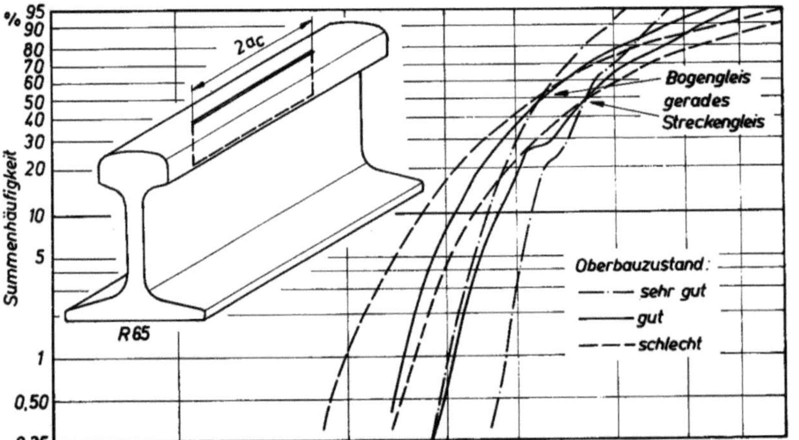

Abb. 8.13 Die kritische Größe vertikaler Kopflängsrisse in Schienen R65 [20]

Eine Weiterentwicklung der Bewertungskriterien für die zerstörungsfreie Schienenprüfung auf der Grundlage der Bruchmechanik erfolgte nicht mehr generell, sondern nur in besonderen Anwendungsfällen, bei denen keine praktischen Erfahrungen über zulässige Rißgrößen vorlagen oder gewonnen werden konnten.

8.6 Analyse und Bewertung der Rißausbreitung in Triebfahrzeugrädern [21–24]

An den bandagierten, aus dem Werkstoff GS50-3N + S hergestellten Scheibenrädern von Triebfahrzeugen wurden bei Kontrollarbeiten Durchrisse zwischen den Scheibenöffnungen und Anrisse an den Scheibenöffnungen ermittelt, (Abb. 8.14 bis 8.16). Als Ursache der Schadensfälle wurden Sandeinschlüsse in der nicht abgearbeiteten Gußhaut im Bereich der Scheibenöffnungen festgestellt. Nach Klärung der Ursachen wurden einerseits Maßnahmen zur Beseitigung der Rißbildung festgelegt, andererseits wurden einige der geschädigten Räder mit relativ kurzen Rissen wieder eingebaut; festgelegt wurde, daß die geschädigten Räder bei Gewährleistung einer ständigen Überwachung wiederverwendet werden können, wenn die Summe aller in einem Rad vorhandenen Risse 30 mm nicht überschreitet. Als anfänglicher Kontrollzyklus wurde eine Laufleistung von 15 000 km festgelegt. Sollte die Summe aller Risse bei weiteren Kontrollen 100 mm überschreiten, so sind die Räder zu verschrotten. Um die Betriebssicherheit und die Einsatzfähigkeit der Triebfahrzeuge zu gewährleisten, wurden unter anderem bruchmechanische Untersuchungen der Eigenschaften des verwendeten Stahlgußwerkstoffs und Analysen zur kritischen Rißgröße, zum Rißwachstums und zum erforderlichen Prüfzyklus vorgenommen.

Die im Scheibenbereich vorhandenen Risse, die sich anfangs als viertelelliptische Eckrisse an den kreisförmigen Scheibenöffnungen ausbildeten, im Zustand der vollständigen Durchdringung der Scheibendicke sowohl von der Außen-, als auch von der Innenseite des Rades ausgingen, wurden mangels besserer Lösungen als durchgehende Risse idealisiert.

Abb. 8.14 Durchriß zwischen zwei Scheibenöffnungen in den Triebfahrzeugrädern

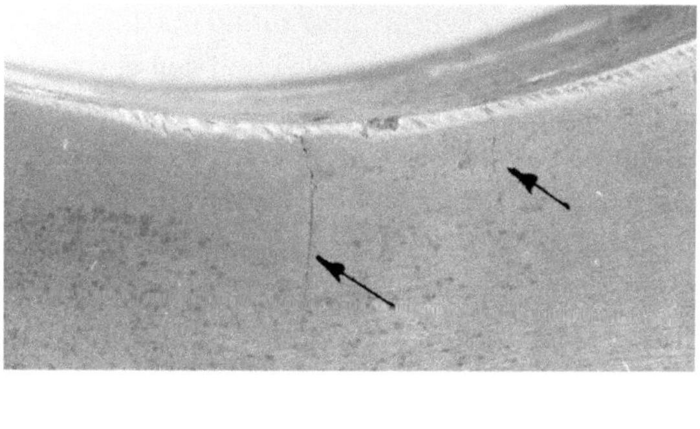

Abb. 8.15 Zwei Anrisse an einer Scheibenöffnung

Abb. 8.16 Aufgebrochener Eckriß an einer Scheibenöffnung

In die Beanspruchungsanalyse wurden sämtlichen Spannungen aus der Herstellung und der betrieblichen Belastung einbezogen. Die als Monte-Carlo-Simulation durchgeführte Berechnung der kritischen Rißlänge (bei Vernachlässigung der homogenen Druckspannungen in der Radscheibe) zeigt, daß die real zu erwartende Sprödbruchgefahr bei den im Betrieb auftretenden Beanspruchungen nahezu auszuschließen ist. Die Bruchflächen an den aufgetretenen Durchrissen bestätigen diese Aussage. Als Grenzmaß für den Ausschluß des Bruchs wurde auf der Grundlage der Simulationsberechnungen für einen einzelnen Riß eine Länge von 50 mm festgelegt.

Bruchmechanische Analysen des Wachstums der Radscheibenrisse wurden unter Verwendung der mit zwei verschiedenen Triebfahrzeugen bei Probefahrten ermittelten Spannungskollektive vorgenommen. Die Unterschiede der darauf basierenden, wiederum als Monte-Carlo-Simulation durchgeführten Rechnungen mit den repräsentativen 90 %-Rißwachstumskurven sind im wesentlichen auf die unterschiedlichen Streckenführungen zurückzuführen. Als maßgebend für die Restnutzungsdauer rißgeschädigter Tfz-Räder bis zum Erreichen des oben genannten Betriebsgrenzmaßes von 50 mm Rißlänge ist die Rißwachstumskurve anzusehen, die für die Fahrt auf der kurvenreichen Strecke zutreffend ist. Wegen der Unsicherheiten bei den Berechnungsannahmen ist die Funktion des Kontrollgrenzmaßes a_{zul} unter Verwendung eines Sicherheitsbeiwertes von $S_{\Delta a} = 2{,}0$ für das Rißwachstum daraus abgeleitet worden. Durch die Wiedergabe der Funktion a_{zul} durch einen Polygonzug ergaben sich die auf jeweils 5 mm gestuften Werte der bei der zerstörungsfreien Prüfung zu verwendenden zulässigen Rißgrößen (Abb. 8.17, Tab. 8.4). Die bruchmechanischen Berechnungen bestätigen die anfangs getroffenen Festlegungen über die Größe der einzuhalternden Rißgrenzmaße. Der Prüfzyklus wurde im Laufe der Untersuchungen schrittweise auf 60 000 km angehoben. Entsprechend den bruchmechanischen Berechnungsergebnissen und den vorhandenen Rißgrößen wäre eine Anhebung des Prüfzyklus auf 120 000 km durchaus noch als vertretbar anzusehen.

Zum Abschluß der Untersuchungen über die rißgeschädigten Tfz-Räder trat die Frage auf, ob der mit 480 000 bis 640 000 km festgelegte Zyklus für die Prüfung der Triebfahrzeuge in den Ausbesserungswerken und somit auch der Radsätze mit den Aussagen der Bruchmechanik verträglich ist. Um diese Frage beantworten zu können, wurden weitere bruchmechanische Rißwachstumsberechnungen mit verminderter Anfangsgröße des Risses durchgeführt, (Abb. 8.18). Die weiteren Untersuchungen führten zu der Erkenntnis,

Tab. 8.4 Auf der Grundlage bruchmechanischer Rißwachstumsanalysen empfohlene zulässige Werte für die Restnutzungsdauer rißgeschädietr Scheibenräder

Gemessene Rißgröße (mm)	Zulässge Restnutzungsdauer (km)
45	10 000
40	25 000
35	40 000
30	55 000
25	75 000
20	95 000
15	120 000

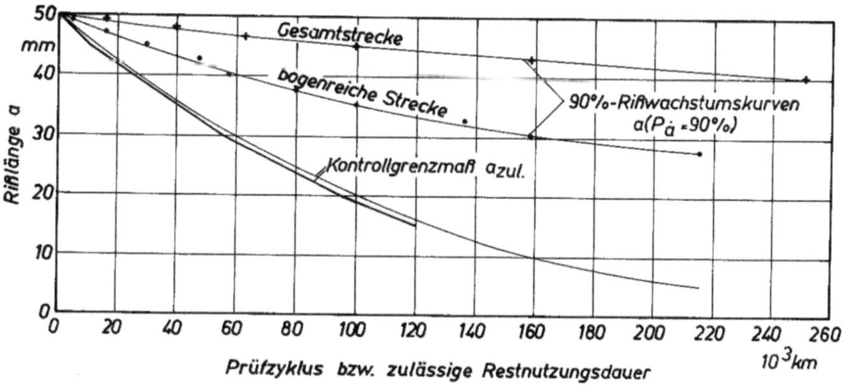

Abb. 8.17 Die repräsentativen, bruchmechanisch berechneten Rißwachstumsfunktionen für bandagierte Triebfahrzeugräder zur Festlegung des Prüfzyklus bzw.des Kontrollgrenzmaßes

daß es nicht in jedem Fall zweckmäßig ist, die Simulationsresultate bei relativ geringen Simulationsumfang (von im vorliegenden Fall 250 Zufallskombinationen) zu klassieren. Der Vergleich der bruchmechanischen Berechnungsresultate mit den Praxiserfahrungen der zwei nach mehr als 600 000 km Laufleistung aufgetretenen gravierenden Schadensfällen (Scheibendurchriß zwischen allen Scheibenöffnungen und Durchriß zwischen zwei benachbarten Scheibenöffnungen) wie Abb. 8.14 zeigt, daß für die Eingrenzung der praktisch auftretenden Extreme der Rißausbreitung ein Sicherheitsbeiwert $S_{\Delta a}$ für das Rißwachstum von weniger als 1,5 nicht akzeptabel ist. Im vorliegenden Fall könnte nach den bruchmechanischern Berechnungen der Prüfzyklus für rißfreie Räder mit nicht abgearbeiteter Gußhaut im Bereich der Scheibenöffnungen zwischen 200 000 bis 500 000 km Laufleistung liegen. Im Interesse der Betriebssicherheit sollte auf ein Abarbeiten der möglicherweise mit Sandeinschlüssen behafteten Gußhaut nicht verzichtet werden.

Durch die Nichtbeachtung der Festlegungen über die Kontrolle der Rißbildung und -entwicklung in den bandagierten Triebfahrzeugrädern kam es später beim unkontrollierten

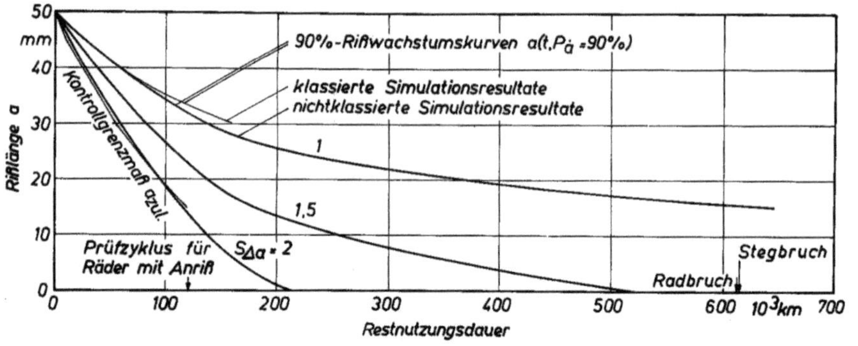

Abb. 8.18 Die repräsentativen, bruchmechanisch berechneten Rißwachstumsfunktionen für bandagierte Triebfahrzeugräder für den Bereich außerhalb des Prüfzyklus

Fahrzeugeinsatz wiederum zu einem Schadensfall mit Durchrissen zwischen allen Scheibenöffnungen, der ursprünglich Anlaß für die sicherheitstechnischen Betrachtungen und die bruchmechanischen Untersuchungen gewesen war.

Literatur

1. K.-O. Edel: Untersuchung des Bruchverhaltens von Eisenbahnschienen und -vollrädern. Technische Hochschule „Otto von Guericke“ Magdeburg, Dissertation B, 1987.
2. K.-O. Edel: Die Festlegung zulässiger Rißgrößen für Schienen und Schienenschweißungen auf der Grundlage der probabilistischen Bruchmechanik. Forschungs- und Versuchsamt des Internationalen Eisenbahnverbandes, Utrecht, Technisches Dokument DT 183 (E 162), Januar 1987.
3. K.-O. Edel: Grenzmaße für Risse in Eisenbahnschienen der DR. Signal und Schiene **34** (1990) 6, Seite 212–214.
4. K.-O. Edel, G. Boudnitski, T. Schnitzer: Schienenfehler und ihre bruchmechanische Behandlung. Deutscher Verband für Materialforschung und –prüfung e. V., 33. Tagung des DVM-Arbeitskreises Bruchvorgänge, Paderborn, 20. und 21. Februar 2001, DVM-Bericht 233, 2001, Seite 163–180.
5. K.-O. Edel, T. Schnitzer: Eisenbahnschienen. In: C. Berger u. a.: Bruchmechanischer Festigkeitsnachweis für Maschinenbauteile. VDMA Verlag, 3. Ausgabe, 2006, Seite 144–149.
6. K.-O. Edel: Die Festlegung zulässiger Radkranzquerrisse in laufflächengebremsten Vollrädern auf der Grundlage der probabilistischen Bruchmechanik. Forschungs- und Versuchsamt des Internationalen Eisenbahnverbandes, Utrecht, Technisches Dokument DT 182 (E 162), Januar 1987.
7. K.-O. Edel, G. Boudnitski: Fracture Mechanical Fatigue Analysis of Railway Wheels with Rolling Defects. „Fatigue Design 1995“, Helsinki, 5. – 8. September 1995, VTT – Technical Research Centre of Finland, Espoo, vol. II, Seite 119–128.
8. K.-O. Edel: Untersuchung rißgeschädigter Eisenbahnkonstruktionen bei der Deutschen Reichsbahn. Deutscher Verband für Materialforschung und -prüfung e. V., 23. Vortragsveranstaltung

des DVM-Arbeitskreises Bruchvorgänge, Berlin, 26. und 27. Februar 1991, Tagungsbericht, 1991, Seite 83–95.

9. K.-O. Edel, H. Hintze: Diagnose überbremster Eisenbahnvollräder. Materialprüfung **33** (1991) 4, Seite 92–97.
10. K.-O. Edel, M. Korn: Einschätzung des Rißwachstums in einer gebrochenen Fahrzeugachse. IfL-Mitteilungen **30** (1991) 1, Seite 5–12.
11. K.-O. Edel: Vergleichende bruchmechanische Analyse der Rißausbreitung in Achswellen aus M30 und Ck35. Deutsche Reichsbahn, Wissenschaftlich-Technisches Zentrum, Zentrum für Material- und Energieökonomie, Brandenburg-Kirchmöser, Bericht, 15. Juli 1990, sowie Nachtrag vom 3.6.1991.
12. K.-O. Edel, R. Ortmann: Bruchmechanische Analyse des Versagens einer Ruderpinne. Schiffbauforschung **27** (1988) 2, Seite 138–145.
13. K.-O. Edel: Zum Sicherheitsnachweis für anrißbehaftete Konstruktionen auf der Grundlage der linear-elatischen Bruchmechanik. Universität Rostock, 3. Weiterbildungsseminar „Schiffsfestigkeit", Graal-Müritz, 13. – 17. Oktober 1986, Seite 101–130.
14. K.-O. Edel: Die Ermittlung der bruchmechanischen Eigenschaften rißgeschädigter Brückenteile. VDI-Verlag Düsseldorf, VDI-Berichte Nr. 902, 1991, Seite 313–342.
15. K.-O. Edel: Fracture-Mechanical Analysis of the Residual Service Life of the Welded Main Girders of the Highway Bridges of Rüdersdorf. „Fatigue Design 1992", Helsinki, 19. – 22. Mai 1992, VTT – Technical Research Centre of Finland, Espoo, vol. 1, Seite 181–195.
16. T. Bokalrud, A. Karlsen: Control of Fatigue Failures in Ship Hulls by Ultrasonic Inspection. Norwegian Maritime Research **10** (1982) 1, Seite 9–15.
17. B. Hänel: Betriebsfestigkeit und statistische Sicherheitstheorie. Wissenschaftliche Zeitschrift der Technischen Hochschule Otto von Guericke Magdeburg **21** (1977) 4, Seite 401–407.
18. DDR-Standard TGL 19 340: Ermüdungsfestigkeit – Dauerfestigkeit der Maschinenbauteile. Ausgabe: März 1983.
19. Deutsche Reichsbahn: Dienstanweisung zum Erfassen der Schienenbrüche. DR-A 4004, gültig ab 1. Januar 1991.
20. K.-O. Edel: Schienendiagnose. Zentrales Forschungsinstitut des Verkehrswesens, Zentrum für Marterial- und Energieökonomie, Brandenburg-Kirchmöser, Zwischenbericht zum F/E-Thema „Schienendiagnosewagen", 30. November 1987.
21. K.-O. Edel, R. Ortmann: Untersuchung der bruchmechanischen Eigenschaften des Werkstoffs GS50–3 N. Zentrales Forschungsinstitut des Verkehrswesens, Zentrum für Material- und Energieökonomie, Brandenburg-Kirchmöser, Bericht, 1986.
22. K.-O. Edel: Kritische Längen und Betriebsgrenzmaß für Risse in bandagierten Scheibenrädern aus Gußstahl GS50–3 N + S. Zentrales Forschungsinstitut des Verkehrswesens, Zentrum für Material- und Energieökonomie, Brandenburg-Kirchmöser, Bericht, 1987.
23. K.-O. Edel: Wachstum und Kontrollgrenzmaß für Risse in bandagierten Scheibenrädern aus Gußstahl GS50–3 N + S. Zentrales Forschungsinstitut des Verkehrswesens, Zentrum für Material- und Energieökonomie, Brandenburg-Kirchmöser, Bericht, 1987.
24. K.-O. Edel: Bruchmechanische Betrachtungen zum Prüfzyklus für bandagierte, rißfreie Scheibenräder aus Gußstahl GS50–3 N + S. Deutsche Reichsbahn, Wissenschaftlich-Technisches Zentrum, Zentrum für Material- und Energieökonomie, Brandenburg-Kirchmöser, Bericht, 1988.

Mathematische Hilfsmittel 9

9.1 Die Ermittlung statistischer Verteilungsparameter

9.1.1 Die Bestimmung der Stichprobenparameter [1, 2]

Sind voneinander abweichende Meßwerte bekannt, und soll deren Summenhäufigkeits- oder Wahrscheinlichkeitsverteilung bestimmt werden, so müssen die statistischen Verteilungsparameter der vorliegenden Stichprobe des Umfangs n ermittelt werden. Liegen die Meßwerte in unklassierter Form als Meßgrößen x_i vor, so lassen sich die Stichprobenparameter Mittelwert $\bar{x}$, Standardabweichung s und Schiefe γ entsprechend den folgenden Beziehungen ermitteln:

$$\bar{x} = \frac{1}{n} \cdot \sum_{i=1}^{n} x_i \tag{9.1}$$

$$s^2 = \frac{1}{n-1} \cdot \sum_{i=1}^{n} (x_i - \bar{x})^2 = \frac{1}{n-1} \cdot \left[\sum_{i=1}^{n} x_i^2 - \frac{1}{n} \cdot \left(\sum_{i=1}^{n} x_i \right)^2 \right] \tag{9.2}$$

$$\gamma = \frac{1}{n \cdot s^3} \cdot \sum_{i=1}^{n} (x_i - \bar{x})^3 = \frac{1}{n \cdot s^3} \cdot \left[\sum_{i=1}^{n} x_i^3 - 3\bar{x} \cdot \sum_{i=1}^{n} x_i^2 + 2n \cdot \bar{x}^3 \right] \tag{9.3}$$

Liegen die Meßgrößen in klassierter Form vor mit dem jeweiligen Klassenmittenwert x_j und der relativen Klassenhäufigkeit h_j der insgesamt k Klassen, so ergeben sich die Stichprobenparameter durch die zu den obigen Gleichungen analogen Beziehungen

$$1 = \sum_{j=1}^{k} h_j \tag{9.4}$$

K.-O. Edel, *Einführung in die bruchmechanische Schadensbeurteilung*,
DOI 10.1007/978-3-662-44264-7_9

$$\bar{x} = \sum_{j=1}^{k} x_j \cdot h_j \tag{9.5}$$

$$s^2 = \sum_{j=1}^{k} (x_j - \bar{x})^2 \cdot h_j \tag{9.6}$$

$$\gamma = \frac{1}{s^3} \cdot \sum_{j=1}^{k} (x_j - \bar{x})^3 \cdot h_j \tag{9.7}$$

Ist die Schiefe γ der Stichprobenverteilung Null oder sehr gering, so ist die Summenhäufigkeitsverteilung als symmetrisch anzusehen. Angenähern läßt sich die vorliegende Verteilung dann eventuell durch eine Gleichverteilung (mit einem Wert des Variationsverhältnisses als das Verhältnis der Standardabweichung zur theoretischen Streubreite von $\sqrt{1/12}$) oder bei beliebigen Werten der Stichprobenparameter $\bar{x}$ und s, die den entsprechenden Parametern μ und σ der Grundgesamtheit gleichgesetzt werden, durch eine Normalverteilung. Ob der angenommene Verteilungstyp als statistisch gesichert angesehen werden kann, läßt sich mit Hilfe des χ^2-Quadrat-Anpassungstests nachweisen.

9.1.2 Die Weibullverteilung [2]

Zeigen die Parameter der Stichprobenverteilung eine offensichtliche Schiefe, so kann es zweckmäßig sein, die Verteilung durch eine dreiparametrige Weibullverteilung anzunähern. Die Wahrscheinlichkeits- bzw. Summenhäufigkeitsfunktion der Weibullverteilung ist gegeben durch die Beziehung

$$P(x) = \begin{cases} 0 & \text{für} \quad x \leq x_{\min} \\ 1 - \exp\left[-\left(\dfrac{x - x_{\min}}{x^*}\right)^{\delta}\right] & \text{für} \quad x > x_{\min} \end{cases} \tag{9.8}$$

Die Dichtefunktion der Weibullverteilung ist

$$\frac{\mathrm{d}P}{\mathrm{d}x} = \begin{cases} 0 & \text{für} \quad x \leq x_{\min} \\ \dfrac{\delta}{x^*} \cdot \left[\dfrac{x - x_{\min}}{x^*}\right]^{\delta-1} \cdot \exp\left[-\left(\dfrac{x - x_{\min}}{x^*}\right)^{\delta}\right] & \text{für} \quad x > x_{\min} \end{cases} \tag{9.9}$$

Zwischen den Verteilungsparametern der Stichprobe (oder auch der Grundgesamtheit) und den Weibullparametern unterer Grenzwert $x_{\min}$, Normierungswert x^* und Weibull-Exponent δ bestehen die folgenden Zusammenhänge:

$$\bar{x} = x_{\min} + x^* \cdot \Gamma(1 + 1/\delta) \tag{9.10}$$

$$s^2 = x^{*2} \cdot [\Gamma(1 + 2/\delta) - \Gamma^2(1 + 1/\delta)] \tag{9.11}$$

$$\gamma = \frac{\Gamma(1 + 1/\delta) - 3 \cdot \Gamma(1 + 2/\delta) \cdot \Gamma(1 + 1/\delta) + 2 \cdot \Gamma^2(1 + 1/\delta)}{\left[\Gamma(1 + 2/\delta) - \Gamma^2(1 + 1/\delta)\right]^{3/2}} \tag{9.12}$$

Im Falle eines verschwindenden unteren Grenzwertes $x_{\min} = 0$ gilt weiterhin für den Variationskoeffizienten

$$v = \frac{s}{\bar{x}} = \frac{\Gamma(1 + 1/\delta)}{[\Gamma(1 + 2/\delta) - \Gamma^2(1 + 1/\delta)]^{3/2}} \tag{9.13}$$

In den Gln.(9.10) bis (9.13) ist Γ die GAUSSsche Gammafunktion, die gemäß der Beziehung

$$\Gamma(x) = \int t^{x-1} \cdot e^{-t} \cdot \mathrm{d}t \tag{9.14}$$

definiert ist. Die Gammafunktion hat Pole 1. Ordnung bei $x = 0$ und den ganzzahligen negativen Werten. Es gelten die Funktionalgleichungen

$$\Gamma(x + 1) = x \cdot \Gamma(x), \tag{9.15}$$

insbesondere

$$\Gamma(n + 1) = n \cdot \Gamma(n) \qquad \text{für} \quad n = 1,\ 2,\ 3, \ldots \tag{9.16}$$

sowie

$$\Gamma(1) = 1.$$

Die benötigten Zahlenwerte der Gamma-Funktion lassen sich Tafelwerken (u. a. dem Tabellenwerk von HAYASHI [3]) entnehmen oder entsprechend den Beziehungen [4] berechnen

für $x < 1$: $\Gamma(x) = \dfrac{\Gamma(y)}{x \cdot (x + 1) \cdot (x + 2) \cdot \ldots \cdot (x + r - 1)}$

mit $y = x + r$ und $1 < y \leq 2$

für $x > 1$: $\Gamma(x) = (x - 1) \cdot (x - 2) \cdot \ldots \cdot (x - r) \cdot \Gamma(y)$

mit $y = x - r$ und $1 < y < 2$

sowie mit

$$\begin{aligned}\Gamma(y) \approx\ & 1 - 0{,}57710166 \cdot (y - 1) + 0{,}98585399 \cdot (y - 1)^2 - 0{,}87642182 \\ & \cdot (y - 1)^3 + 0{,}83282120 \cdot (y - 1)^4 - 0{,}56847290 \cdot (y - 1)^5 \\ & + 0{,}2548249 \cdot (y - 1)^6 - 0{,}05149930 \cdot (y - 1)^7\end{aligned}$$

Um die Bestimmung der Weibull-Parameter aus den Stichprobenparametern zu erleichtern, können zur Umrechnung der Stichproben- in die Weibullparameter Tabellenwerte ermittelt und verwendet werden. Die Werte, die von der Voraussetzung ausgehen, daß die Schiefe γ bzw. der Variationskoeffizient v allein vom Weibullexponenten δ abhängen, sollten bei der Schätzung der Weibullparameter nur zur Groborientierung gelten. Verbesserte Näherungswerte ergeben sich durch Maximum-Likelihood-Schätzungen (siehe u. a. HÄRTLER [5]).

9.2 Die Ermittlung von Regressionsfunktionen

Ausgehend von der Annahme, daß n unabhängige Variable x_i genau bekannt sind und die zugehörigen abhängigen Variablen y_i als Meßgrößen mit zufälligen Meßfehlern oder Abweichungen behaftet sind, werden die frei wählbaren Koeffizienten a_i einer Näherungsfunktion

$$y = f(x) \tag{9.17}$$

eines vorgegebenen Typs mit Hilfe der Meßwerte $y_i(x_i)$ so bestimmt, daß die Summe der Quadrate der Differenzen zwischen der Näherungsfunktion y und den Meßwerten y_i minimal wird:

$$\sum (y_i - y)^2 = Minimum \tag{9.18}$$

Die Forderung der Gl.(9.18) wird erfüllt durch die Bedingungen

$$\frac{\mathrm{d}}{\mathrm{d}a_i}\left[\sum (y_i - y)^2\right] = 0, \tag{9.19}$$

die zusammen ein Gleichungssystem zur Bestimmung der Koeffizienten a_i ergeben.

9.2.1 Regressionsgeraden und deren mögliche Transformationen [6]

Für die lineare Regressionsfunktion

$$y = a_0 + a_1 \cdot x \tag{9.20}$$

ist das Gleichungssystem zur Bestimmung der Koeffizienten a_0 und a_1

$$\begin{aligned} n \cdot a_0 \quad &+ \quad \sum x_i \cdot a_1 \quad = \quad \sum y_i \\ \sum x_i \cdot a_0 \quad &+ \quad \sum x_i^2 \cdot a_1 \quad = \quad \sum x_i \cdot y_i \end{aligned} \tag{9.21}$$

Die Koeffizienten ergeben sich somit zu

$$a_0 = \bar{y} - a_1 \cdot \bar{x} \tag{9.22}$$

$$a_1 = \frac{\sum x_i \cdot y_i - \frac{1}{n} \cdot \sum x_i \cdot \sum y_i}{\sum x_i^2 - \frac{1}{n} \cdot \left(\sum x_i\right)^2} \tag{9.23}$$

mit

$$\bar{x} = \frac{1}{n} \cdot \sum_{i=1}^{n} x_i \tag{9.24}$$

und

$$\bar{y} = \frac{1}{n} \cdot \sum_{i=1}^{n} y_i. \tag{9.25}$$

Anhand des Betrages des empirischen Korrelationskoeffizienten

$$r = \frac{\sum x_i \cdot y_i - \frac{1}{n} \cdot \sum x_i \cdot \sum y_i}{\sqrt{\sum x_i^2 - \frac{1}{n} \cdot \left(\sum x_i\right)^2} \cdot \sqrt{\sum y_i^2 - \frac{1}{n} \cdot \left(\sum y_i\right)^2}} \tag{9.26}$$

und seines Vergleichs mit dem Zufallshöchstwert $r_{n-2;\alpha}$ [2] läßt sich prüfen, ob der angenommene lineare Zusammenhang zwischen den Variablen x und y signifikant, d. h. statisch gesichert ist.

Durch weitere statistische Tests läßt sich prüfen, ob die Koeffizienten a_i mit vorgegebenen Werten oder ob zwei Regressionsgeraden als übereinstimmend anzusehen sind.

Die Streuung der Meßwerte um die Regressionsgerade läßt sich mit Hilfe der Standardabweichung gemäß

$$s = \frac{\sum (y_i - [a_0 + a_1 \cdot x_i])^2}{n-2} \tag{9.27a}$$

bzw.

$$s = \frac{1 - r_{xy}^2}{n-2} \cdot \left(\sum y_i^2 - \frac{1}{n} \cdot \left[\sum y_i\right]^2\right) \tag{9.27b}$$

ausdrücken. Da bei der Berechnung der Koeffizienten der Regressionsgeraden nur die zur Verfügung stehenden n Wertepaare (x_i, y_i) genutzt werden können, vermindert sich der Gesamtfreiheitsgrad, der in die Berechnung der Standardabweichung eingeht, gegenüber der Gesamtzahl der Meßwertepaare um die Anzahl der aus der Stichprobe ermittelten zusätzlichen Werte. Während bei der Bestimmung der Standardabweichung der Werte um die Regressionsgerade somit der Freiheitsgrad $n - 2$ zu berücksichtigen ist, ist der entsprechende Faktor bei der Bestimmung der Standardabweichung um den aus der Stichprobe selbst bestimmten Mittelwert gemäß Gl. (9.2) $n - 1$. Ähnlich ist zu verfahren, wenn aus der Stichprobe selbst mehr als zwei zur Beschreibung verwendete Koeffizienten abgeleitet werden (siehe Abschn. 9.2.2).

Die Formeln für die Regressionsgeraden lassen sich auch auf nichtlineare Zusammenhänge zwischen den Variablen x und y anwenden, wenn durch Transformation der Variablen ein linearer Zusammenhang hergestellt werden kann.

Durch Logarithmieren der beiden Seiten der nichtlinearen Beziehung

$$Y = A \cdot X^B \tag{9.28}$$

ergibt sich der lineare Zusammenhang

$$\ln Y = \ln A + B \cdot \ln X. \tag{9.29}$$

Damit die Koeffizienten in dieser Beziehung durch eine lineare Regressionsrechnung bestimmt werden können, müssen die gegebenen Wertepaare (X_i, Y_i) in die Wertepaare (x_i, y_i) mittels der Beziehungen

$$\left.\begin{aligned} x_i &= \ln X_i \\ y_i &= \ln Y_i \end{aligned}\right\} \tag{9.30}$$

transformiert werden. Entsprechend den Gln.(9.22) bis (9.25) lassen sich die Koeffizienten a_0 und a_1 der linearisierten Beziehungen bestimmen. Die Koeffizienten A und B der nichtlinearen Beziehung, Gl. (9.28), ergeben sich durch den Vergleich der Koeffizienten der Beziehungen (9.20) und (9.29) zu

$$\left.\begin{aligned} \ln A &= a_0 \\ B &= a_1 \end{aligned}\right\} \tag{9.31}$$

bzw.

$$\left.\begin{aligned} A &= \exp\left[\frac{\sum \ln Y_i}{n} - B \cdot \frac{\sum \ln X_i}{n}\right] \\ B &= \frac{\sum (\ln X_i) \cdot (\ln Y_i) - (1/n) \cdot \left(\sum \ln X_i\right) \cdot \left(\sum \ln Y_i\right)}{\sum (\ln X_i)^2 - (1/n) \cdot \left(\sum \ln X_i\right)^2} \end{aligned}\right\} \tag{9.32}$$

Die anhand der Beziehung (9.28) dargestellte Möglichkeit, die Koeffizienten der nichtlinearen Beziehung durch Transformation der Ausgangsdaten, lineare Regressionsrechnung und Rücktransformation der Koeffizienten zu gewinnen, läßt sich im Rahmen bruchmechanischer Untersuchungen auf verschiedene Rißfortschrittsgesetze anwenden. In der Tab. 9.1 sind die Transformationsbeziehungen für die in der Bruchmechanik verwendten Rißfortschrittsgesetze angegeben.

Die verschiedenen Formulierungen der Rißfortschrittsgesetze sind: von PARIS

$$\mathrm{d}a/\mathrm{d}N = C \cdot \Delta K^n. \tag{9.33}$$

Tab. 9.1 Transformationsbeziehungen zur Nutzung der Regressionsgeraden für die Wiedergabe nichtlinearer Abhängigkeiten, insbesondere im Rahmen bruchmechanischer Untersuchungen

Nichtlineare Beziehung		x	y	a_0	a_1
Potenzfunktion	Gl. (9.28)	$\ln X$	$\ln Y$	$\ln A$	B
PARIS-Gleichung	Gl. (9.34)	$\ln \Delta K$	$\ln (\mathrm{d}a/\mathrm{d}N)$	$\ln C$	n
ROBERTS-Gleichung	Gl. (9.35)	$\ln (K_{\max} \cdot \frac{\Delta K}{2})$	$\ln (\mathrm{d}a/\mathrm{d}N)$	$\ln C$	n
FORMAN-Gleichung	Gl. (9.36)	$\ln \Delta K$	$\ln \frac{\mathrm{d}a}{\mathrm{d}N} \times$ $\times [(1-R) \cdot K_c - \Delta K]$	$\ln C$	n
Exponential-funktion	Gl. (9.37a)	X	$\ln Y$	$\ln A$	B
Exponential-funktion	Gl. (9.37b)	X	$\ln Y$	$\ln A$	$\ln D$
PARIS-Koeffizienten	Gl. (9.39)	n	$\ln C$	$\ln C^*$	$-\ln \Delta K^*$

von ROBERTS und ERDOGAN

$$\mathrm{d}a/\mathrm{d}N = C \cdot \left(K_{\max} \cdot \frac{\Delta K}{2}\right)^n \tag{9.34}$$

und das Gesetz von FORMAN

$$\mathrm{d}a/\mathrm{d}N = \frac{C \cdot \Delta K^n}{(1-R) \cdot K_c - \Delta K}. \tag{9.35}$$

Durch Logarithmieren der beiden Seiten der nichtlinearen Beziehung

$$Y = A \cdot e^{B \cdot X} \tag{9.36a}$$

bzw. der gleichwertigen Beziehung

$$Y = A \cdot D^X \quad \text{mit} \quad D = e^B \tag{9.36b}$$

ergeben sich die linearisierten Beziehungen

$$\ln Y = \ln A + B \cdot X \tag{9.37a}$$

bzw.

$$\ln Y = \ln A + \ln D \cdot X, \tag{9.37b}$$

auf die wiederum die Formeln zur Ermittlung der Regressionsgeraden angewendet werden können. Nutzen läßt sich diese Transformation im Rahmen bruchmechanischer Untersuchungen auch für die Analyse des Zusammenhanges zwischen den PARIS-Faktor C und den PARIS-Exponenten n in Form der Gleichung

$$C = C^* \cdot (1/\Delta K^*)^n. \tag{9.38}$$

Die Transformationsbeziehungen für Gl. (9.38) sind in der Tab. 9.1 ebenfalls angegeben.

Die Güte der Wiedergabe der Meßdaten durch die oben angegebenen, auf die Regressionsgerade transformierbaren Beziehungen läßt sich mit Hilfe des Korrelationskoeffizienten, Gl. (9.26), prüfen. Um die Streuung der Meßwerte um die Regressionsfunktionen mit Hilfe der Standardabweichung zu charakterisieren, muß auf die Formulierung nach Gl. (9.27a) zurückgegriffen werden. Gl. (9.27b) gibt die Standardabweichung in der linearisierten Darstellung an, die bei konkreten Anwendungen üblicherweise nicht die gesuchte Größe ist.

9.2.2 Regressionspolynom 2. Grades

Ist die Abhängigkeit der Meßwerte y_i von der unabhängigen Variablen x_i nicht linear, so führt eventuell eine Regressionsrechnung unter Verwendung eines Polynoms 2. Grades

$$y = a_0 + a_1 \cdot x + a_2 \cdot x^2 \tag{9.39}$$

zu einer optimalen Wiedergabe der Meßwerte. Das Gleichungssystem zur Bestimmung der Koeffizienten a_i des Regressionspolynoms ist

$$\left.\begin{array}{rcrcrcr} n \cdot a_0 & + & \sum x_i \cdot a_1 & + & \sum x_i^2 \cdot a_2 & = & \sum y_i \\ \sum x_i \cdot a_0 & + & \sum x_i^2 \cdot a_1 & + & \sum x_i^3 \cdot a_2 & = & \sum x_i \cdot y_i \\ \sum x_i^2 \cdot a_0 & + & \sum x_i^3 \cdot a_1 & + & \sum x_i^4 \cdot a_2 & = & \sum x_i^2 \cdot y_i \end{array}\right\} \tag{9.40}$$

Aus diesem Gleichungssystem ergeben sich die Koeffizienten a_i zu

$$\left.\begin{array}{l} a_0 = D_0/D \\ a_1 = D_1/D \\ a_2 = D_2/D \end{array}\right\} \tag{9.41}$$

mit

$$D = n \cdot \left[\sum x_i^2 \cdot \sum x_i^4 - \left(\sum x_i^3\right)^2\right] - \sum x_i \cdot \left[\sum x_i \cdot \sum x_i^4 - \sum x_i^2 \cdot \sum x_i^3\right] + \sum x_i^2 \cdot \left[\sum x_i \cdot \sum x_i^3 - \left(\sum x_i^2\right)^2\right]$$

$$D_0 = \sum y_i \cdot \left[\sum x_i^2 \cdot \sum x_i^4 - \left(\sum x_i^3\right)^2\right] - \sum x_i \cdot \left[\sum x_i \cdot y_i \cdot \sum x_i^4 - \sum x_i^2 \cdot y_i \cdot \sum x_i^3\right] + \sum x_i^2 \cdot \left[\sum x_i \cdot y_i \cdot \sum x_i^3 - \sum x_i^2 \cdot y_i \cdot \sum x_i^2\right]$$

$$D_1 = n \cdot \left[\sum x_i \cdot y_i \cdot \sum x_i^4 - \sum x_i^3 \cdot \sum x_i^2 \cdot y_i\right] - \sum y_i \cdot \left[\sum x_i \cdot \sum x_i^4 - \sum x_i^2 \cdot \sum x_i^3\right] + \sum x_i^2 \cdot \left[\sum x_i \cdot \sum x_i^2 \cdot y_i - \sum x_i \cdot y_i \cdot \sum x_i^2\right]$$

$$D_2 = n \cdot \left[\sum x_i^2 \cdot \sum x_i^2 \cdot y_i - \sum x_i^3 \cdot \sum x_i \cdot y_i\right] - \sum x_i \cdot \left[\sum x_i \cdot \sum x_i^2 \cdot y_i - \sum x_i^2 \cdot \sum x_i \cdot y_i\right] + \sum y_i \cdot \left[\sum x_i \cdot \sum x_i^3 - \left(\sum x_i^2\right)^2\right]$$

Die Standardabweichung der Meßwerte von der Regressionsfunktion ist

$$s = \frac{\sum \left(y_i - \left[a_0 + a_1 \cdot x_i + a_2 \cdot x_i^2\right]\right)^2}{n - 3}. \tag{9.42}$$

In Gl. (9.42) ist berücksichtigt, daß sich die Anzahl der Freiheitsgrade gegenüber der der Meßwertpaaren um die Anzahl der drei, aus den Meßwerten selbst ermittelten Koeffizienten vermindert.

Anwendung findet das Regressionspolynom 2. Grades in der Bruchmechanik bei der Auswertung von Rißfortschrittsuntersuchungen. Dazu wird die Rißlänge a in Abhängigkeit von der Schwingspielzahl N als Polynom

$$a = c_0 + c_1 \cdot N + c_2 \cdot N^2 \tag{9.43}$$

dargestellt, um durch Bildung des Differenzenquotienten der Regressionsfunktion die Rißfortschrittsrate $\mathrm{d}a/\mathrm{d}N$ zu gewinnen (siehe Abschn. 9.5).

Sollen die vorliegenden Meßergebnisse statistisch gesichert an Regressionspolynome eines noch zu bestimmenden Grades angepaßt werden, ist auf die weiterführende Literatur zurückzugreifen (siehe z. B. NOLLAU [7]).

Ein Problem von großer praktischer Bedeutung besteht darin, festzulegen, welcher Funktionstyp bei der Regression verwendet werden soll. Durch die sogenannten Spline-Funktionen, d. h. durch die stückweise Annäherung der gesuchten mittleren Abhängigkeit durch Polynome 3. Grades mit insgesamt minimaler Krümmung, läßt sich dieses Problem lösen, ohne daß eine für den gesamten Wertebereich zutreffende einheitliche Regressionsfunktion vorgegeben werden muß. Nachteilig ist bei der Ermittlung von Ausgleichs-Spline-Funktionen allerdings, daß Schätzungen für die Standardabweichung der Meßwerte bzw. für die Steifigkeit des Ausgleichs vorgegeben werden müssen.

9.2.3 Regressionsfunktionen zweier unabhängiger Variablen

Um den Einfluß der Beanspruchungsfrequenz auf die Rißwachstumsrate nicht nur qualitativ, sondern quantitativ zu erfassen, wird das Rißwachstumsgesetz von Paris, Gl. (9.33), durch einen zusätzlichen Faktor, in dem die Frequenz f enthalten ist, erweitert

$$\mathrm{d}a/\mathrm{d}N = C \cdot \Delta K^n \cdot f^b. \tag{9.44}$$

Um diese Beziehung letztlich auf Bauteile anwenden zu können, müssen die Koeffizienten C, n und b bekannt sein. Durch Logarithmieren von Gl. (9.44) ergibt sich ein linearer Zusammenhang

$$\ln(\mathrm{d}a/\mathrm{d}N) = \ln C + n \cdot \ln \Delta K + b \cdot \ln f, \tag{9.45}$$

zwischen den logarithmieren Variablen. Durch Umbenennen der Variablen und der Koeffizienten gemäß

$$\begin{aligned} x &= \ln \Delta K \\ y &= \ln f \\ a_0 &= \ln C \\ a_x &= n \\ a_y &= b \end{aligned} \tag{9.46}$$

läßt sich Gl. (9.45) darstellen als die lineare Funktion

$$z = a_0 + a_x \cdot x + a_y \cdot y. \tag{9.47}$$

Die unbekannten Koeffizienten der Regressionsfunktionen, Gl. (9.45) bzw. (9.47), lassen sich aus der Forderung gewinnen, daß die Summe der Abweichungsquadrate zwischen den Meßwerten und den Werten der Regressionsfunktion

$$S = \sum_{i=1}^{i_{\max}} [z_i - (a_0 + a_x \cdot x_i + a_y \cdot y_i)]^2 = Minimum \tag{9.48}$$

minimal wird. Da die Regressionsfunktion von den noch festzulegen Koeffizienten abhängt, ergeben sich aus der Forderung des Minimums der Funktion S nach Gl. (9.48) die Bedingungen

$$\frac{\mathrm{d}S}{\mathrm{d}a_0} = 0, \quad \frac{\mathrm{d}S}{\mathrm{d}a_x} = 0, \quad \frac{\mathrm{d}S}{\mathrm{d}a_y} = 0 \tag{9.49a}$$

bzw.

$$\begin{aligned} \sum_{i=1}^{i_{\max}} [z_i - (a_0 + a_x \cdot x_i + a_y \cdot y_i)] &= 0 \\ \sum_{i=1}^{i_{\max}} [z_i - (a_0 + a_x \cdot x_i + a_y \cdot y_i)] \cdot x_i &= 0 \\ \sum_{i=1}^{i_{\max}} [z_i - (a_0 + a_x \cdot x_i + a_y \cdot y_i)] \cdot y_i &= 0 \end{aligned} \tag{9.49b}$$

Das lineare Gleichungssystem läßt sich schließlich darstellen in der Form eines Matrizenproduktes

$$\begin{bmatrix} i_{\max} & \sum x_i & \sum y_i \\ \sum x_i & \sum x_i^2 & \sum x_i \cdot y_i \\ \sum y_i & \sum x_i \cdot y_i & \sum y_i^2 \end{bmatrix} \cdot \begin{bmatrix} a_0 \\ a_x \\ a_y \end{bmatrix} = \begin{bmatrix} \sum z_i \\ \sum z_i \cdot x_i \\ \sum z_i \cdot x_i \end{bmatrix} \tag{9.49c}$$

Entsprechend der Cramerschen Regel lassen sich die unbekannten Koeffizienten bestimmen gemäß

$$a_0 = \frac{D_0}{D}, \quad a_x = \frac{D_x}{D}, \quad a_y = \frac{D_y}{D} \tag{9.50}$$

mit

$$\begin{aligned} D = i_{\max} \cdot & \left[\sum x_i^2 \cdot \sum y_i^2 - \left(\sum x_i \cdot \sum y_i\right)^2\right] \\ & - \sum x_i \cdot \left[\sum x_i \cdot \sum y_i^2 - \sum x_i \cdot y_i \cdot \sum y_i\right] \\ & + \sum y_i \cdot \left[\sum x_i \cdot \sum x_i \cdot y_i - \sum x_i^2 \cdot \sum y_i\right] \\ D_0 = \sum z_i \cdot & \left[\sum x_i^2 \cdot \sum y_i^2 - \left(\sum x_i \cdot \sum y_i\right)^2\right] \\ & - \sum x_i \cdot \left[\sum z_i \cdot x_i \cdot \sum y_i^2 - \sum z_i \cdot y_i \cdot \sum x_i \cdot y_i\right] \\ & + \sum y_i \cdot \left[\sum z_i \cdot x_i \cdot \sum x_i \cdot y_i - \sum z_i \cdot x_i \cdot \sum x_i^2\right] \\ D_x = i_{\max} \cdot & \left[\sum z_i \cdot x_i \cdot \sum y_i^2 - \sum x_i \cdot y_i \cdot \sum z_i \cdot y_i\right] \\ & - \sum z_i \cdot \left[\sum x_i \cdot \sum y_i^2 - \sum x_i \cdot y_i \cdot \sum y_i\right] \\ & + \sum y_i \cdot \left[\sum x_i \cdot \sum z_i \cdot y_i - \sum y_i \cdot \sum z_i \cdot x_i\right] \\ D_y = i_{\max} \cdot & \left[\sum x_i^2 \cdot \sum z_i \cdot y_i - \sum x_i \cdot y_i \cdot \sum z_i \cdot x_i\right] \\ & - \sum x_i \cdot \left[\sum x_i \cdot \sum z_i \cdot y_i - \sum y_i \cdot \sum z_i \cdot x_i\right] \\ & + \sum z_i \cdot \left[\sum x_i \cdot \sum x_i \cdot y_i - \sum x_i^2 \cdot \sum y_i\right] \end{aligned}$$

Die Streuung der Meßwerte der Rißwachstumsrate ist – wie schon erwähnt – nicht unabhängig von der Größe der Rißwachstumsrate selbst. Daher ist es angebracht, bei der Bestimmung der Standardabweichung als Maß der Streuung von der linearisierten Beziehung, Gl. (9.45) bzw. (9.47), auszugehen. Aus der Summe der Abweichungsquadrate gemäß Gl. (9.48) bzw.

$$\begin{aligned} S = & \sum z_i^2 + a_0^2 \cdot i_{\max} + a_x^2 \cdot \sum x_i^2 + a_y^2 \cdot \sum y_i^2 \\ & - 2 \cdot a_0 \cdot \sum z_i - 2 \cdot a_x \cdot \sum z_i \cdot x_i - 2 \cdot a_y \cdot \sum z_i \cdot y_i \\ & + 2 \cdot a_0 \cdot a_x \cdot \sum x_i + 2 \cdot a_0 \cdot a_y \cdot \sum y_i + 2 \cdot a_x \cdot a_y \cdot \sum x_i \cdot y_i \end{aligned} \tag{9.51}$$

ergibt sich die Varianz, d. h. das Quadrat der Standardabweichung, unter Berücksichtigung der Freiheitsgrade, d. h. der Anzahl der Meßwertetripel vermindert um die Anzahl der aus den Meßwerten selbst ermittelten Koeffizienten, zu

$$s^2 = \frac{S}{i_{\max} - 3}. \tag{9.52}$$

Das Bestimmtheitsmaß als das Maß für die Güte der Wiedergabe der Meßwerte durch die vorausgesetzte Regressionsbeziehung ist

$$r^2 = \frac{a_x \cdot \left[\sum z_i \cdot x_i - \frac{\sum x_i \cdot \sum z_i}{i_{\max}}\right] + a_y \cdot \left[\sum z_i \cdot y_i - \frac{\sum y_i \cdot \sum z_i}{i_{\max}}\right]}{\sum z_i^2 - \frac{\left(\sum z_i\right)^2}{i_{\max}}}. \tag{9.53}$$

Nach Durchführung der Summationen und der Ermittlung der Koeffizienten von Gl. (9.47) ergeben sich die Koeffizienten der Ausgangsbeziehung Gl. (9.44) gemäß

$$\left.\begin{aligned} C &= \exp(a_0), \\ n &= a_x, \\ b &= a_y. \end{aligned}\right\} \tag{9.54}$$

9.3 Interpolationsbeziehungen

Die einfachste Möglichkeit, einen Wert zwischen numerisch vorgegebenen Wertepaaren (x_i, y_i) zu interpolieren, besteht darin, den Funktionsverlauf $y(x)$ zwischen den beiden Stützstellen um den vorgegebenen x-Wert als linear anzunehmen und unter Verwendung des Strahlensatzes den gesuchten Funktionswert gemäß der Beziehung zu bestimmen

$$y(x) = y_i + \frac{y_{i+1} - y_i}{x_{i+1} - x_i} \cdot (x - x_i) \tag{9.55}$$

Treten merkliche Abweichungen der numerisch vorgegebenen Funktionswerte von der unterstelleten Linearität auf, so ist es mitunter empfehlenswert den zu interpolierenden Funktionsverlauf durch eine Parabel wiederzugeben.

9.4 Die Bestimmung von Nullstellen analytischer Funktionen [6]

Nichtlineare Bestimmungsgleichungen für eine Variable x lassen sich ohne Schwierigkeiten in eine allgemeine mathematische Beziehung der Form

$$f(x) = 0 \tag{9.56}$$

bringen. Da die Spannungsintensitätsfaktoren oftmals in recht komplizierter Weise von der charakteristischen Rißabmessung a abhängen, stellt z. B. die Bruchbedingung eine nichtlineare Beziehung für a bzw. a_c dar. Zur Lösung der Gleichung (9.56) bzw. zur numerischen Ermittlung der kritischen Rißlänge a_c eignet sich in diesem Fall das Newtonsche Näherungsverfahren. Ausgehend von einer Näherungslösung x_0 für die gesuchte Größe x läßt sich durch Anwenden der Beziehung

$$x_{i+1} = x_i - \frac{f(x_i)}{f'(x_i)} \tag{9.57}$$

eine verbesserte Lösung gewinnen, wenn im Bereich von x_{i+1} bis x_i die Beziehung gilt

$$sgn\, f''(x) = sgn\, f(x). \tag{9.58}$$

Bei numerischen Analysen läßt sich der Differentialquotient in Gl. (9.57) durch die folgende Näherung ersetzen

$$f'(x_i) = \frac{f(x_i + \Delta x_i) - f(x_i)}{\Delta x_i} \qquad \text{mit} \qquad \Delta x_i = 10^{-5} \cdot x_i \cdot \tag{9.59}$$

Die iterative Berechnung der Lösung von Gl. (9.56) bzw. der kritischen Rißlänge a_c wird beendet, wenn zwei aufeinander folgende Näherungslösungen der Relation gehorchen

$$\left| \frac{x_{i+1} - x_i}{x_i} \right| < \varepsilon \approx 0{,}001. \tag{9.60}$$

Bedingt durch die Nichterfüllung von Gl. (9.58) kann es bei der praktischen Anwendung dieses Newtonschen Näherungsverfahrens Schwierigkeiten geben. Die Folgen sind entweder, daß die Iteration keine Verbesserung der Anfangslösung bringt und demzufolge nach einer gewissen Anzahl von Iterationen der Prozeß abgebrochen und gegebenenfalls mit einem anderen Anfangswert neu begonnen werden muß, oder daß nicht interessierende Lösungen für x bzw. a_c ermittelt werden, die ebenfalls formal Gl. (9.56) bzw. der Bruchbedingung gehorchen, aber nicht der Forderung entsprechen, daß es sich um den kleinsten positiven Wert der möglichen Lösungen handelt.

Letztere Erscheinung trat beispielsweise bei der Monte-Carlo-Simulation kritischer Fahrflächenquerrisse in Eisenbahnschienen S 49 im Querschnitt extremer Biegebeanspruchung in der Nähe eines schon vorhandenen Schienenquerbruchs auf. In Abhängigkeit von dem als Konstante vorgegebenen Anfangswert $a_{c(0)}$ ergaben sich die im der Tab. 9.2 wiedergegebenen Klassenhäufigkeiten.

Tab. 9.2 Aus der nichtlinearen Bruchbedingung ermittelte kritische Rißtiefen in Schienen in Abhängigkeit vom vorgegebenen Anfangswert $a_{c(0)}$ bei der iterativen Rißgrößenbestimmung

kritische Rißgröße	Häufigkeit der kritischen Rißgröße	
a_c in *mm*	bei $a_{c(0)} = 70\ mm$	bei $a_{c(0)} = 10\ mm$
0 ... 1	18,0 %	36,0 %
1 ... 2	20,4 %	54,0 %
2 ... 3	2,8 %	7,8 %
3 ... 4	0,6 %	1,4 %
4 ... 5		0,5 %
5 ... 6		0,2 %
6 ... 7		0,1 %
27 ... 28	1,6 %	
28 ... 29	9,2 %	
29 ... 30	21,4 %	
30 ... 31	18,8 %	
31 ... 32	7,0 %	
32 ... 33	0,2 %	

Um derartige Erscheinung auszuschließen, darf die Anfangslösung nicht zu groß, aber auch nicht zu klein gewählt werden. Gegebenenfalls sind Rechnungen mit unterschiedlichen Anfangswerten zweckmäßig. Ist nach beispielsweise 50maliger Neuberechnung der kritischen Rißgröße keine positive Lösung, die Gl. (9.56) bzw. der Bruchbedingung gehorcht, ermittelt worden, so wird zweckmäßigerweise der Iterationsprozeß abgebrochen und mit der Neubestimmung der nächsten Pseudo-Zufallszahlen fortgesetzt.

9.5 Die Differentiation numerisch gegebener Funktionswerte

Um einen Anhaltswert für die Größe des Differentialquotienten analytisch gegebener Funktionen bei Computerrechnungen zu gewinnen, kann dieser durch den Differenzenquotienten angenähert werden.

Soll zu numerisch gegebenen Funktionswerten $y_i(x_i)$ der Differentialquotient $\mathrm{d}y/\mathrm{d}x$ gebildet werden, so ergibt sich in analoger Weise als nächstliegende und einfachste Lösung

$$\frac{\mathrm{d}y}{\mathrm{d}x} \approx \frac{y_{i+1} - y_i}{x_{i+1} - x_i} \tag{9.61}$$

Der auf diese Art ermittelte Differentialquotient gilt exakt weder für den Punkt x_i noch für den Punkt x_{i+1}, sondern für einen Punkt zwischen diesen beiden Grenzen. Nachteilig bei der Differentiation gemäß Gl. (9.61) ist nicht nur die Unbestimmtheit der Zuordnung des Wertes

$\mathrm{d}y/\mathrm{d}x$, sondern auch die Tatsache, daß der Verlauf der Funktion des Differentialquotienten auf Grund der Zufallsfehler der Ausgangswerte y_i eine Aufrauhung zeigt, die die Angabe des Funktionsverlaufes $\mathrm{d}y/\mathrm{d}x$ beträchtlich erschweren kann.

Wird der gesuchte Differentialquotient mit Hilfe eines Interpolationspolynoms, z. B. unter Verwendung der Beziehung

$$y = a_0 + a_1 \cdot x + a_2 \cdot x^2, \tag{9.62}$$

bei Berücksichtigung von jeweils drei Wertepaaren bestimmt, so läßt sich der Differentialquotient $\mathrm{d}y/\mathrm{d}x$ genau für den gewünschten Punkt x ermitteln. Eine Aufrauhung des Funktionsverlaufes des Differentialquotienten läßt sich mit dieser Art der Differentiation aber auch kaum mindern. Günstiger ist es, nicht ein Interpolationspolynom, sondern ein Regressionspolynom gleicher Art zu verwenden, um auch die weiter entfernt liegenden Meßwerte in die Differentiation einzubeziehen (vgl. Abschn. 9.2.2.). Der gesuchte Differentialquotient ergibt sich dann bei Verwendung von Gl. (9.62) zu

$$\frac{\mathrm{d}y(x)}{\mathrm{d}x} = a_1 + 2a_2 \cdot x. \tag{9.63}$$

Zweckmäßig ist es, bei der Regressionsrechnung 5, 7 oder 9 Wertepaare bei der Ermittlung der Konstanten zu berücksichtigen, wobei der interessierende Punkt x, für den der Differentialquotient gebildet werden soll, der jeweils mittlere ist. Im Anfangs- und im Endbereich der Funktion bzw. Meßwertreihe läßt sich diese Bedingung allerdings nicht realisieren, so daß der Differentialquotient bei Verwendung von Gl. (9.62) mit Hilfe des jeweils zutreffenden x_i-Wertes zu bilden ist.

9.6 Die numerische Integration analytischer Funktionen [8, 9]

Ein bei ingenieurtechnischen Anwendungen häufig angewandtes numerisches Integrationsverfahren ist die SIMPSON-Integration. Die wesentlichen Vorteile dieses Verfahrens sind die äquidistante Unterteilung des Integrationsbereiches und die Einfachheit der bei der Integration zu verwendenden Wichtungsfaktoren. Den Ausgangspunkt der Simpson-Integration bildet die Keplersche Faßregel. Dementsprechend berechnet sich der Rauminhalt eines Fasses zu

$$V = \frac{h}{3} \cdot (A_1 + 4 \cdot A_2 + A_3). \tag{9.64}$$

Hierbei sind A_1 und A_3 die obere und untere Deckfläche, A_2 die Fläche in halber Höhe und $2\,h$ die Höhe des Fasses.

Die mehrfache Anwendung dieser Beziehung auf eine beliebige Funktion y führt zur Simpson-Integration mit der Beziehung

$$I = \int\limits_{x=x_0}^{x_0+p\cdot\Delta x} y \cdot \mathrm{d}x = \frac{\Delta x}{3} \cdot (y_0 + 4 \cdot y_1 + 2 \cdot y_2 + \ldots + 2 \cdot y_{p-2} + 4 \cdot y_{p-1} + y_p). \tag{9.65}$$

p ist hierbei eine gerade ganze Zahl. Die Unterteilung des Integrationsbereiches ist bei der Simpson-Integration demnach gleichmäßig. Ist die zu integrierende Funktion höchstens eine Potenzfunktion dritten Grades, so ist das Ergebnis der Simpson-Integration exakt. Bei anderen Funktionen tritt dagegen ein Fehler auf.

Schwierigkeiten bereitet die Anwendung der SIMPSON-Integration, wenn an den Stützstellen, insbesondere an den Grenzen der Integration, unbestimmte Ausdrücke der Art 0:0 oder Polstellen der Funktion auftreten. Eine Möglichkeit, den Wert des Integrals trotzdem ermitteln zu können, besteht darin, die Integrationsgrenzen schrittweise an diese singulären Stellen der Funktion heranzuführen.

Ein numerisches Integrationsverfahren, das die oben erwähnten Schwierigkeiten vermeidet, da die Stützstellen der Integration nicht mit den Grenzen der Integration bzw. der äquidistanten Intervallunterteilung identisch sind, ist die GAUSSsche mechanische Quadratur, (Abb. 9.1). Die beiden Stützstellen der Integration liegen dabei im Integrationsintervall im Abstand $\Delta x/(2\sqrt{3})$ von der Mitte des Δx umfassenden Integrationsintervalls. Die Integration über das Intervall von x_i bis x_{i+1} ergibt:

$$\int_{x_i}^{x_{i+1}} f(x)\cdot dx = \frac{x_{i+1}-x_i}{2}\cdot\left[f\left(\frac{x_i+x_{i+1}}{2}-\frac{x_{i+1}-x_i}{2\cdot\sqrt{3}}\right)+f\left(\frac{x_i+x_{i+1}}{2}+\frac{x_{i+1}-x_i}{2\cdot\sqrt{3}}\right)\right] \tag{9.66}$$

Die Grenze der Integration oder eines Integrationsintervalls kann auch eine Polstelle oder eine Stelle sein, an der der Funktionswert unbestimmt ist. Gegebenenfalls ist dann aber durch Kontrollrechnungen mit unterschiedlichen Intervallteilungen zu gewährleisten, daß das Rechenergebnis gegen den gesuchten Grenzwert konvergiert und mit diesem genau genug übereinstimmt.

Mit Hilfe der Gauß-Integration läßt sich durch die Berücksichtigung relativ weniger Stützstellen im allgemeinen eine hohe Genauigkeit erzielen. Eine Verallgemeinerung der oben angegebenen Gaußschen mechanischen Quadratur ergibt sich durch die Berücksichtigung unterschiedlicher Stützstellenzahlen bei der Normierung des Integrationsbereiches auf die Abszisse von -1 bis $+1$ (Tab. 9.3)

$$I = \int_{\xi=-1}^{+1} f(\xi)\cdot \mathrm{d}\xi = \sum_{i=1}^{n} H_i\cdot f(\xi_i).$$

Das Ergebnis der numerischen Integration ist exakt, wenn die zu integrierende Funktion eine ganze rationale Funktion $(2n-1)$-ten oder niedrigeren Grades ist. Für andere Funktionen ergibt die Integration eine Näherung. Die Koordinaten der Stützstellen sind stets von der Mitte des Integrationsbereiches festgelegt und mit der halben Länge des Integrationsbereiches normiert.

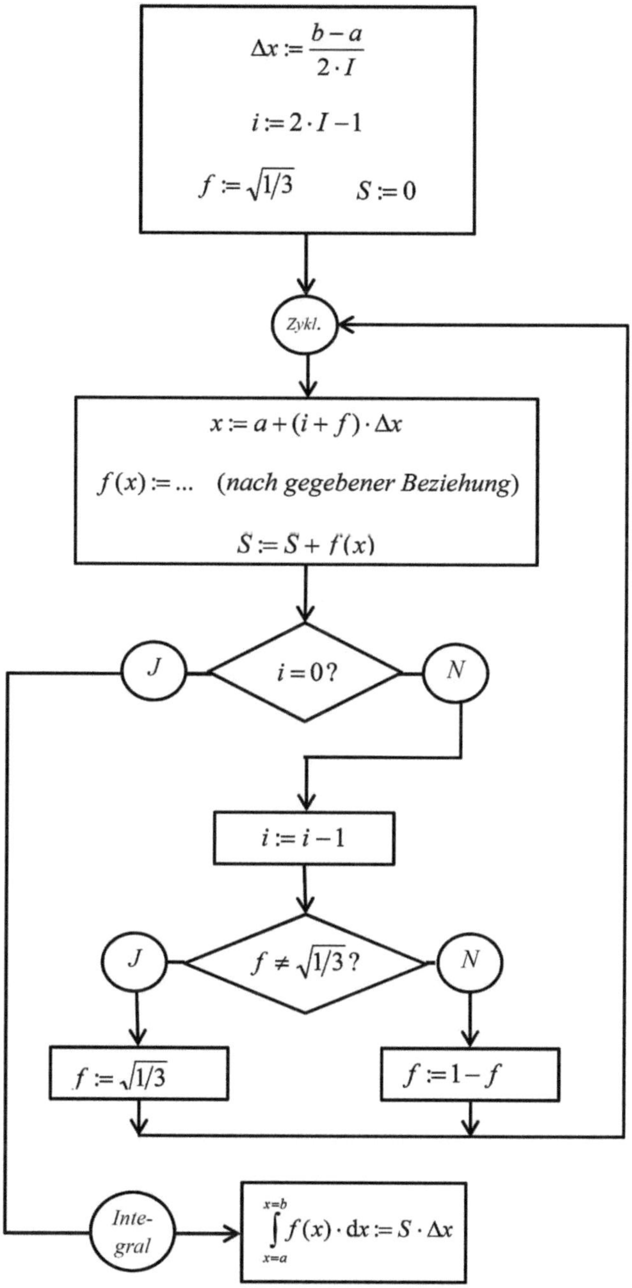

Abb. 9.1 Flußbild zur numerischen Gaußschen mechanischen Quadratur einer gegebenen Funktion $f(x)$ in den Grenzen von $x = a$ bis $x = b$ bei 2 Stützstellen pro Intervall I (mit einer beliebigen ganzen Zahl $I \geq 1$)

Tab. 9.3 Stützstellen und Wichtungsfaktoren für die Gauß-Integration [10]

Anzahl der Stützstellen	Lage der Stützstellen	Wichtungsfaktor
$n = 2$	$\xi_1 = -\sqrt{1/3} = -0{,}5773503$	$H_1 = 1$
	$\xi_2 = +\sqrt{1/3} = +0{,}5773503$	$H_2 = 1$
$n = 3$	$\xi_1 = -\sqrt{3/5} = -0{,}7745967$	$H_1 = 2 \cdot 5/18 = 0{,}555556$
	$\xi_2 = 0$	$H_2 = 2 \cdot 8/18 = 0{,}888889$
	$\xi_3 = +\sqrt{3/5} = +0{,}7745967$	$H_3 = 2 \cdot 5/18 = 0{,}555556$
$n = 4$	$\xi_1 = -\sqrt{(15 + 2\sqrt{30})/35} = -0{,}8611363$	$H_1 = 0{,}3478548$
	$\xi_2 = -\sqrt{(15 - 2\sqrt{30})/35} = -0{,}3399810$	$H_2 = 0{,}652145$
	$\xi_3 = +\sqrt{(15 - 2\sqrt{30})/35} = +0{,}3399810$	$H_3 = 0{,}652145$
	$\xi_4 = +\sqrt{(15 + 2\sqrt{30})/35} = +0{,}8611363$	$H_4 = 0{,}3478548$
$n = 5$	...	...

9.7 Generierung und Transformation von Zufallswerten

9.7.1 Die Erzeugung gleichverteilter Pseudo-Zufallszahlen [11 – 14]

Um Prozesse, bei denen zufällige, nicht näher analysierte oder analysierbare Einflüsse eine wesentliche Rolle spielen, mittels rechentechnischer Simulationsverfahren nachvollziehen oder analysieren zu können, werden Zufallswerte für die wesentlichen Kennwerte oder Einflußgrößen benötigt, die vorgegebenen, d. h. bekannten Verteilungsparametern oder -funktionen gehorchen. Den Ausgangspunkt zur Gewinnung dieser Zufallswerte bilden Zufallszahlen z_g, die im Bereich von 0 bis 1 gleichmäßig verteilt sind. Solche gleichverteilten Zufallszahlen z_g lassen sich einschlägigen Tabellenwerken entnehmen. Für Computerrechnungen ist es jedoch bequemer, diese Zufallszahlen nach einem bestimmten Algorithmus im Rechner selbst zu erzeugen. Zur Erzeugung solcher Zufallszahlen, die auf Grund ihrer reproduzierbaren Gewinnung im strengen Sinne als Pseudo-Zufallszahlen zu betrachten sind, gibt es unterschiedliche Möglichkeiten.

Im folgenden wird auf das gemischte Kongruenzschema zurückgegriffen, mit dessen Hilfe sich ganzzahlige, gleichverteilte Pseudo-Zufallszahlen Z_g im Bereich von $0 \leq Z_g < m$ nach der folgenden Beziehung iterativ berechnen lassen:

$$Z_{g,i+1} = (p \cdot Z_{g,i} + q) - int\left[(p \cdot Z_{g,i} + q)/m\right] \cdot m \tag{9.67}$$

Die Anzahl der nach Gl. (9.67) berechenbaren Pseudo-Zufallszahlen ist durch m begrenzt. Somit stellt m auch gleichzeitig die größtmögliche Periode für die Zufallszahlen dar, nach der sich die Zahlenfolge wiederholt. Als brauchbar haben sich die nachfolgenden Werte für die Simulationsrechnungen erwiesen:

$$\begin{aligned} p &= 2^{13} - 3 = 8189 \\ q &= 2^{12} - 1 = 4095 \\ m &= 2^{14} = 16384 \end{aligned} \tag{9.68}$$

Aus den ganzzahligen, gleichverteilten Pseudo-Zufallszahlen Z_g lassen sich mittels Division durch m gemäß

$$z_g = Z_g/m \tag{9.69}$$

im Bereich von 0 bis 1 gleichverteilte Zufallszahlen gewinnen.

Um die Brauchbarkeit der angegebenen Beziehungen für die Generierung gleichverteilter Zufallszahlen zu prüfen, sind nach den obigen Gleichungen insgesamt 10 000 Zufallszahlen, ausgehend von $Z_g = 0$, erzeugt und klassifiziert worden. Die Überprüfung der durch Simulation erzeugten Verteilung mit den χ^2-Anpassungstest zeigt keinen Widerspruch zu der Annahme, daß die generierten Pseudo-Zufallszahlen z_g gleichmäßig zwischen 0 und 1 verteilt sind.

Lassen sich die zwischen 0 und 1 auftretenden Zahlenwerte auf dem verwendeten Rechner genau darstellen, was bei BASIC-Programmen durch die Verwendung von Zahlen doppelter Genauigkeit erreicht wurde, so sind die Pseudo-Zufallszahlen periodisch mit m. Im vorliegenden Fall wiederholt sich die Zahlenfolge nach 16 384 Iterationen.

9.7.2 Die Erzeugung normierter normalverteilter Zufallszahlen

Als Ausgangswerte für die Erzeugung normalverteilter Zufallszahlen mit dem Mittelwert 0 und der Standardabweichung 1 werden die im vorigen Abschnitt behandelten, zwischen 0 und 1 gleichverteilten Zufallszahlen verwendet. Da die Umwandlung dieser gleichverteilten Zufallszahlen in normalverteilte exakt nicht möglich ist [14], wird für diese Transformation die folgende Näherung verwendet [6]:

$$z_n = sign \cdot \left[r - \frac{c_0 + c_1 \cdot r + c_2 \cdot r^2}{1 + d_1 \cdot r + d_2 \cdot r^2 + d_3 \cdot r^3} \right] \tag{9.70}$$

In Gl. (9.70) sind:

$$\text{sign} = \begin{cases} -1 & \text{für} \quad z_g < 0{,}5 \\ +1 & \text{für} \quad z_g \geq 0{,}5 \end{cases}$$

$$r = \sqrt{\ln(1/Q^2)} \tag{9.71}$$

$$Q = \begin{cases} z_g & \text{für} \quad z_g < 0{,}5 \\ z_g - 1 & \text{für} \quad z_g \geq 0{,}5 \end{cases}$$

und die Konstanten

$$\begin{aligned} c_0 &= 2{,}515517 \quad c_1 = 0{,}802853 \quad c_2 = 0{,}010328 \\ d_1 &= 1{,}432788 \quad d_2 = 0{,}189269 \quad d_3 = 0{,}001308 \end{aligned} \tag{9.72}$$

Die mit Hilfe dieser Transformationsbeziehungen gewonnenen normalverteilten Pseudo-Zufallszahlen haben den Mittelwert 0 und die Standardabweichung 1.

9.7.3 Die Erzeugung von Zufallswerten vorgegebener Wahrscheinlichkeitsverteilungen

Die anhand von Messungen festgestellten Summenhäufigkeitsverteilungen entsprechen nur in seltenen Fällen idealen Verteilungsfunktionen. Um Zufallswerte, die den empirisch ermittelten Verteilungsfunktionen entsprechen, generieren zu können, werden nach dem Gleichsetzen der Summenhäufigkeit P mit einer im Bereich von 0 bis 1 gleichverteilten Zufallszahl z_g die inversen Funktionen zu den emprischen Summenhäufigkeitsfunktionen gebildet (Abb 9.2). Die mit Hilfe dieser Transformation gebildeten Zufalls- oder Pseudo-Zufallswerte gehorchen den vorgegebenen Summenhäufigkeitsverteilungen.

Werden für die Transformation die empirisch ermittelten, üblicherweise klassifizierten Summenhäufigkeitsverteilungen verwendet, so liegen die generierten Zufallswerte zwischen der unteren Grenze der niedrigsten und der oberen Grenze der höchsten Klasse. Eine Extrapolation über die empirisch ermittelten Grenzen der Meßgröße hinaus ist nur innerhalb der vorgegebenen Klassengrenzen möglich und somit im wesentlichen ausgeschlossen. Sollen die Meßdaten eine Extrapolation in gewissem Umfang ermöglichen, so ist es zweckmäßig, die empirisch ermittelten Summenhäufigkeitsverteilungen durch eine Wahrscheinlichkeitsverteilung eines geeigneten Typs, z. B. als Gleich-, Normal- oder Weibullverteilung, wiederzugeben.

Wird die Meßgröße y als gleichverteilt angenommen, so lassen sich Zufallswerte y gemäß der Beziehung

$$y = y_{\min} + (y_{\max} - y_{\min}) \cdot P \tag{9.73}$$

bzw.

$$y = y_{\min} + (y_{\max} - y_{\min}) \cdot z_g \tag{9.74}$$

erzeugen. Wird für die Meßwerte y vorausgesetzt, daß sie normalverteilt sind, so lassen sich Zufallswerte für y gemäß der Beziehung

$$y = \bar{y} + s_y \cdot z_n \tag{9.75}$$

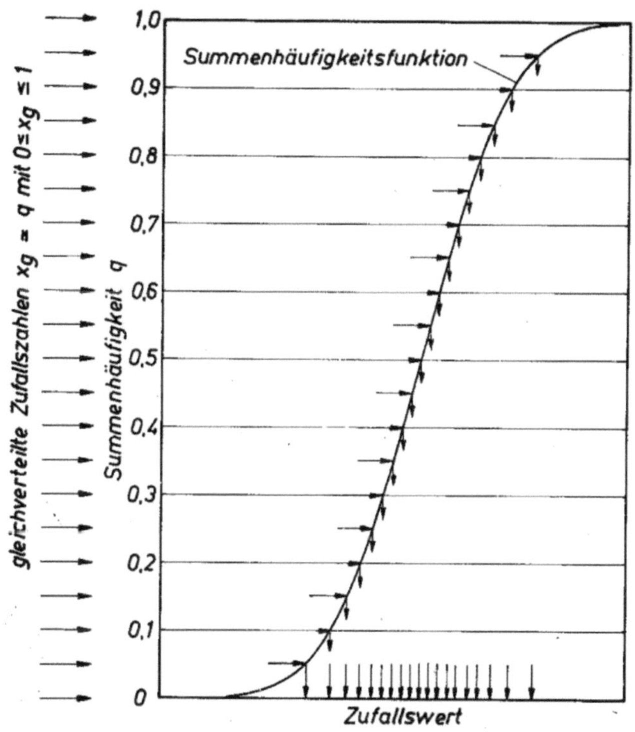

Abb. 9.2 Schema zur Gewinnung von Zufallswerten vorgegebener Wahrscheinlichkeitsverteilungen aus normierten, gleichverteilten Zufallszahlen

gewinnen. Soll durch die Zufallszahl y eine dreiparametrige Weibullverteilung mit den Weibull-Parametern unterer Grenzwert $y_{\min}$, Normierungswert $y*$ und dem Weibull-Exponenten δ realisiert werden, deren Summenhäufigkeitsverteilung durch die Beziehung

$$P = 1 - \exp\left[-\left(\frac{y - y_{\min}}{y*}\right)^{\delta}\right] \quad \text{mit} \quad y > y_{\min} \tag{9.76}$$

gegeben ist, so ergibt sich nach Gleichsetzen von P mit z_g und Auflösen dieser Beziehung nach y die Beziehung zur Ermittlung des weibullverteilten Zufallswertes zu

$$y = y_{\min} + y * \cdot([-\ln(1 - z_g)])^{1/\delta}. \tag{9.77}$$

9.7.4 Die Erzeugung miteinander korrelierter Zufallswerte

Bei technischen Anwendungen sind die Zufallswerte, die bei bruchmechanischen Analysen zu berücksichtigen sind, nicht generell als unabhängig voneinander anzusehen. Dies trifft beispielsweise auf stochastische Beanspruchungsabläufe zu, bei denen die aufeinander folgenden Maxima und Minima bzw. die Mittelwerte und die Amplituden nicht willkürlich zugeordnet werden können. In ähnlicher Weise können auch die Komponenten der belastenden Kräfte in vertikaler und in horizontaler (bzw. lateraler) Richtung miteinander korreliert sein. Liegt die gegenseitige Zuordnung der zu berücksichtigenden Wertepaare in Form einer Matrix vor, so kann die jeweilige Zuordnung der zufälligen, aber miteinander korrelierten Wertepaare ähnlich wie im Abschn. 9.7.3. generiert werden.

Ausgehend von einer vorgegebenen oder zufällig ausgewählten Zeile der Matrix werden aus den Klassenhäufigkeiten der betrachteten Zeile die zugehörigen Summenhäufigkeiten durch Aufsummieren berechnet. Im Anschluß daran werden die Summenhäufigkeiten normiert, d. h. durch den Summenhäufigkeitswert der obersten Klasse der Zeile dividiert. Mit Hilfe einer gleichverteilten, auf den Bereich von 0 bis 1 normierten Zufallszahl $z_{g,X}$ wird ein Zufallswert für die Größe X erzeugt. Diesem Wert X läßt sich neben der Zeile nunmehr auch eine Spalte der Matrix zuordnen. Aus den Klassenhäufigkeitswerten der so ermittelten Spalte werden die zugehörigen Summenhäufigkeiten gebildet und mit Hilfe des Summenhäufigkeitswertes der obersten Klasse der Spalte normiert. Mit Hilfe einer weiteren gleichverteilten, auf den Bereich von 0 bis 1 normierten Zufallszahl $z_{g,Y}$ wird ein Zufallswert für die Größe Y erzeugt. Ausgehend von einem Zufallswert für die Zeile der Matrix bzw. die Größe Y ist nunmehr ein korreliertes zufälliges Wertepaar (X, Y) generiert worden, wobei sich nach dem gleichen Schema weitere Wertepaare erzeugen lassen. Bei der praktischen Umsetzung dieses Algorithmus können den Wertepaaren die Klassenmittenwerte oder die den Zufallszahlen z_g entsprechenden Wertepaare zugeordnet werden.

9.8 Rechnen mit Kalenderdaten [6]

Kalenderdaten werden üblicherweise durch die 3 Zahlenwerte $d.\ m.\ a$ mit d für den Tag $(1 \leq d \leq 31)$, m für den Monat $(1 \leq m \leq 12)$ und a für das Jahr angegeben. Um mit Kalenderdaten rechnen zu können, wird jedem Tag eine ganze Zahl t derart zugeordnet, daß für die untere Grenze des betrachteten Zeitraum, d. h. für den 1. März 1700, $t = 1$ gilt, und sich t mit jedem weiteren Kalendertag um 1 erhöht bis zum 28. Februar 2100, als der oberen Grenze des betrachteten Zeitraums. Die Zahl t läßt sich nach der folgenden Beziehung ermitteln:

$$t(d, m, a) = int(365{,}2 \cdot g) + int(30{,}6 \cdot f) + d - 621049 + t_0 \tag{9.78}$$

mit

$$g = \begin{cases} a - 1 & \text{für} \quad m = 1 \text{ oder } 2 \\ a & \text{für} \quad m > 2 \end{cases}$$

$$f = \begin{cases} m + 13 & \text{für} \quad m = 1 \text{ oder } 2 \\ m + 1 & \text{für} \quad m > 2 \end{cases}$$

$$t_0 = \begin{cases} 2 & \text{für} \quad 01.03.1700 \text{ bis } 28.02.1800 \\ 1 & \text{für} \quad 01.03.1800 \text{ bis } 28.02.1900 \\ 0 & \text{für} \quad 01.03.1900 \text{ bis } 28.02.2100 \end{cases}$$

Die zwischen zwei Kalendertagen liegende Zeit (gemessen in Tagen) ergibt sich als Differenz

$$\Delta t = t(d_2, m_2, a_2) - t(d_1, m_1, a_1) \tag{9.79}$$

Die praktisch ebenfalls interessante Fragestellung, welches Datum sich ausgehend von einem vorgegebenen Kalendertag und einer Zeitdifferenz ergibt, läßt sich mit Hilfe der obigen Beziehung ebenfalls lösen. Nach Bestimmung der Größe t_A für das Ausgangsdatum ergibt sich durch Hinzufügen der Zeitdifferenz Δt die Größe t_E für das End- oder Zieldatum. Mit Hilfe eines Rechenprogramms läßt sich die zu dieser Zahl t_E gehörige Jahreszahl durch den Vergleich mit $t(31.12.a)$ des gleichen und der folgenden Jahre bei positiven Größen Δt bzw. $t(01.01.a)$ des gleichen oder der vorhergehenden Jahre bei negativen Zeitdifferenzen ermitteln. Der Monat des fraglichen Datums läßt sich durch den Vergleich der Zahl t_E mit der jeweiligen Zahl t für den letzten Tag der 12 Monate gewinnen, wobei zu berücksichtigen ist, daß der Februar in Schaltjahren, die durch die Bedingung

$$a/4 - int(a/4) = 0 \tag{9.80}$$

charakterisiert sind, 29 Tage hat. Das genaue Datum ergibt sich schließlich durch den Vergleich von t_E mit den Zahlen t für die Tage des jeweiligen Monats.

Ausgehend von der ganzen Zahl t läßt sich auch feststellen, was für ein Wochentag der betrachtete Tag ist. Dazu ist die Größe (Tab. 9.4)

$$w = t - 7 \cdot int(t/7) \tag{9.81}$$

zu ermitteln. Die Zuordnung der Wochentage zu der Größe w ist wie folgt:

Tab. 9.4 Zuordnung der Zahlenwerte w nach Gl. (9.81) zu den Wochentagen

Wochentag	Sonntag	Montag	Dienstag	Mittwoch	Donnerstag	Freitag	Samstag
w	0	1	2	3	4	5	6

Literatur

1. R. Storm: Wahrscheinlichkeitsrechnung, mathematische Statistik und statistische Qualitätskontrolle. Fachbuchverlag, Leipzig – Köln, 10. Auflage, 1995.
2. P. H. Müller, P. Neumann, R. Storm: Tafeln der mathematischen Statistik. VEB Fachbuchverlag, Leipzig, 1973.

3. K. Hayashi: Sieben- und mehrstellige Tafeln der Kreis- und Hyperbelfunktionen und deren Produkte sowie der Gammafunktion. Verlag von Julius Springer, Berlin, 1926. Nachdruck: Rechenzentrum der Akademie der Wissenschaften der UdSSR, Moskau, 1965.
4. H. Friedrich, C. Lange: Numerische Simulation von Zufallsgrößen. Akademie der Wissenschaften der DDR, Institut für Mechanik, Report R-MECH –01/85, Berlin, 1985.
5. G. Härtler: Statistische Methoden für die Zuverlässigkeitsanalyse. VEB Verlag Technik, Berlin, 1983.
6. HP –25-Programmsammlung. Hewlett-Packard, ohne Jahr (etwa 1975).
7. V. Nollau: Statistische Analysen – Mathematische Methoden der Planung und Auswertung von Versuchen. VEB Fachbuchverlag, Leipzig, 1975.
8. L. Collatz: Numerische und graphische Methoden. In: Handbuch der Physik, herausgegeben von S. Flügge, B and II „Mathematische Methoden II". Springer-Verlag, Berlin, Göttingen, Heidelberg, 1955.
9. K. Mader: Numerisches Rechnen. In: Handbuch der Physik, herausgegeben von H. Geiger und K. Scheel, Band III „Mathematische Hilfsmittel in der Physik". Verlag von Julius Springer, Berlin, 1928.
10. O. C. Zienkiewicz: Methode der finiten Elemente. VEB Fachbuchverlag, Leipzig, 2., erweiterte Auflage, 1987.
11. R. Fischer, H.-G. Köbler, U. Wendt: Synthese zufallsartiger Lastfolgen zur Anwendung bei Betriebsfestigkeitsuntersuchungen. Fortschrittsbericht der VDI-Zeitschriften, Reihe 5, Nr. 40, VDI-Verlag, Düsseldorf, August 1979.
12. J. Piehler, H.-U. Zschiesche: Simulationsmethoden. BSB B. G. Teubner Verlagsgesellschaft, Leipzig, 2. Auflage, 1978.
13. P. F. Heil: Unvollständige Stichproben zur Beurteilung der Zuverlässigkeit bei Materialermüdung. Fortschrittsbericht der VDI-Zeitschriften, Reihe 5, Nr. 34, VDI-Verlag, Düsseldorf, Dezember 1977.
14. R. Zieliński: Erzeugung von Zufallszahlen – Programmierung und Test auf Digitalrechnern. VEB Fachbuchverlag, Leipzig, 1972.

Literatur

Allgemeine Literatur zur Bruchmechanik

H. Blumenauer, G. Pusch: Bruchmechanik – Grundlagen, Prüfmethoden, Anwendungsgebiete. VEB Deutscher Verlag für Grundstoffindustrie, Leipzig, 1973.

H. Blumenauer, G. Pusch: Technische Bruchmechanik. Deutscher Verlag für Grundstoffindustrie, Leipzig, 3. Auflage, 1993.

D. Broek: Elementary Engineering Fracture Mechanics. Martinus Nijhoff Publishers, Dordrecht/-Boston/Lancaster, 4th revised edition, 1982, ISBN: 90-247-2656-5.

D. Broek: The Practical Use of Fracture Mechanics. Cluwer Academic Publishers, Doortrecht, 1987, ISBN: 0-7923-0223-0.

Deutscher Verband für Schweißtechnik (Herausgeber): Bruchmechanische Bewertung von Fehlern in Schweißverbindungen. Deutscher Verlag für Schweißtechnik, Düsseldorf, DVS-Merkblätter 2401 (Fachbuchreihe Schweißtechnik Band 101), 2. Auflage, 1996.

K.-O. Edel: Bruchmechanische Untersuchungen zur Betriebssicherheit rißgeschädigter Konstruktionen. IfL-Mitteilungen **28** (1989) 5, Seite 137–157.

K.-O. Edel: Mit Rissen leben? Zur Betriebssicherheit rißgeschädigter Bauteile. Fachhochschule Brandenburg, Brandenburg an der Havel, Hochschulreihe, Heft 1, April 1993.

D. Gross: Bruchmechanik. Springer-Verlag, Berlin/Heidelberg, 2. Auflage, 1996.

H. G. Hahn: Bruchmechanik – Einführung in die theoretischen Grundlagen. B. G. Teubner, Stuttgart, 1976.

K. Heckel: Einführung in die technische Anwendung der Bruchmechanik. Hanser Verlag, München/Wien, 1. Auflage, 1970; 2. Auflage, 1983.

G. R. Irwin: Fracture. In: S. Flügge (Herausgeber): Handbuch der Physik, Band VI, Seite 551–590. Springer-Verlag, Berlin/Göttingen/Heidelberg, 1958.

R. Kienzler: Konzepte der Bruchmechanik – Integrale Bruchkriterien. Friedrich Vieweg & Sohn Verlagsgesellschaft mbH, Braunschweig/Wiesbaden, 1993.

M. Kuna: Numerische Beanspruchungsanalyse von Rissen – Finite Elemente in der Bruchmechanik. Springer-Verlag, Berlin, 2. Auflage, 2010.

S. Sähn, H. Göldner: Bruch- und Beurteilungskriterien in der Festigkeitslehre. Fachbuchverlag, Leipzig/Köln, 1993

K.-H. Schwalbe: Bruchmechanik metallischer Werkstoffe. Carl Hanser Verlag, München/Wien, 1980.

K.-O. Edel, *Einführung in die bruchmechanische Schadensbeurteilung*,
DOI 10.1007/978-3-662-44264-7

G. C. Sih: (editor): Mechanics of Fracture, Martinus Nijhoff Publishers, The Hague/Boston/Londen, 1981: Vol. 1 „Methods of Analysis ans Solutions of Crack Problems". Noordhoff International Publishing, Leyden, 1973., Vol. 2 „Three-dimensional crack problems", Vol. 3 „Plates and shells with cracks", Vol. 4 „Elastodynamic crack problems", Vol. 5 „Stress analysis of notch problems", Vol. 6 „Cracks in composite materials", Vol. 7 „Experimental evaluation of stress concentration and intensity factors".

Bruchmechanische Vorschriften und Empfehlungen

ASME Boiler and Pressure Vessel Code: Section III „Rules for Construction of Nuclear Power Plant", Section XI „Rules for Inservice Inspection of Nuclear Power Plant Components". American Society of Mechanical Engineers, New York, 1977.

Association française pur les règles de conception et de construction des matériaux des chaudières électro-nucléaires. RCC-M, Addendum No. 2/1982.

C. Berger u. a. (Hrsg.): FKM-Richtlinie „Bruchmechanischer Festigkeitsnachweis für Maschinenbauteile". VDMA Verlag, Frankfurt am Main, 3. Ausgabe, 2006.

Bruchmechanische Bewertung von Fehlern in Schweißverbindungen. Deutscher Verlag für Schweißtechnik Band 101, DVS-Merkblätter 2401, 2. Auflage, 1996.

Europäische Konvention für Stahlbau, Technische Kommission 6 – Ermüdung: Empfehlungen für die Bemessung und Konstruktion von ermüdungsbeanspruchten Stahlbauten. EKS-Publikation No. 43, Schweizerische Zentralstelle für Stahlbau, 8034 Zürich, Postfach, 1987.

Guidance on some Methods for the Derivation of Acceptance Levels for Defects in Fusion welded Joints. British Standards Institution, Published Document PD 6493, 1980.

Komponenten des Primärkreises von Leichtwasserreaktoren; Teil 2: Auslegung, Konstruktion und Berechnung. Kerntechnischer Ausschuß, Sicherheitstechnische Regel des KTA 3201.2, März 1984.

S. Machida, T. Miyata, H. Yoshinari, S. Kaneda: On the Pertial Safety Factors to be adopted in Revised Version of the Japanese Standard on Defect Assessment Methodology WES 2805. IIW Doc. X-1344-96.

Method of Assessment for Defects in Fusion-Welded Joints with Respect to Brittle Fracture. Japan Welding Engineering Society Standard WES 2805-1980.

I. Milne, R. A. Ainsworth, R. A. Dowling, A. T. Steward: Assessment of the Integrity of Structures Containing Defects. Central Electricity Generating Board, R/H/R6, Revision 3, 1986.

Rules for Classification of Steel Ships, Part 5, Chapter 5, Section 5, A 1300 „Tentative Rules for Fracture Mechanics Analysis". Det Norske Veritas, 1980.

Bruchmechanische Werkstoff-Prüfstandards

British Standard Method for Determination of the dynamic fracture Toughness of metallic materials. British Standards Institution, London, BS 6729:1987.

British Standard Method for Determination of the rate of fatigue crack growth in metallic materials. British Standards Institution, London, BS 6835:1988.

Frage D 156 „Möglichkeiten zur Verbesserung der Gebrauchseigenschaften von Schienen durch metallurgische Maßnahmen": Empfohlenes Verfahren zur Bestimmung der Rißzähigkeit K_{Ic} von Eisenbahnschienenstählen im ebenen Dehnungszustand. Forschungs- und Versuchsamt (ORE) des Internationalen Eisenbahnverbandes (UIC), Utrecht, Bericht ORE D 156/ RP 3, September 1987.

Methods of test for Plane-Strain Fracture Toughness of Metallic Materials. British Standards Institution, Londen, Published Document BS 5447-1977.

Proposed Standard Method of Test for Instrumented Impact Testing of Precracked Charpy Specimens of Metallic Materials. American Society for Testing and Materials, Philadelphia, Recommendation ASTM E 24.03.03.

Rat für gegenseitige Wirtschaftshilfe: Metalle, Prüfverfahren, Bestimmung der Bruchzähigkeit K_{Ic} bei statischer Belastung. Empfehlung zur Standardisierung RS 3642-72, 1972.

Standard Test Method for Determining Plane-Strain Crack-Arrest Fracture Toughness, K_{Ia}, of Ferritic Steels. American Society for Testing and Materials, Philadelphia, Designation ASTM E 1221-88, 1988.

Standard Test Method for Measurement of Fatigue Crack Growth Rates. American Society for Testing and Materials, Philadelphia, Designation ASTM E 647-88, 1988.

Standard Test Method for Plane-Strain Fracture Toughness of Metallic Materials. American Society for Testing and Materials, Philadelphia, Designation ASTM E 399-83, 1983.

Statische bruchmechanische Prüfverfahren für metallische Werkstoffe und deren Schweißverbindungen. Kammer der Technik, KdT-Richtlinie 119/86, 1986.

Spannungsintensitätsfaktoren-Kataloge

K.-O. Edel: Spannungsintensitätsfaktoren für Kerb- und Wurzelrisse an Schweißnähten. Schweißtechnik **39** (1989) 1, Seite 6–10.

T. Fett, D. Munz: Stress Intensity Factors and Weight Functions. Computational Mechanics Publications, Southampton, 1997.

H. G. Hahn: Spannungsverteilung an Rissen in festen Körpern – Vergleichende Betrachtung der in der Bruchmechanik verwendeten Rißmodelle. VDI-Verlag, Düsseldorf, VDI-Forschungsheft 542, 1970.

Y. Murakami (editor): Stress Intensity Factors Handbook (2 vol.). Pergamon Press, Oxford/New York, 1987.

P. C. Paris, G. C. Sih: Stress Analysis of Cracks. American Society for Testing and Materials, Philadelphia, ASTM Special Technical Publication No. 381 „Fracture Toughness Testing", 1965, Seite 30–83.

D. P. Rooke, D. J. Cartwright: Compendium of Stress Intensity Factors. Her Majestys State Office, London, 1976.

М. П. Саврук: Механика разрушения и прочности материалов. Том 2: Коэффициенты интенсивности разрушений в телах с трещинами. К., Наукова думка, 1988. M. P. Savruk: Bruchmechanik und Festigkeit von Materialien. Band 2: Spannungsintensitätsfaktoren für Körper mit Rissen. Naukova Dumka, Kiev, 1988.

G. C. Sih: Handbook of Stress Intensity Factors. Institute of Fracture and Solid Mechanics, Lehigh University, Bethlehem Pa. (USA), 1973.

H. Tada, P. C. Paris, G. R. Irwin: The Stress Analysis of Cracks – Handbook. Del Research Corporation, Hellertown, Pa., USA, 1973.

H. Theilig, J. Nickel, K.-O. Edel, M. Hentrich: Spannungsintensitätsfaktoren. VEB Fachbuchverlag, Leipzig, 1987.

Sachverzeichnis

K.-O. Edel, *Einführung in die bruchmechanische Schadensbeurteilung*,
DOI 10.1007/978-3-662-44264-7

S

T

U

V

W

MIX
Papier aus verantwortungsvollen Quellen
Paper from responsible sources
FSC® C105338

If you have any concerns about our products,
you can contact us on
ProductSafety@springernature.com

In case Publisher is established outside the EU,
the EU authorized representative is:
Springer Nature Customer Service Center GmbH
Europaplatz 3, 69115 Heidelberg, Germany

Printed by Libri Plureos GmbH
in Hamburg, Germany